高等数学专题辅导讲座

（第3版）

蔡高厅　邱忠文　主编

国防工业出版社

·北京·

内 容 简 介

该书为高等理工科院校本科生"高等数学"课程的辅导书,其内容包括函数、极限、连续、导数、微分及其应用、不定积分、定积分及其应用、向量代数与空间解析几何、多元函数微分学及其应用、多元函数积分学、无穷级数和微分方程等.

全书内容全面,重点突出,共分为8个单元33个专题讲座进行辅导,例题详实典型,分析透彻清晰,方法实用而且富于创新,是天津大学著名数学教育专家蔡高厅教授、邱忠文教授多年从事高等数学教学经验和智慧的结晶.

本书适合于高等院校师生学习使用,不仅可以作为硕士研究生入学考试的复习参考书,而且可以作为网络高等教育、高等职业技术教育、成人高等教育以及函授教育的辅导参考书.

图书在版编目(CIP)数据

高等数学专题辅导讲座/蔡高厅,邱忠文主编.
—3版.—北京:国防工业出版社,2013.5(2017.3重印)
ISBN 978-7-118-08791-8

Ⅰ.①高... Ⅱ.①蔡...②邱... Ⅲ.①高等数学－高等学校－教学参考资料 Ⅳ.①O13

中国版本图书馆 CIP 数据核字(2013)第 087670 号

※

*国防工业出版社*出版发行
(北京市海淀区紫竹院南路23号 邮政编码100048)
三河市腾飞印务有限公司印刷
新华书店经售

*

开本 787×1092 1/16 印张 25 字数 629 千字
2017年3月第3版第3次印刷 印数 5001—7000 册 定价 49.00 元

(本书如有印装错误,我社负责调换)

国防书店:(010)88540777 发行邮购:(010)88540776
发行传真:(010)88540755 发行业务:(010)88540717

前　言

　　为了适应高等理工科院校本科生对高等数学课程的学习需要，结合当前的教学实际，我们编写了《高等数学专题辅导讲座》，作为高等数学课程的教学参考书. 本书无论对全日制普通高等学校的学生，或是网络高等教育、函授、高等职业技术教育及成人继续教育的学生学习高等数学都是较为合适的辅导教科书.

　　高等数学是高等理工科、经济、管理类院校最主要的基础课之一，对学生在校期间的学习和今后的发展都将产生深远的影响. 本书的编者在全日制普通高等学校长期从事高等数学及应用数学的教学工作，最近几年又在远程高等教育及高等职业技术教育的教学中积累了一定的经验，深刻了解学生学习情况和要求，本书就是为了满足学生学习的要求，帮助学生更好地学习高等数学而编写的辅导教科书. 书中对学生所学的高等数学知识，系统地进行归纳总结，通过实例进行剖析深化，对相关的内容进行融会贯通.

　　本书的内容覆盖了现行理工类院校"高等数学"教学的全部内容. 包括函数、极限、连续、导数、微分及其应用、不定积分、定积分及其应用、向量代数与空间解析几何、多元函数微分学及其应用、多元函数积分学、无穷级数和微分方程等. 全书共分为 8 个单元 33 个专题进行辅导，内容丰富、例题详实、分析透彻、富于启发、文字通顺、便于自学.

　　本书的编写和出版得到了天津大学网络教育学院、天津大学仁爱学院的大力支持和教学管理部的具体帮助，编者表示深切的感谢.

　　参加本书编写的有蔡高厅、邱忠文、李君湘、于桂贞、刘瑞金、韩健、韩月丽、孙秀萍等，由于编者的水平所限，对书中的错误之处，敬请读者批评指正.

编　者

目　录

第一单元　函数、极限与连续性 ··· 1

　第一讲　函数的基本知识 ··· 1
　第二讲　求数列和函数极限的方法 ·· 13
　第三讲　函数的连续性和间断点 ··· 25

第二单元　一元函数微分学 ·· 39

　第四讲　导数的概念 ··· 39
　第五讲　几类函数的微分法 ·· 50
　第六讲　导数几何意义的应用——函数曲线的切线问题 ························· 64
　第七讲　微分中值定理 ·· 73
　第八讲　求数列和函数极限的方法（续）——罗比塔法则 ······················ 84
　第九讲　利用导数研究可导函数的几何性态 ·· 95
　第十讲　证明不等式与讨论方程根的方法概述 ···································· 105

第三单元　一元函数积分学 ·· 120

　第十一讲　不定积分的概念与基本积分法 ·· 120
　第十二讲　几类函数的不定积分 ·· 132
　第十三讲　定积分的概念和性质 ·· 143
　第十四讲　定积分的基本计算方法 ··· 151
　第十五讲　关于定积分的等式及不等式的证明方法概述 ······················ 163
　第十六讲　定积分的应用 ·· 173

第四单元　向量代数与空间解析几何 ··· 183

　第十七讲　向量代数 ··· 183
　第十八讲　平面与直线的方程 ·· 187
　第十九讲　曲面与空间曲线的方程 ··· 200

第五单元　多元函数微分学及其应用 ··· 209

　第二十讲　多元函数的极限与连续性，偏导数与全微分的概念 ·············· 209
　第二十一讲　多元函数的微分法 ·· 221
　第二十二讲　多元函数微分学的应用 ·· 235

V

第六单元　多元函数积分学 …… 253

- 第二十三讲　二重积分的概念和计算 …… 253
- 第二十四讲　三重积分的计算法 …… 271
- 第二十五讲　重积分的应用 …… 282
- 第二十六讲　曲线积分的概念与计算 …… 298
- 第二十七讲　曲面积分的概念与计算 …… 308

第七单元　无穷级数 …… 321

- 第二十八讲　数项级数的概念及敛散性的判定 …… 321
- 第二十九讲　幂级数 …… 335
- 第三十讲　傅里叶级数 …… 348

第八单元　微分方程 …… 360

- 第三十一讲　一阶微分方程 …… 360
- 第三十二讲　二阶常系数线性微分方程 …… 373
- 第三十三讲　微分方程的应用举例 …… 384

常用符号索引 …… 392

第一单元 函数、极限与连续性

第一讲 函数的基本知识

人们观察任何一个自然现象或生产过程,总会发现其中某些数量在不断地发生着变化,这种能取得不同数值的量称为变量.诸变量之间相互依从关系称为函数关系.这种关系在数学中的表现形式称为函数.函数是微积分学研究的主要对象,因此掌握函数的基本知识是学习高等数学的基础.

基本概念和重要结论

1. 函数定义

设有两个数集 A 和 B,f 是一个确定的对应规律,如果 $\forall x \in A$,通过 f 都有惟一的数 $y \in B$ 和它对应,记为

$$x \xrightarrow{f} y, \text{或} f(x) = y,$$

则称 f 是 A 到 B 的函数,或 f 是数集 A 上的函数,并称 A 为函数的定义域.

当 x 遍取 A 中的一切数时,与它对应的数 y 组成的数集

$$B_f = \{y \mid y = f(x), x \in A\},$$

称 B_f 为函数的值域,并称变量 x 为自变量,变量 y 为因变量.

2. 函数的几个性质

1) 有界性

设函数 $f(x)$ 在数集 A 上有定义,若存在常数 $M > 0$,使得 $\forall x \in A$,恒有

$$|f(x)| \leq M,$$

则称函数 $f(x)$ 在 A 上有界.

2) 单调性

设函数 $f(x)$ 在数集 A 上有定义,若 $\forall x_1, x_2 \in A$,且 $x_1 < x_2$,恒有

$$f(x_1) < f(x_2)(\text{或} f(x_1) > f(x_2)),$$

则称函数 $f(x)$ 在 A 上严格单调增(或严格单调减). 当恒有 $f(x_1) \leq f(x_2)(\text{或} f(x_1) \geq f(x_2))$ 时,称函数 $f(x)$ 在 A 上广义单调增(或广义单调减).

3) 奇偶性

设函数 $f(x)$ 在某个对称于原点的数集 A 上有定义:

若 $\forall x \in A$,恒有

$$f(-x) = f(x), \text{或} f(x) - f(-x) = 0,$$

则称 $f(x)$ 为 A 上的偶函数.

若 $\forall x \in A$,恒有

$$f(-x) = -f(x), \text{或} f(x) + f(-x) = 0,$$

则称 $f(x)$ 为 A 上的奇函数.

奇偶函数的运算性质：
（1）奇（偶）函数的代数和仍是奇（偶）函数；
（2）偶数个奇函数之积是偶函数，奇数个奇函数之积仍是奇函数；
（3）一个奇函数与一个偶函数之积是奇函数.

4）周期性

设函数 $f(x)$ 在某个数集 A 上有定义，若存在常数 $T>0$，使得对 $\forall x\in A$，且有 $x+T\in A$，恒有
$$f(x+T)=f(x),$$
则称 $f(x)$ 为周期函数. 满足上面等式的最小的 T 值称为 $f(x)$ 的周期.

周期函数的运算性质：
（1）若 $f(x)$、$g(x)$ 皆是以 T 为周期的函数，则 $f(x)\pm g(x)$ 也是以 T 为周期的函数；
（2）若 $f(x)$、$g(x)$ 分别是以 T_1 与 $T_2(T_1\neq T_2)$ 为周期的函数，则 $f(x)\pm g(x)$ 是以 T_1、T_2 的最小公倍数 T 为周期的函数；
（3）若 $f(x)$ 是以 T 为周期的函数，则 $f(px+q)(p\neq 0)$ 是以 $\dfrac{T}{|p|}$ 为周期的函数.

3. 复合函数

设 $y=f(u)$ 是数集 B 上的函数，而 $u=\varphi(x)$ 是由数集 A 到 B 的一个非空子集 B_φ 的函数，对 $\forall x\in A$，通过 u，都有唯一的 y 与它对应，这时在 A 上产生了一个新的函数，用 $f\circ\varphi$ 表示，函数 $f\circ\varphi$ 称为 A 上的复合函数，记作
$$x\xrightarrow{f\circ\varphi} y, \text{或 } y=f[\varphi(x)], x\in A,$$
这里 u 称为中间变量，A 是 $f\circ\varphi$ 的定义域.

4. 反函数

设函数 $y=f(x)$ 的定义域为 A，值域为 W，那么对 $\forall y\in W$，必存在 $x\in A$，使得 $f(x)=y$，这时如果把 y 看做自变量，x 看做因变量，按照函数概念就得一个新函数，这个新函数称为函数 $y=f(x)$ 的反函数，记为 $x=f^{-1}(y)$，其定义域为 W，值域为 A.

习惯上自变量用 x 表示，因变量用 y 表示，那么函数 $y=f(x)$ 的反函数也可记作 $y=f^{-1}(x)$.

5. 初等函数

1）基本初等函数

常数函数、幂函数、三角函数、反三角函数、指数函数和对数函数统称为基本初等函数.

2）初等函数

由基本初等函数经过有限次的四则运算和有限次的函数的复合步骤所构成的并可用一个解析式子表达的函数，称为初等函数.

一、求函数的定义域

因为初等函数是由基本初等函数经过有限次的四则运算和有限次的函数的复合步骤而构成的函数，所以要求初等函数的定义域首先必须掌握基本初等函数的定义域，在基本初等函数中有一部分函数在整个实数集 $\mathbf{R}$ 上有定义，例如幂函数中 $x^n(n\in\mathbf{N}^+)$，指数函数 $a^x(a>0, a\neq 1)$，三角函数中的 $\sin x$、$\cos x$，反三角函数中的 $\arctan x$、$\operatorname{arccot} x$，而另一部分函数仅在实数集 $\mathbf{R}$ 的某个子集 $\mathbf{D}$ 上有定义，例如幂函数中的 x^{-n}、$x^{\frac{1}{2n}}(n\in\mathbf{N}^+)$，对数函数 $\log_a x(a>0, a\neq 1)$，三角函数中的 $\tan x$、$\cot x$，反三角函数中的 $\arcsin x$、$\arccos x$ 等，熟练地掌握并牢记下面这些基本初等函

数或简单的初等函数的定义域,对求初等函数的定义域将会起到十分重要的作用.

函 数	定 义 域
$f(x) = \dfrac{1}{x}$	$D_f = \{x \mid x \neq 0\}$,或 $x \in (-\infty, 0) \cup (0, +\infty)$
$f(x) = x^{\frac{1}{2n}}(n \in \mathbf{N}^+)$	$D_f = \{x \mid x \geq 0\}$,或 $x \in [0, +\infty)$
$f(x) = \log_a x$	$D_f = \{x \mid x > 0\}$,或 $x \in (0, +\infty)$
$f(x) = \log_x^\alpha (\alpha > 0)$	$D_f = \{x \mid x > 0, x \neq 1\}$,或 $x \in (0,1) \cup (1, +\infty)$
$f(x) = \tan x$	$D_f = \left\{x \mid x \neq k\pi + \dfrac{\pi}{2}, k \in Z\right\}$
$f(x) = \cot x$	$D_f = \{x \mid x \neq k\pi, k \in Z\}$
$f(x) = \arcsin x$	$D_f = \{x \mid \mid x \mid \leq 1\}$,或 $x \in [-1, 1]$
$f(x) = \arccos x$	$D_f = \{x \mid \mid x \mid \leq 1\}$,或 $x \in [-1, 1]$

例 1.1 设函数 $f(x) = \sqrt{x+1} + \dfrac{1}{\lg(1-x)}$,

(1) 求函数 $f(x)$ 的定义域;

(2) 求函数 $f(\ln x)$ 的定义域;

(3) 求函数 $f(x-a) + f(x+a)$ 的定义域 $\left(0 < a < \dfrac{1}{2}\right)$.

解 (1) 函数 $f(x)$ 是由两个简单的初等函数 $(x+1)^{\frac{1}{2}}$ 与 $\dfrac{1}{\lg(1-x)}$ 相加而成的,先求两个简单的初等函数的定义域:

为了使 $(x+1)^{\frac{1}{2}}$ 有定义,自变量 x 必须满足不等式
$$x + 1 \geq 0,$$

为了使 $\dfrac{1}{\lg(1-x)}$ 有定义,自变量 x 还必须满足不等式组
$$\begin{cases} 1 - x > 0, \\ 1 - x \neq 1. \end{cases}$$

因此,为了使 $f(x)$ 有定义,x 就必须满足由以上三个不等式构成的不等式组
$$\begin{cases} x + 1 \geq 0, \\ 1 - x > 0, \\ 1 - x \neq 1, \end{cases} \text{或} \quad \begin{cases} x \geq -1, \\ x < 1, \\ x \neq 0. \end{cases}$$

上面不等式组的解集就是函数 $f(x)$ 的定义域:
$$D_f = \{x \mid x \in [-1, 0) \cup (0, 1)\}.$$

(2) 求 $f(\ln x)$ 的定义域. 函数 $f(\ln x)$ 是由 $f(u), u = \ln x$ 复合而成,为了使 $\ln x$ 有定义,x 必须满足不等式
$$x > 0.$$

其次,为了使 $f(\ln x)$ 有定义,x 还必须满足不等式
$$-1 \leq \ln x < 0, \text{或} \; 0 < \ln x < 1.$$

因此,为了使 $f(\ln x)$ 有定义,x 必须满足由以上三个不等式构成的不等式组

$$\begin{cases} x > 0, \\ -1 \leq \ln x < 0. \end{cases} \text{或} \begin{cases} x > 0, \\ 0 < \ln x < 1. \end{cases}$$

上面不等式组的解集就是函数 $f(\ln x)$ 的定义域:
$$D_f = \{x \mid x \in [e^{-1}, 1) \cup (1, e)\}.$$

(3) 求 $f(x-a) + f(x+a)\left(0 < a < \dfrac{1}{2}\right)$ 的定义域.

为了使 $f(x-a)$ 有意义,x 必须满足不等式
$$-1 \leq x - a < 0, \text{或} 0 < x - a < 1.$$

为了使 $f(x+a)$ 有意义,x 必须满足不等式
$$-1 \leq x + a < 0, \text{或} 0 < x + a < 1.$$

为了使 $f(x-a) + f(x+a)$ 有意义,x 必须满足由上面 4 个不等式构成的不等式组
$$\begin{cases} -1 \leq x - a < 0, \\ -1 \leq x + a < 0. \end{cases} \text{或} \begin{cases} 0 < x - a < 1, \\ 0 < x + a < 1. \end{cases}$$

即
$$\begin{cases} -1 + a \leq x < a, \\ -1 - a \leq x < -a. \end{cases} \text{或} \begin{cases} a < x < 1 + a, \\ -a < x < 1 - a. \end{cases}$$

不等式组的解集为
$$-1 + a \leq x < -a, \text{或} a < x < 1 - a.$$

因此,函数 $f(x-a) + f(x+a)$ 的定义域是
$$D_f = \{x \mid x \in [-1+a, -a) \cup (a, 1-a)\}.$$

例 1.2 设函数 $f(x) = \arcsin\dfrac{2x-1}{3} + \dfrac{1}{\lg|x-1|}$,

(1) 求函数 $f(x)$ 的定义域;

(2) 求函数 $f(x+1)$ 的定义域.

解 (1) 函数 $f(x)$ 是由两个简单的初等函数 $\arcsin\dfrac{2x-1}{3}$ 与 $\dfrac{1}{\lg|x-1|}$ 相加而成的,先求两个简单函数的定义域:

为了使反正弦函数 $\arcsin\dfrac{2x-1}{3}$ 有定义,自变量 x 必须满足不等式
$$\dfrac{|2x-1|}{3} \leq 1.$$

为了使对数函数 $\lg|x-1|$ 有定义,自变量 x 必须满足不等式
$$|x-1| > 0, \text{或} x - 1 \neq 0.$$

为了使分式函数 $\dfrac{1}{\lg|x-1|}$ 有定义,自变量 x 必须满足不等式
$$\lg|x-1| \neq 0, \text{或} |x-1| \neq 1, \text{即} x - 1 \neq \pm 1.$$

因此为了使函数 $f(x)$ 有定义,自变量 x 必须满足不等式组
$$\begin{cases} \dfrac{|2x-1|}{3} \leq 1, \\ x - 1 \neq 0, \\ x - 1 \neq \pm 1. \end{cases} \text{或} \begin{cases} -1 \leq x \leq 2, \\ x \neq 1, \\ x \neq 0, x \neq 2. \end{cases}$$

上面不等式组的解集就是函数 $f(x)$ 的定义域:
$$D_f = \{x \mid x \in [-1, 0) \cup (0, 1) \cup (1, 2)\}.$$

(2) 求函数 $f(x+1)$ 的定义域. 由函数 $f(x)$ 的定义域可知,为了使函数 $f(x+1)$ 有定义,自变量 x 必须满足不等式
$$-1 \leqslant x+1 < 0, \text{或} 0 < x+1 < 1, \text{或} 1 < x+1 < 2.$$
即
$$-2 \leqslant x < -1, \text{或} -1 < x < 0, \text{或} 0 < x < 1.$$
所求函数 $f(x+1)$ 的定义域为
$$D_f = \{x \mid x \in [-2, -1) \cup (-1, 0) \cup (0, 1)\}.$$

例 1.3 设函数 $f(x) = \dfrac{x}{x-1}$,求函数 $f\left[\dfrac{1}{f(x)}\right]$ 的定义域.

解 为了使 $f(x)$ 有意义,x 必须满足不等式
$$x - 1 \neq 0.$$
为了使 $\dfrac{1}{f(x)}$ 有意义,x 必须满足不等式组
$$\begin{cases} x - 1 \neq 0, \\ f(x) = \dfrac{x}{x-1} \neq 0. \end{cases}$$
为了使 $f\left[\dfrac{1}{f(x)}\right]$ 有意义,x 还必须满足
$$\dfrac{1}{f(x)} - 1 \neq 0, \text{即} f(x) = \dfrac{x}{x-1} \neq 1,$$
此不等式显然成立,因此,为了使 $f\left[\dfrac{1}{f(x)}\right]$ 有意义,x 必须满足上面两个不等式构成的不等式组
$$\begin{cases} x - 1 \neq 0, \\ \dfrac{x}{x-1} \neq 0. \end{cases} \quad \text{即} \quad \begin{cases} x \neq 1, \\ x \neq 0. \end{cases}$$
所以,$f\left[\dfrac{1}{f(x)}\right]$ 的定义域是
$$D_f = \{x \mid x \in (-\infty, 0) \cup (0, 1) \cup (1, +\infty)\}.$$

综上三例可知,求初等函数的定义域的步骤如下:

(1) 确认函数 $f(x)$ 是由哪几个简单的初等函数或基本初等函数经过四则运算或复合步骤而构成的函数;

(2) 为了使这些简单的初等函数或基本初等函数有定义,求出自变量 x 必须满足的不等式或不等式组;

(3) 把以上这些不等式联立在一起,就得到 x 必须满足的不等式组;

(4) 解这个不等式组,所得到的解集就是所求的函数 $f(x)$ 的定义域.

二、抽象函数符号的运用

在函数概念中,自变量 x 的取值范围,即函数的定义域及自变量 x 与因变量 y 的对应规律 f,通常称为函数($y = f(x)$)概念的两要素. 因此能熟练地运用抽象的函数符号来表达一个函数,是学习高等数学的基本知识之一.

在函数的表示法中,只需把函数的定义域以及自变量和因变量的对应规律表达清楚,而与用什么字母来表示自变量和因变量无关. 这种函数表示法的"无关性",对抽象函数符号运用十分重要.

例 1.4 设 $f(x) = \dfrac{x+1}{x}$,求 $f[f(x)]$ 及 $f\left[\dfrac{1}{f(x)+1}\right]$ 的表达式和定义域.

解 (1) $f[f(x)] = \dfrac{f(x)+1}{f(x)} = \dfrac{\dfrac{x+1}{x}+1}{\dfrac{x+1}{x}} = \dfrac{2x+1}{x+1}$

为了使 $f(x)$ 有意义,x 必须满足不等式
$$x \neq 0,$$

为了使 $\dfrac{f(x)+1}{f(x)}$ 有意义,除了 x 必须满足不等式 $x \neq 0$ 之外,还必须满足不等式
$$f(x) \neq 0, \text{即} \dfrac{x+1}{x} \neq 0.$$

即复合函数 $f[f(x)]$ 的自变量 x 必须满足不等式组
$$\begin{cases} x \neq 0, \\ x \neq -1. \end{cases}$$

于是 $f[f(x)]$ 的定义域为 $D = \{x \mid x \in (-\infty, -1) \cup (-1, 0) \cup (0, +\infty)\}$.

(2) 求 $f\left[\dfrac{1}{f(x)+1}\right]$.

先计算 $f(x) + 1$,
$$f(x) + 1 = \dfrac{x+1}{x} + 1 = \dfrac{2x+1}{x}.$$

再计算 $f\left[\dfrac{1}{f(x)+1}\right]$,
$$f\left[\dfrac{1}{f(x)+1}\right] = f\left(\dfrac{x}{2x+1}\right) = \dfrac{\dfrac{x}{2x+1}+1}{\dfrac{x}{2x+1}} = \dfrac{3x+1}{x}.$$

为了使 $f(x)$ 有意义,x 必须满足不等式
$$x \neq 0.$$

为了使 $\dfrac{1}{f(x)+1}$ 有意义,x 还必须满足不等式
$$f(x) + 1 \neq 0, \text{即} \dfrac{x+1}{x} + 1 \neq 0.$$

所以,为了使 $f\left[\dfrac{1}{f(x)+1}\right]$ 有意义,x 必须满足不等式组
$$\begin{cases} x \neq 0, \\ \dfrac{x+1}{x} + 1 \neq 0. \end{cases} \text{即} \begin{cases} x \neq 0, \\ x \neq -\dfrac{1}{2}. \end{cases}$$

因此,函数 $f\left[\dfrac{1}{f(x)+1}\right]$ 的定义域为
$$D = \left\{x \mid x \in (-\infty, 0) \cup \left(0, -\dfrac{1}{2}\right) \cup \left(-\dfrac{1}{2}, +\infty\right)\right\}.$$

例 1.5 设函数
$$f(x) = \begin{cases} \sqrt{x}, & 0 \leq x < 4, \\ x-2, & 4 \leq x \leq 6. \end{cases} \quad \varphi(x) = \begin{cases} x^2, & 0 \leq x < 2, \\ x+2, & 2 \leq x \leq 4. \end{cases}$$

求 $f[\varphi(x)]$.

解 由 $f(x)$ 的表达式知

$$f[\varphi(x)] = \begin{cases} \sqrt{\varphi(x)}, & 0 \leq \varphi(x) < 4, \\ \varphi(x) - 2, & 4 \leq \varphi(x) \leq 6. \end{cases}$$

下面求不等式 $0 \leq \varphi(x) < 4$ 的解集. 由 $\varphi(x)$ 的表达式知

当 $0 \leq x < 2$ 时, $\varphi(x) = x^2$, 由 $0 \leq \varphi(x) = x^2 < 4$, 得 $-2 < x < 2$. 由不等式组

$$\begin{cases} 0 \leq x < 2, \\ -2 < x < 2. \end{cases} \quad 得解集 0 \leq x < 2.$$

当 $2 \leq x \leq 4$ 时, $\varphi(x) = x + 2$, 由 $0 \leq \varphi(x) = x + 2 < 4$, 得 $-2 \leq x < 2$, 不等式组

$$\begin{cases} 2 \leq x \leq 4, \\ -2 \leq x < 2. \end{cases} \quad 无解.$$

所以不等式 $0 \leq \varphi(x) < 4$ 的解集为 $0 \leq x < 2$.

再求不等式 $4 \leq \varphi(x) \leq 6$ 的解集. 由 $\varphi(x)$ 的表达式知:

当 $0 \leq x < 2$ 时, $\varphi(x) = x^2$, 由 $4 \leq \varphi(x) = x^2 \leq 6$, 得不等式组

$$\begin{cases} 0 \leq x < 2, \\ 4 \leq x^2 \leq 6. \end{cases} \quad 无解$$

当 $2 \leq x \leq 4$ 时, $\varphi(x) = x + 2$, 由 $4 \leq \varphi(x) = x + 2 \leq 6$, 得 $2 \leq x \leq 4$, 由不等式组

$$\begin{cases} 2 \leq x \leq 4, \\ 2 \leq x \leq 4. \end{cases} \quad 解集 2 \leq x \leq 4,$$

所以不等式 $4 \leq \varphi(x) \leq 6$ 的解集为 $2 \leq x \leq 4$.

于是有

$$f[\varphi(x)] = \begin{cases} \sqrt{\varphi(x)}, 0 \leq \varphi(x) < 4 \\ \varphi(x) - 2, 4 \leq \varphi(x) \leq 6 \end{cases} = \begin{cases} \sqrt{x^2}, 0 \leq x < 2 \\ (x+2) - 2, 2 \leq x \leq 4 \end{cases}$$
$$= x(0 \leq x \leq 4).$$

例 1.6 设 $f[\ln x] = x^2(1 + \ln^2 x)$, 求 $f(x)$.

解法 1 令 $t = \ln x$, 解出反函数 $x = e^t$, 代入原式的两边, 得

$$f(t) = e^{2t}[1 + (\ln e^t)^2] = e^{2t}(1 + t^2).$$

因此, 有

$$f(x) = e^{2x}(1 + x^2).$$

解法 2 把原式右端的函数 $x^2(1 + \ln^2 x)$ 凑成以 $\ln x$ 为变元的函数, 即

$$f(\ln x) = e^{2\ln x}(1 + \ln^2 x),$$

把 $\ln x$ 换成 x, 即得

$$f(x) = e^{2x}(1 + x^2).$$

例 1.7 设单值函数 $f(u)$ 满足关系式:

$$f^2(\lg x) - 2xf(\lg x) + x^2\lg x = 0,$$

其中 $x \in [1, 10]$, 且 $f(0) = 0$, 求 $f(x)$.

解 令 $y = f(\lg x), x \in [1, 10]$, 原关系式化为

$$y^2 - 2xy + x^2\lg x = 0.$$

把 y 看做未知函数, 解此二次方程, 得

$$y = f(\lg x) = x(1 \pm \sqrt{1 - \lg x}) = 10^{\lg x}(1 \pm \sqrt{1 - \lg x}).$$

把 $\lg x$ 换成 x, 便得

$$f(x) = 10^x(1 \pm \sqrt{1 - x}).$$

因为 $f(0) = 0$，可知上式只能取"$-$"号，于是有
$$f(x) = 10^x(1 - \sqrt{1-x}), x \in [0,1].$$

例 1.8 设 $f\left(\sin\dfrac{x}{2}\right) = \cos x + 1$，求 $f\left(\cos\dfrac{x}{2}\right)$.

解法 1 令 $t = \sin\dfrac{x}{2}$，解出 $x = 2\arcsin t$，代入原关系式的两边，得
$$f(t) = \cos(2\arcsin t) + 1 = 1 - 2\sin^2(\arcsin t) + 1 = 2 - 2t^2.$$

由 $t = \sin\dfrac{x}{2}$ 可知 $|t| \leq 1$，因此
$$f(x) = 2 - 2x^2, |x| \leq 1.$$

显然 $\cos\dfrac{x}{2}$ 满足 $\left|\cos\dfrac{x}{2}\right| \leq 1$，于是有
$$f\left(\cos\dfrac{x}{2}\right) = 2 - 2\cos^2\dfrac{x}{2} = 2\sin^2\dfrac{x}{2} = 1 - \cos x.$$

解法 2 因为 $\cos\dfrac{x}{2} = \sin\left(\dfrac{\pi}{2} - \dfrac{x}{2}\right) = \sin\dfrac{\pi - x}{2}$，

令 $\pi - x = t$，则有 $\cos\dfrac{x}{2} = \sin\dfrac{t}{2}$. 于是有
$$f\left(\cos\dfrac{x}{2}\right) = f\left(\sin\dfrac{t}{2}\right) = \cos t + 1 = \cos(\pi - x) + 1 = 1 - \cos x.$$

例 1.9 设 $f(x) + f\left(\dfrac{x-1}{x}\right) = 2x$，其中，$x \neq 0, x \neq 1$，求 $f(x)$.

解 由于函数表示法与用什么字母表示变量无关，可令 $t = \dfrac{x-1}{x}$，或 $x = \dfrac{1}{1-t}$，代入原关系式，得
$$f\left(\dfrac{1}{1-t}\right) + f(t) = \dfrac{2}{1-t}$$

或
$$f\left(\dfrac{1}{1-x}\right) + f(x) = \dfrac{2}{1-x} \tag{1.1}$$

再令 $x = \dfrac{1}{1-u}$，则 $\dfrac{1}{1-x} = \dfrac{1}{1 - \dfrac{1}{1-u}} = \dfrac{u-1}{u}$，代入 (1.1) 式，得
$$f\left(\dfrac{u-1}{u}\right) + f\left(\dfrac{1}{1-u}\right) = \dfrac{2(u-1)}{u}$$

或
$$f\left(\dfrac{x-1}{x}\right) + f\left(\dfrac{1}{1-x}\right) = \dfrac{2(x-1)}{x}. \tag{1.2}$$

解方程组
$$\begin{cases} f(x) + f\left(\dfrac{x-1}{x}\right) = 2x, \\ f\left(\dfrac{1}{1-x}\right) + f(x) = \dfrac{2}{1-x}, \\ f\left(\dfrac{x-1}{x}\right) + f\left(\dfrac{1}{1-x}\right) = \dfrac{2(x-1)}{x}. \end{cases}$$

前两个方程相加,再减去第三个方程,得
$$2f(x) = 2x + \frac{2}{1-x} - \frac{2(x-1)}{x},$$
$$f(x) = x + \frac{1}{x} + \frac{1}{1-x} - 1.$$

综上数例,抽象函数符号运用的练习题大致可以分为以下三类情形:

(1) 将两个或两个以上的已知函数进行复合,求复合函数的表达式及定义域(如例 1.4、例 1.5).例如已知函数 $f(x)$ 及 $\varphi(x)$,求 $f[\varphi(x)]$ 的表达式,一般是将函数 $f(x)$ 中的自变量 x 用另一个函数 $\varphi(x)$ 的表达式来替换,再化简替换后的表达式,即得到复合函数的表达式 $f[\varphi(x)]$.

(2) 已知函数 $\varphi(x)$ 及复合函数 $f[\varphi(x)]$ 的表达式为 $F(x)$,即 $f[\varphi(x)] = F(x)$,求函数 $f(x)$ 的表达式(如例 1.6),通常可以采用以下两种方法:

一种方法是如果已知函数 $\varphi(x)$ 存在反函数,可令 $u = \varphi(x)$,解得其反函数 $x = \varphi^{-1}(u)$,分别代入等式
$$f[\varphi(x)] = F(x)$$
的两边,得到
$$f(u) = F[\varphi^{-1}(u)].$$
再根据函数的表示法与用什么字母表示自变量无关的特性,把 u 换为 x,便得到
$$f(x) = F[\varphi^{-1}(x)].$$
另一种方法是把函数 $\varphi(x)$ 视为一个变元,把函数 $F(x)$ 凑成以 $\varphi(x)$ 为变元的函数,则有
$$F(x) = f[\varphi(x)],$$
再把上式右端的 $\varphi(x)$ 换为 x,便得到 $f(x)$ 的表达式.

(3) 已知函数 $\varphi(x)$,$\psi(x)$ 及复合函数 $f[\varphi(x)]$ 的表达式,求复合函数 $f[\psi(x)]$ 的表达式(如例 1.8).其解题的思路是先由 $\varphi(x)$,$f[\varphi(x)]$ 求出函数 $f(x)$ 的表达式,再由 $\psi(x)$ 及 $f(x)$,求出复合函数 $f[\psi(x)]$ 的表达式.

三、求函数的反函数

设函数 $y = f(x)$ 存在反函数,求其反函数 $y = f^{-1}(x)$ 的一般步骤如下:

(1) 把函数表达式 $y = f(x)$ 看做是关于变元 x、y 的方程 $y - f(x) = 0$,从该方程解出 $x = f^{-1}(y)$;

(2) 在表达式 $x = f^{-1}(y)$ 中,把 x 换成 y,而把 y 换成 x,便得所求反函数的表达式 $y = f^{-1}(x)$;

(3) 确定反函数 $y = f^{-1}(x)$ 的定义域(即直接函数 $y = f(x)$ 的值域就是反函数 $y = f^{-1}(x)$ 的定义域).

例 1.10 求函数 $y = \dfrac{2^x}{2^x + 1}$ 的反函数.

解 由原式,得
$$y(2^x + 1) = 2^x, \quad 2^x = \frac{y}{1-y},$$
上式两边取对数,得
$$x = \log_2\left(\frac{y}{1-y}\right),$$
所求的反函数为

$$y = \log_2\left(\frac{x}{1-x}\right).$$

因为直接函数 $y = \dfrac{2^x}{2^x + 1}$ 的值域 $V_f = \{y \mid 0 < y < 1\}$,所以反函数的定义域为 $D_{f^{-1}} = \{x \mid 0 < x < 1\}$.

例 1.11 求函数

$$y = f(x) = \begin{cases} 1 + x^2, & \text{当 } x > 0, \\ 0, & \text{当 } x = 0, \\ -1 - x^2, & \text{当 } x < 0 \end{cases}$$

的反函数.

解 当 $x > 0$ 时,$y = 1 + x^2 > 1$,$x = \sqrt{y-1}$;

当 $x = 0$ 时,$y = 0$;

当 $x < 0$ 时,$y = -1 - x^2 < -1$,$x = -\sqrt{-y-1}$.

所求的反函数为

$$y = f^{-1}(x) = \begin{cases} \sqrt{x-1}, & x > 1, \\ 0, & x = 0, \\ -\sqrt{-x-1}, & x < -1. \end{cases}$$

例 1.12 求函数 $y = \log_a(x + \sqrt{x^2 - 1})\,(x \geq 1)$ 的反函数.

解 由原式两边取以 a 为底的指数函数,得

$$a^y = x + \sqrt{x^2 - 1},$$

$$a^{-y} = \frac{1}{x + \sqrt{x^2 - 1}} = \frac{x - \sqrt{x^2 - 1}}{(x + \sqrt{x^2 - 1})(x - \sqrt{x^2 - 1})} = x - \sqrt{x^2 - 1},$$

以上两式相加,得

$$2x = a^y + a^{-y},\quad x = \frac{a^y + a^{-y}}{2},$$

所求的反函数为

$$y = \frac{a^x + a^{-x}}{2},\ x \in [0, +\infty).$$

四、判别函数的几个基本性质

1. 判别函数的奇偶性

例 1.13 判定下列函数的奇偶性:

(1) $f(x) = \left(\dfrac{1}{2+\sqrt{3}}\right)^x + \left(\dfrac{1}{2-\sqrt{3}}\right)^x$;

(2) $f(x) = \ln(x + \sqrt{x^2 + 1})$.

解 (1) 由于

$$f(-x) = \left(\frac{1}{2+\sqrt{3}}\right)^{-x} + \left(\frac{1}{2-\sqrt{3}}\right)^{-x} = (2-\sqrt{3})^{-x} + (2+\sqrt{3})^{-x}$$

$$= \left(\frac{1}{2-\sqrt{3}}\right)^x + \left(\frac{1}{2+\sqrt{3}}\right)^x = f(x).$$

根据偶函数定义,$f(x)$ 是定义在 $(-\infty, +\infty)$ 上的偶函数.

(2) 由于
$$f(x) = \ln(x + \sqrt{x^2+1}), f(-x) = \ln(-x + \sqrt{x^2+1}),$$
那么
$$f(x) + f(-x) = \ln(x + \sqrt{x^2+1}) + \ln(-x + \sqrt{x^2+1})$$
$$= \ln[(x + \sqrt{x^2+1})(-x + \sqrt{x^2+1})] = \ln 1 = 0.$$

根据奇函数定义，$f(x)$ 是定义在 $(-\infty, +\infty)$ 上的奇函数.

例 1.14 已知
$$g(x) = \begin{cases} \dfrac{1}{e^{\sin x}-1} + \dfrac{1}{2}, & x \neq 0, \\ 0, & x = 0, \end{cases}$$
$$F(x) = \dfrac{g(x)}{\sqrt{1+x^2}},$$
试判别函数 $F(x)$ 的奇偶性.

解法 1 令 $f(x) = \dfrac{1}{\sqrt{1+x^2}}, x \in (-\infty, +\infty)$.

因为
$$f(-x) = \dfrac{1}{\sqrt{1+(-x)^2}} = \dfrac{1}{\sqrt{1+x^2}} = f(x),$$
所以根据偶函数的定义，可知 $f(x)$ 是偶函数.

当 $x \neq 0$ 时，有
$$g(x) + g(-x) = \dfrac{1}{e^{\sin x}-1} + \dfrac{1}{2} + \dfrac{1}{e^{\sin(-x)}-1} + \dfrac{1}{2} = \dfrac{1}{e^{\sin x}-1} + 1 + \dfrac{1}{e^{-\sin x}-1}$$
$$= \dfrac{1}{e^{\sin x}-1} - \dfrac{e^{\sin x}}{e^{\sin x}-1} + 1 = 0.$$

根据奇函数的定义，可知 $g(x)$ 是奇函数.

由于 $F(x) = f(x)g(x), x \in (-\infty, +\infty)$，根据奇偶函数的运算性质，可知 $F(x)$ 是奇函数.

解法 2 当 $x = 0$ 时，有 $F(0) = f(0)g(0) = 0$，

当 $x \neq 0$ 时，有
$$F(-x) + F(x) = \dfrac{g(-x)}{\sqrt{1+(-x)^2}} + \dfrac{g(x)}{\sqrt{1+x^2}} = \dfrac{1}{\sqrt{1+x^2}}[g(-x) + g(x)] = 0.$$

根据奇函数的定义，可知 $F(x)$ 是奇函数.

2. 判别函数的周期性

例 1.15 求下列周期函数的周期：

(1) $f(x) = \sin^2 2x$；(2) $f(x) = [x] - 3\left[\dfrac{x}{3}\right]$.

解 周期函数的周期是指最小的正周期，即满足等式
$$f(x+T) = f(x)$$
的最小正数 T.

(1) $f(x) = \sin^2 2x = \dfrac{1-\cos 4x}{2} = \dfrac{1}{2} - \dfrac{1}{2}\cos 4x,$

设 $f(x)$ 的周期为 T,那么

$$f(x+T) = \frac{1}{2} - \frac{1}{2}\cos 4(x+T) = \frac{1}{2} - \frac{1}{2}\cos(4x+4T),$$

为了使 $f(x+T) = f(x)$ 成立,即等式

$$\frac{1}{2} - \frac{1}{2}\cos(4x+4T) = \frac{1}{2} - \frac{1}{2}\cos 4x$$

成立,当且仅当 $4T = 2n\pi$ 或 $T = \frac{n\pi}{2}, n \in N$. 使上式成立的最小正数是 $T = \frac{\pi}{2}$,所以 $\sin^2 2x$ 是以 $\frac{\pi}{2}$ 为周期的函数.

(2) 因为

$$f(x+3) = [x+3] - 3\left[\frac{x+3}{3}\right] = [x] + 3 - 3\left[\frac{x}{3}+1\right]$$

$$= [x] + 3 - 3\left[\frac{x}{3}\right] - 3 = [x] - 3\left[\frac{x}{3}\right] = f(x).$$

显然任何小于 3 的正数都不可能是 $f(x)$ 的周期,所以 $f(x)$ 是以 3 为周期的函数.

例 1.16 试证明:函数 $f(x) = x^2\cos x$ 不是周期函数.

证 用反证法证明:设函数 $f(x) = x^2\cos x$ 是以 $T(T>0)$ 为周期的周期函数,则有

$$f(x+T) = f(x),$$

即

$$(x+T)^2\cos(x+T) = x^2\cos x,$$

若令 $x = 0$ 及 $x = \frac{\pi}{2}$,得到

$$\begin{cases} T^2\cos T = 0, \\ \left(\frac{\pi}{2}+T\right)^2\cos\left(T+\frac{\pi}{2}\right) = 0. \end{cases}$$

由于 $T^2 > 0, \left(\frac{\pi}{2}+T\right)^2 > 0$ 及 $\cos\left(T+\frac{\pi}{2}\right) = -\sin T$,得到

$$\begin{cases} \cos T = 0, \\ \sin T = 0. \end{cases}$$

满足上式的 T 是不存在的. 从而证得函数 $f(x) = x^2\cos x$ 不是周期函数.

例 1.17 若函数 $f(x)$ 在定义域上对一切 x 均有 $f(x) = f(2a-x)$,则称函数 $f(x)$ 对称于 $x = a$. 证明:如果函数 $f(x)$ 既对称于 $x = a$,又对称于 $x = b (a < b)$,则 $f(x)$ 必定是以 $2(b-a)$ 为周期的周期函数.

证 因为 $f(x)$ 既对称于 $x = a$,又对称于 $x = b(a < b)$,所以有

$$f(x) = f(2a-x), \tag{1.3}$$

$$f(x) = f(2b-x). \tag{1.4}$$

由(1.4)式可知,若令 $u = 2b - x$,则有

$$f(u) = f(2b-u),$$

即

$$f(2a-x) = f[2b-(2a-x)] = f[2(b-a)+x].$$

再由式(1.3),知

$$f(x) = f(2a-x) = f[x+2(b-a)],$$

根据周期函数定义知,$f(x)$是以$2(b-a) > 0$为周期的周期函数.

3. 判别函数的有界性

根据有界函数的定义,应注意函数有无界是相对于某个区间而言的.

要判定函数$f(x)$在区间I上是否有界,通常是将函数$f(x)$取绝对值$|f(x)|$,然后用不等式放大或缩小的方法,看看能否找到某一正数M,使得
$$|f(x)| \leq M, \forall x \in I.$$
如果能找到这样的正数M,就说函数$f(x)$在区间I上是有界的. 如果对任意给定的正数M,无论它多么大,都存在$x_0 \in I$,使得$|f(x_0)| > M$,就说函数$f(x)$在区间I上是无界的.

例1.18 设$f(x) = \dfrac{x}{1+x^2}$,则$f(x)$在其定义域内是:

(A) 有上界而无下界;　　(B) 有下界而无上界;

(C) 有界,且$-\dfrac{1}{2} \leq f(x) \leq \dfrac{1}{2}$;　(D) 无界.

解 $|f(x)| = \left|\dfrac{x}{1+x^2}\right| = \dfrac{|x|}{1+x^2} \leq \dfrac{|x|}{2|x|} = \dfrac{1}{2}, x \in (-\infty, +\infty)$,这里利用了不等式$1+x^2 \geq 2|x|$.

所以$-\dfrac{1}{2} \leq f(x) \leq \dfrac{1}{2}$. 因此应选(C).

例1.19 问函数$f(x) = x\sin x$在区间$(0, +\infty)$内是否有界,并证明你的结论.

解 对任意给定的正数M,无论它多么大,总可以取充分大的正整数n,使得$x_n = 2n\pi + \dfrac{\pi}{2} > M$,于是有
$$|f(x_n)| = \left(2n\pi + \dfrac{\pi}{2}\right)\sin\left(2n\pi + \dfrac{\pi}{2}\right) = 2n\pi + \dfrac{\pi}{2} > M.$$
因此函数$f(x) = x\sin x$在$(0, +\infty)$内是无界函数.

第二讲　求数列和函数极限的方法

求数列和函数的极限,是高等数学的基本运算之一,是学习高等数学的导数、积分概念和运算的基础,本单元我们将总结已经学习过的常用的求极限的方法.

基本概念和重要的结论

1. 极限的四则运算法则

以下设函数$f(x)$、$g(x)$的自变量或者同是$x \to x_0$,或者同是$x \to \infty$.

如果$\lim f(x) = A, \lim g(x) = B$,则

(1) $\lim[f(x) \pm g(x)] = \lim f(x) \pm \lim g(x) = A \pm B$;

(2) $\lim[f(x)g(x)] = [\lim f(x)] \cdot [\lim g(x)] = AB$;

(3) 若$B \neq 0$,有$\lim \dfrac{f(x)}{g(x)} = \dfrac{\lim f(x)}{\lim g(x)} = \dfrac{A}{B}$.

2. 极限存在的两个准则及两个重要极限

1) 夹挤准则

若在点x_0的某个去心邻域内(或在$|x| > M$时)有不等式

成立,并且
$$\lim_{\substack{x\to x_0\\(x\to\infty)}} F(x) = \lim_{\substack{x\to x_0\\(x\to\infty)}} G(x) = A,$$

则 $\lim\limits_{\substack{x\to x_0\\(x\to\infty)}} f(x)$ 存在,且 $\lim\limits_{\substack{x\to x_0\\(x\to\infty)}} f(x) = A$.

2) 单调有界准则

单调有界数列必有极限.

3) 两个重要极限

$$\lim_{x\to 0}\frac{\sin x}{x} = 1, \lim_{x\to\infty}\left(1+\frac{1}{x}\right)^x = e.$$

3. 等价无穷小代换定理

设 $x\to x_0$(或 $x\to\infty$),α、α'、β、β' 都是无穷小,$\alpha\sim\alpha'$,$\beta\sim\beta'$,且 $\lim\dfrac{\beta'}{\alpha'}$ 存在,则 $\lim\dfrac{\beta}{\alpha}$ 存在,并且

$$\lim\frac{\beta}{\alpha} = \lim\frac{\beta'}{\alpha'}.$$

4. 海涅(Heine)定理

$\lim\limits_{\substack{x\to x_0\\(x\to\infty)}} f(x) = A$ 的充分必要条件是对任选数列 $\{x_n\}$,当 $n\to\infty$ 时,$x_n\to x_0$(或 $x_n\to\infty$),有 $\lim\limits_{n\to\infty} f(x_n) = A$.

常用求数列及函数极限的方法有以下几种.

一、利用初等数学的基本公式和极限的四则运算法则求极限

常用的几个初等数学公式:

(1) $1 + 2 + 3 + \cdots + n = \dfrac{n(n+1)}{2}$,

(2) $1 + 3 + 5 + \cdots + (2n-1) = n^2$,

(3) $2 + 4 + 6 + \cdots + 2n = n(n+1)$,

(4) $1 + q + q^2 + \cdots + q^{n-1} = \dfrac{1-q^n}{1-q}(q\neq 1)$,

(5) $(a+b)^n = a^n + na^{n-1}b + \dfrac{n(n-1)}{2!}a^{n-2}b^2 + \cdots + \dfrac{n(n-1)\cdots(n-k+1)}{k!}a^{n-k}b^k + \cdots + b^n$,

(6) $a^n - b^n = (a-b)(a^{n-1} + a^{n-2}b + a^{n-3}b^2 + \cdots + b^{n-1})$.

例 1.20 计算 $\lim\limits_{n\to\infty}\dfrac{1+3+5+\cdots+(2n-1)}{2n^2-n+1}$.

解 因为 $1 + 3 + 5 + \cdots + (2n-1) = n^2$,所以

$$\text{原式} = \lim_{n\to\infty}\frac{n^2}{2n^2-n+1} = \lim_{n\to\infty}\frac{1}{2-\dfrac{1}{n}+\dfrac{1}{n^2}} = \frac{1}{2}.$$

例 1.21 计算 $\lim\limits_{n\to\infty}\dfrac{1}{n}\Big[\Big(x+\dfrac{a}{n}\Big)+\Big(x+\dfrac{2a}{n}\Big)+\cdots+\Big(x+\dfrac{n-1}{n}a\Big)\Big].$

解 原式 $=\lim\limits_{n\to\infty}\dfrac{1}{n}\Big[(n-1)x+\dfrac{a+2a+\cdots+(n-1)a}{n}\Big]$

$$=\lim_{n\to\infty}\dfrac{1}{n}\Big[(n-1)x+\dfrac{a}{n}\cdot\dfrac{n(n-1)}{2}\Big]=\lim_{n\to\infty}\dfrac{(n-1)\Big(x+\dfrac{a}{2}\Big)}{n}$$

$$=\Big(x+\dfrac{a}{2}\Big)\lim_{n\to\infty}\Big(1-\dfrac{1}{n}\Big)=x+\dfrac{a}{2}.$$

例 1.22 设 $f(x)=2^{1-x}$,求 $\lim\limits_{n\to\infty}\sum\limits_{i=1}^{n}f^2(i).$

解 $\sum\limits_{i=1}^{n}f^2(i)=f^2(1)+f^2(2)+\cdots+f^2(n)$

$$=1+\Big(\dfrac{1}{2}\Big)^2+\cdots+\Big(\dfrac{1}{2^{n-1}}\Big)^2=1+\dfrac{1}{4}+\cdots+\Big(\dfrac{1}{4}\Big)^{n-1}$$

$$=\dfrac{1-\Big(\dfrac{1}{4}\Big)^n}{1-\dfrac{1}{4}}=\dfrac{4}{3}\Big[1-\Big(\dfrac{1}{4}\Big)^n\Big],$$

原式 $=\lim\limits_{n\to\infty}\dfrac{4}{3}\Big[1-\Big(\dfrac{1}{4}\Big)^n\Big]=\dfrac{4}{3}\Big[1-\lim\limits_{n\to\infty}\dfrac{1}{4^n}\Big]=\dfrac{4}{3}.$

例 1.23 计算 $\lim\limits_{h\to 0}\dfrac{(x+h)^n-x^n}{h}$,$n$ 为正整数.

解 $(x+h)^n-x^n=\Big(x^n+nx^{n-1}h+\dfrac{n(n-1)}{2!}x^{n-2}h^2+\cdots+h^n\Big)-x^n$

$$=nx^{n-1}h+\dfrac{n(n-1)}{2!}x^{n-2}h^2+\cdots+h^n,$$

原式 $=\lim\limits_{h\to 0}\Big(nx^{n-1}+\dfrac{n(n-1)}{2!}x^{n-2}h+\cdots+h^{n-1}\Big)=nx^{n-1}.$

例 1.24 设 $|x|<1$,求 $\lim\limits_{n\to\infty}(1+x)(1+x^2)(1+x^4)\cdots(1+x^{2^n}).$

解 $(1+x)(1+x^2)(1+x^4)\cdots(1+x^{2^n})$

$$=\dfrac{(1-x)(1+x)(1+x^2)(1+x^4)\cdots(1+x^{2^n})}{1-x}$$

$$=\dfrac{(1-x^2)(1+x^2)(1+x^4)\cdots(1+x^{2^n})}{1-x}$$

$$=\dfrac{(1-x^4)(1+x^4)\cdots(1+x^{2^n})}{1-x}$$

$$=\cdots$$

$$=\dfrac{1-(x^2)^{2^n}}{1-x}=\dfrac{1-x^{2^{n+1}}}{1-x},$$

原式 $=\lim\limits_{n\to\infty}\dfrac{1-x^{2^{n+1}}}{1-x}=\dfrac{1}{1-x}.$

(因为 $|x|<1$,$\lim\limits_{n\to\infty}x^{2^{n+1}}=0$)

例 1.25 计算 $\lim\limits_{n\to\infty}\cos\dfrac{x}{2}\cos\dfrac{x}{2^2}\cos\dfrac{x}{2^3}\cdots\cos\dfrac{x}{2^n}.$

解 $\cos\dfrac{x}{2}\cos\dfrac{x}{2^2}\cos\dfrac{x}{2^3}\cdots\cos\dfrac{x}{2^n}$

$$= \frac{\sin x\cos\frac{x}{2}\cos\frac{x}{2^2}\cos\frac{x}{2^3}\cdots\cos\frac{x}{2^n}}{2\sin\frac{x}{2}\cos\frac{x}{2}} = \frac{\sin x\cos\frac{x}{2^2}\cos\frac{x}{2^3}\cdots\cos\frac{x}{2^n}}{2\sin\frac{x}{2}}$$

$$= \frac{\sin x\cos\frac{x}{2^2}\cos\frac{x}{2^3}\cdots\cos\frac{x}{2^n}}{2^2\sin\frac{x}{2^2}\cos\frac{x}{2^2}} = \frac{\sin x\cos\frac{x}{2^3}\cdots\cos\frac{x}{2^n}}{2^2\sin\frac{x}{2^2}}$$

$$= \frac{\sin x\cos\frac{x}{2^3}\cdots\cos\frac{x}{2^n}}{2^3\sin\frac{x}{2^3}\cos\frac{x}{2^3}} = \frac{\sin x\cos\frac{x}{2^4}\cdots\cos\frac{x}{2^n}}{2^3\sin\frac{x}{2^3}}$$

$$= \cdots$$

$$= \frac{\sin x}{2^n\sin\frac{x}{2^n}},$$

当 $x = 0$ 时,

原式 $= 1$.

当 $x = 2^n\left(\dfrac{\pi}{2}\right)$ 时,

$$原式 = \lim_{n\to\infty}\frac{\sin\left[2^n\left(\dfrac{\pi}{2}\right)\right]}{2^n\sin\dfrac{\pi}{2}} = \lim_{n\to\infty}\frac{\sin(2^{n-1}\pi)}{2^n} = 0.$$

当 $x \neq 0, 2^n\left(\dfrac{\pi}{2}\right)$ 时,

$$原式 = \lim_{n\to\infty}\frac{\sin x}{2^n\sin\dfrac{x}{2^n}} = \lim_{n\to\infty}\frac{\dfrac{\sin x}{x}}{\dfrac{\sin\dfrac{x}{2^n}}{\dfrac{x}{2^n}}} = \frac{\sin x}{x}.$$

所以

$$\lim_{n\to\infty}\cos\frac{x}{2}\cos\frac{x}{2^2}\cos\frac{x}{2^3}\cdots\cos\frac{x}{2^n} = \begin{cases}1, & x = 0, \\ 0, & x = 2^n\left(\dfrac{\pi}{2}\right), \\ \dfrac{\sin x}{x}, & x \neq 0, 2^n\left(\dfrac{\pi}{2}\right).\end{cases}$$

二、利用两个重要极限及变量代换求极限

例 1.26 计算 $\lim\limits_{x\to-2}\dfrac{\tan\pi x}{x+2}$.

解 令 $t = x + 2$,当 $x \to -2$ 时,$t \to 0$,于是

$$\lim_{x\to-2}\frac{\tan\pi x}{x+2} = \lim_{t\to 0}\frac{\tan\pi(t-2)}{t} = \lim_{t\to 0}\frac{\tan(\pi t - 2\pi)}{t}$$

$$= \lim_{t\to 0}\frac{\tan\pi t}{t} = \lim_{t\to 0}\frac{1}{\cos\pi t}\cdot\frac{\sin\pi t}{t} = \lim_{t\to 0}\frac{1}{\cos\pi t}\cdot\lim_{t\to 0}\frac{\pi\sin\pi t}{\pi t} = \pi.$$

例 1.27 计算 $\lim\limits_{x\to 1}\dfrac{1-x^2}{\sin\pi x}$.

解 令 $1 - x = t$，当 $x \to 1$ 时，$t \to 0$.

$$\lim_{x \to 1} \frac{1 - x^2}{\sin \pi x} = \lim_{x \to 1} \frac{(1 + x)(1 - x)}{\sin \pi x} = \lim_{t \to 0} \frac{(2 - t)t}{\sin(\pi - \pi t)}$$

$$= \lim_{t \to 0} (2 - t) \cdot \frac{t}{\sin \pi t} = \lim_{t \to 0} (2 - t) \cdot \lim_{t \to 0} \frac{1}{\pi} \cdot \frac{\pi t}{\sin \pi t} = \frac{2}{\pi}.$$

例 1.28 计算 $\lim\limits_{x \to 0} \dfrac{\tan x - \sin x}{x^3}$.

解 原式 $= \lim\limits_{x \to 0} \dfrac{\dfrac{\sin x}{\cos x} - \sin x}{x^3} = \lim\limits_{x \to 0} \dfrac{\sin x (1 - \cos x)}{x^3 \cos x}$

$$= \lim_{x \to 0} \frac{\sin x}{x} \cdot \frac{1}{\cos x} \cdot \frac{1 - \cos x}{x^2} = \lim_{x \to 0} \frac{\sin x}{x} \cdot \frac{1}{\cos x} \cdot \frac{2\sin^2 \dfrac{x}{2}}{x^2}$$

$$= \lim_{x \to 0} \frac{\sin x}{x} \cdot \frac{1}{\cos x} \cdot \frac{1}{2} \left(\frac{\sin \dfrac{x}{2}}{\dfrac{x}{2}} \right)^2$$

$$= \lim_{x \to 0} \frac{\sin x}{x} \cdot \lim_{x \to 0} \frac{1}{\cos x} \cdot \frac{1}{2} \lim_{x \to 0} \left(\frac{\sin \dfrac{x}{2}}{\dfrac{x}{2}} \right)^2 = \frac{1}{2}.$$

例 1.29 计算 $\lim\limits_{x \to \frac{\pi}{2}} (1 + \cos x)^{3\sec x}$.

解 令 $t = \cos x$，当 $x \to \dfrac{\pi}{2}$ 时，$t \to 0$，于是

$$\lim_{x \to \frac{\pi}{2}} (1 + \cos x)^{3\sec x} = \lim_{t \to 0} (1 + t)^{\frac{3}{t}} = \lim_{t \to 0} [(1 + t)^{\frac{1}{t}}]^3 = \mathrm{e}^3.$$

例 1.30 计算 $\lim\limits_{x \to 0} (\cos 2x)^{\frac{1}{\sin^2 x}}$.

解 $\cos 2x = 1 - 2\sin^2 x$，令 $t = -2\sin^2 x$，当 $x \to 0$ 时，$t \to 0$，于是

$$\lim_{x \to 0} (\cos 2x)^{\frac{1}{\sin^2 x}} = \lim_{x \to 0} (1 - 2\sin^2 x)^{\frac{1}{\sin^2 x}} = \lim_{t \to 0} (1 + t)^{-\frac{2}{t}} = \frac{1}{\lim\limits_{t \to 0} [(1 + t)^{\frac{1}{t}}]^2} = \frac{1}{\mathrm{e}^2}.$$

例 1.31 已知 $\lim\limits_{x \to \infty} \left(\dfrac{x + 2a}{x - 2a} \right)^x = 8$，求 a 的值.

解 $\dfrac{x + 2a}{x - 2a} = 1 + \dfrac{4a}{x - 2a}$，令 $t = \dfrac{4a}{x - 2a}$（或 $x = \dfrac{4a}{t} + 2a$），当 $x \to \infty$ 时，$t \to 0$，于是

$$\lim_{x \to \infty} \left(\frac{x + 2a}{x - 2a} \right)^x = \lim_{x \to \infty} \left(1 + \frac{4a}{x - 2a} \right)^x = \lim_{t \to 0} (1 + t)^{\frac{4a}{t} + 2a}$$

$$= \lim_{t \to 0} [(1 + t)^{\frac{1}{t}}]^{4a} \cdot (1 + t)^{2a} = \mathrm{e}^{4a}.$$

由已知条件知 $\mathrm{e}^{4a} = 8$，等式两边取对数，得

$$4a = 3\ln 2, \quad a = \frac{3}{4} \ln 2.$$

例 1.32 设 $f(x) = \lim\limits_{t \to x} \left(\dfrac{x - 1}{t - 1} \right)^{\frac{1}{x - t}}$，其中 $(x - 1)(t - 1) > 0$，求 $f(x)$ 的表达式.

解 令 $t - x = y$，当 $t \to x$ 时，$y \to 0$，于是

$$f(x) = \lim_{t \to x}\left(\frac{x-1}{t-1}\right)^{\frac{1}{x-t}} = \lim_{y \to 0}\left(\frac{x-1}{x+y-1}\right)^{-\frac{1}{y}} = \lim_{y \to 0}\left[\frac{(x-1)+y}{x-1}\right]^{\frac{1}{y}}$$

$$= \lim_{y \to 0}\left(1 + \frac{y}{x-1}\right)^{\frac{1}{y}} = \lim_{y \to 0}\left[\left(1 + \frac{y}{x-1}\right)^{\frac{x-1}{y}}\right]^{\frac{1}{x-1}} = e^{\frac{1}{x-1}}.$$

三、利用极限存在的两个准则求极限

例 1.33 计算 $\lim\limits_{n \to \infty}\left[\dfrac{1}{\sqrt{n^2+1}} + \dfrac{1}{\sqrt{n^2+2}} + \cdots + \dfrac{1}{\sqrt{n^2+n}}\right]$.

解 $\dfrac{n}{\sqrt{n^2+n}} < \dfrac{1}{\sqrt{n^2+1}} + \dfrac{1}{\sqrt{n^2+2}} + \cdots + \dfrac{1}{\sqrt{n^2+n}} < \dfrac{n}{\sqrt{n^2+1}}$

因为 $\lim\limits_{n \to \infty} \dfrac{n}{\sqrt{n^2+n}} = 1, \lim\limits_{n \to \infty} \dfrac{n}{\sqrt{n^2+1}} = 1,$

根据极限存在的夹挤准则，知

$$\lim_{n \to \infty}\left[\frac{1}{\sqrt{n^2+1}} + \frac{1}{\sqrt{n^2+2}} + \cdots + \frac{1}{\sqrt{n^2+n}}\right] = 1.$$

利用极限存在的夹挤准则时，通常是把求极限的式子适当地放大、缩小，建立起夹挤准则中的不等式. 如例 1.33 是把数列中的各项用最大的第一项 $\dfrac{1}{\sqrt{n^2+1}}$ 代替，就把数列放大为 $\dfrac{n}{\sqrt{n^2+1}}$，如果数列中的各项都用最小的第 n 项 $\dfrac{1}{\sqrt{n^2+n}}$ 代替，就把数列缩小为 $\dfrac{n}{\sqrt{n^2+n}}$. 我们会发现利用夹挤准则求极限的难点是建立准则中的不等式.

例 1.34 计算 $\lim\limits_{n \to \infty}(a^n + b^n + c^n)^{\frac{1}{n}}, (a > b > c > 0).$

解 $a^n + b^n + c^n = a^n\left[1 + \left(\dfrac{b}{a}\right)^n + \left(\dfrac{c}{a}\right)^n\right],$

由于 $0 < \dfrac{b}{a} < 1, 0 < \dfrac{c}{a} < 1$，因此有

$$1 < 1 + \left(\frac{b}{a}\right)^n + \left(\frac{c}{a}\right)^n < 3,$$

不等式同乘正数 a^n，$a^n < a^n\left[1 + \left(\dfrac{b}{a}\right)^n + \left(\dfrac{c}{a}\right)^n\right] < 3a^n$，

即 $a^n < a^n + b^n + c^n < 3a^n,$

不等式开 n 次方，得

$$a < (a^n + b^n + c^n)^{\frac{1}{n}} < 3^{\frac{1}{n}}a,$$

因为 $\lim\limits_{n \to \infty} 3^{\frac{1}{n}} = 1,$ 根据极限存在的夹挤准则，得

$$\lim_{n \to \infty}(a^n + b^n + c^n)^{\frac{1}{n}} = a, (a > b > c > 0).$$

推广到更一般的情形，有

$$\lim_{n \to \infty}(a_1^n + a_2^n + \cdots + a_m^n)^{\frac{1}{n}} = a,$$

其中 $a_i > 0 (i = 1, 2, \cdots, m), a = \max\{a_1, a_2, \cdots, a_m\}.$

例 1.35 设 $u_n = \dfrac{1}{3+1} + \dfrac{1}{3^2+1} + \cdots + \dfrac{1}{3^n+1}$，证明：当 $n \to \infty$ 时，u_n 的极限存在.

解 因为
$$u_n - u_{n-1} = \left(\frac{1}{3+1} + \frac{1}{3^2+1} + \cdots + \frac{1}{3^n+1}\right) - \left(\frac{1}{3+1} + \frac{1}{3^2+1} + \cdots + \frac{1}{3^{n-1}+1}\right)$$
$$= \frac{1}{3^n+1} > 0,$$

即 $u_n > u_{n-1}(n = 2,3,\cdots)$,所以 $\{u_n\}$ 是单调增加的数列. 另一方面,又由于
$$u_n = \frac{1}{3+1} + \frac{1}{3^2+1} + \cdots + \frac{1}{3^n+1}$$
$$< \frac{1}{3} + \frac{1}{3^2} + \cdots + \frac{1}{3^n} = \frac{\frac{1}{3}\left[1-\left(\frac{1}{3}\right)^n\right]}{1-\frac{1}{3}} < \frac{1}{2}.$$

因此 $\{u_n\}$ 是单调增加且有上界的数列. 根据极限存在的单调有界准则可知,当 $n \to \infty$ 时,u_n 的极限存在.

通过本例可以看到,要证明数列单调增加或单调减少,可以通过计算 $u_n - u_{n-1} > 0$(或 $u_n - u_{n-1} < 0$),或者计算 $\frac{u_n}{u_{n-1}} > 1$(或 $\frac{u_n}{u_{n-1}} < 1$)来确定. 要证明数列有界可以把数列表达式适当放大或者缩小,看看能否找出数列的一个上界或下界,从而证明数列是单调增加且有上界,或数列是单调减少且有下界.

例 1.36 设 $u_1 = 2, u_{n+1} = \frac{1}{2}\left(u_n + \frac{1}{u_n}\right)(n = 1,2,\cdots)$,

(1) 证明:当 $n \to \infty$ 时,u_n 的极限存在;

(2) 计算 $\lim\limits_{n\to\infty} u_n$.

解 (1) 显然 $u_n > 0(n = 1,2,\cdots)$,且当 $n > 1$ 时,有
$$u_n = \frac{1}{2}\left(u_{n-1} + \frac{1}{u_{n-1}}\right) \geq \frac{1}{2} \cdot 2\sqrt{u_{n-1} \cdot \frac{1}{u_{n-1}}} = 1,\text{即 } u_n \geq 1, \text{或} \frac{1}{u_n} \leq 1.$$

$$\frac{u_{n+1}}{u_n} = \frac{\frac{1}{2}\left(u_n + \frac{1}{u_n}\right)}{u_n} = \frac{1}{2}\left(1 + \frac{1}{u_n^2}\right) \leq \frac{1}{2}(1+1) = 1,$$

即 $\frac{u_{n+1}}{u_n} \leq 1$ 或 $u_{n+1} \leq u_n(n = 1,2,\cdots)$. 所以 $\{u_n\}$ 是单调减少且有下界的数列. 根据极限存在的单调有界准则可知,当 $n \to \infty$ 时,u_n 的极限存在.

(2) 不妨设 $\lim\limits_{n\to\infty} u_n = A$,由等式
$$u_{n+1} = \frac{1}{2}\left(u_n + \frac{1}{u_n}\right), u_n^2 - 2u_{n+1}u_n + 1 = 0,$$

两边取极限,得
$$A^2 - 2A^2 + 1 = 0, A = \pm 1.$$

由于 $u_n \geq 1 > 0$,可知 $\lim\limits_{n\to\infty} u_n = A > 0$,所以 $\lim\limits_{n\to\infty} u_n = 1$.

为了证明数列的单调有界性,除了上面两例阐述的方法之外,还可直接对数列通项进行分析,用数学归纳法验证数列的单调有界性.

例 1.37 设 $u_1 = \sqrt{2}, u_2 = \sqrt{2+\sqrt{2}}, \cdots, u_n = \sqrt{2+\sqrt{2+\cdots+\sqrt{2}}}, \cdots$,求 $\lim\limits_{n\to\infty} u_n$.

解 先证明当 $n \to \infty$ 时,u_n 的极限存在.

分析 u_n 的表达式,易知
$$u_2 = \sqrt{2+\sqrt{2}} > \sqrt{2} = u_1,$$
假设当 $n = k$ 时,有 $u_k > u_{k-1}$,则有 $2 + u_k > 2 + u_{k-1}$,推出
$$\sqrt{2+u_k} > \sqrt{2+u_{k-1}}, \text{即}\ u_{k+1} > u_k,$$
根据数学归纳法原理,可知 $\{u_n\}$ 是单调增加的数列.下面再证 $\{u_n\}$ 是上有界的数列.

显然有 $u_1 = \sqrt{2} < \sqrt{2} + 1$.

假设当 $n = k$ 时,有 $u_k < \sqrt{2} + 1$,则当 $n = k + 1$ 时,有
$$u_{k+1} = \sqrt{2+u_k} < \sqrt{2+\sqrt{2}+1} < \sqrt{2+2\sqrt{2}+1} = \sqrt{(\sqrt{2}+1)^2} = \sqrt{2} + 1.$$
根据数学归纳法原理知,$\{u_n\}$ 是单调增加且有上界.再根据极限存在的单调有界准则知,$\lim\limits_{n\to\infty} u_n = A$ 存在.

由等式 $u_n = \sqrt{2+u_{n-1}}$,即 $u_n^2 - u_{n-1} - 2 = 0$,两边取极限,得
$$A^2 - A - 2 = 0,\text{解出}\ A = 2\ \text{或}\ -1,$$
由于 $u_n > \sqrt{2} > 0$,故 $\lim\limits_{n\to\infty} u_n = A > 0$,所以 $\lim\limits_{n\to\infty} u_n = 2$.

四、利用等价无穷小替换求极限

利用等价无穷小替换求极限,先要记住以下常用的等价无穷小:

当变量 $u \to 0$ 时,有

$\sin u \sim u,\quad \tan u \sim u,\quad \arcsin u \sim u,\quad \arctan u \sim u,$

$\ln(1+u) \sim u,\ e^u - 1 \sim u,\ 1 - \cos u \sim \dfrac{1}{2}u^2,\ \sqrt{1+u} - 1 \sim \dfrac{1}{2}u.$

例 1.38 计算 $\lim\limits_{x\to 1} \dfrac{\ln x}{1-x}$.

解 令 $1 - x = t$,则当 $x \to 1$ 时,$t \to 0$,并且
$$\lim_{x\to 1} \frac{\ln x}{1-x} = \lim_{t\to 0} \frac{\ln(1-t)}{t},$$
因为当 $t \to 0$ 时,$\ln(1-t) \sim -t$,所以有
$$\lim_{x\to 1} \frac{\ln x}{1-x} = \lim_{t\to 0} \frac{\ln(1-t)}{t} = \lim_{t\to 0} \frac{-t}{t} = -1.$$

例 1.39 计算 $\lim\limits_{x\to 0} \dfrac{\arcsin\dfrac{x}{\sqrt{1-x^2}}}{\sqrt{1-x}-1}$.

解 令 $u = \dfrac{x}{\sqrt{1-x^2}}$,当 $x \to 0$ 时,$u \to 0$,因此

当 $u \to 0$ 时,
$$\arcsin u \sim u,$$
即 $\arcsin \dfrac{x}{\sqrt{1-x^2}} \sim \dfrac{x}{\sqrt{1-x^2}}$,当 $x \to 0$.
$$\sqrt{1-x} - 1 \approx \frac{-1}{2}x,$$
所以

$$\lim_{x\to 0}\frac{\arcsin\frac{x}{\sqrt{1-x^2}}}{\sqrt{1-x}-1}=\lim_{x\to 0}\frac{\frac{x}{\sqrt{1-x^2}}}{-\frac{1}{2}x}=-2\lim_{x\to 0}\frac{1}{\sqrt{1-x^2}}=-2.$$

例 1.40 计算 $\lim\limits_{x\to 0}\dfrac{\sqrt{1+x\sin x}-1}{(e^x-1)\ln(1+x)}$.

解 若令 $u=x\sin x$,当 $x\to 0$ 时,$u\to 0$,又因为 $\sqrt{1+u}-1\sim\dfrac{1}{2}u$,所以当 $x\to 0$ 时, $\sqrt{1+x\sin x}-1\sim\dfrac{1}{2}x\sin x,e^x-1\sim x,\ln(1+x)\sim x$. 于是有

$$原式=\lim_{x\to 0}\frac{\frac{1}{2}x\sin x}{x^2}=\frac{1}{2}\lim_{x\to 0}\frac{\sin x}{x}=\frac{1}{2}.$$

从以上几例我们可以看到,利用等价无穷小替换求极限,主要是解决"$\dfrac{0}{0}$"未定式(或可化为"$\dfrac{0}{0}$"型的其他未定式)求极限问题,并且分别把分子、分母(当 $x\to x_0$,或 $x\to\infty$)作为整体来看是无穷小,而进行等价无穷小替换,如果被替换的函数(是无穷小)之间的运算不是乘或除的情况,则不能用等价无穷小替换定理. 如下面的例子:

例 1.41 计算 $\lim\limits_{x\to 0}\dfrac{\tan x-\sin x}{x^3}$.

解 下面的解法是错误的.

因为 当 $x\to 0$ 时,$\tan x\sim x,\sin x\sim x$,

所以 $$原式=\lim_{x\to 0}\frac{x-x}{x^3}=0.$$

本例正确的解法是:

$$原式=\lim_{x\to 0}\frac{\frac{\sin x}{\cos x}-\sin x}{x^3}=\lim_{x\to 0}\frac{1}{\cos x}\cdot\frac{\sin x}{x}\cdot\frac{1-\cos x}{x^2}=\lim_{x\to 0}\frac{1}{\cos x}\cdot\frac{x}{x}\cdot\frac{\frac{1}{2}x^2}{x^2}=\frac{1}{2}.$$

五、利用函数的连续性求极限

解题的主要依据是:

(1) 设当 $x\to x_0$ 时函数 $\varphi(x)$ 的极限存在,且等于 a,即 $\lim\limits_{x\to x_0}\varphi(x)=a$,而函数 $y=f(u)$ 在 $u=a$ 点处连续,则复合函数 $y=f[\varphi(x)]$ 当 $x\to x_0$ 时的极限也存在,且等于 $f(a)$,即

$$\lim_{x\to x_0}f[\varphi(x)]=f(a)=f[\lim_{x\to x_0}\varphi(x)].$$

(2) 设当 $x\to\infty$ 时函数 $\varphi(x)$ 的极限存在,且等于 a,即 $\lim\limits_{x\to\infty}\varphi(x)=a$,而函数 $y=f(u)$ 在 $u=a$ 点处连续,则复合函数 $y=f[\varphi(x)]$ 当 $x\to\infty$ 时的极限也存在,且等于 $f(a)$,即

$$\lim_{x\to\infty}f[\varphi(x)]=f(a)=f[\lim_{x\to\infty}\varphi(x)].$$

例 1.42 计算 $\lim\limits_{x\to 0}\dfrac{a^x-1}{x},(a>0,a\neq 1)$.

解 令 $a^x-1=y$,或 $x=\dfrac{\ln(1+y)}{\ln a}$. 显然当 $x\to 0$ 时,$y\to 0$,于是有

$$原式 = \lim_{y \to 0} \frac{y\ln a}{\ln(1+y)} = \ln a \frac{1}{\lim\limits_{y \to 0}\ln(1+y)^{\frac{1}{y}}},$$

因为 $\lim\limits_{y \to 0}(1+y)^{\frac{1}{y}} = e$，而 $y = \ln u$ 在 $u = e$ 点处连续，

所以
$$\lim_{y \to 0}\ln(1+y)^{\frac{1}{y}} = \ln\left[\lim_{y \to 0}(1+y)^{\frac{1}{y}}\right] = \ln e = 1,$$

于是
$$原式 = \ln a \frac{1}{\lim\limits_{y \to 0}\ln(1+y)^{\frac{1}{y}}} = \ln a.$$

例 1.43 设 $\lim\limits_{x \to x_0}u(x) = 1, \lim\limits_{x \to x_0}v(x) = \infty$，试证明：
$$\lim_{x \to x_0}u(x)^{v(x)} = e^{\lim\limits_{x \to x_0}[u(x)-1]v(x)}.$$

证 因为 $u(x)^{v(x)} = \left\{[1+(u(x)-1)]^{\frac{1}{u(x)-1}}\right\}^{[u(x)-1]v(x)}$
$$= e^{[u(x)-1]v(x)\ln\{[1+(u(x)-1)]^{\frac{1}{u(x)-1}}\}}$$

由于
$$\lim_{x \to x_0}[1+(u(x)-1)]^{\frac{1}{u(x)-1}} = e,$$

又对数函数 $\ln u$ 在 $u = e$ 点处连续，所以
$$\lim_{x \to x_0}\ln\left\{[1+(u(x)-1)]^{\frac{1}{u(x)-1}}\right\} = \ln e = 1.$$

故
$$\lim_{x \to x_0}u(x)^{v(x)} = e^{\lim\limits_{x \to x_0}[u(x)-1]v(x)\ln\{[1+(u(x)-1)]^{\frac{1}{u(x)-1}}\}}$$
$$= e^{\lim\limits_{x \to x_0}[u(x)-1]v(x)}.$$

在上例中，当 $x \to \infty$ 时，其结论仍然是正确的.

例 1.44 计算 $\lim\limits_{x \to \infty}\left(\dfrac{x^2+1}{x^2-1}\right)^{x^2}$.

解 令 $u(x) = \dfrac{x^2+1}{x^2-1}, v(x) = x^2$，则有
$$\lim_{x \to \infty}u(x) = \lim_{x \to \infty}\frac{x^2+1}{x^2-1} = 1,$$
$$\lim_{x \to \infty}v(x) = \lim_{x \to \infty}x^2 = +\infty.$$

于是有
$$\lim_{x \to \infty}\left(\frac{x^2+1}{x^2-1}\right)^{x^2} = e^{\lim\limits_{x \to \infty}\left[\frac{x^2+1}{x^2-1}-1\right]x^2} = e^{\lim\limits_{x \to \infty}\frac{2x^2}{x^2-1}} = e^2.$$

上例中的解题方法，对于求"1^∞"型（当 $x \to x_0$，或 $x \to \infty$）的幂指函数的极限是很简便的.

六*、利用海涅(Heine)定理求极限

根据海涅定理可知，子序列的极限 $\lim\limits_{n \to \infty}f(x_n)$ 与函数的极限 $\lim\limits_{\substack{x \to x_0 \\ (x \to \infty)}}f(x)$（若存在的话）是等值的.

例 1.45 计算 $\lim\limits_{n \to \infty}\left(1 + \dfrac{\sqrt[n]{b}-1}{a}\right)^n, (a > 0, b > 0)$.

解 当 $b = 1$ 时,原式 $= 1$.

当 $b \neq 1$ 时,令 $x_n = \dfrac{\sqrt[n]{b} - 1}{a}$,则当 $n \to \infty$ 时 $x_n \to 0$,且 $n = \dfrac{\ln b}{\ln(1 + ax_n)}$,于是有

$$\left(1 + \frac{\sqrt[n]{b} - 1}{a}\right)^n = (1 + x_n)^{\frac{\ln b}{\ln(1 + ax_n)}}.$$

令 $f(x) = (1 + x)^{\frac{\ln b}{\ln(1 + ax)}}$,则

$$\left(1 + \frac{\sqrt[n]{b} - 1}{a}\right)^n = (1 + x_n)^{\frac{\ln b}{\ln(1 + ax_n)}} = f(x_n),$$

$$\ln f(x) = \ln b \frac{\ln(1 + x)}{\ln(1 + ax)},$$

$$\lim_{x \to 0} f(x) = e^{\lim\limits_{x \to 0} \ln b \frac{\ln(1+x)}{\ln(1+ax)}} = e^{\ln b \lim\limits_{x \to 0} \frac{x}{ax}} = e^{\frac{1}{a}\ln b} = e^{\ln b^{\frac{1}{a}}} = b^{\frac{1}{a}},$$

所以

$$\lim_{n \to \infty}\left(1 + \frac{\sqrt[n]{b} - 1}{a}\right)^n = \lim_{x \to 0} f(x) = \begin{cases} 1, b = 1, \\ b^{\frac{1}{a}}, 0 < b, b \neq 1. \end{cases}$$

例 1.46 计算 $\lim\limits_{n \to \infty} n^2\left(a^{\frac{1}{n}} + a^{-\frac{1}{n}} - 2\right), (a > 0, a \neq 1)$.

解 令 $x_n = \dfrac{1}{n}$(或 $n = \dfrac{1}{x_n}$),则当 $n \to \infty$ 时,$x_n \to 0$,于是有

$$n^2\left(a^{\frac{1}{n}} + a^{-\frac{1}{n}} - 2\right) = \frac{a^{x_n} + a^{-x_n} - 2}{x_n^2}.$$

令

$$f(x) = \frac{a^x + a^{-x} - 2}{x^2} = \frac{1}{a^x} \cdot \frac{a^{2x} - 2a^x + 1}{x^2} = \frac{1}{a^x} \cdot \left(\frac{a^x - 1}{x}\right)^2$$

则有

$$n^2\left(a^{\frac{1}{n}} + a^{-\frac{1}{n}} - 2\right) = f(x_n)$$

因为 $a^x = e^{x \ln a}$

所以 当 $x \to 0$ 时,$a^x - 1 = e^{x \ln a} - 1 \sim x \ln a$,

$$\lim_{x \to 0} f(x) = \lim_{x \to 0} \frac{1}{a^x}\left(\frac{a^x - 1}{x}\right)^2 = \lim_{x \to 0} \frac{1}{a^x}\left(\frac{x \ln a}{x}\right)^2 = \ln^2 a.$$

于是有

$$\lim_{n \to \infty} n^2\left(a^{\frac{1}{n}} + a^{-\frac{1}{n}} - 2\right) = \lim_{x_n \to 0} f(x_n) = \lim_{x \to 0} f(x) = \ln^2 a.$$

七、极限式中参数值的确定

在极限式中的函数或数列内含有有限个未知的参数,在自变量的变化趋势($x \to x_0$ 或 $x \to \infty$)和极限值已经确定的条件下,求数列或函数内的未知参数是极限计算中常见的问题之一. 解决问题的方法也比较灵活,必须针对具体的函数(或数列)进行具体分析.

例 1.47 设 $\lim\limits_{x \to 1} \dfrac{x^3 - ax^2 - x + 4}{x - 1} = -6$,确定 a 的值.

解 因为分母的极限 $\lim\limits_{x \to 1}(x - 1) = 0$,而整个分式的极限 $\lim\limits_{x \to 1} \dfrac{x^3 - ax^2 - x + 4}{x - 1}$ 存在,所以分子的极限必为零,即

$$\lim_{x \to 1}(x^3 - ax^2 - x + 4) = 1 - a - 1 + 4 = 0, \text{所以 } a = 4.$$

例 1.48 设 $\lim\limits_{x\to 2}\dfrac{x^3+ax^2+b}{x-2}=8$,确定 a,b 的值.

解 因为分母的极限 $\lim\limits_{x\to 2}(x-2)=0$,而整个分式的极限 $\lim\limits_{x\to 2}\dfrac{x^3+ax^2+b}{x-2}$ 存在,所以当 $x\to 2$ 时分子的极限必为零,即

$$\lim_{x\to 2}(x^3+ax^2+b)=8+4a+b=0,$$
$$b=-8-4a,$$

代入原极限式,得

$$\lim_{x\to 2}\frac{x^3+ax^2+b}{x-2}=\lim_{x\to 2}\frac{x^3+ax^2-8-4a}{x-2}=\lim_{x\to 2}\frac{(x^3-8)+a(x^2-4)}{x-2}$$
$$=\lim_{x\to 2}[x^2+2x+4+a(x+2)]=12+4a.$$

由题设,有

$$12+4a=8,$$

所以 $a=-1,b=-4$.

例 1.49 设 $\lim\limits_{x\to +\infty}\left(\dfrac{1}{2}x-\sqrt{ax^2+bx-2}\right)=-1$,确定 a,b 的值.

解法 1 由于 $\lim\limits_{x\to +\infty}\left(\dfrac{1}{2}x-\sqrt{ax^2+bx-2}\right)=\lim\limits_{x\to +\infty}\dfrac{\dfrac{1}{4}x^2-(ax^2+bx-2)}{\dfrac{1}{2}x+\sqrt{ax^2+bx-2}}$,若 $a\neq\dfrac{1}{4}$,分子是 x 的二次函数,分母等价于 x 的一次函数,当 $x\to +\infty$ 时,整个分式的极限必为 ∞,这与题设矛盾,所以必有 $a=\dfrac{1}{4}$.

把 $a=\dfrac{1}{4}$ 代入原式,得

$$\lim_{x\to +\infty}\left(\frac{1}{2}x-\sqrt{\frac{1}{4}x^2+bx-2}\right)$$
$$=\lim_{x\to +\infty}\frac{-bx+2}{\frac{1}{2}x+\sqrt{\frac{1}{4}x^2+bx-2}}=\lim_{x\to +\infty}\frac{-b+\dfrac{2}{x}}{\dfrac{1}{2}+\sqrt{\dfrac{1}{4}+\dfrac{b}{x}-\dfrac{2}{x^2}}}=-b,$$

由题设有 $-b=-1,b=1$,

所以 $a=\dfrac{1}{4},b=1$.

解法 2 由于

$$\lim_{x\to +\infty}\left(\frac{1}{2}x-\sqrt{ax^2+bx-2}\right)=\lim_{x\to +\infty}x\left(\frac{1}{2}-\sqrt{a+\frac{b}{x}-\frac{2}{x^2}}\right)=-1.$$

其中第一个因式的函数的极限为 $\lim\limits_{x\to +\infty}x=+\infty$,而两个函数的乘积的极限(当 $x\to +\infty$)存在,故第二个因式的函数(当 $x\to +\infty$)的极限必为零,即

$$\lim_{x\to +\infty}\left(\frac{1}{2}-\sqrt{a+\frac{b}{x}-\frac{2}{x^2}}\right)=\frac{1}{2}-\sqrt{a}=0,\text{所以 } a=\frac{1}{4}.$$

求 b 的计算过程与解法 1 相同.

例 1.50 已知当 $x\to 0$ 时,$(1+ax^2)^{\frac{1}{2}}-1$ 与 $\cos x-1$ 是等价无穷小,求常数 a.

解 由题设有

$$\lim_{x\to 0}\frac{(1+ax^2)^{\frac{1}{2}}-1}{\cos x-1}=1,$$

因为当 $x\to 0$ 时,$[(1+ax^2)^{\frac{1}{2}}-1]\sim\frac{1}{2}ax^2$,$(\cos x-1)\sim-\frac{1}{2}x^2$,

所以

$$\lim_{x\to 0}\frac{(1+ax^2)^{\frac{1}{2}}-1}{\cos x-1}=\lim_{x\to 0}\frac{\frac{1}{2}ax^2}{-\frac{1}{2}x^2}=-a=1,\text{故 }a=-1.$$

例 1.51 已知 $\lim\limits_{x\to\infty}\left(\dfrac{x+k}{x-k}\right)^x=8$,求 k 的值.

解 设 $u(x)=\dfrac{x+k}{x-k}$,$v(x)=x$,则有

$$\lim_{x\to\infty}u(x)=\lim_{x\to\infty}\frac{x+k}{x-k}=1,\lim_{x\to\infty}v(x)=\lim_{x\to\infty}x=\infty,$$

那么根据例 1.43,得

$$\lim_{x\to\infty}\left(\frac{x+k}{x-k}\right)^x=\mathrm{e}^{\lim\limits_{x\to\infty}\left(\frac{x+k}{x-k}-1\right)}=\mathrm{e}^{\lim\limits_{x\to\infty}\frac{2kx}{x-k}}=\mathrm{e}^{2k},$$

由题设,有 $\mathrm{e}^{2k}=8$,$k=\dfrac{3}{2}\ln 2$.

必须指出,随着学习时间的推移,学习内容的增加和知识的丰富,我们掌握求极限的方法也越来越多,等学习到微分中值定理及定积分之后,在第八讲、第十三讲我们再来总结求数列和函数的极限的方法.

第三讲 函数的连续性和间断点

函数 $f(x)$ 在一点 x_0 处的连续性是函数的一个重要属性,它和高等数学的其他重要概念,如可导性、可微性和可积性有着密切的关系,因此讨论函数 $f(x)$ 在某一点 x_0 处,或某一区间 I 上的连续性显得非常重要. 由于函数 $f(x)$ 在某一点 x_0 处的连续性是用极限来定义的数学概念,因此在讨论函数的连续性时常用的方法就是函数的极限.

基本概念和重要结论

1. 函数的连续性

1)函数在点 x_0 处连续的定义

设函数 $f(x)$ 在点 x_0 的某一邻域内有定义,若

$$\lim_{x\to x_0}f(x)=f(x_0),$$

或

$$\lim_{x\to x_0}\Delta y=\lim_{\Delta x\to 0}[f(x_0+\Delta x)-f(x_0)]=0,$$

则称函数 $f(x)$ 在点 x_0 处连续,记为 $C\{x_0\}$.

2)函数 $f(x)$ 在点 x_0 处左连续与右连续的定义

若 $f(x_0-0)=f(x_0)$(或 $f(x_0+0)=f(x_0)$),则称函数 $f(x)$ 在 x_0 点处左(或右)连续.

3）函数$f(x)$在开区间(a,b)内连续的定义

若函数$f(x)$在开区间(a,b)内的每一点处都连续,则称函数$f(x)$在开区间(a,b)内连续,记为$C(a,b)$.

4）函数$f(x)$在闭区间$[a,b]$上连续的定义

若函数$f(x)$在闭区间$[a,b]$上有定义,在(a,b)内连续,且在a点处右连续,在b点处左连续,则称函数$f(x)$在闭区间$[a,b]$上连续,记为$C[a,b]$.

2. 函数的间断点

1）函数的间断点定义

若函数$f(x)$在x_0点处不连续,则称点x_0为函数$f(x)$的间断点.

函数$f(x)$在一点x_0处产生间断的原因必定是下面四种条件之一种:

(1) $f(x_0-0)$,$f(x_0+0)$至少一个不存在;

(2) $f(x_0-0)$,$f(x_0+0)$虽都存在,但$f(x_0-0) \neq f(x_0+0)$;

(3) $f(x_0-0)$,$f(x_0+0)$都存在且$f(x_0-0) = f(x_0+0)$(即$\lim\limits_{x \to x_0}f(x)$存在),但函数$f(x)$在$x_0$点处没有定义;

(4) $\lim\limits_{x \to x_0}f(x)$存在,函数$f(x)$在点$x_0$处有定义,但$\lim\limits_{x \to x_0}f(x) \neq f(x_0)$.

2）函数间断点的分类

第一类间断点 若点x_0是函数$f(x)$的一个间断点,但$f(x_0-0)$与$f(x_0+0)$都存在,则称点x_0为函数$f(x)$的第一类间断点.

在第一类间断点中,如果$\lim\limits_{x \to x_0}f(x)$存在(即$f(x_0-0)$与$f(x_0+0)$存在且相等),则称点$x_0$为函数$f(x)$的可去间断点(显然可去间断点仍属于第一类间断点).

第二类间断点 若点x_0是函数$f(x)$的一个间断点,但$f(x_0-0)$,$f(x_0+0)$中至少有一个不存在,则称点x_0为函数$f(x)$的第二类间断点.

3. 闭区间上连续函数的性质

(1) 设函数$f(x) \in C[a,b]$,则函数$f(x)$在$[a,b]$上有界. 即存在$M > 0$,使得
$$|f(x)| \leq M, \forall x \in [a,b].$$

(2) 设函数$f(x) \in C[a,b]$,则函数$f(x)$在$[a,b]$上必达到最大值和最小值,即必存在两点x_1、$x_2 \in [a,b]$,使得
$$f(x_1) \leq f(x) \leq f(x_2), \forall x \in [a,b].$$

(3) 设函数$f(x) \in C[a,b]$,若$f(a)f(b) < 0$,则至少存在一点$\xi \in (a,b)$,使$f(\xi) = 0$,并称点ξ为函数$f(x)$的零值点.

(4) 设函数$f(x) \in C[a,b]$,若$f(a) = A \neq f(b) = B$,常数C介于A,B之间,则至少存在一点$\xi \in (a,b)$,使$f(\xi) = C$.

(5) 设函数$f(x) \in C[a,b]$,若M、m分别是函数$f(x)$在$[a,b]$上的最大值和最小值,常数μ满足$m < \mu < M$,则至少存在一点$\xi \in (a,b)$,使得
$$f(\xi) = \mu.$$

一、论证函数的连续性

例1.52 设$f(x) = \begin{cases} e^{\frac{1}{x}} + 1, & x < 0, \\ 1, & x = 0, \\ 1 + x\sin\dfrac{1}{x}, & x > 0. \end{cases}$,求$f(x)$的连续区间.

解 函数 $f(x)$ 是分段函数,点 $x_0 = 0$ 是分段函数 $f(x)$ 定义区间的分界点.

当 $x \in (-\infty, 0)$ 时, $f(x) = e^{\frac{1}{x}} + 1$ 是初等函数,根据一切初等函数在其定义区间内都是连续的结论可知, $f(x) = e^{\frac{1}{x}} + 1 \in C(-\infty, 0)$.

同理可知, $f(x) = 1 + x\sin\frac{1}{x} \in C(0, +\infty)$.

现在考查 $f(x)$ 在点 $x_0 = 0$ 处的连续性.

$$f(0-0) = \lim_{x \to 0^-} f(x) = \lim_{x \to 0^-} (e^{\frac{1}{x}} + 1) = \lim_{x \to 0^-} e^{\frac{1}{x}} + 1 = 1,$$

$$f(0+0) = \lim_{x \to 0^+} f(x) = \lim_{x \to 0^+} \left(1 + x\sin\frac{1}{x}\right) = 1 + \lim_{x \to 0^+} x\sin\frac{1}{x} = 1,$$

$\left(\text{因为} \lim_{x \to 0^+} x = 0, \left|\sin\frac{1}{x}\right| \leq 1, \text{所以} \lim_{x \to 0^+} x\sin\frac{1}{x} = 0\right).$

因为函数 $f(x)$ 在点 x_0 的某邻域内有定义,且
$$f(0-0) = f(0+0) = 1,$$

所以 $\lim_{x \to 0} f(x) = 1 = f(0) = 1,$ 即 $f(x) \in C\{0\}.$

综上所述,函数 $f(x) \in C(-\infty, +\infty)$.

例 1.53 设函数
$$f(x) = \lim_{n \to \infty} \frac{x^{2n-1} + x}{x^{2n} + 1},$$

讨论函数 $f(x)$ 的连续性.

解 当 $|x| < 1$ 时, $\lim_{n \to \infty} x^{2n-1} = 0, \lim_{n \to \infty} x^{2n} = 0,$ 那么
$$f(x) = \lim_{n \to \infty} \frac{x^{2n-1} + x}{x^{2n} + 1} = x;$$

当 $|x| > 1$ 时, $\lim_{n \to \infty} \frac{1}{x^{2n-2}} = 0, \lim_{n \to \infty} \frac{1}{x^{2n-1}} = 0,$ 那么
$$f(x) = \lim_{n \to \infty} \frac{x^{2n-1} + x}{x^{2n} + 1} = \lim_{n \to \infty} \frac{1 + \frac{1}{x^{2n-2}}}{x + \frac{1}{x^{2n-1}}} = \frac{1}{x};$$

当 $x = 1$ 时, $f(1) = 1;$

当 $x = -1$ 时, $f(-1) = -1.$

所以
$$f(x) = \begin{cases} x, & \text{当 } |x| < 1, \\ \frac{1}{x}, & \text{当 } |x| > 1, \\ -1, & \text{当 } x = -1, \\ 1, & \text{当 } x = 1. \end{cases}$$

显然,当 $x \in (-1, 1)$ 时, $f(x) = x;$

当 $x \in (-\infty, -1) \cup (1, +\infty)$ 时, $f(x) = \frac{1}{x}.$

它们都是初等函数,而一切初等函数在其定义区间内都是连续的,因此函数 $f(x)$ 在 $(-\infty, -1) \cup (-1, 1) \cup (1, +\infty)$ 内都是连续的.

下面考查函数 $f(x)$ 在定义区间的分界点 $x = \mp 1$ 点处的连续性.

$$f(-1-0) = \lim_{x\to -1^-} f(x) = \lim_{x\to -1^-} \frac{1}{x} = -1,$$
$$f(-1+0) = \lim_{x\to -1^+} f(x) = \lim_{x\to -1^+} x = -1,$$

因为 $f(-1-0) = f(-1+0) = -1 = f(-1)$，即 $\lim_{x\to -1} f(x) = f(-1) = -1$，所以 $f(x)$ 在点 $x = -1$ 处连续.

$$f(1-0) = \lim_{x\to 1^-} f(x) = \lim_{x\to 1^-} x = 1,$$
$$f(1+0) = \lim_{x\to 1^+} f(x) = \lim_{x\to 1^+} \frac{1}{x} = 1,$$

因为 $f(1-0) = f(1+0) = 1 = f(1)$，即 $\lim_{x\to 1} f(x) = f(1) = 1$，所以 $f(x)$ 在点 $x = 1$ 处连续.

综上所述，函数 $f(x)$ 在其定义域 $(-\infty, +\infty)$ 内处处连续.

例 1.54 设函数 $f(x)$ 处处有定义，且对任意的 x_1、x_2 都有
$$f(x_1 + x_2) = f(x_1) + f(x_2)$$
又 $f(x) \in C\{0\}$，试证明函数 $f(x)$ 处处连续.

解 由于对任意的 x_1、x_2 都有
$$f(x_1 + x_2) = f(x_1) + f(x_2),$$
今取 $x_1 = x_2 = 0$，就有
$$f(0) = f(0) + f(0),$$
所以
$$f(0) = 0.$$

今欲证函数 $f(x)$ 处处连续，只需证函数 $f(x)$ 在任意一点 x_0 处连续即可.

设自变量 x 在任意一点 x_0 处有增量 Δx，函数对应的增量为
$$\Delta y = f(x_0 + \Delta x) - f(x_0) = f(x_0) + f(\Delta x) - f(x_0) = f(\Delta x),$$
由于函数 $f(x) \in C\{0\}$，因此有 $\lim_{\Delta x\to 0} f(\Delta x) = f(0) = 0$，
所以
$$\lim_{\Delta x\to 0} \Delta y = \lim_{\Delta x\to 0} f(\Delta x) = f(0) = 0.$$

根据函数在一点处连续性的定义，可知函数 $f(x)$ 在任意一点 x_0 处连续，因此函数 $f(x)$ 处处连续.

例 1.55 设函数 $f(x), g(x)$ 在点 x_0 处都不连续，试研究：

(1) 函数 $F(x) = f(x) + g(x)$ 在点 x_0 处的连续性；

(2) 函数 $G(x) = f(x)g(x)$ 在点 x_0 处的连续性.

解 结论只能属于三种之一：函数 $F(x)$（或 $G(x)$）在 x_0 点一定连续，一定不连续或不一定连续. 前两种属于肯定性的结论. 当你回答是肯定性的结论时，应予以数学证明. 当你选定第三种结论时，应举例说明 $F(x)$（或 $G(x)$）在点 x_0 可能连续也可能不连续.

对本例问题(1)我们选定第三种结论，即函数 $F(x) = f(x) + g(x)$ 在点 x_0 处不一定连续.

例如：函数 $f(x) = \frac{1}{x}, g(x) = \frac{1}{x^2}$，在点 $x_0 = 0$ 处均不连续，这时函数
$$F(x) = f(x) + g(x) = \frac{x+1}{x^2},$$
在点 $x_0 = 0$ 处也不连续.

又例如：函数
$$f(x) = \begin{cases} \frac{|x|}{x}, & x \neq 0, \\ 1, & x = 0. \end{cases} \quad g(x) = \begin{cases} 0, & x \geq 0, \\ 2, & x < 0. \end{cases}$$

在点 $x_0 = 0$ 处均不连续,这时函数

$$F(x) = f(x) + g(x) = \begin{cases} \dfrac{x}{x} + 0 = 1, & \text{当 } x > 0, \\ 1 + 0 = 1, & \text{当 } x = 0, \\ \dfrac{-x}{x} + 2 = 1, & \text{当 } x < 0, \end{cases}$$

即 $F(x) \equiv 1, x \in (-\infty, +\infty)$,可见 $F(x)$ 在 $x_0 = 0$ 点处连续.

对问题(2)我们也选定第三种结论,即函数 $G(x) = f(x)g(x)$ 在点 x_0 处不一定连续.

例如:函数 $f(x) = \dfrac{1}{x}, g(x) = \dfrac{1}{x^2}$,在点 $x_0 = 0$ 处均不连续,这时函数

$$F(x) = f(x)g(x) = \dfrac{1}{x^3},$$

在点 $x_0 = 0$ 处也不连续.

又例如:函数

$$f(x) = \begin{cases} \dfrac{1}{x}, & x \neq 0, \\ 2, & x = 0. \end{cases} \quad g(x) = \begin{cases} \sin x, & x \neq 0, \\ \dfrac{1}{2}, & x = 0. \end{cases}$$

在点 $x_0 = 0$ 处均不连续,这时函数

$$G(x) = f(x)g(x) = \begin{cases} \dfrac{\sin x}{x}, & x \neq 0, \\ 1, & x = 0. \end{cases}$$

在点 $x_0 = 0$ 处却是连续的.

例1.56 设函数 $f(x) \in C\{x_0\}, g(x)$ 在点 x_0 处不连续,试研究:

(1) 函数 $F(x) = f(x)g(x)$ 在点 x_0 处的连续性;

(2) 函数 $G(x) = f(x) + g(x)$ 在点 x_0 处的连续性.

解 (1) 函数 $F(x) = f(x)g(x)$ 在点 x_0 处不一定连续.

例如:函数

$$f(x) = x \in C\{0\},$$

$$g(x) = \begin{cases} \dfrac{\sin x}{x}, & x \neq 0, \\ 0, & x = 0. \end{cases} \text{在点 } x_0 = 0 \text{ 处不连续.}$$

这时函数

$$F(x) = f(x)g(x) = \begin{cases} \sin x, & x \neq 0, \\ 0, & x = 0. \end{cases}$$

在点 $x_0 = 0$ 处是连续的.

又例如:函数

$$f(x) = x \in C\{0\},$$

$$g(x) = \begin{cases} \dfrac{\sin x}{x^2}, & x \neq 0, \\ 0, & x = 0, \end{cases} \text{在点 } x_0 = 0 \text{ 处不连续.}$$

这时函数

$$F(x) = f(x)g(x) = \begin{cases} \dfrac{\sin x}{x}, & x \neq 0, \\ 0, & x = 0. \end{cases}$$

在点 $x_0 = 0$ 处却是不连续的.

(2) 函数 $G(x) = f(x) + g(x)$ 在 x_0 点处一定不连续.

这是一个肯定性的结论,证明如下:

用反证法:由题设函数 $f(x) \in C\{x_0\}$,则有 $\lim\limits_{x \to x_0} f(x) = f(x_0)$,今假设 $G(x) = f(x) + g(x) \in C\{x_0\}$,则有

$$\lim\limits_{x \to x_0} G(x) = G(x_0),$$ 由于

$$g(x) = G(x) - f(x),$$

那么

$$\lim\limits_{x \to x_0} g(x) = \lim\limits_{x \to x_0} [G(x) - f(x)] = \lim\limits_{x \to x_0} G(x) - \lim\limits_{x \to x_0} f(x)$$
$$= G(x_0) - f(x_0) = g(x_0),$$

因此函数 $g(x) \in C\{x_0\}$,这与函数 $g(x)$ 在 x_0 点处不连续的假设矛盾. 这就证明了 $G(x)$ 在点 x_0 处一定不连续.

例 1.57 证明:若函数 $f(x) \in C\{x_0\}$,则函数 $|f(x)| \in C\{x_0\}$. 反之若函数 $f(x)$ 在点 x_0 处不连续,能否得出 $|f(x)|$ 在点 x_0 处一定不连续?试举例说明.

证 由于函数 $f(x) \in C\{x_0\}$,则有

$$\lim\limits_{x \to x_0} f(x) = f(x_0).$$

再根据函数极限的定义有:对任意给定的 $\varepsilon > 0$,总存在 $\delta > 0$,使得适合不等式 $|x - x_0| < \delta$ 的一切 x,对应的函数值 $f(x)$ 都满足不等式 $|f(x) - f(x_0)| < \varepsilon$. 从而有

$$||f(x)| - |f(x_0)|| \leq |f(x) - f(x_0)| < \varepsilon,$$
$$|f(x)| < |f(x_0)| + \varepsilon, \tag{3.1}$$

另一方面又有

$$|f(x)| = |f(x_0) + f(x) - f(x_0)| \geq |f(x_0)| - |f(x) - f(x_0)|$$
$$> |f(x_0)| - \varepsilon, \tag{3.2}$$

由(3.1)式、(3.2)式,得

$$|f(x_0)| - \varepsilon < |f(x)| < |f(x_0)| + \varepsilon,$$
$$-\varepsilon < |f(x)| - |f(x_0)| < \varepsilon,$$
$$||f(x)| - |f(x_0)|| < \varepsilon, (|x - x_0| < \delta).$$

所以有

$$\lim\limits_{x \to x_0} |f(x)| = |f(x_0)|,$$

故

$$函数 |f(x)| \in C\{x_0\}.$$

反之若函数 $f(x)$ 在 x_0 点处不连续,而 $|f(x)|$ 在 x_0 点处不一定不连续.

例如:函数

$$f(x) = \begin{cases} \dfrac{|x|}{x}, & x \neq 0, \\ 1, & x = 0. \end{cases}$$

在点 $x_0 = 0$ 处不连续. 这时函数

$$|f(x)| = 1, x \in (-\infty, +\infty).$$

在点 $x_0 = 0$ 处却是连续的.

二、确定连续函数中的参数

在连续函数中有时存在尚待确定的参数,通常可以利用函数连续性的定义来确定这些参

数.

例 1.58 设函数

$$f(x) = \begin{cases} e^x, & 0 \leqslant x \leqslant 1, \\ a+x, & 1 < x \leqslant 2. \end{cases}$$

问 a 为何值时,有 $f(x) \in C[0,2]$.

解 当 $x \in [0,1)$ 时,$f(x) = e^x$;

当 $x \in (1,2]$ 时,$f(x) = a+x$.

它们都是初等函数,根据初等函数在其定义区间内都是连续的结论,所以 $f(x)$ 在 $[0,1) \cup (1,2]$ 上是连续的. 现只需考虑 $f(x)$ 在点 $x = 1$ 处的连续性. 由于 $f(x)$ 在点 $x = 1$ 的邻域内有定义,且

$$f(1-0) = \lim_{x \to 1^-} f(x) = \lim_{x \to 1^-} e^x = e;$$
$$f(1+0) = \lim_{x \to 1^+} f(x) = \lim_{x \to 1^+} (a+x) = a+1.$$

根据函数 $f(x)$ 在连续性的定义,当且仅当

$$f(1-0) = f(1+0) = f(1)$$

时,函数 $f(x) \in C\{1\}$,因此有

$$e = a+1, 得 a = e-1.$$

所以函数

$$f(x) = \begin{cases} e^x, & 0 \leqslant x \leqslant 1, \\ e-1+x, & 1 < x \leqslant 2. \end{cases}$$

在 $x \in [0,2]$ 上连续.

例 1.59 设函数

$$f(x) = \begin{cases} a+bx^2, & x \leqslant 0, \\ \dfrac{\sin bx}{2x}, & x > 0. \end{cases}$$

当 a、b 满足什么关系时,有 $f(x) \in C\{0\}$?

解 $f(0-0) = \lim_{x \to 0^-} f(x) = \lim_{x \to 0^-} (a+bx^2) = a,$

$f(0+0) = \lim_{x \to 0^+} f(x) = \lim_{x \to 0^+} \dfrac{\sin bx}{2x} = \dfrac{b}{2}.$

因为 $f(x)$ 在点 $x = 0$ 的邻域内有定义,根据函数连续性的定义,当且仅当

$$f(0-0) = f(0+0) = f(0)$$

时,函数 $f(x) \in C\{0\}$,因此有 $a = \dfrac{b}{2}$. 即当且仅当 $a = \dfrac{b}{2}$ 时,函数 $f(x) \in C\{0\}$.

例 1.60 设函数

$$f(x) = \lim_{n \to \infty} \dfrac{x^{2n-1} + ax^2 + bx}{x^{2n} + 1}$$

是连续函数,试确定 a、b 之值.

解 先求函数 $f(x)$ 的表达式.

当 $|x| < 1$ 时,$\lim_{n \to \infty} x^{2n-1} = \lim_{n \to \infty} x^{2n} = 0$,这时

$$f(x) = \lim_{n \to \infty} \dfrac{x^{2n-1} + ax^2 + bx}{x^{2n} + 1} = ax^2 + bx,$$

当 $|x| > 1$ 时,有

$$f(x) = \lim_{n\to\infty} \frac{x^{2n-1} + ax^2 + bx}{x^{2n} + 1} = \lim_{n\to\infty} \frac{\frac{1}{x} + \frac{a}{x^{2n-2}} + \frac{b}{x^{2n-1}}}{1 + \frac{1}{x^{2n}}} = \frac{1}{x},$$

当 $x = \pm 1$ 时,有

$$f(-1) = \frac{a-b-1}{2}, f(1) = \frac{a+b+1}{2}.$$

于是有

$$f(x) = \begin{cases} \frac{1}{x}, & x < -1, \\ \frac{a-b-1}{2}, & x = -1, \\ ax^2 + bx, & -1 < x < 1, \\ \frac{a+b+1}{2}, & x = 1, \\ \frac{1}{x}, & x > 1. \end{cases}$$

下面再求 a, b 的值:

由于

$$f(-1-0) = \lim_{x\to -1^-} f(x) = \lim_{x\to -1^-} \frac{1}{x} = -1,$$
$$f(-1+0) = \lim_{x\to -1^+} f(x) = \lim_{x\to -1^+} (ax^2 + bx) = a - b,$$
$$f(-1) = \frac{a-b-1}{2}.$$

由题设函数 $f(x) \in C\{-1\}$,所以有

$$-1 = a - b = \frac{a-b-1}{2},$$

即

$$a - b = -1. \tag{3.3}$$

同理,由于

$$f(1-0) = \lim_{x\to 1^-} f(x) = \lim_{x\to 1^-} (ax^2 + bx) = a + b,$$
$$f(1+0) = \lim_{x\to 1^+} f(x) = \lim_{x\to 1^+} \frac{1}{x} = 1,$$
$$f(1) = \frac{a+b+1}{2}.$$

据题设函数 $f(x) \in C\{1\}$,所以有

$$1 = a + b = \frac{a+b+1}{2},$$

即

$$a + b = 1. \tag{3.4}$$

将(3.3)式、(3.4)式联立,解得 $a = 0, b = 1$.

例 1.61 求常数 a、b 的值,使函数

$$f(x) = \begin{cases} 1 + x^2, & x < 0, \\ ax + b, & 0 \leq x \leq 1, \\ x^3 - 2, & x > 1. \end{cases}$$

为连续函数.

解 当 $x \in (-\infty, 0)$ 时,$f(x) = 1 + x^2$;

当 $x \in [0,1]$ 时,$f(x) = ax + b$;

当 $x \in (1, +\infty)$ 时,$f(x) = x^3 - 2$.

它们都是初等函数,根据初等函数在其定义区间内都是连续的结论,可知 $f(x)$ 在 $(-\infty, 0) \cup (0,1) \cup (1, +\infty)$ 内是连续的. 故只需求 a、b 的值使函数 $f(x) \in C\{0\}$ 与 $f(x) \in C\{1\}$.

在 $x = 0$ 点处,有

$$f(0-0) = \lim_{x \to 0^-} f(x) = \lim_{x \to 0^-}(1 + x^2) = 1,$$
$$f(0+0) = \lim_{x \to 0^+} f(x) = \lim_{x \to 0^+}(ax + b) = b,$$
$$f(0) = b.$$

根据函数连续性的定义,函数 $f(x)$ 在点 $x = 0$ 的某邻域内有定义,当且仅当

$$f(0-0) = f(0+0) = f(0),\text{即 } b = 1$$

时,函数 $f(x) \in C\{0\}$.

在 $x = 1$ 点处,有

$$f(1-0) = \lim_{x \to 1^-} f(x) = \lim_{x \to 1^-}(ax + b) = a + b = a + 1,$$
$$f(1+0) = \lim_{x \to 1^+} f(x) = \lim_{x \to 1^+}(x^3 - 2) = -1,$$
$$f(1) = a + 1.$$

根据函数连续性的定义,函数 $f(x)$ 在点 $x = 1$ 的某邻域内有定义,当且仅当

$$f(1-0) = f(1+0) = f(1),$$

即

$$a + 1 = -1, a = -2$$

时,函数 $f(x) \in C\{1\}$.

综上所述,当 $a = -2, b = 1$ 时,$f(x)$ 为连续函数.

三、函数的间断点及其分类

根据函数间断点的定义,要找函数的间断点,就是找以下 4 种点 x_0:

(1) $f(x_0 - 0)$ 与 $f(x_0 + 0)$ 至少有一个不存在的点 x_0;

(2) $f(x_0 - 0)$ 与 $f(x_0 + 0)$ 虽都存在,但 $f(x_0 - 0) \neq f(x_0 + 0)$ 的点 x_0;

(3) $f(x)$ 没有定义的点 x_0;

(4) $\lim_{x \to x_0} f(x)$ 存在,$f(x)$ 在 x_0 点有定义,但是 $\lim_{x \to x_0} f(x) \neq f(x_0)$ 的点 x_0.

以上 4 种点 x_0 就是函数 $f(x)$ 的间断点.

例 1.62 求函数

$$f(x) = \begin{cases} x\sin\dfrac{1}{x}, & x \neq 0, \\ 1, & x = 0, \end{cases}$$

的间断点,并指出间断点所属类型.

解 根据初等函数的连续性知,函数 $f(x)$ 在 $(-\infty, 0) \cup (0, +\infty)$ 内连续. 因为

$$\lim_{x \to 0} f(x) = \lim_{x \to 0} x\sin\dfrac{1}{x} = 0,$$

$$f(0) = 1,$$

那么 $\lim_{x \to 0} f(x) \neq f(0)$,所以函数 $f(x)$ 在 $x = 0$ 点处不连续,即 $x = 0$ 是函数 $f(x)$ 的第一类间断点中的可去间断点. 只需改变 $f(x)$ 在点 $x = 0$ 处的函数值,即重新定义 $f(0) = 0$,那么函数

$$f(x) = \begin{cases} x\sin\dfrac{1}{x}, & x \neq 0, \\ 0, & x = 0, \end{cases}$$

在 $(-\infty, +\infty)$ 内处处连续.

例 1.63　指出函数 $f(x) = \dfrac{x}{\tan x}$ 的间断点及其所属类型.

解　函数 $f(x)$ 是两个函数 x 与 $\tan x$ 之商,显然分子函数 x 在 $(-\infty, +\infty)$ 内处处连续,而分母函数 $\tan x$ 不连续的点为

$$x'_k = k\pi + \frac{\pi}{2}(k = 0, \pm 1, \pm 2, \cdots),$$

使分母函数 $\tan x$ 等于零的点为

$$x''_k = k\pi (k = 0, \pm 1, \pm 2, \cdots).$$

现分别讨论函数 $f(x)$ 在这些点处的连续性.

当 $x = x''_0 = 0$ 时,

$$\lim_{x \to 0} f(x) = \lim_{x \to 0} \frac{x}{\tan x} = 1,$$ 但 $f(x)$ 在 $x = 0$ 点处没有定义,故 $x = 0$ 点是 $f(x)$ 的第一类间断点中的可去间断点;

当 $x = x''_k = k\pi (k = \pm 1, \pm 2, \cdots)$ 时,

$$\lim_{x \to k\pi} f(x) = \lim_{x \to k\pi} \frac{x}{\tan x} = \infty,$$ 故 $x = k\pi (k = \pm 1, \pm 2, \cdots)$ 是 $f(x)$ 的第二类间断点中的无穷型间断点;

当 $x = x'_k = k\pi + \dfrac{\pi}{2}$ 时,

$$\lim_{x \to k\pi + \frac{\pi}{2}} f(x) = \lim_{x \to k\pi + \frac{\pi}{2}} \frac{x}{\tan x} = 0.$$

而 $f(x)$ 在 $x = k\pi + \dfrac{\pi}{2}$ 处没有定义,故 $x = k\pi + \dfrac{\pi}{2}(k = 0, \pm 1, \pm 2, \cdots)$ 是函数 $f(x)$ 在第一类间断点中的可去间断点.

例 1.64　确定常数 a、b 的值,使函数

$$f(x) = \frac{\mathrm{e}^x - b}{(x - a)(x - 1)}$$

有无穷型间断点 $x = 0$,有可去间断点 $x = 1$.

解　要使 $x = 0$ 点是 $f(x)$ 的无穷型间断点,只需

$$\lim_{x \to 0}(\mathrm{e}^x - b) = 1 - b \neq 0, 即 b \neq 1.$$

并且

$$\lim_{x \to 0}(x - a)(x - 1) = 0, 即 (-a)(-1) = 0, a = 0.$$

所以当 $a = 0, b \neq 1$ 时,$x = 0$ 是函数 $f(x)$ 的无穷型间断点.

由于 $\lim_{x \to 1}(x - a)(x - 1) = 0$,要使得 $f(1 - 0)$ 及 $f(1 + 0)$ 都存在,只需

$$\begin{cases} \lim_{x\to 1}(e^x - b) = 0, \\ \lim_{x\to 1}(x - a) \neq 0, \end{cases} \text{即} \begin{cases} b = e, \\ a \neq 1. \end{cases}$$

所以当 $b = e, a \neq 1$ 时, $x = 1$ 是函数 $f(x)$ 的可去间断点.

综上所述, 取 $a = 0, b = e$ 时, 有

$$f(x) = \frac{e^x - e}{x(x-1)},$$

这时

$$\lim_{x\to 0} f(x) = \lim_{x\to 0} \frac{e^x - e}{x(x-1)} = \infty,$$

$$\lim_{x\to 1} f(x) = \lim_{x\to 1} \frac{e^x - e}{x(x-1)} = \lim_{x\to 1} \frac{e(e^{x-1} - 1)}{x(x-1)} = \lim_{x\to 1} \frac{e(x-1)}{x(x-1)} = e.$$

故 $x = 0$ 是 $f(x)$ 的无穷型间断点, $x = 1$ 是 $f(x)$ 的可去间断点.

例 1.65 指出函数 $f(x) = \lim_{n\to\infty} \frac{x^{2n+1} + 1}{x^{2n+1} - x^{n+1} + x}$ (n 为正整数) 的间断点及其所属类型.

解 先求函数 $f(x)$ 的表达式.

当 $x = 1$ 时, $f(1) = 2$;

当 $x = -1$ 时, $f(-1) = 0$;

当 $0 < |x| < 1$ 时, $\lim_{n\to\infty} x^{2n+1} = \lim_{n\to\infty} x^{n+1} = 0$, 有

$$f(x) = \frac{1}{x};$$

当 $|x| > 1$ 时, $\lim_{n\to\infty} \left(\frac{1}{x}\right)^n = \lim_{n\to\infty} \left(\frac{1}{x}\right)^{2n} = \lim_{n\to\infty} \left(\frac{1}{x}\right)^{2n+1} = 0$, 有

$$f(x) = \lim_{n\to\infty} \frac{1 + \left(\frac{1}{x}\right)^{2n+1}}{1 - \left(\frac{1}{x}\right)^n + \left(\frac{1}{x}\right)^{2n}} = 1.$$

所以

$$f(x) = \begin{cases} 1, & -\infty < x < -1, \\ 0, & x = -1, \\ \frac{1}{x}, & -1 < x < 1 (x \neq 0), \\ 2, & x = 1, \\ 1, & 1 < x < +\infty. \end{cases}$$

函数 $y = f(x)$ 的图形如图 1-1 所示.

$$f(-1-0) = \lim_{x\to -1^-} f(x) = \lim_{x\to -1^-} 1 = 1,$$

$$f(-1+0) = \lim_{x\to -1^+} f(x) = \lim_{x\to -1^+} \frac{1}{x} = -1,$$

因为 $f(-1+0) \neq f(-1+0)$,

所以 $x = -1$ 是 $f(x)$ 的第一类间断点中的跳跃式间断点.

$$f(0-0) = \lim_{x\to 0^-} f(x) = \lim_{x\to 0^-} \frac{1}{x} = -\infty,$$

$$f(0+0) = \lim_{x\to 0^+} f(x) = \lim_{x\to 0^+} \frac{1}{x} = +\infty,$$

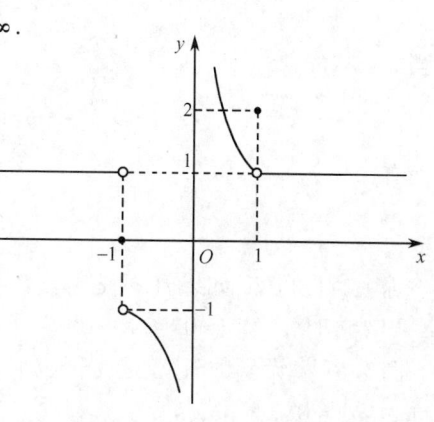

图 1-1

所以 $x = 0$ 是 $f(x)$ 的第二类间断点中的无穷型间断点.

$$f(1-0) = \lim_{x \to 1^-} f(x) = \lim_{x \to 1^-} \frac{1}{x} = 1,$$
$$f(1+0) = \lim_{x \to 1^+} f(x) = \lim_{x \to 1^+} 1 = 1, f(1) = 2,$$

因为 $f(1-0) = f(1+0) \neq f(1)$,

所以 $x = 1$ 是 $f(x)$ 的第一类间断点中的可去间断点.

四*、连续函数一些性质的证明

利用函数连续性的定义及闭区间上连续函数的几个性质,可以证明连续函数其他一些简单性质.

例1.66 设函数 $f(x) \in C\{x_0\}$ 且 $f(x_0) \neq 0$,试证明必存在点 x_0 的某一邻域 $N(x_0)$,当 $x \in N(x_0)$ 时, $f(x) \neq 0$.

证 为了确定起见,不妨设 $f(x_0) > 0$. 由于函数 $f(x) \in C\{x_0\}$,根据函数连续性的定义, $f(x)$ 在点 x_0 的某一邻域内有定义,且有

$$\lim_{x \to x_0} f(x) = f(x_0).$$

那么对给定的 $\varepsilon_1 = \frac{1}{2} f(x_0) > 0$,必存在 $\delta_1 > 0$,使得当 $|x - x_0| < \delta_1$ 时,恒有不等式

$$|f(x) - f(x_0)| < \varepsilon_1 = \frac{1}{2} f(x_0),$$

即当 $x \in N(x_0, \delta_1)$ 时,恒有

$$f(x_0) - \frac{1}{2} f(x_0) < f(x) < f(x_0) + \frac{1}{2} f(x_0),$$

从而有
$$f(x) > \frac{1}{2} f(x_0) > 0.$$

下面设 $f(x_0) < 0$. 由于函数 $f(x) \in C\{x_0\}$,根据函数连续性的定义, $f(x)$ 在点 x_0 的某一邻域内有定义,且有

$$\lim_{x \to x_0} f(x) = f(x_0).$$

那么对给定的 $\varepsilon_2 = -\frac{1}{2} f(x_0) > 0$,必存在 $\delta_2 > 0$,使得当 $|x - x_0| < \delta_2$ 时,恒有不等式

$$|f(x) - f(x_0)| < \varepsilon_2 = -\frac{1}{2} f(x_0),$$

即当 $x \in N(x_0, \delta_2)$ 时,恒有

$$f(x_0) + \frac{1}{2} f(x_0) < f(x) < f(x_0) - \frac{1}{2} f(x_0),$$

从而有
$$f(x) < \frac{1}{2} f(x_0) < 0.$$

综上所证可知,如果 $f(x) \in C\{x_0\}$ 且 $f(x_0) \neq 0$,则必存在点 x_0 的某一邻域 $N(x_0)$,使得当 $x \in N(x_0)$ 时, $f(x) \neq 0$.

例1.67 设函数 $f(x) \in C[a,b]$ 且在 $[a,b]$ 上恒有 $f(x) > 0$,试证明必存在正数 m,使 $f(x) \geq m > 0, x \in [a,b]$.

证 因为函数 $f(x) \in C[a,b]$,由闭区间连续函数的最小值最大值定理知,至少存在一点

$\xi \in [a,b]$,使 $f(\xi)$ 是 $f(x)$ 在 $[a,b]$ 上的最小值,则有
$$f(x) \geq f(\xi), x \in [a,b].$$
由题设在 $[a,b]$ 上恒有 $f(x) > 0$,故 $f(\xi) > 0$,今令 $m = f(\xi) > 0$,就有
$$f(x) \geq m > 0, x \in [a,b].$$

例 1.68 设函数 $f(x)$ 在闭区间 $[a,b]$ 上有定义,除了有一个第一类间断点 $x = c(a < c < b)$ 外皆连续,且 $f(x)$ 在 $x = c$ 点处左连续,试证明函数 $f(x)$ 在 $[a,b]$ 上有界.

证 点 $x = c(a < c < b)$ 把闭区间 $[a,b]$ 划分为两个子区间 $[a,c]$ 与 $[c,b]$.

据题设 $f(x)$ 在闭区间 $[a,c]$ 上连续,故函数 $f(x)$ 在 $[a,c]$ 上取到 $f(x)$ 在 $[a,c]$ 上的最大值和最小值,不妨设 $\xi_1, \xi_2 \in [a,c]$,使 $f(\xi_1), f(\xi_2)$ 分别是函数 $f(x)$ 在 $[a,c]$ 上的最小值和最大值,即有
$$f(\xi_1) \leq f(x) \leq f(\xi_2), x \in [a,c],$$
因而 $f(x)$ 在 $[a,c]$ 上有界,即存在
$$M = \max\{|f(\xi_1)|, |f(\xi_2)|\}$$
使得 $|f(x)| \leq M, x \in [a,c]$.

由于 $f(x)$ 在 $x = c$ 点处有第一类间断点,故有
$$f(c+0) = \lim_{x \to c^+} f(x) = A (A \text{ 为常数}).$$

那么函数
$$g(x) = \begin{cases} f(x), & c < x \leq b, \\ A, & x = c. \end{cases}$$

在闭区间 $[c,b]$ 上连续,故必存在 $\eta_1, \eta_2 \in [c,b]$,使 $g(\eta_1), g(\eta_2)$ 分别是 $g(x)$ 在 $[c,b]$ 上的最小值和最大值,即有
$$g(\eta_1) \leq g(x) \leq g(\eta_2), x \in [c,b],$$
因而有
$$g(\eta_1) \leq f(x) \leq g(\eta_2), x \in (c,b].$$

从而可知函数 $f(x)$ 在 $(c,b]$ 上有界,即存在 $N = \max\{|g(\eta_1)|, |g(\eta_2)|\}$,
使 $|f(x)| \leq N, x \in (c,b]$.

再取 $P = \max\{M, N\}$,则有 $|f(x)| \leq P, x \in [a,b]$ 故 $f(x)$ 在 $[a,b]$ 上有界.

例 1.69 设函数 $f(x) \in C(a,b)$ 且恒正,
$$a < x_1 < x_2 < \cdots < x_n < b,$$
试证明至少存在一点 $\xi \in (a,b)$,使
$$f(\xi) = \sqrt[n]{f(x_1)f(x_2)\cdots f(x_n)}$$
成立.

证 思路分析:把要证明的等式两边取对数,得
$$\ln f(\xi) = \frac{1}{n}[\ln f(x_1) + \ln f(x_2) + \cdots + \ln f(x_n)].$$

欲证的命题就化为:对函数 $F(x) = \ln f(x), x \in (a,b)$,证明至少存在一点 $\xi \in (a,b)$,使
$$F(\xi) = \frac{1}{n}[F(x_1) + F(x_2) + \cdots + F(x_n)]$$
成立. 现证明如下:

设函数 $F(x) = \ln f(x), x \in (a,b)$. 由于 $f(x) \in C(a,b)$ 且恒正,根据复合函数的连续性定理,可知

$$F(x) \in C(a,b).$$

而 $[x_1,x_n] \subset (a,b)$,故 $F(x) \in C[x_1,x_n]$,故函数 $F(x)$ 在 $[x_1,x_n]$ 上必取得最小值 m 和最大值 M. 从而有

$$m \leq F(x_i) = \ln f(x_i) \leq M (i = 1,2,\cdots,n),$$

把这 n 个不等式相加,得

$$nm \leq \sum_{i=1}^{n} F(x_i) = \sum_{i=1}^{n} \ln f(x_i) \leq nM,$$

或

$$m \leq \frac{1}{n}\sum_{i=1}^{n} F(x_i) = \frac{1}{n}\sum_{i=1}^{n} \ln f(x_i) \leq M.$$

根据闭区间上连续函数的介值定理知,至少存在一点 $\xi \in (x_1,x_n) \subset (a,b)$,使

$$F(\xi) = \frac{1}{n}\sum_{i=1}^{n} F(x_i),$$

或

$$\ln f(\xi) = \frac{1}{n}\sum_{i=1}^{n} \ln f(x_i) = \frac{1}{n}\ln[f(x_1)f(x_2)\cdots f(x_n)]$$
$$= \ln[f(x_1)f(x_2)\cdots f(x_n)]^{\frac{1}{n}},$$

即

$$f(\xi) = \sqrt[n]{f(x_1)f(x_2)\cdots f(x_n)}, \xi \in (a,b).$$

第二单元 一元函数微分学

第四讲 导数的概念

导数是一元函数微分学中的重要概念之一. 它在数量上描述了由于自变量的变化所引起的函数变化"快慢"问题,即函数的变化率,因此导数是研究函数性质的有力工具之一. 这一讲我们对导数的定义、函数的可导性与连续性的关系等内容进行辅导.

基本概念和重要结论

1. 导数的概念

1) 导数的定义

设函数 $f(x)$ 在点 x_0 的某个邻域 $N(x_0,\delta)$ $(\delta>0)$ 内有定义,当自变量 x 在点 x_0 处有增量 Δx(点 $x_0+\Delta x \in N(x_0,\delta)$)时,函数值 $y=f(x)$ 相应取得增量 $\Delta y=f(x_0+\Delta x)-f(x_0)$. 如果当 $\Delta x \to 0$ 时,Δy 与 Δx 之比的极限

$$\lim_{\Delta x \to 0}\frac{\Delta y}{\Delta x}=\lim_{\Delta x \to 0}\frac{f(x_0+\Delta x)-f(x_0)}{\Delta x}$$

存在,则称函数 $y=f(x_0)$ 在点 x_0 处可导,记作 $f(x) \in D\{x_0\}$,并称这个极限值为函数 $y=f(x)$ 在点 x_0 处的导数,记作

$$y'\big|_{x=x_0}=\lim_{\Delta x \to 0}\frac{\Delta y}{\Delta x}=\lim_{\Delta x \to 0}\frac{f(x_0+\Delta x)-f(x_0)}{\Delta x},$$

或记作 $\dfrac{\mathrm{d}y}{\mathrm{d}x}\big|_{x=x_0}, f'(x_0), y'(x_0)$.

若记 $x_0+\Delta x=x$,则 $\Delta x=x-x_0$,当 $\Delta x \to 0$ 时,$x \to x_0$,所以

$$f'(x_0)=\lim_{x \to x_0}\frac{f(x)-f(x_0)}{x-x_0}.$$

2) 左导数和右导数的定义

设函数 $y=f(x)$ 在点 x_0 的右侧 $[x_0,x_0+\delta]$ $(\delta>0)$ 有定义,如果极限

$$\lim_{\Delta x \to 0^+}\frac{\Delta y}{\Delta x}=\lim_{\Delta x \to 0^+}\frac{f(x_0+\Delta x)-f(x_0)}{\Delta x}$$

存在,则称这个极限值为函数 $y=f(x_0)$ 在点 x_0 处的右导数,记作 $f'_+(x_0)$. 类似地,有函数 $y=f(x)$ 在点 x_0 处的左导数的定义

$$f'_-(x_0)=\lim_{\Delta x \to 0^-}\frac{f(x_0+\Delta x)-f(x_0)}{\Delta x}.$$

3) 函数 $y=f(x)$ 可导的充分必要条件

设函数 $y=f(x)$ 在点 x_0 的某邻域 $N(x_0,\delta)$ 处有定义,则函数 $y=f(x)$ 在点 x_0 处可导的充分必要条件是 $f'_-(x_0)$ 与 $f'_+(x_0)$ 都存在且相等.

2. 函数的可导性与连续性的关系

若函数 $y = f(x) \in \mathrm{D}\{x_0\}$,则函数 $y = f(x) \in \mathrm{C}\{x_0\}$,但其逆不真.

这就说明:函数 $y = f(x)$ 在点 x_0 处可导是函数 $y = f(x)$ 在点 x_0 处连续的充分条件,而函数 $y = f(x)$ 在点 x_0 处连续只是该函数在点 x_0 处可导的必要条件而非充分条件.

一、论证函数的可导性及导函数的某些性质

例 2.1 设 $g(x)$ 为连续函数,而函数 $f(x) = (x - x_0)g(x)$,试证明:函数 $f(x) \in \mathrm{D}\{x_0\}$,且
$$f'(x_0) = g(x_0).$$

证 显然 $f(x)$ 在点 x_0 的某邻域内有定义,并且 $f(x_0) = 0$,根据导数的定义,有
$$f'(x_0) = \lim_{x \to x_0} \frac{f(x) - f(x_0)}{x - x_0} = \lim_{x \to x_0} \frac{(x - x_0)g(x) - 0}{(x - x_0)},$$
$$= \lim_{x \to x_0} g(x),$$

由题设知 $g(x)$ 为连续函数,从而有 $\lim_{x \to x_0} g(x) = g(x_0)$,所以 $f'(x_0) = g(x_0)$.

这就证明了函数 $f(x) \in \mathrm{D}\{x_0\}$,且 $f'(x_0) = g(x_0)$.

错误证法:
$$f(x) = (x - x_0)g(x),$$
因为
$$f'(x) = [(x - x_0)g(x)]' = g(x) + (x - x_0)g'(x),$$
所以
$$f'(x_0) = g(x_0) + (x_0 - x_0)g'(x_0) = g(x_0).$$

错误在于题目只给出 $g(x)$ 是连续函数的条件,因此不能对函数 $g(x)$ 求导数,更无法应用两个函数乘积的导数公式了.

例 2.2 设 $f(x)$ 是定义在 $(-\infty, +\infty)$ 内的函数,且对任意的实数 x, y,都有
$$f(x + y) = f(x)f(y), f(0) \neq 0.$$
如果函数 $f(x) \in \mathrm{D}\{0\}$,试证明:函数 $f(x) \in \mathrm{D}(-\infty, +\infty)$,且
$$f'(x) = f(x)f'(0).$$

证 据题设,对 $x = y = 0$ 时,有 $f(0) = [f(0)]^2$,而 $f(0) \neq 0$,因此 $f(0) = 1$.

对任意的 $x \in (-\infty, +\infty)$,当自变量 x 取得增量 Δx 时,有
$$f'(x) = \lim_{\Delta x \to 0} \frac{f(x + \Delta x) - f(x)}{\Delta x} = \lim_{\Delta x \to 0} \frac{f(x)f(\Delta x) - f(x)}{\Delta x}$$
$$= \lim_{\Delta x \to 0} \frac{f(x)[f(\Delta x) - 1]}{\Delta x} = f(x) \lim_{\Delta x \to 0} \frac{f(\Delta x) - 1}{\Delta x}.$$

我们注意到 $f(0) = 1, f(\Delta x) = f(0 + \Delta x)$,且 $f(x) \in \mathrm{D}\{0\}$,于是有
$$f'(x) = f(x) \lim_{\Delta x \to 0} \frac{f(0 + \Delta x) - f(0)}{\Delta x} = f(x)f'(0).$$

由于 x 的任意性,可知函数 $f(x) \in \mathrm{D}(-\infty, +\infty)$.

例 2.3 设函数 $f(x) \in \mathrm{D}\{x_0\}$,且 $f(x_0) \neq 0$,试证明:函数 $|f(x)| \in \mathrm{D}\{x_0\}$.

证 由于题设 $f(x_0) \neq 0$,我们就分 $f(x_0) > 0$ 及 $f(x_0) < 0$ 两种情况进行证明.

(1)当 $f(x_0) > 0$ 时,因为函数 $f(x) \in \mathrm{D}\{x_0\}$,故必有 $f(x) \in \mathrm{C}\{x_0\}$,据函数在一点处连续性的定义,有 $\lim_{x \to x_0} f(x) = f(x_0) > 0$,再根据函数值与极限值的同号性定理,必存在点 x_0 的某个邻域 $N(x_0, \delta)$ $(\delta > 0)$,使得

$$f(x) > 0, x \in N(x_0, \delta).$$

那么当 $x_0 + \Delta x \in N(x_0, \delta)$ 时,有

$$|f(x)|'|_{x=x_0} = \lim_{\Delta x \to 0} \frac{|f(x_0 + \Delta x)| - |f(x_0)|}{\Delta x}$$
$$= \lim_{\Delta x \to 0} \frac{f(x_0 + \Delta x) - f(x_0)}{\Delta x} = f'(x_0),$$

所以

$|f(x)| \in D\{x_0\}$,且

$$|f(x)|'|_{x=x_0} = f'(x_0).$$

(2) 当 $f(x_0) < 0$ 时,同理,必存在点 x_0 的某个邻域 $N(x_0, \delta)$,使得

$$f(x) < 0, x \in N(x_0, \delta),$$

那么当 $x_0 + \Delta x \in N(x_0, \delta)$ 时,有

$$|f(x)|'|_{x=x_0} = \lim_{\Delta x \to 0} \frac{|f(x_0 + \Delta x)| - |f(x_0)|}{\Delta x} = \lim_{\Delta x \to 0} \frac{-f(x_0 + \Delta x) + f(x_0)}{\Delta x}$$
$$= -\lim_{\Delta x \to 0} \frac{f(x_0 + \Delta x) - f(x_0)}{\Delta x} = -f'(x_0),$$

所以

$|f(x)| \in D\{x_0\}$,且

$$|f(x)|'|_{x=x_0} = -f'(x_0).$$

综上所证可知,$|f(x)| \in D\{x_0\}$,且

$$|f(x)|'|_{x=x_0} = \begin{cases} f'(x_0), & \text{当} f(x_0) > 0, \\ -f'(x_0), & \text{当} f(x_0) < 0. \end{cases}$$

错误证法:

当 $f(x_0) > 0$ 时,由函数 $f(x)$ 在点 x_0 处的连续性及函数值与极限值的同号性定理可知,必存在点 x_0 的某个邻域 $N(x_0, \delta)$,使得

$$f(x) > 0, x \in N(x_0, \delta),$$

那么

$$|f(x)| = f(x), x \in N(x_0, \delta),$$

等式两边求导数,得

$$|f(x)|' = f'(x), x \in N(x_0, \delta),$$

所以

$$|f(x)|'|_{x=x_0} = f'(x_0).$$

题目仅给出函数 $f(x)$ 在点 x_0 处可导,并未给出 $f(x)$ 在 $N(x_0, \delta)$ 内可导的条件,因此不能在邻域 $N(x_0, \delta)$ 内求导数,只能在一点 x_0 处,用导数的定义确定 $|f(x)|'|_{x=x_0}$ 是否存在. 这就是上述证明的错误之处.

例2.4 设 $f(x)$ 是定义在区间 $(-a, a)$ ($a > 0$) 内的偶函数,且 $f'(0)$ 存在,试证明: $f'(0) = 0$.

证 因为 $f(x)$ 是定义在 $(-a, a)$ 上的偶函数,则有 $f(-x) = f(x), x \in (-a, a)$,于是

$$f'(0) = \lim_{x \to 0} \frac{f(x) - f(0)}{x} \xrightarrow{x = -t} \lim_{t \to 0} \frac{f(-t) - f(0)}{-t}$$
$$= \lim_{t \to 0} \frac{f(t) - f(0)}{-t} = -\lim_{t \to 0} \frac{f(t) - f(0)}{t} = -f'(0),$$

从而有 $f'(0) = -f'(0)$,或 $2f'(0) = 0$,故 $f'(0) = 0$.

错误证法：

因为 $f(x)$ 是定义在区间 $(-a,a)$ 上的偶函数，故对任意的 $x \in (-a,a)$，有 $-x \in (-a,a)$，且 $f(-x) = f(x)$，于是当自变量 x 有增量 Δx，且 $x + \Delta x \in (-a,a)$ 时，有

$$f'(x) = \lim_{\Delta x \to 0} \frac{f(x+\Delta x) - f(x)}{\Delta x} = \lim_{\Delta x \to 0} \frac{f(-x-\Delta x) - f(-x)}{\Delta x}$$

$$= \lim_{\Delta x \to 0} \frac{f[-x+(-\Delta x)] - f(-x)}{\Delta x}$$

$$= -\lim_{\Delta x \to 0} \frac{f[-x+(-\Delta x)] - f(-x)}{(-\Delta x)} = -f'(-x),$$

从而有 $f'(x) = -f'(-x)$，当 $x = 0$ 时，有 $f'(0) = -f'(0)$，即

$$2f'(0) = 0, \text{故} f'(0) = 0.$$

题目仅给出函数 $f(x)$ 在点 $x = 0$ 处可导，并未给出偶函数 $f(x)$ 在区间 $(-a,a)$ 内处处可导的条件. 因此，对任意的 $x \in (-a,a)$，当 $x \neq 0$ 时，$f'(x)$ 未必存在，这就是上述证明的错误之处.

例 2.5 试证明：可导的周期函数，其导数仍是周期函数，且周期不变.

证 设 $f(x)$ 是以 T 为周期的可导周期函数，即对任意的实数 x，有 $f(x+T) = f(x)$. 于是有

$$f'(x+T) = \lim_{\Delta x \to 0} \frac{f(x+T+\Delta x) - f(x+T)}{\Delta x}$$

$$= \lim_{\Delta x \to 0} \frac{f[(x+\Delta x)+T] - f(x+T)}{\Delta x}$$

$$= \lim_{\Delta x \to 0} \frac{f(x+\Delta x) - f(x)}{\Delta x} = f'(x),$$

这就证明了 $f'(x)$ 仍然是以 T 为周期的周期函数.

例 2.6 设函数 $f(x)$ 在 $(-\infty, +\infty)$ 内有定义，对任意的实数 x 均满足等式

$$f(1+x) = af(x),$$

且有 $f'(0) = b$，其中 a, b 为非零常数，则

(A) $f(x)$ 在点 $x = 1$ 处不可导；

(B) $f(x) \in D\{1\}$，且 $f'(1) = a$；

(C) $f(x) \in D\{1\}$，且 $f'(1) = b$；

(D) $f(x) \in D\{1\}$，且 $f'(1) = ab$.

四种结论中哪一种结论是正确的？

解 根据题设 $f(x)$ 满足等式

$$f(1+x) = af(x),$$

当 $x = 0$ 时，有 $f(1) = af(0)$.

由导数的定义，有

$$f'(1) = \lim_{\Delta x \to 0} \frac{f(1+\Delta x) - f(1)}{\Delta x} = \lim_{\Delta x \to 0} \frac{af(\Delta x) - af(0)}{\Delta x}$$

$$= a \lim_{\Delta x \to 0} \frac{f(0+\Delta x) - f(0)}{\Delta x} = af'(0) = ab,$$

所以函数 $f(x) \in D\{1\}$，且 $f'(1) = ab$，故结论 (D) 是正确的.

例 2.7 设函数 $f(x) \in C\{x_0\}$，且 $\lim_{x \to x_0} \frac{f(x)}{x - x_0} = a \, (a \neq 0)$，试证明 $f(x) \in D\{x_0\}$，且 $f'(x_0) = a$.

证 利用导数定义来论证 $f(x)$ 在点 x_0 处是否可导,必须先求出函数值 $f(x_0)$. 由函数连续性定义,有

$$f(x_0) = \lim_{x \to x_0} f(x) = \lim_{x \to x_0} \left[(x - x_0) \cdot \frac{f(x)}{x - x_0} \right]$$

$$= \lim_{x \to x_0} (x - x_0) \cdot \lim_{x \to x_0} \frac{f(x)}{x - x_0} = 0,$$

再由导数的定义,有

$$f'(x_0) = \lim_{x \to x_0} \frac{f(x) - f(x_0)}{x - x_0} = \lim_{x \to x_0} \frac{f(x)}{x - x_0} = a.$$

这就证明了函数 $f(x) \in D\{x_0\}$,且 $f'(x_0) = a$.

从以上数例可以看到,在论证含有抽象函数记号的函数是否可导时,一定要充分注意题目所给出的函数所满足的条件,并通过导数的定义,正确地利用这些条件,既不能随意的"扩大"所给条件,也不能主观地增加条件,从而导致错误的论证方法. 如例 2.1、例 2.3、例 2.4 的错误证法.

二、利用函数的可导性,求函数(数列)的极限和确定函数中的待定常数

在函数的导数定义中,要求函数 $y = f(x)$ 在点 x_0 的某一邻域内有定义,并且在点 x_0 处自变量有改变量 Δx,函数相应的改变量为 $\Delta y = f(x_0 + \Delta x) - f(x_0)$,如果极限

$$\lim_{\Delta x \to 0} \frac{\Delta y}{\Delta x} = \lim_{\Delta x \to 0} \frac{f(x_0 + \Delta x) - f(x_0)}{\Delta x}$$

存在,则定义此极限值为函数 $y = f(x)$ 在点 x_0 处的导数 $f'(x_0)$,即

$$\lim_{\Delta x \to 0} \frac{f(x_0 + \Delta x) - f(x_0)}{\Delta x} = f'(x_0).$$

必须指出的是,导数定义的极限式中的 x_0 是自变量的某一固定点,而 Δx 是自变量在固定点 x_0 处的改变量,在取极限过程中 Δx 是一个变量,至于用什么字母来表示这个改变量对上述极限值并无影响,因此导数定义中的极限式可形象地表示为

$$\lim_{\square \to 0} \frac{f(x_0 + \square) - f(x_0)}{\square} = f'(x_0).$$

与上面极限式等价的导数定义的另一极限式为

$$\lim_{x \to x_0} \frac{f(x) - f(x_0)}{x - x_0} = f'(x_0).$$

上面极限式中的 x_0 是自变量的某一固定点,而 x 在取极限过程中是一个变量,同理,至于用什么字母来表示这个变量对上述极限值并无影响,因这个极限式也可形象地表示为

$$\lim_{\square \to x_0} \frac{f(\square) - f(x_0)}{\square - x_0} = f'(x_0).$$

例 2.8 设函数 $f(x)$ 在点 x_0 的某一邻域内有定义,且 $f(x) \in D\{x_0\}$,求下列极限:

(1) $\lim\limits_{\Delta x \to 0} \dfrac{f(x_0) - f(x_0 - \Delta x)}{\Delta x}$;

(2) $\lim\limits_{\Delta x \to 0} \dfrac{f(x_0 + \Delta x) - f(x_0 - \Delta x)}{2\Delta x}$.

解 (1) $\lim\limits_{\Delta x \to 0} \dfrac{f(x_0) - f(x_0 - \Delta x)}{\Delta x} = \lim\limits_{\Delta x \to 0} \dfrac{f(x_0 - \Delta x) - f(x_0)}{(-\Delta x)}$

$$\underline{\Delta x = -h} \lim_{h \to 0} \frac{f(x_0 + h) - f(x_0)}{h} = f'(x_0).$$

(2) $\lim\limits_{\Delta x \to 0} \dfrac{f(x_0 + \Delta x) - f(x_0 - \Delta x)}{2\Delta x}$

$$= \lim_{\Delta x \to 0} \left[\frac{f(x_0 + \Delta x) - f(x_0)}{2\Delta x} + \frac{f(x_0 - \Delta x) - f(x_0)}{-2\Delta x} \right]$$

$$= \frac{1}{2} \lim_{\Delta x \to 0} \frac{f(x_0 + \Delta x) - f(x_0)}{\Delta x} + \frac{1}{2} \lim_{\Delta x \to 0} \frac{f(x_0 - \Delta x) - f(x_0)}{(-\Delta x)}$$

$$= \frac{1}{2} f'(x_0) + \frac{1}{2} f'(x_0) = f'(x_0).$$

错误解法:

令 $x_1 = x_0 - \Delta x$, 则 $x_0 = x_1 + \Delta x$, 则有

$$\lim_{\Delta x \to 0} \frac{f(x_0 + \Delta x) - f(x_0 - \Delta x)}{2\Delta x}$$

$$= \lim_{\Delta x \to 0} \frac{f(x_1 + 2\Delta x) - f(x_1)}{2\Delta x} \underline{\underline{2\Delta x = h}} \lim_{h \to 0} \frac{f(x_1 + h) - f(x_1)}{h} = f'(x_1).$$

此解法的错误在于没有正确理解导数的定义

$$f'(x_0) = \lim_{h \to 0} \frac{f(x_0 + h) - f(x_0)}{h}$$

中的点 x_0 是一个定点, 不随 h 的变化而变化, 因而 $f(x_0)$ 是定点 x_0 处的函数值, 是一个常数, 但在上述错误的解法中, $x_1 = x_0 - \Delta x = x_0 - \dfrac{h}{2}$ 是随 h 的变化而变化, 不是一个定点, 当然函数值 $f(x_1)$ 也随 h 的变化而变化, 不是一个常数, 从而导致错误.

例 2.9 设函数 $f(x) \in D\{x_0\}$, a, b 均为非零常数, 求极限:

$$\lim_{\Delta x \to 0} \frac{f(x_0 + a\Delta x) - f(x_0 - b\Delta x)}{\Delta x}.$$

解 $\lim\limits_{\Delta x \to 0} \dfrac{f(x_0 + a\Delta x) - f(x_0 - b\Delta x)}{\Delta x}$

$$= \lim_{\Delta x \to 0} \frac{f(x_0 + a\Delta x) - f(x_0) + f(x_0) - f(x_0 - b\Delta x)}{\Delta x}$$

$$= \lim_{\Delta x \to 0} \frac{f(x_0 + a\Delta x) - f(x_0)}{\Delta x} + \lim_{\Delta x \to 0} \frac{f(x_0) - f(x_0 - b\Delta x)}{\Delta x}$$

$$= a \lim_{\Delta x \to 0} \frac{f(x_0 + a\Delta x) - f(x_0)}{a\Delta x} + b \lim_{\Delta x \to 0} \frac{f(x_0 - b\Delta x) - f(x_0)}{(-b\Delta x)}$$

$$= af'(x_0) + bf'(x_0) = (a + b)f'(x_0).$$

错误解法:

令 $x_1 = x_0 - b\Delta x$, 则有 $x_0 = x_1 + b\Delta x$, $x_0 + a\Delta x = (x_1 + b\Delta x) + a\Delta x = x_1 + (a + b)\Delta x$, 于是

$$\lim_{\Delta x \to 0} \frac{f(x_0 + a\Delta x) - f(x_0 - b\Delta x)}{\Delta x}$$

$$= \lim_{\Delta x \to 0} \frac{f[x_1 + (a + b)\Delta x] - f(x_1)}{\Delta x} = (a + b) \lim_{\Delta x \to 0} \frac{f[x_1 + (a + b)\Delta x] - f(x_1)}{(a + b)\Delta x}$$

$$\underline{\underline{h = (a+b)\Delta x}} \lim_{h \to 0} \frac{f(x_1 + h) - f(x_1)}{h} = (a + b)f'(x_1).$$

此解法的错误与例 2.1 的错误解法的错误类似, 这里不再重述.

例 2.10 确定 a、b 的值,使函数

$$f(x) = \begin{cases} ax + b, & (x > 1), \\ x^2, & (x \leq 1), \end{cases}$$

在定义域内处处可导.

解 函数 $f(x)$ 的定义域为 $(-\infty, +\infty)$. 显然有:

当 $x > 1$ 时,$f'(x) = (ax + b)' = a$.

当 $x < 1$ 时,$f'(x) = (x^2)' = 2x$.

要使函数 $f(x) \in D\{1\}$,首先必须使 $f(x) \in C\{1\}$,由于

$f(1 - 0) = \lim\limits_{x \to 1^-} f(x) = \lim\limits_{x \to 1^-} x^2 = 1$,

$f(1 + 0) = \lim\limits_{x \to 1^+} f(x) = \lim\limits_{x \to 1^+} (ax + b) = a + b$,

$f(1) = x^2 \big|_{x=1} = 1$,

由 $f(1 - 0) = f(1 + 0) = f(1)$,得

$$a + b = 1, \text{或 } b = 1 - a.$$

再求 $f(x)$ 在点 $x = 1$ 处的左导数与右导数:

$f'_-(1) = \lim\limits_{x \to 1^-} \dfrac{f(x) - f(1)}{x - 1} = \lim\limits_{x \to 1^-} \dfrac{x^2 - 1}{x - 1} = \lim\limits_{x \to 1^-} (x + 1) = 2$,

$f'_+(1) = \lim\limits_{x \to 1^+} \dfrac{f(x) - f(1)}{x - 1} = \lim\limits_{x \to 1^+} \dfrac{(ax + b) - 1}{x - 1}$

$\quad = \lim\limits_{x \to 1^+} \dfrac{ax + 1 - a - 1}{x - 1} = \lim\limits_{x \to 1} \dfrac{ax - a}{x - 1} = a$,

当且仅当

$$f'_-(1) = f'_+(1)$$

时,即 $a = 2, b = 1 - a = -1$ 时,函数 $f(x) \in D\{1\}$.

综上所述,当 $a = 2, b = -1$ 时,函数

$$f(x) = \begin{cases} 2x - 1, & (x > 1), \\ x^2, & (x \leq 1). \end{cases}$$

$f(x) \in D(-\infty, +\infty)$,且

$$f'(x) = \begin{cases} 2, & (x > 1), \\ 2x, & (x \leq 1). \end{cases}$$

例 2.11 设函数

$$f(x) = \lim\limits_{n \to \infty} \dfrac{x^4 e^{n(x-1)} + ax^3 + b}{e^{n(x-1)} + 1}.$$

其中 a、b 为常数,问 a、b 取何值时,函数 $f(x)$ 在其定义域内处处可导?

解 先求函数 $f(x)$ 的表达式:

当 $x = 1$ 时,$f(1) = \lim\limits_{n \to \infty} \dfrac{1 + a + b}{2} = \dfrac{1}{2}(a + b + 1)$;

当 $x < 1$ 时,$x - 1 < 0, \lim\limits_{n \to \infty} e^{n(x-1)} = 0$,

$$f(x) = \lim\limits_{n \to \infty} \dfrac{x^4 e^{n(x-1)} + ax^3 + b}{e^{n(x-1)} + 1} = ax^3 + b;$$

当 $x > 1$ 时,$x - 1 > 0, \lim\limits_{n \to \infty} e^{n(x-1)} = +\infty, \lim\limits_{n \to \infty} e^{-n(x-1)} = 0$,

$$f(x) = \lim_{n\to\infty} \frac{x^4 + (ax^3+b)\mathrm{e}^{-n(x-1)}}{1+\mathrm{e}^{-n(x-1)}} = x^4,$$

所以

$$f(x) = \begin{cases} ax^3 + b, & x < 1, \\ \dfrac{1}{2}(a+b+1), & x = 1, \\ x^4, & x > 1. \end{cases}$$

函数 $f(x)$ 的定义域为 $(-\infty, +\infty)$.

当 $-\infty < x < 1$ 时,$f'(x) = (ax^3+b)' = 3ax^2$;

当 $1 < x < +\infty$ 时,$f'(x) = 4x^3$.

因此 $f(x)$ 在 $(-\infty,1) \cup (1,+\infty)$ 内处处可导. 下面再讨论函数 $f(x)$ 在点 $x=1$ 的可导性.

为了使 $f(x) \in \mathrm{D}\{1\}$,首先必须使 $f(x) \in \mathrm{C}\{1\}$. 由于

$$f(1-0) = \lim_{x\to 1^-} f(x) = \lim_{x\to 1^-}(ax^3+b) = a+b,$$
$$f(1+0) = \lim_{x\to 1^+} f(x) = \lim_{x\to 1^+} x^4 = 1,$$
$$f(1) = \frac{1}{2}(a+b+1),$$

当且仅当 $f(1-0) = f(1+0) = f(1)$ 时,即

$$a+b = 1 = \frac{1}{2}(a+b+1)$$

时,函数 $f(x) \in \mathrm{C}\{1\}$,得到 $a+b=1$.

再讨论函数 $f(x)$ 在点 $x=1$ 处的可导性:

$$f'_-(1) = \lim_{x\to 1^-}\frac{f(x)-f(1)}{x-1} = \lim_{x\to 1^-}\frac{(ax^3+b)-\frac{1}{2}(a+b+1)}{x-1} = \lim_{x\to 1^-}\frac{(ax^3+b)-1}{x-1}$$
$$= \lim_{x\to 1^-}\frac{ax^3-(1-b)}{x-1} = \lim_{x\to 1^-}\frac{ax^3-a}{x-1} = \lim_{x\to 1^-} a(x^2+x+1) = 3a,$$

$$f'_+(1) = \lim_{x\to 1^+}\frac{f(x)-f(1)}{x-1} = \lim_{x\to 1^+}\frac{x^4 - \frac{1}{2}(a+b+1)}{x-1}$$
$$= \lim_{x\to 1^+}\frac{x^4-1}{x-1} = \lim_{x\to 1^+}(x+1)(x^2+1) = 4,$$

当且仅当 $f'_-(1) = f'_+(1)$,即 $3a=4$,$a=\dfrac{4}{3}$,而 $b = 1-a = 1-\dfrac{4}{3} = -\dfrac{1}{3}$ 时,函数 $f(x) \in \mathrm{D}\{1\}$.

综上所述,当 $a=\dfrac{4}{3}$,$b=-\dfrac{1}{3}$ 时,函数

$$f(x) = \begin{cases} \dfrac{4}{3}x^3 - \dfrac{1}{3}, & x < 1, \\ 1, & x = 1, \\ x^4, & x > 1. \end{cases}$$

$f(x) \in \mathrm{D}(-\infty, +\infty)$,且

$$f'(x) = \begin{cases} 4x^2, & x < 1, \\ 4x^3, & x \geq 1. \end{cases}$$

三、利用导数的定义求函数的导数

利用导数的定义求函数的导数,是诸多求导数方法中最基本的方法,特别是对某些比较特殊的函数(例如分段函数、抽象函数记号表达的函数等),利用导数定义求函数的导数是必不可少的求导方法,有时也是最简便的求导方法.

例 2.12 设函数 $f(x) = x(x-1)(x-2)\cdots(x-100)$,求 $f'(0)$.

解 显然 $f(0) = 0$,由导数的定义,有

$$f'(0) = \lim_{x \to 0}\frac{f(x) - f(0)}{x} = \lim_{x \to 0}\frac{f(x)}{x} = \lim_{x \to 0}(x-1)(x-2)\cdots(x-100)$$

$$= (-1)(-2)\cdots(-100) = (-1)^{100} \cdot 100! = 100!.$$

对函数 $f(x) = x(x-1)(x-2)\cdots(x-1000)$,如果先求 $f'(x)$,再求 $f'(x)|_{x=0} = f'(0)$ 就会很烦杂.

例 2.13 设函数 $g(x)$ 在点 $x = 0$ 的某邻域内有定义,且 $g(x) \in D\{0\}$,

$$f(x) = \begin{cases} g(x)\arctan\dfrac{1}{x^2}, & x \neq 0, \\ 0, & x = 0. \end{cases}$$

其中 $g(0) = 0, g'(0) = 0$,求 $f'(0)$.

解 由于 $g(x) \in D\{0\}$,必有 $g(x) \in C\{0\}$,而 $\left|\arctan\dfrac{1}{x^2}\right| < \dfrac{\pi}{2}$,那么 $\lim\limits_{x \to 0}f(x) = \lim\limits_{x \to 0}g(x)\arctan\dfrac{1}{x^2} = 0 = f(0)$,即 $f(x) \in C\{0\}$.

由导数定义,有

$$f'(0) = \lim_{x \to 0}\frac{f(x) - f(0)}{x} = \lim_{x \to 0}\frac{g(x)\arctan\dfrac{1}{x^2} - 0}{x}$$

$$= \lim_{x \to 0}\frac{g(x)}{x} \cdot \arctan\frac{1}{x^2} = \lim_{x \to 0}\frac{g(x) - g(0)}{x} \cdot \arctan\frac{1}{x^2}.$$

据题设 $g'(0) = 0$,即

$$\lim_{x \to 0}\frac{g(x) - g(0)}{x} = g'(0) = 0,$$

当 $x \to 0$ 时,$\left|\arctan\dfrac{1}{x^2}\right| < \dfrac{\pi}{2}$,即 $\arctan\dfrac{1}{x^2}$ 是有界函数,由无穷小的性质可知

$$f'(0) = \lim_{x \to 0}\frac{g(x) - g(0)}{x} \cdot \arctan\frac{1}{x^2} = 0.$$

例 2.14 设函数 $f(x) = g(a + bx) - g(a - bx)$ $(b \neq 0)$,其中函数 $g(x)$ 定义在 $(-\infty, +\infty)$ 内,且 $g(x) \in D\{a\}$,试证明:$f(x) \in D\{0\}$,且 $f'(0) = 2bg'(a)$.

解 显然 $f(0) = g(a) - g(a) = 0$,由导数定义有

$$f'(0) = \lim_{x \to 0}\frac{f(x) - f(0)}{x} = \lim_{x \to 0}\frac{g(a + bx) - g(a - bx)}{x}$$

$$= \lim_{x \to 0}\frac{g(a + bx) - g(a) + g(a) - g(a - bx)}{x}$$

$$= b\lim_{x \to 0}\frac{g(a + bx) - g(a)}{bx} + b\lim_{x \to 0}\frac{g[a + (-bx)] - g(a)}{(-bx)}$$

$$\underline{bx = h}\ b\lim_{h \to 0}\frac{g(a + h) - g(a)}{h} + b\lim_{h \to 0}\frac{g[a + (-h)] - g(a)}{(-h)}$$

$$= bg'(a) + bg'(a) = 2bg'(a).$$

错误解法：

$$\begin{aligned}
f'(x) &= \lim_{\Delta x \to 0} \frac{f(x + \Delta x) - f(x)}{\Delta x} \\
&= \lim_{\Delta x \to 0} \frac{g[a + b(x+\Delta x)] - g[a - b(x+\Delta x)] - g(a+bx) + g(a-bx)}{\Delta x} \\
&= \lim_{\Delta x \to 0} \frac{g(a + bx + b\Delta x) - g(a+bx)}{\Delta x} + \lim_{\Delta x \to 0} \frac{g(a - bx) - g(a - bx - b\Delta x)}{\Delta x} \\
&= b \lim_{\Delta x \to 0} \frac{g(a + bx + b\Delta x) - g(a+bx)}{b\Delta x} + b \lim_{\Delta x \to 0} \frac{g(a - bx - b\Delta x) - g(a - bx)}{(-b\Delta x)} \\
&\underset{h = b\Delta x}{=\!=\!=} b \lim_{h \to 0} \frac{g(a+bx+h) - g(a+bx)}{h} + b \lim_{h \to 0} \frac{g(a - bx - h) - g(a - bx)}{(-h)} \\
&= bg'(a+bx) + bg'(a-bx),
\end{aligned}$$

所以
$$f'(0) = bg'(a) + bg'(a) = 2bg'(a).$$

题设只给出 $g(x) \in D\{a\}$，在点 $x \neq a$ 处是否可导题设并未给出．在解题过程中利用了 $g(x)$ 在任意一点 x 处可导的条件，因此解法没有依据从而导致错误．

例 2.15 设函数 $f(x)$ 定义在 $(-\infty, +\infty)$ 内，且 $f(x) \in C\{0\}$，又对任意的实数 x_1、x_2，均有
$$f(x_1 + x_2) = f(x_1) + f(x_2),$$

(1) 证明：函数 $f(x) \in C(-\infty, +\infty)$；

(2) 设 $f(x) \in D\{0\}$，且 $f'(0) = a$（a 为常数），证明：$f(x) \in D(-\infty, +\infty)$，且 $f'(x) = a$, $x \in (-\infty, +\infty)$．

证 (1) 令 $x_1 = x_2 = 0$，得
$$f(0) = 2f(0), \text{即} f(0) = 0.$$

任意取 $x \in (-\infty, +\infty)$，自变量 x 有增量 Δx，依题设，有
$$f(x + \Delta x) = f(x) + f(\Delta x),$$
$$f(x + \Delta x) - f(x) = f(\Delta x),$$

因为
$f(x) \in C\{0\}$，故 $\lim\limits_{\Delta x \to 0} f(\Delta x) = f(0) = 0$，即
$$\lim_{\Delta x \to 0} [f(x + \Delta x) - f(x)] = \lim_{\Delta x \to 0} f(\Delta x) = 0.$$

所以 $f(x)$ 在任意一点 x 处连续，即
$$f(x) \in C(-\infty, +\infty).$$

(2) 任意取 $x \in (-\infty, +\infty)$，由导数定义，有
$$\begin{aligned}
f'(x) &= \lim_{\Delta x \to 0} \frac{f(x + \Delta x) - f(x)}{\Delta x} = \lim_{\Delta x \to 0} \frac{f(x) + f(\Delta x) - f(x)}{\Delta x} \\
&= \lim_{\Delta x \to 0} \frac{f(\Delta x)}{\Delta x} = \lim_{\Delta x \to 0} \frac{f(0 + \Delta x) - f(0)}{\Delta x} = f'(0) = a.
\end{aligned}$$

由 x 的任意性，可知
$$f(x) \in D(-\infty, +\infty), \text{且}$$
$$f'(x) = a, x \in (-\infty, +\infty).$$

例 2.16 设函数 $f(x)$ 在 $(0, +\infty)$ 内有定义，且对任意的 $x, y \in (0, +\infty)$，恒有
$$f(xy) = f(x) + f(y),$$

又 $f(x) \in D\{1\}$,试证明 $f(x) \in D(0, +\infty)$,且 $f'(x) = \dfrac{f'(1)}{x}$.

证 任意取 $x \in (0, +\infty)$ 且 $x \neq 1$,为了证明函数在点 x 处可导,据导数的定义,只需证明极限

$$\lim_{\Delta x \to 0} \frac{f(x+\Delta x) - f(x)}{\Delta x}$$

存在. 为了便于应用题目所给的条件,必须把和式 $x + \Delta x$ 转化为乘积的形式. 不妨设

$$x + \Delta x = xt,$$

其中 $x > 0, x + \Delta x > 0$,故 $t > 0$,又注意到 $\Delta x \neq 0$,从而 $t \neq 1$. 且 $\Delta x = x(t-1)$,当 $\Delta x \to 0$ 时,$t \to 1$,于是有

$$\lim_{\Delta x \to 0} \frac{f(x+\Delta x) - f(x)}{\Delta x} = \lim_{t \to 1} \frac{f(xt) - f(x)}{x(t-1)}$$

$$= \lim_{t \to 1} \frac{f(x) + f(t) - f(x)}{x(t-1)} = \lim_{t \to 1} \frac{f(t)}{x(t-1)}.$$

由题设,令 $y = 1$,代入 $f(xy) = f(x) + f(y)$ 中,可得 $f(x) = f(x) + f(1)$,故 $f(1) = 0$,从而有

$$f'(1) = \lim_{t \to 1} \frac{f(t) - f(1)}{t-1} = \lim_{t \to 1} \frac{f(t)}{t-1}.$$

于是有

$$\lim_{\Delta x \to 0} \frac{f(x+\Delta x) - f(x)}{\Delta x} = \frac{1}{x} \lim_{t \to 1} \frac{f(t)}{t-1} = \frac{f'(1)}{x}.$$

这就证明了,对任意的 $x \in (0, +\infty)$,函数 $f(x)$ 在点 x 处可导,且其导数

$$f'(x) = \frac{f'(1)}{x}.$$

例 2.17 设函数 $f(x)$ 和 $F(x)$ 在 $(-\infty, +\infty)$ 上有定义,且 $f(x) \in D\{0\}$,$F(x) \in D\{0\}$,$f(0) = 0, F(0) = 1, f'(0) = 1, F'(0) = 0$,$f(x)$ 和 $F(x)$ 对任意的 $x, y \in (-\infty, +\infty)$ 满足等式

$$f(x+y) = f(x)F(y) + f(y)F(x),$$

试证明:$f(x) \in D(-\infty, +\infty)$,且 $f'(x) = F(x)$.

证 任意取 $x \in (-\infty, +\infty)$,x 有改变量 Δx,依据导数的定义,我们考察极限

$$\lim_{\Delta x \to 0} \frac{f(x+\Delta x) - f(x)}{\Delta x}$$

是否存在.

据题设有

$$f(x+\Delta x) - f(x) = f(x)F(\Delta x) + f(\Delta x)F(x) - f(x)$$

$$= f(x)[F(\Delta x) - 1] + F(x)f(\Delta x).$$

注意到 $F(0) = 1$ 及 $f(0) = 0$,则有

$$f(x+\Delta x) - f(x) = f(x)[F(0+\Delta x) - F(0)] + F(x)[f(0+\Delta x) - f(0)].$$

由题设 $F(x) \in D\{0\}$ 和 $f(x) \in D\{0\}$,从而有

$$\lim_{\Delta x \to 0} \frac{f(x+\Delta x) - f(x)}{\Delta x}$$

$$= f(x) \cdot \lim_{\Delta x \to 0} \frac{F(0+\Delta x) - F(0)}{\Delta x} + F(x) \cdot \lim_{\Delta x \to 0} \frac{f(0+\Delta x) - f(0)}{\Delta x}$$

$$= f(x) \cdot F'(0) + F(x) \cdot f'(0) = f(x) \cdot 0 + F(x) \cdot 1 = F(x).$$

由 x 的任意性,这就证明了对任意的 $x \in (-\infty, +\infty)$,$f(x)$ 可导,并且 $f'(x) = F(x)$.

第五讲　几类函数的微分法

求函数的导数或微分统称为微分法.它是高等数学的基本运算之一,要求达到熟练、准确.本讲就几类函数的特点和求导数的技巧及注意的问题进行辅导.

基本概念和重要结论

1. 牢记基本初等函数的导数公式及微分公式
2. 函数的导数与微分的四则运算法则

设函数 $u = u(x), v = v(x)$ 均可导,则

（1）$(u \pm v)' = u' + v', \mathrm{d}(u \pm v) = \mathrm{d}u \pm \mathrm{d}v$;

（2）$(uv)' = u'v + uv', \mathrm{d}(uv) = v\mathrm{d}u + u\mathrm{d}v$;

（3）$\left(\dfrac{u}{v}\right)' = \dfrac{u'v - uv'}{v^2}\ (v \neq 0), \mathrm{d}\left(\dfrac{u}{v}\right) = \dfrac{v\mathrm{d}u - u\mathrm{d}v}{v^2}\ (v \neq 0)$.

3. 反函数的求导法则

设函数 $y = f(x)$ 为单调连续函数,在点 x 处可导,且 $f'(x) \neq 0$,则其反函数 $x = f^{-1}(y)$ 在对应点处也可导,则

$$[f^{-1}(y)]' = \dfrac{1}{f'(x)}.$$

4. 高阶导数

定义　若函数 $y = f(x)$ 的导函数 $f'(x)$ 在点 x 处可导,则称 $f'(x)$ 在点 x 处的导数为 $y = f(x)$ 在点 x 处的二阶导数,记为 $\dfrac{\mathrm{d}^2 y}{\mathrm{d} x^2}, f''(x)$,即

$$f''(x) = \lim_{\Delta x \to 0} \dfrac{f'(x + \Delta x) - f'(x)}{\Delta x}.$$

类似地可定义 n 阶导数 $f^{(n)}(x)$ 为

$$f^{(n)}(x) = \lim_{\Delta x \to 0} \dfrac{f^{(n-1)}(x + \Delta x) - f^{(n-1)}(x)}{\Delta x}.$$

一、复合函数微分法

设函数 $u = \varphi(x)$ 在点 x 处可导,而函数 $y = f(u)$ 在对应点 $u = \varphi(x)$ 处可导,则复合函数 $y = f[\varphi(x)]$ 在点 x 处可导,且

$$y'_x = f'(u)\varphi'(x),$$

或

$$\dfrac{\mathrm{d}y}{\mathrm{d}x} = \dfrac{\mathrm{d}y}{\mathrm{d}u} \cdot \dfrac{\mathrm{d}u}{\mathrm{d}x}.$$

这种求复合函数的方法称为连锁法则,这个法则可推广到多个中间变量的复合函数的情形.

例 2.18　设函数 $y = \arcsin\left(\dfrac{1-x}{1+x}\right)$,求 $\dfrac{\mathrm{d}y}{\mathrm{d}x}$.

解　把该函数看做是由 $y = \arcsin u, u = \dfrac{1-x}{1+x}$ 复合而成的复合函数,由复合函数求导的连

锁法则,得

$$\frac{dy}{dx} = \frac{dy}{du} \cdot \frac{du}{dx} = \frac{d}{du}(\arcsin u) \frac{d}{dx}\left(\frac{1-x}{1+x}\right)$$

$$= \frac{1}{\sqrt{1-u^2}} \cdot \frac{(1-x)'(1+x) - (1+x)'(1-x)}{(1+x)^2}$$

$$= \frac{1}{\sqrt{1-\left(\frac{1-x}{1+x}\right)^2}} \cdot \frac{-(1+x) - (1-x)}{(1+x)^2}$$

$$= \frac{|1+x|}{2\sqrt{x}} \cdot \frac{(-2)}{(1+x)^2} = -\frac{1}{|1+x|\sqrt{x}}.$$

例2.19 设 $y = \sin(\ln x)\cos(\ln x)$,求 $y'(e^{\frac{\pi}{4}})$.

解法1 设 $y = uv, u = \sin\omega, v = \cos\omega, \omega = \ln x$,则

$$\frac{dy}{dx} = \frac{d(uv)}{dx} = \frac{du}{dx} \cdot v + u \cdot \frac{dv}{dx} = \left(\frac{du}{d\omega}\frac{d\omega}{dx}\right) \cdot v + u \cdot \left(\frac{dv}{d\omega} \cdot \frac{d\omega}{dx}\right)$$

$$= \cos\omega \cdot \frac{1}{x} \cdot \cos\omega + \sin\omega(-\sin\omega) \cdot \frac{1}{x} = \frac{1}{x}(\cos^2\omega - \sin^2\omega)$$

$$= \frac{1}{x}\cos 2\omega = \frac{1}{x}\cos(2\ln x),$$

$$y'(e^{\frac{\pi}{4}}) = e^{-\frac{\pi}{4}}\cos(2\ln e^{\frac{\pi}{4}}) = e^{-\frac{\pi}{4}}\cos\frac{\pi}{2} = 0.$$

解法2 $y = \sin(\ln x)\cos(\ln x) = \frac{1}{2}\sin(2\ln x).$

设 $y = \frac{1}{2}\sin u, u = 2\ln x$,则

$$y'_x = y'_u \cdot u'_x = \frac{1}{2}\cos u \cdot \frac{2}{x} = \frac{1}{x}\cos u = \frac{1}{x}\cos(2\ln x).$$

同理有 $y'(e^{\frac{\pi}{4}}) = 0.$

例2.20 设 $y = x^{a^a} + a^{x^a} + a^{a^x}, (a > 0)$,求 y'.

解 设 $y = u + v + w$,其中

$u = x^{a^a}$;

$v = a^z, z = x^a$;

$\omega = a^t, t = a^x$,则

$$y'_x = \frac{du}{dx} + \frac{dv}{dx} + \frac{dw}{dx} = \frac{du}{dx} + \frac{dv}{dz}\frac{dz}{dx} + \frac{dw}{dt}\frac{dt}{dx}$$

$$= a^a x^{a^a - 1} + a^z \ln a \cdot ax^{a-1} + a^t \ln a \cdot a^x \ln a$$

$$= a^a x^{a^a - 1} + ax^{a-1} a^{x^a} \ln a + a^x \cdot a^{a^x} \ln^2 a.$$

例2.21 设 $y = f\left(\frac{2x-3}{2x+3}\right), f'(x) = \arctan x^2$,求 $\left.\frac{dy}{dx}\right|_{x=0}$.

解 设 $y = f(u), u = \frac{2x-3}{2x+3}$,则

$$\frac{dy}{dx} = f'(u) \cdot \frac{(2x-3)'(2x+3) - (2x-3)(2x+3)'}{(2x+3)^2}$$

$$= \arctan u^2 \cdot \frac{12}{(2x+3)^2} = \frac{12}{(2x+3)^2}\arctan\left(\frac{2x-3}{2x+3}\right)^2,$$

$$\left.\frac{dy}{dx}\right|_{x=0} = \frac{4}{3}\arctan 1 = \frac{4}{3} \cdot \frac{\pi}{4} = \frac{\pi}{3}.$$

在对复合函数求导数前,必须先分析复合函数的结构,由表及里逐层弄清楚该函数是由哪些基本初等函数经过怎样的复合步骤而构成的复合函数,然后应用复合函数求导数的连锁法则,层层求导,直到对自变量求导数为止,然后化简求导的结果,得到较简单的表达式.

有时为了更便于求导数,求导数前先把函数的表达式做恒等变形,化为简单的表达形式(如例 2.19 的解法 2),使求导过程更简捷.

二、隐函数微分法

由方程 $F(x,y) = 0$ 所确定的函数 $y = y(x)$,称为 y 是变量 x 的隐函数.

隐函数 $y = y(x)$ 求导步骤如下:

(1) 把方程 $F(x,y) = 0$ 中的 y 看做是 x 的函数 $y(x)$,方程就视为恒等式. 把恒等式两边对 x 求导数,要记住其中 y 的函数则是 x 的复合函数,例如 y^2, $\ln y$, e^y, $\sin y$ 等均是 x 的复合函数,在求导时应按复合函数的求导法则去做. 求导后就得到含有 x, y, y' 的方程.

(2) 在含有 x, y, y' 的方程中解出 y',就得到导数的表达式.

例 2.22 设 $y = y(x)$ 是由方程 $xy - e^x + e^y = 0$ 所确定的隐函数,求 $\dfrac{dy}{dx}, \dfrac{dy}{dx}\bigg|_{x=0}$.

解 注意到原方程中的 y 是 x 的函数,把原方程视为恒等式,等号两边对 x 求导数,得

$$y + x\frac{dy}{dx} - e^x + e^y \frac{dy}{dx} = 0,$$

$$(x + e^y)\frac{dy}{dx} = e^x - y,$$

$$\frac{dy}{dx} = \frac{e^x - y}{e^y + x}.$$

把 $x = 0$ 代入原方程,得

$$e^y = 1, y = 0.$$

所以

$$\frac{dy}{dx}\bigg|_{x=0} = \frac{e^x - y}{e^y + x}\bigg|_{\substack{x=0 \\ y=0}} = 1.$$

错误解法:

把原方程两边对 x 求导数,得

$$y + x\frac{dy}{dx} - e^x + e^y = 0,$$

$$\frac{dy}{dx} = \frac{1}{x}(e^x - e^y - y).$$

因为 $y = y(x)$ 是方程 $xy - e^x + e^y = 0$ 确定的隐函数,所以 $e^y = e^{y(x)}$,那么

$$\frac{d(e^y)}{dx} = \frac{d(e^y)}{dy} \cdot \frac{dy}{dx} = e^y \frac{dy}{dx}.$$

在上面的解题过程中 $\dfrac{d(e^y)}{dx} = e^y$ 是错误的,漏乘 $\dfrac{dy}{dx}$.

例 2.23 设 $y = y(x)$ 是由方程

$$\frac{x}{y} = \tan(\ln\sqrt{x^2 + y^2})$$

确定的隐函数,求 $\dfrac{dy}{dx}, \dfrac{d^2 y}{dx^2}$.

解 注意到原方程中的 y 是 x 的函数,把原方程视为恒等式,等号两边对 x 求导数,得

$$\frac{y-xy'}{y^2} = \sec^2(\ln\sqrt{x^2+y^2}) \cdot \frac{1}{2(x^2+y^2)} \cdot (2x+2yy')$$

$$= [1+\tan^2(\ln\sqrt{x^2+y^2})] \cdot \frac{x+yy'}{x^2+y^2},$$

由原方程可知

$$\tan(\ln\sqrt{x^2+y^2}) = \frac{x}{y}, 代入上式,有$$

$$\frac{y-xy'}{y^2} = \left(1+\frac{x^2}{y^2}\right) \cdot \frac{x+yy'}{x^2+y^2},$$

$$y - xy' = x + yy',$$

$$(x+y)y' = y - x,$$

$$y' = \frac{y-x}{y+x}.$$

把 y' 再对 x 求导数,得

$$y'' = \frac{(y-x)'(y+x) - (y-x)(y+x)'}{(y+x)^2}$$

$$= \frac{(y'-1)(y+x) - (y-x)(y'+1)}{(y+x)^2} = \frac{2xy'-2y}{(y+x)^2},$$

再把 $y' = \dfrac{y-x}{y+x}$ 代入上式,得

$$y'' = \frac{2x\left(\dfrac{y-x}{y+x}\right) - 2y}{(y+x)^2} = -\frac{2(x^2+y^2)}{(y+x)^3}.$$

从本例可看到:利用原方程 $\tan(\ln\sqrt{x^2+y^2}) = \dfrac{x}{y}$ 来化简求导数的计算过程,往往起到事半功倍的作用. 不仅简化了一阶导数的表达式,也为求二阶导数提供了方便.

例 2.24 设方程 $y = f(x+y)$ 确定隐函数 $y = y(x)$,其中 $f(u)$ 具有二阶导数,且 $f'(u) \neq 1$,求 $\dfrac{\mathrm{d}y}{\mathrm{d}x}, \dfrac{\mathrm{d}^2y}{\mathrm{d}x^2}$.

解 令 $u = x + y$,其中 $y = y(x)$,原方程视为恒等式,等式两边对 x 求导数,得

$$\frac{\mathrm{d}y}{\mathrm{d}x} = f'(u)\left(1+\frac{\mathrm{d}y}{\mathrm{d}x}\right),$$

$$[1-f'(u)]\frac{\mathrm{d}y}{\mathrm{d}x} = f'(u),$$

$$\frac{\mathrm{d}y}{\mathrm{d}x} = \frac{f'(u)}{1-f'(u)}.$$

再对 x 求导数,得

$$\frac{\mathrm{d}^2y}{\mathrm{d}x^2} = \frac{f''(u)\left(1+\dfrac{\mathrm{d}y}{\mathrm{d}x}\right)[1-f'(u)] - f'(u)\left[-f''(u)\left(1+\dfrac{\mathrm{d}y}{\mathrm{d}x}\right)\right]}{[1-f'(u)]^2}$$

$$= \frac{\left(1+\dfrac{\mathrm{d}y}{\mathrm{d}x}\right)[f''(u) - f''(u)f'(u) + f'(u)f''(u)]}{[1-f'(u)]^2}$$

$$= \frac{\left[1+\dfrac{f'(u)}{1-f'(u)}\right]f''(u)}{[1-f'(u)]^2} = \frac{f''(u)}{[1-f'(u)]^3}, \quad (\text{式中 } u = x+y).$$

错误解法：

令 $u = x + y$，把方程 $y = f(x + y)$ 两边对 x 求导数，得

$$\frac{dy}{dx} = f'(u)\left(1 + \frac{dy}{dx}\right)$$

$$[1 - f'(u)]\frac{dy}{dx} = f'(u)$$

$$\frac{dy}{dx} = \frac{f'(u)}{1 - f'(u)}.$$

把 $\frac{dy}{dx}$ 再对 x 求导数，得

$$\frac{d^2 y}{dx^2} = \frac{f''(u)[1 - f'(u)] - f'(u) \cdot [-f''(u)]}{[1 - f'(u)]^2}$$

$$= \frac{f''(u)}{[1 - f'(u)]^2}, (式中 u = x + y).$$

此解法的错误在于由 $\frac{dy}{dx}$ 求 $\frac{d^2 y}{dx^2}$ 时，等号的右端只对中间变量 u 求导数，而未乘上中间变量 u 的导数 $\frac{du}{dx} = 1 + \frac{dy}{dx}$.

如果按下面的步骤来计算：

$$\frac{d^2 y}{dx^2} = \frac{d}{dx}\left(\frac{dy}{dx}\right) = \frac{d}{dx}\left[\frac{f'(u)}{1 - f'(u)}\right]$$

$$= \frac{d}{du}\left[\frac{f'(u)}{1 - f'(u)}\right] \cdot \frac{du}{dx} = \frac{f''(u)}{[1 - f'(u)]^2} \cdot \left(1 + \frac{dy}{dx}\right)$$

$$= \frac{f''(u)}{[1 - f'(u)]^2}\left[1 + \frac{f'(u)}{1 - f'(u)}\right] = \frac{f''(u)}{[1 - f'(u)]^3}.$$

则结果是正确的.

三、参量函数微分法

由参量方程

$$\begin{cases} x = x(t), \\ y = y(t), \end{cases} \alpha \le t \le \beta.$$

所确定函数 $y = y(x)$ 称为参量函数.

设函数 $x = x(t), y = y(t)$ 均具有二阶导数，且 $x'(t) \ne 0$，则

$$\frac{dy}{dx} = \frac{y'(t)}{x'(t)},$$

$$\frac{d^2 y}{dx^2} = \frac{d}{dx}\left[\frac{y'(t)}{x'(t)}\right] = \frac{d}{dt}\left[\frac{y'(t)}{x'(t)}\right] \cdot \frac{dt}{dx} = \frac{y''(t)x'(t) - y'(t)x''(t)}{[x'(t)]^2} \cdot \frac{1}{x'(t)}$$

$$= \frac{x'(t)y''(t) - x''(t)y'(t)}{[x'(t)]^3}.$$

例 2.25 设 $\begin{cases} x = a(t - \sin t), \\ y = a(1 - \cos t), \end{cases}$ 求 $\frac{d^2 y}{dx^2}$.

解 $\frac{dy}{dx} = \frac{y'_t}{x'_t} = \frac{a\sin t}{a(1 - \cos t)} = \frac{2\sin\frac{t}{2}\cos\frac{t}{2}}{2\sin^2\frac{t}{2}} = \cot\frac{t}{2},$

$$\frac{\mathrm{d}^2 y}{\mathrm{d}x^2} = \frac{\mathrm{d}}{\mathrm{d}x}\left(\cot\frac{t}{2}\right) = \frac{\mathrm{d}}{\mathrm{d}t}\left(\cot\frac{t}{2}\right) \cdot \frac{\mathrm{d}t}{\mathrm{d}x} = -\frac{1}{2}\csc^2\frac{t}{2} \cdot \frac{1}{a(1-\cos t)}$$

$$= -\frac{1}{2\sin^2\frac{t}{2}} \cdot \frac{1}{2a\sin^2\frac{t}{2}} = -\frac{1}{4a}\csc^4\frac{t}{2}.$$

错误解法:

$$\frac{\mathrm{d}y}{\mathrm{d}x} = \cot\frac{t}{2},$$

$$\frac{\mathrm{d}^2 y}{\mathrm{d}x^2} = \frac{\mathrm{d}}{\mathrm{d}x}\left(\cot\frac{t}{2}\right) = -\frac{1}{2}\csc^2\frac{t}{2}.$$

此解法的错误在于求 $\dfrac{\mathrm{d}^2 y}{\mathrm{d}x^2}$ 时,等号右边只对参量 t 求导数,而未乘 $\dfrac{\mathrm{d}t}{\mathrm{d}x}$.

例 2.26 设 $\begin{cases} x = 3t^2 + 2t, \\ e^y \sin t - y + 1 = 0, \end{cases}$ 求 $\dfrac{\mathrm{d}y}{\mathrm{d}x}$.

解 y 是参量方程确定的 x 的函数,因此 $y(x)$ 是参量函数,故

$$\frac{\mathrm{d}y}{\mathrm{d}x} = \frac{y'(t)}{x'(t)},$$

其中 x 是参量 t 的显函数,而 y 是由方程

$$e^y \sin t - y + 1 = 0$$

确定的 t 的隐函数,因此求 $y'(t)$ 时应该用隐函数微分法.

$$x'(t) = 6t + 2.$$

把方程 $e^y \sin t - y + 1 = 0$ 两边对 t 求导数,得

$$e^y y'(t) \sin t + e^y \cos t - y'(t) = 0,$$

$$y'(t) = \frac{e^y \cos t}{1 - e^y \sin t}.$$

所以

$$\frac{\mathrm{d}y}{\mathrm{d}x} = \frac{y'(t)}{x'(t)} = \frac{e^y \cos t}{(6t+2)(1 - e^y \sin t)}.$$

例 2.27 设 $\begin{cases} x = \arctan t, \\ y = \ln(1+t^2), \end{cases}$ 求 $\dfrac{\mathrm{d}x}{\mathrm{d}y}, \dfrac{\mathrm{d}^2 x}{\mathrm{d}y^2}$.

解 x 是由参量方程确定的 y 的函数,即 $x = x(y)$ 是参量函数,据参量函数微分法,有

$$\frac{\mathrm{d}x}{\mathrm{d}y} = \frac{x'(t)}{y'(t)} = \frac{\dfrac{1}{1+t^2}}{\dfrac{2t}{1+t^2}} = \frac{1}{2t}, (t \neq 0).$$

$$\frac{\mathrm{d}^2 x}{\mathrm{d}y^2} = \frac{\mathrm{d}}{\mathrm{d}y}\left(\frac{1}{2t}\right) = \frac{\mathrm{d}}{\mathrm{d}t}\left(\frac{1}{2t}\right) \cdot \frac{\mathrm{d}t}{\mathrm{d}y} = -\frac{1}{2t^2} \cdot \frac{1+t^2}{2t} = -\frac{1+t^2}{4t^3}, (t \neq 0).$$

例 2.28 设 $\begin{cases} x = 3t + |t|, \\ y = 5t^2 + 4t|t|, \end{cases}$ 求 $\dfrac{\mathrm{d}y}{\mathrm{d}x}\bigg|_{t=0}$.

解 因为 $x = x(t)$ 在 $t = 0$ 点不可导,所以我们用导数定义来求 $\dfrac{\mathrm{d}y}{\mathrm{d}x}\bigg|_{t=0}$.

当 $t > 0$ 时,有 $\begin{cases} x = 4t, \\ y = 9t^2. \end{cases}$

若参量 t 在点 $t = 0$ 处有增量 $\Delta t > 0$,变量 x 与 y 就有增量 $\Delta x = 4\Delta t > 0, \Delta y = 9(\Delta t)^2$,显

然当 $\Delta x \to 0^+$ 时,$\Delta t \to 0^+$,$\lim\limits_{\Delta x \to 0^+} \Delta y = \lim\limits_{\Delta t \to 0^+} 9(\Delta t)^2 = 0$,即 $y = y(x)$ 在点 $x = 0$ 右连续,并且

$$y'_+(0) = \lim_{\Delta x \to 0^+} \frac{\Delta y}{\Delta x} = \lim_{\Delta t \to 0^+} \frac{9(\Delta t)^2}{4\Delta t} = 0.$$

当 $t < 0$ 时,有
$$\begin{cases} x = 2t, \\ y = t^2. \end{cases}$$

若参量 t 在点 $t = 0$ 处有增量 $\Delta t < 0$,变量 x 及 y 就有增量 $\Delta x = 2\Delta t < 0$ 及 $\Delta y = (\Delta t)^2$,显然当 $\Delta x \to 0^-$ 时,$\Delta t \to 0^-$,

$$\lim_{\Delta x \to 0^-} \Delta y = \lim_{\Delta t \to 0^-} (\Delta t)^2 = 0,$$

即 $y = y(x)$ 在点 $x = 0$ 左连续.

所以 $y = y(x)$ 在点 $x = 0$ 处连续,并且

$$y'_-(0) = \lim_{\Delta x \to 0^-} \frac{\Delta y}{\Delta x} = \lim_{\Delta t \to 0^-} \frac{(\Delta t)^2}{2\Delta t} = 0.$$

即 $y'_-(0) = y'_+(0) = 0.$

所以
$$\left.\frac{dy}{dx}\right|_{t=0} = 0.$$

四、分段函数微分法

分段函数 $f(x)$ 是指在自变量的不同变化范围内,其对应法则用不同的数学式子来表达的函数. 例如:

$$f(x) = |x| = \begin{cases} x, & x \geq 0, \\ -x, & x < 0. \end{cases}$$

其中点 $x_0 = 0$,把 $f(x)$ 的定义域划分为两部分,在 $(-\infty, 0)$ 与 $(0, +\infty)$ 内函数 $f(x)$ 的对应法则不同,因此把点 $x_0 = 0$ 称为分段点.

求分段函数导数的步骤如下:

(1) 验证分段函数在分段点处的连续性,如果分段函数在分段点处不连续,则该函数在分段点处不可导;

(2) 如果分段函数在分段点处连续,则用导数定义求该函数在分段点处的导数(或左、右导数);

(3) 求分段函数在除去分段点后各个区间上的导数;

(4) 把(2)、(3) 中得到的结果综合写出导函数的分段表达式.

例 2.29 求函数 $f(x) = \begin{cases} x^2 \arctan \dfrac{1}{x}, & x \neq 0, \\ 0, & x = 0, \end{cases}$ 的导数.

解 分段函数 $f(x)$ 在点 $x = 0$ 的某邻域内有定义,且当 $x \to 0$ 时,$\left|\arctan \dfrac{1}{x}\right| < \dfrac{\pi}{2}$,$\lim\limits_{x \to 0} x^2 = 0$,于是有

$$\lim_{x \to 0} x^2 \arctan \frac{1}{x} = 0 = f(0),$$

所以分段函数 $f(x)$ 在点 $x = 0$ 处连续.

下面用导数定义求$f(x)$在点$x=0$处的导数：

$$f'(0) = \lim_{x\to 0}\frac{f(x)-f(0)}{x} = \lim_{x\to 0}\frac{x^2\arctan\frac{1}{x}-0}{x} = \lim_{x\to 0}x\arctan\frac{1}{x} = 0,$$

当$x\neq 0$时，

$$f'(x) = \left(x^2\arctan\frac{1}{x}\right)'$$

$$= 2x\arctan\frac{1}{x} + x^2\cdot\frac{1}{1+\frac{1}{x^2}}\cdot\left(-\frac{1}{x^2}\right) = 2x\arctan\frac{1}{x} - \frac{x^2}{1+x^2},$$

综上所述，有

$$f'(x) = \begin{cases} 2x\arctan\dfrac{1}{x} - \dfrac{x^2}{1+x^2}, & x\neq 0, \\ 0, & x=0. \end{cases}$$

例2.31 设$f(x) = \begin{cases}\ln(1+x), & x\geq 0, \\ \sqrt{1+x}-\sqrt{1-x}, & -1<x<0,\end{cases}$

求$f'(x)$.

解 分段函数$f(x)$在点$x=0$的某邻域内有定义，且

$$f(0+0) = \lim_{x\to 0^+}f(x) = \lim_{x\to 0^+}\ln(1+x) = \ln 1 = 0,$$

$$f(0-0) = \lim_{x\to 0^-}f(x) = \lim_{x\to 0^-}(\sqrt{1+x}-\sqrt{1-x}) = 0,$$

因为$f(0+0) = f(0-0) = f(0)$，所以$f(x)$在点$x=0$处连续.

下面用左、右导数定义，求$f'_+(0)$及$f'_-(0)$：

$$f'_+(0) = \lim_{x\to 0^+}\frac{f(x)-f(0)}{x} = \lim_{x\to 0^+}\frac{\ln(1+x)-0}{x} = \lim_{x\to 0^+}\ln(1+x)^{\frac{1}{x}} = \ln e = 1,$$

$$f'_-(0) = \lim_{x\to 0^-}\frac{f(x)-f(0)}{x} = \lim_{x\to 0^-}\frac{(\sqrt{1+x}-\sqrt{1-x})-0}{x}$$

$$= \lim_{x\to 0^-}\frac{2x}{x(\sqrt{1+x}+\sqrt{1-x})} = \lim_{x\to 0^-}\frac{2}{\sqrt{1+x}+\sqrt{1-x}} = 1.$$

因为$f(x)$在点$x=0$处连续，且$f'_+(0) = f'_-(0) = 1$，所以$f'(0) = 1$.

当$0<x<+\infty$时，

$$f'(x) = \frac{1}{1+x},$$

当$-1<x<0$时，

$$f'(x) = \frac{1}{2\sqrt{1+x}} + \frac{1}{2\sqrt{1-x}} = \frac{\sqrt{1-x}+\sqrt{1+x}}{2\sqrt{1-x^2}}.$$

综上所述，有

$$f'(x) = \begin{cases} \dfrac{1}{1+x}, & 0\leq x<+\infty, \\ \dfrac{\sqrt{1-x}+\sqrt{1+x}}{2\sqrt{1-x^2}}, & -1<x<0. \end{cases}$$

例2.31 设$f(x) = |(x-1)^2(x+1)^3|$，求$f'(x)$.

解 $f(x) = (x-1)^2|x+1|^3 = \begin{cases}(x-1)^2(x+1)^3, & x\geq -1, \\ -(x-1)^2(x+1)^3, & x<-1.\end{cases}$

由于 $f(x)$ 在点 $x=-1$ 邻域内有定义,且
$$f(-1+0)=f(-1-0)=0=f(-1),$$
故 $f(x)$ 在点 $x=-1$ 处连续.

$$\begin{aligned}f'_+(-1)&=\lim_{x\to-1^+}\frac{f(x)-f(-1)}{x+1}=\lim_{x\to-1^+}\frac{(x-1)^2(x+1)^3}{x+1}\\&=\lim_{x\to-1^+}(x-1)^2(x+1)^2=0,\\f'_-(-1)&=\lim_{x\to-1^-}\frac{f(x)-f(-1)}{x+1}=\lim_{x\to-1^-}\frac{-(x-1)^2(x+1)^3}{x+1}\\&=-\lim_{x\to-1^-}(x-1)^2(x+1)^2=0,\end{aligned}$$

由于 $f(x)$ 在点 $x=-1$ 点处连续,且 $f'_+(-1)=f'_-(-1)=0$,因此 $f'(-1)=0$.

当 $x>-1$ 时,
$$\begin{aligned}f'(x)&=2(x-1)(x+1)^3+3(x-1)^2(x+1)^2\\&=(x-1)(x+1)^2(5x-1),\end{aligned}$$

当 $x<-1$ 时,
$$\begin{aligned}f'(x)&=-2(x-1)(x+1)^3-3(x-1)^2(x+1)^2\\&=-(x-1)(x+1)^2(5x-1).\end{aligned}$$

综上所述,有
$$f'(x)=\begin{cases}(x-1)(x+1)^2(5x-1),&x\geq-1,\\-(x-1)(x+1)^2(5x-1),&x<-1.\end{cases}$$

五、幂指函数微分法

设有 x 的函数 $u=u(x)>0(u(x)\not\equiv1)$, $v=v(x)$,则称形如
$$y=[u(x)]^{v(x)}$$
的函数为幂指函数.

设 $u(x)$、$v(x)$ 均在点 x 处可导,求幂指函数的导数的方法:

(1) 把 $y=[u(x)]^{v(x)}$ 化为复合函数 $y=e^{v(x)\ln u(x)}$,用复合函数微分法求 $\dfrac{dy}{dx}$.

$$\begin{aligned}\frac{dy}{dx}&=e^{v(x)\ln u(x)}[v(x)\ln u(x)]'\\&=[u(x)]^{v(x)}\Big[v'(x)\ln u(x)+v(x)\cdot\frac{u'(x)}{u(x)}\Big].\end{aligned}$$

(2) 对 $y=[u(x)]^{v(x)}$ 两边取对数,得
$$\ln y=v(x)\ln u(x),$$

等式两边对 x 求导数,得
$$\frac{1}{y}\cdot\frac{dy}{dx}=v'(x)\ln u(x)+v(x)\cdot\frac{u'(x)}{u(x)},$$
$$\frac{dy}{dx}=[u(x)]^{v(x)}\Big[v'(x)\ln u(x)+v(x)\cdot\frac{u'(x)}{u(x)}\Big].$$

例 2.32 设 $y=x^{\sin\frac{1}{x}}$,求 $y'(x)$,$y'\left(\dfrac{2}{\pi}\right)$.

解法 1 $y=x^{\sin\frac{1}{x}}=e^{\sin\frac{1}{x}\ln x}$,
$$y'=e^{\sin\frac{1}{x}\ln x}\left(\sin\frac{1}{x}\ln x\right)'=x^{\sin\frac{1}{x}}\left(\frac{1}{x}\sin\frac{1}{x}-\frac{1}{x^2}\cos\frac{1}{x}\ln x\right),$$

$$y'\left(\frac{2}{\pi}\right) = \left(\frac{2}{\pi}\right)^{\sin\frac{\pi}{2}}\left(\frac{\pi}{2}\sin\frac{\pi}{2} - \frac{\pi^2}{4}\cos\frac{\pi}{2}\ln\frac{2}{\pi}\right) = \frac{2}{\pi}\left(\frac{\pi}{2} - 0\right) = 1.$$

解法 2 对 $y = x^{\sin\frac{1}{x}}$ 两边取对数,得

$$\ln y = \sin\frac{1}{x}\ln x,$$

把 y 看做是由上面方程确定的隐函数,应用隐函数微分法,得

$$\frac{1}{y}y' = \frac{1}{x}\sin\frac{1}{x} - \frac{1}{x^2}\cos\frac{1}{x}\ln x,$$

$$y' = x^{\sin\frac{1}{x}}\left(\frac{1}{x}\sin\frac{1}{x} - \frac{1}{x^2}\cos\frac{1}{x}\ln x\right).$$

同理有 $y'\left(\frac{2}{\pi}\right) = 1.$

错误解法 1:

$$y = x^{\sin\frac{1}{x}}, y' = \sin\frac{1}{x} \cdot x^{\sin\frac{1}{x}-1}.$$

此解法的错误在于把幂指函数求导数看做幂函数来求导数.

错误解法 2:

$$y = x^{\sin\frac{1}{x}}, y' = x^{\sin\frac{1}{x}}\ln x.$$

此解法的错误在于把幂指函数求导数看做指数函数来求导数.

例 2.33 设方程 $x^y = y^x, (x > 0, y > 0)$,确定隐函数 $y = y(x)$,求 $y'(x)$.

解法 1 把方程 $x^y = y^x$,化为

$$e^{y\ln x} = e^{x\ln y},$$

应用隐函数微分法,有

$$e^{y\ln x}\left(y'\ln x + \frac{y}{x}\right) = e^{x\ln y}\left(\ln y + \frac{x}{y}y'\right),$$

$$x^y\left(y'\ln x + \frac{y}{x}\right) = y^x\left(\ln y + \frac{x}{y}y'\right),$$

$$\left(x^y\ln x - \frac{xy^x}{y}\right)y' = y^x\ln y - \frac{yx^y}{x},$$

因 $x^y = y^x$,故由上式,得

$$\left(\ln x - \frac{x}{y}\right)y' = \ln y - \frac{y}{x},$$

$$y' = \frac{y(x\ln y - y)}{x(y\ln x - x)}.$$

解法 2 对方程 $x^y = y^x$ 两边取对数,得

$$y\ln x = x\ln y,$$

方程两边对 x 求导数,得

$$y'\ln x + \frac{y}{x} = \ln y + \frac{x}{y}y',$$

$$\left(\ln x - \frac{x}{y}\right)y' = \ln y - \frac{y}{x},$$

$$y' = \frac{y(x\ln y - y)}{x(y\ln x - x)}.$$

例 2.34 设 $y = x^{a^x} + x^{x^a}$,求 y'.

解 由 $y = x^{a^x} + x^{x^a} = e^{a^x\ln x} + e^{x^a\ln x}$,

$$y' = e^{a^x \ln x}\left(a^x \ln a \ln x + \frac{a^x}{x}\right) + e^{x^a \ln x}\left(ax^{a-1}\ln x + \frac{x^a}{x}\right)$$

$$= x^{a^x} \cdot a^x\left(\ln a \ln x + \frac{1}{x}\right) + x^{x^a+a-1}(a\ln x + 1).$$

错误解法：

对 $y = x^{a^x} + x^{x^a}$ 两边取对数，得

$$\ln y = \ln(x^{a^x} + x^{x^a}) = a^x \ln x + x^a \ln x,$$

等式两边对 x 求导数，得

$$\frac{1}{y}\cdot y' = a^x \ln a \ln x + \frac{a^x}{x} + ax^{a-1}\ln x + \frac{x^a}{x},$$

$$y' = (x^{a^x} + x^{x^a})\left(a^x \ln a \ln x + \frac{a^x}{x} + ax^{a-1}\ln x + \frac{x^{a-1}}{1}\right).$$

此解法的错误在于等式右边取对数时运算有误，即

$$\ln y = \ln(x^{a^x} + x^{x^a}) \neq \ln(x^{a^x}) + \ln(x^{x^a}).$$

六、若干个因式的连乘积、乘方、开方或商的函数的微分法

函数的表达式为若干个因式连乘积、乘方、开方或商的形式，其微分法更适用于对数微分法，即先对表达式的两边取对数，然后利用隐函数微分法求函数的导数.

例 2.35 设 $y = \dfrac{(x-2)^2\sqrt{x-5}}{\sqrt[3]{x+1}}$，求 y'.

解 对 $y = (x-2)^2(x-5)^{\frac{1}{2}}(x+1)^{-\frac{1}{3}}$ 两边取对数，得

$$\ln y = 2\ln(x-2) + \frac{1}{2}\ln(x-5) - \frac{1}{3}\ln(x+1).$$

上式两边对 x 求导数，得

$$\frac{1}{y}y' = \frac{2}{x-2} + \frac{1}{2(x-5)} - \frac{1}{3(x+1)},$$

$$y' = \frac{(x-2)^2\sqrt{x-5}}{\sqrt[3]{x+1}}\left[\frac{2}{x-2} + \frac{1}{2(x-5)} - \frac{1}{3(x+1)}\right].$$

例 2.36 设 $y = \dfrac{(\ln x)^x}{x^{\ln x}}(x>1)$，求 y'.

解 对 $y = \dfrac{(\ln x)^x}{x^{\ln x}}$ 两边取对数，得

$$\ln y = x\ln(\ln x) - (\ln x)^2,$$

上式两边对 x 求导数，得

$$\frac{1}{y}y' = \ln(\ln x) + x\frac{1}{\ln x}\cdot\frac{1}{x} - 2\ln x \cdot \frac{1}{x},$$

$$y' = \frac{(\ln x)^x}{x^{\ln x}}\left[\ln(\ln x) + \frac{1}{\ln x} - \frac{2\ln x}{x}\right]$$

$$= \frac{(\ln x)^{x-1}}{x^{\ln x+1}}[x\ln x \cdot \ln(\ln x) + x - 2(\ln x)^2].$$

七、高阶导数

1. 为了求初等函数的 n 阶导数，必须熟记以下几个基本初等函数的 n 阶导数公式：

$(e^x)^{(n)} = e^x,$

$(a^x)^{(n)} = a^x(\ln a)^n,$

$(\sin x)^{(n)} = \sin\left(x + \dfrac{n\pi}{2}\right),$

$(\cos x)^{(n)} = \cos\left(x + \dfrac{n\pi}{2}\right),$

$(\ln x)^{(n)} = (-1)^{n-1}(n-1)!\dfrac{1}{x^n}.$

2. 将函数恒等变形,化为比较简单的且已知其 n 阶导数公式的函数,然后利用已知的函数的 n 阶导数公式,求出函数的 n 阶导数.

3. 如果函数 y 是两个函数 $u(x)$ 与 $v(x)$ 的乘积 $y = u(x)v(x)$,且 $u(x)$、$v(x)$ 中有一个函数是次数较低的多项式函数时,则可采用莱布尼兹公式求 n 阶导数 $y^{(n)}$.

例 2.37 设 $y = \cos^2 x$,求 $y^{(n)}$.

解 $y = \cos^2 x = \dfrac{1}{2}(1 + \cos 2x) = \dfrac{1}{2} + \dfrac{1}{2}\cos 2x,$

$y' = \dfrac{1}{2}(-2\sin 2x) = \dfrac{1}{2} \cdot 2\cos\left(2x + \dfrac{\pi}{2}\right),$

$y'' = -\dfrac{1}{2} \cdot 2^2 \sin\left(2x + \dfrac{\pi}{2}\right) = \dfrac{1}{2} \cdot 2^2 \cos\left(2x + \dfrac{2\pi}{2}\right),$

假设

$$y^{(n-1)} = \dfrac{1}{2} \cdot 2^{n-1} \cos\left[2x + (n-1)\dfrac{\pi}{2}\right],$$

则

$$y^{(n)} = [y^{(n-1)}]' = -\dfrac{1}{2} \cdot 2^n \sin\left[2x + (n-1)\dfrac{\pi}{2}\right]$$

$$= \dfrac{1}{2} \cdot 2^n \cos\left[2x + (n-1)\dfrac{\pi}{2} + \dfrac{\pi}{2}\right] = 2^{n-1}\cos\left(2x + n \cdot \dfrac{\pi}{2}\right).$$

例 2.38 设 $y = \dfrac{1}{1 - x - 2x^2}$,求 $y^{(n)}$,$y^{(n)}(0)$.

解 $y = \dfrac{1}{1 - x - 2x^2} = \dfrac{1}{(1+x)(1-2x)} = \dfrac{1}{3}\left(\dfrac{2}{1-2x} + \dfrac{1}{1+x}\right)$

$= \dfrac{2}{3} \cdot \dfrac{1}{(1-2x)} + \dfrac{1}{3} \cdot \dfrac{1}{(1+x)},$

其中

$$\left(\dfrac{1}{1-2x}\right)' = \dfrac{-1}{(1-2x)^2} \cdot (-2),$$

$$\left(\dfrac{1}{1-2x}\right)'' = \dfrac{(-1)(-2)}{(1-2x)^3} \cdot (-2)^2,$$

$$\left(\dfrac{1}{1-2x}\right)''' = \dfrac{(-1)(-2)(-3)}{(1-2x)^4} \cdot (-2)^3,$$

假设

$$\left(\dfrac{1}{1-2x}\right)^{(n-1)} = \dfrac{(-1)(-2)\cdots(-n+1)}{(1-2x)^n} \cdot (-2)^{n-1}$$

$$= \dfrac{(-1)^{n-1}(n-1)!}{(1-2x)^n} \cdot (-1)^{n-1} \cdot 2^{n-1} = \dfrac{2^{n-1}(n-1)!}{(1-2x)^n}.$$

则有
$$\left(\frac{1}{1-2x}\right)^{(n)} = \left[\frac{2^{n-1}(n-1)!}{(1-2x)^n}\right]' = \frac{2^{n-1}(n-1)!}{(1-2x)^{n+1}} \cdot (-n) \cdot (-2) = \frac{2^n n!}{(1-2x)^{n+1}}.$$

仿此可推得
$$\left(\frac{1}{1+x}\right)^{(n)} = \frac{(-1)^n n!}{(1+x)^{n+1}}.$$

所以
$$y^{(n)} = \frac{2}{3} \cdot \frac{2^n n!}{(1-2x)^{n+1}} + \frac{1}{3} \cdot \frac{(-1)^n n!}{(1+x)^{n+1}} \ (n = 1, 2, \cdots).$$

$$y^{(n)}(0) = \frac{1}{3} \cdot 2^{n+1} \cdot n! + \frac{1}{3} \cdot (-1)^n \cdot n!$$

$$= \frac{n!}{3}[2^{n+1} + (-1)^n], (n = 1, 2, \cdots).$$

例2.39 设 $y = e^x \cos x$,求 $y^{(n)}$.

解 $y' = e^x \cos x - e^x \sin x = e^x(\cos x - \sin x) = e^x \cdot \sqrt{2}\left(\frac{1}{\sqrt{2}}\cos x - \frac{1}{\sqrt{2}}\sin x\right)$

$$= \sqrt{2}e^x\left(\cos\frac{\pi}{4}\cos x - \sin\frac{\pi}{4}\sin x\right) = \sqrt{2}e^x \cos\left(x + \frac{\pi}{4}\right).$$

$$y'' = \sqrt{2}\left[e^x \cos\left(x + \frac{\pi}{4}\right) - e^x \sin\left(x + \frac{\pi}{4}\right)\right]$$

$$= \sqrt{2}e^x\sqrt{2}\left[\cos\frac{\pi}{4}\cos\left(x + \frac{\pi}{4}\right) - \sin\frac{\pi}{4}\sin\left(x + \frac{\pi}{4}\right)\right]$$

$$= (\sqrt{2})^2 e^x \cos\left(x + 2 \cdot \frac{\pi}{4}\right),$$

假设
$$y^{(n-1)} = (\sqrt{2})^{n-1} e^x \cos\left(x + (n-1)\frac{\pi}{4}\right),$$

则有
$$y^{(n)} = \left[(\sqrt{2})^{n-1} e^x \cos\left(x + (n-1)\frac{\pi}{4}\right)\right]'$$

$$= (\sqrt{2})^{n-1}\left[e^x \cos\left(x + (n-1)\frac{\pi}{4}\right) - e^x \sin\left(x + (n-1)\frac{\pi}{4}\right)\right]$$

$$= (\sqrt{2})^{n-1} e^x \cdot \sqrt{2}\left[\cos\frac{\pi}{4}\cos\left(x + (n-1)\frac{\pi}{4}\right) - \sin\frac{\pi}{4}\sin\left(x + (n-1)\frac{\pi}{4}\right)\right]$$

$$= (\sqrt{2})^n e^x \cos\left(x + n \cdot \frac{\pi}{4}\right), (n = 1, 2, \cdots).$$

例2.40 设 $y = (1 - x^2)\cos x$,求 $y^{(n)}$.

解 令 $u = \cos x, v = 1 - x^2, y = u(x)v(x)$.

$$u^{(k)} = \cos\left(x + \frac{k\pi}{2}\right), (k = 1, 2, \cdots).$$

$$v' = -2x, v'' = -2, v^{(k)} = 0, (k = 3, 4, \cdots).$$

$$y^{(n)} = [(1 - x^2)\cos x]^{(n)} = (uv)^{(n)}$$

$$= u^{(n)}v + nu^{(n-1)}v' + \frac{n(n-1)}{2!}u^{(n-2)}v''$$

$$= (1-x^2)\cos\left(x+\frac{n\pi}{2}\right) - 2nx\cos\left(x+\frac{(n-1)\pi}{2}\right) -$$
$$n(n-1)\cos\left(x+\frac{(n-2)\pi}{2}\right)$$
$$= (1-x^2)\cos\left(x+\frac{n\pi}{2}\right) - 2nx\sin\left(x+\frac{n\pi}{2}\right) + n(n-1)\cos\left(x+\frac{n\pi}{2}\right).$$

例 2.41 设函数 $f(x)$ 具有任意阶导数,且满足
$$f'(x) = [f(x)]^2,$$
求 $f^{(n)}(x)$ ($n=3,4,\cdots$).

解 $f'(x) = [f(x)]^2,$
$$f''(x) = 2f(x)f'(x) = 2[f(x)]^3,$$
$$f'''(x) = 2\cdot 3[f(x)]^2 f'(x) = 2\cdot 3[f(x)]^4 = 3![f(x)]^4,$$

假设
$$f^{(n-1)}(x) = 2\cdot 3\cdots(n-1)[f(x)]^n = (n-1)![f(x)]^n,$$

则有
$$f^{(n)}(x) = [f^{(n-1)}(x)]' = 2\cdot 3\cdots(n-1)\cdot n[f(x)]^{n-1}\cdot f'(x)$$
$$= n![f(x)]^{n-1}\cdot [f(x)]^2 = n![f(x)]^{n+1}.$$

例 2.42 设 $f(x) = \arctan x$,求 $f^{(n)}(0)$.

解 已知 $f(x) = \arctan x$,则
$$f'(x) = \frac{1}{1+x^2}, \text{或} (1+x^2)\cdot f'(x) = 1.$$

上式两边对 x 求 $n-1$ 阶导数,得
$$f^{(n)}(x)(1+x^2) + (n-1)f^{(n-1)}(x)\cdot 2x + \frac{(n-1)(n-2)}{2!}\cdot f^{(n-2)}(x)\cdot 2 = 0,$$

即
$$f^{(n)}(x)(1+x^2) + 2(n-1)x\cdot f^{(n-1)}(x) + (n-1)(n-2)f^{(n-2)}(x) = 0.$$

取 $x=0$,得到递推公式:
$$f^{(n)}(0) = -(n-1)(n-2)f^{(n-2)}(0).$$

注意到
$$f^{(0)}(0) = \arctan x|_{x=0} = \arctan 0 = 0,$$
$$f'(0) = \frac{1}{1+x^2}\bigg|_{x=0} = 1.$$

从而有
$$f''(0) = -(2-1)(2-2)f^{(0)}(0) = 0,$$
$$f'''(0) = -(3-1)(3-2)f'(0) = -2!,$$
$$f^{(4)}(0) = -(4-1)(4-2)f''(0) = 0,$$
$$f^{(5)}(0) = -(5-1)(5-2)f'''(0) = -4\cdot 3\cdot(-2!) = 4!,$$
……

假设
$$f^{(2m-2)}(0) = 0, f^{(2m-1)}(0) = (-1)^{m-1}(2m-2)!, (m=1,2\cdots).$$

则有

$$f^{(2m)}(0) = -(2m-1)(2m-2)f^{(2m-2)}(0) = 0,$$
$$f^{(2m+1)}(0) = -[(2m+1)-1][(2m+1)-2]f^{(2m+1-2)}(0)$$
$$= -(2m)(2m-1)f^{(2m-1)}(0)$$
$$= -(2m)(2m-1) \cdot (-1)^{m-1}(2m-2)!$$
$$= (-1)^m (2m)!.$$

这就得到以下结果:
$$f^{(n)}(0) = \begin{cases} 0, n = 2m, m \in \mathbf{N}, \\ (-1)^m (2m)!, n = 2m+1, m \in \mathbf{N}. \end{cases}$$

例 2.43 试证明函数
$$P_m(x) = \frac{1}{2^m \cdot m!} \frac{d^m}{dx^m}(x^2-1)^m \quad (m \in \mathbf{N}^+),$$

(称为勒让德多项式)满足方程
$$(x^2-1)P_m''(x) + 2xP_m'(x) - m(m+1)P_m(x) = 0.$$

证 由于
$$P_m'(x) = \frac{1}{2^m \cdot m!} \frac{d^{m+1}}{dx^{m+1}}(x^2-1)^m,$$
$$P_m''(x) = \frac{1}{2^m \cdot m!} \frac{d^{m+2}}{dx^{m+2}}(x^2-1)^m,$$

不妨令 $y = (x^2-1)^m$,下面求 $y^{(m)}, y^{(m+1)}$ 及 $y^{(m+2)}$:
$$y = (x^2-1)^m,$$
$$y' = 2mx(x^2-1)^{m-1},$$

即
$$(x^2-1)y' = 2mxy,$$

上式两边对 x 求 $m+1$ 阶导数,得
$$y^{(m+2)}(x^2-1) + (m+1)y^{(m+1)} \cdot 2x + \frac{(m+1)m}{2!}y^{(m)} \cdot 2 =$$
$$y^{(m+1)} \cdot 2mx + (m+1)y^{(m)} \cdot 2m.$$

由函数 $P_m(x)$ 的表达式(题设)可知
$$y^{(m)} = 2^m \cdot m! P_m(x),$$
$$y^{(m+1)} = 2^m \cdot m! P_m'(x),$$
$$y^{(m+2)} = 2^m \cdot m! P_m''(x).$$

将 $y^{(m)}, y^{(m+1)}$ 及 $y^{(m+2)}$ 的表达式代入上面的等式,并消去常数因子 $2^m \cdot m!$,得
$$P_m''(x)(x^2-1) + (m+1)P_m'(x) \cdot 2x + \frac{(m+1)m}{2!}P_m(x) \cdot 2 =$$
$$P_m'(x) \cdot 2mx + (m+1)P_m(x) \cdot 2m,$$

整理上式并化简后,便得到所要证明的方程:
$$(x^2-1)P_m''(x) + 2xP_m'(x) - m(m+1)P_m(x) = 0.$$

第六讲 导数几何意义的应用
—— 函数曲线的切线问题

应用导数的几何意义及平面解析几何的知识,可以解决求函数曲线的切线和法线的方程

问题. 包括:过曲线上一点作曲线的切线和法线,求切线和法线的方程;过曲线外一点作曲线的切线(如果存在的话),求切线方程;如果两条曲线存在公切线,求公切线方程等.

基本概念和重要结论

1. 曲线的切线概念

点 $P_0(x_0,y_0)$ 为曲线 L 上一个定点,点 $P(x,y)$ 是曲线 L 上点 P_0 邻近一点,过点 P_0 与 P 作一直线,此直线称为曲线 L 在点 P_0 处的一条割线. 当点 P 沿着曲线 L 趋向定点 P_0 时,则割线 P_0P 的极限位置就称为曲线 L 在点 P_0 处的切线.

2. 曲线上一点处的切线斜率

函数 $y=f(x)$ 在点 x_0 处的导数 $f'(x_0)$,在几何上表示函数曲线 $y=f(x)$ 上点 $P_0(x_0,f(x_0))$ 处切线的斜率,即
$$f'(x_0) = \tan\alpha,$$
其中 α 是切线的倾角.

3. 曲线的切线方程

曲线 $y=f(x)$ 在点 $P_0(x_0,f(x_0))$ 处的切线方程是
$$y - f(x_0) = f'(x_0)(x - x_0).$$
过点 $P_0(x_0,f(x_0))$ 的法线方程是
$$y - f(x_0) = -\frac{1}{f'(x_0)}(x - x_0), (f'(x_0) \neq 0).$$

一、过曲线上一定点作曲线的切线,切线方程的求法

例 2.44 求曲线 $y=(1-x^2)e^{-x^2}$ 与 Ox 轴交点处的切线方程.

解 求曲线与 Ox 轴的交点,令
$$y = (1-x^2)e^{-x^2} = 0, 得 x = \pm 1.$$
曲线与 Ox 轴的交点(即切点)为 $P_1(-1,0), P_2(1,0)$.
$$y' = -2xe^{-x^2} + (1-x^2)e^{-x^2} \cdot (-2x) = 2x(x^2-2)e^{-x^2}.$$
曲线过点 $P_1(-1,0)$ 的切线的斜率为
$$k_1 = y'|_{x=-1} = 2e^{-1},$$
曲线过点 $P_1(-1,0)$ 的切线方程为
$$y = 2e^{-1}(x+1).$$
曲线过点 $P_2(1,0)$ 的切线斜率为
$$k_2 = y'|_{x=1} = -2e^{-1},$$
曲线过点 $P_2(1,0)$ 的切线方程为
$$y = -2e^{-1}(x-1).$$

例 2.45 证明内摆线 $x^{\frac{2}{3}} + y^{\frac{2}{3}} = a^{\frac{2}{3}} (a>0)$ 上各点处的切线介于两坐标轴之间的部分的长度为一常数.

证 任取内摆线上一点 $P(x_0,y_0)$,则有
$$x_0^{\frac{2}{3}} + y_0^{\frac{2}{3}} = a^{\frac{2}{3}}.$$
把内摆线方程两边对 x 求导数,得

$$\frac{2}{3}x^{-\frac{1}{3}} + \frac{2}{3}y^{-\frac{1}{3}} \cdot y' = 0,$$

$$y' = -\left(\frac{y}{x}\right)^{\frac{1}{3}}.$$

内摆线在点 $P(x_0, y_0)$ 处的切线斜率为

$$k = y'|_{x=x_0} = -\left(\frac{y_0}{x_0}\right)^{\frac{1}{3}},$$

切线方程为

$$y - y_0 = -\left(\frac{y_0}{x_0}\right)^{\frac{1}{3}}(x - x_0).$$

下面求切线与两坐标轴交点的坐标:

令 $y = 0$, 得

$$-y_0 = -\frac{y_0^{\frac{1}{3}}}{x_0^{\frac{1}{3}}}(x - x_0),$$

$$x = x_0 + x_0^{\frac{1}{3}} y_0^{\frac{2}{3}} = x_0^{\frac{1}{3}}(x_0^{\frac{2}{3}} + y_0^{\frac{2}{3}}) = a^{\frac{2}{3}} x_0^{\frac{1}{3}},$$

切线与 Ox 轴交点为 $M(a^{\frac{2}{3}} x_0^{\frac{1}{3}}, 0)$.

令 $x = 0$, 得

$$y - y_0 = \frac{y_0^{\frac{1}{3}}}{x_0^{\frac{1}{3}}} \cdot x_0,$$

$$y = y_0 + y_0^{\frac{1}{3}} x_0^{\frac{2}{3}} = y_0^{\frac{1}{3}}(x_0^{\frac{2}{3}} + y_0^{\frac{2}{3}}) = a^{\frac{2}{3}} y_0^{\frac{1}{3}},$$

切线与 Oy 轴交点为 $N(0, a^{\frac{2}{3}} y_0^{\frac{1}{3}})$.

切线介于两坐标轴之间的线段 MN 的长度为

$$|MN| = \sqrt{(a^{\frac{2}{3}} x_0^{\frac{1}{3}})^2 + (a^{\frac{2}{3}} y_0^{\frac{1}{3}})^2} = \sqrt{a^{\frac{4}{3}}(x_0^{\frac{2}{3}} + y_0^{\frac{2}{3}})} = \sqrt{a^{\frac{4}{3}} \cdot a^{\frac{2}{3}}} = \sqrt{a^2} = a.$$

这就证明了线段 MN 的长度为常数 a.

例 2.46 求摆线 $x = a(t - \sin t), y = a(1 - \cos t)$ 上对应于 $t = \frac{\pi}{2}$ 与 $t = \frac{3\pi}{2}$ 两点处的切线与 Ox 轴所围成的三角形的面积(图 6-1).

解 由参量函数求导法则, 有

$$\frac{dy}{dx} = \frac{\frac{dy}{dt}}{\frac{dx}{dt}} = \frac{a\sin t}{a(1 - \cos t)} = \frac{\sin t}{1 - \cos t}.$$

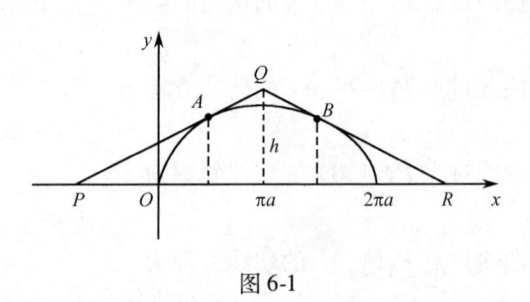

图 6-1

当 $t = \frac{\pi}{2}$ 时, 对应摆线上点 $A\left(\left(\frac{\pi}{2} - 1\right)a, a\right)$, 点 B 处切线的斜率为

$$k_1 = \frac{dy}{dx}\bigg|_{t=\frac{\pi}{2}} = \frac{\sin t}{1 - \cos t}\bigg|_{t=\frac{\pi}{2}} = 1.$$

过点 B 的切线方程为

$$y - a = x - \left(\frac{\pi}{2} - 1\right)a,$$
$$y = x - \left(\frac{\pi}{2} - 2\right)a. \tag{6.1}$$

当 $t = \frac{3\pi}{2}$ 时，对应摆线上点 $B\left(\left(\frac{3\pi}{2} + 1\right)a, a\right)$，点 B 处切线的斜率为

$$k_2 = \left.\frac{dy}{dx}\right|_{t=\frac{3\pi}{2}} = \left.\frac{\sin t}{1 - \cos t}\right|_{t=\frac{3\pi}{2}} = -1,$$

过点 B 的切线方程为

$$y - a = -\left(x - \left(\frac{3\pi}{2} + 1\right)a\right),$$
$$y = -x + \left(\frac{3\pi}{2} + 2\right)a. \tag{6.2}$$

切线(6.1)与 Ox 轴的交点为 $P\left(\left(\frac{\pi}{2} - 2\right)a, 0\right)$；

切线(6.2)与 Ox 轴的交点为 $R\left(\left(\frac{3\pi}{2} + 2\right)a, 0\right)$；

切线(6.1)与切线(6.2)交点的纵坐标为 $y = \left(\frac{\pi}{2} + 2\right)a$；

切线(6.1)、切线(6.2)与 Ox 轴所围三角形的底为

$$|RP| = \left(\frac{3\pi}{2} + 2\right)a - \left(\frac{\pi}{2} - 2\right)a = (\pi + 4)a,$$

高为 $h = \left(\frac{\pi}{2} + 2\right)a$.

△PQR 的面积为

$$S = \frac{1}{2}|PR|h = \frac{1}{2}(\pi + 4)a \cdot \left(\frac{\pi}{2} + 2\right)a = \left(\frac{\pi}{2} + 2\right)^2 a^2.$$

例 2.47 求心形线 $\rho = a(1 - \cos\theta)(a > 0)$，对应于 $\theta = \frac{\pi}{2}$ 的点 P 处的切线方程以及该切线与半直线 OP 的夹角 φ (图 6-2).

解 利用极坐标与笛卡儿坐标的关系 $x = \rho\cos\theta, y = \rho\sin\theta$，把心形线在极坐标系下的方程转化为直角坐标系下的参量方程：

$$\begin{cases} x = \rho(\theta)\cos\theta = a(1 - \cos\theta)\cos\theta, \\ y = \rho(\theta)\sin\theta = a(1 - \cos\theta)\sin\theta, \end{cases}$$

其中参变量 θ 为极角.

利用参量函数微分法则，有

$$\frac{dy}{dx} = \frac{\frac{dy}{d\theta}}{\frac{dx}{d\theta}} = \frac{a(\sin^2\theta + \cos\theta - \cos^2\theta)}{a(\sin\theta\cos\theta - \sin\theta + \sin\theta\cos\theta)} = \frac{\cos\theta - \cos 2\theta}{\sin 2\theta - \sin\theta}.$$

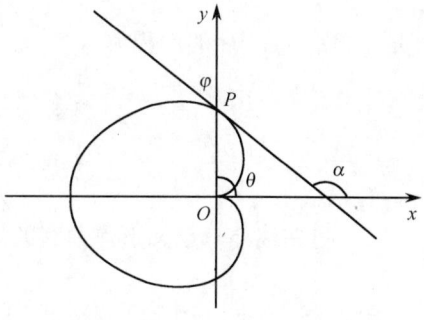

图 6-2

当 $\theta = \frac{\pi}{2}$ 时，对应心形线上点 P 的笛卡儿坐标为 $P(0, a)$，心形线过点 P 的切线的斜率为

$$k = \left.\frac{dy}{dx}\right|_{\theta=\frac{\pi}{2}} = \left.\frac{\cos\theta - \cos 2\theta}{\sin 2\theta - \sin\theta}\right|_{\theta=\frac{\pi}{2}} = -1,$$

67

切线方程为
$$y - a = -(x-0), y = a - x.$$

由切线斜率 $k = -1$,可知切线的倾角 α 有
$$\tan\alpha = -1, \alpha = \frac{3\pi}{4}.$$

点 P 对应的极角 $\theta = \frac{\pi}{2}$,那么切线与半直线 OP 的夹角 φ 为
$$\varphi = \alpha - \theta = \frac{3\pi}{4} - \frac{\pi}{2} = \frac{\pi}{4}.$$

综合以上 4 个例题,曲线的方程为 4 种不同的形式(显函数形式、隐函数形式、参量函数形式和极坐标形式),现在小结如下:

在平面上通常采用笛卡儿坐标系和极坐标系,平面曲线的方程有笛卡儿坐标方程和极坐标方程两种类型,而平面曲线的笛卡儿坐标方程又分为显函数、隐函数和参量函数三种不同的形式. 在求平面曲线上切点的坐标 (x_0, y_0) 及切线的斜率 $k = \dfrac{dy}{dx}\bigg|_{x=x_0}$ 时,在平面笛卡儿坐标系中,针对曲线方程的不同形式,采用相应的微分法则. 在极坐标系中,通常把平面曲线的极坐标方程化为笛卡儿坐标系中的参量方程,按参量函数微分法则求切线的斜率.

例 2.48 过曲线 $y = ax^2(a > 0), x \in (0, b](b > 0)$ 上任意一点 $M(x, ax^2)$,作该曲线的切线,求此切线与 x 轴及直线 $x = b$ 所围三角形的面积.

解 设过曲线 $y = ax^2(0 < x \le b)$ 上任意一点 $M(x, ax^2)$ 的切线为 PMQ,其中 P 是切线与 Ox 轴的交点,Q 是切线与直线 $x = b$ 的交点,且直线 $x = b$ 与 Ox 轴的交点为 A,过点 M 的切线的斜率为 $k = (ax^2)' = 2ax$,切线方程为
$$Y - ax^2 = 2ax(X - x), 或 Y = 2axX - ax^2,$$
其中 (X, Y) 是切线上点的流动坐标.

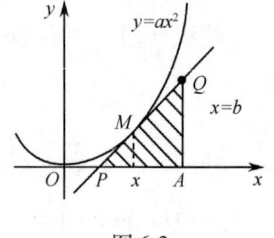

图 6-3

该切线与 Ox 轴的交点 P 的横坐标 $X = \dfrac{x}{2}$,故点 $P\left(\dfrac{1}{2}x, 0\right)$,点 $Q(b, 2abx - ax^2)$,点 $A(b, 0)$,于是三角形 $\triangle PAQ$ 的面积为
$$S = \frac{1}{2}|PA| \cdot |AQ| = \frac{1}{2}\left(b - \frac{x}{2}\right)(2abx - ax^2)$$
$$= \frac{1}{4}ax(2b - x)^2, 0 < x \le b.$$

二、过曲线外一已知点作曲线的切线,切线方程的求法

例 2.49 过点 $M(2, 2)$ 作曲线 $y = x - \dfrac{1}{x}$ $(x \ne 0)$ 的切线,求切线的方程.

解 点 $M(2, 2)$ 是曲线 $y = x - \dfrac{1}{x}$ 外一已知点,设曲线上的切点为 $N\left(x_0, x_0 - \dfrac{1}{x_0}\right)$ $(x_0 \ne 0)$,切线的斜率为
$$k = y'\bigg|_{x=x_0} = 1 + \frac{1}{x_0^2},$$

切线方程为

$$y - \left(x_0 - \frac{1}{x_0}\right) = \left(1 + \frac{1}{x_0^2}\right)(x - x_0).$$

由于点 $M(2,2)$ 在切线上,故点 M 的坐标 $x = 2, y = 2$ 必满足切线方程,即

$$2 - \left(x_0 - \frac{1}{x_0}\right) = \left(1 + \frac{1}{x_0^2}\right)(2 - x_0),$$

解得 $x_0 = 1, y_0 = \left(x_0 - \frac{1}{x_0}\right)\bigg|_{x_0 = 1} = 0$. 切点 $N(1,0)$,切线斜率 $k = y'|_{x=1} = 2$,切线方程

$$y - 0 = 2(x - 1), y = 2(x - 1).$$

例 2.50　已知曲线 $x^2 + 2xy + y^2 - 4x - 5y + 3 = 0$ 的切线平行于直线 $2x + 3y = 0$,求此切线方程.

解　求切线方程的关键是先求出曲线上切点的坐标 (x_0, y_0) 及切线的斜率 $k = y'|_{x=x_0}$.
设曲线上切点的坐标为 (x_0, y_0),将曲线方程两边对 x 求导数,得

$$2x + 2y + 2xy' + 2yy' - 4 - 5y' = 0,$$

$$y' = \frac{4 - 2x - 2y}{2x + 2y - 5}.$$

切线的斜率为

$$k = y'|_{x=x_0} = \frac{4 - 2x_0 - 2y_0}{2x_0 + 2y_0 - 5}.$$

已知直线 $2x + 3y = 0$ 的斜率为 $k_1 = -\frac{2}{3}$,由于切线平行于已知直线,故 $k = k_1 = -\frac{2}{3}$,即

$$\frac{4 - 2x_0 - 2y_0}{2x_0 + 2y_0 - 5} = -\frac{2}{3},$$

化简后,得

$$x_0 + y_0 - 1 = 0.$$

又切点 (x_0, y_0) 在曲线上,故必满足曲线方程

$$x_0^2 + 2x_0 y_0 + y_0^2 - 4x_0 - 5y_0 + 3 = 0,$$

解联立方程组:

$$\begin{cases} x_0^2 + 2x_0 y_0 + y_0^2 - 4x_0 - 5y_0 + 3 = 0, & (6.3) \\ x_0 + y_0 - 1 = 0. & (6.4) \end{cases}$$

方程(6.3)可化为

$$(x_0 + y_0)^2 - 4(x_0 + y_0) - y_0 + 3 = 0. \tag{6.5}$$

由方程(6.4)可知: $x_0 + y_0 = 1$,代入方程(6.5),得

$$1^2 - 4 - y_0 + 3 = 0,$$
$$y_0 = 0, x_0 = 1 - y_0 = 1.$$

切点坐标 $(1, 0)$,切线斜率 $k = -\frac{2}{3}$,切线方程为

$$y = -\frac{2}{3}(x - 1).$$

从本例可知,过曲线 $y = f(x)$ 外一点 $M(x_1, y_1)$ 作曲线的切线,求切线方程的步骤如下:
(1) 设曲线 $y = f(x)$ 上的切点为 $P(x_0, y_0)$(其中 $y_0 = f(x_0)$).
(2) 求函数 $y = f(x)$ 的导数 $y' = f'(x)$,写出曲线过切点 P 的切线方程:

$$y - f(x_0) = f'(x_0)(x - x_0) \quad \text{(其中 } x_0 \text{ 待定)}.$$

(3) 把已知点 $M(x_1, y_1)$ 的坐标代入切线方程,得
$$y_1 - f(x_0) = f'(x_0)(x_1 - x_0).$$
由上面方程解出 x_0 及 $y_0 = f(x_0), f'(x_0)$ 的值.

(4) 写出切线方程
$$y - f(x_0) = f'(x_0)(x - x_0).$$

例 2.51 求过原点且与曲线 $y = \dfrac{x+9}{x+5}$ 相切的切线方程.

解
$$y = \frac{x+9}{x+5} = 1 + \frac{4}{x+5},$$
$$y' = -\frac{4}{(x+5)^2}.$$

设切点的坐标为 $M_0(x_0, y_0)$,其中 $y_0 = \dfrac{x_0 + 9}{x_0 + 5}$,切线的斜率为
$$k = y'|_{x=x_0} = -\frac{4}{(x_0+5)^2}.$$

过切点 M_0 的切线方程为
$$y - \frac{x_0+9}{x_0+5} = -\frac{4}{(x_0+5)^2}(x - x_0).$$

又因为该切线过原点 O,故原点 $O(0,0)$ 的坐标应满足切线方程,从而有
$$-\frac{x_0+9}{x_0+5} = \frac{4x_0}{(x_0+5)^2},$$

于是有
$$x_0^2 + 18x_0 + 45 = 0,$$
$$(x_0 + 3)(x_0 + 15) = 0,$$

解得
$$x_0 = -3, \text{ 或 } x_0 = -15.$$

当 $x_0 = -3$ 时,$y_0 = \dfrac{-3+9}{-3+5} = 3$,斜率 $k = -1$,过原点的切线方程为 $y = -x$,或 $x + y = 0$;

当 $x_0 = -15$ 时,$y_0 = \dfrac{-15+9}{-15+5} = \dfrac{3}{5}$,斜率 $k = -\dfrac{1}{25}$,过原点的切线方程为 $y = -\dfrac{1}{25}x$,或 $x + 25y = 0$.

因此,过原点且与曲线 $y = \dfrac{x+9}{x+5}$ 相切的切线方程为 $x + y = 0$ 与 $x + 25y = 0$.

三、两曲线 $y = f(x)$ 及 $y = g(x)$ 如果存在公切线,公切线方程的求法

例 2.52 求两曲线 $y = x^2$ 与 $y = \dfrac{1}{x}(x < 0)$ 的公切线方程(图 6-4).

解 设公切线 M_1M_2 与曲线 $y = x^2$ 切于点 $M_1(x_1, x_1^2)$,公切线的斜率 $k = 2x_1$,公切线的方程为
$$y - x_1^2 = 2x_1(x - x_1),$$
$$y = 2x_1 x - x_1^2. \tag{6.6}$$

又公切线 M_1M_2 与曲线 $y = \dfrac{1}{x}$ 切于点 $M_2\left(x_2, \dfrac{1}{x_2}\right)$,公切线的斜率为 $k = -\dfrac{1}{x_2^2}$,公切线的方程为

$$y - \frac{1}{x_2} = -\frac{1}{x_2^2}(x - x_2),$$
$$y = -\frac{1}{x_2^2}x + \frac{2}{x_2}. \qquad (6.7)$$

方程(6.6)与方程(6.7)都表示同一公切线,其斜率及在 y 轴上的截距都应相等,故有

$$\begin{cases} 2x_1 = -\dfrac{1}{x_2^2}, \\ -x_1^2 = \dfrac{2}{x_2}. \end{cases}$$

解得 $x_2 = -\dfrac{1}{2}, x_1 = -2$. 所求的公切线方程为

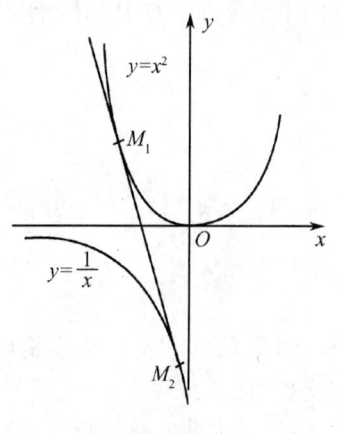

$$y = -4x - 4.$$

图 6-4

例 2.53 求抛物线 $y = x^2 + ax$ 与 $y = x^2 + bx\ (b > a > 0)$ 的公切线方程.

解 设公切线 M_1M_2 与抛物线 $y = x^2 + ax$ 切于点 $M_1(x_1, x_1^2 + ax_1)$,公切线的斜率 $k = 2x_1 + a$,公切线的方程为

$$y - (x_1^2 + ax_1) = (2x_1 + a)(x - x_1),$$
$$y = (2x_1 + a)x - x_1^2. \qquad (6.8)$$

又公切线 M_1M_2 与抛物线 $y = x^2 + bx$ 切于点 $M_2(x_2, x_2^2 + bx_2)$,公切线的斜率 $k = 2x_2 + b$,公切线的方程为

$$y - (x_2^2 + bx_2) = (2x_2 + b)(x - x_2),$$
$$y = (2x_2 + b)x - x_2^2. \qquad (6.9)$$

直线方程(6.8)与(6.9)都是公切线 M_1M_2 的方程,因此直线方程(6.8)与(6.9)的斜率及在 y 轴上的截距应分别相等,即

$$\begin{cases} 2x_1 + a = 2x_2 + b, & (6.10) \\ x_1^2 = x_2^2. & (6.11) \end{cases}$$

由(6.10)式可知

$$x_1 - x_2 = \frac{b - a}{2} > 0,$$

那么由(6.11)式可推知
$x_1 = -x_2 (x_1 \neq x_2)$,由此得到

$$x_1 = \frac{b-a}{4}, x_2 = -\frac{b-a}{4},$$

公切线 M_1M_2 的方程为

$$y = \frac{a+b}{2}x - \frac{(b-a)^2}{16}.$$

例 2.54 已知曲线 $y = \dfrac{x^2 + 1}{2}$ 与 $y = 1 + \ln x$ 相交于点 $P(1,1)$,证明两曲线在点 P 处相切,并求公切线的方程.

证 容易验证点 P 的坐标 $x = 1, y = 1$ 满足方程组:

$$\begin{cases} y = \dfrac{x^2 + 1}{2}, \\ y = 1 + \ln x. \end{cases}$$

故点 $P(1,1)$ 是两曲线的交点.

要证明两曲线在交点 $P(1,1)$ 处相切,只需证明在交点 P 处两曲线具有公切线,也就是相应

的两个函数在交点 P 的横坐标 $x = 1$ 处有相等的导数. 显然有

$$y = f(x) = \frac{x^2 + 1}{2}, f'(x) = x, f'(1) = 1,$$

$$y = g(x) = 1 + \ln x, g'(x) = \frac{1}{x}, g'(1) = 1.$$

由 $f'(1) = g'(1) = 1$,可知 $y = f(x) = \frac{x^2 + 1}{2}$ 与 $y = g(x) = 1 + \ln x$ 在交点 $P(1,1)$ 处相切. 公切线方程为

$$y - 1 = x - 1, 即 y = x.$$

例 2.55 设 $y = f(x)$ 是可导函数,且 $f(x) \neq 0$,证明曲线 $y = f(x)$ 与 $y = F(x) = f(x)\sin x$ 在交点处相切.

证 求两曲线的交点,解方程组:

$$\begin{cases} y = f(x), \\ y = f(x)\sin x. \end{cases}$$

由 $f(x) = f(x)\sin x$,即 $f(x)(\sin x - 1) = 0$.

由于 $f(x) \neq 0$,故 $\sin x = 1, x_n = 2n\pi + \frac{\pi}{2}(n = 0, \pm 1, \pm 2, \cdots)$,两曲线交点 $P_n\left(2n\pi + \frac{\pi}{2}, f\left(2n\pi + \frac{\pi}{2}\right)\right)$.

又因为

$$F'(x) = [f(x)\sin x]' = f'(x)\sin x + f(x)\cos x,$$

$$F'(x_n) = f'(x_n)\sin x_n + f(x_n)\cos x_n$$

$$= f'(x_n)\sin\left(2n\pi + \frac{\pi}{2}\right) + f(x_n)\cos\left(2n\pi + \frac{\pi}{2}\right) = f'(x_n),$$

所以两曲线 $y = f(x)$ 与 $y = F(x) = f(x)\sin x$ 在交点处相切.

如果两曲线 $y = f(x)$ 与 $y = g(x)$ 存在公切线,求公切线方程的步骤如下:

(1) 若公切线分别与曲线 $y = f(x)$ 切于点 $M_1(x_1, f(x_1))$,与曲线 $y = g(x)$ 切于点 $M_2(x_2, f(x_2))(x_1 \neq x_2)$:

① 分别写出公切线的方程:

$$y - f(x_1) = f'(x_1)(x - x_1), y = f'(x_1)x + f(x_1) - x_1 f'(x_1). \tag{6.12}$$

$$y - g(x_2) = g'(x_2)(x - x_2), y = g'(x_2)x + g(x_2) - x_2 g'(x_2). \tag{6.13}$$

直线方程(6.12)与(6.13)都是公切线方程,那么其斜率及在 y 轴上的截距应相等.

② 建立方程组

$$\begin{cases} f'(x_1) = g'(x_2), \\ f(x_1) - x_1 f'(x_1) = g(x_2) - x_2 g'(x_2). \end{cases}$$

③ 解上面方程组,求出 x_1, x_2 的值,并写出公切线的方程为

$$y = f'(x_1)x + f(x_1) - x_1 f'(x_1),$$

$$(或 y = g'(x_2)x + g(x_2) - x_2 g'(x_2)).$$

(2) 若公切线与曲线 $y = f(x)$ 及 $y = g(x)$ 切于它们的交点 $M(x_0, y_0)$(这时必有 $f(x_0) = g(x_0) = y_0, f'(x_0) = g'(x_0)$),公切线的方程为

$$y - f(x_0) = f'(x_0)(x - x_0),$$

$$或 y - g(x_0) = g'(x_0)(x - x_0).$$

第七讲 微分中值定理

微分中值定理是利用导数来研究函数性态的理论基础,特别是拉格朗日中值定理精确地表达了函数在一个区间上的增量与函数在这区间内某点处的导数之间的关系.利用微分中值定理,我们推出了函数的单调增、减性,凹凸性与函数的导数的密切关系.因此理解和掌握好微分中值定理是本讲要辅导的内容.

基本概念和重要结论

1. 罗尔(Rolle)定理

设函数$f(x)$满足条件:

(1) $f(x) \in C[a,b]$;

(2) $f(x) \in D(a,b)$;

(3) $f(a) = f(b)$.

则在(a,b)内至少存在一点ξ,使
$$f'(\xi) = 0.$$

2. 拉格朗日(Lagrange)中值定理

设函数$f(x)$满足条件:

(1) $f(x) \in C[a,b]$;

(2) $f(x) \in D(a,b)$.

则在(a,b)内至少存在一点ξ,使
$$\frac{f(b) - f(a)}{b - a} = f'(\xi).$$

3. 柯西(Cauchy)中值定理

设函数$f(x)$、$g(x)$满足条件:

(1) $f(x) \in C[a,b], g(x) \in C[a,b]$;

(2) $f(x) \in D(a,b), g(x) \in D(a,b)$,且$g'(x) \neq 0$.

则在(a,b)内至少存在一点ξ,使
$$\frac{f(b) - f(a)}{g(b) - g(a)} = \frac{f'(\xi)}{g'(\xi)}.$$

4. 泰勒(Taylor)中值定理

设函数$f(x)$在点x_0的某邻域内具有直到$n+1$阶导数,则对该邻域内异于x_0的任意点x,在x_0与x之间至少存在一点ξ,使

$$f(x) = f(x_0) + f'(x_0)(x - x_0) + \frac{1}{2!}f''(x_0)(x - x_0)^2 + \cdots + \frac{1}{n!}f^{(n)}(x_0)(x - x_0)^n + R_n(x). \tag{7.1}$$

其中

$$R_n(x) = \frac{1}{(n+1)!}f^{(n+1)}(\xi)(x - x_0)^{n+1},$$称为函数$f(x)$在点x_0处的n阶泰勒余项.

公式(7.1)称为$f(x)$在点x_0处的n阶泰勒公式.

令 $x_0 = 0$,则公式(7.1)化为

$$f(x) = f(0) + f'(0)x + \frac{1}{2!}f''(0)x^2 + \cdots + \frac{1}{n!}f^{(n)}(0)x^n + R_n(x). \tag{7.2}$$

其中

$$R_n(x) = \frac{1}{(n+1)!}f^{(n+1)}(\xi)x^{n+1}.$$

而 ξ 在 0 与 x 之间一点. 公式(7.2)称为 $f(x)$ 的马克劳林公式.

一、对微分中值定理的补充说明

为了掌握好微分中值定理,应特别注意领会和理解以下几点内容:

(1) 对每一个微分中值定理来说,定理的条件缺一不可,这些条件都是充分的,但不是必要的. 也就是说,当 $f(x)$(或 $g(x)$)满足某个定理的全部条件时,则该定理的结论一定成立. 若 $f(x)$ 不满足定理的条件时,该定理的结论也许成立,也许不成立.

例如下面两个函数:

$$f(x) = \begin{cases} x^2, x \in [-1,0) \cup (0,2], \\ 1, x = 0. \end{cases}$$

$$f'(x) = 2x, x \in [-1,0) \cup (0,2].$$

在 $[-1,2]$ 上不满足拉格朗日中值定理的条件,却存在 $\xi = \frac{1}{2} \in (-1,2)$,使

$$\frac{f(2) - f(-1)}{2 - (-1)} = \frac{4-1}{3} = 1 = f'\left(\frac{1}{2}\right),$$

函数

$$g(x) = |x|, x \in [-1,2].$$

在 $[-1,2]$ 上 $g(x)$ 不满足拉格朗日中值定理条件,该定理的结论也不成立.

(2) 各个中值定理只指出:在 (a,b) 内至少存在一点 ξ,使该定理的结论成立,但这样的点 ξ 未必唯一,且点 ξ 的位置也未确切指出. 能否求出 ξ 的个数和具体的位置视具体的函数而定.

(3) 前面三个中值定理的几何意义如下:

① 罗尔定理 若在 $[a,b]$ 上的连续曲线 $y = f(x)$ 的弧段 $\overset{\frown}{AB}$ 上(其中 $A(a,f(a))$, $B(b,f(b))$),处处有不垂直于 x 轴的切线,且 A、B 两端点的纵坐标相等,则在 $\overset{\frown}{AB}$ 上至少存在一点 $C(\xi,f(\xi))$(其中 $a < \xi < b$),使 C 点处的切线平行于 x 轴(图7-1).

② 拉格朗日中值定理 若在 $[a,b]$ 上的连续曲线 $y = f(x)$ 的弧段 $\overset{\frown}{AB}$(其中 $A(a,f(a))$, $B(b,f(b))$)上,处处有不垂直于 x 轴的切线,则在 $\overset{\frown}{AB}$ 上至少存在一点 $C(\xi,f(\xi))$(其中 $a < \xi < b$),使点 C 处的切线平行于过 A、B 两点的弦(图7-2).

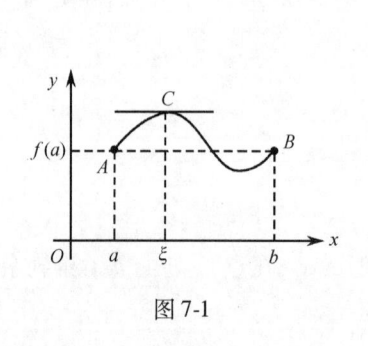

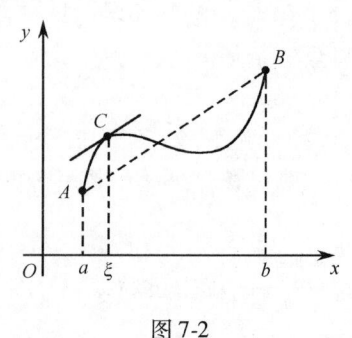

图 7-1

图 7-2

③ **柯西中值定理**　若参量方程
$$\begin{cases} X = f(x), \\ Y = g(x), \end{cases} x \in [a,b].$$
表示的连续曲线弧 $\overset{\frown}{AB}$ (其中 $A(f(a),g(a))$, $B(f(b),g(b))$) 上,处处有不垂直于 x 轴的切线,则在 $\overset{\frown}{AB}$ 上至少存在一点 $C(f(\xi),g(\xi))$ (其中 $a < \xi < b$),使点 C 处的切线平行于过 A、B 两点的弦(图 7-3).

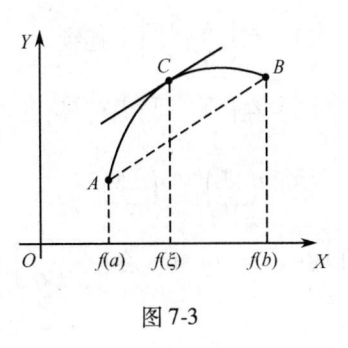

图 7-3

(4) 四个中值定理的相互关系如下：

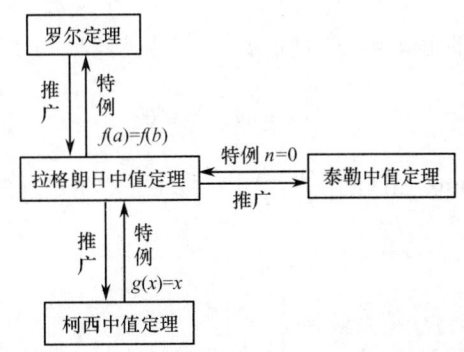

```
         罗尔定理
      ↑推广  ↓特例 f(a)=f(b)
                        特例 n=0
    拉格朗日中值定理 ←————→ 泰勒中值定理
                        推广
      ↑推广  ↓特例 g(x)=x
         柯西中值定理
```

二、验证微分中值定理对函数 $f(x)$ 在区间 $[a,b]$ 上的正确与否

凡是验证微分中值定理对函数 $f(x)$ 在 $[a,b]$ 上正确与否的命题,一定要验证:定理的条件是否满足;若定理条件满足,求出定理结论中的 ξ 值.

例 2.56　对函数 $f(x) = \ln\sin x$ 在区间 $\left[\dfrac{\pi}{6}, \dfrac{5\pi}{6}\right]$ 上验证罗尔定理的正确性.

解　函数 $f(x) = \ln\sin x$ 的定义域为
$$(2n\pi, 2n\pi + \pi), (n = 0, \pm 1, \pm 2, \cdots).$$
而 $\left[\dfrac{\pi}{6}, \dfrac{5\pi}{6}\right] \subset (0, \pi)$,根据初等函数在其定义区间上都是连续的结论,可知 $f(x) = \ln\sin x$ 在闭区间 $\left[\dfrac{\pi}{6}, \dfrac{5\pi}{6}\right]$ 上连续.

又
$$f(x) = \ln\sin x \text{ 在 } \left(\dfrac{\pi}{6}, \dfrac{5\pi}{6}\right) \text{ 内可导,且}$$
$$f'(x) = \dfrac{\cos x}{\sin x} = \cot x,$$
并且
$$f\left(\dfrac{\pi}{6}\right) = \ln\sin\dfrac{\pi}{6} = \ln\dfrac{1}{2} = -\ln 2,$$
$$f\left(\dfrac{5\pi}{6}\right) = \ln\sin\dfrac{5\pi}{6} = \ln\dfrac{1}{2} = -\ln 2,$$
即
$$f\left(\dfrac{\pi}{6}\right) = f\left(\dfrac{5\pi}{6}\right) = -\ln 2.$$

综上所述,可知函数 $f(x) = \ln\sin x$ 满足条件:

(1) 在 $\left[\dfrac{\pi}{6},\dfrac{5\pi}{6}\right]$ 上连续；

(2) 在 $\left(\dfrac{\pi}{6},\dfrac{5\pi}{6}\right)$ 内可导；

(3) $f\left(\dfrac{\pi}{6}\right) = f\left(\dfrac{5\pi}{6}\right)$.

所以 $f(x) = \ln\sin x$ 在 $\left[\dfrac{\pi}{6},\dfrac{5\pi}{6}\right]$ 上满足罗尔定理条件.

令
$$f'(x) = \cot x = 0,$$
得到方程在 $\left(\dfrac{\pi}{6},\dfrac{5\pi}{6}\right)$ 内的解 $x = \dfrac{\pi}{2}$，现取 $\xi = \dfrac{\pi}{2}$，则有罗尔定理的结论
$$f'(\xi) = \cot\dfrac{\pi}{2} = 0.$$
这就对函数 $f(x) = \ln\sin x$ 在区间 $\left[\dfrac{\pi}{6},\dfrac{5\pi}{6}\right]$ 上验证了罗尔定理的正确性.

例 2.57 对函数
$$f(x) = \begin{cases} \dfrac{3-x^2}{2}, & x \le 1, \\ \dfrac{1}{x}, & x > 1. \end{cases}$$
在区间 $[0,2]$ 上验证拉格朗日中值定理的正确性.

解 由于 $\dfrac{3-x^2}{2}, \dfrac{1}{x}$ 都是初等函数，而初等函数在其定义区间内都是连续的，所以

$\dfrac{3-x^2}{2}$ 在 $[0,1]$ 上连续；

$\dfrac{1}{x}$ 在 $[1,2]$ 上连续.

又
$$f(1-0) = \lim_{x\to 1^-} f(x) = \lim_{x\to 1^-} \dfrac{3-x^2}{2} = 1,$$
$$f(1+0) = \lim_{x\to 1^+} f(x) = \lim_{x\to 1^+} \dfrac{1}{x} = 1,$$
$$f(1) = \left(\dfrac{3-x^2}{2}\right)_{x=1} = 1.$$
因为 $f(x)$ 在点 $x = 1$ 的邻域内有定义，且
$$f(1-0) = f(1+0) = f(1),$$
所以
$$f(x) \in C\{1\}.$$

综上所述，可知
$$f(x) \in C[0,2].$$

当 $x < 1$ 时，$f(x) = \dfrac{3-x^2}{2}$ 可导，且 $f'(x) = -x$；

当 $x > 1$ 时，$f(x) = \dfrac{1}{x}$ 可导，且 $f'(x) = -\dfrac{1}{x^2}$；

当 $x = 1$ 时，有
$$f'_-(1) = \lim_{x\to 1^-} \dfrac{f(x)-f(1)}{x-1} = \lim_{x\to 1^-} \dfrac{\dfrac{3-x^2}{2}-1}{x-1}$$

$$= \lim_{x \to 1^-} \frac{1-x^2}{2(x-1)} = -\frac{1}{2} \lim_{x \to 1^-}(1+x) = -1,$$

$$f'_+(1) = \lim_{x \to 1^+} \frac{f(x)-f(1)}{x-1} = \lim_{x \to 1^+} \frac{\frac{1}{x}-1}{x-1} = \lim_{x \to 1^+}\left(-\frac{1}{x}\right) = -1,$$

因为 $f(x)$ 在点 $x=1$ 的邻域内有定义, 及 $f(x) \in C\{1\}$, 且 $f'_-(1) = f'_+(1) = -1$, 所以
$$f(x) \in D\{1\}, f'(1) = -1.$$

因此
$$f(x) \in D(0,2), 且$$

$$f'(x) = \begin{cases} -x, & 0 < x \leq 1, \\ -\dfrac{1}{x^2}, & 1 < x < 2. \end{cases}$$

由此可知, $f(x)$ 满足条件:
(1) $f(x) \in C[0,2]$;
(2) $f(x) \in D(0,2)$.

所以 $f(x)$ 满足拉格朗日中值定理条件.

$$\frac{f(2)-f(0)}{2-0} = \frac{\frac{1}{2}-\frac{3}{2}}{2} = -\frac{1}{2}.$$

当 $0 < x \leq 1$ 时,
$$f'(x) = -x = -\frac{1}{2}, 得 x = \frac{1}{2};$$

当 $1 < x < 2$ 时,
$$f'(x) = -\frac{1}{x^2} = -\frac{1}{2}, 得 x = \sqrt{2}.$$

取 $\xi = \dfrac{1}{2}$ 或 $\sqrt{2}$, 就有拉格朗日中值定理的结论:
$$\frac{f(2)-f(0)}{2-0} = f'(\xi).$$

例 2.58 对函数 $f(x) = x^3+1, g(x) = x^2$. 在区间 $[a,b]$ (其中 $0 < a < b$) 上验证柯西中值定理的正确性.

解 函数 $f(x) = x^3+1, g(x) = x^2$ 都是初等函数, 由于初等函数在其定义区间上都是连续的, 因此 $f(x) \in C[a,b], g(x) \in C[a,b]$.

又函数 $f(x) = x^3+1 \in D(a,b), g(x) = x^2 \in D(a,b)$, 即 $f(x), g(x)$ 在区间 (a,b) ($0 < a < b$) 内可导, 且
$$f'(x) = 3x^2, g'(x) = 2x \neq 0,$$

于是 $f(x), g(x)$ 满足柯西中值定理条件.

又由于
$$\frac{f(b)-f(a)}{g(b)-g(a)} = \frac{(b^3+1)-(a^3+1)}{b^2-a^2} = \frac{b^2+ab+a^2}{b+a},$$

$$\frac{f'(x)}{g'(x)} = \frac{3x^2}{2x} = \frac{3}{2}x.$$

令
$$\frac{3}{2}x = \frac{b^2+ab+a^2}{b+a}, 得$$

$$x = \frac{2}{3}\left(\frac{b^2 + ab + a^2}{a+b}\right),$$

取

$$\xi = \frac{2}{3}\left(\frac{b^2 + ab + a^2}{a+b}\right).$$

下面证明:$a < \xi < b$.

用反证法. 假设 $\xi = \frac{2}{3}\left(\frac{b^2 + ab + a^2}{a+b}\right) \geqslant b$, 则有

$$2(b^2 + ab + a^2) \geqslant 3b(a+b),$$
$$2a^2 - b^2 - ab \geqslant 0,$$
$$(a^2 - b^2) + (a^2 - ab) \geqslant 0,$$
$$(a-b)(2a+b) \geqslant 0.$$

因为 $0 < a < b, 2a + b > 0$, 由上式可得

$$a - b \geqslant 0, \text{即 } a \geqslant b.$$

这与 $0 < a < b$ 的假设矛盾, 有 $\xi < b$.

类似地可以用反证法证明 $a < \xi$.

所以存在一点 $\xi = \frac{2}{3}\left(\frac{a^2 + ab + b^2}{a+b}\right) \in (a,b)$, 使

$$\frac{f(b) - f(a)}{g(b) - g(a)} = \frac{f'(\xi)}{g'(\xi)}.$$

例 2.59 单项选择题:使函数 $f(x) = \sqrt[3]{x^2(1-x^2)}$ 满足罗尔定理条件的区间是

(A) $[0,1]$; (B) $[-1,1]$; (C) $[-2,2]$; (D) $\left[-\frac{3}{5}, \frac{4}{5}\right]$.

解 显然函数 $f(x) = x^{\frac{2}{3}}(1-x^2)^{\frac{1}{3}} \in C(-\infty, +\infty)$.

$$f'(x) = \frac{2}{3}x^{-\frac{1}{3}}(1-x^2)^{\frac{1}{3}} + x^{\frac{2}{3}} \cdot \frac{1}{3}(1-x^2)^{-\frac{2}{3}}(-2x)$$

$$= \frac{2}{3}\left[\sqrt[3]{\frac{1-x^2}{x}} - x \cdot \sqrt[3]{\frac{x^2}{(1-x^2)^2}}\right](x \neq 0, -1, 1).$$

可见, $f(x)$ 在点 $x = 0, x = -1, x = 1$ 处不可导, 也就是说, 函数 $f(x)$ 在 $(-1,1)$ 内点 $x = 0$ 处不可导; 在 $(-2,2)$ 内点 $x = 0, x = -1, x = 1$ 处不可导; 在 $\left(-\frac{3}{5}, \frac{4}{5}\right)$ 内点 $x = 0$ 处不可导.

所以函数 $f(x)$ 在 $[-1,1]$、$[-2,2]$、$\left[-\frac{3}{5}, \frac{4}{5}\right]$ 上不满足罗尔定理条件.

函数 $f(x) = \sqrt[3]{x^2(1-x^2)}$ 满足条件:

(1) $f(x) \in C[0,1]$;
(2) $f(x) \in D(0,1)$;
(3) $f(0) = f(1) = 0$.

于是 (A) 入选.

例 2.60 单项选择题:设函数

$$f(x) = \begin{cases} 1 - \frac{1}{3}x^2, & 0 \leqslant x \leqslant 1; \\ \frac{2}{3x}, & 1 < x \leqslant 2. \end{cases}$$

则在区间(0,2)内适合等式
$$f(2) - f(0) = f'(\xi)(2 - 0)$$
的 ξ 值

(A) 只有一个;　　(B) 不存在;　　(C) 有两个;　　(D) 有三个.

解 根据初等函数在其定义区间内都是连续的,于是 $1 - \frac{1}{3}x^2 \in C[0,1], \frac{2}{3x} \in C(1,2]$,并且有
$$f(1-0) = \lim_{x \to 1^-} \left(1 - \frac{1}{3}x^2\right) = \frac{2}{3};$$
$$f(1+0) = \lim_{x \to 1^+} \frac{2}{3x} = \frac{2}{3};$$
$$f(1) = \left(1 - \frac{1}{3}x^2\right)\bigg|_{x=1} = \frac{2}{3}.$$

由于 $f(x)$ 在点 $x = 1$ 的邻域内有定义,且
$$f(1-0) = f(1+0) = f(1) = \frac{2}{3}.$$

于是 $f(x) \in C\{1\}$,因此
$$f(x) \in C[0,2].$$

当 $0 < x < 1$ 时,$f'(x) = -\frac{2}{3}x$;

当 $1 < x < 2$ 时,$f'(x) = -\frac{2}{3x^2}$;

当 $x = 1$ 时,有
$$f'_-(1) = \lim_{x \to 1^-} \frac{\left(1 - \frac{1}{3}x^2\right) - \frac{2}{3}}{x-1} = \lim_{x \to 1^-} -\frac{1}{3}(1+x) = -\frac{2}{3},$$
$$f'_+(1) = \lim_{x \to 1^+} \frac{\frac{2}{3x} - \frac{2}{3}}{x-1} = \lim_{x \to 1^+} -\frac{2}{3x} = -\frac{2}{3},$$

由于 $f(x) \in C\{1\}$,且
$$f'_-(1) = f'_+(1) = -\frac{2}{3}.$$

于是　　$f(x) \in D\{1\}$,
因此　　$f(x) \in D(0,2)$.

综上所述,可知函数 $f(x)$ 在 $[0,2]$ 上满足拉格朗日中值定理条件,由该定理的结论,可令
$$f(2) - f(0) = \left(-\frac{2}{3}\xi\right)(2-0), 得$$
$$\xi = -\frac{3}{4}[f(2) - f(0)] = -\frac{3}{4}\left(\frac{1}{3} - 1\right) = \frac{1}{2}.$$

再令
$$f(2) - f(0) = \left(-\frac{2}{3\xi^2}\right)(2-0), 得$$
$$\xi^2 = -\frac{4}{3[f(2)-f(0)]} = -\frac{4}{3\cdot\left(-\frac{2}{3}\right)} = 2,$$
$$\xi = \sqrt{2}.$$

所以 $\xi = \frac{1}{2}$ 或 $\sqrt{2}$,于是(C)入选.

三、应用微分中值定理证明简单数学命题的一些思考方法简介

例 2.61 设函数 $f(x) \in C[a,b]$，$f(x) \in D^2(a,b)$，且有 $f(a)=f(c)=f(b)(a<c<b)$，证明：至少存在一点 $\xi \in (a,b)$，使得 $f''(\xi)=0$.

证明思考方法：

把要证的结论变形为
$$f''(\xi) = [f'(x)]'|_{x=\xi} = 0,$$

再寻找函数 $f'(x)$ 的两个等值点 ξ_1 及 $\xi_2(a \leq \xi_1 < \xi_2 \leq b)$，验证函数 $f'(x)$ 在 $[\xi_1,\xi_2] \subseteq [a,b]$ 上满足罗尔定理的条件，在区间 $[\xi_1,\xi_2]$ 上应用罗尔定理的结论，证得题目的结论（图 7-4）.

证 据题设易知函数 $f(x)$ 在区间 $[a,c]$ 及 $[c,b]$ 上分别满足罗尔定理的条件，由罗尔定理的结论可知，必存在点 ξ_1 及 ξ_2，适合 $a < \xi_1 < c < \xi_2 < b$，使得
$$f'(\xi_1) = 0, \quad f'(\xi_2) = 0.$$

又据题设函数 $f'(x) \in C[\xi_1,\xi_2]$，$f'(x) \in D[\xi_1,\xi_2]$，且 $f'(\xi_1) = f'(\xi_2) = 0$，因此 $f'(x)$ 在区间 $[\xi_1,\xi_2] \subset (a,b)$ 上满足罗尔定理的条件，应用罗尔定理的结论，至少存在一点 $\xi \in (\xi_1,\xi_2) \subset (a,b)$，使得
$$[f'(x)]'|_{x=\xi} = 0, \text{ 即 } f''(\xi) = 0.$$

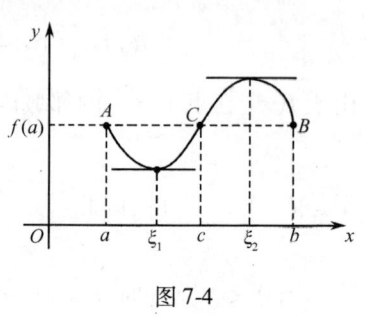

图 7-4

例 2.62 设函数 $f(x) \in D^3[1,2]$，且 $f(2)=0$，而
$$F(x) = (x-1)^3 f(x), x \in [1,2].$$
证明：至少存在一点 $\xi \in (1,2)$，使得 $F'''(\xi) = 0$.

证法 1 因为
$$F'''(\xi) = [F''(x)]'|_{x=\xi},$$

所以只需证明 $F''(x)$ 满足罗尔定理的条件即可，为此必须寻找 $F''(x)$ 的两个等值点.

由于 $F(x) = (x-1)^3 f(x)$ 及 $f(2)=0$，可知 $F(1) = F(2) = 0$. 因此 $F(x)$ 在 $[1,2]$ 上满足罗尔定理条件，由该定理的结论，至少存在一点 $\xi_1 \in (1,2)$，使得 $F'(\xi_1) = 0$.

由 $F'(x) = 3(x-1)^2 f(x) + (x-1)^3 f'(x)$，可知 $F'(1) = 0$. 因此 $F'(x)$ 在 $[1,\xi_1]$ 上满足罗尔定理条件，从而至少存在一点 $\xi_2 \in (1,\xi_1)$，使得 $F''(\xi_2) = 0$.

由于 $F''(x) = 6(x-1)f(x) + 6(x-1)^2 f'(x) + (x-1)^3 f''(x)$，可知 $F''(1) = 0$，因此 $F''(x)$ 在 $[1,\xi_2]$ 上满足罗尔定理条件，从而至少存在一点 $\xi \in (1,\xi_2) \subset (1,2)$，使得
$$F'''(\xi) = 0.$$

证法 2 用泰勒公式证明.
$$F(x) = (x-1)^3 f(x),$$
$$F'(x) = 3(x-1)^2 f(x) + (x-1)^3 f'(x),$$
$$F''(x) = 6(x-1)f(x) + 6(x-1)^2 f'(x) + (x-1)^3 f''(x),$$

有 $F(1) = F'(1) = F''(1) = 0$. 那么 $F(x)$ 在点 $x=1$ 处的泰勒公式为
$$F(x) = \frac{1}{3!} F'''(\eta)(x-1)^3 \ (\eta \text{ 介于 } 1 \text{ 与 } x \text{ 之间}).$$

因为 $F(2) = \frac{1}{3!} F'''(\xi) \ (\xi \text{ 介于 } 1 \text{ 与 } 2 \text{ 之间}),$

所以
$$F(2) = f(2) = 0,$$
$$F'''(\xi) = 0, \xi \in (1,2).$$

例 2.63 设函数 $f(x) \in C[a,b](0 < a < b), f(x) \in D(a,b)$,且 $f(a) = b, f(b) = a$,试证明:在 (a,b) 内至少存在一点 ξ,使得
$$f'(\xi) = -\frac{f(\xi)}{\xi}.$$

证题思考方法:

欲证的结论不是 $f'(\xi) = 0$,这时就把所证的结论先变形为某一函数 $F(x)$ 在点 $x = \xi$ 处的导数 $F'(x)|_{x=\xi} = F'(\xi)$.

由 $f'(\xi) = -\frac{f(\xi)}{\xi}$ 可变形为 $\xi f'(\xi) + f(\xi) = 0$,即题目要求证明的结论完全等价于证明
$$[xf'(x) + f(x)]|_{x=\xi} = 0.$$
而 $xf'(x) + f(x) = [xf(x)]'$,亦即我们要证的结论是
$$[xf(x)]'|_{x=\xi} = 0.$$
因此,可以令 $F(x) = xf(x)$,证明至少存在一点 $\xi \in (a,b)$,使 $F'(\xi) = 0$.

证 设 $F(x) = xf(x)$,则由题设可推知 $F(x) \in C[a,b], F(x) \in D(a,b)$,并且
$$F(a) = af(a) = ab = bf(b) = F(b).$$
因此 $F(x)$ 在 $[a,b]$ 上满足罗尔定理的条件,由该定理的结论可知,至少存在一点 $\xi \in (a,b)$,使得 $F'(\xi) = 0$,由于 $F'(x) = [xf(x)]' = xf'(x) + f(x)$,
$$F'(\xi) = \xi f'(\xi) + f(\xi) = 0,$$
即
$$f'(\xi) = -\frac{f(\xi)}{\xi}.$$
其中
$$0 < a < \xi < b.$$

综合以上三例(例 2.61、例 2.62、例 2.63)我们可以看出,要证的命题是:根据题目给出函数 $f(x)$ 满足的条件,要证明的结论是至少存在一点 $\xi \in (a,b)$,使得 $f'(\xi) = 0$,或 $f''(\xi) = 0$,或 $f'''(\xi) = 0$. 我们把结论统一归结为要证明 $f^{(k)}(\xi) = 0(k \in \mathbf{N})$. 证明的思考方法:

(1)用罗尔定理去证明:先把要证的结论变形为
$$f^{(k)}(\xi) = [f^{(k-1)}(x)]'|_{x=\xi} = 0.$$
然后根据题设,函数 $f(x)$ 所满足的条件,寻找函数 $f^{(k-1)}(x)$ 的两个等值点 ξ_1 及 $\xi_2(a \leq \xi_1 < \xi_2 \leq b), f^{(k-1)}(\xi_1) = f^{(k-1)}(\xi_2)$,并验证函数 $f^{(k-1)}(x)$ 在 $[\xi_1, \xi_2]$ 上满足罗尔定理的条件,应用罗尔定理的结论,证得欲证的结论.

(2)当 $k \geq 2$ 时,也可以考虑用 $k-1$ 阶的泰勒公式(或马克劳林公式)去证明,如例 2.62 的证法 2.

例 2.64 设函数 $f(x) \in C[0,1], f(x) \in D(0,1)$,且 $f(0) = f(1) = 0, f\left(\frac{1}{2}\right) = 1$,证明:至少存在一点 $\xi \in (0,1)$,使得 $f'(\xi) = 1$.

证法 1 把欲证的结论变形为
$$f'(\xi) - 1 = 0, 即 [f'(x) - 1]|_{x=\xi} = 0.$$
由于 $[f'(x) - 1]|_{x=\xi} = [f(x) - x]'|_{x=\xi}$,因此可令
$$F(x) = f(x) - x, x \in [0,1].$$
由题设可知 $F(x) \in C[0,1], F(x) \in D(0,1)$.

因为
$$f\left(\frac{1}{2}\right) = 1,$$
所以
$$F\left(\frac{1}{2}\right) = f\left(\frac{1}{2}\right) - \frac{1}{2} = \frac{1}{2} > 0.$$
又因为
$$f(1) = 0,$$
所以
$$F(1) = f(1) - 1 = -1 < 0.$$

由于 $F(x) \in C\left[\frac{1}{2}, 1\right]$,根据闭区间上连续函数的零值点定理,至少存在一点 $\xi_1 \in \left(\frac{1}{2}, 1\right)$,使
$$F(\xi_1) = 0.$$

又 $F(0) = f(0) - 0 = 0$,因此 $F(x)$ 在 $[0, \xi_1]$ 上满足罗尔定理条件,应用该定理的结论,可知至少存在一点 $\xi \in (0, \xi_1) \subset (0, 1)$,使得 $F'(\xi) = 0$. 因为
$$f'(x) = [f(x) - x]' = f'(x) - 1,$$
所以
$$F'(\xi) = f'(\xi) - 1 = 0, 即 f'(\xi) = 1.$$

证法 2　先确定一个区间 $[0, \xi_1]$,使得
$$\frac{f(\xi_1) - f(0)}{\xi_1 - 0} = 1,$$

据题设 $f(0) = 0$,则有
$$f(\xi_1) = \xi_1, 或 f(\xi_1) - \xi_1 = 0.$$

可设 $F(x) = f(x) - x$,据题设可知 $F(x) \in C[0, 1]$,且
$$F\left(\frac{1}{2}\right) = f\left(\frac{1}{2}\right) - \frac{1}{2} = 1 - \frac{1}{2} = \frac{1}{2} > 0,$$
$$F(1) = f(1) - 1 = 0 - 1 = -1 < 0,$$

根据闭区间上连续函数的零值点定理,至少存在一点 $\xi_1 \in \left(\frac{1}{2}, 1\right)$,使得 $F(\xi_1) = f(\xi_1) - \xi_1 = 0$,即
$$f(\xi_1) = \xi_1.$$

由于 $f(x) \in C[0, \xi_1]$ 及 $f(x) \in D(0, \xi_1)$,即 $f(x)$ 在 $[0, \xi_1]$ 上满足拉格朗日中值定理条件,应用拉格朗日中值定理的结论,可知至少存在一点 $\xi \in (0, \xi_1) \subset (0, 1)$,使得
$$\frac{f(\xi_1) - f(0)}{\xi_1 - 0} = f'(\xi),$$
即
$$f'(\xi) = \frac{f(\xi_1)}{\xi_1} = \frac{\xi_1}{\xi_1} = 1.$$

例 2.65　设函数 $f(x) \in C[0, 1], f(x) \in D(0, 1)$,

证明:至少存在一点 $\xi \in (0, 1)$,使得
$$f'(\xi) = 2\xi[f(1) - f(0)].$$

证法 1　令 $f(1) - f(0) = c$,把要证的结论变形为
$$f'(\xi) - 2c\xi = 0,$$
即
$$[f(x) - cx^2]'|_{x=\xi} = 0.$$

可以设 $F(x) = f(x) - cx^2$,据题设可知 $F(x) \in C[0, 1], F(x) \in D(0, 1)$,并且有
$$F(0) = f(0),$$
$$F(1) = f(1) - c = f(1) - [f(1) - f(0)] = f(0).$$

因此 $F(x)$ 在 $[0, 1]$ 上满足罗尔定理条件,应用该定理的结论,可知至少存在一点 $\xi \in (0, 1)$,使

得
$$F'(\xi) = 0.$$
因为
$$F'(x) = f'(x) - 2cx,$$
所以
$$F'(\xi) = f'(\xi) - 2c\xi = 0, 从而有$$
$$f'(\xi) = 2c\xi = 2\xi[f(1) - f(0)].$$

证法 2 把要证的结论变形为
$$\frac{f'(\xi)}{2\xi} = f(1) - f(0),$$
其左端为
$$\frac{f'(\xi)}{2\xi} = \frac{f'(x)}{(x^2)'}\bigg|_{x=\xi} = \frac{f(1) - f(0)}{1^2 - 0^2},$$
因此可以考虑对函数 $f(x)$ 及 x^2 在区间 $[0,1]$ 上用柯西中值定理来证明.

据题设 $f(x) \in C[0,1], f(x) \in D(0,1)$ 及 $x^2 \in D[0,1]$，且 $(x^2)' = 2x \neq 0, x \in (0,1)$，因此 $f(x), x^2$ 在 $[0,1]$ 上满足柯西中值定理条件，应用柯西中值定理结论，可知至少存在一点 $\xi \in (0,1)$，使得
$$\frac{f(1) - f(0)}{1^2 - 0^2} = \frac{f'(x)}{2x}\bigg|_{x=\xi} = \frac{f'(\xi)}{2\xi},$$
即
$$f'(\xi) = 2\xi[f(1) - f(0)].$$

例 2.66 设函数 $f(x) \in C[a,b], F(x) \in D(a,b)$ $(0 < a < b)$，证明：至少存在一点 $\xi \in (a,b)$，使
$$f(b) - f(a) = \xi f'(\xi) \ln \frac{b}{a}.$$

证法 1 证明思考方法：
把要证的结论变形为
$$\frac{f(b) - f(a)}{\ln b - \ln a} = \xi f'(\xi),$$
令
$$\frac{f(b) - f(a)}{\ln b - \ln a} = c,$$
则有
$$f(b) - c\ln b = f(a) - c\ln a.$$

如果设 $F(x) = f(x) - c\ln x$，就有 $F(a) = F(b)$. 故设 $F(x) = f(x) - c\ln x$，则由题设可知 $F(x) \in C[a,b], F(x) \in D(a,b)$，并且 $F(a) = F(b)$，因此 $F(x)$ 在 $[a,b]$ 上满足罗尔定理条件，应用该定理的结论可知，至少存在一点 $\xi \in (a,b)$，使得 $F'(\xi) = 0$，因为
$$F'(x) = f'(x) - \frac{c}{x}, \quad F'(\xi) = f'(\xi) - \frac{c}{\xi} = 0,$$
所以
$$\xi f'(\xi) = c = \frac{f(b) - f(a)}{\ln b - \ln a},$$
即
$$f(b) - f(a) = \xi f'(\xi) \ln \frac{b}{a}.$$

证法 2 把要证的结论变形为
$$\frac{f(b)-f(a)}{\ln b-\ln a}=\xi f'(\xi)=\frac{f'(\xi)}{\dfrac{1}{\xi}}=\frac{f'(x)}{(\ln x)'}\bigg|_{x=\xi}.$$

因此可以考虑对函数 $f(x),\ln x$ 在区间 $[a,b]$ 上用柯西中值定理来证明.（略）

综合以上三例（例 2.64、例 2.65、例 2.66），可以看出，要证的命题是：根据给出函数 $f(x)$ 满足的条件，要证的结论是：

(1) 至少存在一点 $\xi\in(a,b)$，使得
$$f'(\xi)=c(\text{其中}\ c\neq 0)(\text{如例}\ 2.64)$$

证明的思考方法：

① 用罗尔定理证明 把欲证的结论变形为
$$f'(\xi)-c=0,$$
即
$$f'(\xi)-c=[f(x)-cx]'|_{x=\xi}=0.$$

因此，可令 $F(x)=f(x)-cx$，对函数 $F(x)$ 验证在 $[a,b]$ 上满足罗尔定理条件，应用罗尔定理的结论来证明欲证的结论.

② 用拉格朗日中值定理证明 在 $[a,b]$ 上确定一个区间 $[\xi_1,\xi_2]$ $(a\leqslant\xi_1<\xi_2\leqslant b)$，使得
$$c=\frac{f(\xi_2)-f(\xi_1)}{\xi_2-\xi_1}.$$

对函数 $f(x)$ 验证在 $[\xi_1,\xi_2]$ 上满足拉格朗日中值定理条件，应用拉格朗日的结论来证明欲证的结论.

(2) 至少存在一点 $\xi\in(a,b)$，使得
$$\frac{f'(\xi)}{g'(\xi)}=c\ \ (c\neq 0)\ (\text{如例}\ 2.65,\text{例}\ 2.66)$$

证明的思考方法：

① 用罗尔定理证明 把欲证的结论变形为
$$f'(\xi)-cg'(\xi)=0,$$
即
$$f'(\xi)-cg'(\xi)=[f(x)-cg(x)]'|_{x=\xi}=0.$$

因此，可令 $F(x)=f(x)-cg(x)$，对函数 $F(x)$ 验证在 $[a,b]$ 上满足罗尔定理的条件，应用罗尔定理的结论来证明欲证的结论.

② 用柯西中值定理证明 在 $[a,b]$ 上确定一个区间 $[\xi_1,\xi_2]$ $(a\leqslant\xi_1<\xi_2\leqslant b)$，使得
$$\frac{f'(\xi)}{g'(\xi)}=c=\frac{f(\xi_2)-f(\xi_1)}{g(\xi_2)-g(\xi_1)},$$

对函数 $f(x),g(x)$ 验证在 $[\xi_1,\xi_2]$ 上满足柯西中值定理的条件，应用柯西中值定理的结论来证明欲证的结论.

第八讲 求数列和函数极限的方法（续）
—— 罗比塔法则

应用罗比塔法则来求未定式的极限，为未定式定值提供了一种既简便又有效的方法. 如果

我们在使用罗比塔法则的过程中,结合具体的函数恰当地进行函数的恒等化简,变量的代换,等价无穷小的替换,各种求极限方法的综合使用,将会有效地简化计算,往往会事半功倍,既省时又省力.

基本概念和重要结论

1. $\dfrac{0}{0}$ 型未定式的罗比塔法则

1) $x \to x_0$ 时,$\dfrac{0}{0}$ 型未定式的罗比塔法则

设 ① 函数 $f(x)$ 与 $\varphi(x)$ 在点 x_0 的某邻域内(x_0 点可除外)有定义,且
$$\lim_{x \to x_0} f(x) = 0, \lim_{x \to x_0} \varphi(x) = 0.$$

② 在点 x_0 的某邻域内(x_0 点可除外),$f'(x)$ 与 $\varphi'(x)$ 都存在,且
$$\varphi'(x) \neq 0.$$

③ $\lim\limits_{x \to x_0} \dfrac{f'(x)}{\varphi'(x)}$ 存在(或为 ∞),则 $\lim\limits_{x \to x_0} \dfrac{f(x)}{\varphi(x)}$ 存在(或为 ∞),且
$$\lim_{x \to x_0} \dfrac{f(x)}{\varphi(x)} = \lim_{x \to x_0} \dfrac{f'(x)}{\varphi'(x)}.$$

2) $x \to \infty$ 时,$\dfrac{0}{0}$ 型未定式的罗比塔法则

设 ① 函数 $f(x)$ 与 $\varphi(x)$ 在 $|x| > N > 0$ 时有定义,且
$$\lim_{x \to \infty} f(x) = 0, \lim_{x \to \infty} \varphi(x) = 0.$$

② 当 $|x| > N$ 时,$f'(x)$ 与 $\varphi'(x)$ 都存在,且
$$\varphi'(x) \neq 0.$$

③ $\lim\limits_{x \to \infty} \dfrac{f'(x)}{\varphi'(x)}$ 存在(或为 ∞),则极限 $\lim\limits_{x \to \infty} \dfrac{f(x)}{\varphi(x)}$ 存在(或为 ∞),且
$$\lim_{x \to \infty} \dfrac{f(x)}{\varphi(x)} = \lim_{x \to \infty} \dfrac{f'(x)}{\varphi'(x)}.$$

注:对于 $x \to x_0^+$ 和 $x \to x_0^-$ 的情形,与 $x \to x_0$ 时有类似的结果,只需将点 x_0 的某邻域换成点 x_0 的右半或左半邻域,将 $x \to x_0$ 换成 $x \to x_0^+$ 或 $x \to x_0^-$.

对于 $x \to +\infty$ 和 $x \to -\infty$ 与 $x \to \infty$ 时有类似的结果,只需将 $|x| > N$ 换成 $x > N$ 或 $x < -N$,将 $x \to \infty$ 换成 $x \to +\infty$ 或 $x \to -\infty$.

2. $\dfrac{\infty}{\infty}$ 型未定式的罗比塔法则

1) $x \to x_0$ 时,$\dfrac{\infty}{\infty}$ 型未定式的罗比塔法则

设 ① 函数 $f(x)$ 与 $\varphi(x)$ 在点 x_0 的某邻域内(点 x_0 可除外)有定义,且
$$\lim_{x \to x_0} f(x) = \infty, \lim_{x \to x_0} \varphi(x) = \infty.$$

② $f'(x)$ 与 $\varphi'(x)$ 在点 x_0 的某邻域内(x_0 点可除外)存在,且
$$\varphi'(x) \neq 0.$$

③ $\lim\limits_{x \to x_0} \dfrac{f'(x)}{\varphi'(x)}$ 存在(或为 ∞),则极限 $\lim\limits_{x \to x_0} \dfrac{f(x)}{\varphi(x)}$ 存在(或为 ∞),且

$$\lim_{x\to x_0}\frac{f(x)}{\varphi(x)} = \lim_{x\to x_0}\frac{f'(x)}{\varphi'(x)}.$$

2) $x \to \infty$ 时,$\frac{\infty}{\infty}$ 型未定式的罗比塔法则

设 ① 函数 $f(x)$ 与 $\varphi(x)$ 在 $|x| > N > 0$ 时有定义,且
$$\lim_{x\to\infty}f(x) = \infty, \lim_{x\to\infty}\varphi(x) = \infty.$$

② 当 $|x| > N$ 时,$f'(x)$ 与 $\varphi'(x)$ 都存在,且
$$\varphi'(x) \ne 0.$$

③ $\lim\limits_{x\to\infty}\dfrac{f'(x)}{\varphi'(x)}$ 存在(或为 ∞),则极限 $\lim\limits_{x\to\infty}\dfrac{f(x)}{\varphi(x)}$ 存在(或为 ∞),且
$$\lim_{x\to\infty}\frac{f(x)}{\varphi(x)} = \lim_{x\to\infty}\frac{f'(x)}{\varphi'(x)}.$$

对于 $x\to x_0^+, x\to x_0^-$ 以及 $x\to +\infty, x\to -\infty$ 时,$\frac{\infty}{\infty}$ 型未定式的罗比塔法则与 1 的注解有类似情形.

一、$\dfrac{0}{0}$ 型未定式求极限

例 2.67 求极限 $\lim\limits_{x\to 0}\dfrac{x - \arcsin x}{\sin^3 x}$.

解 当 $x \to 0$ 时,$\sin x \sim x$,故 $\sin^3 x \sim x^3$.

$$\lim_{x\to 0}\frac{x - \arcsin x}{\sin^3 x} = \lim_{x\to 0}\frac{x - \arcsin x}{x^3} = \lim_{x\to 0}\frac{1 - \dfrac{1}{\sqrt{1-x^2}}}{3x^2}$$

$$= \lim_{x\to 0}\frac{1 - (1-x^2)^{-\frac{1}{2}}}{3x^2} = \lim_{x\to 0}\frac{\dfrac{-x}{(1-x^2)^{3/2}}}{6x}$$

$$= \lim_{x\to 0}\frac{-1}{6(1-x^2)^{3/2}} = -\frac{1}{6}.$$

例 2.68 求极限 $\lim\limits_{x\to 0}\dfrac{e^{-\frac{1}{x^2}}}{x^{10}}$.

解 当 $x \to 0$ 时,原式为 $\dfrac{0}{0}$ 型未定式,如果对原式直接应用罗比塔法则,有

$$\lim_{x\to 0}\frac{e^{-\frac{1}{x^2}}}{x^{10}} = \lim_{x\to 0}\frac{e^{-\frac{1}{x^2}}\cdot\dfrac{2}{x^3}}{10x^9} = \frac{1}{5}\lim_{x\to 0}\frac{e^{-\frac{1}{x^2}}}{x^{12}}.$$

我们会发现极限式的分母 x 的方幂次数反而升高了,比应用罗比塔法则前的极限式更复杂了.

令 $\dfrac{1}{x^2} = u$,对原极限式作变量替换,当 $x \to 0$ 时,$u \to +\infty$,则有

$$\lim_{x\to 0}\frac{e^{-\frac{1}{x^2}}}{x^{10}} = \lim_{x\to 0}\frac{\left(\dfrac{1}{x^2}\right)^5}{e^{\frac{1}{x^2}}} = \lim_{u\to +\infty}\frac{u^5}{e^u} \quad\left(\frac{\infty}{\infty}\text{型}\right) = \lim_{u\to +\infty}\frac{5u^4}{e^u} = \cdots = \lim_{u\to +\infty}\frac{5!}{e^u} = 0.$$

例 2.69 求极限 $\lim\limits_{x\to 0}\dfrac{(1+x)^{\frac{1}{x}}-\mathrm{e}}{x}$.

解
$$\lim_{x\to 0}\frac{(1+x)^{\frac{1}{x}}-\mathrm{e}}{x}=\lim_{x\to 0}\frac{\mathrm{e}^{\frac{\ln(1+x)}{x}}-\mathrm{e}}{x}=\lim_{x\to 0}\mathrm{e}^{\frac{\ln(1+x)}{x}}\cdot\left[\frac{\frac{x}{1+x}-\ln(1+x)}{x^2}\right]$$

$$=\lim_{x\to 0}(1+x)^{\frac{1}{x}}\cdot\left[\frac{x-(1+x)\ln(1+x)}{x^2(1+x)}\right]=\mathrm{e}\lim_{x\to 0}\frac{1-\ln(1+x)-1}{2x+3x^2}$$

$$=-\mathrm{e}\lim_{x\to 0}\frac{\ln(1+x)}{2x+3x^2}=-\mathrm{e}\lim_{x\to 0}\frac{1}{(2+6x)(1+x)}=-\frac{\mathrm{e}}{2}.$$

例 2.70 求极限 $\lim\limits_{x\to a^+}\dfrac{\sqrt{x}-\sqrt{a}+\sqrt{x-a}}{\sqrt{x^2-a^2}},(a>0)$.

解法 1
$$\lim_{x\to a^+}\frac{\sqrt{x}-\sqrt{a}+\sqrt{x-a}}{\sqrt{x^2-a^2}}=\lim_{x\to a^+}\left[\frac{(\sqrt{x}-\sqrt{a})(\sqrt{x}+\sqrt{a})}{\sqrt{x^2-a^2}(\sqrt{x}+\sqrt{a})}+\frac{1}{\sqrt{x+a}}\right]$$

$$=\lim_{x\to a^+}\frac{\sqrt{x-a}}{\sqrt{x+a}(\sqrt{x}+\sqrt{a})}+\lim_{x\to a^+}\frac{1}{\sqrt{x+a}}=\frac{1}{\sqrt{2a}}.$$

解法 2
$$\lim_{x\to a^+}\frac{\sqrt{x}-\sqrt{a}+\sqrt{x-a}}{\sqrt{x^2-a^2}}=\lim_{x\to a^+}\frac{\frac{1}{2\sqrt{x}}+\frac{1}{2\sqrt{x-a}}}{\frac{x}{\sqrt{x^2-a^2}}}$$

$$=\lim_{x\to a^+}\frac{(\sqrt{x-a}+\sqrt{x})\sqrt{x^2-a^2}}{2x\sqrt{x}\sqrt{x-a}}=\lim_{x\to a^+}\frac{(\sqrt{x-a}+\sqrt{x})\sqrt{x+a}}{2x\sqrt{x}}$$

$$=\frac{\sqrt{a}\sqrt{2a}}{2a\sqrt{a}}=\frac{1}{\sqrt{2a}}.$$

例 2.71 求极限 $\lim\limits_{x\to 0}\dfrac{x^2\sin\dfrac{1}{x}}{\sin x}$.

解 先指出错误解法:

$$\lim_{x\to 0}\frac{x^2\sin\dfrac{1}{x}}{\sin x}=\lim_{x\to 0}\frac{2x\sin\dfrac{1}{x}-\cos\dfrac{1}{x}}{\cos x}.$$

由于

$$\lim_{x\to 0}\frac{2x}{\cos x}=0,\left|\sin\frac{1}{x}\right|\leq 1,$$

故

$$\lim_{x\to 0}\frac{2x\sin\dfrac{1}{x}}{\cos x}=0,\text{但}\lim_{x\to 0}\frac{\cos\dfrac{1}{x}}{\cos x}\text{不存在}.$$

因此

$$\lim_{x\to 0}\frac{x^2\sin\dfrac{1}{x}}{\sin x}\text{不存在}.$$

此解法的错误在于应用罗比塔法则后,所得的导数之比的极限不存在,又不是无穷大,不能由此断定原来的不定式的极限不存在.

正确解法:

$$\lim_{x\to 0}\frac{x^2\sin\frac{1}{x}}{\sin x}=\lim_{x\to 0}\frac{x}{\sin x}\cdot x\sin\frac{1}{x}=\lim_{x\to 0}\frac{x}{\sin x}\cdot\lim_{x\to 0}x\sin\frac{1}{x}=1\times 0=0.$$

综上数例可知，$\frac{0}{0}$ 型未定式求极限的方法如下：

（1）直接用罗比塔法则求极限；

（2）利用等价无穷小替换化简函数后，再用罗比塔法则求极限；

（3）利用变量置换化简函数后，再用罗比塔法则求极限；

（4）通过根式有理化或因式分解消去零因子后，再利用极限的四则运算法则求极限（如例 2.70 解法 2）.

二、$\frac{\infty}{\infty}$ 型未定式求极限

例 2.72 求极限 $\lim\limits_{x\to 0^+}\dfrac{\ln\sin 3x}{\ln\sin x}$.

解 当 $x\to 0^+$ 时，$\ln\sin 3x\to -\infty$，$\ln\sin x\to -\infty$，原式是 $\dfrac{\infty}{\infty}$ 型未定式.

$$\lim_{x\to 0^+}\frac{\ln\sin 3x}{\ln\sin x}=\lim_{x\to 0^+}\frac{\frac{1}{\sin 3x}\cdot\cos 3x\cdot 3}{\frac{1}{\sin x}\cdot\cos x}=\lim_{x\to 0^+}\frac{\cos 3x}{\cos x}\cdot\lim_{x\to 0^+}\frac{3\sin x}{\sin 3x}$$

$$=\lim_{x\to 0^+}\frac{3\sin x}{\sin 3x}=\lim_{x\to 0^+}\frac{3\cos x}{3\cos 3x}=1.$$

例 2.73 求极限 $\lim\limits_{x\to\frac{\pi^-}{2}}\dfrac{\ln\tan x}{\sec x}$.

解 当 $x\to\dfrac{\pi^-}{2}$ 时，$\ln\tan x\to +\infty$，$\sec x\to +\infty$，原式是 $\dfrac{\infty}{\infty}$ 型未定式.

$$\lim_{x\to\frac{\pi^-}{2}}\frac{\ln\tan x}{\sec x}=\lim_{x\to\frac{\pi^-}{2}}\frac{\frac{1}{\tan x}\cdot\sec^2 x}{\sec x\tan x}=\lim_{x\to\frac{\pi^-}{2}}\frac{\cos x}{\sin^2 x}=0.$$

例 2.74 求极限 $\lim\limits_{x\to\infty}\dfrac{e^x+(1+x^2)\arctan x}{e^x+x^2\cos\frac{1}{x}}$.

解 一方面当 $x\to +\infty$ 时，有

$$\lim_{x\to +\infty}\frac{e^x+(1+x^2)\arctan x}{e^x+x^2\cos\frac{1}{x}}=\lim_{x\to +\infty}\frac{1+\frac{1+x^2}{e^x}\cdot\arctan x}{1+\frac{x^2}{e^x}\cdot\cos\frac{1}{x}},$$

其中

$$\lim_{x\to +\infty}\frac{1+x^2}{e^x}=\lim_{x\to +\infty}\frac{2x}{e^x}=\lim_{x\to +\infty}\frac{2}{e^x}=0,$$

$$\lim_{x\to +\infty}\frac{x^2}{e^x}=\lim_{x\to +\infty}\frac{2x}{e^x}=\lim_{x\to +\infty}\frac{2}{e^x}=0,$$

故

$$\lim_{x\to +\infty}\frac{e^x+(1+x^2)\arctan x}{e^x+x^2\cos\frac{1}{x}}=\frac{1+\lim\limits_{x\to +\infty}\frac{1+x^2}{e^x}\cdot\lim\limits_{x\to +\infty}\arctan x}{1+\lim\limits_{x\to +\infty}\frac{x^2}{e^x}\cdot\lim\limits_{x\to +\infty}\cos\frac{1}{x}}=1.$$

另一方面当 $x \to -\infty$ 时,有

$$\lim_{x \to -\infty} \frac{e^x + (1+x^2)\arctan x}{e^x + x^2 \cos \frac{1}{x}} = \lim_{x \to -\infty} \frac{\frac{e^x}{x^2} + \left(\frac{1}{x^2} + 1\right)\arctan x}{\frac{e^x}{x^2} + \cos \frac{1}{x}} = \frac{0 + \left(-\frac{\pi}{2}\right)}{0 + 1} = -\frac{\pi}{2}.$$

因为

$$\lim_{x \to +\infty} \frac{e^x + (1+x^2)\arctan x}{e^x + x^2 \cos \frac{1}{x}} \neq \lim_{x \to -\infty} \frac{e^x + (1+x^2)\arctan x}{e^x + x^2 \cos \frac{1}{x}},$$

所以

$$\lim_{x \to \infty} \frac{e^x + (1+x^2)\arctan x}{e^x + x^2 \cos \frac{1}{x}} \text{ 不存在.}$$

注:当 $x \to \infty$ 的极限式中含有 $a^x(e^x)$,$\arctan x$,$\text{arccot}\,x$ 时,要分别求出当 $x \to +\infty$,及 $x \to -\infty$ 时函数的极限,当且仅当两者存在且相等时,函数的极限才存在,否则极限不存在.

三、其他类型未定式求极限

1. ($\infty - \infty$) 型未定式求极限

当 $x \to x_0$(或 $x \to \infty$)时,$f(x) \to \infty$,$\varphi(x) \to \infty$,则称 $\lim\limits_{\substack{x \to x_0 \\ x \to \infty}} [f(x) - \varphi(x)]$ 为 ($\infty - \infty$) 型未定式.

($\infty - \infty$) 型未定式通过通分、根式有理化、变量置换等方法化为 $\frac{0}{0}$ 型或 $\frac{\infty}{\infty}$ 型未定式,再用罗比塔法则或其它相应的办法求极限.

例 2.75 求极限 $\lim\limits_{x \to 0} \left(\frac{1}{x^2} - \cot^2 x\right)$.

解 当 $x \to 0$ 时,$\frac{1}{x^2} \to +\infty$,$\cot^2 x \to +\infty$,原式是 ($\infty - \infty$) 型未定式. 通过通分和因式分解化为

$$\frac{1}{x^2} - \cot^2 x = \frac{\sin^2 x - x^2 \cos^2 x}{x^2 \sin^2 x} = \frac{(\sin x + x\cos x)(\sin x - x\cos x)}{x^2 \sin^2 x}$$

$$= \left(\frac{\sin x}{x} + \cos x\right)\left(\frac{\sin x - x\cos x}{x \sin^2 x}\right),$$

$$\lim_{x \to 0}\left(\frac{1}{x^2} - \cot^2 x\right) = \lim_{x \to 0}\left(\frac{\sin x}{x} + \cos x\right) \cdot \lim_{x \to 0} \frac{\sin x - x\cos x}{x^3}$$

$$= (1+1) \lim_{x \to 0} \frac{\cos x - \cos x + x\sin x}{3x^2} = \frac{2}{3} \lim_{x \to 0} \frac{\sin x}{x} = \frac{2}{3}.$$

例 2.76 求极限 $\lim\limits_{x \to \infty} \left[(2+x)e^{\frac{1}{x}} - x\right]$.

解 当 $x \to \infty$ 时,$(2+x)e^{\frac{1}{x}} \to \infty$,原式是 ($\infty - \infty$) 型未定式,但原式不能像例 2.75 通过通分化为其他类型不定式. 然而我们可以通过变量置换:令 $\frac{1}{x} = t$(当 $x \to \infty$ 时,$t \to 0$),变形为

$$\lim_{x \to \infty}\left[(2+x)e^{\frac{1}{x}} - x\right] = \lim_{t \to 0}\left[\left(2+\frac{1}{t}\right)e^t - \frac{1}{t}\right] = \lim_{t \to 0} \frac{(2t+1)e^t - 1}{t}$$

$$= \lim_{t \to 0} \frac{[2e^t + (2t+1)e^t]}{1} = \lim_{t \to 0}(3+2t)e^t = 3.$$

例 2.77 求极限 $\lim\limits_{n\to\infty}\left[n - n^2\ln\left(1 + \dfrac{1}{n}\right)\right], (n \in \mathbf{N}^+)$.

解 把正整数 n 换为连续自变量 x,当 $n \to \infty$ 时,有 $x \to +\infty$,原式化为求极限

$$\lim_{x\to+\infty}\left[x - x^2\ln\left(1 + \dfrac{1}{x}\right)\right].$$

当 $x \to +\infty$ 时,有

$$\lim_{x\to+\infty} x^2\ln\left(1 + \dfrac{1}{x}\right) = \lim_{x\to+\infty}\dfrac{\ln\left(1 + \dfrac{1}{x}\right)}{\dfrac{1}{x^2}} = \lim_{x\to+\infty}\dfrac{\dfrac{x}{1+x}\cdot\left(-\dfrac{1}{x^2}\right)}{-\dfrac{2}{x^3}} = \lim_{x\to+\infty}\dfrac{x^2}{2(1+x)} = +\infty.$$

因此 $\lim\limits_{x\to+\infty}\left[x - x^2\ln\left(1 + \dfrac{1}{x}\right)\right]$ 属于 $(\infty - \infty)$ 型未定式.

令 $x = \dfrac{1}{t}$,当 $x \to +\infty$ 时,$t \to 0^+$,则有

$$\lim_{x\to+\infty}\left[x - x^2\ln\left(1 + \dfrac{1}{x}\right)\right] = \lim_{t\to 0^+}\left[\dfrac{1}{t} - \dfrac{1}{t^2}\ln(1+t)\right] = \lim_{t\to 0^+}\dfrac{t - \ln(1+t)}{t^2}$$

$$= \lim_{t\to 0^+}\dfrac{1 - \dfrac{1}{1+t}}{2t} = \lim_{t\to 0^+}\dfrac{1}{2(1+t)} = \dfrac{1}{2}.$$

根据海涅定理(即数列极限与函数极限的关系),有

$$\lim_{n\to\infty}\left[n - n^2\ln\left(1 + \dfrac{1}{n}\right)\right] = \lim_{x\to+\infty}\left[x - x^2\ln\left(1 + \dfrac{1}{x}\right)\right] = \dfrac{1}{2}.$$

例 2.78 求极限 $\lim\limits_{x\to+\infty}\left(\sqrt{x+\sqrt{x}} - \sqrt{x}\right)$.

解 当 $x \to +\infty$ 时,$\sqrt{x+\sqrt{x}} \to +\infty$,$\sqrt{x} \to +\infty$,原式属于 $(\infty - \infty)$ 型未定式,通过根式有理化,则有

$$\lim_{x\to+\infty}\left(\sqrt{x+\sqrt{x}} - \sqrt{x}\right) = \lim_{x\to+\infty}\dfrac{\sqrt{x}}{\sqrt{x+\sqrt{x}} + \sqrt{x}} = \lim_{x\to+\infty}\dfrac{1}{\sqrt{1 + \dfrac{1}{\sqrt{x}}} + 1} = \dfrac{1}{2}.$$

2. $0 \cdot \infty$ 型未定式求极限

设 $x \to x_0$(或 $x \to \infty$)时,$f(x) \to 0$,$\varphi(x) \to \infty$,则称 $\lim\limits_{\substack{x\to x_0 \\ (x\to\infty)}}[f(x)\varphi(x)]$ 为 $0 \cdot \infty$ 型未定式.

$0 \cdot \infty$ 型可通过以下方法化为 $\dfrac{0}{0}$ 型或 $\dfrac{\infty}{\infty}$ 型未定式来求极限:

(1) $\lim\limits_{\substack{x\to x_0 \\ (x\to\infty)}}[f(x)\varphi(x)] = \lim\limits_{\substack{x\to x_0 \\ (x\to\infty)}}\dfrac{f(x)}{\dfrac{1}{\varphi(x)}}$ 化为 $\dfrac{0}{0}$ 型未定式;

(2) $\lim\limits_{\substack{x\to x_0 \\ (x\to\infty)}}[f(x)\varphi(x)] = \lim\limits_{\substack{x\to x_0 \\ (x\to\infty)}}\dfrac{\varphi(x)}{\dfrac{1}{f(x)}}$ 化为 $\dfrac{\infty}{\infty}$ 型未定式.

例 2.79 求极限 $\lim\limits_{x\to 1^-}\ln x\ln(1-x)$.

解 当 $x \to 1^-$ 时,$\ln x \to 0$,$\ln(1-x) \to -\infty$,原式属于 $0 \cdot \infty$ 型未定式. 我们把原式化为 $\dfrac{\infty}{\infty}$ 型未定式再求极限:

$$\lim_{x\to 1^-}\ln x\ln(1-x) = \lim_{x\to 1^-}\frac{\ln(1-x)}{\frac{1}{\ln x}} = \lim_{x\to 1^-}\frac{\frac{-1}{1-x}}{-\frac{1}{\ln^2 x}\cdot\frac{1}{x}} = \lim_{x\to 1^-}\frac{x\ln^2 x}{1-x}$$

$$= \lim_{x\to 1^-}\frac{\ln^2 x + 2x\ln x\cdot\frac{1}{x}}{-1} = -\lim_{x\to 1^-}(\ln^2 x + 2\ln x) = 0.$$

例 2.80 求极限 $\lim\limits_{x\to 1}(1-x)\tan\dfrac{\pi x}{2}$.

解 当 $x\to 1$ 时,$(1-x)\to 0$,$\tan\dfrac{\pi x}{2}\to\infty$,原式属于 $0\cdot\infty$ 型未定式,我们把原式化为 $\dfrac{\infty}{\infty}$ 型未定式求极限:

$$\lim_{x\to 1}(1-x)\tan\frac{\pi x}{2} = \lim_{x\to 1}\frac{\tan\frac{\pi x}{2}}{\frac{1}{1-x}} = \lim_{x\to 1}\frac{\frac{1}{\cos^2\frac{\pi x}{2}}\cdot\frac{\pi}{2}}{\frac{1}{(1-x)^2}} = \lim_{x\to 1}\frac{\frac{\pi}{2}(1-x)^2}{\cos^2\frac{\pi x}{2}}$$

$$= \lim_{x\to 1}\frac{-\pi(1-x)}{-2\cos\frac{\pi x}{2}\sin\frac{\pi x}{2}\cdot\frac{\pi}{2}} = \lim_{x\to 1}\frac{2(1-x)}{\sin\pi x} = \lim_{x\to 1}\frac{-2}{\pi\cos\pi x} = \frac{2}{\pi}.$$

例 2.81 求极限 $\lim\limits_{x\to\infty}x^2(\pi-2\arctan x^2)$.

解 当 $x\to\infty$ 时,$x^2\to+\infty$,$(\pi-2\arctan x^2)\to 0$,原式属于 $0\cdot\infty$ 型未定式. 我们把原式化为 $\dfrac{0}{0}$ 型未定式求极限:

$$\lim_{x\to\infty}x^2(\pi-2\arctan x^2) = \lim_{x\to\infty}\frac{\pi-2\arctan x^2}{\frac{1}{x^2}} = \lim_{x\to\infty}\frac{-\frac{4x}{1+x^4}}{-\frac{2}{x^3}}$$

$$= \lim_{x\to\infty}\frac{2x^4}{1+x^4} = 2.$$

注:对 $0\cdot\infty$ 型未定式求极限时,是把原式化为 $\dfrac{\infty}{\infty}$ 型,还是化为 $\dfrac{0}{0}$ 型未定式求极限,这要视具体函数而定,一般是看下一步求分子、分母的导数时哪一种方便简单为准.

3. 1^∞ 型未定式求极限

设 $x\to x_0$(或 $x\to\infty$)时,$f(x)\to 1$,$\varphi(x)\to\infty$,则称 $\lim\limits_{\substack{x\to x_0\\(x\to\infty)}}[f(x)]^{\varphi(x)}$,$(f(x)>0)$,为 1^∞ 型未定式.

令 $y=[f(x)]^{\varphi(x)}$,则 $\ln y=\varphi(x)\ln f(x)$,

$$y=[f(x)]^{\varphi(x)}=\mathrm{e}^{\varphi(x)\ln f(x)},$$

于是有

$$\lim[f(x)]^{\varphi(x)}=\lim\mathrm{e}^{\varphi(x)\ln f(x)}=\mathrm{e}^{\lim\varphi(x)\ln f(x)}.$$

其中 $\lim\varphi(x)\ln f(x)$ 属于 $0\cdot\infty$ 型未定式,可按 $0\cdot\infty$ 型未定式求极限.

例 2.82 求极限 $\lim\limits_{x\to a}\left(2-\dfrac{x}{a}\right)^{\tan\frac{\pi x}{2a}}$.

解 当 $x\to a$ 时,$\left(2-\dfrac{x}{a}\right)\to 1$,$\tan\dfrac{\pi x}{2a}\to\infty$,原式属于 1^∞ 型未定式.

$$\lim_{x\to a}\left(2-\frac{x}{a}\right)^{\tan\frac{\pi x}{2a}} = \lim_{x\to a} e^{\tan\frac{\pi x}{2a}\ln\left(2-\frac{x}{a}\right)} = e^{\lim_{x\to a}\tan\frac{\pi x}{2a}\ln\left(2-\frac{x}{a}\right)},$$

其中

$$\lim_{x\to a}\tan\frac{\pi x}{2a}\ln\left(2-\frac{x}{a}\right) = \lim_{x\to a}\frac{\ln\left(2-\frac{x}{a}\right)}{\cot\frac{\pi x}{2a}} = \lim_{x\to a}\frac{\frac{1}{2-\frac{x}{a}}\cdot\left(-\frac{1}{a}\right)}{-\frac{1}{\sin^2\frac{\pi x}{2a}}\cdot\frac{\pi}{2a}}$$

$$= \lim_{x\to a}\frac{2a\sin^2\frac{\pi x}{2a}}{\pi(2a-x)} = \frac{2}{\pi}.$$

于是

$$\lim_{x\to a}\left(2-\frac{x}{a}\right)^{\tan\frac{\pi x}{2a}} = e^{\frac{2}{\pi}}.$$

例 2.83 求极限 $\lim\limits_{x\to+\infty}\left(\frac{2}{\pi}\arctan x\right)^{\pi x}$.

解 当 $x\to+\infty$ 时，$\frac{2}{\pi}\arctan x\to 1$，$\pi x\to+\infty$，原式属于 1^∞ 型未定式.

$$\lim_{x\to+\infty}\left(\frac{2}{\pi}\arctan x\right)^{\pi x} = \lim_{x\to+\infty} e^{\pi x\ln\left(\frac{2}{\pi}\arctan x\right)} = e^{\lim_{x\to+\infty}\pi x\ln\left(\frac{2}{\pi}\arctan x\right)},$$

其中

$$\lim_{x\to+\infty}\pi x\ln\left(\frac{2}{\pi}\arctan x\right) = \lim_{x\to+\infty}\frac{\pi\left(\ln\frac{2}{\pi}+\ln\arctan x\right)}{\frac{1}{x}}$$

$$= \lim_{x\to+\infty}\frac{\pi\cdot\frac{1}{\arctan x}\cdot\frac{1}{1+x^2}}{-\frac{1}{x^2}} = \lim_{x\to+\infty}\frac{-\pi x^2}{1+x^2}\cdot\frac{1}{\arctan x} = -2,$$

于是

$$\lim_{x\to+\infty}\left(\frac{2}{\pi}\arctan x\right)^{\pi x} = e^{-2} = \frac{1}{e^2}.$$

例 2.84 求极限 $\lim\limits_{x\to+\infty}\left(\frac{a_1^{\frac{1}{x}}+a_2^{\frac{1}{x}}+\cdots+a_n^{\frac{1}{x}}}{n}\right)^{nx}$，其中 $a_1,a_2,\cdots,a_n$ 均为正数.

解 由于 $\lim\limits_{x\to+\infty}a_i^{\frac{1}{x}}=1,(i=1,2,\cdots,n)$，因此当 $x\to+\infty$ 时，

$$\frac{a_1^{\frac{1}{x}}+a_2^{\frac{1}{x}}+\cdots+a_n^{\frac{1}{x}}}{n}\to 1,$$

原式属于 1^∞ 型未定式.

$$\lim_{x\to+\infty}\left(\frac{a_1^{\frac{1}{x}}+a_2^{\frac{1}{x}}+\cdots+a_n^{\frac{1}{x}}}{n}\right)^{nx} = \lim_{x\to+\infty} e^{nx\ln\left(\frac{a_1^{\frac{1}{x}}+a_2^{\frac{1}{x}}+\cdots+a_n^{\frac{1}{x}}}{n}\right)} = e^{\lim_{x\to+\infty}nx\ln\left(\frac{a_1^{\frac{1}{x}}+a_2^{\frac{1}{x}}+\cdots+a_n^{\frac{1}{x}}}{n}\right)},$$

其中

$$\lim_{x\to+\infty} nx\ln\left(\frac{a_1^{\frac{1}{x}}+a_2^{\frac{1}{x}}+\cdots+a_n^{\frac{1}{x}}}{n}\right) = \lim_{x\to+\infty}\frac{n\left[\ln(a_1^{\frac{1}{x}}+a_2^{\frac{1}{x}}+\cdots+a_n^{\frac{1}{x}})-\ln n\right]}{\frac{1}{x}}$$

$$=\lim_{x\to+\infty}\frac{\dfrac{n\left[a_1^{\frac{1}{x}}\ln a_1\cdot\left(-\dfrac{1}{x^2}\right)+a_2^{\frac{1}{x}}\ln a_2\cdot\left(-\dfrac{1}{x^2}\right)+\cdots+a_n^{\frac{1}{x}}\ln a_n\cdot\left(-\dfrac{1}{x^2}\right)\right]}{a_1^{\frac{1}{x}}+a_2^{\frac{1}{x}}+\cdots+a_n^{\frac{1}{x}}}}{-\dfrac{1}{x^2}}$$

$$=\lim_{x\to+\infty}\frac{n\left[a_1^{\frac{1}{x}}\ln a_1+a_2^{\frac{1}{x}}\ln a_2+\cdots+a_n^{\frac{1}{x}}\ln a_n\right]}{a_1^{\frac{1}{x}}+a_2^{\frac{1}{x}}+\cdots+a_n^{\frac{1}{x}}}$$

$$=\ln a_1+\ln a_2+\cdots+\ln a_n=\ln(a_1a_2\cdots a_n),$$

于是

$$\lim_{x\to+\infty}\left(\frac{a_1^{\frac{1}{x}}+a_2^{\frac{1}{x}}+\cdots+a_n^{\frac{1}{x}}}{n}\right)^{nx}=\mathrm{e}^{\ln(a_1a_2\cdots a_n)}=a_1a_2\cdots a_n.$$

4. 0^0 型未定式求极限

设 $x\to x_0$(或 $x\to\infty$) 时,$f(x)\to 0$,$\varphi(x)\to 0$,则称 $\lim\limits_{\substack{x\to x_0\\(x\to\infty)}}[f(x)]^{\varphi(x)}$ $(f(x)>0)$ 为 0^0 型未定式. 与 1^∞ 未定式求极限类似地有

$$\lim[f(x)]^{\varphi(x)}=\lim\mathrm{e}^{\varphi(x)\ln f(x)}=\mathrm{e}^{\lim\varphi(x)\ln f(x)},$$

其中 $\lim\varphi(x)\ln f(x)$ 属于 $0\cdot\infty$ 型未定式,可按 $0\cdot\infty$ 型未定式求极限.

例 2.85 求极限 $\lim\limits_{x\to 0^+}x^{\sin x}$.

解 当 $x\to 0^+$ 时,$\sin x\to 0$,原式属于 0^0 型未定式.

$$\lim_{x\to 0^+}x^{\sin x}=\lim_{x\to 0^+}\mathrm{e}^{\sin x\ln x}=\mathrm{e}^{\lim\limits_{x\to 0^+}\sin x\ln x}.$$

其中

$$\lim_{x\to 0^+}\sin x\ln x=\lim_{x\to 0^+}\frac{\ln x}{\dfrac{1}{\sin x}}=\lim_{x\to 0^+}\frac{\dfrac{1}{x}}{-\dfrac{\cos x}{\sin^2 x}}$$

$$=\lim_{x\to 0^+}\left(-\frac{\sin^2 x}{x\cos x}\right)=-\lim_{x\to 0^+}\frac{\sin x}{x}\cdot\frac{\sin x}{\cos x}=0,$$

于是

$$\lim_{x\to 0^+}x^{\sin x}=\mathrm{e}^0=1.$$

例 2.86 求极限 $\lim\limits_{x\to+\infty}\left(\arctan\dfrac{1}{x}\right)^{\frac{1}{x^2}}$.

解 当 $x\to+\infty$ 时,$\arctan\dfrac{1}{x}\to 0$,$\dfrac{1}{x^2}\to 0$. 原式属于 0^0 型未定式.

令 $t=\dfrac{1}{x}$,当 $x\to+\infty$ 时,$t\to 0^+$,则

$$\lim_{x\to+\infty}\left(\arctan\frac{1}{x}\right)^{\frac{1}{x^2}}=\lim_{t\to 0^+}(\arctan t)^{t^2}=\lim_{t\to 0^+}\mathrm{e}^{t^2\ln\arctan t}=\mathrm{e}^{\lim\limits_{t\to 0^+}t^2\ln\arctan t},$$

其中

$$\lim_{t\to 0^+} t^2 \ln \arctan t = \lim_{t\to 0^+} \frac{\ln \arctan t}{\frac{1}{t^2}} = \lim_{t\to 0^+} \frac{\frac{1}{\arctan t}\cdot \frac{1}{1+t^2}}{-\frac{2}{t^3}}$$

$$= -\frac{1}{2}\lim_{t\to 0^+} \frac{t}{\arctan t}\cdot \frac{t^2}{1+t^2} = 0,$$

于是

$$\lim_{x\to +\infty}\left(\arctan \frac{1}{x}\right)^{\frac{1}{x^2}} = e^0 = 1.$$

5. ∞^0 型未定式求极限

设 $x\to x_0$(或 $x\to \infty$) 时,$f(x)\to \infty$,$\varphi(x)\to 0$,则称 $\lim\limits_{\substack{x\to x_0\\(x\to\infty)}}[f(x)]^{\varphi(x)}$,$(f(x)>0)$ 为 ∞^0 未定式. 与 1^∞ 型未定式求极限类似地有

$$\lim[f(x)]^{\varphi(x)} = \lim e^{\varphi(x)\ln f(x)} = e^{\lim \varphi(x)\ln f(x)}.$$

其中 $\lim \varphi(x)\ln f(x)$ 属于 $0\cdot\infty$ 型未定式,可按 $0\cdot\infty$ 型未定式求极限.

例 2.87 求极限 $\lim\limits_{x\to 0^+}(\cot x)^{\sin x}$.

解 当 $x\to 0^+$ 时,$\cot x\to +\infty$,$\sin x\to 0$,原式属于 ∞^0 型未定式.

$$\lim_{x\to 0^+}(\cot x)^{\sin x} = \lim_{x\to 0^+} e^{\sin x\ln \cot x} = e^{\lim\limits_{x\to 0^+}\sin x\ln \cot x},$$

其中

$$\lim_{x\to 0^+}\sin x\ln \cot x = \lim_{x\to 0^+}\frac{\ln \cot x}{\frac{1}{\sin x}} = \lim_{x\to 0^+}\frac{\frac{1}{\cot x}\cdot\left(-\frac{1}{\sin^2 x}\right)}{-\frac{\cos x}{\sin^2 x}} = \lim_{x\to 0^+}\frac{\sin x}{\cos^2 x} = 0,$$

于是

$$\lim_{x\to 0^+}(\cot x)^{\sin x} = e^0 = 1.$$

例 2.88 求极限 $\lim\limits_{x\to +\infty}(x+e^x)^{\frac{1}{x}}$.

解 当 $x\to +\infty$ 时,$x+e^x\to +\infty$,$\frac{1}{x}\to 0$,原式属于 ∞^0 型未定式.

$$\lim_{x\to +\infty}(x+e^x)^{\frac{1}{x}} = \lim_{x\to +\infty} e^{\frac{1}{x}\ln(x+e^x)} = e^{\lim\limits_{x\to +\infty}\frac{1}{x}\ln(x+e^x)},$$

其中

$$\lim_{x\to +\infty}\frac{1}{x}\ln(x+e^x) = \lim_{x\to +\infty}\frac{1+e^x}{x+e^x} = \lim_{x\to +\infty}\frac{e^x}{1+e^x} = 1,$$

于是

$$\lim_{x\to +\infty}(x+e^x)^{\frac{1}{x}} = e.$$

例 2.89 求极限 $\lim\limits_{x\to 0^+}(1+\cot x)^{\frac{1}{\ln x}}$.

解 当 $x\to 0^+$ 时,$\cot x\to +\infty$,$\frac{1}{\ln x}\to 0$,原式属于 ∞^0 型未定式.

$$\lim_{x\to 0^+}(1+\cot x)^{\frac{1}{\ln x}} = \lim_{x\to 0^+} e^{\frac{\ln(1+\cot x)}{\ln x}} = e^{\lim\limits_{x\to 0^+}\frac{\ln(1+\cot x)}{\ln x}},$$

其中

$$\lim_{x\to 0^+}\frac{\ln(1+\cot x)}{\ln x} = \lim_{x\to 0^+}\frac{\frac{1}{1+\cot x}\cdot\left(-\frac{1}{\sin^2 x}\right)}{\frac{1}{x}} = -\lim_{x\to 0^+}\frac{x}{\sin x(\sin x+\cos x)}$$

$$= -\lim_{x\to 0^+}\frac{x}{\sin x}\cdot\frac{1}{(\sin x+\cos x)} = -1.$$

于是

$$\lim_{x\to 0^+}(1+\cot x)^{\frac{1}{\ln x}} = e^{-1}.$$

第九讲　利用导数研究可导函数的几何性态

利用导数来研究可导函数的单调增(减)性、极值和最值、函数的凹(凸)性及拐点,以及函数作图等,是导数应用的重要方面之一.

基本概念和重要结论

1. 可导函数单调性的充要条件

设函数 $f(x)\in C[a,b]$, $f(x)\in D(a,b)$,则 $f(x)$ 在 $[a,b]$ 上严格单调增(减)的充要条件是 $f'(x)\geq 0$ ($f'(x)\leq 0$), $x\in(a,b)$,且 $f'(x)$ 在 (a,b) 的任一子区间不恒为零.

2. 函数极值存在的必要条件

若 x_0 是函数 $f(x)$ 的极值点,且 $f'(x_0)$ 存在,则必有 $f'(x_0)=0$.

使得 $f'(x)=0$ 的点称为函数 $f(x)$ 的驻点(稳定点或临界点).

对连续函数 $f(x)$ 来说, $f'(x)$ 不存在的点也可能是极值点.因此,驻点和导数不存在的点都是连续函数极值的嫌疑点.

3. 判定函数极值的充分条件

1) 判定函数极值的第一充分条件

设函数 $f(x)\in C\{x_0\}$,在点 x_0 的某个去心邻域内可导,当动点 x 从点 x_0 的左侧经过点 x_0 而变到右侧时:

(1) 若 $f'(x)$ 由"+"变"−",则 $f(x_0)$ 为极大值;

(2) 若 $f'(x)$ 由"−"变"+",则 $f(x_0)$ 为极小值;

(3) 若 $f'(x)$ 不变号,则 $f(x_0)$ 不是极值.

2) 判定函数极值的第二充分条件

设函数 $f(x)$ 在点 x_0 处 $f''(x_0)$ 存在,且 $f'(x_0)=0$,则

(1) 当 $f''(x_0)>0$ 时, $f(x_0)$ 为极小值;

(2) 当 $f''(x_0)<0$ 时, $f(x_0)$ 为极大值.

4. 判定函数凹凸性的充要条件与拐点

设函数 $f(x)\in C[a,b]$, $f(x)\in D^2(a,b)$,则 $f(x)$ 在 $[a,b]$ 上为凹(凸)函数的充要条件是 $f''(x)>0$ ($f''(x)<0$).

函数 $f(x)$ 在点 x_0 的某邻域内连续,而 $f(x)$ 在点 x_0 的左、右两侧其凹凸性正好相反,则称点 $(x_0,f(x_0))$ 为 $f(x)$ 的拐点.

如果点$(x_0,f(x_0))$是函数$y = f(x)$的拐点,又$f''(x)$存在,则$f''(x_0) = 0$(或$f''(x_0)$不存在).

设函数$f(x)$在点x_0的某邻域内连续且二次可导,当$f''(x)$在点x_0的左、右两侧的符号相反,则点$(x_0,f(x_0))$是拐点.

5. 函数曲线的渐近线

1) 垂直渐近线

若$\lim\limits_{x \to x_0^+} f(x) = \infty$,或$\lim\limits_{x \to x_0^-} f(x) = \infty$,则直线$x = x_0$是曲线$y = f(x)$的垂直渐近线.

2) 斜渐近线

若$\lim\limits_{\substack{x \to +\infty \\ (x \to -\infty)}} \dfrac{f(x)}{x} = a$,又$\lim\limits_{\substack{x \to +\infty \\ (x \to -\infty)}} [f(x) - ax] = b$存在,则直线$y = ax + b$是曲线$y = f(x)$的斜渐近线. 当$a = 0$时,直线$y = b$就是曲线$y = f(x)$的水平渐近线.

一、函数的单调性与极值

例 2.90 求函数$y = \dfrac{\ln^2 x}{x}$的单调区间与极值.

解 函数$y = \dfrac{\ln^2 x}{x}$的定义域为$(0, +\infty)$.

$$y' = \frac{x \cdot 2\ln x \cdot \dfrac{1}{x} - \ln^2 x}{x^2} = \frac{\ln x (2 - \ln x)}{x^2},$$

令$y' = 0$,得驻点$x_1 = 1, x_2 = e^2$.

驻点x_1, x_2把定义域划分为$(0,1), (1,e^2), (e^2, +\infty)$三个子区间,且有

当$x \in (0,1)$时,$y' < 0$;

当$x \in (1,e^2)$时,$y' > 0$;

当$x \in (e^2, +\infty)$时,$y' < 0$.

所以$(0,1) \cup (e^2, +\infty)$是函数的单调减区间,$(1,e^2)$是函数的单调增区间.

$y|_{x=1} = 0$是函数的极小值;

$y|_{x=e^2} = \dfrac{4}{e^2}$是函数的极大值.

例 2.91 单项选择题:设函数$f(x) = \dfrac{e^x - 2}{x}$,则函数$f(x)$是:

(A) 在$(-\infty, 0)$内单调减少,在$(0, +\infty)$内单调增加;

(B) 在$(-\infty, 0) \cup (0, +\infty)$内单调减少;

(C) 在$(-\infty, 0)$内单调增加,在$(0, +\infty)$内单调减少;

(D) 在$(-\infty, 0) \cup (0, +\infty)$内单调增加.

解 函数$f(x) = \dfrac{e^x - 2}{x}$的定义域为$(-\infty, 0) \cup (0, +\infty)$.

$$f'(x) = \frac{xe^x - (e^x - 2)}{x^2}, x \in (-\infty, 0) \cup (0, +\infty),$$

显然上式分母$x^2 > 0$,下面讨论分子$F(x) = xe^x - (e^x - 2)$的符号:

$$F'(x) = e^x + xe^x - e^x = xe^x,$$

当 $x > 0$ 时,$F'(x) > 0$;

当 $x < 0$ 时,$F'(x) < 0$.

故可知 $F(0)$ 是 $F(x)$ 的最小值,即 $x \in (-\infty, +\infty)$,均有
$$F(x) > F(0) = 1 > 0,$$
所以
$$f'(x) = \frac{F(x)}{x^2} > 0,$$
即 $\varphi(x) = \frac{f(x)}{x}$ 在 $(-\infty, 0) \cup (0, +\infty)$ 内单调增加,故(D)入选.

例 2.92 求函数 $f(x) = (x-5)^2 \sqrt[3]{(x+1)^2}$ 的单调区间和极值.

解 函数 $f(x)$ 的定义域为 $(-\infty, +\infty)$.

$$f'(x) = 2(x-5)\sqrt[3]{(x+1)^2} + (x-5)^2 \cdot \frac{2}{3}(x+1)^{-\frac{1}{3}}$$

$$= \frac{4(2x-1)(x-5)}{3\sqrt[3]{x+1}}, (x \neq -1).$$

令 $f'(x) = 0$,得驻点 $x_1 = \frac{1}{2}, x_2 = 5$,又在点 $x_3 = -1$ 处函数 $f(x)$ 不可导. 这些点 $x_1、x_2、x_3$ 把函数 $f(x)$ 的定义域划分为 4 个子区间:
$$(-\infty, -1), \left(-1, \frac{1}{2}\right), \left(\frac{1}{2}, 5\right), (5, +\infty).$$

我们可以列下表讨论:

x	$(-\infty, -1)$	-1	$\left(-1, \frac{1}{2}\right)$	$\frac{1}{2}$	$\left(\frac{1}{2}, 5\right)$	5	$(5, +\infty)$
$f'(x)$	$-$		$+$	0	$-$	0	$+$
$f(x)$	↘	极小值 0	↗	极大值 $f\left(\frac{1}{2}\right)$	↘	极小值 0	↗

所以 $(-\infty, -1) \cup \left(\frac{1}{2}, 5\right)$ 是 $f(x)$ 的单调减区间;

$\left(-1, \frac{1}{2}\right) \cup (5, +\infty)$ 是 $f(x)$ 的单调增区间;

$f(-1) = f(5) = 0$ 是极小值;

$f\left(\frac{1}{2}\right) = \frac{81}{8}\sqrt[3]{18}$ 是极大值.

例 2.93 设 $y = y(x)$ 是由方程 $x^3 - 3xy^2 + 2y^3 = 32 (y \neq 0)$ 所确定,求函数 $y(x)$ 的极值.

解 方程两边对 x 求导数,得
$$3x^2 - 3y^2 - 6xyy' + 6y^2y' = 0,$$
$$x^2 - y^2 - 2y(x-y)y' = 0,$$
$$(x-y)(x+y-2yy') = 0.$$

因为 $x = y$ 不满足曲线的方程 $x^3 - 3xy^2 + 2y^3 = 32$,所以上式中 $x - y \neq 0$,从而有
$$x + y - 2yy' = 0, y' = \frac{x+y}{2y}.$$

令 $y' = 0$,得 $y = -x$,由联立方程组

$$\begin{cases} y = -x, \\ x^3 - 3xy^2 + 2y^3 = 32. \end{cases}$$

解得驻点 $x = -2$，这时 $y = 2$.

$$y'' = \frac{(1+y')y - (x+y)y'}{2y^2} = \frac{y - xy'}{2y^2},$$

由于

$$y'\Big|_{x=-2} = 0, y''\Big|_{x=-2} = \frac{1}{4} > 0.$$

根据函数极值第二充分条件可判定 $y(-2) = 2$ 是极小值，而无极大值.

1. 求连续函数 $y = f(x)$ 的单调增减区间的步骤

(1) 确定函数 $f(x)$ 的定义域 (a,b)；

(2) 求一阶导数 $f'(x)$，令 $f'(x) = 0$，求出在 (a,b) 内部的驻点及导数不存在的点，把这些点从小到大排列 $a < x_1 < x_2 < \cdots < x_m < b$；

(3) 确定 $f'(x)$ 在 $(a,x_1),(x_1,x_2),\cdots,(x_m,b)$ 内的正、负号，根据可导函数单调增（减）的充分条件，判定函数 $y = f(x)$ 的单调增（减）区间.

2. 求连续函数 $y = f(x)$ 极值的步骤

(1) 确定函数 $f(x)$ 的定义域 (a,b)；

(2) 求一阶导数 $f'(x)$，令 $f'(x) = 0$，求出在 (a,b) 内部的驻点及导数不存在的点，即求出函数极值的全部嫌疑点 $x_1, x_2, \cdots, x_m$；

(3) 对极值的嫌疑点 $x_1, x_2, \cdots, x_m$ 逐个用函数极值的两个充分条件之一进行判定；

(4) 对判定后的极值点，逐个求出函数值就得到函数的极值.

二、求连续函数的最大值、最小值

求闭区间 $[a,b]$ 上连续函数 $f(x)$ 的最大值和最小值步骤如下：

(1) 求一阶导数 $f'(x)$，令 $f'(x) = 0$，求出在 $[a,b]$ 内部的驻点及导数不存在的点：$x_1, x_2, \cdots, x_m$；

(2) 计算函数值 $f(x_i)(i = 1, 2, \cdots, m)$，以及在区间端点的函数值 $f(a), f(b)$；

(3) 比较 $f(x_1), f(x_2), \cdots, f(x_m), f(a), f(b)$ 的大小，即得到

$$\max_{a \leq x \leq b} f(x) = \max\{f(x_1), \cdots, f(x_m), f(a), f(b)\},$$
$$\min_{a \leq x \leq b} f(x) = \min\{f(x_1), \cdots, f(x_m), f(a), f(b)\}.$$

例 2.94 求函数 $y = \dfrac{\sqrt[3]{(x-1)^2}}{x+3}$ 在闭区间 $[0,2]$ 上的最大值、最小值，并指出最大、最小值点.

解 $y' = \dfrac{\frac{2}{3}(x-1)^{-\frac{1}{3}}(x+3) - (x-1)^{\frac{2}{3}}}{(x+3)^2} = \dfrac{9-x}{3(x-1)^{\frac{1}{3}}(x+3)^2},$

令 $y' = 0$，得驻点 $x_1 = 9$，但 $x = 9 \bar{\in} [0,2]$，不必考虑函数值 $y\Big|_{x=9} = \dfrac{\sqrt[3]{64}}{12} = \dfrac{1}{3}$.

另外当 $x_2 = 1, x_3 = -3$ 时，导数 y' 不存在，但 $x_3 = -3 \bar{\in} [0,2]$.

计算函数值：

$$y\Big|_{x=1} = 0, \quad y\Big|_{x=0} = \frac{1}{3}, \quad y\Big|_{x=2} = \frac{1}{5},$$

所以
$$\max_{0 \leq x \leq 2} y(x) = \max\left\{0, \frac{1}{3}, \frac{1}{5}\right\} = \frac{1}{3},$$
$$\min_{0 \leq x \leq 2} y(x) = \min\left\{0, \frac{1}{3}, \frac{1}{5}\right\} = 0.$$

最大值点 $x = 0$，最小值点 $x = 1$.

注：如果连续函数在一个区间 I（有限或无限，开或闭）内有唯一的极值点 x_0，那么当 $f(x_0)$ 是极小值时，则必有
$$\min_{x \in I} f(x) = f(x_0),$$
当 $f(x_0)$ 是极大值时，则必有
$$\max_{x \in I} f(x) = f(x_0).$$

例 2.95 求函数 $f(x) = \ln x + \dfrac{1}{x}$ 在 $(0, +\infty)$ 内的最小值.

解 $f'(x) = \dfrac{1}{x} - \dfrac{1}{x^2} = \dfrac{x-1}{x^2},$

$f''(x) = -\dfrac{1}{x^2} + \dfrac{2}{x^3} = \dfrac{2-x}{x^3},$

令 $f'(x) = 0$，得驻点 $x = 1$，

又 $f''(1) = 1 > 0$，故 $f(1) = 1$ 是极小值.

由于 $f(x)$ 在 $(0, +\infty)$ 内有唯一的极值 $f(1)$，且为极小值，所以 $f(1) = 1$ 是 $f(x)$ 在 $(0, +\infty)$ 内的最小值.

例 2.96 在半径为 r 的半圆内作平行于直径 AD 的弦 BC（图 9-1），问 BC 为何值时，梯形 $ABCD$ 的面积最大？

解法 1 选弦 BC 的长度为自变量，可设 $|BC| = 2x$，则梯形 $ABCD$ 的高 h 为
$$h = \sqrt{r^2 - x^2},$$
该梯形的面积 $S(x)$ 为
$$S(x) = \frac{1}{2}(|AD| + |BC|)h = \frac{2r + 2x}{2} \cdot \sqrt{r^2 - x^2}$$
$$= (r + x)\sqrt{r^2 - x^2}, \quad x \in (0, r).$$
$$S'(x) = \sqrt{r^2 - x^2} - \frac{x(r+x)}{\sqrt{r^2 - x^2}} = \frac{r^2 - rx - 2x^2}{\sqrt{r^2 - x^2}},$$

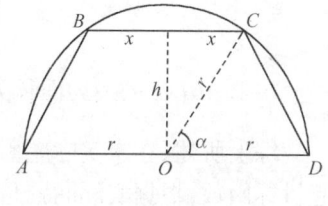

图 9-1

令 $S'(x) = 0$，即 $r^2 - rx - 2x^2 = 0$，$(r + x)(r - 2x) = 0$，解得 $x = \dfrac{r}{2}$（$x = -r$ 舍去）.

当 $0 < x < \dfrac{r}{2}$ 时，$S'(x) > 0$;

当 $\dfrac{r}{2} < x < r$ 时，$S'(x) < 0$.

即 $x = \dfrac{r}{2}$ 是 $S(x)$ 的极大值点，而 $x = \dfrac{r}{2}$ 是 $S(x)$ 在 $[0, r]$ 内的惟一极值点且为极大值点，故必

为 $S(x)$ 的最大值点. 所以 $|BC| = 2 \times \dfrac{r}{2} = r$ 时, 梯形 $ABCD$ 的面积最大, 最大的面积为 $\dfrac{3\sqrt{3}}{4}r^2$.

解法 2 选 $\angle COD$ 的大小为自变量, 设 $\angle COD = \alpha$, 则梯形 $ABCD$ 的高 h 为
$$h = r\sin\alpha,$$
该梯形的面积 $S(\alpha)$ 为
$$S(\alpha) = \dfrac{1}{2}(|AD| + |BC|)h = \dfrac{2r + 2r\cos\alpha}{2} \cdot r\sin\alpha$$
$$= r^2(1 + \cos\alpha)\sin\alpha, \alpha \in \left(0, \dfrac{\pi}{2}\right).$$
$$S'(\alpha) = r^2[-\sin^2\alpha + (1 + \cos\alpha)\cos\alpha]$$
$$= r^2(\cos\alpha + \cos 2\alpha),$$

令 $S'(\alpha) = 0$, 得
$$\cos 2\alpha + \cos\alpha = 0,$$
$$2\cos^2\alpha + \cos\alpha - 1 = 0,$$
$$(2\cos\alpha - 1)(\cos\alpha + 1) = 0,$$

解得
$$\cos\alpha = \dfrac{1}{2}, \alpha = \dfrac{\pi}{3} (\cos\alpha = -1 \text{ 舍去}),$$
$$S''(\alpha) = r^2(-\sin\alpha - 2\sin 2\alpha),$$
$$S''\left(\dfrac{\pi}{3}\right) = r^2\left(-\dfrac{\sqrt{3}}{2} - \sqrt{3}\right) < 0,$$

所以 $x = \dfrac{\pi}{3}$ 是 $S(\alpha)$ 的极大值点, 又是唯一的极值点, 故 $x = \dfrac{\pi}{3}$ 必是最大值点, 这时
$$|BC| = 2r\cos\dfrac{\pi}{3} = 2r \times \dfrac{1}{2} = r.$$

梯形 $ABCD$ 的最大面积为 $\dfrac{3\sqrt{3}}{4}r^2$.

综上所述, 在求实际应用问题的最值时, 首先针对要求最值的量, 选择适当的自变量, 建立起目标函数, 根据实际问题是否有意义确定目标函数的定义区间, 然后再求目标函数在定义区间上的最值. 如果目标函数在其定义区间内部只有唯一的一个驻点, 而根据实际问题的性质能够确定最值在该定义区间内部取得, 这时可以不用判断该驻点是否为极值点, 即可断定该驻点处的函数值就是所要求的量的最值.

例 2.97 由曲线 $L: y = x^2$ 及 $y = 0, x = a(a > 0)$ 围成一个曲边三角形, 在曲边 $y = x^2$ 上求一点 M, 使曲线在点 M 处的切线与直线 $y = 0$ 及 $x = a$ 所围的三角形面积最大.

解 如图 9-2 所示, 设所求的切点为 $M(x, y)$, 即 $M(x, x^2)$, 切线上的流动坐标为 (X, Y), 切线 MT 的方程为
$$Y - x^2 = 2x(X - x),$$
$$Y = 2xX - x^2,$$

切线 MT 与直线 $x = a$ 交于点 $B(a, 2ax - x^2)$, 切线 MT 与 x 轴交于点 $A\left(\dfrac{1}{2}x, 0\right)$.

$\triangle ABC$ 的面积为
$$S(x) = \dfrac{1}{2}|AC||CB| = \dfrac{1}{2}\left(a - \dfrac{1}{2}x\right)(2ax - x^2)$$

$$= \frac{1}{4}x(2a-x)^2, x \in [0,a],$$

$$S'(x) = \frac{1}{4}[(2a-x)^2 - 2x(2a-x)] = \frac{1}{4}(2a-x)(2a-3x),$$

令 $S'(x) = 0$,解得在 $(0,a)$ 内的唯一驻点 $x = \frac{2}{3}a(x = 2a$ 在区间 $(0,a)$ 之外,舍去$)$.

根据实际问题可知,$S(x)$ 在 $[0,a]$ 上连续且可导,则

当 $x = 0$ 时, $S(0) = 0$;

当 $x = a$ 时, $S(a) = \frac{1}{4}a^3$;

当 $x = \frac{2}{3}a$ 时, $S\left(\frac{2}{3}a\right) = \frac{8}{27}a^3 > \frac{1}{4}a^3$.

故 $S(x)$ 在 $[0,a]$ 内部一点 $x = \frac{2}{3}a$ 取得最大值,这时 $y = \frac{4}{9}a^2$,所求点 $M\left(\frac{2}{3}a, \frac{4}{9}a^2\right)$.

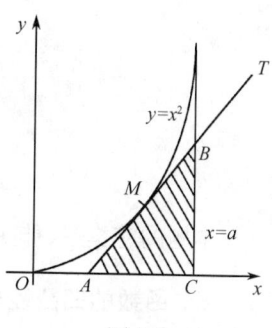

图 9-2

例 2.98 宽为 a 的走廊与宽为 b 的另一走廊垂直相交(如图 9-3),问能水平地通过走廊拐角 A 的物体(宽度不计)的最大长度是多少?

解 如图 9-3 所示,实际问题在数学上可抽象为:当两走廊的宽度分别为定值 a 与 b 时,求以定点 A 为支点的直线段 BAC(其两端点 $B、C$ 为动点)的长度 l 的最小值.

由图 9-3,根据边角关系,不难得到

$$l = \frac{a}{\sin\theta} + \frac{b}{\cos\theta} = a\csc\theta + b\sec\theta, \left(0 < \theta < \frac{\pi}{2}\right).$$

图 9-3

$$\frac{dl}{d\theta} = -a\csc\theta \cdot \cot\theta + b\sec\theta \cdot \tan\theta = \frac{b\sin\theta}{\cos^2\theta} - \frac{a\cos\theta}{\sin^2\theta},$$

令 $\frac{dl}{d\theta} = 0$,得

$$\frac{b\sin\theta}{\cos^2\theta} - \frac{a\cos\theta}{\sin^2\theta} = 0, 或 \frac{\sin^3\theta}{\cos^3\theta} = \frac{a}{b}$$

$$\tan^3\theta = \frac{a}{b},$$

解得 $l = a\csc\theta + b\sec\theta$ 在 $\left(0, \frac{\pi}{2}\right)$ 内的惟一驻点为

$$\theta_0 = \arctan\left(\frac{a}{b}\right)^{\frac{1}{3}}.$$

$$\frac{d^2 l}{d\theta^2} = -a(-\csc\theta\cot^2\theta - \csc^3\theta) + b(\sec\theta\tan^2\theta + \sec^3\theta)$$

$$= a\csc\theta(\cot^2\theta + \csc^2\theta) + b\sec\theta(\tan^2\theta + \sec^2\theta).$$

由于 $\theta \in \left(0, \frac{\pi}{2}\right)$,故 $\csc\theta > 0, \sec\theta > 0$,从而可知 $\frac{d^2 l}{d\theta^2} > 0$,因此 $\theta_0 = \arctan\left(\frac{a}{b}\right)^{\frac{1}{3}}$ 是 l 的极小值点,又注意到驻点 θ_0 的唯一性,可知当 $\theta = \theta_0$ 时,l 取得最小值. 其最小值为

$$l_{\min} = \frac{a}{\sin\theta_0} + \frac{b}{\cos\theta_0} = \frac{a\sec\theta_0}{\tan\theta_0} + b\sec\theta_0 = \sec\theta_0\left(\frac{a}{\tan\theta_0} + b\right)$$

$$= \sqrt{1+\tan^2\theta_0}\left(\frac{a}{\tan\theta_0}+b\right) = \sqrt{1+\left(\frac{a}{b}\right)^{\frac{2}{3}}}\left[\frac{a}{\left(\frac{a}{b}\right)^{\frac{1}{3}}}+b\right]$$

$$= \frac{(a^{\frac{2}{3}}+b^{\frac{2}{3}})^{\frac{1}{2}}}{b^{\frac{1}{3}}}(a^{\frac{2}{3}} \cdot b^{\frac{1}{3}}+b) = (a^{\frac{2}{3}}+b^{\frac{2}{3}})^{\frac{3}{2}}.$$

本题的答案是,能水平地通过走廊拐角 A 的物体的最大长度是 $(a^{\frac{2}{3}}+b^{\frac{2}{3}})^{\frac{3}{2}}$.

三、函数的凹凸性与拐点

例 2.99 讨论曲线 $y = \ln(x^2+1)$ 的凹凸性和拐点.

解 函数 $y = \ln(x^2+1)$ 的定义域为 $(-\infty, +\infty)$.

$$y' = \frac{2x}{x^2+1},$$

$$y'' = 2 \cdot \frac{(x^2+1)-2x^2}{(x^2+1)^2} = \frac{2(1-x^2)}{(x^2+1)^2}.$$

令 $y'' = 0$,解得

$$x_1 = -1, x_2 = 1.$$

点 x_1、x_2 把函数定义域划分为三个子区间:

$$(-\infty, -1), (-1, 1), (1, +\infty).$$

当 $x \in (-\infty, -1)$ 时,$y'' < 0$,曲线是凸弧;

当 $x \in (-1, 1)$ 时,$y'' > 0$,曲线是凹弧;

当 $x \in (1, +\infty)$ 时,$y'' < 0$,曲线是凸弧.

又

$$y\Big|_{x=-1} = y\Big|_{x=1} = \ln 2,$$

因此点 $(-1, \ln 2)$ 及 $(1, \ln 2)$ 都是曲线的拐点.

例 2.100 设三次曲线 $y = x^3 + 3ax^2 + 3bx + c$,在点 $x = -1$ 处取得极大值,点 $(0,3)$ 是拐点,试确定 a、b、c 的值.

解 $y = x^3 + 3ax^2 + 3bx + c$,

$y' = 3x^2 + 6ax + 3b$,

$y'' = 6x + 6a$.

由于函数 $y(x)$ 在 $x = -1$ 点取极大值,根据可导函数极值的必要条件,有

$$y'\Big|_{x=-1} = (3x^2+6ax+3b)\Big|_{x=-1} = 3-6a+3b = 0, \tag{9.1}$$

又由于点 $(0,3)$ 是拐点,可知点 $(0,3)$ 在三次曲线上,有 $y|_{x=0} = 3$,及 $y''|_{x=0} = 0$,从而有

$$y|_{x=0} = (x^3+3ax^2+3bx+c)|_{x=0} = c = 3, \tag{9.2}$$

$$y''|_{x=0} = (6x+6a)|_{x=0} = 6a = 0. \tag{9.3}$$

联立式 (9.1)、式 (9.2)、式 (9.3),得

$$\begin{cases} 3-6a+3b = 0, \\ c = 3, \\ 6a = 0. \end{cases}$$

解得

$$\begin{cases} a = 0, \\ b = -1, \\ c = 3. \end{cases}$$

于是三次曲线方程为 $y = x^3 - 3x + 3$.

设函数 $y = f(x)$ 在 $[a,b]$ 上连续，除有限个点外具有二阶导数，求函数 $y = f(x)$ 在 $[a,b]$ 内的拐点的步骤如下：

（1）求出一、二阶导数 $f'(x), f''(x)$，令 $f''(x) = 0$ 求出二阶导数的零点及二阶导数不存在的点 $x_1, x_2, \cdots, x_m$.

（2）逐一判定每个点 $x_i(i = 1,2,\cdots,m)$ 的左、右两侧二阶导数是否变号，若变号则 x_i 对应曲线上的点 $(x_i, f(x_i))$ 就是拐点，否则就不是拐点.

（3）根据函数极值的判定法，由（1）、（2）可知，若 $(x_i, f(x_i))$ 是曲线 $y = f(x)$ 的拐点，那么点 x_i 一定是 $f'(x)$ 的极值点，反之亦然. 因此有判定曲线 $y = f(x)$ 拐点另一方法：设函数 $y = f(x)$ 在点 x_i 的某邻域内具有三阶导数，且 $f''(x_i) = 0, f'''(x_i) \neq 0$，则点 $(x_i, f(x_i))$ 是曲线 $y = f(x)$ 的拐点.

例 2.101 求曲线 $\begin{cases} x = t^2 \\ y = 3t + t^3 \end{cases}$ 的拐点.

解 $\dfrac{dy}{dx} = \dfrac{3 + 3t^2}{2t} = \dfrac{3}{2}\left(\dfrac{1}{t} + t\right), (t \neq 0)$,

$$\dfrac{d^2y}{dx^2} = \dfrac{3}{2} \cdot \dfrac{1 - \dfrac{1}{t^2}}{2t} = \dfrac{3}{4}\left(\dfrac{1}{t} - \dfrac{1}{t^3}\right),$$

$$\dfrac{d^3y}{dx^3} = \dfrac{3}{4} \cdot \dfrac{\dfrac{3}{t^4} - \dfrac{1}{t^2}}{2t} = \dfrac{3}{8}\left(\dfrac{3}{t^5} - \dfrac{1}{t^3}\right).$$

令 $\dfrac{d^2y}{dx^2} = 0, \dfrac{1}{t} - \dfrac{1}{t^3} = 0, t_1 = -1, t_2 = 1$,

$$\left.\dfrac{d^3y}{dx^3}\right|_{t=-1} = \dfrac{3}{8}\left(\dfrac{3}{t^5} - \dfrac{1}{t^3}\right)\bigg|_{t=-1} = -\dfrac{3}{4} \neq 0.$$

$$\left.\dfrac{d^3y}{dx^3}\right|_{t=1} = \dfrac{3}{8}\left(\dfrac{3}{t^5} - \dfrac{1}{t^3}\right)\bigg|_{t=1} = \dfrac{3}{4} \neq 0,$$

因为

$$\left.\dfrac{d^2y}{dx^2}\right|_{t=\pm 1} = 0 \text{ 及 } \left.\dfrac{d^3y}{dx^3}\right|_{t=-1} \neq 0 \text{ 及 } \left.\dfrac{d^3y}{dx^3}\right|_{t=1} \neq 0.$$

所以 $t = \pm 1$ 所对应的点 $(1,4)$ 及 $(1,-4)$ 是曲线的拐点.

四、描绘函数曲线图形

描绘函数曲线图形的步骤如下：

（1）求出函数 $y = f(x)$ 的定义域.

（2）考察函数 $y = f(x)$ 的奇偶性、周期性.

（3）求出 $f'(x)$，令 $f'(x) = 0$ 解出驻点，确定导数不存在的点；求出 $f''(x)$，令 $f''(x) = 0$ 解出 $f''(x)$ 的零点，确定二阶导数不存在点.

（4）用第（3）步所求的这些点从小到大排列，把定义域划分为有限个子区间，列成表格，讨论 $f'(x), f''(x)$ 的符号，并由此确定函数单调性、凹凸性、极值和拐点.

（5）求出函数曲线的渐近线.

（6）尽可能地求出一些特殊点的坐标（如曲线与坐标轴的交点、间断点等）.

(7) 描绘曲线(先绘出坐标轴、渐近线、特殊点、极值点、拐点,再根据单调性、凹凸性描绘出函数曲线).

例 2.102 描绘函数 $y = \dfrac{(x+1)^3}{(x-1)^2}$ 的图形.

解 函数的定义域为 $(-\infty, 1) \cup (1, +\infty)$.

$$y' = \frac{3(x+1)^2(x-1)^2 - (x+1)^3 \cdot 2(x-1)}{(x-1)^4} = \frac{(x+1)^2(x-5)}{(x-1)^3},$$

$$y'' = \frac{[2(x+1)(x-5) + (x+1)^2](x-1)^3 - (x+1)^2(x-5) \cdot 3(x-1)^2}{(x-1)^6}$$

$$= \frac{(x+1)[2(x-5)(x-1) + (x+1)(x-1) - 3(x+1)(x-5)]}{(x-1)^4}$$

$$= \frac{24(x+1)}{(x-1)^4}.$$

令 $y' = 0$,解得驻点 $x = -1, x = 5$.

令 $y'' = 0$,解得二阶导数的零点 $x = -1$.

以上这些点把函数定义域划分为子区间:$(-\infty, -1), (-1,1), (1,5), (5, +\infty)$(其中 $x = 1$ 为函数的间断点).

下面求曲线渐近线:

因为

$$\lim_{x \to 1} y(x) = \lim_{x \to 1} \frac{(x+1)^3}{(x-1)^2} = +\infty,$$

所以直线 $x = 1$ 是曲线的垂直渐近线.

$$\lim_{x \to \infty} \frac{y(x)}{x} = \lim_{x \to \infty} \frac{(x+1)^3}{x(x-1)^2} = 1,$$

$$\lim_{x \to \infty} [y(x) - x] = \lim_{x \to \infty} \left[\frac{(x+1)^3}{(x-1)^2} - x\right] = \lim_{x \to \infty} \frac{5x^2 + 2x + 1}{x^2 - 2x + 1} = 5.$$

所以直线 $y = x + 5$ 是曲线的斜渐近线.

列下表讨论函数曲线的性态.

x	$(-\infty, -1)$	-1	$(-1,1)$	1	$(1,5)$	5	$(5, +\infty)$
y'	+	0	+		−	0	+
y''	−	0	+		+		+
y	⌒	拐点 $(-1,0)$	⌣		⌢	极小值 13.5	⌣

描绘函数曲线图形:先作出平面直角坐标系,画出曲线的渐近线,标出特殊点(曲线与坐标轴的交点、极值点、拐点等),然后按照表格描述的函数的几何性态,从 x 轴的左边开始往右边逐段描绘出函数曲线的图形(图 9-4).

曲线 $y = \dfrac{(x+1)^3}{(x-1)^2}$ 与 x 轴的交点为 $(-1,0)$,与 y 轴的交点为 $(0,1)$.

例 2.103 描绘函数 $y = x - 2\arctan x$ 的图形.

解 函数的定义域为 $(-\infty, +\infty)$.

$$y = f(x) = x - 2\arctan x,$$
$$f(-x) = -x - 2\arctan(-x) = -x + 2\arctan x = -f(x),$$

函数 $y = f(x) = x - 2\arctan x$ 是奇函数. 我们可以考虑 $[0, +\infty)$ 上函数的性态.

$$y' = 1 - \frac{2}{1+x^2} = \frac{x^2-1}{x^2+1},$$
$$y'' = \frac{4x}{(1+x^2)^2}.$$

令 $y' = 0$,得驻点 $x = -1, x = 1$.

令 $y'' = 0$,得二阶导数的零点 $x = 0$.

下面求函数曲线的斜渐近线:

$$\lim_{x \to \pm\infty} \frac{f(x)}{x} = \lim_{x \to \pm\infty}\left(1 - \frac{2\arctan x}{x}\right) = 1,$$
$$\lim_{x \to +\infty}[f(x) - x] = \lim_{x \to +\infty}(-2\arctan x) = -\pi,$$
$$\lim_{x \to -\infty}[f(x) - x] = \lim_{x \to -\infty}(-2\arctan x) = \pi.$$

直线 $y = x - \pi, y = x + \pi$ 为曲线的斜渐近线.

曲线通过原点 $(0,0)$.

列下表讨论函数曲线的性态.

x	0	(0,1)	1	$(1, +\infty)$
y'		−	0	+
y''	0	+	+	+
y	拐点 $(0,0)$	↘	极小值 $1 - \frac{\pi}{2}$	↗

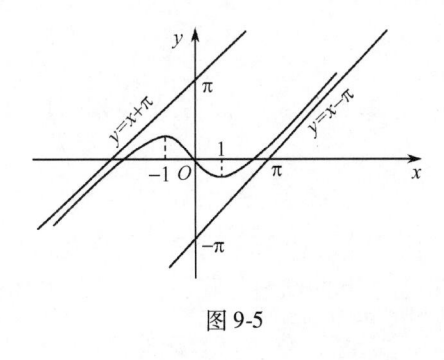

图 9-5

描绘函数曲线图形,如图 9-5 所示.

第十讲 证明不等式与讨论方程根的方法概述

不等式与方程的根的命题之证明是学习高等数学经常遇到的两个问题. 在证明这两个命题过程中,经常会利用下面一些基本知识:闭区间上连续函数的性质,微分中值定理,函数的单调性、极值、最值、凹凸性的判别法等. 本讲就以上两个命题的证明方法作一些介绍和概述.

一、不等式的证明方法简述

1. 利用微分中值定理证明不等式

例 2.104 试证明:当 $x > 0$ 时, $\frac{x}{1+x} < \ln(1+x) < x$.

证 因为 $x > 0$,原不等式除以 x 后,可变形为

$$\frac{1}{1+x} < \frac{\ln(1+x)}{x} < 1,$$

又由于 $\ln 1 = 0, x = (1+x) - 1$,上式又可变形为

$$\frac{1}{1+x} < \frac{\ln(1+x) - \ln 1}{(1+x) - 1} < 1.$$

考察上面不等式中间部分,它是函数 $f(t) = \ln t$,在区间 $[1, 1+x](x > 0)$ 上函数的增量与相应的自变量的增量之比,显然我们可以考虑利用拉格朗日微分中值定理来证明不等式.

设 $f(t) = \ln t$,函数 $\ln t$ 在闭区间 $[1, 1+x](x > 0)$ 上连续且可导,满足拉格朗日微分中值定理条件,于是至少存在一点 $\xi \in (1, 1+x)$,使

$$\frac{\ln(1+x) - \ln 1}{(1+x) - 1} = f'(\xi) = \frac{1}{\xi},$$

因为
$$1 < \xi < 1+x,$$

所以
$$\frac{1}{1+x} < \frac{1}{\xi} < 1.$$

于是有
$$\frac{1}{1+x} < \frac{\ln(1+x)}{x} = \frac{1}{\xi} < 1.$$

即
$$\frac{x}{1+x} < \ln(1+x) < x, (x > 0).$$

例 2.105 设 $a > 1, n \geq 1$,试证明不等式

$$\frac{a^{\frac{1}{n+1}}}{(n+1)^2} < \frac{a^{\frac{1}{n}} - a^{\frac{1}{n+1}}}{\ln a} < \frac{a^{\frac{1}{n}}}{n^2}.$$

证 因为 $a > 1, \ln a > 0$,原不等式可变形为

$$\frac{a^{\frac{1}{n+1}} \ln a}{(n+1)^2} < \frac{a^{\frac{1}{n}} - a^{\frac{1}{n+1}}}{(n+1) - n} < \frac{a^{\frac{1}{n}} \ln a}{n^2}.$$

考察上面不等式中间部分,它是函数 $f(x) = a^{\frac{1}{x}}$,在区间 $[n, n+1]$ 上函数增量之负值与相应的自变量的增量之比,显然我们可以考虑利用拉格朗日微分中值定理来证明不等式.

设 $f(x) = a^{\frac{1}{x}}(a > 1)$,函数 $a^{\frac{1}{x}} \in C[n, n+1]$,且 $a^{\frac{1}{x}} \in D[n, n+1]$,$a^{\frac{1}{x}}$ 满足拉格朗日微分中值定理条件,于是至少存在一点 $\xi \in (n, n+1)$,使

$$\frac{a^{\frac{1}{n+1}} - a^{\frac{1}{n}}}{(n+1) - n} = -\frac{a^{\frac{1}{\xi}} \ln a}{\xi^2},$$

或
$$\frac{a^{\frac{1}{n}} - a^{\frac{1}{n+1}}}{1} = \frac{a^{\frac{1}{\xi}} \ln a}{\xi^2}.$$

因为
$$f'(x) = (a^{\frac{1}{x}})' = -\frac{a^{\frac{1}{x}} \ln a}{x^2},$$

其中 $a > 1, \ln a > 0, a^{\frac{1}{x}} > 0, x^2 > 0.$

所以
$$f'(x) < 0, x \in [n, n+1].$$

即 $a^{\frac{1}{x}}$ 在 $[n, n+1]$ 上为单调减少的函数. 而 $n < \xi < n+1$,故

$$a^{\frac{1}{n+1}} < a^{\frac{1}{\xi}} < a^{\frac{1}{n}},$$

$$\frac{1}{(n+1)^2} < \frac{1}{\xi^2} < \frac{1}{n^2}.$$

于是有

$$\frac{a^{\frac{1}{n+1}}\ln a}{(n+1)^2} < a^{\frac{1}{n}} - a^{\frac{1}{n+1}} = \frac{a^{\frac{1}{\xi}}\ln a}{\xi^2} < \frac{a^{\frac{1}{n}}\ln a}{n^2}.$$

即

$$\frac{a^{\frac{1}{n+1}}}{(n+1)^2} < \frac{a^{\frac{1}{n}} - a^{\frac{1}{n+1}}}{\ln a} < \frac{a^{\frac{1}{n}}}{n^2}.$$

例 2.106 设 $a > e, 0 < \alpha < \beta < \frac{\pi}{2}$,试证明不等式

$$a^\beta - a^\alpha > (\cos\alpha - \cos\beta)a^\alpha\ln a.$$

证 因为余弦函数 $\cos x$ 在 $\left[0, \frac{\pi}{2}\right]$ 上是单调减函数,
所以

当 $0 < \alpha < \beta < \frac{\pi}{2}$ 时, $\cos\alpha > \cos\beta > 0$,

原不等式可变形为

$$\frac{a^\beta - a^\alpha}{\cos\beta - \cos\alpha} < -a^\alpha\ln a.$$

考察上面不等式的左端,它是两个函数 $f(x) = a^x, g(x) = \cos x$ 在闭区间 $[\alpha, \beta]$ 上函数增量之比,显然可以考虑利用柯西定理来证明不等式.

设函数 $f(x) = a^x (a > e), g(x) = \cos x, [\alpha,\beta] \subset \left(0, \frac{\pi}{2}\right), g'(x) = -\sin x \neq 0, x \in [\alpha,\beta]$.

即 $f(x), g(x)$ 满足柯西定理的条件,于是至少存在一点 $\xi \in (\alpha, \beta)$,使

$$\frac{a^\beta - a^\alpha}{\cos\beta - \cos\alpha} = \frac{a^\xi \ln a}{-\sin\xi}, 0 < \alpha < \xi < \beta < \frac{\pi}{2},$$

或改写成

$$a^\beta - a^\alpha = (\cos\alpha - \cos\beta)a^\xi\ln a \cdot \frac{1}{\sin\xi},$$

因为 $a > e, a^x$ 是单调增函数, $a^\xi > a^\alpha$.

在 $\left[0, \frac{\pi}{2}\right]$ 上, $\sin x$ 是单调增函数 $0 < \sin x < 1$,所以

$$\frac{1}{\sin\xi} > 1.$$

于是有

$$a^\beta - a^\alpha > (\cos\alpha - \cos\beta)a^\alpha\ln a.$$

综上所述,如果经过简单的变形,要证的不等式的一端可以写成一个函数 $f(x)$ 在闭区间 $[a,b]$ 上的函数值的增量与相应的自变量的增量之比:

$$\frac{f(b) - f(a)}{b - a},$$

或者写成两个函数 $f(x), g(x)$ 在闭区间 $[a,b]$ 上的函数值的增量之比:

$$\frac{f(b) - f(a)}{g(b) - g(a)},$$

就可以考虑利用微分中值定理来证明不等式.

证明步骤如下:

(1) 由要证明的不等式,经过简单的变形,作出一个函数 $f(t)$ 或两个函数 $f(t), g(t)$.

(2)验证函数$f(t),g(t)$满足微分中值定理条件,写出微分中值定理公式

$$\frac{f(b)-f(a)}{b-a}=f'(\xi),$$

或

$$\frac{f(b)-f(a)}{g(b)-g(a)}=\frac{f'(\xi)}{g'(\xi)}.$$

(3)由要证的不等式的要求,对$f'(\xi)$或$\dfrac{f'(\xi)}{g'(\xi)}$进行放大或缩小,达到证明不等式的目的.

例 2.107 设函数$f(x)\in D^2[0,a]$,且$f''(x)>0,f(0)=0$,试证明:当$0<x_1\leqslant x_2<x_1+x_2\leqslant a$时,有不等式

$$f(x_1)+f(x_2)<f(x_1+x_2)$$

成立.

证 由于$f(0)=0$,要证的不等式可以变形为函数$f(x)$的增量形式:

$$f(x_1)-f(0)<f(x_1+x_2)-f(x_2),$$

再变形为函数的增量与相应的自变量的增量之比的形式

$$\frac{f(x_1)-f(0)}{x_1-0}<\frac{f(x_1+x_2)-f(x_2)}{(x_1+x_2)-x_2},$$

因此,我们可以考虑用拉格朗日中值定理来证明不等式.

据题设可知$f(x)$在$[0,x_1]$及$[x_2,x_1+x_2]$上满足拉格朗日中值定理条件,于是存在ξ_1,ξ_2:$0<\xi_1<x_1\leqslant x_2<\xi_2<x_1+x_2$,使

$$\frac{f(x_1)-f(0)}{x_1-0}=f'(\xi_1),$$

$$\frac{f(x_1+x_2)-f(x_2)}{(x_1+x_2)-x_2}=f'(\xi_2),\quad 或\quad f(x_1)=x_1 f'(\xi_1), \tag{10.1}$$

$$f(x_1+x_2)-f(x_2)=x_1 f'(\xi_2). \tag{10.2}$$

式(10.2)减式(10.1),得

$$f(x_1+x_2)-f(x_2)-f(x_1)=x_1[f'(\xi_2)-f'(\xi_1)].$$

因为$f(x)\in D^2[\xi_1,\xi_2]$,故$f'(x)$在$[\xi_1,\xi_2]$满足拉格朗日中值定理条件,应用拉格朗日中值定理的结论,有

$$f(x_1+x_2)-f(x_2)-f(x_1)=x_1(\xi_2-\xi_1)f''(\xi),$$

其中

$$\xi_1<\xi<\xi_2,$$

由于

$$x_1>0,\xi_2-\xi_1>0,f''(\xi)>0,$$

所以

$$f(x_1+x_2)-f(x_2)-f(x_1)>0,$$

即

$$f(x_1)+f(x_2)<f(x_1+x_2).$$

2. 利用泰勒公式证明不等式

如果要证明不等式的条件与二阶或更高阶导数有关,且知道最高阶导数的大小或取值范围,这时可以考虑利用泰勒公式来证明不等式.

例 2.108 试证明:当$x>0$时,恒有不等式

$$e^x-1-x>1-\cos x$$

成立.

证 要证的不等式可变形为
$$e^x + \cos x > 2 + x, (x > 0).$$
设 $f(x) = e^x + \cos x$,显然 $f(x)$ 有直至三阶导数,现将 $f(x)$ 展成二阶带拉格朗日型余项的马克劳林公式:
$$f(0) = e^0 + \cos 0 = 2,$$
$$f'(0) = (e^x - \sin x)|_{x=0} = 1,$$
$$f''(0) = (e^x - \cos x)|_{x=0} = 0,$$
$$f'''(\xi) = (e^x + \sin x)|_{x=\xi} = e^\xi + \sin \xi, (0 < \xi < x).$$
$$e^x + \cos x = 2 + x + 0 + \frac{1}{3!}(e^\xi + \sin \xi)x^3, (0 < \xi < x).$$
因为 $\qquad\qquad\qquad e^\xi > 1, |\sin \xi| \leqslant 1,$
所以 $\qquad\qquad\qquad e^\xi + \sin \xi > 0.$
于是有 $\qquad\qquad\qquad e^x + \cos x > 2 + x.$
即 $\qquad\qquad\qquad e^x - 1 - x > 1 - \cos x, (x > 0).$

例 2.109 试证明:当 $0 < x < 1$ 时,恒有不等式
$$(1 + x)\ln^2(1 + x) < x^2$$
成立.

证 要证的不等式可变形为
$$(1 + x)\ln^2(1 + x) - x^2 < 0, (0 < x < 1).$$
设 $f(x) = (1 + x)\ln^2(1 + x) - x^2$.
$$f(0) = \left[(1 + x)\ln^2(1 + x) - x^2\right]\Big|_{x=0} = 0,$$
$$f'(0) = \left[\ln^2(1 + x) + 2\ln(1 + x) - 2x\right]\Big|_{x=0} = 0,$$
$$f''(0) = \left[\frac{2\ln(1 + x)}{1 + x} + \frac{2}{1 + x} - 2\right]\Big|_{x=0} = 0,$$
$$f'''(x) = 2 \cdot \frac{1 - \ln(1 + x)}{(1 + x)^2} - \frac{2}{(1 + x)^2} = -2\frac{\ln(1 + x)}{(1 + x)^2}.$$
把 $f(x)$ 展成二阶带拉格朗日型余项的马克劳林公式:
$$(1 + x)\ln^2(1 + x) - x^2 = 0 + 0 + 0 - 2\frac{\ln(1 + \xi)}{(1 + \xi)^2}x^3$$
$$= -2\frac{\ln(1 + \xi)}{(1 + \xi)^2}x^3 < 0, (0 < \xi < x < 1).$$
所以 $\qquad\qquad\qquad (1 + x)\ln^2(1 + x) < x^2.$

3. 利用函数的单调性证明不等式

利用函数的单调性证明函数不等式
$$f(x) \geqslant g(x), x \in [a, b]$$
的思路如下:

(1) 对欲证的不等式作简单的恒等变形,使不等式变为
$$f(x) - g(x) \geqslant 0, 或 g(x) - f(x) \leqslant 0,$$
令函数 $F(x) = f(x) - g(x)$(或 $F(x) = g(x) - f(x)$),$x \in [a, b]$.那么要证的不等式等价于求证
$$F(x) \geqslant 0, 或 (F(x) \leqslant 0).$$

(2) 求 $F'(x)$,通过讨论 $F'(x)$ 的符号来确定 $F(x)$ 的单调增减性(有时需依靠 $f''(x)$ 或更高阶导数的符号来讨论 $F'(x)$ 的符号).

如果 $F'(x) \geq 0, x \in (a,b)$,则 $F(x)$ 在 $[a,b]$ 上是单调增加的;
如果 $F'(x) \leq 0, x \in (a,b)$,则 $F(x)$ 在 $[a,b]$ 上是单调减少的.

(3) 求出 $F(a)$ 或 $F(b)$ 的值,把 $F(x),(x \in (a,b))$ 的值与 $F(a)$ 或 $F(b)$ 作比较,有:
如果 $F'(x) \geq 0, F(x)$ 在 $[a,b]$ 上单调增,从而得到 $F(x) > F(a) \geq 0$,即 $f(x) > g(x)$;
如果 $F'(x) \leq 0, F(x)$ 在 $[a,b]$ 上单调减,从而得到 $F(x) > F(b) \geq 0$,即 $f(x) > g(x)$.

例 2.110 试证明:当 $0 < x < \dfrac{\pi}{2}$,恒有两个不等式:

(1) $\tan x > x$;

(2) $\dfrac{2}{\pi}x < \sin x < x$

成立.

证 (1) 设 $f(x) = \tan x - x, x \in \left[0, \dfrac{\pi}{2}\right)$.

$$f'(x) = \sec^2 x - 1 = \frac{1 - \cos^2 x}{\cos^2 x} > 0, x \in \left(0, \frac{\pi}{2}\right).$$

因此 $f(x)$,在 $\left[0, \dfrac{\pi}{2}\right)$ 是单调增加的函数,于是有

$$f(x) = \tan x - x > f(0) = 0, x \in \left(0, \frac{\pi}{2}\right).$$

即

$$\tan x > x, x \in \left(0, \frac{\pi}{2}\right).$$

(2) 先证 $\sin x > \dfrac{2}{\pi}x$,可变形为 $\dfrac{\sin x}{x} > \dfrac{2}{\pi}$,亦即证明当 $0 < x < \dfrac{\pi}{2}$ 时,$\dfrac{\sin x}{x} - \dfrac{2}{\pi} > 0$.

设辅助函数 $g(x) = \dfrac{\sin x}{x} - \dfrac{2}{\pi}, x \in \left[0, \dfrac{\pi}{2}\right]$.

$$g'(x) = \left(\frac{\sin x}{x} - \frac{2}{\pi}\right)' = \frac{x\cos x - \sin x}{x^2} = \frac{\cos x}{x^2}(x - \tan x), x \in \left(0, \frac{\pi}{2}\right).$$

由题(1)已经证得 $\tan x > x$,即 $x - \tan x < 0$,从而可知

$$g'(x) = \frac{\cos x}{x^2}(x - \tan x) < 0, x \in \left(0, \frac{\pi}{2}\right),$$

因此 $g(x)$ 在 $\left[0, \dfrac{\pi}{2}\right]$ 上是单调减函数,又

$$g\left(\frac{\pi}{2}\right) = \left(\frac{\sin x}{x} - \frac{2}{\pi}\right)\bigg|_{x=\frac{\pi}{2}} = \frac{2}{\pi} - \frac{2}{\pi} = 0,$$

故当 $0 < x < \dfrac{\pi}{2}$ 时,有

$$g(x) = \frac{\sin x}{x} - \frac{2}{\pi} > g\left(\frac{\pi}{2}\right) = 0, 即 \sin x > \frac{2}{\pi}x.$$

再证明当 $0 < x < \dfrac{\pi}{2}$ 时,$x > \sin x$,或 $x - \sin x > 0$.

设 $h(x) = x - \sin x, x \in \left[0, \dfrac{\pi}{2}\right]$.
$$h'(x) = (x - \sin x)' = 1 - \cos x > 0, x \in \left(0, \dfrac{\pi}{2}\right).$$

因此 $h(x)$ 是单调增函数,于是有
$$h(x) = x - \sin x > h(0) = 0, \text{即 } x > \sin x.$$

综上所证,有
$$\dfrac{2}{\pi} x < \sin x < x, x \in \left(0, \dfrac{\pi}{2}\right).$$

例 2.111 试证明:当 $x > 0$ 时,恒有不等式
$$(1 + x)^2 > 1 + 2(1 + x)\ln(1 + x)$$
成立.

证 所证的不等式可恒等变形为
$$(1 + x)^2 - 2(1 + x)\ln(1 + x) - 1 > 0, x \in (0, +\infty).$$
设辅助函数 $f(x) = (1 + x)^2 - 2(1 + x)\ln(1 + x) - 1, x \in [0, +\infty)$,下面证明 $f(x) > 0$.
$$f'(x) = 2(1 + x) - 2\ln(1 + x) - 2 = 2x - 2\ln(1 + x),$$
$$f''(x) = 2 - \dfrac{2}{1 + x} = \dfrac{2x}{1 + x} > 0, x \in (0, +\infty),$$
因此 $f'(x)$ 在 $[0, +\infty)$ 上是单调增加的函数,从而有
$$f'(x) = 2x - 2\ln(1 + x) > f'(0) = 0, x \in (0, +\infty),$$
于是 $f(x)$ 在 $[0, +\infty)$ 上也是单调增加的函数,从而有
$$f(x) = (1 + x)^2 - 2(1 + x)\ln(1 + x) - 1 > f(0) = 0, x \in (0, +\infty),$$
即
$$(1 + x)^2 > 1 + 2(1 + x)\ln(1 + x), x \in (0, +\infty).$$

例 2.112 设 $p > 0, q > 0, 0 < r < 1$,试证明不等式
$$(p + q)^r < p^r + q^r$$
成立.

证 由于 $p > 0, q > 0$,知 $\dfrac{q}{p} > 0$,把欲证的不等式恒等变形为
$$p^r \left(1 + \dfrac{q}{p}\right)^r < p^r + q^r,$$
$$\left(1 + \dfrac{q}{p}\right)^r < 1 + \left(\dfrac{q}{p}\right)^r,$$

令 $c = \dfrac{q}{p} > 0$,欲证的不等式就变形为
$$(1 + c)^r < 1 + c^r, (c > 0).$$
设辅助函数 $f(x) = (1 + x^r) - (1 + x)^r, x \in [0, +\infty)$. 我们欲证 $f(x) > 0, x \in (0, +\infty)$.
$$f'(x) = rx^{r-1} - r(1 + x)^{r-1} = r\left[\dfrac{1}{x^{1-r}} - \dfrac{1}{(1 + x)^{1-r}}\right]$$
$$= r\left[\dfrac{(1 + x)^{1-r} - x^{1-r}}{(x + x^2)^{1-r}}\right],$$

显然当 $x > 0$ 时 $(1 + x)^{1-r} - x^{1-r} > 0, (x + x^2)^{1-r} > 0$,且 $r > 0$,所以 $f'(x) > 0$,因此函数 $f(x)$ 在 $[0, +\infty)$ 上是单调增的,从而有

即
$$f(x) = (1+x^r) - (1+x)^r > f(0) = 0, (x>0),$$
$$1 + x^r > (1+x)^r, (x>0).$$

当 $p > 0, q > 0$ 时,令 $x = \dfrac{q}{p} > 0$,即得到
$$p^r + q^r > (p+q)^r.$$

上例说明在证明数字不等式时,一般先把不等式恒等变形,转化为函数不等式,通过函数的单调增减性得到欲证的结果.

例 2.113 对任意的实数 a 和 b,试证明不等式
$$\frac{|a+b|}{1+|a+b|} \leq \frac{|a|}{1+|a|} + \frac{|b|}{1+|b|}$$
成立.

证 设辅助函数 $f(x) = \dfrac{x}{1+x}, x \in [0, +\infty)$.
$$f'(x) = \left(\frac{x}{1+x}\right)' = \frac{1+x-x}{(1+x)^2} = \frac{1}{(1+x)^2} > 0,$$
因此 $f(x)$ 在 $[0, +\infty)$ 上是单调增加的函数.
由于
$$0 \leq |a+b| \leq |a| + |b|,$$
故有
$$f(|a+b|) \leq f(|a|+|b|),$$
即
$$\frac{|a+b|}{1+|a+b|} \leq \frac{|a|+|b|}{1+|a|+|b|}.$$
从而有
$$\frac{|a+b|}{1+|a+b|} \leq \frac{|a|}{1+|a|+|b|} + \frac{|b|}{1+|a|+|b|} \leq \frac{|a|}{1+|a|} + \frac{|b|}{1+|b|}.$$

4. 利用函数的极值或最值证明不等式

例 2.114 设常数 p 满足 $0 < p < 1$,试证明:当 $x > -1$ 时,恒有不等式
$$(1+x)^p - px \leq 1$$
成立.

证 设辅助函数 $f(x) = (1+x)^p - px, x \in (-1, +\infty)$. 只需证明 $f(x)$ 在 $(-1, +\infty)$ 内的最大值为 1,原不等式就成立.
$$f'(x) = p(1+x)^{p-1} - p = p[(1+x)^{p-1} - 1],$$
$$f''(x) = p(p-1)(1+x)^{p-2} = \frac{p(p-1)(1+x)^p}{(1+x)^2},$$
令 $f'(x) = 0$,得唯一驻点 $x = 0 \in (-1, +\infty)$.
$$f''(0) = p(p-1) < 0 \text{(因为 } 0 < p < 1, p-1 < 0),$$
因此,唯一驻点 $x = 0$ 是极大值点,故必为最大值点,所以
$$\max_{-1<x<+\infty} f(x) = f(0) = \left[(1+x)^p - px\right]\bigg|_{x=0} = 1,$$
于是有
$$(1+x)^p - px \leq 1, x \in (-1, +\infty).$$

例 2.115 设常数 $a > 1$,试证明:当 $0 \leqslant x \leqslant 1$ 时,恒有不等式

$$\frac{1}{2^{a-1}} \leqslant x^a + (1-x)^a \leqslant 1$$

成立.

证 设辅助函数 $f(x) = x^a + (1-x)^a, x \in [0,1]$. 显然 $f(x)$ 在 $[0,1]$ 上连续,故必存在最小值 m 及最大值 M,下面只需证明 $m = \frac{1}{2^{a-1}}, M = 1$,即可证结论.

$$f'(x) = ax^{a-1} - a(1-x)^{a-1} = a[x^{a-1} - (1-x)^{a-1}],$$

令 $f'(x) = 0$,得驻点 $x = \frac{1}{2}$.

$$f(0) = f(1) = 1, f\left(\frac{1}{2}\right) = \frac{1}{2^a} + \frac{1}{2^a} = \frac{1}{2^{a-1}},$$

所以

$$M = \max\left\{f(0), f\left(\frac{1}{2}\right), f(1)\right\} = 1,$$

$$m = \min\left\{f(0), f\left(\frac{1}{2}\right), f(1)\right\} = \frac{1}{2^{a-1}}.$$

于是有

$$\frac{1}{2^{a-1}} \leqslant x^a + (1-x)^a \leqslant 1, x \in [0,1].$$

例 2.116 设函数 $f(x) \in D^2(-\infty, +\infty), f''(x) > 1, \lim\limits_{x \to 0}\frac{f(x)}{x} = 2$,试证明: $f(x) \geqslant 2x + \frac{1}{2}x^2$.

证 为了证明 $f(x) \geqslant 2x + \frac{1}{2}x^2$,只需证明

$$f(x) - 2x - \frac{1}{2}x^2 \geqslant 0.$$

设 $F(x) = f(x) - 2x - \frac{1}{2}x^2$,只需证明 $F(x)$ 的最小值等于零,即可证得结论.

据题设 $f(x)$ 是二阶可导函数,故 $f(x)$ 连续且可导,由题设 $\lim\limits_{x \to 0}\frac{f(x)}{x} = 2$,可推得

$$f(0) = \lim_{x \to 0} f(x) = \lim_{x \to 0} x \cdot \frac{f(x)}{x} = 0,$$

$$f'(0) = \lim_{x \to 0} \frac{f(x) - f(0)}{x} = \lim_{x \to 0} \frac{f(x)}{x} = 2.$$

设辅助函数 $F(x) = f(x) - 2x - \frac{1}{2}x^2$,则

$$F'(x) = f'(x) - 2 - x,$$
$$F'(0) = f'(0) - 2 = 0,$$
$$F(0) = f(0) = 0,$$
$$F''(x) = f''(x) - 1.$$

据题 $f''(x) > 1$,可知 $F''(x) > 0$,因此 $F'(x)$ 是单调增加的函数,且 $F'(0) = 0$,从而有

当 $-\infty < x < 0$ 时,$F'(x) < 0$;

当 $0 < x < +\infty$ 时,$F'(x) > 0$.

可见 $x = 0$ 是 $F(x)$ 的唯一驻点且为极小值点,故必为最小值点,即 $F(x) = f(x) - 2x - \frac{1}{2}x^2$ 的最小值 $m = f(0) = 0$,于是有

$$F(x) = f(x) - 2x - \frac{1}{2}x^2 \geq 0,$$

即

$$f(x) \geq 2x + \frac{1}{2}x^2.$$

注:本例也可以利用马克劳林公式证明.

综上所述,利用函数的极值和最值证明不等式的方法,基本上与利用函数的单调性证明不等式的方法类似,不过这里是把辅助函数值与函数的极值或最值比较,而不是只与区间端点处的函数值比较.

5. 利用函数的凹凸性证明不等式

例 2.117 设常数 $p(0 < p < 1)$,试证明:对任意实数 a 和 b,有不等式

$$|a|^p + |b|^p \leq 2^{1-p}(|a| + |b|)^p$$

成立.

证 设 $f(x) = x^p,(x \geq 0)$.有

$$f(|a|) = |a|^p, f(|b|) = |b|^p,$$
$$f(|a| + |b|) = (|a| + |b|)^p,$$

则问题转化为证明

$$f(|a|) + f(|b|) \leq 2^{1-p} f(|a| + |b|),$$
$$\frac{f(|a|) + f(|b|)}{2} \leq f\left(\frac{|a| + |b|}{2}\right).$$

只需证明 $f(x) = x^p$ 在区间 $[|a|,|b|]$ 或 $[|b|,|a|]$ 上为凸弧,即证明在区间 $[|a|,|b|]$ 或 $[|b|,|a|]$ 上 $f''(x) \leq 0$.

事实上,有

$$f'(x) = px^{p-1},$$
$$f''(x) = p(p-1)x^{p-2},$$

其中 $0 < p < 1, p - 1 < 0$,当 $x > 0$ 时,$x^{p-2} > 0$,因此

$$f''(x) < 0,$$

于是 $f(x) = x^p$,在 $x \in [0, +\infty)$ 上为凸弧,根据凸弧的定义,对任意的 $|a|,|b| \in [0, +\infty)$,有

$$\frac{f(|a|) + f(|b|)}{2} \leq f\left(\frac{|a| + |b|}{2}\right),$$

即

$$\frac{|a|^p + |b|^p}{2} \leq \left(\frac{|a| + |b|}{2}\right)^p,$$
$$|a|^p + |b|^p \leq 2^{1-p}(|a| + |b|)^p.$$

例 2.118 试证明:对任意的 $x_1 > 0, x_2 > 0 \ (x_1 \neq x_2)$,有不等式

$$x_1 \ln x_1 + x_2 \ln x_2 > (x_1 + x_2) \ln \frac{x_1 + x_2}{2}$$

成立.

证 设 $f(t) = t \ln t, (t > 0)$.

$$f'(t) = \ln t + 1,$$
$$f''(t) = \frac{1}{t} > 0.$$

因此 $f(t) = t\ln t$,在 $(0, +\infty)$ 内为凹弧,根据凹弧的定义,对任意的 $x_1, x_2 \in (0, +\infty)$ $(x_1 \neq x_2)$,有
$$\frac{f(x_1) + f(x_2)}{2} > f\left(\frac{x_1 + x_2}{2}\right),$$
即
$$\frac{x_1\ln x_1 + x_2\ln x_2}{2} > \frac{x_1 + x_2}{2}\ln\frac{x_1 + x_2}{2},$$
$$x_1\ln x_1 + x_2\ln x_2 > (x_1 + x_2)\ln\frac{x_1 + x_2}{2}.$$

二、讨论方程 $f(x) = 0$ 的根的命题简述

1. 讨论方程 $f(x) = 0$ 在某一区间 (a, b) 内至少有一个实根的思考方法

(1) 利用闭区间上连续函数的零值点定理,证明方程 $f(x) = 0$ 在 (a, b) 内至少有一个实根.

例 2.119 试证明:方程 $x2^x = 1$ 至少有一个小于 1 的正根.

证 本题要证明的是方程 $x2^x - 1 = 0$ 在 $(0, 1)$ 内至少有一个实根. 可以考虑函数 $f(x) = x2^x - 1$ 在 $[0, 1]$ 上的零值点定理来证明.

设函数 $f(x) = x2^x - 1, x \in [0, 1]$.

显然函数 $f(x)$ 在闭区间 $[0, 1]$ 上连续,且 $f(0) = -1, f(1) = 1$,从而有 $f(0) \cdot f(1) = -1 < 0$,由闭区间上连续函数的零值点定理,可知至少存在一点 $\xi \in (0, 1)$,使得
$$f(\xi) = \xi \cdot 2^\xi - 1 = 0,$$
即方程 $x2^x - 1 = 0$ 至少有一个小于 1 的正根.

例 2.120 设函数 $f(x) \in C[0, 2a]$ $(a > 0)$,又 $f(0) = f(2a)$,试证明:至少存在一点 $\xi \in (0, 2a)$,使得
$$f(\xi) = f(\xi + a).$$

证 把欲证的结论变形为
$$f(\xi + a) - f(\xi) = 0,$$
那么欲证的命题等价于证明方程
$$f(x + a) - f(x) = 0$$
在 $(0, 2a)$ 内至少有一个实根.

作辅助函数 $F(x) = f(x + a) - f(x), x \in [0, a]$,显然有 $F(x) \in C[0, a]$.
$$F(0) = f(a) - f(0) = f(a) - f(2a),$$
$$F(a) = f(2a) - f(a),$$
$$F(0) \cdot F(a) = -[f(2a) - f(a)]^2.$$

如果 $f(a) = f(2a)$,则取 $\xi = a$,命题得证;

如果 $f(a) \neq f(2a)$,则 $F(0) \cdot F(a) < 0$,根据闭区间上连续函数的零值点定理,可知至少存在一点 $\xi \in (0, a) \subset (0, 2a)$,使得
$$F(\xi) = f(\xi + a) - f(\xi) = 0,$$
即

$$f(\xi) = f(\xi + a).$$

(2) 利用罗尔定理证明方程 $f(x) = 0$ 在 (a,b) 内至少有一个实根.

如果我们由已知的函数 $f(x)$,容易求出函数 $F(x)$,使得
$$F'(x) = f(x), x \in (a,b),$$
而函数 $F(x)$ 在区间 $[\xi_1, \xi_2]$ $(a \leq \xi_1 < \xi_2 \leq b)$ 上满足罗尔定理的条件,应用罗尔定理的结论可证得方程 $F'(x) = f(x) = 0$ 在 (a,b) 内至少有一个实根.

例 2.121 试证明:方程 $4ax^3 + 3bx^2 + 2cx = a + b + c$ 至少有一个小于 1 的正根.

解 原方程可变形为
$$4x^3 a + 3x^2 b + 2xc - (a + b + c) = 0,$$
令 $f(x) = 4x^3 a + 3x^2 b + 2xc - (a + b + c)$,
设 $F(x) = ax^4 + bx^3 + cx^2 - (a + b + c)x$,则有
$$F'(x) = f(x), x \in (-\infty, +\infty).$$

显然多项式函数 $F(x)$ 在 $[0,1]$ 上连续且可导,以及 $F(0) = 0, F(1) = a + b + c - (a + b + c) = 0$,因此 $F(x)$ 在 $[0,1]$ 上满足罗尔定理条件,从而至少存在一点 $\xi \in (0,1)$,使 $F'(\xi) = f(\xi) = 0$,即方程 $f(x) = 0$ 至少有一个小于 1 的正根.

例 2.122 试证明:方程 $\sin x + x\ln x \cdot \cos x = 0$ 在 $[1,\pi]$ 内至少有一个实根.

解 对任意的 $x \in [1,\pi]$,原方程可变形为
$$\frac{1}{x}\sin x + \ln x \cdot \cos x = 0,$$
方程的左端为
$$f(x) = (\ln x)'\sin x + \ln x(\sin x)' = (\ln x \sin x)'.$$

作辅助函数 $F(x) = \ln x \cdot \sin x, x \in [1,\pi]$,显然 $F(x) \in D[1,\pi]$,且 $F(1) = F(\pi) = 0$,函数 $F(x)$ 在 $[1,\pi]$ 上满足罗尔定理的条件,应用罗尔定理的结论可知,至少存在一点 $\xi \in (1, \pi)$,使得
$$F'(\xi) = \frac{1}{\xi}\sin\xi + \ln\xi \cdot \cos\xi = 0,$$
即
$$\sin\xi + \xi\ln\xi \cdot \cos\xi = 0.$$
所以方程 $\sin x + x\ln x \cdot \cos x = 0$ 在 $[1,\pi]$ 内至少有一个实根.

2. 讨论方程 $f(x) = 0$ 在某一区间 (a,b) 内有唯一实根的思考方法

(1) 先讨论实根的存在性:按照 1 的思考方法,论证方程 $f(x) = 0$ 在 (a,b) 内至少有一个实根.

(2) 再论证实根的唯一性:其思考方法是讨论函数 $f(x)$ 在 $[a,b]$ 上是单调增(减)的,从而可知方程 $f(x) = 0$ 在 (a,b) 内最多只有一个实根. 有时视题目的条件,也可采取反证法(见例 2.124).

例 2.123 试证明:方程 $xe^x = 2$ 在区间 $(0,1)$ 内有且仅有一个实根.

证 先证实根的存在性:

设函数 $f(x) = xe^x - 2$,显然 $f(x)$ 在 $[0,1]$ 上连续且可导,由 $f(0) = -2 < 0, f(1) = e - 2 > 0, f(0)f(1) < 0$,据闭区间上连续函数的零值点定理,可知至少存在一点 ξ,使 $f(\xi) = 0$,即方程 $xe^x = 2$ 在 $(0,1)$ 内至少有一个实根.

再证实根的唯一性:由 $f'(x) = e^x + xe^x = (1 + x)e^x > 0, x \in (0,1)$,可知 $f(x)$ 在 $[0,1]$

上是单调增加的,因此方程 $f(x) = 0$ 在 $(0,1)$ 内最多只有一个实根.

综上所证,方程 $f(x) = 0$ 在 $(0,1)$ 有且仅有一个实根.

例 2.124 设函数 $f(x)$ 在 $[0,1]$ 上可导,且 $0 < f(x) < 1, f'(x) \neq -1$,试证明:方程 $f(x) + x - 1 = 0$ 在 $(0,1)$ 内有且仅有一个实根.

证 先证实根的存在性:

设辅助函数 $F(x) = f(x) + x - 1$,据题设可知 $F(x)$ 在 $[0,1]$ 上连续,并且有
$$F(0) = f(0) - 1 < 0,$$
$$F(1) = f(1) > 0,$$
$$F(0) \cdot F(1) < 0.$$

由闭区间上连续函数的零值点定理可知,至少存在一点 $\xi \in (0,1)$,使 $F(\xi) = 0$,即方程 $f(x) + x - 1 = 0$ 在 $(0,1)$ 内至少有一个实根.

再证实根的唯一性:

用反证法:假设方程 $f(x) + x - 1 = 0$ 在 $(0,1)$ 内有两个实根 $x_1, x_2 (0 < x_1 < x_2 < 1)$,必有
$$F(x_1) = f(x_1) + x_1 - 1 = 0,$$
$$F(x_2) = f(x_2) + x_2 - 1 = 0.$$

由于 $F(x) = f(x) + x - 1$ 在 $[0,1]$ 上连续且可导,$F(x_1) = F(x_2)$,因此 $F(x)$ 满足罗尔定理条件,从而至少存在一点 $\eta \in (0,1)$,使 $F'(\eta) = 0$.
$$F'(x) = [f(x) + x - 1]' = f'(x) + 1.$$

由 $F'(\eta) = f'(\eta) + 1 = 0$,得 $f'(\eta) = -1$,这与题设 $f'(x) \neq -1$ 矛盾,所以方程最多只有一个实根.

综上所证,方程 $f(x) + x - 1 = 0$ 在 $(0,1)$ 内有且仅有一个实根.

例 2.125 试证明:当 $8b - a^2 > 0$ 时,实系数方程
$$\frac{1}{3}x^3 + \frac{1}{2}ax^2 + 2bx - 3c = 0$$
有且仅有一个实根.

证 设辅助函数 $f(x) = \frac{1}{3}x^3 + \frac{1}{2}ax^2 + 2bx - 3c$,显然 $f(x)$ 在 $(-\infty, +\infty)$ 内连续且可导.

先证实根的存在性:

由于
$$\lim_{x \to \infty} \frac{1}{f(x)} = \lim_{x \to \infty} \frac{\frac{1}{x^3}}{\frac{1}{3} + \frac{a}{2x} + \frac{2b}{x^2} - \frac{3c}{x^3}} = 0,$$

因此当 $x \to \infty$ 时,$f(x) \to \infty$.

又由于
$$f(x) = x^3 \left(\frac{1}{3} + \frac{a}{2x} + \frac{2b}{x^2} - \frac{3c}{x^3} \right),$$

可知必定存在充分大的正数 N,当 $|x| > N$ 时,$f(x)$ 与 x 的符号相同. 现取 $x_0 > N$,必有 $f(x_0) > 0, f(-x_0) < 0$. 由连续函数的零值点定理知,至少存在一点 $\xi \in (-x_0, x_0)$,使 $f(\xi) = 0$,即方程
$$\frac{1}{3}x^3 + \frac{1}{2}ax^2 + 2bx - 3c = 0$$
至少有一个实根.

再证实根的唯一性:

$$f'(x) = x^2 + ax + 2b = \left(x + \frac{1}{2}a\right)^2 + 2b - \frac{1}{4}a^2$$
$$= \left(x + \frac{1}{2}a\right)^2 + \frac{1}{4}(8b - a^2),$$

据题设 $8b - a^2 > 0, \left(x + \frac{1}{2}a\right)^2 \geq 0$,因此 $f'(x) > 0$,即 $f(x)$ 在 $(-\infty, +\infty)$ 内是单调增加的函数,因此方程 $f(x) = 0$ 最多只有一个实根.

综上所证,方程
$$\frac{1}{3}x^3 + \frac{1}{2}ax^2 + 2bx - 3c = 0$$
有且仅有一个实根.

例 2.126 设有三次方程 $x^3 - 3ax + 2b = 0$,其中 $a > 0, b^2 < a^3$,试证明该方程有且仅有三个实根.

解 设辅助函数 $f(x) = x^3 - 3ax + 2b, x \in (-\infty, +\infty)$. 显然 $f(x)$ 在 $(-\infty, +\infty)$ 内连续且可导.
$$f'(x) = 3x^2 - 3a = 3(x^2 - a) = 3(x - \sqrt{a})(x + \sqrt{a}),$$
令 $f'(x) = 0$,解得驻点 $x = \sqrt{a}, x = -\sqrt{a} \ (a > 0)$.

由于 $a > 0, b^2 < a^3$,可推知 $|b| < a\sqrt{a}$,即
$$-a\sqrt{a} < b < a\sqrt{a},$$
所以
$$f(\sqrt{a}) = a\sqrt{a} - 3a\sqrt{a} + 2b = 2(b - a\sqrt{a}) < 0,$$
$$f(-\sqrt{a}) = -a\sqrt{a} + 3a\sqrt{a} + 2b = 2(b + a\sqrt{a}) > 0.$$

列下表讨论 $f(x)$ 的单调区间及极值

x	$(-\infty, -\sqrt{a})$	$-\sqrt{a}$	$(-\sqrt{a}, \sqrt{a})$	$\sqrt{a}$	$(\sqrt{a}, +\infty)$
$f'(x)$	+	0	−	0	+
$f(x)$	↗	极大值 $2(b + a\sqrt{a})$	↘	极小值 $2(b - a\sqrt{a})$	↗

因为 $\lim\limits_{x \to -\infty} f(x) = \lim\limits_{x \to -\infty}(x^3 - 3ax + 2b) = -\infty, f(-\sqrt{a}) = 2(b + a\sqrt{a}) > 0$,所以据连续函数的零值点定理,可知方程 $f(x) = 0$ 在 $(-\infty, -\sqrt{a})$ 内至少有一个实根;

因为 $f(-\sqrt{a}) = 2(b + a\sqrt{a}) > 0, f(\sqrt{a}) = 2(b - a\sqrt{a}) < 0$,所以据连续函数的零值点定理,可知方程 $f(x) = 0$ 在 $(-\sqrt{a}, \sqrt{a})$ 内至少有一个实根;

因为 $f(\sqrt{a}) = 2(b - a\sqrt{a}) < 0, \lim\limits_{x \to +\infty}(x^3 - 3ax + 2b) = +\infty$,所以同理方程 $f(x) = 0$ 在 $(\sqrt{a}, +\infty)$ 内至少有一个实根.

又 $f(x)$ 在 $(-\infty, -\sqrt{a})$ 内是单调增的,在 $(-\sqrt{a}, \sqrt{a})$ 内是单调减的,在 $(\sqrt{a}, +\infty)$ 内是单调增的,故方程 $f(x) = 0$ 在 $(-\infty, -\sqrt{a}), (-\sqrt{a}, \sqrt{a}), (\sqrt{a}, +\infty)$ 内分别最多有一个实根.

综上所证,方程 $f(x) = 0$ 在 $(-\infty, -\sqrt{a}), (-\sqrt{a}, \sqrt{a}), (\sqrt{a}, +\infty)$ 内分别有且仅有一个实根,所以在 $(-\infty, +\infty)$ 内有且仅有三个实根.

例 2.127 试证明:方程 $e^x - (ax + b) = 0$ 最多有两个实根.

证 用反证法:假设所给方程有三个实根,即函数 $f(x) = e^x - (ax+b)$ 有三个零点 x_1, x_2, x_3:

$$f(x_1) = f(x_2) = f(x_3) = 0, (x_1 < x_2 < x_3).$$

显然函数 $f(x) = e^x - (ax+b)$ 连续且可导,即 $f(x)$ 在两个区间 $[x_1, x_2], [x_2, x_3]$ 上满足罗尔定理条件,分别应用罗尔定理结论,知至少存在点 $\xi_1 \in (x_1, x_2), \xi_2 \in (x_2, x_3)$,使得

$$f'(\xi_1) = f'(\xi_2) = 0, (x_1 < \xi_1 < x_2 < \xi_2 < x_3).$$

又 $f'(x) = e^x - a$ 在 $[\xi_1, \xi_2]$ 上满足罗尔定理条件,从而至少存在一点 $\eta \in (\xi_1, \xi_2)$,使 $f''(\eta) = 0$,这与 $f''(x) = e^x > 0$ 矛盾. 故方程 $f(x) = 0$ 在 $(-\infty, +\infty)$ 内最多有两个实根.

第三单元 一元函数积分学

第十一讲 不定积分的概念与基本积分法

在数学上,正的运算和逆的运算是经常会遇到的. 对应于正运算加法的逆运算是减法;对应于正运算乘法的逆运算是除法;对应于正运算正数的正整数次乘方的逆运算是正数的开正整数次方.

一般地说,逆运算要比正运算困难. 不定积分就是微分运算的逆运算,从概念上讲虽然比较简单,但是在计算上则是较为繁杂的.

微分学的基本问题是已知一个函数 $F(x)$,求它的导数 $F'(x)$. 而已知一个函数 $f(x)$,求函数 $F(x)$,使 $F'(x) = f(x)$. 这就是不定积分研究的问题. 正因为如此,结合微分学来学习不定积分是十分有益的.

基本概念和重要结论

1. 原函数与不定积分的定义

若 $F(x)$ 与 $f(x)$ 在区间 I 内,任给 $x \in I$,均有
$$F'(x) = f(x) \quad (\text{或 } dF(x) = f(x)dx),$$
则称 $F(x)$ 是 $f(x)$ 在区间 I 内的一个原函数.

若 $F(x)$ 是 $f(x)$ 在区间 I 内的一个原函数,则 $F(x) + C$ 称为 $f(x)$ 在区间 I 内的不定积分,记为
$$\int f(x)dx = F(x) + C,$$
其中 C 为任意常数.

若 $f(x)$ 在区间 I 内的原函数存在,则称 $f(x)$ 在区间 I 内可积. 今后,我们总认为积分号内的被积函数是可积的,并且不再加以说明.

2. 不定积分的性质

(1) $\dfrac{d}{dx}\left[\int f(x)dx\right] = \left[\int f(x)dx\right]' = f(x),$

或 $d\left[\int f(x)dx\right] = f(x)dx;$

(2) $\int F'(x)dx = \int f(x)dx = \int dF(x) = F(x) + C$ (这里 $F'(x) = f(x)$);

(3) $\int kf(x)dx = k\int f(x)dx$ (k 为非零常数);

(4) $\int [f(x) \pm g(x)]dx = \int f(x)dx \pm \int g(x)dx.$

3. 基本积分表

(1) $\int k\,dx = kx + C$ (k 为常数);

(2) $\int x^\alpha dx = \dfrac{1}{\alpha+1}x^{\alpha+1} + C$ ($\alpha \in \mathbf{R}, \alpha \neq -1$);

(3) $\int \dfrac{1}{x}dx = \ln|x| + C$;

(4) $\int a^x dx = \dfrac{1}{\ln a}a^x + C$ ($a > 0, a \neq 1$);

(5) $\int e^x dx = e^x + C$;

(6) $\int \sin x dx = -\cos x + C$;

(7) $\int \cos x dx = \sin x + C$;

(8) $\int \tan x dx = -\ln|\cos x| + C$;

(9) $\int \cot x dx = \ln|\sin x| + C$;

(10) $\int \sec x dx = \ln|\sec x + \tan x| + C$;

(11) $\int \csc x dx = \ln|\csc x - \cot x| + C$;

(12) $\int \dfrac{1}{\cos^2 x}dx = \int \sec^2 x dx = \tan x + C$;

(13) $\int \dfrac{1}{\sin^2 x}dx = \int \csc^2 x dx = -\cot x + C$;

(14) $\int \sec x \tan x dx = \sec x + C$;

(15) $\int \csc x \cot x dx = -\csc x + C$;

(16) $\int \dfrac{1}{a^2 + x^2}dx = \dfrac{1}{a}\arctan\left(\dfrac{x}{a}\right) + C$;

(17) $\int \dfrac{1}{a^2 - x^2}dx = \dfrac{1}{2a}\ln\left|\dfrac{a+x}{a-x}\right| + C$;

(18) $\int \dfrac{1}{x^2 - a^2}dx = \dfrac{1}{2a}\ln\left|\dfrac{x-a}{x+a}\right| + C$;

(19) $\int \dfrac{1}{\sqrt{a^2 - x^2}}dx = \arcsin\left(\dfrac{x}{a}\right) + C$;

(20) $\int \dfrac{1}{\sqrt{x^2 - a^2}}dx = \ln|x + \sqrt{x^2 - a^2}| + C$;

(21) $\int \dfrac{1}{\sqrt{x^2 + a^2}}dx = \ln|x + \sqrt{x^2 + a^2}| + C$;

(22) $\int \sqrt{a^2 - x^2}dx = \dfrac{a^2}{2}\arcsin\left(\dfrac{x}{a}\right) + \dfrac{x}{2}\sqrt{a^2 - x^2} + C$;

(23) $\int \operatorname{sh} x dx = \operatorname{ch} x + C$;

(24) $\int \operatorname{ch} x dx = \operatorname{sh} x + C$.

4. 基本积分法

1) 换元积分法

第一类换元积分法：

设 $F(u)$ 是 $f(u)$ 的一个原函数，$u = u(x)$ 有连续的一阶导数，则有
$$\int f[u(x)]u'(x)\mathrm{d}x = F[u(x)] + C.$$

第一类换元积分法，通常又称为"凑微分法"．常用的"凑微分法"有：

(1) $\int f(ax+b)\mathrm{d}x \xrightarrow[(a\neq 0)]{u=ax+b} \dfrac{1}{a}\int f(u)\mathrm{d}u = \dfrac{1}{a}F(u) + C = \dfrac{1}{a}F(ax+b) + C;$

(2) $\int f(ax^n+b)x^{n-1}\mathrm{d}x \xrightarrow[(a\neq 0, n\geq 1)]{u=ax^n+b} \dfrac{1}{an}\int f(u)\mathrm{d}u = \dfrac{1}{an}F(u) + C = \dfrac{1}{an}F(ax^n+b) + C;$

(3) $\int f(\sqrt{x})\dfrac{1}{\sqrt{x}}\mathrm{d}x \xrightarrow{u=\sqrt{x}} 2\int f(u)\mathrm{d}u = 2F(u) + C = 2F(\sqrt{x}) + C;$

(4) $\int f\left(\dfrac{1}{x}\right)\dfrac{1}{x^2}\mathrm{d}x \xrightarrow{u=\frac{1}{x}} -\int f(u)\mathrm{d}u = -F(u) + C = -F\left(\dfrac{1}{x}\right) + C;$

(5) $\int f(\ln x)\dfrac{1}{x}\mathrm{d}x \xrightarrow{u=\ln x} \int f(u)\mathrm{d}u = F(u) + C = F(\ln x) + C;$

(6) $\int f(\sin x)\cos x\mathrm{d}x \xrightarrow{u=\sin x} \int f(u)\mathrm{d}u = F(u) + C = F(\sin x) + C;$

(7) $\int f(\tan x)\sec^2 x\mathrm{d}x \xrightarrow{u=\tan x} \int f(u)\mathrm{d}u = F(u) + C = F(\tan x) + C;$

(8) $\int f(\arcsin x)\dfrac{1}{\sqrt{1-x^2}}\mathrm{d}x \xrightarrow{u=\arcsin x} \int f(u)\mathrm{d}u = F(u) + C = F(\arcsin x) + C;$

(9) $\int f(\arctan x)\dfrac{1}{1+x^2}\mathrm{d}x \xrightarrow{u=\arctan x} \int f(u)\mathrm{d}u = F(u) + C = F(\arctan x) + C;$

(10) $\int f(\mathrm{e}^x)\mathrm{e}^x\mathrm{d}x \xrightarrow{u=\mathrm{e}^x} \int f(u)\mathrm{d}u = F(u) + C = F(\mathrm{e}^x) + C.$

一般说来，用"凑微分法"去求不定积分，其被积式并不是已经"凑"成公式的情况，而是需要我们自己动手去"凑"．正因为如此，初等数学中的变量代换、代数公式、三角公式以及学过的微分公式都是经常要用到的工具．

第二类换元积分法：

设 $x = \varphi(t)$ 是单调的，有连续导数的函数，且 $\varphi'(t) \neq 0$，$f[\varphi(t)]\varphi'(t)$ 有原函数 $F(t)$，则有
$$\int f(x)\mathrm{d}x = \int f[\varphi(t)]\varphi'(t)\mathrm{d}t = F(t) + C = F[\varphi^{-1}(x)] + C,$$

其中 $\varphi^{-1}(x)$ 是 $x = \varphi(t)$ 的反函数．

常见的第二类换元积分公式有：

① $\int R(x, \sqrt{a^2-x^2})\mathrm{d}x \xrightarrow{x=a\sin t} \int R(a\sin t, a\cos t)a\cos t\mathrm{d}t,$

（也可令代换 $x = a\cos t$）；

② $\int R(x, \sqrt{a^2+x^2})\mathrm{d}x \xrightarrow{x=a\tan t} \int R(a\tan t, a\sec t)a\sec^2 t\mathrm{d}t,$

（也可令代换 $x = a\mathrm{sh}t$）；

③ $\int R(x, \sqrt{x^2-a^2})\mathrm{d}x \xrightarrow{x=a\sec t} \int R(a\sec t, a\tan t)a\sec t\tan t\mathrm{d}t,$

（也可令代换 $x = a\mathrm{ch}t$）．

2) 分部积分法

设 $u(x)$、$v(x)$ 在区间 I 内具有一阶连续的导数，则在 I 内有

分部积分公式

$$\int u(x)\mathrm{d}v(x) = u(x)v(x) - \int v(x)\mathrm{d}u(x),$$

或

$$\int u(x)v'(x)\mathrm{d}x = u(x)v(x) - \int v(x)u'(x)\mathrm{d}x.$$

在使用分部积分公式解决不定积分的时候,常见的几种函数的 $u(x)$、$v(x)$ 的选择大体有下面的规律(下面的 $P_n(x)$ 代表 n 次多项式):

(1) $\int P_n(x)\mathrm{e}^{\alpha x}\mathrm{d}x$,可设 $u(x) = P_n(x)$,$\mathrm{d}v(x) = \mathrm{e}^{\alpha x}\mathrm{d}x$;

(2) $\int P_n(x)\sin\alpha x\mathrm{d}x$,可设 $u(x) = P_n(x)$,$\mathrm{d}v(x) = \sin\alpha x\mathrm{d}x$;

(3) $\int P_n(x)\cos\alpha x\mathrm{d}x$,可设 $u(x) = P_n(x)$,$\mathrm{d}v(x) = \cos\alpha x\mathrm{d}x$;

(4) $\int P_n(x)\arcsin x\mathrm{d}x$,可设 $u(x) = \arcsin x$,$\mathrm{d}v(x) = P_n(x)\mathrm{d}x$;

(5) $\int P_n(x)\arctan x\mathrm{d}x$,可设 $u(x) = \arctan x$,$\mathrm{d}v(x) = P_n(x)\mathrm{d}x$;

(6) $\int P_n(x)\ln(ax + b)\mathrm{d}x$,可设 $u(x) = \ln(ax + b)$,$\mathrm{d}v(x) = P_n(x)\mathrm{d}x$;

(7) $\int \mathrm{e}^{\alpha x}\sin\beta x\mathrm{d}x$,可设 $u(x) = \mathrm{e}^{\alpha x}$,$\mathrm{d}v(x) = \sin\beta x\mathrm{d}x$;

(8) $\int \mathrm{e}^{\alpha x}\cos\beta x\mathrm{d}x$,可设 $u(x) = \mathrm{e}^{\alpha x}$,$\mathrm{d}v(x) = \cos\beta x\mathrm{d}x$;

(9) $\int \sin^n x\mathrm{d}x$,$n \in \mathbf{N}^+$,可设 $u(x) = \sin^{n-1}x$,$\mathrm{d}v(x) = \sin x\mathrm{d}x$;

(10) $\int \cos^n x\mathrm{d}x$,$n \in \mathbf{N}^+$,可设 $u(x) = \cos^{n-1}x$,$\mathrm{d}v(x) = \cos x\mathrm{d}x$.

一、简单函数的不定积分

简单函数的不定积分,是指在不定积分中的被积函数可以用基本积分表直接求出全体原函数,或利用初等数学公式及不定积分的性质求出全体原函数. 简单函数的不定积分,属于不定积分中最简单的情况.

例 3.1 求 $\int 3^x \mathrm{d}x$.

解 被积函数 3^x 是基本初等函数,用基本积分表(4),由于 $a = 3$,故有

$$\int 3^x \mathrm{d}x = \frac{1}{\ln 3}3^x + C.$$

例 3.2 求 $\int x^{\frac{2}{3}}\mathrm{d}x$.

解 被积函数 $x^{\frac{2}{3}}$ 是基本初等函数,用基本积分表(2),由于 $\alpha = \frac{2}{3}$,故有

$$\int x^{\frac{2}{3}}\mathrm{d}x = \frac{1}{\frac{2}{3}+1}x^{\frac{2}{3}+1} + C = \frac{3}{5}x^{\frac{5}{3}} + C.$$

例 3.3 求 $\int (2x + 1)^2\mathrm{d}x$.

解 因为被积函数 $(2x + 1)^2 = 4x^2 + 4x + 1$,由不定积分的性质及基本积分表,有

$$\int (2x+1)^2 \mathrm{d}x = \int (4x^2 + 4x + 1)\mathrm{d}x = 4\int x^2 \mathrm{d}x + 4\int x \mathrm{d}x + x$$
$$= \frac{4}{3}x^3 + 2x^2 + x + C.$$

例 3.4 求 $\int \frac{x^3 - 8}{x - 2}\mathrm{d}x$.

解 因为被积函数 $\frac{x^3 - 8}{x - 2} = x^2 + 2x + 4$,由不定积分的性质及基本积分表,有

$$\int \frac{x^3 - 8}{x - 2}\mathrm{d}x = \int (x^2 + 2x + 4)\mathrm{d}x = \frac{1}{3}x^3 + x^2 + 4x + C.$$

有的不定积分,看起来不是简单函数的不定积分,只要我们用初等数学的公式对被积函数进行适当的变形或化简,也可以成为简单函数的不定积分.

例 3.5 求 $\int \frac{\sqrt{1 + x^2}}{\sqrt{1 - x^4}}\mathrm{d}x$.

解 被积函数 $\frac{\sqrt{1 + x^2}}{\sqrt{1 - x^4}} = \frac{1}{\sqrt{1 - x^2}}$. 而 $\int \frac{1}{\sqrt{1 - x^2}}\mathrm{d}x$ 由基本积分表中的公式(19),取 $a = 1$ 的情况,有

$$\int \frac{\sqrt{1 + x^2}}{\sqrt{1 - x^4}}\mathrm{d}x = \int \frac{1}{\sqrt{1 - x^2}}\mathrm{d}x = \arcsin x + C.$$

例 3.6 求 $\int \frac{2 \cdot 3^x - 5 \cdot 2^x}{3^x}\mathrm{d}x$.

解 被积函数 $\frac{2 \cdot 3^x - 5 \cdot 2^x}{3^x} = 2 - 5\left(\frac{2}{3}\right)^x$. 而 $\int \left[2 - 5\left(\frac{2}{3}\right)^x\right]\mathrm{d}x$ 已属于简单函数的不定积分,故

$$\int \frac{2 \cdot 3^x - 5 \cdot 2^x}{3^x}\mathrm{d}x = \int \left[2 - 5\left(\frac{2}{3}\right)^x\right]\mathrm{d}x = \int 2\mathrm{d}x - 5\int \left(\frac{2}{3}\right)^x \mathrm{d}x$$
$$= 2x - \frac{5}{\ln 2 - \ln 3}\left(\frac{2}{3}\right)^x + C.$$

例 3.7 求 $\int \frac{x^2}{1 + x^2}\mathrm{d}x$.

解 被积函数 $\frac{x^2}{1 + x^2} = \frac{1 + x^2 - 1}{1 + x^2} = 1 - \frac{1}{1 + x^2}$,故有

$$\int \frac{x^2}{1 + x^2}\mathrm{d}x = \int \left(1 - \frac{1}{1 + x^2}\right)\mathrm{d}x = x - \arctan x + C.$$

例 3.8 求 $\int \tan^2 x \mathrm{d}x$.

解 被积函数 $\tan^2 x = \sec^2 x - 1$,故有

$$\int \tan^2 x \mathrm{d}x = \int (\sec^2 x - 1)\mathrm{d}x = \int \sec^2 x \mathrm{d}x - x = \tan x - x + C.$$

例 3.9 求 $\int \frac{\sin^2 x - \cos^2 x}{\sin^2 x \cos^2 x}\mathrm{d}x$.

解 由于 $\frac{\sin^2 x - \cos^2 x}{\sin^2 x \cos^2 x} = \frac{1}{\cos^2 x} - \frac{1}{\sin^2 x}$,故有

$$\int \frac{\sin^2 x - \cos^2 x}{\sin^2 x \cdot \cos^2 x} dx = \int \left(\frac{1}{\cos^2 x} - \frac{1}{\sin^2 x}\right) dx = \int \frac{1}{\cos^2 x} dx - \int \frac{1}{\sin^2 x} dx$$
$$= \tan x + \cot x + C.$$

例 3.10 求 $\int \frac{\cos 2x}{\cos x - \sin x} dx$.

解 因为 $\frac{\cos 2x}{\cos x - \sin x} = \frac{\cos^2 x - \sin^2 x}{\cos x - \sin x} = \cos x + \sin x$.

所以
$$\int \frac{\cos 2x}{\cos x - \sin x} dx = \int (\cos x + \sin x) dx = \int \cos x dx + \int \sin x dx$$
$$= \sin x - \cos x + C.$$

二、换元积分法

利用基本积分表和不定积分的性质,只能计算出为数不多的简单函数的积分,为了扩大计算不定积分的范围,就要用到基本积分方法中的换元积分法.

1. 第一类换元积分法

例 3.11 求 $\int (ax+b)^9 dx, (a、b$ 为常数,且 $a \neq 0)$.

解 本例中的被积函数,虽然可以用乘法先求出 $(ax+b)^9$,然后再用简单函数的不定积分法去做,但是在实际运算中由于方次偏高,增加了工作的难度,有的时候甚至是不可行. 我们采用第一类换元积分法. 设 $u = ax + b$,则 $x = \frac{1}{a}(u-b)$,于是 $dx = \frac{1}{a} du$.

$$\int (ax+b)^9 dx \xrightarrow{u = ax + b} \int u^9 \cdot \frac{1}{a} du = \frac{1}{a} \int u^9 du = \frac{1}{10a} u^{10} + C = \frac{1}{10a}(ax+b)^{10} + C.$$

在例 3.11 中,解题的最后一步把对 u 的不定积分的原函数求出来了之后,还应当把结果还原为 x 的函数. 这一点是十分重要的.

例 3.12 求 $\int \cos 6x dx$.

解 设 $u = 6x$,则 $x = \frac{1}{6} u$,故 $dx = \frac{1}{6} du$,有

$$\int \cos 6x dx \xrightarrow{u = 6x} \int \cos u \cdot \frac{1}{6} du = \frac{1}{6} \int \cos u du = \frac{1}{6} \sin u + C = \frac{1}{6} \sin 6x + C.$$

错误解法 1:

令 $u = 6x$,则

$$\int \cos 6x dx = \int \cos u dx = \sin u + C = \sin 6x + C.$$

这个解法的错误在于只对被积函数进行了换元,而未对积分变元进行变化,造成了被积函数的变元 u 与积分变量 x 的不相同而发生错误.

错误解法 2:

令 $u = 6x$,则 $x = \frac{1}{6} u, dx = \frac{1}{6} du$.

故

$$\int \cos 6x \mathrm{d}x = \int \cos u \cdot \frac{1}{6} \mathrm{d}u = \frac{1}{6} \int \cos u \mathrm{d}u = -\frac{1}{6}\sin u + C = -\frac{1}{6}\sin 6x + C.$$

这种解法的错误在于把不定积分问题误以为是对被积函数求导数,而发生错误.

例 3.13 求 $\int \frac{1-\sin\sqrt{x}}{\sqrt{x}}\mathrm{d}x$.

解 设 $u = \sqrt{x}$,则 $x = u^2, \mathrm{d}x = 2u\mathrm{d}u$.

故

$$\int \frac{1-\sin\sqrt{x}}{\sqrt{x}}\mathrm{d}x = \int \left(\frac{1-\sin u}{u}\right) \cdot 2u\mathrm{d}u = \int (2-2\sin u)\mathrm{d}u$$

$$= 2\int \mathrm{d}u - 2\int \sin u \mathrm{d}u = 2u + 2\cos u + C = 2\sqrt{x} + 2\cos\sqrt{x} + C.$$

例 3.14 求 $\int \frac{x}{\sqrt{1+x^2}}\mathrm{d}x$.

解 设 $u = x^2 + 1$,则 $\mathrm{d}u = 2x\mathrm{d}x$,有 $x\mathrm{d}x = \frac{1}{2}\mathrm{d}u$.

故

$$\int \frac{x}{\sqrt{1+x^2}}\mathrm{d}x \xrightarrow{u = x^2+1} \int \frac{1}{\sqrt{u}} \cdot \frac{1}{2}\mathrm{d}u = \frac{1}{2}\int u^{-\frac{1}{2}}\mathrm{d}u$$

$$= \frac{1}{2} \cdot \frac{1}{-\frac{1}{2}+1}u^{\frac{1}{2}} + C = \sqrt{u} + C = \sqrt{x^2+1} + C.$$

例 3.15 求 $\int \frac{\mathrm{d}x}{\mathrm{e}^x + \mathrm{e}^{-x}}$.

解 由于被积函数 $\frac{1}{\mathrm{e}^x + \mathrm{e}^{-x}} = \frac{\mathrm{e}^x}{1+(\mathrm{e}^x)^2}$. 可以看出,当令代换 $u = \mathrm{e}^x$ 时,已化为简单函数的不定积分了.

故

$$\int \frac{\mathrm{d}x}{\mathrm{e}^x + \mathrm{e}^{-x}} = \int \frac{\mathrm{e}^x}{1+(\mathrm{e}^x)^2}\mathrm{d}x \xrightarrow{u = \mathrm{e}^x} \int \frac{\mathrm{d}u}{1+u^2} = \arctan u + C = \arctan(\mathrm{e}^x) + C.$$

2. 第二类换元积分法

例 3.16 求 $\int \frac{x}{\sqrt{a^2-x^2}}\mathrm{d}x, (a > 0)$.

解 因为被积函数为 $\frac{x}{\sqrt{a^2-x^2}}$,所以它是典型的第二类换元积分的题目,令代换 $x = a\sin t$,即可去掉被积函数中的根号.

$$\int \frac{x}{\sqrt{a^2-x^2}}\mathrm{d}x \xrightarrow{x = a\sin t} \int \frac{a\sin t}{a\cos t} \cdot (a\cos t)\mathrm{d}t$$

$$= a\int \sin t \mathrm{d}t = -a\cos t + C = -\sqrt{a^2-x^2} + C.$$

在例 3.16 中,最后一步由变量 t 换回变量 x 的步骤是这样的:$a\cos t = a\sqrt{1-\sin^2 t} = \sqrt{a^2-(a\sin t)^2} = \sqrt{a^2-x^2}$,这是因为 $x = a\sin t$ 的原因.

例 3.17 求 $\int \frac{1}{\sqrt{x^2+1}}\mathrm{d}x$.

解 本例也是典型的第二类换元积分法的题目.

$$\int \frac{1}{\sqrt{x^2+1}} dx \xrightarrow{x=\tan t} \int \frac{1}{\sec t}(\sec^2 t) dt = \int \sec t\, dt$$

$$= \ln|\sec t + \tan t| + C = \ln|x + \sqrt{x^2+1}| + C.$$

这里,由变量 t 换回变量 x 用到了三角形法,如图 11-1 所示,由 $x = \tan t$,有 $\sec t = \sqrt{x^2+1}$. 故

$$\ln|\sec t + \tan t| = \ln|x + \sqrt{x^2+1}|.$$

例 3.18 求 $\int \frac{\sqrt{x^2-9}}{x} dx$.

解 $\int \frac{\sqrt{x^2-9}}{x} dx \xrightarrow{x=3\sec t} \int \frac{3\tan t}{3\sec t}(3\tan t\sec t) dt = 3\int \tan^2 t\, dt$

$$= 3\int(\sec^2 t - 1) dt = 3\tan t - 3t + C = \sqrt{x^2-9} - 3\arccos\frac{3}{x} + C.$$

在例 3.18 中,由变量 t 还原为变量 x 用到了三角形法(图 11-2). 由 $x = 3\sec t$,故 $\cos t = \frac{3}{x}$, $t = \arccos\frac{3}{x}$. 而 $x^2 - 9 = 9\tan^2 t$,知 $3\tan t = \sqrt{x^2-9}$.

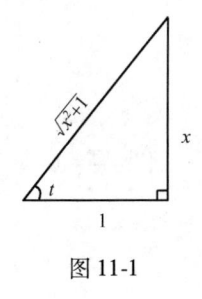

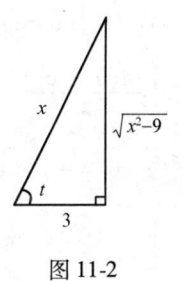

图 11-1   图 11-2

例 3.19 求 $\int \frac{1}{x\sqrt{x^2-1}} dx$.

解 本例也是典型的第二类换元积分法的题目. 除了用到代换 $x = \sec t$ 之外,还可以用其他的代换来作.

解法 1

$$\int \frac{dx}{x\sqrt{x^2-1}} \xrightarrow{x=\sec t} \int \frac{\sec t \cdot \tan t}{\sec t \cdot \tan t} dt = \int dt = t + C = \arccos\frac{1}{x} + C.$$

解法 2

$$\int \frac{dx}{x\sqrt{x^2-1}} \xrightarrow{x=\frac{1}{t}} \int \frac{1}{\frac{1}{t}\sqrt{\frac{1}{t^2}-1}} \left(-\frac{1}{t^2}\right) dt$$

$$= -\int \frac{1}{\sqrt{1-t^2}} dt = -\arcsin t + C = -\arcsin\frac{1}{x} + C.$$

解法 3

$$\int \frac{dx}{x\sqrt{x^2-1}} \xrightarrow{t=\sqrt{x^2-1}} \int \frac{1}{t(t+1)} \cdot \frac{1}{2} dt = \frac{1}{2}\int\left(\frac{1}{t} - \frac{1}{t+1}\right) dt$$

$$= \frac{1}{2}\ln\left|\frac{t}{t+1}\right| + C = \frac{1}{2}\ln\left|\frac{\sqrt{x^2-1}}{\sqrt{x^2-1}+1}\right| + C.$$

解法 4
$$\int \frac{dx}{x\sqrt{x^2-1}} \xlongequal{x=\csc t} \int \frac{-\csc t \cdot \cot t}{\csc t \cdot \cot t} dt = -\int dt = -t + C = -\arcsin\frac{1}{x} + C.$$

应当指出的是,在用第二类换元积分法求不定积分时,令代换 $x = \varphi(t)$,对 t 积分完成之后,还应当把最后的结果,通过反函数 $t = \varphi^{-1}(x)$ 还原为 x 的函数. 当被积函数中含有 $\sqrt{x^2 \pm a^2}$ 及 $\sqrt{a^2 - x^2}$ 时,把对 t 的结果化为 x 的函数,三角形法及初等数学中的三角公式是经常要用到的.

三、分部积分法

与简单函数的不定积分和换元积分法一样,分部积分法也是不定积分的基本方法.

例 3.20 求 $\int x\sin x\, dx$.

解 $\int x\sin x\, dx = -\int x\, d\cos x = -\left(x\cos x - \int \cos x\, dx\right) = \sin x - x\cos x + C.$

例 3.21 求 $\int \ln x\, dx$.

解 $\int \ln x\, dx = x\ln x - \int x\, d(\ln x) = x\ln x - \int dx = x\ln x - x + C.$

例 3.22 求 $\int \frac{\ln(1+e^x)}{e^x}dx$.

解
$$\int \frac{\ln(1+e^x)}{e^x}dx = -\int \ln(1+e^x)\, d(e^{-x}) = -\left[e^{-x}\ln(1+e^x)\right] + \int \frac{e^x \cdot e^{-x}}{1+e^x}dx$$
$$= -e^{-x}\ln(1+e^x) + \int \frac{1}{1+e^x}dx$$
$$= -e^{-x}\ln(1+e^x) + \int \frac{1+e^x-e^x}{1+e^x}dx$$
$$= -e^{-x}\ln(1+e^x) + \int\left(1 - \frac{e^x}{1+e^x}\right)dx$$
$$= -e^{-x}\ln(1+e^x) + x - \int \frac{1}{1+e^x}d(1+e^x)$$
$$= x - e^{-x}\ln(1+x) - \ln(1+e^x) + C.$$

有的不定积使用分部积分法之后,虽然被积函数有些简化,但是还不能求出原函数来,这就需要多次利用分部积分公式. 原则上每次使用公式时,所选的 $u(x)$ 应当是同一类函数.

例 3.23 求 $\int (\arcsin x)^2 dx$.

解
$$\int (\arcsin x)^2 dx = x(\arcsin x)^2 - \int x \cdot 2\arcsin x \cdot \frac{dx}{\sqrt{1-x^2}}$$
$$= x(\arcsin x)^2 + 2\int \arcsin x\, d(\sqrt{1-x^2})$$
$$= x(\arcsin x)^2 + 2\left[\sqrt{1-x^2}\arcsin x - \int dx\right]$$
$$= x(\arcsin x)^2 + 2\sqrt{1-x^2}\arcsin x - 2x + C.$$

例 3.24 求 $\int e^{-x}\cos x \, dx$.

解
$$\int e^{-x}\cos x \, dx = \int e^{-x} d(\sin x) = e^{-x}\sin x + \int e^{-x}\sin x \, dx = e^{-x}\sin x - \int e^{-x} d\cos x$$
$$= e^{-x}\sin x - \left[e^{-x}\cos x - \int \cos x \, d(e^{-x})\right] = e^{-x}\sin x - e^{-x}\cos x - \int e^{-x}\cos x \, dx,$$

故
$$\int e^{-x}\cos x \, dx = \frac{1}{2}(e^{-x}\sin x - e^{-x}\cos x) + C = \frac{e^{-x}}{2}(\sin x - \cos x) + C.$$

错误解法：

设 $\int e^{-x}\cos x \, dx = I$，则有 $I = e^{-x}(\sin x - \cos x) - I$（见例 3.24 的解题过程），故 $2I = e^{-x}(\sin x - \cos x)$，得
$$I = \frac{1}{2}e^{-x}(\sin x - \cos x).$$

这种解法之所以错误，是出现在概念问题上，由于 $I = \int e^{-x}\cos x \, dx$ 是代表了 $e^{-x}\cos x$ 的全体原函数，它自然含有任意常数，而不仅仅只是一个原函数.

另外利用分部积分公式还可以推导出一些递推公式，请看下面的例子.

例 3.25 设 $I_n = \int x^n e^{-x} dx, n \in \mathbf{N}^+$. 试用 I_{n-1} 来表示 I_n.

解 本例实际上是要推出 I_n 的递推公式.
$$I_n = -\int x^n d(e^{-x}) = -x^n e^{-x} + \int e^{-x} d(x^n) = -x^n e^{-x} + n\int x^{n-1} e^{-x} dx = -x^n e^{-x} + nI_{n-1}.$$

例 3.26 推导出 $I_n = \int \cos^n x \, dx, n \in \mathbf{N}^+$ 的递推公式，并求 I_2.

解
$$I_n = \int \cos^n x \, dx = \int \cos^{n-1} x \cdot \cos x \, dx = \int \cos^{n-1} x \, d(\sin x)$$
$$= \sin x \cos^{n-1} x + \int \sin^2 x \cdot (n-1)\cos^{n-2} x \, dx$$
$$= \sin x \cos^{n-1} x + (n-1)\int (1 - \cos^2 x) \cdot \cos^{n-2} x \, dx$$
$$= \sin x \cos^{n-1} x + (n-1)(I_{n-2} - I_n),$$

故
$$I_n = \frac{1}{n}\sin x \cos^{n-1} x + \frac{n-1}{n} I_{n-2}.$$

有
$$I_2 = \frac{1}{2}\sin x \cos x + \frac{1}{2}\int (\cos x)^0 dx = \frac{1}{2}\sin x \cos x + \frac{1}{2}x + C.$$

例 3.27 求 $\int \dfrac{x e^{\arctan x}}{(1+x^2)^{\frac{3}{2}}} dx$.

解
$$\int \frac{x e^{\arctan x}}{(1+x^2)^{\frac{3}{2}}} dx = \int \frac{x}{\sqrt{1+x^2}} d e^{\arctan x} = \frac{x e^{\arctan x}}{\sqrt{1+x^2}} - \int \frac{e^{\arctan x}}{(1+x^2)^{\frac{3}{2}}} dx$$
$$= \frac{x e^{\arctan x}}{\sqrt{1+x^2}} - \int \frac{1}{\sqrt{1+x^2}} d e^{\arctan x}$$

$$= \frac{xe^{\arctan x}}{\sqrt{1+x^2}} - \frac{e^{\arctan x}}{\sqrt{1+x^2}} - \int \frac{xe^{\arctan x}}{(1+x^2)^{\frac{3}{2}}} dx,$$

于是

$$\int \frac{xe^{\arctan x}}{(1+x^2)^{\frac{3}{2}}} dx = \frac{1}{2}\left(\frac{xe^{\arctan x}}{\sqrt{1+x^2}} - \frac{e^{\arctan x}}{\sqrt{1+x^2}}\right) + C = \frac{(x-1)e^{\arctan x}}{2\sqrt{1+x^2}} + C.$$

四、基本积分法中的杂例

例 3.28 设 f 具有一阶连续的导数,且 $f'(\sin^2 x) = \cos^2 x$,求 $f(x)$.

解 因为 $f'(\sin^2 x) = \cos^2 x = 1 - \sin^2 x$,

所以
$$f'(x) = 1 - x, (0 \leqslant x \leqslant 1).$$

故
$$f(x) = \int f'(x)dx = \int(1-x)dx = x - \frac{1}{2}x + C.$$

例 3.29 设 f 具有一阶连续的导数,且 $f'(x) = \left(\sin\frac{x}{2} - \cos\frac{x}{2}\right)^2, f\left(\frac{\pi}{2}\right) = 0$,求 $f(x)$.

解
$$f(x) = \int f'(x)dx = \int\left(\sin\frac{x}{2} - \cos\frac{x}{2}\right)^2 dx = \int(1 - \sin x)dx = x + \cos x + C,$$

因为 $f\left(\frac{\pi}{2}\right) = 0$,所以 $f\left(\frac{\pi}{2}\right) = \frac{\pi}{2} + \cos\frac{\pi}{2} + C = 0.$

知 $C = -\frac{\pi}{2}$.

故
$$f(x) = x + \cos x - \frac{\pi}{2}.$$

例 3.30 已知 $f(x)$ 具有一阶连续的导数,且 $f'(\sin^2 t) = \cos 2t + \tan^2 t$,求 $f(x), (0 \leqslant x < 1)$.

解 因为 $f'(\sin^2 t) = \cos 2t + \tan^2 t = 1 - 2\sin^2 t + \frac{1}{1 - \sin^2 t} - 1$

$$= \frac{1}{1 - \sin^2 t} - 2\sin^2 t,$$

所以 $f'(x) = \frac{1}{1-x} - 2x$,

$$f(x) = \int f'(x)dx = \int\left(\frac{1}{1-x} - 2x\right)dx = -\ln(1-x) - x^2 + C.$$

例 3.31 设 $f(x)$ 具有一阶连续的导数,且 $f'(x) + xf'(-x) = x$,求 $f(x)$.

解 因为
$$f'(x) + xf'(-x) = x, \tag{11.1}$$

所以
$$-xf'(x) + f'(-x) = -x. \tag{11.2}$$

由(11.1)式减去 x 乘(11.2)式,得
$$(1 + x^2)f'(x) = x + x^2,$$

故

$$f'(x) = \frac{x+x^2}{1+x^2}.$$

$$f(x) = \int f'(x)\mathrm{d}x = \int \frac{1+x^2+x-1}{1+x^2}\mathrm{d}x = \int\left(1+\frac{x-1}{1+x^2}\right)\mathrm{d}x$$

$$= \int \mathrm{d}x + \int \frac{x}{1+x^2}\mathrm{d}x - \int \frac{1}{1+x^2}\mathrm{d}x = x + \frac{1}{2}\int \frac{\mathrm{d}(1+x^2)}{1+x^2} - \arctan x$$

$$= x + \frac{1}{2}\ln(1+x^2) - \arctan x + C.$$

在求不定积分时,换元积分法与分部积分法两种基本的不定积分方法的交替使用是会经常遇到的. 在解不定积分的题目过程中,千万不要只拘泥于一种方法.

例 3.32 求 $\int \sqrt{x^2+1}\,\mathrm{d}x$.

解 $\int \sqrt{x^2+1}\,\mathrm{d}x \xrightarrow{x=\tan t} \int \sec t \cdot \mathrm{d}(\tan t) = \int \sec^3 t\,\mathrm{d}t = \tan t\sec t - \int \tan t\,\mathrm{d}(\sec t)$

$$= \tan t\sec t - \int \sec t(\sec^2 t - 1)\mathrm{d}t = \tan t\sec t - \int \sec^3 t\,\mathrm{d}t + \int \sec t\,\mathrm{d}t$$

$$= \tan t\sec t + \ln|\tan t + \sec t| - \int \sec^3 t\,\mathrm{d}t,$$

故

$$2\int \sec^3 t\,\mathrm{d}t = \tan t\sec t + \ln|\tan t + \sec t| + 2C,$$

即

$$\int \sec^3 t\,\mathrm{d}t = \frac{1}{2}\tan t\sec t + \frac{1}{2}\ln|\tan t + \sec t| + C,$$

于是

$$\int \sqrt{x^2+1}\,\mathrm{d}x \xrightarrow{x=\tan t} \int \sec^3 t\,\mathrm{d}t = \frac{1}{2}(\tan t\sec t + \ln|\tan t + \sec t|) + C$$

$$= \frac{1}{2}x\sqrt{x^2+1} + \frac{1}{2}\ln|x+\sqrt{x^2+1}| + C.$$

例 3.33 求 $\int \frac{xe^x}{\sqrt{e^x-2}}\mathrm{d}x$.

解 $\int \frac{xe^x}{\sqrt{e^x-2}}\mathrm{d}x = 2\int x\,\mathrm{d}(\sqrt{e^x-2}) = 2x\sqrt{e^x-2} - 2\int \sqrt{e^x-2}\,\mathrm{d}x,$

而

$$\int \sqrt{e^x-2}\,\mathrm{d}x \xrightarrow{t=\sqrt{e^x-2}} \int t\cdot\frac{2t}{t^2+2}\mathrm{d}t = \int \frac{2t^2+4-4}{t^2+2}\mathrm{d}t$$

$$= 2t - 4\int \frac{1}{t^2+2}\mathrm{d}t = 2t - 2\sqrt{2}\arctan\left(\frac{t}{\sqrt{2}}\right) + C_1$$

$$= 2\sqrt{e^x-2} - 2\sqrt{2}\arctan\left(\frac{\sqrt{e^x-2}}{\sqrt{2}}\right) + C_1,$$

故

$$\int \frac{xe^x}{\sqrt{e^x-2}}\mathrm{d}x = 2x\sqrt{e^x-2} - 4\sqrt{e^x-2} + 4\sqrt{2}\arctan\left(\frac{\sqrt{e^x-2}}{\sqrt{2}}\right) + C,$$

(其中 $C = 2C_1$).

第十二讲 几类函数的不定积分

几类函数的不定积分,是指"几类可以表示成为有限形式的不定积分". 在这一讲中,我们主要讨论分式有理函数的不定积分,三角函数有理式的不定积分,两种无理函数的不定积分以及分段函数与带有绝对值符号的函数的不定积分.

基本概念和重要结论

1. 分式有理函数的不定积分

1) 分式有理函数的定义

由两个多项式的商所表示的函数:

$$R(x) = \frac{P(x)}{Q(x)} = \frac{a_0 x^m + a_1 x^{m-1} + \cdots + a_{m-1} x + a_m}{b_0 x^n + b_1 x^{n-1} + \cdots + b_{n-1} x + b_n},$$

式中:m,n 为自然数,$a_0, a_1, \cdots, a_m$ 及 $b_0, b_1, \cdots, b_n$ 都是常数,且 $a_0 \neq 0, b_0 \neq 0$,则称 $R(x)$ 为分式有理函数.

当 $m \geq n$ 时,称 $R(x)$ 为有理假分式;

当 $m < n$ 时,称 $R(x)$ 为有理真分式.

2) 分式有理函数的分解

由初等代数知道,利用多项式的除法,有理假分式总可以化为一个整式(多项式)与一个真分式的和的形式. 例如:

$$\frac{x^4 + x^3}{x^2 - 1} = x^2 + x + 1 + \frac{x + 1}{x^2 - 1},$$

对于真分式,通常把形如 $\frac{A}{x-a}$, $\frac{A}{(x-a)^n}$, $\frac{Ax+B}{x^2+px+q}$, $\frac{Ax+B}{(x^2+px+q)^n}$ 的四种形式的真分式称为部分分式,其中 A、B、a、p、q 为常数,$n > 1$ 为自然数,且 $p^2 - 4q < 0$.

真分式的分解定理:

定理1 若 $\frac{P(x)}{(x-a)^k Q(x)}$ 为有理真分式,且 $k \geq 1, Q(a) \neq 0, P(x)$ 与 $Q(x)$ 之间无公因子,则有

$$\frac{P(x)}{(x-a)^k Q(x)} = \frac{A_1}{(x-a)^k} + \frac{P_1(x)}{(x-a)^{k-1} Q(x)} \tag{12.1}$$

这里 A_1 为常数,$\frac{P_1(x)}{(x-a)^{k-1} Q(x)}$ 仍为有理真分式.

事实上在式(12.1)中,只要 $k - 1 \neq 0$,定理1的结果就可以重复应用,直到非部分分式项中分母的因子$(x - a)$不出现为止. 这也就是说,定理1每应用一次,分母中 $(x - a)$ 的次数就降低一次.

定理2 若有理真分式 $\frac{P(x)}{(x^2 + px + q)^k Q(x)}$ 中,$k \geq 1, P(x)$ 与 $Q(x)$ 之间无公因子,且 $[x - (a + bi)][x - (a - bi)] = x^2 + px + q \ (p^2 - 4q < 0), Q(a \pm bi) \neq 0$,则有

$$\frac{P(x)}{(x^2+px+q)^k Q(x)} = \frac{Ax+B}{(x^2+px+q)^k} + \frac{P_1(x)}{(x^2+px+q)^{k-1} Q(x)} \quad (12.2)$$

这里 $\frac{P_1(x)}{(x^2+px+q)^{k-1} Q(x)}$ 仍为有理真分式，A 和 B 为常数，i 为虚数单位.

在式(12.2)中，只要 $k-1 \neq 0$，定理2的结果就可以重复应用，直到非部分分式项中分母的因子 (x^2+px+q) 不出现为止. 这就是说，定理2每使用一次，分母中 (x^2+px+q) 的次数就降低一次.

3) 分式有理函数的积分

由于有理假分式可以化为一个整式(多项式)与一个真分式的和的形式，而多项式的积分是大家都会求的，因此，分式有理函数的积分问题就变成了有理真分式的积分.

根据分解定理，有理真分式可以分解为部分分式之和. 于是，最终把有理真分式的积分，就归结为求下面四种类型的部分分式的积分：

(1) $\int \frac{A}{x-a} \mathrm{d}x$；

(2) $\int \frac{A}{(x-a)^n} \mathrm{d}x, (n > 1)$；

(3) $\int \frac{Ax+B}{x^2+px+q} \mathrm{d}x, (p^2 - 4q < 0)$；

(4) $\int \frac{Ax+B}{(x^2+px+q)^n} \mathrm{d}x, (p^2 - 4q < 0, n > 1)$.

这四种类型的积分，均可用基本积分法求出，其中第四种情况是由递推公式的形式给出的结果.

(1) $\int \frac{A}{x-a} \mathrm{d}x = A\ln|x-a| + C$；

(2) $\int \frac{A}{(x-a)^n} \mathrm{d}x = \frac{A}{1-n}(x-a)^{1-n} + C, (n > 1)$；

(3) $\int \frac{Ax+B}{x^2+px+q} \mathrm{d}x = \frac{A}{2}\ln|x^2+px+q| + \frac{2B-Ap}{\sqrt{4q-p^2}} \arctan \frac{2x+p}{\sqrt{4q-p^2}} + C$；

(4) $\int \frac{Ax+B}{(x^2+px+q)^n} \mathrm{d}x = \frac{A}{2(1-n)}(x^2+px+q)^{1-n} + \frac{2B-Ap}{2} \int \frac{1}{(u^2+a^2)^n} \mathrm{d}u$，

这里 $u = x + \frac{p}{2}, a = \frac{\sqrt{4q-p^2}}{2}$，且

$$I_n = \int \frac{\mathrm{d}u}{(u^2+a^2)^n} = \frac{1}{2a^2(n-1)}\left[\frac{u}{(u^2+a^2)^{n-1}} + (2n-3)I_{n-1} \right].$$

到此为止，从理论上讲，分式有理函数的积分就得到了解决.

2. 三角函数有理式的不定积分

三角函数有理式的不定积分是指在不定积分中，被积函数是由三角函数及常数经过有限次的四则运算构成的，即

$$\int R(\sin x, \cos x) \mathrm{d}x.$$

对这种积分，令 $u = \tan \frac{x}{2}$，则 $x = 2\arctan u$，于是

$$\sin x = \frac{2u}{1+u^2}, \cos x = \frac{1-u^2}{1+u^2}，有$$

$$\int R(\sin x,\cos x)\mathrm{d}x \xrightarrow{u=\tan\frac{x}{2}} \int R\left(\frac{2u}{1+u^2},\frac{1-u^2}{1+u^2}\right)\frac{2}{1+u^2}\mathrm{d}u.$$

这样,就把三角函数有理式的不定积分,化成为已经解决了的有理函数的积分. 完成了对 u 的积分之后,把 $u=\tan\frac{x}{2}$ 代入,就得到了所求的三角函数有理式的不定积分结果.

对于 $\int R(\tan x)\mathrm{d}x, \int R(\sin^2 x,\cos^2 x)\mathrm{d}x$ 及 $\int R(\sin 2x,\cos 2x)\mathrm{d}x$ 等三角函数有理式的不定积分,相应地设 $u=\tan x$,则有

$$\int R(\tan x)\mathrm{d}x \xrightarrow{u=\tan x} \int R(u)\frac{1}{1+u^2}\mathrm{d}u;$$

$$\int R(\sin^2 x,\cos^2 x)\mathrm{d}x \xrightarrow{u=\tan x} \int R\left(\frac{u^2}{1+u^2},\frac{1}{1+u^2}\right)\frac{1}{1+u^2}\mathrm{d}u;$$

$$\int R(\sin 2x,\cos 2x)\mathrm{d}x \xrightarrow{u=\tan x} \int R\left(\frac{2u}{1+u^2},\frac{1-u^2}{1+u^2}\right)\frac{1}{1+u^2}\mathrm{d}u.$$

它们都化成了分式有理函数的积分,积分出含有变量 u 的结果之后,只需要把变量 u 换成 $\tan x$ 即可.

3. 两种无理函数的不定积分

1) 对于 $\int R\left(x,\sqrt[n]{\frac{ax+b}{cx+h}}\right)\mathrm{d}x, (n\geqslant 2, n\in \mathbf{N}^+,$ 且 a,b,c,h 均为常数$)$ 的积分

可令 $t=\sqrt[n]{\frac{ax+b}{cx+h}}$,有 $x=\frac{ht^n-b}{a-ct^n}$.

于是

$$\int R\left(x,\sqrt[n]{\frac{ax+b}{cx+h}}\right)\mathrm{d}x \xrightarrow{t=\sqrt[n]{\frac{ax+b}{cx+h}}} \int R\left(\frac{ht^n-b}{a-ct^n},t\right)\cdot\frac{n(ah-bc)t^{n-1}}{(a-ct^n)^2}\mathrm{d}t.$$

上式右边的被积函数,已经是变量 t 的分式有理函数,积分出来之后,把变量 t 换回 $\sqrt[n]{\frac{ax+b}{cx+h}}$ 即可.

而对含有无理函数 $\sqrt[n]{ax+b}$ 的积分,显然像 $\int R(x,\sqrt[n]{ax+b})\mathrm{d}x$ 的类型,已经包含在上面的讨论之中了(仅为上面讨论过的类型的 $c=0, h=1$ 的特殊情况).

2) 对于 $\int R(x,\sqrt{ax^2+bx+c})\mathrm{d}x, (a,b,c$ 为常数,且 $a\neq 0)$ 的积分

通常是对二次根式内的二次三项式 ax^2+bx+c 进行配方之后,再利用第二类换元积分法(三角代换)去掉根式,化为三角函数有理式的积分.

一、分式有理函数的积分

1. 分式有理函数的分解

例 3.34 把 $\frac{x^2+2x-1}{(x+1)^2(x^2+1)}$ 分解为部分分式之和.

解 由于 $\frac{x^2+2x-1}{(x+1)^2(x^2+1)}$ 为有理真分式,它可以利用分式有理函数中,真分式的两个分

解定理分为如下的形式：
$$\frac{x^2+2x-1}{(x+1)^2(x^2+1)} = \frac{A}{(x+1)^2} + \frac{P_1(x)}{(x+1)(x^2+1)} = \frac{A}{(x+1)^2} + \frac{B}{x+1} + \frac{Cx+D}{x^2+1},$$

为了求出待定系数 A,B,C,D 去分母,得

$$\begin{aligned}x^2+2x-1 &= A(x^2+1) + B(x+1)(x^2+1) + (Cx+D)(x+1)^2 \\ &= (B+C)x^3 + (A+B+2C+D)x^2 + (B+C+2D)x + (A+B+D).\end{aligned}$$

比较上面等式两端变量 x 同次幂的系数,得

$$\begin{cases} B+C=0, \\ A+B+2C+D=1, \\ B+C+2D=2, \\ A+B+D=-1. \end{cases} \Rightarrow \begin{cases} B+C=0, \\ A+C+D=1, \\ 2D=2, \\ A+B+D=-1. \end{cases}$$

$$\Rightarrow \begin{cases} B+C=0, \\ A+C=0, \\ D=1, \\ A+B=-2. \end{cases} \Rightarrow \begin{cases} B+C=0, \\ B-A=0, \\ D=1, \\ A+B=-2. \end{cases} \Rightarrow \begin{cases} A=-1, \\ B=-1, \\ C=1, \\ D=1. \end{cases} \quad \text{故有}$$

$$\frac{x^2+2x-1}{(x+1)^2(x^2+1)} = -\frac{1}{(x+1)^2} - \frac{1}{x+1} + \frac{x+1}{x^2+1}.$$

应当说明的是,在确定待定系数 A,B,C,D 的过程中,除用上面的比较等式两端 x 的同次幂系数的方法 —— 比较变量系数的方法之外,还可以用变量赋值法. 由等式

$$\begin{aligned}x^2+2x-1 &= A(x^2+1) + B(x+1)(x^2+1) + (Cx+D)(x+1)^2 \\ &= (B+C)x^3 + (A+B+2C+D)x^2 + (B+C+2D)x + (A+B+D),\end{aligned}$$

令 $x=-1$,有

$$-2 = 2A, \text{知}\ A = -1.$$

令 $x=0$,有

$$-1 = A+B+D = -1+B+D, \text{即}\ B+D = 0.$$

令 $x=1$,有

$$\begin{aligned}2 &= 2A+4B+4(C+D) = 4B-2+4(C+D) \\ &= -2+4C, \text{即}\ C=1.\end{aligned}$$

令 $x=-2$,有

$$\begin{aligned}-1 &= 5A+(-2)B+1+D = -4-2B+D \\ &= -4-2(B+D)+3D = -4+3D,\end{aligned}$$

即 $D=1, B=-1.$

故 $A=-1, B=-1, C=1, D=1.$ 从而也有

$$\frac{x^2+2x-1}{(x+1)^2(x^2+1)} = -\frac{1}{(x+1)^2} - \frac{1}{x+1} + \frac{x+1}{x^2+1}.$$

例 3.35 把 $\dfrac{2x+2}{(x-1)(x^2+1)^2}$ 分解为部分分式之和.

解 显然 $\dfrac{2x+2}{(x-1)(x^2+1)^2}$ 为有理真分式,由分解定理1与定理2,有

$$\frac{2x+2}{(x-1)(x^2+1)^2} = \frac{A}{x-1} + \frac{P_1(x)}{(x^2+1)^2} = \frac{A}{x-1} + \frac{B_1 x + C_1}{(x^2+1)^2} + \frac{B_2 x + C_2}{x^2+1},$$

去掉分母后,有等式

$$2x + 2 = (A + B_2)x^4 + (C_2 - B_2)x^3 + (2A + B_1 + B_2 - C_2)x^2 +$$
$$(C_1 + C_2 - B_1 - B_2)x + (A - C_1 - C_2),$$

用比较变量 x 的系数法或赋值法综合应用,有
$$A = 1, B_1 = -2, C_1 = 0, B_2 = -1, C_2 = -1.$$
得
$$\frac{2x + 2}{(x-1)(x^2+1)^2} = \frac{1}{x-1} - \frac{2x}{(x^2+1)^2} - \frac{x+1}{x^2+1}.$$

2. 分式有理函数的积分

例 3.36 求 $\int \frac{2x^3 - 2x + 1}{x^3 - x} dx$.

解 由于被积函数是有理假分式,它可以分解为整式与真分式之和,进一步可以分解成整式与部分分式之和:
$$\frac{2x^3 - 2x + 1}{x^3 - x} = 2 + \frac{1}{x^3 - x} = 2 + \frac{1}{x(x-1)(x+1)} = 2 + \frac{1}{2}\left(\frac{1}{x-1} + \frac{1}{x+1}\right) - \frac{1}{x},$$

于是有
$$\int \frac{2x^3 - 2x + 1}{x^3 - x} dx = \int \left[2 + \frac{1}{2}\left(\frac{1}{x-1} + \frac{1}{x+1}\right) - \frac{1}{x}\right] dx$$
$$= 2x + \frac{1}{2}\ln|(x-1)(x+1)| - \ln|x| + C = 2x + \ln\frac{\sqrt{x^2-1}}{x} + C.$$

例 3.37 求 $\int \frac{1}{(x+1)^2(x^2+1)} dx$.

解 因为被积函数为有理真分式,由分解定理 1 及分解定理 2,有
$$\frac{1}{(x+1)^2(x^2+1)} = \frac{A}{(x+1)^2} + \frac{B}{x+1} + \frac{Cx + D}{x^2+1}$$
$$= \frac{1}{2(x+1)^2} + \frac{1}{2(x+1)} - \frac{x}{2(x^2+1)},$$

故
$$\int \frac{1}{(x+1)^2(x^2+1)} dx = \int \left[\frac{1}{2(x+1)^2} + \frac{1}{2(x+1)} - \frac{x}{2(x^2+1)}\right] dx$$
$$= -\frac{1}{2(x+1)} + \frac{1}{2}\ln|x+1| - \frac{1}{4}\ln(x^2+1) + C$$
$$= \frac{1}{4}\ln\frac{(x+1)^2}{x^2+1} - \frac{1}{2(x+1)} + C.$$

对于有的分式有理函数的积分,也可以不局限于分解为部分分式的办法.

例 3.38 求 $\int \frac{x^2}{x^3 + 1} dx$.

解法 1 把有理真分式 $\frac{x^2}{x^3+1}$ 分解为部分分式之和:
$$\frac{x^2}{x^3+1} = \frac{1}{3} \cdot \frac{1}{x+1} + \frac{1}{3} \cdot \frac{2x - 1}{x^2 - x + 1},$$

有
$$\int \frac{x^2}{x^3+1} dx = \int \left[\frac{1}{3} \cdot \frac{1}{x+1} + \frac{1}{3} \cdot \frac{2x-1}{x^2-x+1}\right] dx$$
$$= \frac{1}{3}\ln|x+1| + \frac{1}{3}\ln|x^2 - x + 1| + C = \frac{1}{3}\ln|x^3 + 1| + C.$$

解法 2 $\int \frac{x^2}{x^3+1} dx = \frac{1}{3} \int \frac{d(x^3+1)}{x^3+1} = \frac{1}{3}\ln|x^3+1| + C.$

在例 3.38 的情况下,解法 2 比解法 1 更简捷.

例 3.39 求 $\int \dfrac{\mathrm{d}x}{x(x^7+1)}$.

解法 1
$$\int \dfrac{\mathrm{d}x}{x(x^7+1)} = \int \dfrac{x^6 \mathrm{d}x}{x^7(x^7+1)} = \dfrac{1}{7}\int \dfrac{\mathrm{d}(x^7)}{x^7(x^7+1)} = \dfrac{1}{7}\int \left(\dfrac{1}{x^7} - \dfrac{1}{x^7+1}\right)\mathrm{d}(x^7)$$
$$= \dfrac{1}{7}\ln x^7 - \dfrac{1}{7}\ln|x^7+1| + C = \dfrac{1}{7}\ln\left|\dfrac{x^7}{x^7+1}\right| + C.$$

解法 2 $\int \dfrac{\mathrm{d}x}{x(x^7+1)} = \int \dfrac{x^{-8}\mathrm{d}x}{1+x^{-7}} = -\dfrac{1}{7}\int \dfrac{\mathrm{d}(1+x^{-7})}{1+x^{-7}}$
$$= -\dfrac{1}{7}\ln|1+x^{-7}| + C = \dfrac{1}{7}\ln\left|\dfrac{x^7}{1+x^7}\right| + C.$$

例 3.40 求 $\int \dfrac{1}{x^4+1}\mathrm{d}x$.

解法 1
$$\int \dfrac{1}{x^4+1}\mathrm{d}x = \dfrac{1}{2}\int \dfrac{(x^2+1)-(x^2-1)}{x^4+1}\mathrm{d}x = \dfrac{1}{2}\int \dfrac{x^2+1}{x^4+1}\mathrm{d}x - \dfrac{1}{2}\int \dfrac{x^2-1}{x^4+1}\mathrm{d}x$$
$$= \dfrac{1}{2}\int \dfrac{1+\dfrac{1}{x^2}}{x^2+\dfrac{1}{x^2}}\mathrm{d}x - \dfrac{1}{2}\int \dfrac{1-\dfrac{1}{x^2}}{x^2+\dfrac{1}{x^2}}\mathrm{d}x = \dfrac{1}{2}\int \dfrac{\mathrm{d}\left(x-\dfrac{1}{x}\right)}{\left(x-\dfrac{1}{x}\right)^2+2} - \dfrac{1}{2}\int \dfrac{\mathrm{d}\left(x+\dfrac{1}{x}\right)}{\left(x+\dfrac{1}{x}\right)^2-2}$$
$$= \dfrac{\sqrt{2}}{4}\arctan\left(\dfrac{x^2-1}{\sqrt{2}x}\right) - \dfrac{\sqrt{2}}{8}\ln\left|\dfrac{x^2-\sqrt{2}x+1}{x^2+\sqrt{2}x+1}\right| + C.$$

解法 2 $\int \dfrac{1}{x^4+1}\mathrm{d}x = \int \dfrac{\mathrm{d}x}{(x^2+\sqrt{2}x+1)(x^2-\sqrt{2}x+1)} = \int \dfrac{\dfrac{\sqrt{2}}{4}x+\dfrac{1}{2}}{x^2+\sqrt{2}x+1}\mathrm{d}x + \int \dfrac{-\dfrac{\sqrt{2}}{4}x+\dfrac{1}{2}}{x^2-\sqrt{2}x+1}\mathrm{d}x$
$$= \dfrac{\sqrt{2}}{8}\left[\int \dfrac{\mathrm{d}(x^2+\sqrt{2}x+1)}{x^2+\sqrt{2}x+1} - \int \dfrac{\mathrm{d}(x^2-\sqrt{2}x+1)}{x^2-\sqrt{2}x+1}\right] +$$
$$\dfrac{1}{4}\left(\int \dfrac{\mathrm{d}x}{x^2+\sqrt{2}x+1} + \int \dfrac{\mathrm{d}x}{x^2-\sqrt{2}x+1}\right)$$
$$= \dfrac{\sqrt{2}}{8}\ln\left|\dfrac{x^2+\sqrt{2}x+1}{x^2-\sqrt{2}x+1}\right| + \dfrac{\sqrt{2}}{4}\arctan(\sqrt{2}x+1) +$$
$$\dfrac{\sqrt{2}}{4}\arctan(\sqrt{2}x-1) + C.$$

二、三角函数有理式的积分

在一般的情况下,对三角函数有理式的积分 $\int R(\sin x, \cos x)\mathrm{d}x$,令代换 $u = \tan\dfrac{x}{2}$,总可以把它化为含有变量 u 的有理函数的积分.尽管这种代换并不是最便捷的,但却是有效的,有的书称这种代换为"万能代换".

例 3.41 求 $\int \dfrac{1}{2+\sin x}\mathrm{d}x$.

解
$$\int \dfrac{1}{2+\sin x}\mathrm{d}x \xrightarrow{u=\tan\frac{x}{2}} \int \dfrac{1}{2+\dfrac{2u}{1+u^2}} \cdot \dfrac{2}{1+u^2}\mathrm{d}u = \int \dfrac{1}{u^2+u+1}\mathrm{d}u = \int \dfrac{\mathrm{d}\left(u+\dfrac{1}{2}\right)}{\left(u+\dfrac{1}{2}\right)^2+\left(\dfrac{\sqrt{3}}{2}\right)^2}$$

$$= \frac{2\sqrt{3}}{3}\arctan\left(\frac{u+\frac{1}{2}}{\frac{\sqrt{3}}{2}}\right) + C = \frac{2\sqrt{3}}{3}\arctan\left(\frac{2u+1}{\sqrt{3}}\right) + C$$

$$= \frac{2\sqrt{3}}{3}\arctan\left(\frac{2\tan\frac{x}{2}+1}{\sqrt{3}}\right) + C.$$

例 3.42 求 $\int \frac{1}{1+\sin x + \cos x}dx$.

解 这是典型的三角函数有理式的积分,用万能代换 $u = \tan\frac{x}{2}$ 可以化为分式有理函数的积分.

$$\int \frac{1}{1+\sin x + \cos x}dx \xrightarrow{u=\tan\frac{x}{2}} \int \frac{1}{1+\frac{2u}{1+u^2}+\frac{1-u^2}{1+u^2}} \cdot \frac{2}{1+u^2}du$$

$$= \int \frac{du}{u+1} = \ln|u+1| + C = \ln\left|\tan\frac{x}{2}+1\right| + C.$$

例 3.43 求 $\int \frac{\cos x - \sin x}{\cos x + \sin x}dx$.

解 这也是典型的三角函数有理式的积分,其解题的方法可以有多种.

解法 1 (用万能代换).

$$原式 \xrightarrow{u=\tan\frac{x}{2}} \int \frac{\frac{1-u^2}{1+u^2} - \frac{2u}{1+u^2}}{\frac{1-u^2}{1+u^2} + \frac{2u}{1+u^2}} \cdot \frac{2}{1+u^2}du$$

$$= 2\int \frac{1-2u-u^2}{1+2u-u^2} \cdot \frac{1}{1+u^2}du = 2\int\left(\frac{-u}{1+u^2} + \frac{1-u}{1+2u-u^2}\right)du$$

$$= -\ln(1+u^2) + \ln|1+2u-u^2| + C$$

$$= \ln\left|\frac{1-u^2}{1+u^2} + \frac{2u}{1+u^2}\right| + C = \ln|\cos x + \sin x| + C.$$

解法 2

$$原式 = \int \frac{(\cos x - \sin x)^2}{\cos^2 x - \sin^2 x}dx = \int \frac{1-\sin 2x}{\cos 2x}dx$$

$$= \frac{1}{2}\ln|\sec 2x + \tan 2x| + \frac{1}{2}\ln|\cos 2x| + C$$

$$= \frac{1}{2}\ln|1+\sin 2x| + C.$$

解法 3

$$原式 = \int \frac{\cos^2 x - \sin^2 x}{(\cos x + \sin x)^2}dx = \int \frac{\cos 2x}{1+\sin 2x}dx$$

$$= \frac{1}{2}\int \frac{d(1+\sin 2x)}{1+\sin 2x} = \frac{1}{2}\ln|1+\sin 2x| + C.$$

解法 4

$$原式 = \int \frac{d(\cos x + \sin x)}{\cos x + \sin x} = \ln|\cos x + \sin x| + C.$$

本例从一个侧面说明,万能代换虽然可以解决问题,但是它却不一定是最简捷的方法.

例 3.44 求 $\int \dfrac{1}{1+3\cos^2 x}\mathrm{d}x$.

解 本例也是典型的三角函数有理式的积分,虽然用万能代换也可以解,但是它是属于 $\int R(\sin^2 x, \cos^2 x)\mathrm{d}x$ 的类型,故应当设 $u = \tan x$,使计算更简捷.

$$\int \dfrac{1}{1+3\cos^2 x}\mathrm{d}x \xlongequal{u=\tan x} \int \dfrac{1}{1+3\dfrac{1}{1+u^2}} \cdot \dfrac{1}{1+u^2}\mathrm{d}u$$

$$= \int \dfrac{\mathrm{d}u}{u^2+4} = \dfrac{1}{2}\arctan\left(\dfrac{u}{2}\right)+C = \dfrac{1}{2}\arctan\left(\dfrac{\tan x}{2}\right)+C.$$

例 3.45 求 $\int \dfrac{1}{\sin x \cos^4 x}\mathrm{d}x$.

解 本例虽然是典型的三角函数有理式的积分,但是用万能代换则太繁. 我们可以用下面的方法来解:

$$\int \dfrac{1}{\sin x \cos^4 x}\mathrm{d}x = \int \dfrac{(\sin^2 x + \cos^2 x)}{\sin x \cos^4 x}\mathrm{d}x = \int\left(\dfrac{\sin x}{\cos^4 x}+\dfrac{1}{\sin x \cos^2 x}\right)\mathrm{d}x$$

$$= \int\left(\dfrac{\sin x}{\cos^4 x}+\dfrac{1}{\sin x}+\dfrac{\sin x}{\cos^2 x}\right)\mathrm{d}x = -\int \dfrac{\mathrm{d}\cos x}{\cos^4 x}+\int \csc x\,\mathrm{d}x - \int \dfrac{\mathrm{d}\cos x}{\cos^2 x}$$

$$= \dfrac{1}{3\cos^3 x}+\ln|\csc x - \cot x|+\dfrac{1}{\cos x}+C.$$

三、两种无理函数的积分

1. 被积函数中含有 $\sqrt[n]{\dfrac{ax+b}{cx+h}}$ 的积分

例 3.46 求 $\int \dfrac{1}{x}\sqrt{\dfrac{1-x}{x+1}}\mathrm{d}x$.

解 这是被积函数含有根式 $\sqrt[n]{\dfrac{ax+b}{cx+h}}$ 的积分 $n=2$ 的情况. 令 $\sqrt{\dfrac{1-x}{x+1}} = t$,则

$$x = \dfrac{1-t^2}{1+t^2}, \quad \mathrm{d}x = \dfrac{-4t}{(1+t^2)^2}\mathrm{d}t.$$

故

$$\int \dfrac{1}{x}\sqrt{\dfrac{1-x}{x+1}}\mathrm{d}x = \int \dfrac{1+t^2}{1-t^2}\cdot t \cdot \dfrac{-4t}{(1+t^2)^2}\mathrm{d}t = \int \dfrac{4t^2}{(t^2-1)(t^2+1)}\mathrm{d}t$$

$$= \int\left(\dfrac{2}{t^2-1}+\dfrac{2}{t^2+1}\right)\mathrm{d}t = \ln\left|\dfrac{t-1}{t+1}\right|+2\arctan t + C$$

$$= \ln\left|\dfrac{\sqrt{1-x}-\sqrt{1+x}}{\sqrt{1-x}+\sqrt{1+x}}\right|+2\arctan\sqrt{\dfrac{1-x}{x+1}}+C.$$

由于形如 $\int R\left(x,\sqrt[n]{\dfrac{ax+b}{cx+h}}\right)\mathrm{d}x$ 的积分,当 $n>2$ 时,比较繁而且平时也不常遇到,因此我们不再花费精力进行讨论.

2. 被积函数中含有 $\sqrt[n]{ax+b}$ 的积分

例 3.47 求 $\int \dfrac{1}{1+\sqrt[3]{x+1}}\mathrm{d}x$.

解 这是被积函数含有 $\sqrt[n]{ax+b}$, $n=3$ 的类型. 只需令代换 $t = \sqrt[3]{x+1}$, 问题便可解决.

$$\int \frac{1}{1+\sqrt[3]{x+1}}dx \xlongequal{t=\sqrt[3]{x+1}} \int \frac{1}{1+t} \cdot (3t^2)dt$$

$$= 3\int \left(t-1+\frac{1}{t+1}\right)dt = 3\left(\frac{1}{2}t^2 - t + \ln|t+1|\right) + C$$

$$= \frac{3}{2}\sqrt[3]{(x+1)^2} - 3\sqrt[3]{x+1} + 3\ln|\sqrt[3]{x+1}+1| + C.$$

例 3.48 求 $\int \frac{1}{\sqrt[3]{3-2x}}dx$.

解 这是被积函数含有 $\sqrt[n]{ax+b}$, $n=3$ 的类型.

解法 1

$$原式 \xlongequal{t=\sqrt[3]{3-2x}} \int \frac{1}{t}\left(-\frac{3}{2}t^2\right)dt = -\int \frac{3}{2}tdt$$

$$= -\frac{3}{4}t^2 + C = -\frac{3}{4}\sqrt[3]{(3-2x)^2} + C.$$

解法 2

$$原式 \xlongequal{t=3-2x} \int \frac{1}{t^{\frac{1}{3}}} \cdot \left(-\frac{1}{2}\right)dt = -\frac{1}{2}\int t^{-\frac{1}{3}}dt$$

$$= -\frac{1}{2} \cdot \frac{3}{2}t^{\frac{2}{3}} + C = -\frac{3}{4}\sqrt[3]{(3-2x)^2} + C.$$

例 3.49 求 $\int \frac{1}{\sqrt{e^x+1}}dx$.

解 本例虽然不属于被积函数含有根式 $\sqrt[n]{ax+b}$ 的类型, 但是它含有无理根式, 且代换的形式与上面的例子相同.

$$\int \frac{1}{\sqrt{e^x+1}}dx \xlongequal{t=\sqrt{e^x+1}} \int \frac{1}{t}\left(\frac{2t}{t^2-1}\right)dt = 2\int \frac{dt}{t^2-1}$$

$$= \ln\left|\frac{t-1}{t+1}\right| + C = \ln\left|\frac{\sqrt{e^x+1}-1}{\sqrt{e^x+1}+1}\right| + C.$$

3. 形如 $\int R(x, \sqrt{ax^2+bx+c})dx$ ($a \neq 0, a, b, c$ 为常数) 的积分

例 3.50 求 $\int \frac{x}{\sqrt{12x-4x^2}}dx$.

解 先对根号内的二次多项式进行配方, 然后再进行变量代换, 有

$$原式 = \int \frac{x}{\sqrt{4\left[\left(\frac{3}{2}\right)^2 - \left(x-\frac{3}{2}\right)^2\right]}}dx \xlongequal{t=x-\frac{3}{2}} \frac{1}{2}\int \frac{t+\frac{3}{2}}{\sqrt{\left(\frac{3}{2}\right)^2 - t^2}}dt$$

$$= \frac{1}{2}\int \frac{t}{\sqrt{\left(\frac{3}{2}\right)^2 - t^2}}dt + \frac{3}{4}\int \frac{1}{\sqrt{\left(\frac{3}{2}\right)^2 - t^2}}dt$$

$$= -\frac{1}{2}\sqrt{\left(\frac{3}{2}\right)^2 - t^2} + \frac{3}{4}\arcsin\left(\frac{t}{\frac{3}{2}}\right) + C$$

$$= -\frac{1}{2}\sqrt{\frac{9}{4} - \left(x - \frac{3}{2}\right)^2} + \frac{3}{4}\arcsin\frac{2}{3}\left(x - \frac{3}{2}\right) + C$$

$$= \frac{3}{4}\arcsin\left(\frac{2x-3}{3}\right) - \frac{1}{2}\sqrt{3x - x^2} + C.$$

例 3.51 求 $\int \dfrac{1}{1 + \sqrt{x^2 + 2x + 2}} dx$.

解 原式 $= \int \dfrac{1}{1 + \sqrt{(x+1)^2 + 1}} dx \xrightarrow{x+1 = \tan t} \int \dfrac{1}{1 + \sec t}(\sec^2 t) dt$

$$= \int \frac{1}{\cos^2 t + \cos t} dt = \int \left(\frac{1}{\cos t} - \frac{1}{1 + \cos t}\right) dt$$

$$= \int \sec t \, dt - \frac{1}{2}\int \sec^2 \frac{t}{2} dt = \ln|\sec t + \tan t| - \tan\frac{t}{2} + C$$

$$= \ln|x + 1 + \sqrt{x^2 + 2x + 2}| - \frac{\sqrt{x^2 + 2x + 2} - 1}{x + 1} + C.$$

对于某些含有二次根式中为二次三项式的积分,也可以用倒数代换来作.

例 3.52 求 $\int \dfrac{1}{x\sqrt{3x^2 - 2x - 1}} dx, (x > 1)$.

解 原式 $\xrightarrow{x = \frac{1}{t}} \int \dfrac{1}{\frac{1}{t}\sqrt{\frac{3}{t^2} - \frac{2}{t} - 1}} \cdot \left(-\frac{1}{t^2}\right) dt$

$$= -\int \frac{1}{\sqrt{3 - 2t - t^2}} dt = -\int \frac{1}{\sqrt{2^2 - (t+1)^2}} d(t+1)$$

$$= -\arcsin\frac{t+1}{2} + C = -\arcsin\frac{x+1}{2x} + C.$$

一般地说,"倒数代换"适用于以下两种类型的积分:

$$\int \frac{1}{x\sqrt{ax^2 + bx + C}} dx, \int \frac{1}{x^2\sqrt{ax^2 + bx + C}} dx.$$

四、被积函数中带有绝对值符号及分段函数的积分举例

1. 被积函数中带有绝对值符号的积分举例

例 3.53 求 $\int |x| dx$.

解 因为 $|x| = \begin{cases} x, & x > 0, \\ 0, & x = 0, \\ -x, & x < 0. \end{cases}$ 所以 $|x|' = \operatorname{sgn} x$.

故

$$\int |x| dx = \begin{cases} \dfrac{1}{2}x^2 + C_1, & x > 0, \\ C, & x = 0, \\ -\dfrac{1}{2}x^2 + C_2, & x < 0. \end{cases}$$

由于原函数在 $x = 0$ 时是连续的,故有

$$\lim_{x \to 0^+}\left(\frac{1}{2}x^2 + C_1\right) = \lim_{x \to 0^-}\left(-\frac{1}{2}x^2 + C_2\right) = C_1 = C_2 = C,$$

得

$$\int |x|\,dx = \begin{cases} \dfrac{1}{2}x^2 + C, & x > 0, \\ C, & x = 0, \\ -\dfrac{1}{2}x^2 + C, & x < 0. \end{cases}$$

$$= \dfrac{1}{2}x|x| + C.$$

错误解法：

$$\int |x|\,dx \xlongequal{x=t^2} \int t^2 \cdot 2t\,dt = 2\int t^3\,dt = \dfrac{1}{2}t^4 + C = \dfrac{1}{2}x^2 + C.$$

这个解法之所以错误,是由于缩小了原来被积函数的定义区间. $|x|$ 的定义区间为 $(-\infty,+\infty)$,而令 $x = t^2$ 之后,定义区间变为 $(0,+\infty)$,已经与原来的函数不相同了.

例 3.54　若 $f'(x) = |x-1|$,求满足条件 $f(1) = 1$ 的 $f(x)$.

解　因为 $f'(x) = \begin{cases} x-1, & x \geqslant 1, \\ 1-x, & x < 1. \end{cases}$

所以

$$f(x) = \int f'(x)\,dx = \begin{cases} \dfrac{1}{2}(x-1)^2 + C_1, & x > 1, \\ 1, & x = 1, \\ -\dfrac{1}{2}(1-x)^2 + C_2, & x < 1. \end{cases}$$

由于 $f(x)$ 在点 $x = 1$ 处是连续的,故

$$\lim_{x \to 1^+} f(x) = C_1 = \lim_{x \to 1^-} f(x) = C_2 = f(1) = 1$$

因此有

$$f(x) = \begin{cases} \dfrac{1}{2}(x-1)^2 + 1, & x > 1, \\ 1, & x = 1, \\ -\dfrac{1}{2}(1-x)^2 + 1, & x < 0. \end{cases}$$

2. 被积函数为分段函数的积分举例

例 3.55　设 $f'(x) = \begin{cases} x^2, & x \leqslant 0, \\ \sin x, & x > 0. \end{cases}$　求 $f(x)$.

解　$f(x) = \int f'(x)\,dx = \begin{cases} \dfrac{1}{3}x^3 + C_1, & x < 0, \\ -\cos x + C_2, & x > 0. \end{cases}$

由于 $f'(x)$ 是连续的,故其原函数是存在的,且为连续函数,知

$$\lim_{x \to 0^+} f(x) = \lim_{x \to 0^-} f(x),\text{有}$$

$$C_1 = -1 + C_2,\text{即 } C_2 = 1 + C_1,$$

令 $C = C_1$,有

$$f(x) = \begin{cases} \dfrac{1}{3}x + C, & x \leqslant 0, \\ 1 - \cos x + C, & x > 0. \end{cases}$$

例 3.56　若 $f(x) = \begin{cases} x+1, & x \leqslant 1, \\ 2x, & x > 1. \end{cases}$,求 $\int f(x)\,dx$.

解　因为 $f(x)$ 在点 $x = 1$ 处是连续的,故其原函数存在且连续,故

$$\int f(x)\,\mathrm{d}x = \begin{cases} \dfrac{1}{2}x^2 + x + C_1, & x < 1, \\ x^2 + C_2, & x > 1. \end{cases}$$

由于原函数在点 $x = 1$ 处连续,故有

$$C_2 = \dfrac{1}{2} + C_1,$$

令 $C = C_1$,有

$$\int f(x)\,\mathrm{d}x = \begin{cases} \dfrac{1}{2}x^2 + x + C, & x \leqslant 1, \\ x^2 + \dfrac{1}{2} + C, & x > 1. \end{cases}$$

例 3.57 若 $f(x) = \begin{cases} 2x, & x < 0, \\ x + 1, & 0 \leqslant x \leqslant 1,\ \ \text{求} \int f(x)\,\mathrm{d}x. \\ 0, & x > 1. \end{cases}$

解 由于 $f(x)$ 在 $x = 0, x = 1$ 处有第一类间断点,故在这两点处函数的原函数不存在. 故有

$$\int f(x)\,\mathrm{d}x = \begin{cases} x^2 + C_1, & x < 0, \\ \dfrac{1}{2}x^2 + x + C_2, & 0 < x < 1, \\ C_3, & x > 1. \end{cases}$$

这里 C_1, C_2, C_3 均为独立的任意常数.

第十三讲 定积分的概念和性质

定积分是一元函数积分学中的一个重要的组成部分,定积分的概念是由实际问题的需要而引进入高等数学课程之中的. 因此,在定积分的内容中,掌握定积分的概念和性质,对学习定积分这部分内容是十分重要的.

基本概念和重要结论

1. 定积分的定义

函数 $f(x)$ 在区间 $[a,b]$ 上的定积分

$$\int_a^b f(x)\,\mathrm{d}x = \lim_{\lambda \to 0} \sum_{i=1}^n f(\xi_i)\Delta x_i,$$

其中 Δx_i 为任意分割区间 $[a,b]$ 为 n 个子区间 $[x_{i-1}, x_i]$ ($i = 1, 2, \cdots, n$) 的长度,$\Delta x_i = x_i - x_{i-1}$,而 $\xi_i \in [x_{i-1}, x_i]$,$\lambda = \max\limits_{1 \leqslant i \leqslant n} \Delta x_i$. 若 $f(x)$ 在 $[a,b]$ 上连续,或只有有限个第一类间断点,则上述定积分存在.

2. 定积分的性质

(1) $\int_a^b k f(x)\,\mathrm{d}x = k \int_a^b f(x)\,\mathrm{d}x$ (k 是常数);

(2) $\int_a^b [f(x) \pm g(x)]\,\mathrm{d}x = \int_a^b f(x)\,\mathrm{d}x \pm \int_a^b g(x)\,\mathrm{d}x$;

(3) $\int_a^b f(x)\mathrm{d}x = -\int_b^a f(x)\mathrm{d}x$, $\int_a^a f(x)\mathrm{d}x = 0$;

(4) $\int_a^b f(x)\mathrm{d}x = \int_a^c f(x)\mathrm{d}x + \int_c^b f(x)\mathrm{d}x$;

(5) $\int_a^b f(x)\mathrm{d}x = \int_a^b f(t)\mathrm{d}t$;

(6) 若在 $[a,b]$ 上,$f(x) \leqslant g(x)$（注意 $a < b$）,则

$$\int_a^b f(x)\mathrm{d}x \leqslant \int_a^b g(x)\mathrm{d}x;$$

(7) $\left|\int_a^b f(x)\mathrm{d}x\right| \leqslant \int_a^b |f(x)|\mathrm{d}x \ (a < b)$;

(8) 估值定理:若在 $[a,b]$ 上 $f(x)$ 的最大值和最小值分别为 M 和 m,则

$$m(b-a) \leqslant \int_a^b f(x)\mathrm{d}x \leqslant M(b-a);$$

(9) 中值定理:若 $f(x)$ 在 $[a,b]$ 上连续,则在 $[a,b]$ 上至少存在一点 ξ,使等式

$$\int_a^b f(x)\mathrm{d}x = f(\xi)(b-a), \xi \in [a,b]$$

成立.（说明:中值定理中的 ξ 的范围,写成 $\xi \in (a,b)$ 也是正确的.）

(10) 定积分第一中值定理:若函数 $f(x)$、$g(x)$ 在 $[a,b]$ 上连续,且 $g(x)$ 在 $[a,b]$ 上不变号,则至少存在一点 $\xi \in [a,b]$,使下面的等式成立

$$\int_a^b f(x)g(x)\mathrm{d}x = f(\xi)\int_a^b g(x)\mathrm{d}x.$$

3. 变上限定积分的导数公式

(1) 若 $\Phi(x) = \int_a^x f(t)\mathrm{d}t$,则

$$\Phi'(x) = \frac{\mathrm{d}}{\mathrm{d}x}\int_a^x f(t)\mathrm{d}t = f(x),（其中 f(x) 是 [a,b] 上的连续函数）.$$

(2) 若 $\Psi(x) = \int_x^b f(t)\mathrm{d}t$,则

$$\Psi'(x) = \frac{\mathrm{d}}{\mathrm{d}x}\int_x^b f(t)\mathrm{d}t = -f(x)（其中 f(x) 是 [a,b] 上的连续函数）.$$

(3) 若 $F(x) = \int_{u(x)}^{v(x)} f(t)\mathrm{d}t$,则

$$F'(x) = f[v(x)]v'(x) - f[u(x)]u'(x)（其中 u(x), v(x) 是可导函数,f(x) 是连续函数）.$$

一、用定积分的定义求极限

从定积分的定义知道:$\int_a^b f(x)\mathrm{d}x = \lim_{\lambda \to 0}\sum_{i=1}^n f(\xi_i)\Delta x_i$,因此遇到一些求极限的问题,如果能化成为一个乘积和式的极限,它就可以用定积分的定义来作,为了方便起见,通常给出的分法是把所给的区间 n 等分,而所取的点 ξ_i 则为等分点.由于定积分的定义中,分法和点 ξ_i 的选取是任意的,而对区间的等分和点 ξ_i 选取为等分点就更利于实际应用.

例 3.58 求 $\lim\limits_{n\to\infty}\left(\dfrac{1}{n+1}+\dfrac{1}{n+2}+\cdots+\dfrac{1}{n+n}\right)$.

解 考虑区间 $[0,1]$ 上函数 $f(x)$ 的定积分,若给定分法为对区间 $[0,1]$ n 等分,则分点坐标 $x_i=\dfrac{i}{n}(i=0,1,\cdots,n)$, $\Delta x_i=\Delta x=\dfrac{1}{n}$, 取点 $\xi_i=\dfrac{i}{n}$. 于是 $\lambda\to 0$, 即 $n\to\infty$, 有

$$\int_0^1 f(x)\mathrm{d}x=\lim_{\lambda\to 0}\sum_{i=1}^n f(\xi_i)\Delta x_i=\lim_{n\to\infty}\sum_{i=1}^n f\left(\dfrac{i}{n}\right)\cdot\dfrac{1}{n},$$

而

$$\lim_{n\to\infty}\left(\dfrac{1}{n+1}+\dfrac{1}{n+2}+\cdots+\dfrac{1}{n+n}\right)$$

$$=\lim_{n\to\infty}\sum_{i=1}^n\dfrac{1}{n+i}=\lim_{n\to\infty}\sum_{i=1}^n\left(\dfrac{1}{1+\dfrac{i}{n}}\right)\cdot\dfrac{1}{n}=\int_0^1\dfrac{1}{1+x}\mathrm{d}x=\ln 2.$$

在例 3.58 中,因为 $\Delta x_i=\dfrac{1}{n}$, $f(\xi_i)=f\left(\dfrac{i}{n}\right)=\dfrac{1}{1+\dfrac{i}{n}}$, 所以 $f(x)=\dfrac{1}{1+x}$.

例 3.59 求 $\lim\limits_{n\to\infty}\dfrac{1^p+2^p+\cdots+n^p}{n^{p+1}}$, $(p>0)$.

解

$$\lim_{n\to\infty}\dfrac{1^p+2^p+\cdots+n^p}{n^{p+1}}=\lim_{n\to\infty}\left(\dfrac{1^p+2^p+\cdots+n^p}{n^p}\right)\cdot\dfrac{1}{n}$$

$$=\lim_{n\to\infty}\sum_{i=1}^n\left(\dfrac{i}{n}\right)^p\cdot\dfrac{1}{n}=\int_0^1 x^p\mathrm{d}x=\dfrac{1}{p+1}.$$

除了区间 $[0,1]$ 的情况之外,考虑函数 $f(x)$ 在 $[a,b]$ 上的定积分,由于在对 $[a,b]$ 等分的条件下,则 $\Delta x_i=\Delta x=\dfrac{b-a}{n}$, 而等分点 $x_i=a+\dfrac{i}{n}(b-a)$, 取 $\xi_i=x_i(i=1,\cdots,n)$, 于是

$$\int_a^b f(x)\mathrm{d}x=\lim_{\lambda\to 0}\sum_{i=1}^n f(\xi_i)\Delta x_i=\lim_{n\to\infty}\sum_{i=1}^n f\left[a+\dfrac{i}{n}(b-a)\right]\cdot\dfrac{b-a}{n}.$$

例 3.60 求 $\lim\limits_{n\to\infty}\dfrac{1}{n}\left(\sin\dfrac{\pi}{n}+\sin\dfrac{2\pi}{n}+\cdots+\sin\dfrac{n\pi}{n}\right)$.

解法 1

原式 $=\lim\limits_{n\to\infty}\sum\limits_{i=1}^n\sin\left(\dfrac{i}{n}\right)\pi\cdot\dfrac{1}{n}=\int_0^1\sin\pi x\mathrm{d}x=\dfrac{2}{\pi}$.

解法 2

原式 $=\lim\limits_{n\to\infty}\sum\limits_{i=1}^n\sin\left(\dfrac{i\pi}{n}\right)\cdot\dfrac{1}{n}=\dfrac{1}{\pi}\lim\limits_{n\to\infty}\sum\limits_{i=1}^n\sin\left(\dfrac{i\pi}{n}\right)\cdot\dfrac{\pi}{n}=\dfrac{1}{\pi}\int_0^\pi\sin x\mathrm{d}x=\dfrac{2}{\pi}$.

在例 3.60 的解法 2 中,因为 $\dfrac{\pi}{n}=\dfrac{b-a}{n}$, $\xi_i=a+\dfrac{i}{n}(b-a)=\dfrac{i\pi}{n}$, 所以 $b-a=\pi$, $a=0$, $f(\xi_i)=f\left(\dfrac{i\pi}{n}\right)=\sin\left(\dfrac{i\pi}{n}\right)$, 那么 $f(x)=\sin x$.

例 3.61 把区间 $[a,b]$ $(0<a<b)$ 分成 n 等分,设分点为 $x_i=a+\dfrac{i}{n}(b-a)$. 求 $\lim\limits_{n\to\infty}\sqrt[n]{x_1 x_2\cdots x_n}$.

解 设 $I_n=\sqrt[n]{x_1 x_2\cdots x_n}$, 取对数,有

$$\ln I_n = \frac{1}{n}(\ln x_1 + \ln x_2 + \cdots + \ln x_n)$$
$$= \frac{1}{n}\left[\ln\left(a + \frac{b-a}{n}\right) + \ln\left(a + \frac{2(b-a)}{n}\right) + \cdots + \ln\left(a + \frac{n(b-a)}{n}\right)\right],$$

于是
$$\lim_{n\to\infty}\ln I_n = \lim_{n\to\infty}\frac{1}{n}\sum_{i=1}^{n}\ln\left[a + \frac{i(b-a)}{n}\right]$$
$$= \frac{1}{b-a}\lim_{n\to\infty}\sum_{i=1}^{n}\ln\left[a + \frac{i(b-a)}{n}\right]\cdot\frac{b-a}{n} = \frac{1}{b-a}\int_{a}^{b}\ln x\,\mathrm{d}x$$
$$= \frac{1}{b-a}(x\ln x - x)\Big|_{a}^{b} = \ln\left(\frac{b^b}{a^a}\right)^{\frac{1}{b-a}} - 1,$$

故
$$\lim_{n\to\infty}\sqrt[n]{x_1 x_2 \cdots x_n} = \lim_{n\to\infty} I_n = \frac{1}{\mathrm{e}}\left(\frac{b^b}{a^a}\right)^{\frac{1}{b-a}}.$$

二、定积分的估值问题

对定积分 $\int_{a}^{b}f(x)\,\mathrm{d}x$ 的估值问题,首先是要找到被积函数 $f(x)$ 在积分区间 $[a,b]$ 上,满足不等式
$$g(x) \leq f(x) \leq h(x), x \in [a,b],$$
其中 $g(x), h(x)$ 均为 $[a,b]$ 上的可积函数. 利用定积分的性质,得到
$$\int_{a}^{b}g(x)\,\mathrm{d}x \leq \int_{a}^{b}f(x)\,\mathrm{d}x \leq \int_{a}^{b}h(x)\,\mathrm{d}x,$$
如果能求出定积分
$$\int_{a}^{b}g(x)\,\mathrm{d}x = A, \quad \int_{a}^{b}h(x)\,\mathrm{d}x = B.$$
则定积分 $\int_{a}^{b}f(x)\,\mathrm{d}x$ 的值应满足下面的不等式
$$A \leq \int_{a}^{b}f(x)\,\mathrm{d}x \leq B.$$

要估计出定积分 $\int_{a}^{b}f(x)\,\mathrm{d}x$ 的值,关键在于找到不等式:$g(x) \leq f(x) \leq h(x)$. 找出这样的不等式,一般有以下两种方法:

(1) 求出 $f(x)$ 在 $[a,b]$ 上的最小值 m 和最大值 M,就得到不等式:
$$m \leq f(x) \leq M,$$
于是
$$m(b-a) \leq \int_{a}^{b}f(x)\,\mathrm{d}x \leq M(b-a).$$

(2) 利用不等关系,对 $f(x)$ 进行适当放大或缩小,找出函数 $g(x), h(x)$,使它们满足:
$$g(x) \leq f(x) \leq h(x), x \in [a,b].$$
然后积分. 设 $\int_{a}^{b}g(x)\,\mathrm{d}x = A, \int_{a}^{b}h(x)\,\mathrm{d}x = B$,则有
$$A \leq \int_{a}^{b}f(x)\,\mathrm{d}x \leq B.$$

例 3.62 估计定积分 $\int_0^2 e^{x^2-x} dx$ 的值.

解 先求 $f(x) = e^{x^2-x}$ 在 $[0,2]$ 上的最大值 M 和最小值 m. 因为 $f'(x) = e^{x^2-x}(2x-1) = 0$, 有唯一驻点 $x = \dfrac{1}{2}$, 且 $f(0) = 1, f\left(\dfrac{1}{2}\right) = e^{-\frac{1}{4}}, f(2) = e^2$, 知当 $0 \le x \le 2$ 时, $m = e^{-\frac{1}{4}}, M = e^2$, 即

$$m = e^{-\frac{1}{4}} \le e^{x^2-x} \le e^2 = M,$$

积分有

$$\int_0^2 e^{-\frac{1}{4}} dx \le \int_0^2 e^{x^2-x} dx \le \int_0^2 e^2 dx,$$

即

$$2e^{-\frac{1}{4}} \le \int_0^2 e^{x^2-x} dx \le 2e^2.$$

例 3.63 估计定积分 $\int_{\frac{1}{\sqrt{3}}}^{\sqrt{3}} x \arctan x \, dx$ 的值.

解 因为 $f(x) = x\arctan x$ 在 $\left[\dfrac{1}{\sqrt{3}}, \sqrt{3}\right]$ 上的最大值 $M = \sqrt{3}\arctan\sqrt{3} = \dfrac{\pi}{\sqrt{3}}$, 最小值 $m = \dfrac{1}{\sqrt{3}}\arctan\dfrac{1}{\sqrt{3}} = \dfrac{\pi}{6\sqrt{3}}$.

即

$$m = \frac{\pi}{6\sqrt{3}} \le x\arctan x \le \frac{\pi}{\sqrt{3}} = M,$$

积分有

$$\frac{\pi}{6\sqrt{3}}\left(\sqrt{3} - \frac{1}{\sqrt{3}}\right) \le \int_{\frac{1}{\sqrt{3}}}^{\sqrt{3}} x\arctan x \, dx \le \frac{\pi}{\sqrt{3}}\left(\sqrt{3} - \frac{1}{\sqrt{3}}\right),$$

即

$$\frac{\pi}{9} \le \int_{\frac{1}{\sqrt{3}}}^{\sqrt{3}} x\arctan x \, dx \le \frac{2}{3}\pi.$$

例 3.64 利用估值定理证明: $\dfrac{1}{2} \le \int_0^{\frac{1}{2}} \dfrac{1}{\sqrt{1-x^n}} dx \le \dfrac{\pi}{6}, (n \ge 2, n \in \mathbf{N}^+)$.

证 因为在区间 $\left[0, \dfrac{1}{2}\right]$ 上, $1 - x^2 \le 1 - x^n \le 1$. 所以

$$1 \le \frac{1}{\sqrt{1-x^n}} \le \frac{1}{\sqrt{1-x^2}},$$

积分有

$$\int_0^{\frac{1}{2}} dx \le \int_0^{\frac{1}{2}} \frac{1}{\sqrt{1-x^n}} dx \le \int_0^{\frac{1}{2}} \frac{1}{\sqrt{1-x^2}} dx,$$

即

$$\frac{1}{2} \le \int_0^{\frac{1}{2}} \frac{1}{\sqrt{1-x^n}} dx \le \frac{\pi}{6}.$$

例 3.65 利用定积分的中值定理,证明:

$$\frac{\pi}{2} \leqslant \int_0^{\frac{\pi}{2}} \frac{1}{\sqrt{1-\frac{1}{2}\sin^2 x}} dx \leqslant \frac{\sqrt{2}}{2}\pi.$$

证 由定积分的中值定理,有

$$\int_0^{\frac{\pi}{2}} \frac{1}{\sqrt{1-\frac{1}{2}\sin^2 x}} dx = \frac{\pi}{2} \cdot \frac{1}{\sqrt{1-\frac{1}{2}\sin^2 \xi}}, \xi \in \left[0, \frac{\pi}{2}\right].$$

用对 $\dfrac{1}{\sqrt{1-\frac{1}{2}\sin^2 \xi}}$ 适当放大、缩小的办法,有

$$\frac{\pi}{2} \cdot 1 \leqslant \frac{\pi}{2} \cdot \frac{1}{\sqrt{1-\frac{1}{2}\sin^2 \xi}} \leqslant \frac{\pi}{2} \cdot \frac{1}{\sqrt{1-\frac{1}{2}}},$$

故

$$\frac{\pi}{2} \leqslant \int_0^{\frac{\pi}{2}} \frac{1}{\sqrt{1-\frac{1}{2}\sin^2 x}} dx \leqslant \frac{\sqrt{2}}{2}\pi.$$

三、利用定积分的性质求极限

利用定积分的性质求极限,主要是利用定积分的估值定理和中值定理来求极限.下面通过例子来说明.

例 3.66 求 $\lim\limits_{n\to\infty}\int_0^{\frac{1}{2}} \dfrac{x^n}{4+\sin^2 x} dx$.

解 因为 $0 \leqslant \dfrac{x^n}{4+\sin^2 x} \leqslant \dfrac{1}{4}x^n, x \in \left[0, \dfrac{1}{2}\right]$,所以

$$0 \leqslant \int_0^{\frac{1}{2}} \frac{x^n}{4+\sin^2 x} dx \leqslant \int_0^{\frac{1}{2}} \frac{1}{4}x^n dx = \frac{1}{4(n+1)}\left(\frac{1}{2}\right)^{n+1},$$

由夹挤准则,有

$$\lim_{n\to\infty}\int_0^{\frac{1}{2}} \frac{x^n}{4+\sin^2 x} dx = 0.$$

例 3.67 求 $\lim\limits_{n\to\infty}\int_0^{\frac{\pi}{4}} \dfrac{x^n \tan x}{1+\tan x} dx$.

解 因为 $0 \leqslant \dfrac{x^n \tan x}{1+\tan x} \leqslant x^n, x \in \left[0, \dfrac{\pi}{4}\right].$

所以

$$0 \leqslant \int_0^{\frac{\pi}{4}} \frac{x^n \tan x}{1+\tan x} dx \leqslant \int_0^{\frac{\pi}{4}} x^n dx = \frac{1}{n+1}\left(\frac{\pi}{4}\right)^{n+1},$$

由夹挤准则 $\left(\text{从} \left|\dfrac{\pi}{4}\right| < 1, \text{知} \lim\limits_{n\to\infty} \dfrac{1}{n+1}\left(\dfrac{\pi}{4}\right)^{n+1} = 0\right)$,有

$$\lim_{n\to\infty}\int_0^{\frac{\pi}{4}} \frac{x^n \tan x}{1+\tan x} dx = 0.$$

例 3.68 求 $\lim\limits_{n\to\infty}\int_0^1 \dfrac{x^n}{1+x}dx$.

解法 1 由于
$$0 \leqslant \frac{x^n}{1+x} \leqslant x^n, x \in [0,\xi].$$
得
$$0 \leqslant \int_0^1 \frac{x^n}{1+x}dx \leqslant \int_0^1 x^n dx = \frac{1}{n+1},$$
由夹挤准则,有
$$\lim_{n\to\infty}\int_0^1 \frac{x^n}{1+x}dx = 0.$$

解法 2 由积分第一中值定理,得
$$\int_0^1 \frac{x^n}{1+x}dx = \frac{1}{1+\xi}\int_0^1 x^n dx = \frac{1}{(1+\xi)(n+1)}, \xi \in [0,1].$$
有
$$\lim_{n\to\infty}\int_0^1 \frac{x^n}{1+x}dx = \lim_{n\to\infty}\frac{1}{(1+\xi)(n+1)} = 0, \xi \in [0,1].$$

例 3.69 求 $\lim\limits_{n\to\infty}\int_n^{n+1} xe^{-x}dx$.

解 由积分中值定理,得
$$\int_n^{n+1} xe^{-x}dx = \xi e^{-\xi}, (n < \xi < n+1).$$
当 $n \to \infty$ 时, $\xi \to +\infty$,有
$$\lim_{n\to\infty}\int_n^{n+1} xe^{-x}dx = \lim_{\xi\to+\infty} \xi e^{-\xi} = \lim_{\xi\to+\infty}\frac{\xi}{e^\xi} = 0.$$

四、变上、下限积分的求导举例

变上、下限积分的求导问题,主要是利用下面的求导公式:

(1) 若 $\varPhi(x) = \int_a^x f(t)dt, f(x) \in C[a,b]$,则
$$\varPhi'(x) = \frac{d}{dx}\int_a^x f(t)dt = f(x).$$

(2) 若 $\varPsi(x) = \int_x^b f(t)dt, f(x) \in C[a,b]$,则
$$\varPsi'(x) = \frac{d}{dx}\int_x^b f(t)dt = -f(x).$$

(3) 若 $H(x) = \int_a^{v(x)} f(t)dt, f(x) \in C[a,b], v(x) \in D[a,b]$,则
$$H'(x) = \frac{d}{dx}\int_a^{v(x)} f(t)dt = f[v(x)] \cdot v'(x).$$

(4) 若 $G(x) = \int_{u(x)}^b f(t)dt, f(x) \in C[a,b], u(x) \in D[a,b]$,则
$$G'(x) = \frac{d}{dx}\int_{u(x)}^b f(t)dt = -f[u(x)] \cdot u'(x).$$

(5) 若 $F(x) = \int_{u(x)}^{v(x)} f(t)dt, f(t) \in C[a,b], u(x), v(x) \in D[a,b]$，则

$$F'(x) = \frac{d}{dx}\int_{u(x)}^{v(x)} f(t)dt = f[v(x)]v'(x) - f[u(x)] \cdot u'(x).$$

它们所解决的问题是变上、下限积分的求导问题以及通过求导解决部分求极限的问题.

例 3.70 求下列积分对变量 x 的导数：

(1) $\int_a^b \sin(x^2)dx$;　　(2) $\int_x^b \sin(t^2)dt$;

(3) $\int_a^x \sin(t^2)dt$;　　(4) $\int_0^{x^2} \sin(t^2)dt$.

解 (1) $\dfrac{d}{dx}\int_a^b \sin(x^2)dx = 0$.

(2) $\dfrac{d}{dx}\int_x^b \sin(t^2)dt = -\sin(x^2)$.

(3) $\dfrac{d}{dx}\int_a^x \sin(t^2)dt = \sin(x^2)$.

(4) $\dfrac{d}{dx}\int_0^{x^2} \sin(t^2)dt = \sin(x^4) \cdot 2x = 2x\sin(x^4)$.

例 3.71 求 $\int_{\sin x}^{x^2+1} e^{-t^2}dt$ 对 x 的导数.

解 $\dfrac{d}{dx}\int_{\sin x}^{x^2+1} e^{-t^2}dt = 2xe^{-(x^2+1)^2} - \cos x e^{-\sin^2 x}$.

例 3.72 求 $\Phi(x) = \int_a^x (x-t)f(t)dt$ 的导数 $\dfrac{d\Phi}{dx}$，这里 $f(x) \in C[a,b]$.

解 因为 $\Phi(x) = x\int_a^x f(t)dt - \int_a^x tf(t)dt$，

所以

$$\Phi'(x) = xf(x) + \int_a^x f(t)dt - xf(x) = \int_a^x f(t)dt.$$

*例 3.73 求 $\dfrac{d}{dx}\int_0^b f(x+t)dt$，其中 $f(x) \in C[0,b]$.

解 因为 $\int_0^b f(x+t)dt \xrightarrow{u=x+t} \int_x^{x+b} f(u)du$，

所以

$$\frac{d}{dx}\int_0^b f(x+t)dt = \frac{d}{dx}\int_x^{x+b} f(u)du = f(x+b) - f(x).$$

*例 3.74 设 $f(u)$ 在 $u=0$ 的某邻域内连续，且 $\lim\limits_{u \to 0}\dfrac{f(u)}{u} = A$，求 $\lim\limits_{x \to 0}\dfrac{d}{dx}\left[\int_0^1 f(xt)dt\right]$.

解 $\int_0^1 f(xt)dt \xrightarrow{u=xt} \int_0^x f(u) \cdot \dfrac{1}{x}du = \dfrac{1}{x}\int_0^x f(u)du$，

故

$$\lim_{x \to 0}\frac{d}{dx}\left[\int_0^1 f(xt)dt\right] = \lim_{x \to 0}\frac{d}{dx}\left[\frac{1}{x}\int_0^x f(u)du\right] = \lim_{x \to 0}\frac{xf(x) - \int_0^x f(u)du}{x^2}$$

$$= \lim_{x\to 0}\frac{f(x)}{x} - \lim_{x\to 0}\frac{\int_0^x f(u)\mathrm{d}u}{x^2} = A - \lim_{x\to 0}\frac{f(x)}{2x} = A - \frac{A}{2} = \frac{A}{2}.$$

例 3.75 求 $\lim\limits_{x\to 0}\dfrac{\int_{\sin x}^{2x} t\sin^2 t\mathrm{d}t}{x^4}$.

解 原式 $= \lim\limits_{x\to 0}\dfrac{(2x)\sin^2(2x)\cdot 2 - \sin x\cdot\sin^2(\sin x)\cos x}{4x^3}$

$= \lim\limits_{x\to 0}\dfrac{4x\sin^2(2x)}{4x^3} - \lim\limits_{x\to 0}\dfrac{\sin x\cdot\sin^2(\sin x)}{4x^3}\cdot\lim\limits_{x\to 0}\cos x$

$= \lim\limits_{x\to 0}\dfrac{(2x)^2}{x^2} - \lim\limits_{x\to 0}\dfrac{x\cdot\sin^2 x}{4x^3} = 4 - \dfrac{1}{4} = \dfrac{15}{4}.$

第十四讲 定积分的基本计算方法

定积分的基本计算方法是换元积分法及分部积分法. 应用这些方法,不但可以简化某些定积分的计算,而且对某些不易直接求出原函数的定积分,也能求出它们的积分值.

基本概念和重要结论

1. 牛顿 — 莱布尼兹(Newton-Leibniz) 公式

若 $F(x)$ 是连续函数 $f(x)$ 在 $[a,b]$ 上的一个原函数,则有

$$\int_a^b f(x)\mathrm{d}x = F(x)\Big|_a^b = F(b) - F(a).$$

2. 定积分的基本计算公式

1) 换元积分公式

若 $f(x)\in C[a,b]$,函数 $x = \varphi(t)$ 满足条件:$x = \varphi(t)$ 在 $t\in[\alpha,\beta]$ 上具有连续的导数,且当 $t\in[\alpha,\beta]$ 时,$a\leqslant\varphi(t)\leqslant b$;$\varphi(\alpha) = a,\varphi(\beta) = b$,则有

$$\int_a^b f(x)\mathrm{d}x \xlongequal{x = \varphi(t)} \int_\alpha^\beta f[\varphi(t)]\varphi'(t)\mathrm{d}t.$$

2) 分部积分公式

若 $u(x),v(x)$ 在 $[a,b]$ 上具有连续的导数,则有

$$\int_a^b u(x)\mathrm{d}v(x) = u(x)v(x)\Big|_a^b - \int_a^b v(x)\mathrm{d}u(x).$$

3. 定积分计算中的常用公式

(1) 若 $f(x)\in C[-a,a]$ $(a > 0)$,则

当 $f(x)$ 为奇函数时,$\int_{-a}^a f(x)\mathrm{d}x = 0$;

当 $f(x)$ 为偶函数时,$\int_{-a}^a f(x)\mathrm{d}x = 2\int_0^a f(x)\mathrm{d}x.$

(2) 若 $f(x)\in C(-\infty,+\infty)$,且是以 $T > 0$ 为周期的周期函数,则

$$\int_a^{a+T} f(x)\mathrm{d}x = \int_0^T f(x)\mathrm{d}x.$$

(3) 若 $f(x)\in C[0,1]$,则有

$$\int_0^{\frac{\pi}{2}} f(\sin x)\,dx = \int_0^{\frac{\pi}{2}} f(\cos x)\,dx; \quad \int_0^{\pi} x f(\sin x)\,dx = \frac{\pi}{2} \int_0^{\pi} f(\sin x)\,dx;$$

$$\int_0^{\pi} f(\sin x)\,dx = 2\int_0^{\frac{\pi}{2}} f(\sin x)\,dx.$$

(4) 若 $f(x) \in C[0,1]$, 则

$$\int_{-\frac{\pi}{2}}^{\frac{\pi}{2}} f(\cos x)\,dx = 2\int_0^{\frac{\pi}{2}} f(\cos x)\,dx.$$

(5) $\int_0^{\frac{\pi}{2}} \sin^n x\,dx = \int_0^{\frac{\pi}{2}} \cos^n x\,dx = \begin{cases} \dfrac{(n-1)!!}{n!!}, & (n\text{ 为正奇数}); \\ \dfrac{(n-1)!!}{n!!} \cdot \dfrac{\pi}{2}, & (n\text{ 为正偶数}). \end{cases}$

(6) $\int_0^{\frac{\pi}{2}} \sin^m x \cos^n x\,dx = \int_0^{\frac{\pi}{2}} \sin^n x \cos^m x\,dx$

$$= \begin{cases} \dfrac{(m-1)!!(n-1)!!}{(m+n)!!} \cdot \dfrac{\pi}{2}, & (m,n\text{ 为正偶数}); \\ \dfrac{(m-1)!!(n-1)!!}{(m+n)!!}, & (m,n\text{ 至少有一个为奇数}). \end{cases}$$

4. 广义积分

1) 无穷区间上的广义积分

设 $f(x) \in C[a, +\infty)$, 且 $b > a$, 定义广义积分

$$\int_a^{+\infty} f(x)\,dx = \lim_{b \to +\infty} \int_a^b f(x)\,dx;$$

$$\int_{-\infty}^b f(x)\,dx = \lim_{a \to -\infty} \int_a^b f(x)\,dx;$$

$$\int_{-\infty}^{+\infty} f(x)\,dx = \lim_{a \to -\infty} \int_a^c f(x)\,dx + \lim_{b \to +\infty} \int_c^b f(x)\,dx.$$

若上面三式右边的极限均存在, 则称广义积分收敛, 否则就称广义积分发散.

2) 无界函数的广义积分

若 $f(x) \in C(a, b]$, 则定义广义积分

$$\int_a^b f(x)\,dx = \lim_{\varepsilon \to 0^+} \int_{a+\varepsilon}^b f(x)\,dx, \ (\lim_{x \to a^+} f(x) = \infty);$$

若 $f(x) \in C[a, b)$, 则定义广义积分

$$\int_a^b f(x)\,dx = \lim_{\eta \to 0^+} \int_a^{b-\eta} f(x)\,dx, \ (\lim_{x \to b^-} f(x) = \infty);$$

若 $f(x) \in C[a, c) \cup (c, b], (a < c < b)$, 则定义广义积分

$$\int_a^b f(x)\,dx = \lim_{\eta \to 0^+} \int_a^{c-\eta} f(x)\,dx + \lim_{\varepsilon \to 0^+} \int_{c+\varepsilon}^b f(x)\,dx,$$

$$(\lim_{x \to c} f(x) = \infty).$$

若上面等式右边的极限存在, 则称该无界函数的广义积分收敛, 否则就称之为发散.

3) 几个常用的广义积分公式

(1) $\int_a^{+\infty} \dfrac{dx}{x^p} = \begin{cases} +\infty, & p \leq 1, \\ \dfrac{1}{(p-1)a^{p-1}}, & p > 1, \end{cases} (a > 0);$

(2) $\int_a^b \dfrac{\mathrm{d}x}{(x-a)^p} = \int_a^b \dfrac{\mathrm{d}x}{(b-x)^p} = \begin{cases} +\infty, & p \geqslant 1, \\ \dfrac{(b-a)^{1-p}}{1-p}, & 0 < p < 1; \end{cases}$

(3) $\int_0^{+\infty} \dfrac{\sin x}{x}\mathrm{d}x = \int_0^{+\infty} \dfrac{\tan x}{x}\mathrm{d}x = \dfrac{\pi}{2}$;

(4) $\int_0^{+\infty} \mathrm{e}^{-x^2}\mathrm{d}x = \dfrac{\sqrt{\pi}}{2}$;

(5) $\int_0^{+\infty} \mathrm{e}^{-ax}\mathrm{d}x = \dfrac{1}{a},(a>0)$;

(6) $\int_0^{+\infty} x^n \mathrm{e}^{-ax}\mathrm{d}x = \dfrac{n!}{a^{n+1}},(n \in \mathbf{N}^+, a>0)$;

(7) $\int_0^{+\infty} \dfrac{\sin x}{\sqrt{x}}\mathrm{d}x = \int_0^{+\infty} \dfrac{\cos x}{\sqrt{x}}\mathrm{d}x = \sqrt{\dfrac{\pi}{2}}$.

一、定积分的基本计算方法

1. 简单函数的定积分

例 3.76 若 $f(x)$ 在 $[a,b]$ 上具有连续的导数，且 $f'(x) \neq 0$. 求 $\int_a^b \dfrac{f'(x)}{1+f^2(x)}\mathrm{d}x$.

解 原式 $= \int_a^b \dfrac{1}{1+f^2(x)}\mathrm{d}f(x) = \arctan f(x)\Big|_a^b$

$= \arctan f(b) - \arctan f(a)$.

例 3.77 求 $\int_0^{\frac{\pi}{2}} \dfrac{\sin x}{3+\sin^2 x}\mathrm{d}x$.

解 原式 $= -\int_0^{\frac{\pi}{2}} \dfrac{\mathrm{d}\cos x}{4-\cos^2 x} = -\dfrac{1}{4}\left[\ln\dfrac{2+\cos x}{2-\cos x}\right]_0^{\frac{\pi}{2}} = \dfrac{1}{4}\ln 3$.

例 3.78 求 $\int_{\sqrt{2}}^{2} \dfrac{\mathrm{d}x}{x\sqrt{x^2-1}}, (x>1)$.

解 原式 $= \int_{\sqrt{2}}^{2} \dfrac{\mathrm{d}x}{x^2\sqrt{1-\left(\dfrac{1}{x}\right)^2}} = -\int_{\sqrt{2}}^{2} \dfrac{\mathrm{d}\left(\dfrac{1}{x}\right)}{\sqrt{1-\left(\dfrac{1}{x}\right)^2}}$

$= \left[-\arcsin\dfrac{1}{x}\right]_{\sqrt{2}}^{2} = -\dfrac{\pi}{6} + \dfrac{\pi}{4} = \dfrac{\pi}{12}$.

简单函数的定积分是指在定积分中，被积函数可以直接用积分公式及牛顿—莱布尼兹公式求出结果，或者利用定积分的性质和初等数学的公式求出结果. 它属于定积分中的最简单的情况.

换元积分法则是利用变量代换的方法，使更多形式的定积分，变为简单函数的定积分，从而扩大了计算定积分的范围.

2. 换元积分法

例 3.79 求 $\int_1^{\sqrt{2}} \dfrac{\sqrt{2-x^2}}{x^2}\mathrm{d}x$.

解 为了去掉被积函数中的二次根式，我们令典型的代换 $x = \sqrt{2}\sin t$，有

原式 $\xrightarrow{x=\sqrt{2}\sin t} \int_{\frac{\pi}{4}}^{\frac{\pi}{2}} \frac{\sqrt{2}\cos t}{2\sin^2 t} \cdot (\sqrt{2}\cos t)\mathrm{d}t = \int_{\frac{\pi}{4}}^{\frac{\pi}{2}} \cot^2 t \mathrm{d}t$

$= \int_{\frac{\pi}{4}}^{\frac{\pi}{2}} (\csc^2 t - 1)\mathrm{d}t = -(\cot t + t)\Big|_{\frac{\pi}{4}}^{\frac{\pi}{2}} = 1 - \frac{\pi}{4}.$

例 3.80 求 $\int_1^2 \frac{\sqrt{x^2 - 1}}{x}\mathrm{d}x.$

解 为了去掉被积函数中的根号，可以用典型的代换 $x = \sec t$，于是有

原式 $\xrightarrow{x=\sec t} \int_0^{\frac{\pi}{3}} \frac{\tan t}{\sec t} \cdot (\sec t \cdot \tan t)\mathrm{d}t = \int_0^{\frac{\pi}{3}} \tan^2 t \mathrm{d}t$

$= \int_0^{\frac{\pi}{3}} (\sec^2 t - 1)\mathrm{d}t = (\tan t - t)\Big|_0^{\frac{\pi}{3}} = \sqrt{3} - \frac{\pi}{3}.$

例 3.81 求 $\int_0^{\frac{\sqrt{3}}{3}} \frac{1}{(2x^2 + 1)\sqrt{x^2 + 1}}\mathrm{d}x.$

解 为了去掉被积函数中的根号，令代换 $x = \tan t$，于是有

原式 $\xrightarrow{x=\tan t} \int_0^{\frac{\pi}{6}} \frac{1}{(2\tan^2 t + 1)\sec t}(\sec^2 t)\mathrm{d}t = \int_0^{\frac{\pi}{6}} \frac{\sec t}{2\tan^2 t + 1}\mathrm{d}t$

$= \int_0^{\frac{\pi}{6}} \frac{\frac{1}{\cos t}}{\frac{2\sin^2 t + \cos^2 t}{\cos^2 t}}\mathrm{d}t = \int_0^{\frac{\pi}{6}} \frac{\cos t}{1 + \sin^2 t}\mathrm{d}t = \int_0^{\frac{\pi}{6}} \frac{1}{1 + \sin^2 t}\mathrm{d}(\sin t)$

$= \arctan(\sin t)\Big|_0^{\frac{\pi}{6}} = \arctan\frac{1}{2}.$

例 3.82 求 $\int_0^5 \frac{1}{2x + \sqrt{3x + 1}}\mathrm{d}x.$

解 只要令代换 $\sqrt{3x + 1} = t$，即可把积分化为简单函数的积分。

原式 $\xrightarrow{t=\sqrt{3x+1}} \int_1^4 \frac{1}{\frac{2}{3}(t^2 - 1) + t}\left(\frac{2}{3}t\right)\mathrm{d}t = \int_1^4 \frac{2t}{2t^2 + 3t - 2}\mathrm{d}t$

$= \int_1^4 \frac{2t\mathrm{d}t}{(2t - 1)(t + 2)} = \frac{2}{5}\int_1^4 \left(\frac{1}{2t - 1} + \frac{2}{t + 2}\right)\mathrm{d}t = \left[\frac{1}{5}\ln(2t - 1) + \frac{4}{5}\ln(t + 2)\right]_1^4$

$= \frac{1}{5}\ln 7 + \frac{4}{5}(\ln 6 - \ln 3) = \frac{1}{5}\ln 112.$

例 3.83 求 $I = \int_{-\frac{\pi}{4}}^{\frac{\pi}{4}} \frac{\sin^2 x}{1 + \mathrm{e}^{-x}}\mathrm{d}x.$

解 $I = \int_{-\frac{\pi}{4}}^0 \frac{\sin^2 x}{1 + \mathrm{e}^{-x}}\mathrm{d}x + \int_0^{\frac{\pi}{4}} \frac{\sin^2 x}{1 + \mathrm{e}^{-x}}\mathrm{d}x,$

而

$\int_{-\frac{\pi}{4}}^0 \frac{\sin^2 x}{1 + \mathrm{e}^{-x}}\mathrm{d}x \xrightarrow{x=-t} \int_0^{\frac{\pi}{4}} \frac{\sin^2 t}{1 + \mathrm{e}^t}\mathrm{d}t = \int_0^{\frac{\pi}{4}} \frac{\sin^2 x}{1 + \mathrm{e}^x}\mathrm{d}x.$

故

$I = \int_0^{\frac{\pi}{4}} \frac{\sin^2 x}{1 + \mathrm{e}^x}\mathrm{d}x + \int_0^{\frac{\pi}{4}} \frac{\sin^2 x}{1 + \mathrm{e}^{-x}}\mathrm{d}x = \int_0^{\frac{\pi}{4}} \sin^2 x\left(\frac{1}{1 + \mathrm{e}^x} + \frac{1}{1 + \mathrm{e}^{-x}}\right)\mathrm{d}x$

$$= \int_0^{\frac{\pi}{4}} \sin^2 x \, dx = \int_0^{\frac{\pi}{4}} \frac{1 - \cos 2x}{2} dx = \frac{\pi - 2}{8}.$$

3. 分部积分法

分部积分法是定积分的基本积分法中的一个重要方法. 分部积分法的应用再次扩大了我们解决定积分的能力. 另外,分部积分公式的应用还可以推导出一部分的递推公式.

例 3.84 求 $\int_0^3 \ln(x+3) dx$.

解 原式 $= [x\ln(x+3)]_0^3 - \int_0^3 \frac{x}{x+3} dx = 3\ln 6 - \int_0^3 \left(1 - \frac{3}{x+3}\right) dx$

$= 3\ln 6 - [x - 3\ln(x+3)]_0^3 = 3\ln 6 - (3 - 3\ln 6 + 3\ln 3) = 3(\ln 12 - 1).$

例 3.85 求 $\int_1^e \sin(\ln x) dx$.

解 原式 $= x\sin(\ln x) \Big|_1^e - \int_1^e \cos(\ln x) dx = e\sin 1 - \left[x\cos(\ln x) \Big|_1^e + \int_1^e \sin(\ln x) dx\right]$

$= e\sin 1 - e\cos 1 + 1 - \int_1^e \sin(\ln x) dx,$

故

$$\int_1^e \sin(\ln x) dx = \frac{e}{2}(\sin 1 - \cos 1) + \frac{1}{2}.$$

另一方面,在定积分的基本计算方法中,换元积分法与分部积分法的交替使用,是会经常遇到的,不要因为用了换元积分法,就忘了用分部积分法,也不要因为用了分部积分法,就忘了换元积分法. 也就是说,我们在解题过程中,千万不要只拘泥于一种方法.

例 3.86 求 $\int_0^{\frac{\pi}{4}} \frac{x\sec^2 x}{(1+\tan x)^2} dx$.

解 原式 $= -\int_0^{\frac{\pi}{4}} x d\left(\frac{1}{1+\tan x}\right) = -\frac{x}{1+\tan x} \Big|_0^{\frac{\pi}{4}} + \int_0^{\frac{\pi}{4}} \frac{dx}{1+\tan x} = -\frac{\pi}{8} + \int_0^{\frac{\pi}{4}} \frac{dx}{1+\tan x},$

$$\int_0^{\frac{\pi}{4}} \frac{dx}{1+\tan x} \xlongequal{x = \frac{\pi}{4} - t} \int_0^{\frac{\pi}{4}} \frac{1 + \tan t}{2} dt = \frac{\pi}{8} + \frac{1}{4}\ln 2.$$

故

原式 $= \frac{1}{4}\ln 2.$

例 3.87 设 $I_n = \int_0^{\frac{\pi}{2}} x^n \cos x \, dx$ ($n \geq 2$ 为正整数),推出递推公式 $I_n = \left(\frac{\pi}{2}\right)^n - n(n-1)I_{n-2}$, 并计算 I_4.

解 $I_n = \int_0^{\frac{\pi}{2}} x^n d\sin x = x^n \sin x \Big|_0^{\frac{\pi}{2}} - n\int_0^{\frac{\pi}{2}} x^{n-1} \sin x \, dx = \left(\frac{\pi}{2}\right)^n + n\int_0^{\frac{\pi}{2}} x^{n-1} d\cos x$

$= \left(\frac{\pi}{2}\right)^n + n\left[x^{n-1}\cos x \Big|_0^{\frac{\pi}{2}} - (n-1)\int_0^{\frac{\pi}{2}} x^{n-2}\cos x \, dx\right]$

$= \left(\frac{\pi}{2}\right)^n - n(n-1)\int_0^{\frac{\pi}{2}} x^{n-2}\cos x \, dx = \left(\frac{\pi}{2}\right)^n - n(n-1)I_{n-2}.$

而

$$I_4 = \left(\frac{\pi}{2}\right)^4 - 4 \cdot 3I_2 = \frac{\pi^4}{16} - 12\left[\left(\frac{\pi}{2}\right)^2 - 2\int_0^{\frac{\pi}{2}} \cos x \, dx\right] = \frac{\pi^4}{16} - 3\pi^2 + 24.$$

例3.88 设 $I_n = \int_0^1 (1-x^2)^n dx, (n \in \mathbf{N}^+)$，推出递推公式

$$I_n = \frac{2n}{2n+1}I_{n-1}.$$

解 $I_n = \int_0^1 (1-x^2)^{n-1} \cdot (1-x^2) dx = \int_0^1 (1-x^2)^{n-1} dx - \int_0^1 x^2 (1-x^2)^{n-1} dx$

$$= I_{n-1} + \frac{1}{2n}\int_0^1 x \, d(1-x^2)^n = I_{n-1} + \frac{1}{2n} x (1-x^2)^n \Big|_0^1 - \frac{1}{2n}\int_0^1 (1-x^2)^n dx$$

$$= I_{n-1} - \frac{1}{2n}I_n,$$

故

$$I_n = \frac{2n}{2n+1}I_{n-1}.$$

实际上，依递推公式演算下去，例3.88 还有如下的结果：

$$I_n = \frac{2n}{2n+1} \cdot \frac{2n-2}{2n-1} \cdots \frac{2}{3} \cdot 1 = \frac{(2n)!!}{(2n+1)!!}.$$

二、奇、偶函数及周期函数的定积分

1. 奇、偶函数的定积分的计算方法

例3.89 求 $\int_{-1}^{1} \frac{2+\sin x}{1+x^2} dx$.

解 因为 $\frac{2}{1+x^2}$ 是偶函数，所以有

$$\int_{-1}^{1} \frac{2}{1+x^2} dx = 2\int_0^1 \frac{2}{1+x^2} dx = 4\int_0^1 \frac{1}{1+x^2} dx = \pi,$$

而 $\frac{\sin x}{1+x^2}$ 是奇函数，知

$$\int_{-1}^{1} \frac{\sin x}{1+x^2} dx = 0.$$

故

$$\int_{-1}^{1} \frac{2+\sin x}{1+x^2} dx = \int_{-1}^{1} \frac{2}{1+x^2} dx + \int_{-1}^{1} \frac{\sin x}{1+x^2} dx = \int_{-1}^{1} \frac{2}{1+x^2} dx = \pi.$$

例3.90 求 $\int_{-1}^{1} \ln(x+\sqrt{x^2+1}) dx$.

解 因为 $f(x) = \ln(x+\sqrt{x^2+1})$ 满足条件 $f(x)+f(-x)=0$，所以知道 $f(x)$ 在 $[-1, 1]$ 上是连续的奇函数，有

$$\int_{-1}^{1} \ln(x+\sqrt{x^2+1}) dx = 0.$$

例3.91 设 $M = \int_{-\frac{\pi}{2}}^{\frac{\pi}{2}} \frac{\sin x}{1+x^2}\cos^4 x \, dx, N = \int_{-\frac{\pi}{2}}^{\frac{\pi}{2}} (\sin^3 x + \cos^4 x) dx, P = \int_{-\frac{\pi}{2}}^{\frac{\pi}{2}} (x^2 \sin^3 x - \cos^4 x) dx$，试比较 M、N、P 的大小.

解 因为 $\dfrac{\sin x}{1+x^2}\cos^4 x$ 是 $\left[-\dfrac{\pi}{2},\dfrac{\pi}{2}\right]$ 上连续的奇函数,所以

$$M = \int_{-\frac{\pi}{2}}^{\frac{\pi}{2}} \frac{\sin x}{1+x^2}\cos^4 x \mathrm{d}x = 0.$$

而 $\sin^3 x, \cos^4 x$ 则分别是 $\left[-\dfrac{\pi}{2},\dfrac{\pi}{2}\right]$ 上连续的奇函数及偶函数,有

$$N = \int_{-\frac{\pi}{2}}^{\frac{\pi}{2}} (\sin^3 x + \cos^4 x) \mathrm{d}x = \int_{-\frac{\pi}{2}}^{\frac{\pi}{2}} \cos^4 x \mathrm{d}x = 2\int_0^{\frac{\pi}{2}} \cos^4 x \mathrm{d}x > 0.$$

另外,$x^2\sin^3 x, \cos^4 x$ 也分别是 $\left[-\dfrac{\pi}{2},\dfrac{\pi}{2}\right]$ 上连续的奇函数及偶函数,故

$$P = \int_{-\frac{\pi}{2}}^{\frac{\pi}{2}} (x^2\sin^3 x - \cos^4 x) \mathrm{d}x = -\int_{-\frac{\pi}{2}}^{\frac{\pi}{2}} \cos^4 x \mathrm{d}x = -2\int_0^{\frac{\pi}{2}} \cos^4 x \mathrm{d}x < 0.$$

于是显然有

$$P < M < N.$$

例 3.92 若 $f(x) \in C(-\infty,+\infty)$,且为奇函数时,则 $\Phi(x) = \int_0^x f(t)\mathrm{d}t$ 是偶函数;若 $f(x) \in C(-\infty,+\infty)$ 且为偶函数时,则 $\Psi(x) = \int_0^x f(t)\mathrm{d}t$ 是奇函数.

解 由于当 $f(x)$ 是连续的奇函数时,有

$$\Phi(x) - \Phi(-x) = \int_0^x f(t)\mathrm{d}t - \int_0^{-x} f(t)\mathrm{d}t$$
$$= \int_0^x f(t)\mathrm{d}t + \int_{-x}^0 f(t)\mathrm{d}t = \int_{-x}^x f(t)\mathrm{d}t = 0,$$

故知

$$\Phi(x) = \Phi(-x),$$

有

$$\Phi(x) = \int_0^x f(t)\mathrm{d}t \text{ 为偶函数}.$$

当 $f(x)$ 为连续的偶函数时,由于

$$\Psi(x) - \Psi(-x) = \int_0^x f(t)\mathrm{d}t - \int_0^{-x} f(t)\mathrm{d}t$$
$$= \int_{-x}^0 f(t)\mathrm{d}t + \int_0^x f(t)\mathrm{d}t = \int_{-x}^x f(t)\mathrm{d}t = 2\Psi(x),$$

有

$$\Psi(-x) = -\Psi(x),$$

知

$$\Psi(x) = \int_0^x f(t)\mathrm{d}t \text{ 为奇函数}.$$

2. 周期函数的定积分举例

例 3.93 设 $f(x)$ 是以 T 为周期的连续函数,则 $\int_a^{a+T} f(x)\mathrm{d}x = \int_0^T f(x)\mathrm{d}x$,($a$ 为常数).

解 因为 $\int_a^{a+T} f(x)\mathrm{d}x = \int_a^0 f(x)\mathrm{d}x + \int_0^{a+T} f(x)\mathrm{d}x$,而

$$\int_a^0 f(x)\,\mathrm{d}x \xrightarrow{t=x+T} \int_{a+T}^T f(t-T)\,\mathrm{d}t = \int_{a+T}^T f(t)\,\mathrm{d}t$$
$$= \int_{a+T}^T f(x)\,\mathrm{d}x = -\int_T^{a+T} f(x)\,\mathrm{d}x,$$

所以
$$\int_a^{a+T} f(x)\,\mathrm{d}x = \left[-\int_T^{a+T} f(x)\,\mathrm{d}x\right] + \int_0^{a+T} f(x)\,\mathrm{d}x$$
$$= \int_0^T f(x)\,\mathrm{d}x + \int_T^{a+T} f(x)\,\mathrm{d}x - \int_T^{a+T} f(x)\,\mathrm{d}x = \int_0^T f(x)\,\mathrm{d}x.$$

例 3.93 说明了当被积函数为以 T 为周期的连续函数时,它在一个周期上的定积分值与起点 a 的数值无关.

例 3.94 若 $f(x) \in C(-\infty, +\infty)$,则有
$$\int_0^{2\pi} f(|\cos x|)\,\mathrm{d}x = 4\int_0^{\frac{\pi}{2}} f(|\cos x|)\,\mathrm{d}x.$$

解 因为 $f(|\cos x|)$ 是以 π 为周期的连续函数,故有
$$\int_0^{2\pi} f(|\cos x|)\,\mathrm{d}x = \int_0^\pi f(|\cos x|)\,\mathrm{d}x + \int_\pi^{2\pi} f(|\cos x|)\,\mathrm{d}x = 2\int_0^\pi f(|\cos x|)\,\mathrm{d}x$$
$$= 2\left[\int_0^{\frac{\pi}{2}} f(|\cos x|)\,\mathrm{d}x + \int_{\frac{\pi}{2}}^\pi f(|\cos x|)\,\mathrm{d}x\right],$$

而
$$\int_{\frac{\pi}{2}}^\pi f(|\cos x|)\,\mathrm{d}x \xrightarrow{x=\pi-t} \int_{\frac{\pi}{2}}^0 f(|\cos t|)(-\mathrm{d}t) = \int_0^{\frac{\pi}{2}} f(|\cos x|)\,\mathrm{d}x.$$

于是有
$$\int_0^{2\pi} f(|\cos x|)\,\mathrm{d}x = 4\int_0^{\frac{\pi}{2}} f(|\cos x|)\,\mathrm{d}x.$$

例 3.95 计算 $\int_0^{n\pi} |\sin t|\,\mathrm{d}t$,$(n \in \mathbf{N}^+)$,并求极限 $\lim\limits_{x \to +\infty} \dfrac{\int_0^x |\sin t|\,\mathrm{d}t}{x}$.

解 对于自然数 n,由于 $|\sin t|$ 的周期为 π,于是有
$$\int_0^{n\pi} |\sin t|\,\mathrm{d}t = \int_0^\pi |\sin t|\,\mathrm{d}t + \int_\pi^{2\pi} |\sin t|\,\mathrm{d}t + \cdots + \int_{(n-1)\pi}^{n\pi} |\sin t|\,\mathrm{d}t$$
$$= n\int_0^\pi |\sin t|\,\mathrm{d}t = n\int_0^\pi \sin t\,\mathrm{d}t = 2n,$$

对于充分大的 $x > 0$,存在着自然数 n,使 $n\pi \leqslant x \leqslant (n+1)\pi$,故有
$$\int_0^{n\pi} |\sin t|\,\mathrm{d}t \leqslant \int_0^x |\sin t|\,\mathrm{d}t \leqslant \int_0^{(n+1)\pi} |\sin t|\,\mathrm{d}t,$$

对不等式分别除以 $(n+1)\pi, x, n\pi$,有
$$\frac{\int_0^{n\pi} |\sin t|\,\mathrm{d}t}{(n+1)\pi} \leqslant \frac{\int_0^x |\sin t|\,\mathrm{d}t}{x} \leqslant \frac{\int_0^{(n+1)\pi} |\sin t|\,\mathrm{d}t}{n\pi},$$

即
$$\frac{2n}{(n+1)\pi} \leqslant \frac{\int_0^x |\sin t|\,\mathrm{d}t}{x} \leqslant \frac{2(n+1)}{n\pi}.$$

而
$$\lim_{n\to\infty}\frac{2n}{(n+1)\pi}=\frac{2}{\pi}=\lim_{n\to\infty}\frac{2(n+1)}{n\pi},$$

由极限存在的夹挤准则,知
$$\lim_{x\to+\infty}\frac{\int_0^x|\sin t|\,dt}{x}=\frac{2}{\pi}.$$

同理也有下面的结果
$$\lim_{x\to+\infty}\frac{\int_0^x|\cos t|\,dt}{x}=\frac{2}{\pi}.$$

三、分段函数定积分的计算方法

当被积函数是分段函数时,定积分应按函数的定义区间分段去积分. 当被积函数是分段的复合函数时,应当通过适当的变量代换化为可直接积分的形式,下面,我们举例来说明.

例 3.96 若 $f(x)=\begin{cases} e^{-x}, & -2\leq x<0 \\ 1+\ln(1+x), & 0\leq x\leq 2 \end{cases}$,求 $\int_{-2}^2 f(x)dx$.

解 由于被积函数 $f(x)$ 是分段函数表示的,并且 $f(x)$ 在点 $x=0$ 处是连续的,故有
$$\int_{-2}^2 f(x)dx=\int_{-2}^0 e^{-x}dx+\int_0^2[1+\ln(1+x)]dx=-e^{-x}\Big|_{-2}^0+2+\int_0^2\ln(1+x)dx$$
$$=-(1-e^2)+(2\ln 3+\ln 3)=e^2+3\ln 3-1.$$

例 3.97 求 $\int_{-2}^2\max\{2,x^2\}dx$ 及 $\int_{-2}^2\min\{2,x^2\}dx$.

解 由于被积函数 $f(x)=\max\{2,x^2\}$ 及 $g(x)=\min\{2,x^2\}$ 可以表示为
$$f(x)=\begin{cases} 2, & |x|\leq\sqrt{2}, \\ x^2, & |x|>\sqrt{2}. \end{cases}$$
$$g(x)=\begin{cases} x^2, & |x|\leq\sqrt{2}, \\ 2, & |x|>\sqrt{2}. \end{cases}$$

故有
$$\int_{-2}^2\max\{2,x^2\}dx=2\int_0^2\max\{2,x^2\}dx=2\left[\int_0^{\sqrt{2}}2dx+\int_{\sqrt{2}}^2 x^2 dx\right]=\frac{8}{3}(\sqrt{2}+2).$$
$$\int_{-2}^2\min\{2,x^2\}dx=2\int_0^2\min\{2,x^2\}dx=2\left[\int_0^{\sqrt{2}}x^2 dx+\int_{\sqrt{2}}^2 2dx\right]=8\left(1-\frac{\sqrt{2}}{3}\right).$$

例 3.98 设 $f(x)=\begin{cases} 2x, & 0\leq x\leq\dfrac{1}{2} \\ C, & \dfrac{1}{2}<x\leq 1 \end{cases}$,求 $\int_0^x f(t)dt$.

解 当 $0\leq x\leq\dfrac{1}{2}$ 时,
$$\int_0^x f(t)dt=\int_0^x 2t\,dt=x^2,$$

当 $\dfrac{1}{2}<x\leq 1$ 时,

$$\int_0^x f(t)\,dt = \int_0^{\frac{1}{2}} 2t\,dt + \int_{\frac{1}{2}}^x C\,dt = \frac{1}{4} + C\left(x - \frac{1}{2}\right).$$

于是有

$$\int_0^x f(t)\,dt = \begin{cases} x^2, & 0 \le x \le \frac{1}{2}, \\ \frac{1}{4} + C\left(x - \frac{1}{2}\right), & \frac{1}{2} < x \le 1. \end{cases}$$

例 3.99 设 $f(x) = \begin{cases} x+1, & x \ge 0, \\ 1+e^x, & x < 0, \end{cases}$ 求 $\int_0^2 f(x-1)\,dx$.

解 $\int_0^2 f(x-1)\,dx \xrightarrow{t=x-1} \int_{-1}^1 f(t)\,dt = \int_{-1}^1 f(x)\,dx = \int_{-1}^0 (1+e^x)\,dx + \int_0^1 (x+1)\,dx$

$$= 1 + e^x \Big|_{-1}^0 + \frac{1}{2} + 1 = \frac{7}{2} - e^{-1}.$$

四、被积函数含有绝对值符号的定积分的计算方法

当定积分的被积函数含有绝对值的符号时,先将绝对值符号去掉,把被积函数写成分段函数再进行积分. 或者解出绝对值式中的零值点,并根据这些零值点将积分区间分成几个子区间,再按绝对值在该子区间上的表达式进行积分就行了.

例 3.100 求 $\int_{\frac{1}{e}}^{e} |\ln x|\,dx$.

解 因为 $f(x) = |\ln x| = \begin{cases} -\ln x, & \frac{1}{e} \le x \le 1, \\ \ln x, & 1 < x \le e. \end{cases}$

所以

$$\int_{\frac{1}{e}}^{e} |\ln x|\,dx = \int_{\frac{1}{e}}^{1} (-\ln x)\,dx + \int_1^e \ln x\,dx$$

$$= (-x\ln x + x)\Big|_{\frac{1}{e}}^{1} + (x\ln x - x)\Big|_1^e = 1 - \frac{2}{e}.$$

例 3.101 求 $\int_a^b |2x-a-b|\,dx,(b>a>0)$.

解 因为 $|2x-a-b|$ 可以表示为

$$|2x-a-b| = \begin{cases} -(2x-a-b), & a \le x \le \frac{a+b}{2}, \\ 2x-a-b, & \frac{a+b}{2} < x \le b. \end{cases}$$

故

$$\int_a^b |2x-a-b|\,dx = -\int_a^{\frac{a+b}{2}} (2x-a-b)\,dx + \int_{\frac{a+b}{2}}^b (2x-a-b)\,dx$$

$$= -(x^2-ax-bx)\Big|_a^{\frac{a+b}{2}} + (x^2-ax-bx)\Big|_{\frac{a+b}{2}}^b = \frac{1}{2}(b-a)^2.$$

例 3.102 求 $\int_a^b x|x|\,dx,(a,b$ 为非零常数,且 $b>a)$.

解 当 $a<b<0$ 时,

$$\int_a^b x|x|\,dx = -\int_a^b x^2 dx = \frac{1}{3}(a^3 - b^3).$$

当 $a < 0 < b$ 时,
$$\int_a^b x|x|\,dx = -\int_a^0 x^2 dx + \int_0^b x^2 dx = \frac{1}{3}(b^3 + a^3).$$

当 $0 < a < b$ 时,
$$\int_a^b x|x|\,dx = \int_a^b x^2 dx = \frac{1}{3}(b^3 - a^3).$$

故
$$\int_a^b x|x|\,dx = \begin{cases} \frac{1}{3}(a^3 - b^3), & (a < b < 0), \\ \frac{1}{3}(b^3 + a^3), & (a < 0 < b), \\ \frac{1}{3}(b^3 - a^3), & (0 < a < b). \end{cases}$$

例 3.103 求 $\int_0^{\frac{\pi}{2}} \sqrt{1 - \sin 2x}\,dx$.

解 原式 $= \int_0^{\frac{\pi}{2}} \sqrt{\sin^2 x + \cos^2 x - 2\sin x \cos x}\,dx = \int_0^{\frac{\pi}{2}} |\cos x - \sin x|\,dx$

$= \int_0^{\frac{\pi}{4}} (\cos x - \sin x)\,dx + \int_{\frac{\pi}{4}}^{\frac{\pi}{2}} (\sin x - \cos x)\,dx = 2(\sqrt{2} - 1).$

五、广义积分

1. 无穷区间上的广义积分

例 3.104 求 $\int_1^{+\infty} \frac{dx}{x(x+1)}$.

解 原式 $= \lim\limits_{b \to +\infty} \int_1^b \left(\frac{1}{x} - \frac{1}{x+1}\right) dx = \lim\limits_{b \to +\infty} \left[\ln \frac{x}{x+1}\right]_1^b = \ln 2.$

例 3.105 求 $\int_2^{+\infty} \frac{dx}{x\sqrt{x-1}}$.

解 原式 $= \lim\limits_{b \to +\infty} \int_2^b \frac{dx}{[1 + (x-1)]\sqrt{x-1}} = \lim\limits_{b \to +\infty} \int_2^b \frac{2d(\sqrt{x-1})}{1 + (\sqrt{x-1})^2}$

$= 2\lim\limits_{b \to +\infty} [\arctan \sqrt{x-1}]_2^b = \frac{\pi}{2}.$

例 3.106 求 $\int_0^{+\infty} e^{-x}\sin x\,dx$.

解 原式 $= \lim\limits_{b \to +\infty} \left[-\int_0^b \sin x\,de^{-x}\right] = \lim\limits_{b \to +\infty}\left[-\left(e^{-x}\sin x\Big|_0^b - \int_0^b e^{-x}\cos x\,dx\right)\right]$

$= \lim\limits_{b \to +\infty} \int_0^b e^{-x}\cos x\,dx = \lim\limits_{b \to +\infty}(-e^{-x}\cos x\Big|_0^b) - \int_0^{+\infty} e^{-x}\sin x\,dx$

$= 1 - \int_0^{+\infty} e^{-x}\sin x\,dx.$

故
$$\int_0^{+\infty} e^{-x}\sin x\,dx = \frac{1}{2}.$$

同理,亦有
$$\int_0^{+\infty} e^{-x}\cos x dx = \frac{1}{2}.$$

例 3.107 求 $\int_0^{+\infty} \frac{1}{\sqrt{1+x^2}} dx$.

解 原式 $\xlongequal{x=\tan x} \int_0^{\frac{\pi}{2}} \frac{1}{\sec t} \cdot \sec^2 x dt = \int_0^{\frac{\pi}{2}} \sec x dx = \lim_{\varepsilon \to 0^+} \int_0^{\frac{\pi}{2}-\varepsilon} \sec x dx = \infty$.

故广义积分 $\int_0^{+\infty} \frac{1}{\sqrt{1+x^2}} dx$ 发散.

例 3.108 求 $\int_0^{+\infty} \frac{1}{(1+x^2)^2} dx$.

解 原式 $\xlongequal{x=\tan t} \int_0^{\frac{\pi}{2}} \frac{1}{(1+\tan^2 t)^2} \cdot \sec^2 t dt = \int_0^{\frac{\pi}{2}} \cos^2 t dt = \frac{1}{2} \cdot \frac{\pi}{2} = \frac{\pi}{4}$.

2. 无界函数的广义积分

例 3.109 求 $\int_0^1 \frac{1}{\sqrt{1-x}} dx$.

解 原式 $= \lim_{\varepsilon \to 0^+} \int_0^{1-\varepsilon} (1-x)^{-\frac{1}{2}} dx = \lim_{\varepsilon \to 0^+} \left[-2(1-x)^{\frac{1}{2}} \right] \Big|_0^{1-\varepsilon} = 2$.

例 3.110 求 $\int_1^2 \frac{dx}{x\sqrt{x^2-1}}$.

解 原式 $= \lim_{\varepsilon \to 0^+} \int_{1+\varepsilon}^2 \frac{dx}{x\sqrt{x^2-1}} \xlongequal{x=\frac{1}{t}} \lim_{\varepsilon \to 0^+} \int_{\frac{1}{1+\varepsilon}}^{\frac{1}{2}} \frac{-1}{\sqrt{1-t^2}} dt$

$= \lim_{\varepsilon \to 0^+} \int_{\frac{1}{2}}^{\frac{1}{1+\varepsilon}} \frac{dt}{\sqrt{1-t^2}} = \lim_{\varepsilon \to 0^+} [\arcsin t] \Big|_{\frac{1}{2}}^{\frac{1}{1+\varepsilon}} = \frac{\pi}{2} - \frac{\pi}{6} = \frac{\pi}{3}$.

例 3.111 求 $\int_0^1 \frac{dx}{(2-x)\sqrt{1-x}}$.

解 原式 $= \lim_{\varepsilon \to 0^+} \int_0^{1-\varepsilon} \frac{dx}{(2-x)\sqrt{1-x}} \xlongequal{t=\sqrt{1-x}} \lim_{\varepsilon \to 0^+} \int_1^{\sqrt{\varepsilon}} \frac{-2t}{(1+t^2)t} dt$

$= \lim_{\varepsilon \to 0^+} 2 \int_{\sqrt{\varepsilon}}^1 \frac{dt}{1+t^2} = \lim_{\varepsilon \to 0^+} 2[\arctan t] \Big|_{\sqrt{\varepsilon}}^1 = \frac{\pi}{2}$.

例 3.112 求 $\int_0^2 \frac{x}{1-x^2} dx$.

解 原式 $= \int_0^1 \frac{x}{1-x^2} dx + \int_1^2 \frac{x}{1-x^2} dx$,

由于

$\int_0^1 \frac{x}{1-x^2} dx = \lim_{\varepsilon \to 0^+} \left[-\frac{1}{2} \int_0^{1-\varepsilon} \frac{d(1-x^2)}{1-x^2} \right] = -\frac{1}{2} \lim_{\varepsilon \to 0^+} \ln|1-x^2| \Big|_0^{1-\varepsilon} = +\infty$.

故所求的积分 $\int_0^2 \frac{x}{1-x^2} dx$ 是发散的.

错误解答:

$$原式 = -\frac{1}{2} \int_0^2 \frac{1}{1-x^2} d(1-x^2) = -\frac{1}{2} \ln|1-x^2| \Big|_0^2 = -\frac{\ln 3}{2}.$$

这个结论之所以错误,是把广义积分当作正常的定积分来计算了.

例 3.113 求 $\int_0^{2\pi} \dfrac{\sin x}{1+\cos x}\mathrm{d}x$.

解 原式 $= \int_0^{\pi} \dfrac{\sin x}{1+\cos x}\mathrm{d}x + \int_{\pi}^{2\pi} \dfrac{\sin x}{1+\cos x}\mathrm{d}x$,

而

$$\int_0^{\pi} \dfrac{\sin x}{1+\cos x}\mathrm{d}x = \lim_{\varepsilon \to 0^+}\int_0^{\pi-\varepsilon} \dfrac{\sin x}{1+\cos x}\mathrm{d}x = \lim_{\varepsilon \to 0^+}\left[-\ln(1+\cos x)\right]_0^{\pi-\varepsilon} = -\infty.$$

故所给的积分 $\int_0^{2\pi} \dfrac{\sin x}{1+\cos x}\mathrm{d}x$ 是发散的.

第十五讲 关于定积分的等式及不等式的证明方法概述

一、关于定积分等式的证明举例

证明定积分的等式所用到的方法和工具,主要是定积分的概念和基本积分法. 一元函数微分学的知识,构造函数法及初等数学的常识. 下面我们举例来说明定积分等式的证明.

例 3.114 设 $f(x)$ 在 $[a,b]$ 上有二阶连续的导数,且 $f(a) = f'(a) = 0$,试证明:

$$\int_a^b f(x)\mathrm{d}x = \dfrac{1}{2}\int_a^b f''(x)(x-b)^2\mathrm{d}x.$$

证 由分部积分公式,有

$$\int_a^b f(x)\mathrm{d}x = \int_a^b f(x)\mathrm{d}(x-b) = f(x)(x-b)\Big|_a^b - \int_a^b (x-b)f'(x)\mathrm{d}x$$

$$= -\int_a^b f'(x)(x-b)\mathrm{d}(x-b) = -\dfrac{1}{2}\int_a^b f'(x)\mathrm{d}(x-b)^2$$

$$= -\dfrac{1}{2}\left[f'(x)(x-b)^2\Big|_a^b - \int_a^b (x-b)^2\mathrm{d}f'(x)\right]$$

$$= \dfrac{1}{2}\int_a^b f''(x)(x-b)^2\mathrm{d}x.$$

例 3.115 设 $f(x)$ 为连续函数,试证明:

$$\int_a^b f(x)\mathrm{d}x = \int_0^1 (b-a)f[a+(b-a)x]\mathrm{d}x.$$

证 用换元积分法,有

$$\int_a^b f(x)\mathrm{d}x \xlongequal{x=a+(b-a)t} \int_0^1 f[a+(b-a)t]\cdot(b-a)\mathrm{d}t$$

$$= \int_0^1 (b-a)f[a+(b-a)t]\mathrm{d}t = \int_0^1 (b-a)f[a+(b-a)x]\mathrm{d}x.$$

例 3.116 试证明:$\int_x^1 \dfrac{\mathrm{d}t}{1+t^2} = \int_1^{\frac{1}{x}} \dfrac{\mathrm{d}t}{1+t^2}$.

证 用换元积分法:

$$\int_x^1 \dfrac{\mathrm{d}t}{1+t^2} \xlongequal{t=\frac{1}{u}} \int_{\frac{1}{x}}^1 \dfrac{-\dfrac{1}{u^2}\mathrm{d}u}{1+\dfrac{1}{u^2}} = \int_1^{\frac{1}{x}} \dfrac{\mathrm{d}u}{u^2\left(1+\dfrac{1}{u^2}\right)} = \int_1^{\frac{1}{x}} \dfrac{\mathrm{d}u}{1+u^2} = \int_1^{\frac{1}{x}} \dfrac{\mathrm{d}t}{1+t^2}.$$

例 3.117 设 $f(x), g(x) \in C[-a, a]$ $(a > 0)$,且 $f(x) + f(-x) = A$(常数),$g(-x) = g(x)$. 试证明:

(1) $\int_{-a}^{a} f(x)g(x)\,dx = A\int_{0}^{a} g(x)\,dx$;

(2) 求 $\int_{-\frac{\pi}{2}}^{\frac{\pi}{2}} |\sin x| \arctan e^x \, dx$.

证 (1) 因为
$$\int_{-a}^{a} f(x)g(x)\,dx = \int_{-a}^{0} f(x)g(x)\,dx + \int_{0}^{a} f(x)g(x)\,dx,$$

而
$$\int_{-a}^{0} f(x)g(x)\,dx \xrightarrow{x=-t} -\int_{a}^{0} f(-t)g(-t)\,dt = \int_{0}^{a} f(-t)g(-t)\,dt$$
$$= \int_{0}^{a} f(-t)g(t)\,dt = \int_{0}^{a} f(-x)g(x)\,dx,$$

故
$$\int_{-a}^{a} f(x)g(x)\,dx = \int_{0}^{a} f(-x)g(x)\,dx + \int_{0}^{a} f(x)g(x)\,dx$$
$$= \int_{0}^{a} [f(-x) + f(x)]g(x)\,dx = A\int_{0}^{a} g(x)\,dx.$$

(2) 由于 $|\sin x|$ 是偶函数,由(1)证得的结果,因为 $\arctan e^x + \arctan e^{-x} = \dfrac{\pi}{2}$,所以
$$\int_{-\frac{\pi}{2}}^{\frac{\pi}{2}} |\sin x| \arctan e^x \, dx = \frac{\pi}{2} \int_{0}^{\frac{\pi}{2}} |\sin x|\, dx = \frac{\pi}{2}.$$

注:由于 $(\arctan e^x + \arctan e^{-x})' = 0$,可知其原函数为常数,令 $x = 0$,有 $\arctan e^0 + \arctan e^0 = \dfrac{\pi}{4} + \dfrac{\pi}{4} = \dfrac{\pi}{2}$,知
$$\arctan e^x + \arctan e^{-x} = \frac{\pi}{2}.$$

例 3.118 若 $f(x)$ 在 $[0, 4]$ 上具有一阶连续的导数,且 $f(x) \geq 0, f(0) = 0$. 当 $f'(x) \int_{0}^{4} f(x)\,dx = 8$ 时,求 $\int_{0}^{4} f(x)\,dx$,并验证:$f(x) = x$.

证 由于 $f'(x) \int_{0}^{4} f(x)\,dx = 8$,有 $f'(x) = \dfrac{8}{\int_{0}^{4} f(x)\,dx}$,

即
$$f(x) = \int f'(x)\,dx = \int \left[\frac{8}{\int_{0}^{4} f(x)\,dx}\right] dx = \frac{8}{\int_{0}^{4} f(x)\,dx} x + C.$$

由 $f(0) = 0$,知 $C = 0$,得
$$f(x) = \frac{8}{\int_{0}^{4} f(x)\,dx} x.$$

两边作定积分,有
$$\int_{0}^{4} f(x)\,dx = \int_{0}^{4} \frac{8}{\int_{0}^{4} f(x)\,dx} x\,dx = \frac{8}{\int_{0}^{4} f(x)\,dx} \cdot \int_{0}^{4} x\,dx = \frac{64}{\int_{0}^{4} f(x)\,dx}.$$

知

$$\left(\int_0^4 f(x)\,\mathrm{d}x\right)^2 = 64, \qquad \int_0^4 f(x)\,\mathrm{d}x = 8.$$

(因为 $f(x) \geq 0$,故舍去 $\int_0^4 f(x)\,\mathrm{d}x = -8$).

有

$$f(x) = \frac{8}{\int_0^4 f(x)\,\mathrm{d}x} x = x.$$

例 3.119 若 $f(x) \in C[a,b]$,且 $f(x) > 0$,则在 $[a,b]$ 上至少存在一点 ξ,使

$$\int_a^\xi f(x)\,\mathrm{d}x = \int_\xi^b f(x)\,\mathrm{d}x = \frac{1}{2}\int_a^b f(x)\,\mathrm{d}x.$$

证 令辅助函数 $F(x) = \int_a^x f(t)\,\mathrm{d}t, x \in [a,b]$. 因为 $F'(x) = f(x) > 0$,所以 $F(x)$ 是 $[a,b]$ 上的单调增加的函数. 设 $m = F(a), M = F(b)$,则 $m = 0, M = \int_a^b f(t)\,\mathrm{d}t > 0$,显然有不等式 $0 < \frac{1}{2}M < M$,即

$$0 < \frac{1}{2}\int_a^b f(x)\,\mathrm{d}x < M.$$

由于 $F(x) \in C[a,b]$,由闭区间上连续函数的介值定理知,至少存在一点 $\xi \in (a,b)$,使

$$F(\xi) = \int_a^\xi f(x)\,\mathrm{d}x = \frac{1}{2}\int_a^b f(x)\,\mathrm{d}x.$$

而

$$\int_\xi^b f(x)\,\mathrm{d}x = \int_a^b f(x)\,\mathrm{d}x - \int_a^\xi f(x)\,\mathrm{d}x = \int_a^b f(x)\,\mathrm{d}x - \frac{1}{2}\int_a^b f(x)\,\mathrm{d}x = \frac{1}{2}\int_a^b f(x)\,\mathrm{d}x.$$

即有

$$\int_a^\xi f(x)\,\mathrm{d}x = \int_\xi^b f(x)\,\mathrm{d}x = \frac{1}{2}\int_a^b f(x)\,\mathrm{d}x.$$

例 3.120 设 $f(x), g(x) \in C[a,b]$,且 $g(x) \neq 0$,证明:至少存在一点 $\xi \in (a,b)$,使

$$\frac{\int_a^b f(x)\,\mathrm{d}x}{\int_a^b g(x)\,\mathrm{d}x} = \frac{f(\xi)}{g(\xi)}.$$

证 令辅助函数

$$F(x) = \int_a^b f(t)\,\mathrm{d}t \int_a^x g(t)\,\mathrm{d}t - \int_a^b g(t)\,\mathrm{d}t \int_a^x f(t)\,\mathrm{d}t.$$

则 $F(x) \in C[a,b], F(x) \in D(a,b)$,且

$$F(a) = 0,$$

$$F(b) = \int_a^b f(t)\,\mathrm{d}t \int_a^b g(t)\,\mathrm{d}t - \int_a^b g(t)\,\mathrm{d}t \int_a^b f(t)\,\mathrm{d}t = 0.$$

故 $F(x)$ 在 $[a,b]$ 上满足罗尔定理的条件,有

$$F'(\xi) = \int_a^b f(t)\,\mathrm{d}t \cdot g(\xi) - \int_a^b g(t)\,\mathrm{d}t \cdot f(\xi)$$

$$= \int_a^b f(x)\mathrm{d}x \cdot g(\xi) - \int_a^b g(x)\mathrm{d}x \cdot f(\xi) = 0.$$

得
$$\frac{\int_a^b f(x)\mathrm{d}x}{\int_a^b g(x)\mathrm{d}x} = \frac{f(\xi)}{g(\xi)}, \xi \in (a,b).$$

二、关于定积分不等式的证明举例

定积分不等式的证明,其内容要比定积分等式的证明广泛得多,定积分的估值定理就是定积分不等式的例证.

在定积分不等式的证明中,定积分的估值定理和比较定理,函数的单调性,微分及积分中值定理,初等数学的常用不等关系及设辅助函数法等都是经常要用到的.

例 3.121 证明:$\left|\int_n^{n+1} \sin(x^2)\mathrm{d}x\right| \leq \frac{1}{n}$.

证 用分部积分法,有

$$\int_n^{n+1} \sin(x^2)\mathrm{d}x = -\int_n^{n+1} \frac{1}{2x}\mathrm{d}\cos(x^2)$$

$$= -\left[\frac{\cos(x^2)}{2x}\bigg|_n^{n+1} - \int_n^{n+1} \cos(x^2) \cdot \frac{1}{2}\mathrm{d}\left(\frac{1}{x}\right)\right]$$

$$= \frac{\cos(n^2)}{2n} - \frac{\cos(n+1)^2}{2(n+1)} - \int_n^{n+1} \frac{\cos(x^2)}{2x^2}\mathrm{d}x,$$

有

$$\left|\int_n^{n+1} \sin(x^2)\mathrm{d}x\right| \leq \left|\frac{\cos(n^2)}{2n}\right| + \left|\frac{\cos(n+1)^2}{2(n+1)}\right| + \int_n^{n+1} \frac{|\cos x^2|}{2x^2}\mathrm{d}x$$

$$\leq \frac{1}{2n} + \frac{1}{2(n+1)} + \int_n^{n+1} \frac{1}{2x^2}\mathrm{d}x$$

$$= \frac{1}{2n} + \frac{1}{2(n+1)} - \frac{1}{2(n+1)} + \frac{1}{2n} = \frac{1}{n}.$$

由本例中的结果,显然有
$$\lim_{n \to \infty} \int_n^{n+1} \sin(x^2)\mathrm{d}x = 0.$$

例 3.122 设 $f(x) \in C[0,1]$,且为单调减少的函数,证明:对任意的 $p \in (0,1)$,有不等式:
$$\frac{1}{p}\int_0^p f(x)\mathrm{d}x > \int_0^1 f(x)\mathrm{d}x.$$

证法 1 $\int_0^1 f(x)\mathrm{d}x \xrightarrow{x=\frac{1}{p}t} \int_0^p f\left(\frac{t}{p}\right)\frac{1}{p}\mathrm{d}t = \frac{1}{p}\int_0^p f\left(\frac{t}{p}\right)\mathrm{d}t$

$$< \frac{1}{p}\int_0^p f(t)\mathrm{d}t = \frac{1}{p}\int_0^p f(x)\mathrm{d}x.$$

这是由于 $0 < p < 1, \frac{t}{p} > t$. 由于 $f(x)$ 单调减少,故
$$f(t) > f\left(\frac{t}{p}\right).$$

证法 2 设 $F(p) = \frac{1}{p}\int_0^p f(t)\mathrm{d}t$,则

$$F'(p) = -\frac{1}{p^2}\int_0^p f(t)dt + \frac{1}{p}f(p) = -\frac{1}{p^2}\int_0^p [f(t)-f(p)]dt < 0,$$
$$p \in (0,1).$$

这是因为 $0 \le t < p \le 1, f(x)$ 单调减少,所以 $f(t) > f(p)$,故有 $F'(p) < 0$.

于是 $F(p)$ 单调减少,而 $F(1) = \int_0^1 f(t)dt = \int_0^1 f(x)dx, F(p) = \frac{1}{p}\int_0^p f(t)dt = \frac{1}{p}\int_0^p f(x)dx$,故 $F(p) > F(1)$,即

$$\int_0^1 f(x)dx < \frac{1}{p}\int_0^p f(x)dx.$$

例 3.123 设 $f'(x) \in C[0,a], (a > 0)$,证明:
$$|f(0)| \le \frac{1}{a}\int_0^a |f(x)|dx + \int_0^a |f'(x)|dx.$$

证 因为 $f'(x) \in C[0,a]$,所以 $f(x), |f(x)|, |f'(x)|$ 均在 $[0,a]$ 上连续. 故积分 $\int_0^a |f'(x)|dx, \int_0^a f'(x)dx, \int_0^a |f(x)|dx$ 均存在,且有
$$f(x) - f(0) = \int_0^x f'(t)dt,$$
故
$$f(0) = f(x) - \int_0^x f'(t)dt.$$
有
$$|f(0)| = |f(x) - \int_0^x f'(t)dt| \le |f(x)| + \int_0^x |f'(t)|dt$$
$$\le |f(x)| + \int_0^a |f'(t)|dt.$$

对不等式两边从 0 到 a 对 x 积分,得
$$\int_0^a |f(0)|dx \le \int_0^a |f(x)|dx + \int_0^a \left[\int_0^a |f'(t)|dt\right]dx = \int_0^a |f(x)|dx + \int_0^a |f'(t)|dt \cdot \int_0^a dx$$
$$= \int_0^a |f(x)|dx + a\int_0^a |f'(t)|dt.$$
即
$$a|f(0)| \le \int_0^a |f(x)|dx + a\int_0^a |f'(x)|dx.$$
于是证得
$$|f(0)| \le \frac{1}{a}\int_0^a |f(x)|dx + \int_0^a |f'(x)|dx.$$

例 3.124 设 $f'(x) \in C[0,1]$,试证明:
$$|f(x)| \le \int_0^1 (|f(x)| + |f'(x)|)dx, x \in [0,1].$$

证 由积分中值定理,有
$$\int_0^1 |f(x)|dx = |f(\xi)|, 0 \le \xi \le 1.$$
而
$$f(x) - f(\xi) = \int_\xi^x f'(t)dt,$$

167

即
$$f(x) = f(\xi) + \int_\xi^x f'(t)\,dt.$$
于是
$$|f(x)| = \left|f(\xi) + \int_\xi^x f'(t)\,dt\right| \leq |f(\xi)| + \int_\xi^x |f'(t)|\,dt$$
$$\leq |f(\xi)| + \int_0^1 |f'(t)|\,dt = |f(\xi)| + \int_0^1 |f'(x)|\,dx$$
$$= \int_0^1 |f(x)|\,dx + \int_0^1 |f'(x)|\,dx = \int_0^1 (|f(x)| + |f'(x)|)\,dx.$$

例 3.125 设 $f(x) \in D^2(-\infty, +\infty)$，且 $f''(x) > 0$，函数 $u(t)$ 是连续函数，试证明：

(1) $f(x) \geq f(a) + f'(a)(x-a)$，($a$ 为固定常数)；

(2) $\dfrac{1}{b}\int_0^b f[u(t)]\,dt \geq f\left(\dfrac{1}{b}\int_0^b u(t)\,dt\right)$，$(b > 0)$。

证 (1) 对给定的常数 a，把 $f(x)$ 在点 a 处用泰勒公式展开：
$$f(x) = f(a) + f'(a)(x-a) + \frac{1}{2!}f''(\xi)(x-a)^2,$$
其中 ξ 介于 a 与 x 之间。

由于 $f''(\xi) > 0$，从而有
$$f(x) \geq f(a) + f'(a)(x-a), \quad x \in (-\infty, +\infty).$$

(2) 设 $b > 0$，若记 $a = \dfrac{1}{b}\int_0^b u(t)\,dt$。对常数 a 及任意的 $x = u(t)$，由本例中(1)的结果，有
$$f[u(t)] \geq f(a) + f'(a)[u(t) - a].$$
对上式在 $[0,b]$ 上积分，得
$$\int_0^b f[u(t)]\,dt \geq f(a) \cdot b + f'(a)\int_0^b u(t)\,dt - f'(a)ab$$
$$= f(a)b + f'(a)ab - f'(a)ab = f(a)b.$$
故
$$\frac{1}{b}\int_0^b f[u(t)]\,dt \geq f(a) = f\left(\frac{1}{b}\int_0^b u(t)\,dt\right).$$

例 3.126 设 $f(x)$ 在 $[a,b]$ 上可积，若对于任意的 $x_1, x_2 \in [a,b]$，恒有 $|f(x_1) - f(x_2)| \leq |x_1 - x_2|$，证明：
$$\left|\int_a^b f(x)\,dx - (b-a)f(a)\right| \leq \frac{1}{2}(b-a)^2.$$

证 由题设条件，对任意的 $x \in [a,b]$，有
$$|f(x) - f(a)| \leq x - a,$$
故
$$\left|\int_a^b [f(x) - f(a)]\,dx\right| \leq \int_a^b |f(x) - f(a)|\,dx \leq \int_a^b (x-a)\,dx.$$
即
$$\left|\int_a^b f(x)\,dx - \int_a^b f(a)\,dx\right| \leq \frac{1}{2}(b-a)^2.$$
而

$$\int_a^b f(a)\mathrm{d}x = (b-a)f(a),$$

于是有

$$\Big|\int_a^b f(x)\mathrm{d}x - (b-a)f(a)\Big| \le \frac{1}{2}(b-a)^2.$$

设辅助函数法,是证明积分不等式的重要方法.

例 3.127　设 $f(x)$ 在 $[a,b]$ 上可微,$f'(x)$ 非减,证明:

$$\int_a^b f(x)\mathrm{d}x \le \frac{b-a}{2}[f(a)+f(b)].$$

证　设辅助函数

$$F(x) = \frac{x-a}{2}[f(a)+f(x)] - \int_a^x f(t)\mathrm{d}t, x \in [a,b].$$

则 $F(x)$ 在 $[a,b]$ 上可微,且

$$\begin{aligned} F'(x) &= \frac{1}{2}[f(a)+f(x)] + \frac{x-a}{2}f'(x) - f(x) \\ &= \frac{1}{2}[f(a)-f(x)] + \frac{x-a}{2}f'(x) = \frac{1}{2}f'(\xi)(a-x) + \frac{x-a}{2}f'(x) \\ &= \frac{x-a}{2}[f'(x)-f'(\xi)].\quad (a < \xi < x). \end{aligned}$$

因为 $f'(x)$ 非减,所以 $f'(x) \ge f'(\xi)$,故

$$F'(x) \ge 0, x \in [a,b].$$

知 $F(x)$ 非减,于是 $F(b) \ge F(a) = 0$.

因此

$$\int_a^b f(x)\mathrm{d}x \le \frac{b-a}{2}[f(a)+f(b)].$$

例 3.128　设 $\varphi(x), \psi(x) \in C[a,b]$,证明:

$$\Big[\int_a^b \varphi(x)\psi(x)\mathrm{d}x\Big]^2 \le \int_a^b \varphi^2(x)\mathrm{d}x \cdot \int_a^b \psi^2(x)\mathrm{d}x.$$

(柯西 — 布尼雅可夫斯基不等式).

证　不妨设 $b > a$,并令

$$F(x) = \int_a^x \varphi^2(t)\mathrm{d}t \int_a^x \psi^2(t)\mathrm{d}t - \Big[\int_a^x \varphi(t)\cdot\psi(t)\mathrm{d}t\Big]^2, \quad (a \le x \le b).$$

显然 $F(a) = 0$,且

$$\begin{aligned} F'(x) &= \varphi^2(x)\int_a^x \psi^2(t)\mathrm{d}t + \psi^2(x)\int_a^x \varphi^2(t)\mathrm{d}t - 2\varphi(x)\psi(x)\int_a^x \varphi(t)\psi(t)\mathrm{d}t \\ &= \int_a^x [\varphi(x)\psi(t) - \psi(x)\varphi(t)]^2 \mathrm{d}t \ge 0. \end{aligned}$$

即 $F(x)$ 是广义单调增加的函数,于是

$$F(b) \ge F(a) = 0.$$

即

$$\Big[\int_a^b \varphi(x)\psi(x)\mathrm{d}t\Big]^2 \le \int_a^b \varphi^2(x)\mathrm{d}x \int_a^b \psi^2(x)\mathrm{d}x.$$

例 3.129　设 $f(x) \in C[a,b]$,且 $f(x) > 0$,证明:

$$\int_a^b f(x)\mathrm{d}x \int_a^b \frac{1}{f(x)}\mathrm{d}x \ge (b-a)^2.$$

证 作辅助函数

$$F(x) = \int_a^x f(t)\,dt \int_a^x \frac{1}{f(t)}\,dt - (x-a)^2.$$

则

$$F'(x) = f(x)\int_a^x \frac{1}{f(t)}\,dt + \frac{1}{f(x)}\int_a^x f(t)\,dt - 2(x-a)$$

$$= \int_a^x \left[\frac{f(x)}{f(t)} + \frac{f(t)}{f(x)} - 2\right]dt.$$

因为 $f(x) > 0$,所以 $\frac{f(x)}{f(t)} + \frac{f(t)}{f(x)} - 2 \geq 0$,故

$$F'(x) \geq 0.$$

又由 $F(a) = 0, F(b) \geq F(a) = 0$,知

$$\int_a^b f(x)\,dx \int_a^b \frac{1}{f(x)}\,dx \geq (b-a)^2.$$

例 3.130 设 $f(x) \in C[a,b]$,且 $f(x)$ 在 $[a,b]$ 上单调增加,证明:

$$(a+b)\int_a^b f(x)\,dx < 2\int_a^b xf(x)\,dx.$$

证 设辅助函数

$$F(x) = (a+x)\int_a^x f(t)\,dt - 2\int_a^x tf(t)\,dt,$$

则

$$F'(x) = \int_a^x f(t)\,dt + (a+x)f(x) - 2xf(x)$$

$$= \int_a^x f(t)\,dt + (a-x)f(x) = \int_a^x [f(t) - f(x)]\,dt < 0.$$

因为 $f(x)$ 是单调增加的,故 $t < x$ 时,$f(t) < f(x)$. 知 $F'(x) < 0, F(x)$ 是单调减少的函数,有

$$F(b) < F(a) = 0.$$

即

$$(a+b)\int_a^b f(x)\,dx < 2\int_a^b xf(x)\,dx.$$

三、杂例

例 3.131 求 $\int_0^\pi \sqrt{\sin^3 x - \sin^5 x}\,dx$.

解 原式 $= \int_0^\pi \sin^{\frac{3}{2}}x\,|\cos x|\,dx = \int_0^{\frac{\pi}{2}} \sin^{\frac{3}{2}}x\,d\sin x - \int_{\frac{\pi}{2}}^\pi \sin^{\frac{3}{2}}x\,d\sin x$

$= \left[\frac{2}{5}\sin^{\frac{5}{2}}x\right]_0^{\frac{\pi}{2}} - \left[\frac{2}{5}\sin^{\frac{5}{2}}x\right]_{\frac{\pi}{2}}^\pi = \frac{2}{5} - \frac{2}{5}(0-1) = \frac{4}{5}.$

例 3.132 求 $\int_{-\frac{\pi}{2}}^{\frac{\pi}{2}} \frac{e^x}{1+e^x}\sin^4 x\,dx$.

解 原式 $= \int_{-\frac{\pi}{2}}^{\frac{\pi}{2}} \frac{(1+e^x)-1}{1+e^x}\sin^4 x\,dx = \int_{-\frac{\pi}{2}}^{\frac{\pi}{2}} \sin^4 x\,dx - \int_{-\frac{\pi}{2}}^{\frac{\pi}{2}} \frac{\sin^4 x}{1+e^x}\,dx$

$\xlongequal{x=-t} \frac{3}{4 \cdot 2}\pi + \int_{\frac{\pi}{2}}^{-\frac{\pi}{2}} \frac{1}{1+e^{-t}}\sin^4 t\,dt$

$$= \frac{3}{8}\pi - \int_{-\frac{\pi}{2}}^{\frac{\pi}{2}} \frac{1}{1+e^{-x}}\sin^4 x dx = \frac{3}{8}\pi - \int_{-\frac{\pi}{2}}^{\frac{\pi}{2}} \frac{e^x}{1+e^x}\sin^4 x dx,$$

故

$$\int_{-\frac{\pi}{2}}^{\frac{\pi}{2}} \frac{e^x}{1+e^x}\sin^4 x dx = \frac{3}{16}\pi.$$

例 3.133 求 $\int_0^1 \frac{\ln(1+x)}{1+x^2}dx$.

解法 1

$$原式 \xrightarrow{x=\tan t} \int_0^{\frac{\pi}{4}} \frac{\ln(1+\tan t)}{\sec^2 t} \cdot \sec^2 t dt = \int_0^{\frac{\pi}{4}} \ln\left(\frac{\cos t + \sin t}{\cos t}\right) dt$$

$$= \int_0^{\frac{\pi}{4}} [\ln(\cos t + \sin t) - \ln(\cos t)] dt = \int_0^{\frac{\pi}{4}} \left[\ln\sqrt{2}\cos\left(t-\frac{\pi}{4}\right) - \ln(\cos t)\right] dt$$

$$= \int_0^{\frac{\pi}{4}} \ln\sqrt{2} dt + \int_0^{\frac{\pi}{4}} \ln\cos\left(t-\frac{\pi}{4}\right) dt - \int_0^{\frac{\pi}{4}} \ln\cos t dt = \int_0^{\frac{\pi}{4}} \ln\sqrt{2} dt = \frac{\pi}{8}\ln 2.$$

（这是因为 $\int_0^{\frac{\pi}{4}} \ln\cos\left(t-\frac{\pi}{4}\right)dt \xrightarrow{u=\frac{\pi}{4}-t} \int_{\frac{\pi}{4}}^0 \ln\cos u d(-u) = \int_0^{\frac{\pi}{4}} \ln\cos u du = \int_0^{\frac{\pi}{4}} \ln\cos t dt$ 的原因）.

解法 2 设 $I = \int_0^1 \frac{\ln(1+x)}{1+x^2}dx$, 则

$$I \xrightarrow{x=\frac{1-t}{1+t}} \int_1^0 \frac{\ln\left(\frac{2}{1+t}\right)}{1+\left(\frac{1-t}{1+t}\right)^2} \cdot \frac{-2}{(1+t)^2}dt = 2\int_0^1 \frac{\ln\left(\frac{2}{1+t}\right)}{(1+t)^2+(1-t)^2}dt$$

$$= \int_0^1 \frac{\ln 2 - \ln(1+t)}{1+t^2}dt = \int_0^1 \frac{\ln 2}{1+t^2}dt - \int_0^1 \frac{\ln(1+t)}{1+t^2}dt$$

$$= \ln 2 \cdot \int_0^1 \frac{1}{1+t^2}dt - I = \frac{\pi}{4}\ln 2 - I,$$

即

$$2I = \frac{\pi}{4}\ln 2, \qquad I = \frac{\pi}{8}\ln 2.$$

例 3.134 设 $0 < a < 1$, 问 a 为何值时, $\int_0^1 |x-a| dx$ 取得最小值, 并求其最小值.

解 设 $F(a) = \int_0^1 |x-a| dx$

$$= \int_0^a (a-x)dx + \int_a^1 (x-a)dx = a^2 - a + \frac{1}{2}.$$

由于

$$F'(a) = 2a - 1 = 0, 有唯一驻点 a = \frac{1}{2},$$

且

$$F''(a) = 2 > 0,$$

故当 $a = \frac{1}{2}$ 时, $\int_0^1 |x-a| dx$ 取最小值, 且最小值为

$$F_{\min} = \left(\frac{1}{2}\right)^2 - \frac{1}{2} + \frac{1}{2} = \frac{1}{4}.$$

例 3.135 若 $f(x) \in D[a,b]$, 并满足 $f(1) - f(0) = 1$, 证明:

$$\int_0^1 [f'(x)]^2 \mathrm{d}x \geq 1.$$

证 由于 $[f'(x)-1]^2 \geq 0$,有 $[f'(x)]^2 \geq 2f'(x)-1$,两边积分,有
$$\int_0^1 [f'(x)]^2 \mathrm{d}x \geq \int_0^1 [2f'(x)-1]\mathrm{d}x = 2\int_0^1 f'(x)\mathrm{d}x - 1$$
$$= 2[f(1)-f(0)] - 1 = 1.$$

故
$$\int_0^1 [f'(x)]^2 \mathrm{d}x \geq 1.$$

例 3.136 设 $f(x) \in C[0,1]$,且 $1 \leq f(x) \leq 2$,试证明:
$$\int_0^1 f(x)\mathrm{d}x \cdot \int_0^1 \frac{1}{f(x)}\mathrm{d}x \leq \frac{9}{8}.$$

证 因为 $1 \leq f(x) \leq 2$,所以 $f(x) + \frac{2}{f(x)} \leq 3$,不等式两边积分,有
$$\int_0^1 f(x)\mathrm{d}x + 2\int_0^1 \frac{\mathrm{d}x}{f(x)} \leq 3,$$

且有
$$2\sqrt{2\int_0^1 f(x)\mathrm{d}x \int_0^1 \frac{1}{f(x)}\mathrm{d}x} \leq \int_0^1 f(x)\mathrm{d}x + 2\int_0^1 \frac{1}{f(x)}\mathrm{d}x \leq 3.$$

故
$$\sqrt{2\int_0^1 f(x)\mathrm{d}x \int_0^1 \frac{1}{f(x)}\mathrm{d}x} \leq \frac{3}{2},$$
$$2\int_0^1 f(x)\mathrm{d}x \int_0^1 \frac{1}{f(x)}\mathrm{d}x \leq \frac{9}{4},$$

有
$$\int_0^1 f(x)\mathrm{d}x \int_0^1 \frac{1}{f(x)}\mathrm{d}x \leq \frac{9}{8}.$$

例 3.137 设 $f(x)$ 在 $[a,b]$ 上有 $f''(x) > 0$,证明:

(1) $f\left(\frac{a+b}{2}\right) \leq \frac{1}{b-a}\int_a^b f(x)\mathrm{d}x$;

(2) $\frac{1}{b-a}\int_a^b f(x)\mathrm{d}x \leq \frac{f(a)+f(b)}{2}$.

证 (1) 因为 $f''(x) > 0$,故 $f(x)$ 在 $[a,b]$ 上为凹曲线(曲线上任意一点处的切线,位于其曲线的下方),取点 $M_0\left(\frac{a+b}{2}, f\left(\frac{a+b}{2}\right)\right)$,在点 M_0 处的切线方程为
$$y = f\left(\frac{a+b}{2}\right) + f'\left(\frac{a+b}{2}\right)\left(x - \frac{a+b}{2}\right),$$

有
$$f(x) \geq f\left(\frac{a+b}{2}\right) + f'\left(\frac{a+b}{2}\right)\left(x - \frac{a+b}{2}\right),$$

积分有
$$\int_a^b f(x)\mathrm{d}x \geq \int_a^b f\left(\frac{a+b}{2}\right)\mathrm{d}x + \int_a^b f'\left(\frac{a+b}{2}\right)\left(x - \frac{a+b}{2}\right)\mathrm{d}x$$
$$= f\left(\frac{a+b}{2}\right) \cdot (b-a) + f'\left(\frac{a+b}{2}\right)\int_a^b \left(x - \frac{a+b}{2}\right)\mathrm{d}x$$

$$= (b-a)f\left(\frac{a+b}{2}\right) + f'\left(\frac{a+b}{2}\right)\left[\frac{b^2-a^2}{2} - \frac{a+b}{2}(b-a)\right]$$

$$= (b-a)f\left(\frac{a+b}{2}\right),$$

故

$$f\left(\frac{a+b}{2}\right) \leqslant \frac{1}{b-a}\int_a^b f(x)\,\mathrm{d}x.$$

(2) 因为 $f''(x) > 0$,所以 $f'(x)$ 在 $[a,b]$ 上单调增加,对任意的 $x \in (a,b)$,有

$$\frac{f(x)-f(a)}{x-a} = f'(\xi) \leqslant f'(x), (a < \xi < x).$$

于是

$$f(x) \leqslant f(a) + (x-a)f'(x),$$

积分有

$$\int_a^b f(x)\,\mathrm{d}x \leqslant \int_a^b f(a)\,\mathrm{d}x + \int_a^b (x-a)f'(x)\,\mathrm{d}x$$

$$= f(a)(b-a) + \left[xf(x)\Big|_a^b - \int_a^b f(x)\,\mathrm{d}x - af(x)\Big|_a^b\right]$$

$$= (b-a)f(a) + bf(b) - af(a) - af(b) + af(a) - \int_a^b f(x)\,\mathrm{d}x$$

$$= (b-a)[f(a)+f(b)] - \int_a^b f(x)\,\mathrm{d}x,$$

故

$$2\int_a^b f(x)\,\mathrm{d}x \leqslant (b-a)[f(a)+f(b)].$$

即

$$\frac{1}{b-a}\int_a^b f(x)\,\mathrm{d}x \leqslant \frac{f(a)+f(b)}{2}.$$

第十六讲 定积分的应用

定积分的应用十分广泛,在这一讲中我们只能选择一些最常见的问题作为例子来说明定积分的应用. 这样的例子可以分为两类:一类是几何方面的问题,如面积、体积和弧长等;另一类是物理方面的问题,如作功、引力和液体的侧压力等.

我们已经知道,曲边梯形的面积,变速直线运动的路程都可以用定积分表示. 那么一个能用定积分表示的量 I 应当具备什么性质呢?从前面的讨论可以看出:它应当是与某一个变量 x 的变化区间 $[a,b]$ 相联系的整体量,并且这个整体量 I,当区间 $[a,b]$ 分割成若干个小区间后,就相应地分成了若干个部分量 ΔI 之和,即量 I 对于区间 $[a,b]$ 具有可加性.

基本概念和重要结论

1. 微元法(元素法)

当所求量 I 可以表示为定积分 $\int_a^b f(x)\,\mathrm{d}x$ 时,可知: $I(x) = \int_a^x f(t)\,\mathrm{d}t$ 就是 $f(x)$ 的一个原函数,从而被积式 $f(x)\,\mathrm{d}x$ 就是 $I(x)$ 的微分,即 $f(x)\,\mathrm{d}x$ 是增量 ΔI 的线性主部,而增量 ΔI 则是所求量 I

的部分量. 因此,用定积分来求整体量 I 的一个常用方法是,任取所求量 I 的一个微小的部分量 ΔI,写出它的线性主部 $\mathrm{d}I = f(x)\mathrm{d}x$,再在 $[a,b]$ 上积分就得到所求量 I. 这种通过取出所求量的微小部分量 ΔI 的线性主部 $\mathrm{d}I$,再积分求出 I 的方法,通常称为"微元法"或"元素法".

2. 几何上的应用

1) 平面图形的面积 S

(1) 在平面直角坐标系 xOy 中,由曲线 $y = f(x)$,$y = g(x)$ ($f(x) \geq g(x)$) 及直线 $x = a$,$x = b (a < b)$ 围成的平面图形的面积 S 为

$$S = \int_a^b [f(x) - g(x)]\mathrm{d}x. \tag{16.1}$$

当 $f(x) \geq 0$,$g(x) = 0$ 时,有

$$S = \int_a^b f(x)\mathrm{d}x. \tag{16.2}$$

类似的,由曲线 $x = \varphi(y)$,$x = \psi(y)$ ($\varphi(y) \geq \psi(y)$) 及直线 $y = c$,$y = d (d > c)$ 围成的平面图形的面积 S 为

$$S = \int_c^d [\varphi(y) - \psi(y)]\mathrm{d}y. \tag{16.3}$$

当 $\varphi(y) \geq 0$,$\psi(y) = 0$ 时,有

$$S = \int_c^d \varphi(y)\mathrm{d}y. \tag{16.4}$$

(2) 在平面极坐标系中,由曲线 $\rho = \rho_1(\theta)$,$\rho = \rho_2(\theta)$ ($\rho_2(\theta) \geq \rho_1(\theta)$) 及射线 $\theta = \alpha$,$\theta = \beta$ ($\beta > \alpha$) 围成的曲边扇形的面积 S 为

$$S = \frac{1}{2}\int_\alpha^\beta [\rho_2^2(\theta) - \rho_1^2(\theta)]\mathrm{d}\theta. \tag{16.5}$$

当 $\rho_1(\theta) = 0$,$\rho_2(\theta) = \rho(\theta)$ 时,有

$$S = \frac{1}{2}\int_\alpha^\beta \rho^2(\theta)\mathrm{d}\theta. \tag{16.6}$$

2) 立体的体积 V

(1) 在空间直角坐标系中,设立体垂直于 Ox 轴的平行截面的面积函数为 $S(x)$,则该立体介于平面 $x = a$ 与 $x = b (a < b)$ 之间的体积为

$$V = \int_a^b S(x)\mathrm{d}x. \tag{16.7}$$

(2) 在平面直角坐标系中,由曲线 $y = f(x)$ ($f(x) \geq 0$) 及直线 $x = a$,$x = b (a < b)$,$y = 0$ 围成的曲边梯形,绕 Ox 轴旋转一周所成的旋转体的体积 V_x 为

$$V_x = \int_a^b \pi f^2(x)\mathrm{d}x. \tag{16.8}$$

而由 $x = \varphi(y)$ ($\varphi(y) \geq 0$) 及 $y = c$,$y = d (c < d)$,$x = 0$ 围成的曲边梯形,绕 Oy 轴旋转一周所成的旋转体的体积 V_y 为

$$V_y = \int_c^d \pi\varphi^2(y)\mathrm{d}y. \tag{16.9}$$

3) 平面曲线的弧长 s

(1) 在平面直角坐标系中,曲线 $y = f(x)$ 介于 $a \leq x \leq b$ 的弧长 s 为

$$s = \int_a^b \sqrt{1 + [f'(x)]^2}\,dx. \tag{16.10}$$

类似的，$x = \varphi(y)$ 介于 $c \leq y \leq d$ 的弧长 s 为

$$s = \int_c^d \sqrt{1 + [\varphi'(y)]^2}\,dy. \tag{16.11}$$

（2）在平面直角坐标系中，由参数方程表示的曲线：

$$\begin{cases} x = \varphi(t) \\ y = \psi(t) \end{cases}, \text{介于 } \alpha \leq t \leq \beta \text{ 的弧长 } s \text{ 为}$$

$$s = \int_\alpha^\beta \sqrt{[\varphi'(t)]^2 + [\psi'(t)]^2}\,dt. \tag{16.12}$$

（3）在极坐标系下，曲线 $\rho = \rho(\theta)$，在 $\alpha \leq \theta \leq \beta$ 的弧长 s 为

$$s = \int_\alpha^\beta \sqrt{[\rho(\theta)]^2 + [\rho'(\theta)]^2}\,d\theta. \tag{16.13}$$

4）旋转体的侧面积 S

在平面直角坐标系中，曲线段 $y = f(x)$，$(f(x) \geq 0, a \leq x \leq b)$ 绕 Ox 轴旋转一周所形成的旋转体的侧面积 S 为

$$S = 2\pi \int_a^b f(x)\sqrt{1 + [f'(x)]^2}\,dx. \tag{16.14}$$

3. 物理方面的应用

1）变力作功

物体在平行于 Ox 轴的力 $f(x)$ 作用下，沿 Ox 轴由 $x = a$ 运动到 $x = b$ $(b > a)$，则力 $f(x)$ 所作的功 W 为

$$W = \int_a^b f(x)\,dx.$$

2）引力问题

一个长为 l 的均匀细棒，质量为 M，在棒的延长线上距棒端的近距离为 a 处有一个质量为 m 的质点，则棒对质点的引力 F 为

$$F = \frac{kmM}{l}\int_0^l \frac{dx}{(l + a - x)^2},\text{（其中 } k \text{ 为常数）}.$$

3）液体的侧压力

一个平面薄板由曲线 $y = f(x), x = a, x = b(a < b)$ 及 $y = 0$ 围成，将其垂直浸入液体之中，则平面薄板的一侧所受到的液体的压力 P 为

$$P = \int_a^b \rho x f(x)\,dx.$$

（其中 ρ 表示液体的密度）.

4. 连续函数的平均值及均方根值

（1）连续函数 $f(x)$ 在 $[a,b]$ 上的平均值 $\bar{f}(x)$ 为

$$\bar{f}(x) = \frac{1}{b-a}\int_a^b f(x)\,dx.$$

（2）函数 $f(x)$ 在 $[a,b]$ 上的均方根值 I 为

$$I = \sqrt{\frac{1}{b-a}\int_a^b f^2(x)\,dx}.$$

一、定积分在几何上的应用

1. 平面图形的面积 S

例 3.138　求由曲线 $y = \dfrac{1}{x}$ 和直线 $y = x$ 及 $x = 2$ 所围的平面图形的面积 S.

解　如图 16-1 所示,
$$S = \int_1^2 \left(x - \dfrac{1}{x}\right)dx = \left(\dfrac{1}{2}x^2 - \ln x\right)\Big|_1^2 = \dfrac{3}{2} - \ln 2.$$

例 3.139　求由曲线 $y = \sqrt{x-2}$ 和直线 $y = -2x + 7$ 及 $y = 0, x = 0$ 所围的平面图形的面积 S.

解　如图 16-2 所示.

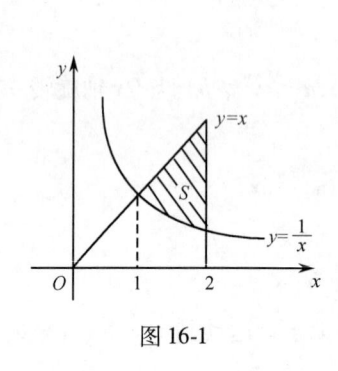

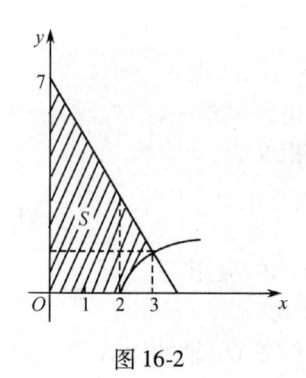

图 16-1　　　　图 16-2

解法 1
$$S = \int_0^2 (-2x + 7)dx + \int_2^3 (-2x + 7 - \sqrt{x-2})dx$$
$$= [-x^2 + 7x]\Big|_0^2 + \left[-x^2 + 7x - \dfrac{2}{3}(x-2)^{\frac{3}{2}}\right]\Big|_2^3 = \dfrac{34}{3}.$$

解法 2
$$S = \int_0^1 (y^2 + 2)dy + \int_1^7 \left[-\dfrac{1}{2}(y-7)\right]dy = \dfrac{1}{3} + 2 + 9 = \dfrac{34}{3}.$$

例 3.140　求抛物线 $y = -x^2 + 4x - 3$ 在点 $A(0, -3)$ 和点 $B(3, 0)$ 处的切线所围的面积 S.

解　点 $A(0, -3)$ 处的切线 AC 的方程为 $y = 4x - 3$,点 $B(3, 0)$ 处的切线 BC 的方程为 $y = -2x + 6$. 两切线的交点为点 $C\left(\dfrac{3}{2}, 3\right)$. 故由图 16-3,有

$$S = \int_0^{\frac{3}{2}} [(4x - 3) - (-x^2 + 4x - 3)]dx$$
$$+ \int_{\frac{3}{2}}^3 [(-2x + 6) - (-x^2 + 4x - 3)]dx = \dfrac{9}{4}.$$

*例 3.141　求星形线 $x^{\frac{2}{3}} + y^{\frac{2}{3}} = a^{\frac{2}{3}}$ 所围成的面积 S.

解　如图 16-4 所示,星形线所围的面积等于第一象限部分面积的 4 倍,而星形线的参数方程为 $x = a\cos^3 t, y = a\sin^3 t$.

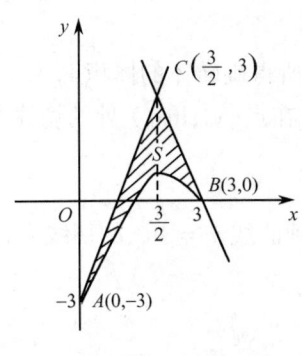

图 16-3

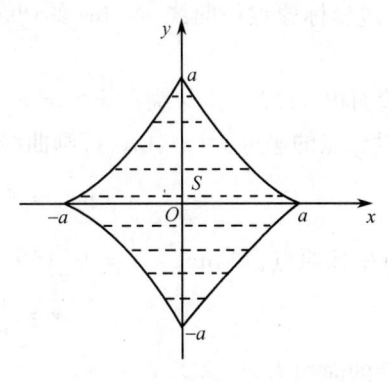

图 16-4

故
$$S = 4\int_0^a y\,dx \xrightarrow{x=a\cos^3 t} 4\int_{\frac{\pi}{2}}^0 (a\sin^3 t)\cdot(-3a\cos^2 t\sin t)\,dt$$
$$= 12a^2\int_0^{\frac{\pi}{2}}(1-\sin^2 t)\sin^4 t\,dt = \frac{3}{8}\pi a^2.$$

*例 3.142 求阿基米德螺线 $\rho = a\theta(a>0)$ 最初的一圈与极轴所围的面积 S.

解 如图 16-5 所示,
$$S = \int_0^{2\pi}\frac{1}{2}(a\theta)^2 d\theta = \frac{4}{3}a^2\pi^3.$$

2. 旋转体的体积

例 3.143 求由曲线 $y = \sqrt{x-2}$ 和直线 $y = -2x+7$ 及 $y=0, x=0$ 所围的平面图形(参见图 16-2)绕 Ox 轴旋转所成的旋转体的体积 V_x.

解 $V_x = \int_0^3 \pi(-2x+7)^2 dx - \int_2^3 \pi[(\sqrt{x-2})^2]dx$
$$= -\frac{1}{2}\pi\cdot\frac{1}{3}(-2x+7)^3\Big|_0^3 - \pi\cdot\frac{1}{2}(x-2)^2\Big|_2^3 = 56\frac{1}{2}\pi.$$

例 3.144 求由 $y = \sqrt{x-1}$,直线 $y=2$ 与 $y=0$ 及 $x=0$ 所围的图形分别绕 Ox 轴和 Oy 轴旋转所成的旋转体的体积 V_x 及 V_y.

解 由图 16-6 所示,则

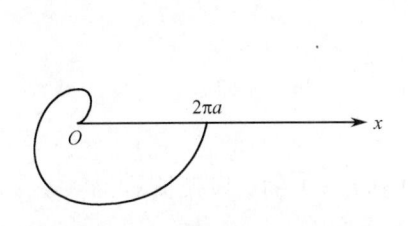

图 16-5

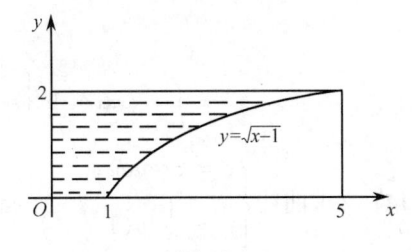

图 16-6

$$V_x = 4\pi\times 5 - \pi\int_1^5(x-1)dx = 20\pi - \pi\left(\frac{1}{2}x^2 - x\right)\Big|_1^5 = 20\pi - 8\pi = 12\pi.$$
$$V_y = \pi\int_0^2(y^2+1)^2 dy = \pi\int_0^2(y^4+2y^2+1)dy = \frac{206}{15}\pi.$$

例 3.145 过坐标原点作曲线 $y = \ln x$ 的切线,该切线与曲线 $y = \ln x$ 及 Ox 轴围成平面图形 D.

(1) 求 D 的面积 A; (2) 求 D 绕直线 $x = e$ 旋转一周所得旋转体的体积 V.

解 (1) 设切点的坐标为 $(x_0, \ln x_0)$,则曲线 $y = \ln x$ 在点 $(x_0, \ln x_0)$ 处的切线方程为
$$y - \ln x_0 = \frac{1}{x_0}(x - x_0).$$

由于切线过坐标原点,知 $\ln x_0 - 1 = 0$,有 $x_0 = e$. 得到曲线 $y = \ln x$ 的切线方程为
$$y = \frac{1}{e}x.$$

平面图形 D 的面积为
$$A = \int_0^1 (e^y - ey)dy = e^y \Big|_0^1 - \frac{e}{2}y^2 \Big|_0^1 = e - 1 - \frac{e}{2}(1 - 0) = \frac{1}{2}e - 1.$$

(2) 由于切线 $y = \frac{1}{e}x$ 与 Ox 轴及直线 $x = e$ 所围成的三角形绕直线 $x = e$ 旋转所得到的圆锥体的体积为
$$V_1 = \frac{1}{3}\pi e^2.$$

而曲线 $y = \ln x$ 与 Ox 轴及直线 $x = e$ 所围成的图形绕直线 $x = e$ 旋转得到的旋转体的体积为
$$V_2 = \int_0^1 \pi(e - e^y)^2 dy = 2\pi e - \frac{1}{2}\pi(e^2 - 1).$$

故所求的旋转体的体积为
$$V = V_1 - V_2 = \frac{\pi}{6}(5e^2 - 12e - 3).$$

3. 平面曲线的弧长 s

例 3.146 求曲线 $y = \ln \sec x, 0 \leqslant x \leqslant \frac{\pi}{4}$ 的弧长 s.

解 因为 $y' = \frac{1}{\sec x} \cdot \sec x \cdot \tan x = \tan x$,

所以
$$ds = \sqrt{1 + y'^2}dx = \sqrt{1 + \tan^2 x}dx = \sec x dx.$$

故
$$s = \int_0^{\frac{\pi}{4}} \sec x dx = \ln|\sec x + \tan x| \Big|_0^{\frac{\pi}{4}} = \ln(1 + \sqrt{2}).$$

例 3.147 求曲线 $\begin{cases} x = \arctan t, \\ y = \frac{1}{2}\ln(1 + t^2). \end{cases}$ 自 $t = 0$ 到 $t = 1$ 的一段弧长 s.

解 因为 $ds = \sqrt{(x'_t)^2 + (y'_t)^2}dt$
$$= \sqrt{\left(\frac{1}{1+t^2}\right)^2 + \left(\frac{t}{1+t^2}\right)^2}dt = \frac{1}{\sqrt{1+t^2}}dt,$$

所以

$$s = \int_0^1 ds = \int_0^1 \frac{1}{\sqrt{1+t^2}} dt = \ln(t + \sqrt{1+t^2})\Big|_0^1 = \ln(1+\sqrt{2}).$$

例 3.148 求抛物线 $\rho = \dfrac{p}{1+\cos\theta}$ 在 $-\dfrac{\pi}{2} \leqslant \theta \leqslant \dfrac{\pi}{2}$ 之间的一段弧长 s.

解 因为 $ds = \sqrt{\rho^2(\theta) + [\rho'(\theta)]^2}\, d\theta$

$$= \sqrt{\left(\frac{p}{1+\cos\theta}\right)^2 + \left[\frac{-p\sin\theta}{(1+\cos\theta)^2}\right]^2}\, d\theta = \frac{\sqrt{2}p\sqrt{1+\cos\theta}}{(1+\cos\theta)^2}\, d\theta,$$

所以

$$s = \int_{-\frac{\pi}{2}}^{\frac{\pi}{2}} ds = \int_{-\frac{\pi}{2}}^{\frac{\pi}{2}} \frac{\sqrt{2}p\sqrt{1+\cos\theta}}{(1+\cos\theta)^2}\, d\theta = 2\sqrt{2}p \int_0^{\frac{\pi}{2}} \frac{\sqrt{1+\cos\theta}}{(1+\cos\theta)^2}\, d\theta$$

$$= 2\sqrt{2}p \int_0^{\frac{\pi}{2}} \frac{1}{2\sqrt{2}\cos^3\frac{\theta}{2}}\, d\theta = 2p \int_0^{\frac{\pi}{2}} \sec^3\frac{\theta}{2}\, d\left(\frac{\theta}{2}\right) = [\sqrt{2} + \ln(1+\sqrt{2})]p.$$

4. 旋转体的侧面积 S

例 3.149 求曲线 $y = \tan x$ 上相应于 $0 \leqslant x \leqslant \dfrac{\pi}{4}$ 的一段,绕 Ox 轴旋转所成的旋转体的侧面积 S.

解 $S = \int_a^b 2\pi f(x) \sqrt{1+f'^2(x)}\, dx = 2\pi \int_0^{\frac{\pi}{4}} \tan x \sqrt{1 + \left(\frac{1}{\cos^2 x}\right)^2}\, dx$

$$= 2\pi \int_0^{\frac{\pi}{4}} \tan x \cdot \frac{1}{\cos^2 x} \cdot \sqrt{1+\cos^4 x}\, dx = -2\pi \int_0^{\frac{\pi}{4}} \frac{\cos x}{\cos^4 x} \sqrt{1+\cos^4 x}\, d\cos x$$

$$= -\pi \int_0^{\frac{\pi}{4}} \frac{1}{\cos^4 x} \sqrt{1+\cos^4 x}\, d(\cos^2 x)$$

$$\xlongequal{u=\cos^2 x} -\pi \int_1^{\frac{1}{2}} \frac{\sqrt{1+u^2}}{u^2}\, du = \pi \int_{\frac{1}{2}}^1 \frac{\sqrt{1+u^2}}{u^2}\, du$$

$$= \pi \left[\ln(u+\sqrt{1+u^2}) - \frac{\sqrt{1+u^2}}{u}\right]\Big|_{\frac{1}{2}}^1 = \pi\left[\ln\frac{2(1+\sqrt{2})}{\sqrt{5}+1} + \sqrt{5} - \sqrt{2}\right].$$

二、定积分在物理上的应用

1. 变力作功问题

例 3.150 一物体按规律 $x = ct^3$ 作直线运动,介质的阻力与速度的平方成正比. 计算物体由 $x = 0$ 移至 $x = a$ 时克服介质阻力所作的功.

解 因为 $x = ct^3$,所以速度 $v = x'(t) = 3ct^2$. 其阻力为
$f = -kv^2 = -9kc^2 t^4$ ($k > 0$ 为阻力系数).

由于 $t = \left(\dfrac{x}{c}\right)^{\frac{1}{3}}$,故知阻力 $f(x)$ 为

$$f(x) = -9kc^2 t^4 = -9kc^{\frac{2}{3}} x^{\frac{4}{3}}.$$

从而所求的功 W 为

$$W = \int_0^a dW = \int_0^a -f(x)\, dx = \int_0^a 9kc^{\frac{2}{3}} x^{\frac{4}{3}}\, dx = 9kc^{\frac{2}{3}} \int_0^a x^{\frac{4}{3}}\, dx = \frac{27}{7} kc^{\frac{2}{3}} a^{\frac{7}{3}}.$$

例 3.151 用铁锤将一铁钉击入木板,设木板对铁钉的阻力与铁钉击入木板的深度成正

比,在第一次击钉时,铁锤将铁钉击入木板 1cm,如果铁锤第二次打击铁钉时,与第一次打击铁钉所做的功相等,问铁锤第二次打击铁钉时,铁钉又击入木板多深.

解 设第二次铁钉击入木板 $h(\text{cm})$. 由于木板对铁钉的阻力 $f = kx$,
$dW = fdx = kxdx$. 设铁锤击铁钉所作的功为 W_1, W_2,则

$$W_1 = \int_0^1 kxdx = \frac{1}{2}kx^2 \Big|_0^1 = \frac{1}{2}k,$$

$$W_2 = \int_0^{1+h} kxdx = \frac{1}{2}k[(1+h)^2 - 1] = \frac{1}{2}k(h^2 + 2h).$$

由 $W_1 = W_2$,知

$$\frac{1}{2}k = \frac{1}{2}k(h^2 + 2h),$$

有

$$h_1 = 1 + \sqrt{2}, h_2 = 1 - \sqrt{2} \quad (负值舍去).$$

例 3.152 设有一半径为 R,长度为 l 的圆柱体平放在深度为 $2R$ 的水池中(圆柱体的侧面与水面相切). 设圆柱体的比重为 $\rho(\rho > 1)$,现将圆柱体从水中移出水面,问需做多少功?

解 建立坐标系如图 16-7 所示,把平放在圆柱体从水中移出,相当把每一个水平薄层提高 $2R$,所做的功包括将薄层提升到水面,提升力所做的功及从水面提高到 $R + y$ 高度提升力做功之和. 水下部分提升力

$$F_1 = (\rho - 1)2xldy, \quad dW_1 = (\rho - 1)2xl(R - y)dy.$$

水上部分提升力

$$F_2 = \rho 2xldy, \quad dW_2 = \rho(R + y)2xldy.$$

故

$$dW = dW_1 + dW_2 = 2l\sqrt{R^2 - y^2}[(2\rho - 1)R + y]dy,$$

因此

$$W = \int_{-R}^{R} 2l\sqrt{R^2 - y^2}[(2\rho - 1)R + y]dy = (2\rho - 1)l\pi R^3.$$

例 3.153 为清除井底的污泥,用缆绳将抓斗放入井底,抓起污泥后提出井口(图 16-8). 已知井深 30m,抓斗自重 400N,缆绳每米重 50N,抓斗抓起的污泥重 2000N,提升速度为 3m/s. 在提升过程中,污泥以 20 N/s 的速率从抓斗缝隙中漏掉. 现将抓起污泥的抓斗提升至井口,问克服重力需作多少焦耳的功?

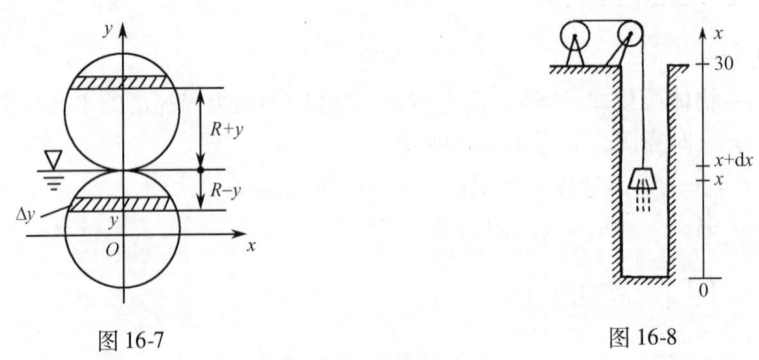

图 16-7

图 16-8

(**说明**:①1 N × 1 m = 1 J;m,N,s,J 分别表示米、牛顿、秒、焦耳. ②抓斗的高度及位于井口上方的缆绳长度忽略不计).

解 作 x 轴如图所示,将抓起污泥的抓斗提升至井口需作功

$$W = W_1 + W_2 + W_3.$$

其中 W_1 是克服抓斗自重所作的功;W_2 是克服缆绳重力所作的功;W_3 为提出污泥所作的功. 由题意知
$$W_1 = 400 \times 30 = 12000.$$
将抓斗由 x 处提升到 $x + \mathrm{d}x$ 处,克服缆绳重力所作的功为
$$\mathrm{d}W_2 = 50(30 - x)\mathrm{d}x,$$
从而
$$W_2 = \int_0^{30} 50(30 - x)\mathrm{d}x = 22500.$$
在时间间隔 $[t, t + \mathrm{d}t]$ 内提升污泥需作功为
$$\mathrm{d}W_3 = 3(2000 - 20t)\mathrm{d}t,$$
将污泥从井底提升至井口共需时间 $\dfrac{30}{3} = 10$,故
$$W_3 = \int_0^{10} 3(2000 - 20t)\mathrm{d}t = 57000.$$
因此,共需作功
$$W = 12000 + 22500 + 57000 = 91500(\mathrm{J}).$$

2. 引力问题

例 3.154 有两条均匀的细棒,线密度均为 ρ(ρ 为常数),一条长为 l,位于 Ox 轴上 $[l, 2l]$ 处,另一条长为 $2l$,位于 Oy 轴上 $[2l, 4l]$ 处,在坐标原点有一质量为 m 的质点,求质点受两棒引力的合力的大小及方向.

解 如图 16-9 所示,建立坐标系. 设 Ox, Oy 轴上的棒对位于原点的质点的引力分别为 f_1 与 f_2,则
$$\mathrm{d}f_1 = k\frac{m\rho \mathrm{d}x}{x^2}, \mathrm{d}f_2 = k\frac{m\rho \mathrm{d}y}{y^2},$$
因此有
$$f_1 = \int_l^{2l} \mathrm{d}f_1 = \int_l^{2l} \frac{km\rho}{x^2}\mathrm{d}x = \frac{km\rho}{2l};$$
$$f_2 = \int_{2l}^{4l} \mathrm{d}f_2 = \int_{2l}^{4l} \frac{km\rho}{y^2}\mathrm{d}y = \frac{km\rho}{4l}.$$
设合力为 F,则有
$$|\boldsymbol{F}| = \sqrt{f_1^2 + f_2^2} = \sqrt{\left(\frac{km\rho}{2l}\right)^2 + \left(\frac{km\rho}{4l}\right)^2} = \frac{\sqrt{5}\,km\rho}{4l}.$$
再设合力 $\boldsymbol{F}$ 与 Ox 轴的夹角为 θ,则有
$$\tan\theta = \frac{f_1}{f_2} = \frac{1}{2},$$
故
$$\theta = \arctan\frac{1}{2}.$$

3. 液体的侧压力

例 3.155 有一个等腰梯形的闸门,它的两条底边各长 10m 和 6m,高为 20m,较长的底边与水面相齐,求闸门的一侧所受的水压力.

解 建立坐标系如图 16-10. 则 AB 的方程为

图 16-9　　　　　　　　　　图 16-10

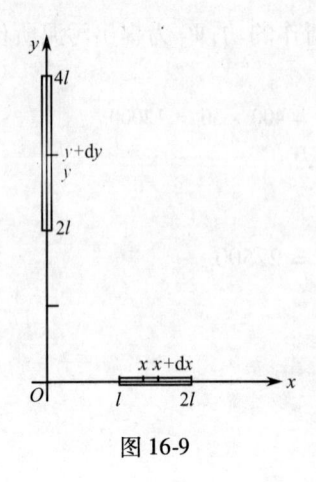

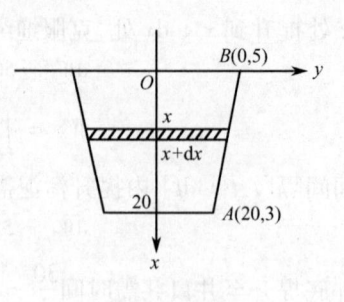

$$y = -\frac{1}{10}x + 5,$$

压力微元　　$dP = 9.8x \cdot 2y dx = 19.6\left(-\frac{1}{10}x + 5\right)dx,$

故

$$P = \int_0^{20} dP = \int_0^{20} 19.6x\left(-\frac{1}{10}x + 5\right)dx = 19.6\left|\left[\frac{5}{2}x^2 - \frac{1}{30}x^3\right]\right|_0^{20}$$
$$= 14373(J) = 14.373(kJ).$$

4. 连续函数的平均值

例 3.156　求函数 $y = xe^x$ 在区间 $[0,2]$ 上的平均值 $\bar{y}$.

解　$\bar{y} = \frac{1}{2}\int_0^2 xe^x dx = \frac{1}{2}\int_0^2 x de^x = \frac{1}{2}\left[xe^x \Big|_0^2 - \int_0^2 e^x dx\right]$

$\qquad = \frac{1}{2}[2e^2 - (e^2 - 1)] = \frac{1}{2}(e^2 + 1).$

第四单元 向量代数与空间解析几何

第十七讲 向量代数

向量又称为矢量,是研究自然科学和工程技术问题中经常遇到的量. 在学习力学、物理学以及其他的应用科学时,像力、速度、加速度这一类既有大小,又有方向的量更是不可缺少的. 向量作为一个重要的数学工具出现在高等数学的课程之中.

基本概念和重要结论

在本讲中,设 $\boldsymbol{a} = x_1\boldsymbol{i} + y_1\boldsymbol{j} + z_1\boldsymbol{k}, \boldsymbol{b} = x_2\boldsymbol{i} + y_2\boldsymbol{j} + z_2\boldsymbol{k}, \boldsymbol{c} = x_3\boldsymbol{i} + y_3\boldsymbol{j} + z_3\boldsymbol{k}$ 均为非零向量.

1. 向量的基本概念

(1) 向量 $\boldsymbol{a}$ 的模 $|\boldsymbol{a}| = \sqrt{x_1^2 + y_1^2 + z_1^2}$.

(2) 向量 $\boldsymbol{a}$ 的方向余弦

$$\cos\alpha = \frac{x_1}{|\boldsymbol{a}|}, \cos\beta = \frac{y_1}{|\boldsymbol{a}|}, \cos\gamma = \frac{z_1}{|\boldsymbol{a}|}, 且有$$

$$\cos^2\alpha + \cos^2\beta + \cos^2\gamma = 1.$$

其中 α, β, γ 为向量 $\boldsymbol{a}$ 的方向角.

(3) 向量 $\boldsymbol{a}$ 的单位向量 $\boldsymbol{a}^0 = \dfrac{\boldsymbol{a}}{|\boldsymbol{a}|} = \cos\alpha\boldsymbol{i} + \cos\beta\boldsymbol{j} + \cos\gamma\boldsymbol{k}$.

(4) 向量 $\boldsymbol{a}$ 在向量 $\boldsymbol{b}$ 上的投影 $\mathrm{Pr}_{\boldsymbol{j}\boldsymbol{b}}\boldsymbol{a} = |\boldsymbol{a}|\cos(\widehat{\boldsymbol{a},\boldsymbol{b}})$,其中 $0 \leqslant (\widehat{\boldsymbol{a},\boldsymbol{b}}) \leqslant \pi$.

2. 向量的代数运算

(1) 加法
$$\boldsymbol{a} + \boldsymbol{b} = (x_1 + x_2)\boldsymbol{i} + (y_1 + y_2)\boldsymbol{j} + (z_1 + z_2)\boldsymbol{k}.$$

(2) 减法
$$\boldsymbol{a} - \boldsymbol{b} = (x_1 - x_2)\boldsymbol{i} + (y_1 - y_2)\boldsymbol{j} + (z_1 - z_2)\boldsymbol{k}.$$

(3) 数量 λ 与向量 $\boldsymbol{a}$ 的乘法
$$\lambda\boldsymbol{a} = \lambda x_1\boldsymbol{i} + \lambda y_1\boldsymbol{j} + \lambda z_1\boldsymbol{k}.$$

(4) $\boldsymbol{a}$ 与 $\boldsymbol{b}$ 的数量积 $\boldsymbol{a} \cdot \boldsymbol{b}$ 为一个数量,且
$$\boldsymbol{a} \cdot \boldsymbol{b} = |\boldsymbol{a}||\boldsymbol{b}|\cos(\widehat{\boldsymbol{a},\boldsymbol{b}})$$
$$= x_1 x_2 + y_1 y_2 + z_1 z_2.$$

(5) $\boldsymbol{a}$ 与 $\boldsymbol{b}$ 夹角的余弦
$$\cos(\widehat{\boldsymbol{a},\boldsymbol{b}}) = \frac{\boldsymbol{a} \cdot \boldsymbol{b}}{|\boldsymbol{a}||\boldsymbol{b}|} = \frac{x_1 x_2 + y_1 y_2 + z_1 z_2}{\sqrt{x_1^2 + y_1^2 + z_1^2}\sqrt{x_2^2 + y_2^2 + z_2^2}}.$$

(6) $\boldsymbol{a}$ 与 $\boldsymbol{b}$ 的向量积 $\boldsymbol{a} \times \boldsymbol{b}$ 为一个向量,且
$$|\boldsymbol{a} \times \boldsymbol{b}| = |\boldsymbol{a}||\boldsymbol{b}|\sin(\widehat{\boldsymbol{a},\boldsymbol{b}}).$$

以非零向量 a、b (a 与 b 不平行) 为邻边的平行四边形的面积为 $S = |a \times b|$. 并有

$$a \times b = \begin{vmatrix} i & j & k \\ x_1 & y_1 & z_1 \\ x_2 & y_2 & z_2 \end{vmatrix}, \text{且 } a \times a = \mathbf{0}.$$

(7) a、b、c 三向量的混合积 $[a\ b\ c]$ 为一个数量,且

$$[a\ b\ c] = (a \times b) \cdot c = \begin{vmatrix} x_1 & y_1 & z_1 \\ x_2 & y_2 & z_2 \\ x_3 & y_3 & z_3 \end{vmatrix}.$$

当 $[a\ b\ c] \neq 0$ 时,其绝对值表示了以 a, b, c 为棱的平行六面体的体积.

3. 向量代数运算的性质 (其中 λ, μ 为数量)

(1) 向量加法、减法与数量相乘的性质:

$a + b = b + a$ (交换律);
$(a + b) + c = a + (b + c)$ (结合律);
$\lambda(\mu a) = (\lambda\mu)a$ (关于数量的结合律);
$(\lambda + \mu)a = \lambda a + \mu a$ (分配律).

(2) 向量乘法的性质:

$a \cdot b = b \cdot a$ (交换律);
$a \cdot (b + c) = a \cdot b + a \cdot c$ (分配律);
$(\lambda a) \cdot b = a \cdot (\lambda b) = \lambda(a \cdot b)$ (结合律);
$a \cdot a = |a|^2$;
$i \cdot i = j \cdot j = k \cdot k = 1$;
$i \cdot j = j \cdot k = k \cdot j = 0$;
$a \times b = -b \times a$;
$a \times (b + c) = a \times b + a \times c$ (分配律);
$\lambda(a \times b) = (\lambda a) \times b = a \times (\lambda b)$ (结合律);
$i \times i = j \times j = k \times k = \mathbf{0}$;
$i \times j = k, j \times k = i, k \times i = j$;
$[a\ b\ c] = [b\ c\ a] = [c\ a\ b]$.

4. 非零向量的相互关系

(1) a 与 b 平行的条件:

$a // b \Leftrightarrow a \times b = \mathbf{0}$;
$a // b \Leftrightarrow b = \lambda a$;
$a // b \Leftrightarrow \dfrac{x_1}{x_2} = \dfrac{y_1}{y_2} = \dfrac{z_1}{z_2}$.

(2) a 与 b 垂直的条件:

$a \perp b \Leftrightarrow a \cdot b = 0$, 即

$$x_1 x_2 + y_1 y_2 + z_1 z_2 = 0.$$

(3) a、b、c 三向量共面的充分必要条件是 $[a\ b\ c] = 0$.

一、向量的基本概念

例 4.1 已知不共线的非零向量 a 和 b, 试用 a、b 表示它们夹角平分线上的单位向量 c^0.

解 a、b 夹角平分线上的方向必为 $a^0 + b^0$ 的方向. 而
$$a^0 = \frac{a}{|a|}, b^0 = \frac{b}{|b|}.$$
于是
$$c = a^0 + b^0 = \frac{a}{|a|} + \frac{b}{|b|} = \frac{|b|a + |a|b}{|a||b|},$$
则
$$c^0 = \frac{c}{|c|} = \frac{|b|a + |a|b}{|a||b|} \cdot \frac{|a||b|}{||b|a + |a|b|} = \frac{|b|a + |a|b}{||b|a + |a|b|}.$$

例 4.2 已知 p、q、r 两两垂直,且 $|p| = 1, |q| = 2, |r| = 3$. 求 $s = p + q + r$ 的模及 s 与 p 夹角的余弦.

解
$$|s| = \sqrt{s \cdot s} = \sqrt{(p + q + r) \cdot (p + q + r)}$$
$$= \sqrt{|p|^2 + |q|^2 + |r|^2} = \sqrt{14},$$
故
$$\cos(\widehat{s,p}) = \frac{s \cdot p}{|s||p|} = \frac{(p+q+r) \cdot p}{|s||p|} = \frac{|p|^2}{|s||p|} = \frac{|p|}{|s|} = \frac{1}{\sqrt{14}}.$$

例 4.3 设 $A = 2a + 3b, B = 3a - b, |a| = 2, |b| = 1$ 且 $(\widehat{a,b}) = \frac{\pi}{3}$, 求 $|A|, |B|$.

解 因为 $A \cdot A = (2a + 3b) \cdot (2a + 3b)$
$$= 4|a|^2 + 6a \cdot b + 6a \cdot b + 9|b|^2$$
$$= 16 + 6 \cdot 2 \cdot 1 \cdot \cos\frac{\pi}{3} + 6 \cdot 2 \cdot 1 \cdot \cos\frac{\pi}{3} + 9$$
$$= 16 + 6 + 6 + 9 = 37,$$
所以
$$|A| = \sqrt{37}.$$
同理 $B \cdot B = (3a - b) \cdot (3a - b) = 9|a|^2 - 3a \cdot b - 3a \cdot b + |b|^2$
$$= 36 - 6 + 1 = 31,$$
有
$$|B| = \sqrt{31}.$$

例 4.4 在三角形 ABC 中(图 17-1),证明余弦定理: $|c|^2 = |a|^2 + |b|^2 - 2|a||b|\cos(\widehat{a,b})$ 成立.

证 令 $\overrightarrow{CB} = a, \overrightarrow{CA} = b, \overrightarrow{AB} = c$, 则 $c = a - b$.

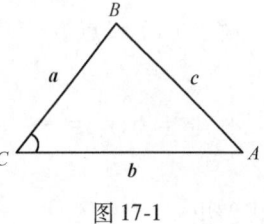

图 17-1

于是
$$|c|^2 = c \cdot c = (a - b) \cdot (a - b) = |a|^2 - 2a \cdot b + |b|^2$$
$$= |a|^2 + |b|^2 - 2|a| \cdot |b| \cos(\widehat{a,b}).$$
因此,三角形的余弦定理成立.

二、向量的代数运算

例 4.5 验证以点 $A(4,1,9), B(10, -1, 6), C(2, 4, 3)$ 为顶点的三角形 ABC 是等腰直角三角形.

解 因为 $|AB| = \sqrt{(10-4)^2 + (-1-1)^2 + (6-9)^2} = 7$;
$|AC| = \sqrt{(2-4)^2 + (4-1)^2 + (3-9)^2} = 7$;

$$|BC| = \sqrt{(10-2)^2 + (-1-4)^2 + (6-3)^2} = 7\sqrt{2}.$$

所以有
$$|BC|^2 = |AB|^2 + |AC|^2.$$

故三角形 ABC 是等腰直角三角形.

例 4.6 已知 $|a| = 3, |b| = 4$ 且 $a \perp b$, 求 $|(3a - b) \times (a - 2b)|$.

解法 1 由于
$$(3a - b) \times (a - 2b) = 3a \times a - 3a \times 2b - b \times a + b \times 2b = -5a \times b,$$

知
$$|(3a - b) \times (a - 2b)| = 5|a \times b| = 5 \cdot |a| \cdot |b| \sin(\widehat{a, b})$$
$$= 5 \cdot 3 \cdot 4 \cdot 1 = 60.$$

解法 2 设 $a = (3, 0, 0), b = (0, 4, 0)$, 则
$$3a - b = (9, -4, 0), a - 2b = (3, -8, 0).$$

于是
$$(3a - b) \times (a - 2b) = \begin{vmatrix} i & j & k \\ 9 & -4 & 0 \\ 3 & -8 & 0 \end{vmatrix} = (0, 0, -60),$$

有
$$|(3a - b) \times (a - 2b)| = 60.$$

例 4.7 已知 $\triangle ABC$ 的一个顶点为 $A(2, -5, 3)$, 两条边的向量为 $\overrightarrow{AB} = (4, 1, 2), \overrightarrow{BC} = (3, -2, 5)$. 求

(1) 点 B、C 的坐标;

(2) 向量 $\overrightarrow{AC}$ 的坐标表达式;

(3) $\triangle ABC$ 的面积.

解 (1) 设点 B 和 C 的坐标为 $B(x_1, y_1, z_1), C(x_2, y_2, z_2)$, 则
$$\overrightarrow{AB} = (x_1 - 2, y_1 + 5, z_1 - 3) = (4, 1, 2),$$

于是有 $x_1 = 6, y_1 = -4, z_1 = 5$. 知点 B 的坐标为 $B(6, -4, 5)$. 又
$$\overrightarrow{BC} = (x_2 - x_1, y_2 - y_1, z_2 - z_1) = (3, -2, 5),$$

可以解出
$$x_2 = x_1 + 3 = 9, y_2 = y_1 - 2 = -6, z_2 = z_1 + 5 = 10.$$

知点 C 的坐标为 $C(9, -6, 10)$.

(2) $\overrightarrow{AC} = (9 - 2, -6 + 5, 10 - 3) = (7, -1, 7)$.

(3) $\triangle ABC$ 的面积 S 为
$$S = \frac{1}{2}|\overrightarrow{AB} \times \overrightarrow{AC}| = \frac{1}{2}|9i - 14j - 11k|$$
$$= \frac{1}{2}\sqrt{81 + 196 + 121} = \frac{1}{2}\sqrt{398}.$$

例 4.8 已知三角形 ABC 的顶点的坐标分别为 $A(1, -1, 2), B(5, -6, 2)$ 和 $C(1, 3, -1)$. 求 AC 边上的高 h_b 的长度.

解法 1 设点 B 到 AC 的垂足为 D, 则

$$|\overrightarrow{AD}| = |\mathrm{Prj}_{AC}\overrightarrow{AB}| = |\overrightarrow{AB}|\cos(\widehat{\overrightarrow{AB},\overrightarrow{AC}}) = \frac{|\overrightarrow{AB}\cdot\overrightarrow{AC}|}{|\overrightarrow{AC}|}$$

$$= \frac{|4\cdot 0 + (-5)\cdot(4 + 0\cdot(-3))|}{\sqrt{0^2 + (3+1)^2 + (-1-2)^2}} = 4,$$

故

$$h_b = |\overrightarrow{BD}| = \sqrt{|\overrightarrow{AB}|^2 - |\overrightarrow{AD}|^2} = \sqrt{4^2 + (-5)^2 - 4^2} = 5.$$

解法 2 因为 $\overrightarrow{AB} = (4,-5,0), \overrightarrow{AC} = (0,4,-3)$.

$$h_b = |\overrightarrow{AB}|\sin(\widehat{\overrightarrow{AB},\overrightarrow{AC}}) = |\overrightarrow{AB}|\frac{|\overrightarrow{AB}\times\overrightarrow{AC}|}{|\overrightarrow{AB}||\overrightarrow{AC}|}$$

$$= \frac{|\overrightarrow{AB}\times\overrightarrow{AC}|}{|\overrightarrow{AC}|} = \frac{|(15,12,16)|}{5} = 5.$$

三、杂例

例 4.9 用向量代数的方法试证明:

$$|x_1 y_1 + x_2 y_2 + x_3 y_3| \leq \sqrt{x_1^2 + x_2^2 + x_3^2}\sqrt{y_1^2 + y_2^2 + y_3^2}.$$

证 设 $\boldsymbol{A} = (x_1, x_2, x_3), \boldsymbol{B} = (y_1, y_2, y_3)$.

由于

$$|\boldsymbol{A}\cdot\boldsymbol{B}| = |\boldsymbol{A}||\boldsymbol{B}|\cos(\widehat{\boldsymbol{A},\boldsymbol{B}}) \leq |\boldsymbol{A}||\boldsymbol{B}|,$$

而

$$|\boldsymbol{A}\cdot\boldsymbol{B}| = |x_1 y_1 + x_2 y_2 + x_3 y_3|,$$

故有

$$|x_1 y_1 + x_2 y_2 + x_3 y_3| \leq \sqrt{x_1^2 + x_2^2 + x_3^2}\sqrt{y_1^2 + y_2^2 + y_3^2}.$$

第十八讲 平面与直线的方程

解析几何是用代数的方法研究几何问题的学科.

在高等数学课程中所讨论的"空间解析几何"的内容主要是平面与直线的方程及常见的曲面和曲线以及它们的图形和方程之间的对应问题.

平面和直线又是空间解析几何中的重要内容. 在这一讲中,我们重点讨论平面与直线的方程及其相互的位置关系(如平行、相交及夹角等).

基本概念和重要结论

1. 平面的方程

1) 点法式方程

设平面过点 $M_0(x_0, y_0, z_0)$,非零的法线向量为 $\boldsymbol{n} = (A, B, C)$,则平面的方程为

$$A(x - x_0) + B(y - y_0) + C(z - z_0) = 0.$$

2) 一般式方程

$$Ax + By + Cz + D = 0, (A^2 + B^2 + C^2 \neq 0).$$

其中系数 A, B, C 为平面的法线向量的坐标,即

$$\boldsymbol{n} = (A, B, C).$$

特殊情形:

当 $D = 0$ 时,平面方程变为:

$Ax + By + Cz = 0$,表示平面通过坐标原点;

当 $C = 0$ 时,平面方程变为

$Ax + By + D = 0$,表示平面平行于 Oz 轴;

当 $B = 0$ 时,平面方程变为

$Ax + Cz + D = 0$,表示平面平行于 Oy 轴;

当 $A = 0$ 时,平面方程变为

$By + Cz + D = 0$,表示平面平行于 Ox 轴。

并且还有下面的结果:

$A = D = 0$,即 $By + Cz = 0$,表示平面过 Ox 轴;

$B = D = 0$,即 $Ax + Cz = 0$,表示平面过 Oy 轴;

$C = D = 0$,即 $Ax + By = 0$,表示平面过 Oz 轴。

3) 截距式方程

设 $a \neq 0, b \neq 0, c \neq 0$,分别为平面在 Ox, Oy, Oz 轴上的截距,则平面的方程为

$$\frac{x}{a} + \frac{y}{b} + \frac{z}{c} = 1.$$

4) 三点式方程

设平面过不共线的三点: $M_1(x_1, y_1, z_1), M_2(x_2, y_2, z_2)$ 和 $M_3(x_3, y_3, z_3)$,则平面的方程为

$$\begin{vmatrix} x - x_1 & y - y_1 & z - z_1 \\ x_2 - x_1 & y_2 - y_1 & z_2 - z_1 \\ x_3 - x_1 & y_3 - y_1 & z_3 - z_1 \end{vmatrix} = 0.$$

*5) 法线式方程

设原点到平面的距离为 $d \geq 0$,从原点指向平面垂足的方向为平面的法线方向,若其方向余弦为: $\cos\alpha, \cos\beta, \cos\gamma$,则平面的方程为

$$x\cos\alpha + y\cos\beta + z\cos\gamma - d = 0.$$

2. 两平面平行、相交的条件

设两已知平面的方程为

$$\pi_1: A_1 x + B_1 y + C_1 z + D_1 = 0,$$
$$\pi_2: A_2 x + B_2 y + C_2 z + D_2 = 0.$$

1) 平面 π_1 平行于平面 π_2 的条件:

$$\pi_1 // \pi_2 \Leftrightarrow \frac{A_1}{A_2} = \frac{B_1}{B_2} = \frac{C_1}{C_2}.$$

2) 平面 π_1 与平面 π_2 的夹角 θ 的余弦:

$$\cos\theta = \frac{|A_1 A_2 + B_1 B_2 + C_1 C_2|}{\sqrt{A_1^2 + B_1^2 + C_1^2} \sqrt{A_2^2 + B_2^2 + C_2^2}}, \left(\text{取} \ 0 \leq \theta \leq \frac{\pi}{2}\right).$$

3) 平面 π_1 与平面 π_2 垂直的条件:

$$\pi_1 \perp \pi_2 \Leftrightarrow A_1 A_2 + B_1 B_2 + C_1 C_2 = 0.$$

3. 直线的方程

1) 对称式方程

设点 $M_0(x_0, y_0, z_0)$ 为直线 L 上的一个定点,非零向量 $\boldsymbol{s} = (m, n, p)$ 为直线 L 的方向向量,

则直线 L 的对称式(或标准式)方程为：

$$\frac{x-x_0}{m}=\frac{y-y_0}{n}=\frac{z-z_0}{p}.$$

直线 L 的对称式方程，又称为直线 L 的标准式方程或点向式方程.

2) 参量式方程

设点 $M_0(x_0,y_0,z_0)$ 为直线 L 上的一个定点，非零向量 $\boldsymbol{s}=(m,n,p)$ 为直线 L 的方向向量，t 为参量，则直线 L 的参量式方程为：

$$\begin{cases} x=x_0+mt, \\ y=y_0+nt, \\ z=z_0+pt. \end{cases}$$

3) 一般式方程

设 $\boldsymbol{n}_1=(A_1,B_1,C_1)$，$\boldsymbol{n}_2=(A_2,B_2,C_2)$ 均为非零向量且 $\boldsymbol{n}_1$ 不平行于 $\boldsymbol{n}_2$，则

$$\begin{cases} A_1x+B_1y+C_1z+D_1=0, \\ A_2x+B_2y+C_2z+D_2=0. \end{cases}$$

表示了直线 L 的一般式方程. 实际上它就是直线 L 的面交式方程(即直线由两个相交平面的交线所决定). 这时，直线 L 的方向向量 $\boldsymbol{s}$ 为

$$\boldsymbol{s}=\begin{vmatrix} \boldsymbol{i} & \boldsymbol{j} & \boldsymbol{k} \\ A_1 & B_1 & C_1 \\ A_2 & B_2 & C_2 \end{vmatrix}.$$

4) 两点式方程

设点 $M_1(x_1,y_1,z_1)$，$M_2(x_2,y_2,z_2)$ 为直线 L 上的两个已知点，则 L 的两点式方程为

$$\frac{x-x_1}{x_2-x_1}=\frac{y-y_1}{y_2-y_1}=\frac{z-z_1}{z_2-z_1}.$$

4. 两条直线之间的相互位置关系

设有两条直线为

$$L_1:\frac{x-x_1}{m_1}=\frac{y-y_1}{n_1}=\frac{z-z_1}{p_1},$$

$$L_2:\frac{x-x_2}{m_2}=\frac{y-y_2}{n_2}=\frac{z-z_2}{p_2}.$$

(1) 直线 L_1 与 L_2 平行的条件：

$$L_1 /\!/ L_2 \Leftrightarrow \frac{m_1}{m_2}=\frac{n_1}{n_2}=\frac{p_1}{p_2}.$$

(2) 直线 L_1 与 L_2 垂直的条件：

$$L_1 \perp L_2 \Leftrightarrow m_1m_2+n_1n_2+p_1p_2=0.$$

(3) 直线 L_1 与 L_2 夹角 θ 的余弦：

$$\cos\theta=\frac{m_1m_2+n_1n_2+p_1p_2}{\sqrt{m_1^2+n_1^2+p_1^2}\sqrt{m_2^2+n_2^2+p_2^2}}.$$

(4) 直线 L_1 与 L_2 共面的条件：

$$\begin{vmatrix} x_2-x_1 & y_2-y_1 & z_2-z_1 \\ m_1 & n_1 & p_1 \\ m_2 & n_2 & p_2 \end{vmatrix}=0.$$

5. 直线 L 与平面 π 的位置关系

设 L 的方程为
$$\frac{x-x_0}{m} = \frac{y-y_0}{n} = \frac{z-z_0}{p},$$

而 π 的方程为
$$Ax + By + Cz + D = 0.$$

（1）直线 L 与平面 π 的夹角为 θ，则：
$$\sin\theta = \frac{|Am + Bn + Cp|}{\sqrt{A^2+B^2+C^2}\sqrt{m^2+n^2+p^2}},(\theta \text{ 通常指锐角}).$$

（2）直线 L 与平面 π 平行的条件：
$$L \mathbin{/\mkern-2mu/} \pi \Leftrightarrow Am + Bn + Cp = 0.$$

（3）直线 L 与平面 π 垂直的条件：
$$L \perp \pi \Leftrightarrow \frac{A}{m} = \frac{B}{n} = \frac{C}{p}.$$

（4）点 $M_1(x_1,y_1,z_1)$ 到直线 L 的距离 d：
$$d = \frac{|\overrightarrow{M_0M_1} \times (m,n,p)|}{\sqrt{m^2+n^2+p^2}}.$$

（5）点 $M_0(x_0,y_0,z_0)$ 到平面 π 的距离 d：
$$d = \frac{|Ax_0 + By_0 + Cz_0 + D|}{\sqrt{A^2+B^2+C^2}}.$$

一、平面的方程

例 4.10 设点 $P(3,-6,2)$ 为从原点到平面 π 的垂足，求平面 π 的方程.

解 由于点 $P(3,-6,2)$ 为从原点到平面 π 的垂足，故点 $P(3,-6,2)$ 在平面 π 上，且可取平面 π 的法线向量为
$$\boldsymbol{n} = \overrightarrow{OP} = (3,-6,2),$$

由平面的点法式方程，有
$$3(x-3) - 6(y+6) + 2(z-2) = 0,$$

即
$$3x - 6y + 2z - 49 = 0.$$

例 4.11 若平面 π 过点 $M_0(2,-6,3)$ 且平行于以点 $A(2,1,5),B(0,4,-1)$ 和 $C(3,4,-7)$ 为顶点的三角形所在的平面 π_1，求平面 π 的方程.

解 设平面 π 的法线向量为 $\boldsymbol{n}$，平面 π_1 的法线向量为 $\boldsymbol{n}_1$，由于 $\pi \mathbin{/\mkern-2mu/} \pi_1$，故 $\boldsymbol{n} \mathbin{/\mkern-2mu/} \boldsymbol{n}_1$，故可取
$$\boldsymbol{n} = \overrightarrow{AB} \times \overrightarrow{AC} = (-2,3,-6) \times (1,3,-12) = -3(6,10,3).$$

再由平面 π 过点 $M_0(2,-6,3)$. 根据平面的点法式方程可知平面 π 的方程为
$$6(x-2) + 10(y+6) + 3(z-3) = 0,$$

即
$$6x + 10y + 3z + 39 = 0.$$

例 4.12 平面 π 过已知点 $M_0(1,1,1)$ 且垂直于两个已知平面：$z = 0$ 及 $2x + 3y - z = 1$，求平面 π 的方程.

解 设所求的平面 π 的方程为

$$A(x-x_0)+B(y-y_0)+C(z-z_0)=0,$$

由于平面 π 过点 $M_0(1,1,1)$,故有

$$A(x-1)+B(y-1)+C(z-1)=0.$$

又由于平面 π 分别垂直于平面 $z=0$ 及 $2x+3y-z=1$,有

$$A\cdot 0+B\cdot 0+C\cdot 1=0,\text{故 }C=0.$$

及

$$2A+3B-C=0,\text{知 }A=-\frac{3}{2}B.$$

故平面 π 的方程为

$$-\frac{3}{2}B(x-1)+B(y-1)=0,$$

即

$$3x-2y=1.$$

例 4.13 平面 π 过点 $M_0(2,1,1)$ 且在 Ox 轴和 Oy 轴上的截距分别为 2 和 1,求平面 π 的方程.

解法 1 设平面 π 在 Oz 轴上的截距为 c,由截距式方程,有

$$\frac{x}{2}+\frac{y}{1}+\frac{z}{c}=1,$$

又由于平面 π 过点 $M_0(2,1,1)$,代入截距式方程,有

$$\frac{2}{2}+\frac{1}{1}+\frac{1}{c}=1,$$

知

$$c=-1.$$

故所求的平面 π 的方程为

$$\frac{x}{2}+\frac{y}{1}+\frac{z}{-1}=1,$$

即

$$x+2y-2z-2=0.$$

解法 2 由于平面 π 过三点:$M_0(2,1,1),A(2,0,0),B(0,1,0)$. 由平面的三点式方程,有

$$\begin{vmatrix} x-2 & y-1 & z-1 \\ 0 & -1 & -1 \\ -2 & 0 & -1 \end{vmatrix}=0,$$

即

$$x+2y-2z-2=0.$$

例 4.14 求过点 $M_1(4,1,2)$ 和点 $M_2(-3,5,-1)$ 且垂直于平面 $\pi_1:6x-2y+3z+7=0$ 的平面 π 的方程.

解法 1 利用平面的点法式方程. 由于平面 π 过已知点 $M_1(4,1,2)$,故只需求出平面 π 的法线向量 $\boldsymbol{n}$,已知 $\pi\perp\pi_1$,故 $\boldsymbol{n}\perp\boldsymbol{n}_1(\boldsymbol{n}_1=(6,-2,3))$,$\boldsymbol{n}\perp\overrightarrow{M_1M_2}$,取

$$\boldsymbol{n}=\overrightarrow{M_1M_2}\times\boldsymbol{n}_1=(-7,4,-3)\times(6,-2,3)=(6,3,-10),$$

知平面 π 的方程为

$$6(x-4)+3(y-1)-10(z-2)=0,$$

即

$$6x + 3y - 10z - 7 = 0.$$

解法 2 用三向量共面的充分必要条件.

设点 $M(x,y,z)$ 为平面 π 上的任意一个动点,则 π 与 π_1 的法线向量 $\boldsymbol{n}_1 = (6, -2, 3)$ 平行. 且 $\overrightarrow{M_1M}, \overrightarrow{M_1M_2}$ 与 $\boldsymbol{n}_1$ 共面,于是有

$$(\overrightarrow{M_1M} \times \overrightarrow{M_1M_2}) \cdot \boldsymbol{n}_1 = 0,$$

即

$$\begin{vmatrix} x-4 & y-1 & z-2 \\ -3-4 & 5-1 & -1-2 \\ 6 & -2 & 3 \end{vmatrix} = 0,$$

有

$$6x + 3y - 10z - 7 = 0.$$

例 4.15 求平行于 Oy 轴,且经过点 $P(4,2,-2)$ 和 $Q(5,1,7)$ 的平面 π 的方程.

解法 1 利用平面的点法式方程.

设平面 π 的法线向量为 $\boldsymbol{n}$,则 $\boldsymbol{n} \perp \boldsymbol{j}$,且 $\boldsymbol{n} \perp \overrightarrow{PQ}$,于是取

$$\boldsymbol{n} = \boldsymbol{j} \times \overrightarrow{PQ} = (0,1,0) \times (1,-1,9) = (9,0,-1),$$

故所求的平面 π 的方程为

$$9(x-4) - (z+2) = 0,$$

即

$$9x - z - 38 = 0.$$

解法 2 利用平面的一般式方程.

因为平面 $\pi \parallel Oy$ 轴,所以设平面 π 的方程为

$$Ax + Cz + D = 0 \tag{18.1}$$

分别把 $P(4,2,-2)$ 及 $Q(5,1,7)$ 的坐标代入上面的方程,有

$$\begin{cases} 4A - 2C + D = 0, \\ 5A + 7C + D = 0. \end{cases}$$

可解得

$$A = -\frac{9}{38}D, C = \frac{1}{38}D.$$

将 A, C 的值代入方程 (18.1),则有平面 π 的方程为

$$9x - z - 38 = 0.$$

解法 3 利用平面的三点式方程

因为平面 π 平行于 Oy 轴,所以它必垂直于 xOz 平面. 又因为平面 π 过点 $P(4,2,-2)$,可知平面 π 也过点 $P(4,2,-2)$ 在 xOz 平面上的投影点 $P'(4,0,2)$,于是,平面 π 过三点: P, Q 及 P'. 据平面的三点式方程可知,所求的平面 π 的方程为

$$\begin{vmatrix} x-4 & y-2 & z+2 \\ 5-4 & 1-2 & 7+2 \\ 4-4 & 0-2 & -2+2 \end{vmatrix} = 0,$$

即

$$9x - z - 38 = 0.$$

解法 4 利用三向量共面的条件.

在平面 π 上任取一点 $M(x,y,z)$,则三向量: $\overrightarrow{PM}, \overrightarrow{PQ}$ 及 $\boldsymbol{j}$ 共面. 即

$$(\overrightarrow{PM} \times \overrightarrow{PQ}) \cdot \boldsymbol{j} = 0,$$

有

$$\begin{vmatrix} x-4 & y-2 & z+2 \\ 1 & -1 & 9 \\ 0 & -2 & 0 \end{vmatrix} = 0,$$

知所求的平面 π 的方程为

$$9x - z - 38 = 0.$$

例 4.16 已知平面 π 过点 $M_1(0,-1,0)$, $M_2(0,0,1)$ 两点,且与 xOy 坐标面所成的角为 $\dfrac{\pi}{3}$,求平面 π 的方程.

解法 1 用平面的点法式方程.

设平面 π 的法线向量为 $\boldsymbol{n} = (A,B,C)$,因为平面 π 与 xOy 平面所成的角为 $\dfrac{\pi}{3}$,故

$$\cos\frac{\pi}{3} = \frac{|(A,B,C)\cdot(0,0,1)|}{\sqrt{A^2+B^2+C^2}} = \frac{|C|}{\sqrt{A^2+B^2+C^2}}.$$

有

$$A^2 + B^2 - 3C^2 = 0 \tag{18.2}$$

又因为 $\boldsymbol{n} \perp \overrightarrow{M_1M_2}$,而 $\overrightarrow{M_1M_2} = (0,1,1)$.

由

$$\boldsymbol{n} \cdot \overrightarrow{M_1M_2} = (A,B,C)\cdot(0,1,1) = B + C = 0,$$

有

$$B = -C \tag{18.3}$$

将方程(18.3)代入方程(18.2),得

$$A^2 = 2C^2, \quad 知 A = \pm\sqrt{2}C.$$

有

$$\boldsymbol{n} = (\pm\sqrt{2}, -1, 1).$$

因此平面 π 的方程为

$$\sqrt{2}(x-0) - (y+1) + (z-0) = 0,$$

或

$$-\sqrt{2}(x-0) - (y+1) + (z-0) = 0,$$

即

$$\sqrt{2}x - y + z - 1 = 0, \quad 或 \quad -\sqrt{2}x - y + z - 1 = 0.$$

解法 2 利用平面的一般式方程.

设平面 π 的方程为

$$Ax + By + Cz + D = 0 \tag{18.4}$$

因为平面 π 与 xOy 平面成 $\dfrac{\pi}{3}$ 角,故

$$(\widehat{\boldsymbol{n},\boldsymbol{k}}) = \frac{\pi}{3}, \quad 或 \quad (\widehat{\boldsymbol{n},\boldsymbol{k}}) = \frac{2}{3}\pi,$$

即

$$\cos\frac{\pi}{3} = \frac{|(A,B,C)\cdot(0,0,1)|}{\sqrt{A^2+B^2+C^2}} = \frac{|C|}{\sqrt{A^2+B^2+C^2}},$$

化简有
$$A^2 + B^2 - 3C^2 = 0 \tag{18.5}$$

(这里,式(18.5)即是前面解法1中的式(18.2)).

将点 $M_1(0,-1,0), M_2(0,0,1)$ 代入式(18.4),则有
$$\begin{cases} -B + D = 0, \\ C + D = 0. \end{cases} \quad \text{即} \begin{cases} B = D, \\ C = -D. \end{cases}$$

代入式(18.5),得
$$A = \pm\sqrt{2}D.$$

因此,所求的平面 π 的方程为
$$\sqrt{2}x + y - z + 1 = 0, \quad \text{或} \quad -\sqrt{2}x + y - z + 1 = 0.$$

例 4.17 求平面 $\pi_1: 2x - y + z - 7 = 0$ 与平面 $\pi_2: x + y + 2z - 11 = 0$ 的夹角平分面 π 的方程.

解法 1 利用点到平面的距离.

任取夹角平分面 π 上的点 $M(x,y,z)$,则点 M 到平面 π_1 与平面 π_2 的距离相等,有
$$\frac{|2x - y + z - 7|}{\sqrt{2^2+(-1)^2+1^2}} = \frac{|x+y+2z-11|}{\sqrt{1^2+1^2+2^2}},$$

于是
$$2x - y + z - 7 = x + y + 2z - 11,$$

或
$$2x - y + z - 7 = -(x + y + 2z - 11).$$

故所求的平面 π 的方程为
$$x - 2y - z + 4 = 0, \quad \text{或} \quad x + z - 6 = 0.$$

解法 2 利用平面的点法式方程.

取平面 π_1 的法线向量 $\boldsymbol{n}_1 = (2,1,1)$,则 $\boldsymbol{n}_1^0 = \left(\frac{2}{\sqrt{6}}, \frac{1}{\sqrt{6}}, \frac{1}{\sqrt{6}}\right)$,平面 π_2 的法线向量 $\boldsymbol{n}_2 = (1,1,2)$,且 $\boldsymbol{n}_2^0 = \left(\frac{1}{\sqrt{6}}, \frac{1}{\sqrt{6}}, \frac{2}{\sqrt{6}}\right)$,则夹角平分面的法线向量 $\boldsymbol{n}$ 必在 $\boldsymbol{n}_1^0 + \boldsymbol{n}_2^0$ 或 $\boldsymbol{n}_1^0 - \boldsymbol{n}_2^0$ 的方向上.

由于 $|\boldsymbol{n}_1| = |\boldsymbol{n}_2|$,故可取 $\boldsymbol{n} = \boldsymbol{n}_1 + \boldsymbol{n}_2$ 或 $\boldsymbol{n} = \boldsymbol{n}_1 - \boldsymbol{n}_2$.

考虑平面 π_1 与 π_2 的交线 L 的方程为
$$\begin{cases} 2x - y + z - 7 = 0, \\ x + y + 2z - 11 = 0. \end{cases}$$

则可取 L 上的一个定点 $M_0(6,5,0)$(L 上的定点有无穷多,这里任取一个.取的方法是令 $z = 0$,即可解出 $x = 6$ 及 $y = 5$).显然点 $M_0(6,5,0)$ 是角平分面 π 上的一点.当取 $\boldsymbol{n} = \boldsymbol{n}_1 + \boldsymbol{n}_2 = 3(1,0,1)$ 时,得平面 π 的方程:
$$(x-6) + (z-0) = 0,$$
即
$$x + z - 6 = 0.$$

当取 $\boldsymbol{n} = \boldsymbol{n}_1 - \boldsymbol{n}_2 = (1,-2,-1)$,可得平面 π 的方程为
$$(x-6) - 2(y-5) - (z-0) = 0,$$
即

$$x - 2y - z + 4 = 0.$$

解法 3 利用平面束的方法.

作过平面 π_1 与 π_2 的交线的平面束方程

$$\lambda(2x - y + z - 7) + \mu(x + y + 2z - 11) = 0,$$

即

$$(2\lambda + \mu)x + (-\lambda + \mu)y + (\lambda + 2\mu)z + (-7\lambda - 11\mu) = 0,$$

则所求的平面 π, 必在其平面束中.

选择 λ, μ 使平面 π 分别与平面 π_1 与 π_2 的夹角相等, 只需

$$\frac{|\boldsymbol{n} \cdot \boldsymbol{n}_1|}{|\boldsymbol{n}||\boldsymbol{n}_1|} = \frac{|\boldsymbol{n} \cdot \boldsymbol{n}_2|}{|\boldsymbol{n}||\boldsymbol{n}_2|},$$

即

$$\frac{|\boldsymbol{n} \cdot \boldsymbol{n}_1|}{|\boldsymbol{n}_1|} = \frac{|\boldsymbol{n} \cdot \boldsymbol{n}_2|}{|\boldsymbol{n}_2|}.$$

亦即

$$|2(2\lambda + \mu) - (-\lambda + \mu) + (\lambda + 2\mu)| = |(2\lambda + \mu) + (-\lambda + \mu) + 2(\lambda + 2\mu)|,$$

从而有

$$2\lambda + \mu = \pm(\lambda + 2\mu),$$

故

$$\lambda = \mu \quad \text{或} \quad \lambda = -\mu.$$

于是得平面 π 的方程:

$$x + z - 6 = 0, \quad \text{或} \quad x - 2y - z + 4 = 0.$$

例 4.18 决定参数 k 的值, 使原点到平面 $2x - y + kz = 6$ 的距离为 2.

解 由点到平面距离的公式, 知

$$2 = \frac{|2 \cdot 0 - 0 + k \cdot 0 - 6|}{\sqrt{2^2 + (-1)^2 + k^2}},$$

化简后, 有 $4 = \frac{36}{5 + k^2}$, 故 $k = \pm 2$.

例 4.19 若平面 π 过原点, 且垂直于直线 L:

$$\begin{cases} x - y + 3z = 10, \\ 4x + y - z + 7 = 0. \end{cases}$$

求平面 π 的方程.

解 设平面 π 的方程为

$$Ax + By + Cz + D = 0,$$

因为平面 π 过原点 $O(0,0,0)$, 所以 $D = 0$.

另外, 平面 π 垂直于直线 L, 则平面 π 的法线向量 $\boldsymbol{n} \parallel L$. 因此有

$$\boldsymbol{n} = \begin{vmatrix} \boldsymbol{i} & \boldsymbol{j} & \boldsymbol{k} \\ 1 & -1 & 3 \\ 4 & 1 & -1 \end{vmatrix} = (-2, 13, 5).$$

故平面 π 的方程为

$$-2x + 13y + 5z = 0.$$

例 4.20 求平面 π 的方程, 使它过点 $P(-1, 1, -2)$ 且与直线 $L: \begin{cases} x + z = 0, \\ x - z = 0. \end{cases}$ 及 $\dfrac{x-2}{3} =$

$\dfrac{y-4}{-2} = \dfrac{z+5}{5}$ 平行.

解 设平面 π 的方程为
$$A(x - x_0) + B(y - y_0) + z(z - z_0) = 0,$$
因为平面 π 过点 $P(-1,1,-2)$,有
$$A(x+1) + B(y-1) + C(z+2) = 0.$$

由于平面 π 平行于已知的两条直线,其法线向量 $\boldsymbol{n}$ 垂直于这两条已知的直线的方向向量,而直线 $\begin{cases} x+z=0, \\ x-z=0. \end{cases}$ 的方向向量为 $(0,1,0)$,因而有

$$\boldsymbol{n} = \begin{vmatrix} \boldsymbol{i} & \boldsymbol{j} & \boldsymbol{k} \\ 0 & 1 & 0 \\ 3 & -2 & 5 \end{vmatrix} = (5,0,-3).$$

故所求的平面 π 的方程为
$$5(x+1) - 3(z+2) = 0,$$
即
$$5x - 3z - 1 = 0.$$

例 4.21 求过直线 $L_1: \dfrac{x-1}{3} = \dfrac{y}{5} = \dfrac{z+6}{-10}$ 及 $L_2: \dfrac{x}{3} = \dfrac{y-4}{5} = \dfrac{z-2}{-10}$ 的平面 π 的方程.

解 因为 $L_1 \parallel L_2$,所以由 L_1 与 L_2 决定了平面 π. 在 L_1 与 L_2 上各取一点 $M_1(1,0,-6)$ 及 $M_2(0,4,2)$,则 $\overrightarrow{M_1M_2} = (-1,4,8)$ 必在平面 π 上,且平面 π 的法线向量必同时垂直于 $\overrightarrow{M_1M_2}$ 及向量 $(3,5,-10)$,有

$$\boldsymbol{n} = \overrightarrow{M_1M_2} \times (3,5,-10) = -(80,-14,17).$$

而平面 π 过点 $M_1(1,0,-6)$ 据平面的点法式方程,有
$$80(x-1) - 14(y-0) + 17(z+6) = 0,$$
即
$$80x - 14y + 17z + 22 = 0.$$

二、直线的方程

例 4.22 把直线 L 的一般式方程: $\begin{cases} x+y-z=0, \\ x-y+2=0. \end{cases}$ 化为对称式及参量式方程.

解法 1 利用直线的对称式方程.

在直线 L 上选取一个已知点 $M_1(0,2,2)$,(在直线 L 的一般式中,令 $x=0$,可解出 $y=z=2$) 再由 L 的一般式中两个平面的法线向量的向量积求得直线 L 的方向向量 $\boldsymbol{s}$.
$$\boldsymbol{s} = \boldsymbol{n}_1 \times \boldsymbol{n}_2 = (1,1,-1) \times (1,-1,0) = -(1,1,2),$$
从而得到 L 的对称式方程:
$$\dfrac{x}{1} = \dfrac{y-2}{1} = \dfrac{z-2}{2},$$
再令 $\dfrac{x}{1} = \dfrac{y-2}{1} = \dfrac{z-2}{2} = t$,就得到直线 L 的参量式方程:
$$\begin{cases} x = t, \\ y = t+2, \\ z = 2t+2. \end{cases}$$

解法 2　利用两点决定一条直线的办法.

在直线 L 的一般式中,可以选取两个已知点,$M_1(0,2,2)$ 及 $M_2(2,4,6)$,于是 L 的方向向量为 $s = \overrightarrow{M_1M_2} = 2(1,1,2)$. 其对称式方程为

$$\frac{x-2}{1} = \frac{y-4}{1} = \frac{z-6}{2}.$$

且参量方程为

$$\begin{cases} x = t+2, \\ y = t+4, \\ z = 2t+6. \end{cases}$$

解法 3　利用消元法.

由直线 L 的一般方程:

$$\begin{cases} x+y-z = 0 & (18.6) \\ x-y+2 = 0 & (18.7) \end{cases}$$

由方程(18.7),有

$$y = x+2 \tag{18.8}$$

从方程(18.6)减去方程(18.7)(消去变量 x),得

$$2y-z-2 = 0,$$

即

$$y = \frac{z+2}{2} \tag{18.9}$$

联立方程(18.8)与方程(18.9),得

$$x+2 = y = \frac{z+2}{2},$$

这就得到直线 L 的对称式方程:

$$\frac{x+2}{1} = \frac{y}{1} = \frac{z+2}{2}.$$

且参量式方程为

$$\begin{cases} x = t-2, \\ y = t, \\ z = 2t-2. \end{cases}$$

说明:直线的参量式方程、对称式方程及一般式方程其形式均不是唯一的. 这是因为,直线方程的形式可以随着固定点的选取不同而有差异. 这正如一条固定的直线的方程,可以看做是过此直线的不同的两个平面相交而得到的不同形式的面交式方程一样.

例 4.23　在直线 L 的一般式方程:

$$\begin{cases} A_1x + B_1y + C_1z + D_1 = 0, & (\pi_1) \\ A_2x + B_2y + C_2z + D_2 = 0, & (\pi_2) \end{cases}$$

中,若

(1) L 与 Ox 轴平行;

(2) L 与 Oy 轴相交;

(3) L 经过原点;

(4) L 与 Oz 轴重合.

其系数应该满足什么条件?

解 （1）因为 $L \mathbin{/\mkern-6mu/} Ox$ 轴，所以 $\pi_1 \mathbin{/\mkern-6mu/} Ox$ 轴，且 $\pi_2 \mathbin{/\mkern-6mu/} Ox$ 轴．于是有
$$A_1 = A_2 = 0.$$

（2）因为 L 与 Oy 轴相交，所以 π_1 与 π_2 均与 Oy 轴相交且交于同一个点．由 π_1 与 Oy 轴的交点为 $B\left(0, -\dfrac{D_1}{B_1}, 0\right)$，$\pi_2$ 与 Oy 轴的交点为 $B\left(0, -\dfrac{D_2}{B_2}, 0\right)$，知
$$-\frac{D_1}{B_1} = -\frac{D_2}{B_2}, \quad 即 \quad \frac{D_1}{B_1} = \frac{D_2}{B_2}.$$

（3）因为 L 经过原点，所以 π_1 与 π_2 均经过原点．故
$$D_1 = D_2 = 0.$$

（4）因为 L 与 Oz 轴重合，所以 L 经过原点且 L 的方向向量与 Oz 轴平行．故有
$$C_1 = C_2 = 0, \quad D_1 = D_2 = 0.$$

例 4.24 求通过点 $M_0(0,1,2)$ 且与平面 $\pi: x + y - 3z + 1 = 0$ 垂直的直线 L 的方程．

解 因为所求的直线 L 垂直于平面 π，所以可取平面 π 的法线向量 $\boldsymbol{n} = (1,1,-3)$ 为直线 L 的方向向量 $\boldsymbol{s}$，由直线的对称式方程，知
$$\frac{x}{1} = \frac{y-1}{1} = \frac{z-2}{-3}.$$

为所求直线 L 的方程．

例 4.25 验证两条直线
$$L_1: \begin{cases} 4x + z - 1 = 0, \\ x - 2y + 3 = 0. \end{cases} \quad L_2: \begin{cases} 3x + y - z + 4 = 0, \\ y + 2z - 8 = 0. \end{cases}$$

它们是相交的．

解 由直线 L_1 与 L_2 相交的充分必要条件是 L_1 与 L_2 共面且 L_1 与 L_2 不平行．

把直线 L_1 与 L_2 的一般式方程化为对称式方程，即
$$L_1: \frac{x}{1} = \frac{y - \dfrac{3}{2}}{\dfrac{1}{2}} = \frac{z-1}{-4}, \quad L_2: \frac{x+4}{1} = \frac{y-8}{-2} = \frac{z}{1}.$$

$$\boldsymbol{s}_1 = \left(1, \frac{1}{2}, -4\right), \quad \boldsymbol{s}_2 = (1, -2, 1).$$

显然，$\boldsymbol{s}_1 \not\mathbin{/\mkern-6mu/} \boldsymbol{s}_2$．又 $M_1\left(0, \dfrac{3}{2}, 1\right)$，$M_2(-4, 8, 0)$，且有

$$(\boldsymbol{s}_1 \times \boldsymbol{s}_2) \cdot \overrightarrow{M_1 M_2} = \begin{vmatrix} 1 & \dfrac{1}{2} & -4 \\ 1 & -2 & 1 \\ -4 & \dfrac{13}{2} & -1 \end{vmatrix} = 0.$$

故直线 L_1 与 L_2 相交，且交点为 $M_0\left(-\dfrac{3}{5}, \dfrac{6}{5}, \dfrac{17}{5}\right)$．

例 4.26 求点 $P(1,-4,5)$ 在直线 $L: \begin{cases} y - z + 1 = 0, \\ x + 2z = 0 \end{cases}$ 上投影点的坐标．

解 过点 P 作垂直于直线 L 的平面 π，则平面 π 与 L 的交点 M_0 即为所求．

取平面 π 的法线向量 $\boldsymbol{n}$ 为 L 的方向向量 $\boldsymbol{s}$，有

$$\boldsymbol{n} = \boldsymbol{s} = \begin{vmatrix} \boldsymbol{i} & \boldsymbol{j} & \boldsymbol{k} \\ 0 & 1 & -1 \\ 1 & 0 & 2 \end{vmatrix} = (2, -1, -1),$$

则平面 π 的方程为
$$2(x-1) - (y+4) - (z-5) = 0,$$
即
$$2x - y - z - 1 = 0.$$
解方程组：
$$\begin{cases} y - z + 1 = 0, \\ x + 2z = 0, \\ 2x - y - z - 1 = 0. \end{cases}$$
得 $x = 0, y = -1, z = 0.$

知点 P 在直线 L 上的投影点 M_0 的坐标为 $M_0(0,-1,0)$.

例 4.27 求直线 $L: \begin{cases} 2x - y + z - 1 = 0, \\ x + y - z + 1 = 0. \end{cases}$ 在平面 $\pi: x + 2y - z = 0$ 上投影直线 L_1 的方程.

解 过直线 L 作平面 π_1，使 $\pi_1 \perp \pi$，则 π_1 与 π 的交线 L_1 即为 L 在 π 上的投影.

设平面 π_1 的法线向量为 $\boldsymbol{n}_1$，则 $\boldsymbol{n}_1 \perp \boldsymbol{s}$（$\boldsymbol{s}$ 为 L 的方向向量），且 $\boldsymbol{n}_1 \perp \boldsymbol{n}$（$\boldsymbol{n}$ 为平面 π 的法线向量），取
$$\boldsymbol{s} = \begin{vmatrix} \boldsymbol{i} & \boldsymbol{j} & \boldsymbol{k} \\ 2 & -1 & 1 \\ 1 & 1 & -1 \end{vmatrix} = 3(0,1,1),$$
并取
$$\boldsymbol{n}_1 = \begin{vmatrix} \boldsymbol{i} & \boldsymbol{j} & \boldsymbol{k} \\ 0 & 1 & 1 \\ 1 & 2 & -1 \end{vmatrix} = -(3,-1,1),$$

在 L 上选取一个定点 $M_0(0,0,1)$，于是平面 π_1 的方程为
$$-3(x-0) + (y-0) - (z-1) = 0,$$
即
$$3x - y + z - 1 = 0.$$
故直线 L 在平面 π 上的投影直线 L_1 的方程为
$$L_1: \begin{cases} x + 2y - z = 0, \\ 3x - y + z - 1 = 0. \end{cases}$$

例 4.28 求点 $P(-1,6,3)$ 到直线 $L: \dfrac{x}{1} = \dfrac{y-4}{-3} = \dfrac{z-3}{-2}$ 的距离 d.

解法 1 求出点 P 在 L 上的垂足之后，利用两点间距离的公式.

过点 $P(-1,6,3)$ 作平面 π，使 $\pi \perp L$，则平面 π 的方程为
$$(x+1) - 3(y-6) - 2(z-3) = 0,$$
即
$$x - 3y - 2z + 25 = 0 \tag{18.10}$$
直线 L 的参量方程为
$$\begin{cases} x = t, \\ y = -3t + 4, \\ z = -2t + 3. \end{cases}$$
代入方程 (18.10) 后，知 $t = -\dfrac{1}{2}$，得 L 与平面 π 的交点 $Q\left(-\dfrac{1}{2}, \dfrac{11}{2}, 4\right)$，于是有
$$d = |PQ| = \sqrt{\left(-\dfrac{1}{2}+1\right)^2 + \left(\dfrac{11}{2}-6\right)^2 + (4-3)^2} = \dfrac{\sqrt{6}}{2}.$$

解法 2 利用点到直线的距离公式.

因为 $d = \dfrac{|\overrightarrow{M_0M_1} \times (m,n,p)|}{\sqrt{m^2+n^2+p^2}}$. 由于 L 上的定点选取为 $M_0(0,4,3)$, $s=(m,n,p)=(1,-3,-2)$, 而点 $P(-1,6,3)$ 即是公式中的 M_1 点, 故

$$d = \dfrac{|\overrightarrow{M_0P} \times (m,n,p)|}{\sqrt{m^2+n^2+p^2}} = \dfrac{|(-1,2,0)\times(1,-3,-2)|}{\sqrt{14}}$$

$$= \dfrac{\sqrt{4^2+2^2+(-1)^2}}{\sqrt{14}} = \dfrac{\sqrt{6}}{2}.$$

例 4.29 求异面直线 $L_1: \dfrac{x+1}{0} = \dfrac{y-1}{1} = \dfrac{z-2}{3}$ 及 $L_2: \dfrac{x-1}{1} = \dfrac{y}{2} = \dfrac{z+1}{2}$ 之间的距离 d.

解法 1 利用点到平面的距离.

过直线 L_1 作平面 π, 使 $\pi \parallel L_2$, 则在 L_2 上选取一个定点 $M_2(1,0,-1)$, 则点 M_2 到平面 π 的距离 d 即是两条异面直线 L_1 与 L_2 的距离.

设平面 π 的法线向量为 $\boldsymbol{n}$, 则直线 L_1 的方向向量 $s_1 \perp \boldsymbol{n}$, 且直线 L_2 的方向向量 $s_2 \perp \boldsymbol{n}$. 故取

$$\boldsymbol{n} = s_1 \times s_2 = \begin{vmatrix} \boldsymbol{i} & \boldsymbol{j} & \boldsymbol{k} \\ 0 & 1 & 3 \\ 1 & 2 & 2 \end{vmatrix} = -(4,-3,1).$$

在直线 L_1 上取点 $M_1(-1,1,2)$, 则平面 π 的方程为

$$4(x+1) - 3(y-1) + (z-2) = 0,$$

即

$$4x - 3y + z + 5 = 0.$$

而点 $M_2(1,0,-1)$ 到平面 π 的距离 d 为

$$d = \dfrac{|4\cdot1 - 3\cdot0 + 1\cdot(-1) + 5|}{\sqrt{4^2+(-3)^2+1^2}} = \dfrac{4\sqrt{26}}{13}.$$

解法 2 利用向量的投影.

先求直线 L_1 与 L_2 公垂线的方向 s, 因为 $s \perp L_1, s \perp L_2$, 故有

$$s = s_1 \times s_2 = (4,-3,1),$$

在直线 L_1 及 L_2 上各取定点 $M_1(-1,1,2), M_2(1,0,-1)$, 则

$$d = |\mathrm{Prj}_s \overrightarrow{M_1M_2}| = |\overrightarrow{M_1M_2}| \cdot \cos(\widehat{\overrightarrow{M_1M_2},s})| = \dfrac{|\overrightarrow{M_1M_2} \cdot s|}{|s|}$$

$$= \dfrac{|\overrightarrow{M_1M_2} \cdot (s_1 \times s_2)|}{|s_1 \times s_2|} = \dfrac{|(2,-1,-3)\cdot(4,-3,1)|}{\sqrt{26}} = \dfrac{4\sqrt{26}}{13}.$$

说明: 对于两条相互平行直线 L_1 与 L_2 的距离 d, 所用的方法更简单, 在直线 L_1 上取定点 $M_1(x_1,y_1,z_1)$, 再用例 4.29 的方法, 求出点 M_1 到 L_2 的距离就可以了.

第十九讲 曲面与空间曲线的方程

曲面及空间曲线的方程是继平面与直线的方程之后, 空间解析几何的又一个重要内容. 在这一讲中, 我们要讨论: 柱面及旋转曲面, 常见的二次曲面, 空间曲线在坐标面上的投影及空间

立体在坐标面上的投影等问题.从而为后继课程的学习,准备必要的基础知识.

基本概念和重要结论

1. 柱面及旋转曲面

众所周知,空间曲面的一般方程为
$$F(x,y,z) = 0, \quad 或 \quad z = f(x,y).$$

1) 柱面

一般地讲,在曲面方程 $F(x,y,z) = 0$ 中,如果它不含变量 z,即
$$F(x,y) = 0,$$
则它表示了空间中的一个母线平行于 Oz 轴的柱面,其准线可以取为 xOy 坐标平面上的曲线 L:
$$\begin{cases} F(x,y) = 0, \\ z = 0. \end{cases}$$

类似地,母线平行于 Ox 轴及 Oy 轴的柱面方程分别为
$$G(y,z) = 0 \quad 及 \quad H(x,z) = 0.$$

2) 旋转曲面

已知 yOz 坐标面上的一条已知曲线
$$L: \begin{cases} f(y,z) = 0, \\ x = 0. \end{cases}$$

将 L 绕 Oz 轴旋转一周,就得到一张旋转曲面 S,则 S 的方程为
$$f(\pm\sqrt{x^2+y^2}, z) = 0.$$

类似地,L 绕 Oy 轴旋转一周,得到的旋转曲面的方程为
$$f(y, \pm\sqrt{x^2+z^2}) = 0.$$

同理,xOy 平面上的曲线
$$L: \begin{cases} f(x,y) = 0, \\ z = 0. \end{cases}$$

分别绕 Ox 轴、Oy 轴旋转,得到的旋转曲面的方程分别为
$$f(x, \pm\sqrt{y^2+z^2}) = 0 \quad 及 \quad f(\pm\sqrt{x^2+z^2}, y) = 0.$$

而 xOz 平面上的曲线
$$L: \begin{cases} f(x,z) = 0, \\ y = 0. \end{cases}$$

分别绕 Ox 轴、Oz 轴旋转,得到的旋转曲面的方程分别为
$$f(x, \pm\sqrt{y^2+z^2}) = 0 \quad 及 \quad f(\pm\sqrt{x^2+y^2}, z) = 0.$$

2. 常见二次曲面的标准方程

1) 球面方程
$$(x-a)^2 + (y-b)^2 + (z-c)^2 = R^2, (R > 0).$$
其中 $M_0(a,b,c)$ 为球心,R 为球半径.

2) 椭球面方程
$$\frac{x^2}{a^2} + \frac{y^2}{b^2} + \frac{z^2}{c^2} = 1, (a,b,c > 0).$$

3）圆柱面方程
$$x^2 + y^2 = R^2, (R > 0).$$

4）双曲柱面方程
$$\frac{x^2}{a^2} - \frac{y^2}{b^2} = 1, (a, b > 0).$$

5）抛物柱面方程
$$x^2 - 2py = 0.$$

6）椭圆抛物面方程
$$\frac{x^2}{2p} + \frac{y^2}{2q} - z = 0, \quad (p, q > 0).$$

7）单叶双曲面方程
$$\frac{x^2}{a^2} + \frac{y^2}{b^2} - \frac{z^2}{c^2} = 1, \quad (a, b, c > 0).$$

8）双叶双曲面方程
$$\frac{x^2}{a^2} + \frac{y^2}{b^2} - \frac{z^2}{c^2} = -1, \quad (a, b, c > 0).$$

9）双曲抛物面方程
$$z = \frac{y^2}{2p} - \frac{x^2}{2q}, \quad (p \cdot q > 0).$$

10）顶点在原点，准线为 $\begin{cases} x^2 + y^2 = a^2, \\ z = k. \end{cases}$ 的圆锥面方程
$$x^2 + y^2 = \left(\frac{a}{k}\right)^2 z^2.$$

3. 空间曲线 L 的方程及 L 在坐标面上的投影

1）空间曲线 L 的一般式（面交式）方程
$$\begin{cases} F(x,y,z) = 0, \\ G(x,y,z) = 0. \end{cases}$$

2）空间曲线 L 的参量方程
$$\begin{cases} x = x(t), \\ y = y(t), (t \text{ 为参量}) \\ z = z(t). \end{cases}$$

3）空间曲线 L 在坐标面上的投影曲线

设空间曲线 L 的方程由一般式给出：
$$\begin{cases} F(x,y,z) = 0, \\ G(x,y,z) = 0. \end{cases}$$

由方程组消去变量 z 之后，得到方程：
$$H(x,y) = 0,$$

它表示了以 L 为准线，母线平行于 Oz 轴的柱面方程．于是 L 在 xOy 面上的投影曲线为
$$\begin{cases} H(x,y) = 0, \\ z = 0. \end{cases}$$

类似地，可以推出空间曲线 L 在 xOz 面及 yOz 面的投影曲线方程．

一、柱面及旋转曲面的方程

例 4.30 指出下列方程所表示的曲面：

(1) $x^2 - 2x + y^2 - 4y - 4 = 0$;　　(2) $x^2 - 4y = 0$;
(3) $9x^2 + 4y^2 = 36$;　　(4) $4y^2 - 3z^2 = 12$;
(5) $x^2 - 5x + 3y^2 = 0$.

解 (1) 因为曲面的方程可化为:$(x - 1)^2 + (y - 2)^2 = 3^2$. 所以它是一张母线平行于 Oz 轴,且以 xOy 面上的圆 $(x - 1)^2 + (y - 2)^2 = 3^2$ 为准线的圆柱面.

(2) 它表示了以 xOy 平面的抛物线 $y = \dfrac{1}{4}x^2$ 为准线,母线平行于 Oz 轴的抛物柱面.

(3) 它表示了以 xOy 平面的椭圆 $\dfrac{x^2}{2^2} + \dfrac{y^2}{3^2} = 1$ 为准线,母线平行于 Oz 轴的椭圆柱面.

(4) 它表示了以 yOz 平面上的双曲线 $\dfrac{y^2}{3} - \dfrac{z^2}{4} = 1$ 为准线,母线平行于 Ox 轴的双曲柱面.

(5) 它表示了以 xOy 平面上的椭圆 $\dfrac{\left(x - \dfrac{5}{2}\right)^2}{\dfrac{25}{4}} + \dfrac{y^2}{\dfrac{25}{12}} = 1$ 为准线,母线平行于 Oz 轴的椭圆柱面.

例 4.31 通过空间曲线 L:
$$\begin{cases} x^2 + y^2 + z^2 = 8, \\ x + y + z = 0. \end{cases}$$
作一张柱面 S,使 S 的母线垂直于 xOz 坐标面,求 S 的方程.

解 由题意知,所求的柱面 S 的母线平行于 Oy 轴. 因此,只要在曲线 L 的表达式中,消去变量 y 即可. 由于 $y = -x - z$,故 S 的方程为
$$x^2 + (-x - z)^2 + z^2 = 8,$$
即
$$x^2 + xz + z^2 = 4.$$

例 4.32 把曲线 L 的方程:
$$\begin{cases} 2y^2 + z^2 + 4x = 4z, \\ y^2 + 3z^2 - 8x = 12z. \end{cases}$$
化为以 L 为准线,母线平行于 Ox 轴和 Oz 轴的投影柱面方程.

解 在曲线 L 的方程中,消去 x,就得到母线平行于 Ox 轴的投影柱面的方程:
$$\dfrac{1}{4}(4z - 2y^2 - z^2) = \dfrac{1}{8}(y^2 + 3z^2 - 12z),$$
即
$$y^2 + z^2 = 4z.$$
同理,消去 z 就可以得到母线平行于 Oz 轴的投影柱面方程为
$$y^2 + 4x = 0.$$

例 4.33 求曲线 L:$\begin{cases} x^2 - y^2 = 2, \\ z = 0. \end{cases}$ 分别绕 Ox 轴和 Oy 轴旋转所形成的旋转曲面 S_1 和 S_2 的方程.

解 曲线 L 绕 Ox 轴旋转所成的旋转曲面 S_1 的方程为
$$x^2 - (\pm\sqrt{y^2 + z^2})^2 = 2,$$
即

$$x^2 - (y^2 + z^2) = 2.$$

同理，L 绕 Oy 轴旋转所成的旋转曲面 S_2 的方程为
$$(\pm\sqrt{x^2+z^2})^2 - y^2 = 2,$$
即
$$x^2 + z^2 - y^2 = 2.$$

例 4.34 写出下列曲线绕指定坐标轴旋转所成的旋转曲面的方程：

(1) $\begin{cases} x^2 + z^2 = 1, \\ y = 0. \end{cases}$ 绕 Oz 轴； (2) $\begin{cases} z^2 = 5x, \\ y = 0. \end{cases}$ 绕 Ox 轴；

(3) $\begin{cases} y^2 - z^2 = 1, \\ x = 0. \end{cases}$ 绕 Oy 轴．

解 (1) 由 $(\pm\sqrt{x^2+y^2})^2 + z^2 = 1$，有
$$x^2 + y^2 + z^2 = 1, (球面).$$

(2) 由 $(\pm\sqrt{y^2+z^2})^2 = 5x$，有
$$y^2 + z^2 = 5x, (旋转抛物面).$$

(3) 由 $y^2 - (\pm\sqrt{x^2+z^2})^2 = 1$，有
$$y^2 - x^2 - z^2 = 1, (双叶双曲面).$$

例 4.35 指出下列方程所表示的曲面，并指出它们是由什么曲线绕什么坐标轴旋转而成的．

(1) $x^2 - \dfrac{y^2}{4} + z^2 = 1$； (2) $\dfrac{x^2}{9} + \dfrac{y^2}{9} + \dfrac{z^2}{4} = 1$；

(3) $(x^2 + y^2 + z^2)^2 = y$．

解 (1) 为单叶双曲面．它由曲线
$$\begin{cases} -\dfrac{y^2}{4} + z^2 = 1, \\ x = 0. \end{cases} \text{或} \quad \begin{cases} x^2 - \dfrac{y^2}{4} = 1, \\ z = 0. \end{cases}$$
绕 Oy 轴旋转而成．

(2) 为椭球面．它由曲线
$$\begin{cases} \dfrac{x^2}{9} + \dfrac{z^2}{4} = 1, \\ y = 0. \end{cases} \text{或} \quad \begin{cases} \dfrac{y^2}{9} + \dfrac{z^2}{4} = 1, \\ x = 0. \end{cases}$$
绕 Oz 轴旋转而成．

(3) 这个曲面虽然不是二次曲面，但是它是旋转曲面，系由曲线
$$\begin{cases} (x^2 + y^2)^2 = y, \\ z = 0. \end{cases} \text{或} \quad \begin{cases} (y^2 + z^2)^2 = y, \\ x = 0. \end{cases}$$
绕 Oy 轴旋转而成的．

二、二次曲面

例 4.36 求曲面 $\dfrac{x^2}{9} - \dfrac{y^2}{25} + \dfrac{z^2}{4} = 1$，在下列条件下：

(1) 平面 $x = 2$； (2) 平面 $y = 0$；
(3) 平面 $y = 5$； (4) 平面 $z = 2$.

上的截痕的方程.

解 所给曲面为单叶双曲面,且

(1) $\begin{cases} \dfrac{x^2}{9} - \dfrac{y^2}{25} + \dfrac{z^2}{4} = 1, \\ x = 2. \end{cases}$ 即 $\begin{cases} \dfrac{z^2}{4} - \dfrac{y^2}{25} = \dfrac{5}{9}, \\ x = 2. \end{cases}$

它是在平面 $x = 2$ 上的双曲线方程.

(2) $\begin{cases} \dfrac{x^2}{9} - \dfrac{y^2}{25} + \dfrac{z^2}{4} = 1, \\ y = 0. \end{cases}$ 即 $\begin{cases} \dfrac{x^2}{9} + \dfrac{z^2}{4} = 1, \\ y = 0. \end{cases}$

它是在 xOz 平面上的椭圆.

(3) $\begin{cases} \dfrac{x^2}{9} - \dfrac{y^2}{25} + \dfrac{z^2}{4} = 1, \\ y = 5. \end{cases}$ 即 $\begin{cases} \dfrac{x^2}{9} + \dfrac{z^2}{4} = 2, \\ y = 5. \end{cases}$

它是在 $y = 5$ 平面上的椭圆.

(4) $\begin{cases} \dfrac{x^2}{9} - \dfrac{y^2}{25} + \dfrac{z^2}{4} = 1, \\ z = 2. \end{cases}$ 即 $\begin{cases} \dfrac{x^2}{9} - \dfrac{y^2}{25} = 0, \\ z = 2. \end{cases}$

也就是 $\begin{cases} \left(\dfrac{x}{3} - \dfrac{y}{5}\right)\left(\dfrac{x}{3} + \dfrac{y}{5}\right) = 0, \\ z = 2. \end{cases}$

它是 $z = 2$ 平面上的两条相交的直线.

例 4.37 指出下面两个方程各表示什么曲面?它们的图形有何区别?

(1) $x^2 + y^2 = z^2$; (2) $x^2 + y^2 = z$.

解 (1) $x^2 + y^2 = z^2$ 表示顶点在坐标原点的圆锥面. 它们在 xOy 坐标面的上、下方部分的方程分别为

$$z_{\text{上}} = \sqrt{x^2 + y^2}, z_{\text{下}} = -\sqrt{x^2 + y^2}.$$

这个曲面是由直线绕 Oz 轴旋转而成的.

(2) $x^2 + y^2 = z$ 表示旋转抛物面,它是由抛物线绕 Oz 轴旋转而成的,且其图形只在 xOy 坐标平面的上方.

三、空间曲线在坐标面上的投影方程

例 4.38 求空间曲线

$$L: \begin{cases} 4x + 2y^2 + z^2 - 4z = 0, \\ -8x + y^2 + 3z^2 - 12z = 0. \end{cases}$$

在 xOy 坐标面上的投影方程.

解 求空间曲线 L 在 xOy 面上的投影方程,就是过曲线 L 作一个母线平行于 Oz 轴的柱面. 这只需消去方程中的 z 即可, 由于 L 的方程为

$$\begin{cases} z^2 - 4z = -(4x + 2y^2), \\ 3(z^2 - 4z) = 8x - y^2. \end{cases}$$

故有过 L 且母线平行于 Oz 轴的柱面方程:

$$y^2 + 4x = 0.$$

于是 L 在 xOy 坐标面上的投影方程为
$$\begin{cases} y^2 + 4x = 0, \\ z = 0. \end{cases}$$

例 4.39 求曲线 $L: \begin{cases} y^2 + z^2 - 2x = 0, \\ z = 3. \end{cases}$ 在 xOy 平面上的投影曲线方程,并指出 L 是什么曲线.

解 对曲线 L 的方程中,消去 z,得到过 L 且母线平行于 Oz 轴的柱面方程:
$$y^2 - 2x + 9 = 0.$$
故其投影曲线的方程为
$$\begin{cases} y^2 = 2\left(x - \dfrac{9}{2}\right), \\ z = 0. \end{cases}$$
而原来的曲线 L 是一条在 $z = 3$ 的平面上,以平行于 Ox 轴的直线为轴的抛物线.

例 4.40 求两个相同半径的直交圆柱面: $x^2 + z^2 = a^2, y^2 + z^2 = a^2$ 的交线 L 在三个坐标面的投影曲线.

解 L 的方程为
$$\begin{cases} x^2 + z^2 = a^2, \\ y^2 + z^2 = a^2. \end{cases}$$
则 L 在 xOy 平面的投影曲线方程为(消去 z)
$$\begin{cases} x^2 - y^2 = 0, \\ z = 0. \end{cases}$$
即
$$\begin{cases} x - y = 0, \\ z = 0. \end{cases} \quad \text{或} \quad \begin{cases} x + y = 0, \\ z = 0. \end{cases}$$
曲线 L 在 xOz 面上的投影曲线为
$$\begin{cases} x^2 + z^2 = a^2, \\ y = 0. \end{cases}$$
曲线 L 在 yOz 面上的投影曲线为
$$\begin{cases} y^2 + z^2 = a^2, \\ x = 0. \end{cases}$$

四、空间立体 Ω 在坐标面上的投影区域

例 4.41 求曲面 $z = x^2 + y^2$ 与 $z = 1 - x^2$ 所围的立体 Ω,分别在 xOy 平面及 xOz 平面上的投影区域 D_{xy} 及 D_{xz}.

解 设空间立体 Ω 在 xOy 平面上的投影区域为 D_{xy},这个投影区域就是两个曲面 $z = x^2 + y^2$(旋转抛物面)与 $z = 1 - x^2$(母线平行于 Oy 轴的柱面)的交线
$$L: \begin{cases} z = x^2 + y^2, \\ z = 1 - x^2. \end{cases}$$
在 xOy 平面上的投影曲线 L_1 所围成的区域. 下面求交线 L 对 xOy 平面的投影柱面方程. 由交线 L 的方程消去 z,使得投影柱面方程为
$$2x^2 + y^2 = 1.$$

交线 L 在 xOy 平面上的投影曲线 L_1 的方程为

$$L_1: \begin{cases} 2x^2 + y^2 = 1, \\ z = 0. \end{cases}$$

于是立体 Ω 在 xOy 平面上的投影区域(图 19-1)为

$$D_{xy}: \begin{cases} 2x^2 + y^2 \leq 1, \\ z = 0. \end{cases}$$

设空间立体 Ω 在 xOz 平面上的投影区域 D_{xz},这个投影区域就是两曲面的交线

$$L: \begin{cases} z = x^2 + y^2, \\ z = 1 - x^2. \end{cases}$$

在 xOz 面上的投影曲线 L_2 以及曲面 $z = x^2 + y^2$ 与 xOz 平面的交线 L_3 所围成的区域. 下面求由 L_2, L_3 的方程:

$$L_2: \begin{cases} z = 1 - x^2, \\ y = 0. \end{cases} \qquad L_3: \begin{cases} z = x^2, \\ y = 0. \end{cases}$$

于是立体 Ω 在 xOz 平面上的投影区域(图 19-2)为

$$D_{xz}: \begin{cases} x^2 \leq z \leq 1 - x^2, \\ y = 0. \end{cases}$$

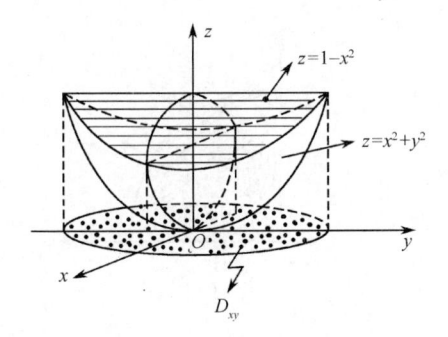

图 19-1

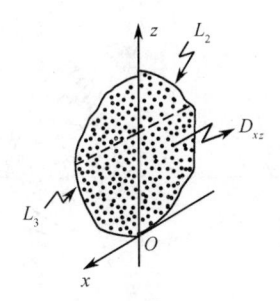

图 19-2

例 4.42 求曲面 $z = \sqrt{4 - x^2 - y^2}$ ($x \geq 0$),与曲面 $x^2 + y^2 = 2x$ 及平面 $z = 0$ 所围的立体 Ω,分别在 xOy 平面及 xOz 平面上的投影区域 D_{xy} 及 D_{xz}.

解 设空间立体 Ω 在 xOy 面上的投影区域为 D_{xy},这个投影区域就是两曲面 $z = \sqrt{4 - x^2 - y^2}$ ($x \geq 0$) 与 $x^2 + y^2 = 2x$ 的交线为

$$L: \begin{cases} z = \sqrt{4 - x^2 - y^2}, \\ x^2 + y^2 = 2x. \end{cases}$$

在 xOy 平面上的投影曲线 L_1 所围成的区域. 下面求交线 L 对 xOy 平面的投影柱面方程,由交线 L 的方程消去 z,便得投影柱面方程为

$$x^2 + y^2 = 2x, \text{或}(x-1)^2 + y^2 = 1.$$

交线 L 在 xOy 平面上的投影曲线 L_1 的方程为

$$L_1: \begin{cases} (x-1)^2 + y^2 = 1, \\ z = 0. \end{cases}$$

于是立体 Ω 在 xOy 平面上的投影区域(图 19-3)为

$$D_{xy}: \begin{cases} (x-1)^2 + y^2 \leq 1, \\ z = 0. \end{cases}$$

设空间立体 Ω 在 xOz 平面上的投影区域为 D_{xz},这个投影区域就是曲面 $z = \sqrt{4 - x^2 - y^2}$ $(x \geq 0)$ 与 xOz 平面的交线 L_2

$$L_2 : \begin{cases} z = \sqrt{4 - x^2 - y^2}, (x \geq 0), \\ y = 0. \end{cases} \quad 即 \quad L_2 : \begin{cases} z = \sqrt{4 - x^2}, (x \geq 0), \\ y = 0. \end{cases}$$

以及 Ox 轴,Oz 轴所围的区域,即

$$D_{xz} : \begin{cases} 0 \leq z \leq \sqrt{4 - x^2}, \\ 0 \leq x \leq 2, \\ y = 0. \end{cases}$$

而两曲面的交线 L

$$L : \begin{cases} z = \sqrt{4 - x^2 - y^2}, (x \geq 0), \\ x^2 + y^2 = 2x. \end{cases}$$

在 xOz 平面上的投影曲线 L_3

$$L_3 : \begin{cases} z = \sqrt{4 - 2x}, \\ y = 0. \end{cases}$$

在投影区域 D_{xz} 的内部(图 19-4),它并不是区域 D_{xz} 的边界曲线.

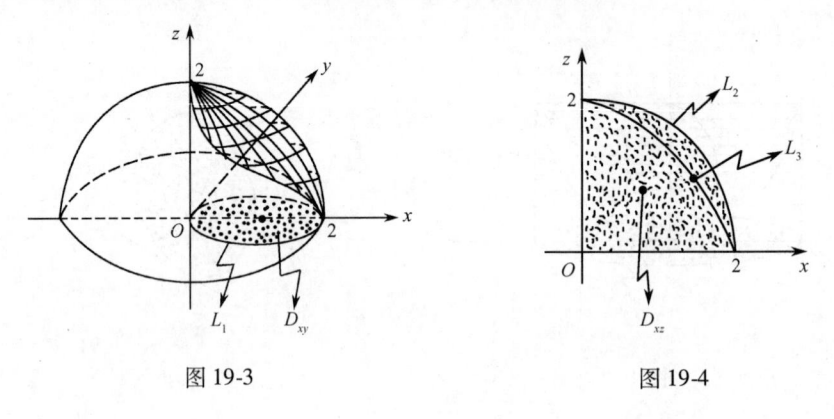

图 19-3

图 19-4

第五单元 多元函数微分学及其应用

第二十讲 多元函数的极限与连续性，偏导数与全微分的概念

多元函数微分学是在一元函数微分学的基础上建立和发展起来的，多元函数微分学的一些基本概念及研究问题的思想方法虽然与一元函数相仿，但是由于自变量个数的增加，会产生一些新的问题. 本讲就多元函数的概念、极限与连续性、偏导数与全微分的概念等进行辅导和讨论.

基本概念和重要结论

1. 邻域

邻域 设 $P_0(x_0,y_0)$ 是 xOy 平面上一点，$\delta>0$，与点 P_0 的距离小于 δ 的点 $P(x,y)$ 的全体，称为点 P_0 的 δ 邻域，记为 $N(P_0,\delta)$，即

$$N(P_0,\delta) = \{(x,y) \mid \sqrt{(x-x_0)^2+(y-y_0)^2}<\delta\}.$$

2. 区域与 n 维空间

(1) **内点** 设 E 是平面上的点集，点 $P\in E$，如果存在点 P 的某一个邻域 $N(P)\subset E$，则称点 P 为 E 的内点.

(2) **开集** 如果点集 E 的点都是内点，则称 E 为开集.

(3) **边界点** 如果点 P 的任一邻域内既有属于点集 E 的点，也有不属于点集 E 的点，则称点 P 为 E 的边界点. E 的边界点的全体称为 E 的边界.

(4) **区域** 设 D 是开集，如果 D 内的任何两点，都可以用完全属于 D 内的折线连接起来，则称 D 是连通的. 连通的开集称为开区域，简称为区域. 开区域连同它的边界一起，称为闭区域.

(5) **聚点** 设 E 是平面上的点集，P 是平面上的一点（点 P 可以属于 E，也可以不属于 E），如果点 P 的任一邻域内总有无限多个点属于 E，则称点 P 为点集 E 的聚点.

(6) **n 维空间** 称 n 元有序数组 $(x_1,x_2,\cdots,x_n)$ 的全体为 n 维空间，记为 R^n，每一个 n 元有序数组 $(x_1,x_2,\cdots,x_n)$ 称为 n 维空间 R^n 中的一个点，第 i 个数 x_i 称为该点的第 i 个坐标. n 维空间 R^n 中两点 $P(x_1,x_2,\cdots,x_n)$，$Q(y_1,y_2,\cdots,y_n)$ 的距离规定为

$$|PQ| = \sqrt{(y_1-x_1)^2+(y_2-x_2)^2+\cdots+(y_n-x_n)^2}.$$

R^n 中点 P_0 的 δ 邻域是 R^n 中的点集：

$$N(P_0,\delta) = \{P \mid |P_0P|<\delta, P\in R^n, \delta>0\}.$$

有了 R^n 中邻域的概念，就可以定义 R^n 中的内点、边界点、区域、聚点等概念.

3. 二元函数的定义

设有平面点集 E 和数集 B，如果对于 E 中的每一点 $P(x,y)$ 通过确定的规律 f 都有唯一的实

数 $z \in B$ 与之对应,则称 z 为 x,y 的二元函数,记作 $z = f(x,y), (x,y) \in E$。x 和 y 叫做自变量,z 叫做因变量,E 叫做函数的定义域.

4. 二元函数的极限定义

设函数 $z = f(x,y)$ 定义在平面点集 E 上,$P_0(x_0,y_0)$ 是点集 E 的聚点,A 为一常数,如果对于任意给定的正数 ε,总存在正数 δ,使得适合不等式

$$0 < |P_0 P| = \sqrt{(x-x_0)^2 + (y-y_0)^2} < \delta$$

的一切点 $P(x,y) \in E$,都有

$$|f(x,y) - A| < \varepsilon$$

成立,则称 A 为 $z = f(x,y)$ 当 $x \to x_0, y \to y_0$ 时的极限,记为

$$\lim_{\substack{x \to x_0 \\ y \to y_0}} f(x,y) = A.$$

或

$$f(x,y) \to A (\rho = \sqrt{(x-x_0)^2 + (y-y_0)^2} \to 0).$$

5. 二元函数的连续定义

设二元函数 $z = f(x,y)$ 定义在平面点集 E 上,点 $P_0(x_0,y_0)$ 是点集 E 的聚点,且 $P_0 \in E$,如果有

$$\lim_{\substack{x \to x_0 \\ y \to y_0}} f(x,y) = f(x_0, y_0),$$

则称 $z = f(x,y)$ 在点 P_0 处连续.

6. 偏导数的定义

设函数 $z = f(x,y)$ 在点 (x_0, y_0) 的某一邻域内有定义,当 y 固定在 y_0 处,而 x 在 x_0 处有增量 Δx 时,相应地得到函数关于 x 的偏增量

$$\Delta_x z = f(x_0 + \Delta x, y_0) - f(x_0, y_0).$$

如果极限

$$\lim_{\Delta x \to 0} \frac{\Delta_x z}{\Delta x} = \lim_{\Delta x \to 0} \frac{f(x_0 + \Delta x, y_0) - f(x_0, y_0)}{\Delta x}$$

存在,则称此极限值为函数 $z = f(x,y)$ 在点 (x_0, y_0) 处对变量 x 的偏导数,记为

$$\left. \frac{\partial z}{\partial x} \right|_{\substack{x = x_0 \\ y = y_0}}, f_x'(x_0, y_0), \left. \frac{\partial f}{\partial x} \right|_{\substack{x = x_0 \\ y = y_0}}, \left. z_x' \right|_{\substack{x = x_0 \\ y = y_0}}.$$

类似地,可以定义函数 $z = f(x,y)$ 在点 (x_0, y_0) 处对变量 y 的偏导数为

$$f_y'(x_0, y_0) = \lim_{\Delta y \to 0} \frac{f(x_0, y_0 + \Delta y) - f(x_0, y_0)}{\Delta y}.$$

7. 全微分的定义

设函数 $z = f(x,y)$ 在点 (x_0, y_0) 的某一邻域内有定义,自变量 x,y 在点 x_0, y_0 处分别有增量 $\Delta x, \Delta y$,相应得到函数的全增量

$$\Delta z = f(x_0 + \Delta x, y_0 + \Delta y) - f(x_0, y_0),$$

如果 Δz 可表示为

$$\Delta z = A \Delta x + B \Delta y + o(\rho),$$

其中 A、B 不依赖于 Δx、Δy,$o(\rho)$ 是关于 $\rho = \sqrt{(\Delta x)^2 + (\Delta y)^2}$(当 $\Delta x \to 0, \Delta y \to 0$)的高阶无穷小,则称函数 $z = f(x,y)$ 在点 (x_0, y_0) 处可微,而把 $A \Delta x + B \Delta y$ 称为函数 z 在点 (x_0, y_0) 处的全微分,记

为
$$dz\Big|_{\substack{x=x_0\\y=y_0}} = df(x_0,y_0) = A\Delta x + B\Delta y.$$

并称函数 $z = f(x,y)$ 在点 (x_0,y_0) 处可微.

8. 函数的连续性、偏导数的存在性与可微性相互关系的重要结论

(1) 若函数 $z = f(x,y)$ 在点 (x_0,y_0) 处可微,则函数 $f(x,y)$ 在该点处必定连续.

(2) **二元函数可微的必要条件** 若函数 $z = f(x,y)$ 在 (x_0,y_0) 处可微,则函数 $z = f(x,y)$ 在该点处的偏导数 $f'_x(x_0,y_0), f'_y(x_0,y_0)$ 必定存在,并且有
$$df(x_0,y_0) = f'_x(x_0,y_0)dx + f'_y(x_0,y_0)dy.$$

(3) **二元函数可微的充分条件** 若函数 $z = f(x,y)$ 在点 (x_0,y_0) 的某一邻域内存在偏导数 $f'_x(x,y), f'_y(x,y)$,且它们在点 (x_0,y_0) 处连续,则函数 $f(x,y)$ 在该点处必定可微.

一、二元函数定义域的求法与函数记号的运用

例 5.1 判断函数 $f(x,y) = \ln(xy)$ 与 $g(x,y) = \ln x + \ln y$ 是否为同一函数,试说明理由.

解 在第一单元第一讲我们讨论一元函数概念时,曾经指出函数的定义域和对应规律是函数定义的两个要素,二元函数与一元函数类似,函数的定义域和对应规律也是二元函数定义的两个要素. 因此要判断两个函数是否相等,应从这两个要素进行考察.

函数 $f(x,y) = \ln(xy)$ 的定义域应有 $xy > 0$,即
$$\begin{cases} x > 0, \\ y > 0, \end{cases} \text{或} \begin{cases} x < 0, \\ y < 0. \end{cases}$$

函数 $g(x,y) = \ln x + \ln y$ 的定义域应有
$$\begin{cases} x > 0, \\ y > 0. \end{cases}$$

从而可知 $g(x,y)$ 的定义域仅仅是 $f(x,y)$ 定义域的一部分. 因为这两个函数的定义域不同,所以它们不是同一函数.

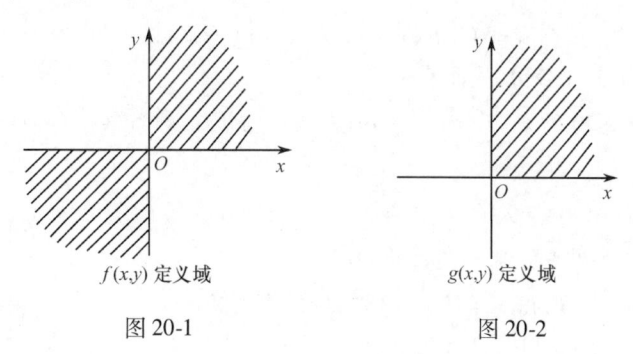

图 20-1 $f(x,y)$ 定义域

图 20-2 $g(x,y)$ 定义域

例 5.2 求二元函数 $z = \arcsin\dfrac{x}{y^2} + \ln(1 - \sqrt{y})$ 的定义域.

解 求二元函数的定义域,就是求使函数解析式的各个构成部分都有意义的自变量 x,y 的取值范围.

由对数函数及反正弦函数的定义域,要使函数 z 的解析式有意义,x,y 只需满足

$\arcsin\dfrac{x}{y^2}$ 定义域: $\left|\dfrac{x}{y^2}\right| \leq 1$,且 $y \neq 0$,即 $\begin{cases} -y^2 \leq x \leq y^2, \\ y \neq 0. \end{cases}$

$\ln(1-\sqrt{y})$ 定义域:$1-\sqrt{y}>0$,且 $y\geqslant 0$,即 $0\leqslant y<1$.

所以函数 z 的定义域为 $\begin{cases}-y^2\leqslant x\leqslant y^2,\\ 0<y<1.\end{cases}$ 定义域的图形如图 20-3 中阴影部分.

求二元函数的定义域,先写出函数的各个构成部分的简单函数的定义域,再联立成不等式组,解此不等式组得到的解集就是所求的函数之定义域.

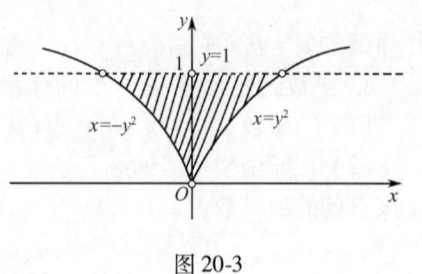

例 5.3 求二元函数
$$z = \arccos(2x) + \frac{\sqrt{4x-y^2}}{\ln(1-x^2-y^2)}$$
的定义域.

解 函数 z 的各个构成部分的简单函数之定义域分别为

$\arccos(2x)$ 的定义域:$|2x|\leqslant 1$;

$\sqrt{4x-y^2}$ 的定义域:$4x-y^2\geqslant 0$;

$\dfrac{1}{\ln(1-x^2-y^2)}$ 的定义域:$1-x^2-y^2>0$,且 $1-x^2-y^2\neq 1$.

要使函数 z 有定义,自变量 x,y 必须满足不等式组:

$$\begin{cases}|2x|\leqslant 1,\\ 4x-y^2\geqslant 0,\\ 1-x^2-y^2>0,\\ 1-x^2-y^2\neq 1.\end{cases} \quad 即 \quad \begin{cases}0\leqslant x\leqslant\dfrac{1}{2},\\ y^2\leqslant 4x,\\ 0<x^2+y^2<1.\end{cases}$$

定义域的图形如图 20-4 中的阴影部分.

例 5.4 设 $z=\sqrt{y}+f(\sqrt{x}-1)$,如果当 $y=1$ 时,$z=x$,求函数 $f(u)$ 及 $z=z(x,y)$ 的表达式.

解 据题设 $z\Big|_{y=1}=x$,有
$$x = 1 + f(\sqrt{x}-1), f(\sqrt{x}-1) = x-1.$$

方法 1 由题设可知 $x\geqslant 0$,从而有
$$f(\sqrt{x}-1) = x-1 = (\sqrt{x}-1)(\sqrt{x}+1) = (\sqrt{x}-1)(\sqrt{x}-1+2),$$
令 $u=\sqrt{x}-1$,得
$$f(u) = u(u+2) = u^2+2u.$$
故
$$z = \sqrt{y}+f(\sqrt{x}-1) = \sqrt{y}+x-1.$$

方法 2 令 $u=\sqrt{x}-1$,得 $x=(u+1)^2$,从而有
$$f(u) = (u+1)^2-1 = u^2+2u.$$
于是
$$z = \sqrt{y}+f(\sqrt{x}-1) = \sqrt{y}+x-1.$$

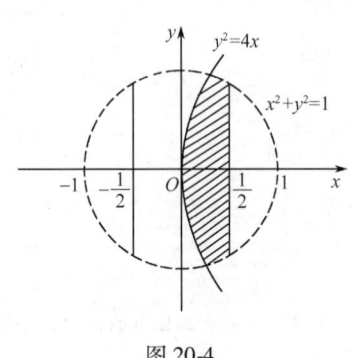

例 5.5 设 $f\left(x+y,\dfrac{y}{x}\right)=x^2-y^2$,求 $f(x,y),f\left(\dfrac{1}{x},\dfrac{2}{y}\right)$.

解法 1 令

$$\begin{cases} u = x+y, \\ v = \dfrac{y}{x}, \end{cases} \text{解得} \begin{cases} x = \dfrac{u}{1+v}, \\ y = \dfrac{uv}{1+v}. \end{cases}$$

代入原表达式中，得

$$f(u,v) = \left(\dfrac{u}{1+v}\right)^2 - \left(\dfrac{uv}{1+v}\right)^2 = \dfrac{u^2(1-v^2)}{(1+v)^2} = \dfrac{u^2(1-v)}{1+v}.$$

故

$$f(x,y) = \dfrac{x^2(1-y)}{1+y}, (y \neq -1).$$

令 $u = \dfrac{1}{x}, v = \dfrac{2}{y}$，得

$$f\left(\dfrac{1}{x}, \dfrac{2}{y}\right) = \dfrac{\dfrac{1}{x^2}\left(1 - \dfrac{2}{y}\right)}{1 + \dfrac{2}{y}} = \dfrac{y-2}{x^2(y+2)}, (x \neq 0, y \neq 0, -2).$$

解法 2 $f\left(x+y, \dfrac{y}{x}\right) = x^2 - y^2 = (x+y)(x-y)$

$$= (x+y)^2 \dfrac{x-y}{x+y} = (x+y)^2 \dfrac{1 - \dfrac{y}{x}}{1 + \dfrac{y}{x}}.$$

令 $u = x+y, v = \dfrac{y}{x}$，得

$$f(u,v) = \dfrac{u^2(1-v)}{1+v},$$

故

$$f(x,y) = \dfrac{x^2(1-y)}{1+y}, (y \neq -1).$$

由 $f[\varphi(x,y), \psi(x,y)] = F(x,y)$ 的表达式，去求 $f(u,v)$ 时，有两种方法：

方法 1 将 $F(x,y)$ 中以 x,y 为变元的表达式，凑成以 $\varphi(x,y), \psi(x,y)$ 为变元表达式，如例 5.5, $F(x,y) = x^2 - y^2$ 是以 x,y 为变元的表达式，而

$$F(x,y) = (x+y)^2 \cdot \dfrac{1 - \dfrac{y}{x}}{1 + \dfrac{y}{x}}$$

是以 $x+y, \dfrac{y}{x}$ 为变元的表达式. 令 $u = \varphi(x,y), v = \psi(x,y)$，即得 $f(u,v)$ 的表达式.

方法 2 直接用变量替换，令

$$\begin{cases} u = \varphi(x,y), \\ v = \psi(x,y), \end{cases} \text{解得} \begin{cases} x = x(u,v), \\ y = y(u,v). \end{cases}$$

代入 $F(x,y)$ 中，即得 $f(u,v)$ 的表达式.

例 5.6 设 $f(x+y, e^{x-y}) = 4xy e^{x-y}$，求 $f(x,y)$.

解法 1 令

$$\begin{cases} u = x+y, \\ v = e^{x-y}, \end{cases} \text{或} \begin{cases} x+y = u, \\ x-y = \ln v, \end{cases}$$

解得
$$\begin{cases} x = \dfrac{1}{2}(u + \ln v), \\ y = \dfrac{1}{2}(u - \ln v), \end{cases}$$

代入原表达式 $f(x+y, e^{x-y}) = 4xye^{x-y}$ 中,得
$$f(u,v) = 4 \times \dfrac{1}{4}(u + \ln v)(u - \ln v)v = (u^2 - \ln^2 v) \cdot v,$$
$$f(x,y) = y(x^2 - \ln^2 y).$$

解法 2 $f(x+y, e^{x-y}) = 4xye^{x-y} = [(x+y)^2 - (x-y)^2]e^{x-y}$

令 $x + y = u, e^{x-y} = v$ 或 $x - y = \ln v$,得
$$f(u,v) = (u^2 - \ln^2 v) \cdot v,$$
$$f(x,y) = y(x^2 - \ln^2 y).$$

二、求二元函数极限的方法

1. 利用极限的四则运算法则求二元函数的极限

例 5.7 求极限 $\lim\limits_{\substack{x \to +\infty \\ y \to +\infty}} (x^2 + y^2) e^{-(x+y)}$.

解 原式 $= \lim\limits_{\substack{x \to +\infty \\ y \to +\infty}} \left(\dfrac{x^2}{e^x} \cdot \dfrac{1}{e^y} + \dfrac{y^2}{e^y} \cdot \dfrac{1}{e^x} \right),$

由一元函数的极限,有
$$\lim_{x \to +\infty} \dfrac{x^2}{e^x} = \lim_{x \to +\infty} \dfrac{2x}{e^x} = \lim_{x \to +\infty} \dfrac{2}{e^x} = 0,$$
$$\lim_{x \to +\infty} \dfrac{1}{e^x} = 0,$$

同理
$$\lim_{y \to +\infty} \dfrac{y^2}{e^y} = 0, \lim_{y \to +\infty} \dfrac{1}{e^y} = 0,$$

由极限的四则运算法则,有
$$原式 = \lim_{\substack{x \to +\infty \\ y \to +\infty}} \dfrac{x^2}{e^x} \cdot \dfrac{1}{e^y} + \lim_{\substack{x \to +\infty \\ y \to +\infty}} \dfrac{y^2}{e^y} \cdot \dfrac{1}{e^x} = 0.$$

2. 利用函数连续性的定义及初等函数的连续性求二元函数的极限

例 5.8 求极限 $\lim\limits_{\substack{x \to 0 \\ y \to 1}} \dfrac{2 - xy}{x^3 + y^2}$.

解 初等函数 $f(x,y) = \dfrac{2 - xy}{x^3 + y^2}$ 在其定义域内是连续的,故 $f(x,y)$ 在点 $(0,1)$ 处连续,由函数连续性的定义,有
$$\lim_{\substack{x \to 0 \\ y \to 1}} \dfrac{2 - xy}{x^3 + y^2} = \left. \dfrac{2 - xy}{x^3 + y^2} \right|_{\substack{x = 0 \\ y = 1}} = 2.$$

3. 通过变量代换或恒等变形化为一元函数再求出二元函数的极限

例 5.9 求极限 $\lim\limits_{\substack{x \to 0 \\ y \to 2}} \dfrac{\sin xy}{x}$.

解 原式 $= \lim\limits_{\substack{x\to 0\\ y\to 2}}\left(\dfrac{\sin xy}{xy}\cdot y\right) = \lim\limits_{\substack{x\to 0\\ y\to 2}}\dfrac{\sin xy}{xy}\cdot \lim\limits_{y\to 2}y = 2.$

这里利用了一元函数的重要极限 $\lim\limits_{t\to 0}\dfrac{\sin t}{t} = 1.$

例5.10 求极限 $\lim\limits_{\substack{x\to 0\\ y\to 0}}(1+\sin xy)^{\frac{1}{xy}}.$

解 原式 $= \lim\limits_{\substack{x\to 0\\ y\to 0}}\left[(1+\sin xy)^{\frac{1}{\sin xy}}\right]^{\frac{\sin xy}{xy}},$

因为 $\lim\limits_{\substack{x\to 0\\ y\to 0}}(1+\sin xy)^{\frac{1}{\sin xy}} = e, \lim\limits_{\substack{x\to 0\\ y\to 0}}\dfrac{\sin xy}{xy} = 1,$

所以 原式 $= e^1 = e.$

4. 利用有界函数与无穷小乘积的性质求二元函数的极限

例5.11 求极限 $\lim\limits_{\substack{x\to 0\\ y\to 0}}\dfrac{x^2 y}{x^2+y^2}.$

解 因为 $\left|\dfrac{xy}{x^2+y^2}\right|\leq \dfrac{\frac{1}{2}(x^2+y^2)}{x^2+y^2} = \dfrac{1}{2}, \lim\limits_{x\to 0}x = 0,$

所以

$$\text{原式} = \lim\limits_{\substack{x\to 0\\ y\to 0}}x\cdot \dfrac{xy}{x^2+y^2} = 0.$$

这里利用了当 $x\to 0, y\to 0$ 时,有界函数与无穷小的乘积仍为无穷小的性质.

例5.12 求极限 $\lim\limits_{\substack{x\to 0\\ y\to 0}}(x^2+y^2)\sin\dfrac{1}{x}\cos\dfrac{1}{y}.$

解 因为 $\lim\limits_{x\to 0}x^2 = 0, \lim\limits_{y\to 0}y^2 = 0, \left|\sin\dfrac{1}{x}\cos\dfrac{1}{y}\right|\leq 1, (x,y)\neq (0,0).$

所以

$$\text{原式} = \lim\limits_{\substack{x\to 0\\ y\to 0}}x^2\cdot \sin\dfrac{1}{x}\cos\dfrac{1}{y} + \lim\limits_{\substack{x\to 0\\ y\to 0}}y^2\cdot \sin\dfrac{1}{x}\cos\dfrac{1}{y} = 0.$$

5. 利用极限存在的夹挤准则求二元函数的极限

例5.13 求极限 $\lim\limits_{\substack{x\to +\infty\\ y\to +\infty}}\left(\dfrac{xy}{x^2+y^2}\right)^{x^2}.$

解 因为当 $x>0, y>0$ 时,有不等式

$$0\leq \left(\dfrac{xy}{x^2+y^2}\right)^{x^2}\leq \left(\dfrac{1}{2}\right)^{x^2},$$

而 $\lim\limits_{x\to +\infty}\left(\dfrac{1}{2}\right)^{x^2} = 0,$ 所以根据极限存在的夹挤准则,可得

$$\lim\limits_{\substack{x\to +\infty\\ y\to +\infty}}\left(\dfrac{xy}{x^2+y^2}\right)^{x^2} = 0.$$

例5.14 求极限 $\lim\limits_{\substack{x\to \infty\\ y\to \infty}}\dfrac{x+y}{x^2-xy+y^2}.$

解 因为当 $(x,y)\neq (0,0)$ 时,有不等式

$$0 \leqslant \left|\frac{x+y}{x^2-xy+y^2}\right| = \left|\frac{x}{\frac{3}{4}x^2+\left(\frac{x}{2}-y\right)^2}+\frac{y}{\left(\frac{y}{2}-x\right)^2+\frac{3}{4}y^2}\right|$$

$$\leqslant \frac{|x|}{\frac{3}{4}x^2+\left(\frac{x}{2}-y\right)^2}+\frac{|y|}{\left(\frac{y}{2}-x\right)^2+\frac{3}{4}y^2}$$

$$\leqslant \frac{|x|}{\frac{3}{4}x^2}+\frac{|y|}{\frac{3}{4}y^2} = \frac{4}{3}\left(\frac{1}{|x|}+\frac{1}{|y|}\right),$$

又由于

$$\lim_{x\to\infty}\frac{1}{|x|} = 0, \lim_{y\to\infty}\frac{1}{|y|} = 0,$$

所以根据极限存在的夹挤准则,得

$$\lim_{\substack{x\to\infty\\y\to\infty}}\frac{x+y}{x^2-xy+y^2} = 0.$$

6. 根据二元函数极限的定义,$(x,y) \to (x_0,y_0)$ 是以任意方式进行的,即以任意方式 $(x,y) \to (x_0,y_0)$,都有 $f(x,y) \to A$. 如果以两种特殊的方式,使 $(x,y) \to (x_0,y_0)$ 时,$f(x,y)$ 趋于不同的常数,或以某一特殊方式使 $(x,y) \to (x_0,y_0)$ 时,$f(x,y)$ 不趋于常数,则可断定当 $(x,y) \to (x_0,y_0)$ 时,$f(x,y)$ 的二重极限不存在.

例 5.15 证明:极限 $\lim\limits_{\substack{x\to 0\\y\to 0}}\dfrac{xy^2}{x^2+y^4}$ 不存在.

证 当点 (x,y) 沿曲线 $x = ky^2$ 趋于点 $(0,0)$ 时,有

$$\lim_{\substack{y\to 0\\x=ky^2\to 0}}\frac{xy^2}{x^2+y^4} = \lim_{y\to 0}\frac{ky^4}{(k^2+1)y^4} = \frac{k}{1+k^2},$$

极限值与 k 有关,随 k 的变化而变化,即函数 $\dfrac{xy^2}{x^2+y^4}$ 在 $(x,y) \to (0,0)$ 不趋于一个确定的常数,故原极限不存在.

三、二元函数的连续性

例 5.16 讨论二元函数

$$f(x,y) = \begin{cases}(x^2+y^2)\sin\dfrac{1}{x^2+y^2}, & x^2+y^2 \neq 0,\\ 0, & x^2+y^2 = 0,\end{cases}$$

在点 $(0,0)$ 处的连续性.

解 当 $(x,y) \neq (0,0)$ 时,有 $\left|\sin\dfrac{1}{x^2+y^2}\right| \leqslant 1$,及

$$\lim_{x\to 0}x^2 = 0, \lim_{y\to 0}y^2 = 0,$$

$$\lim_{\substack{x\to 0\\y\to 0}}(x^2+y^2)\sin\frac{1}{x^2+y^2} = \lim_{\substack{x\to 0\\y\to 0}}x^2\sin\frac{1}{x^2+y^2}+\lim_{\substack{x\to 0\\y\to 0}}y^2\sin\frac{1}{x^2+y^2} = 0.$$

因为 $f(x,y)$ 在点 $(0,0)$ 某邻域内有定义,且

$$\lim_{\substack{x\to 0\\y\to 0}}f(x,y) = 0 = f(0,0),$$

所以 $f(x,y)$ 在点 $(0,0)$ 处连续.

例 5.17 讨论二元函数

$$f(x,y) = \begin{cases} \dfrac{xy(x^2-y^2)}{x^2+y^2}, & x^2+y^2 \neq 0, \\ 0, & x^2+y^2 = 0, \end{cases}$$

在点 $(0,0)$ 处的连续性.

解 因为当 $(x,y) \neq (0,0)$ 时,有不等式

$$0 \leqslant \left|\frac{xy(x^2-y^2)}{x^2+y^2}\right| = \frac{|xy|\cdot|x^2-y^2|}{x^2+y^2}$$

$$\leqslant \frac{\frac{1}{2}(x^2+y^2)|x^2-y^2|}{x^2+y^2} = \frac{1}{2}|x^2-y^2|,$$

因为 $\lim\limits_{\substack{x\to 0 \\ y\to 0}}(x^2-y^2) = 0$,故 $\lim\limits_{\substack{x\to 0 \\ y\to 0}}\dfrac{1}{2}|x^2-y^2| = 0$,根据极限存在的夹挤准则可知

$$\lim_{\substack{x\to 0 \\ y\to 0}}\frac{xy(x^2-y^2)}{x^2+y^2} = 0.$$

由于函数 $f(x,y)$ 在点 $(0,0)$ 的某邻域内有定义且因为 $\lim\limits_{\substack{x\to 0 \\ y\to 0}}f(x,y) = 0 = f(0,0)$,所以 $f(x,y)$ 在点 $(0,0)$ 处连续.

例 5.18 讨论函数

$$f(x,y) = \begin{cases} \dfrac{2xy}{x^2+y^2}, & x^2+y^2 \neq 0, \\ 0, & x^2+y^2 = 0, \end{cases}$$

在点 $(0,0)$ 处的连续性.

解 当点 (x,y) 沿着直线 $y = kx$ 趋于点 $(0,0)$ 时,有

$$\lim_{\substack{x\to 0 \\ y=kx\to 0}}\frac{2xy}{x^2+y^2} = \lim_{x\to 0}\frac{2kx^2}{x^2+k^2x^2} = \frac{2k}{1+k^2},$$

这个极限值随直线 $y = kx$ 的斜率 k 的变化而改变,即当 $x\to 0, y\to 0$ 时,函数 $\dfrac{2xy}{x^2+y^2}$ 的极限不存在,即 $\lim\limits_{\substack{x\to 0 \\ y\to 0}}f(x,y)$ 不存在,所以 $f(x,y)$ 在点 $(0,0)$ 处不连续.

例 5.19 讨论函数 $f(x,y) = \sqrt{|xy|}$ 在点 $(0,0)$ 处的连续性.

解 $|f(x,y)| = \sqrt{|xy|} = |x|^{\frac{1}{2}}|y|^{\frac{1}{2}}$

$$\leqslant \frac{1}{2}\left[(|x|^{\frac{1}{2}})^2 + (|y|^{\frac{1}{2}})^2\right] < |x|+|y|,$$

因为 $\lim\limits_{x\to 0}|x| = 0, \lim\limits_{y\to 0}|y| = 0$,所以根据极限存在的夹挤准则,可知 $\lim\limits_{\substack{x\to 0 \\ y\to 0}}f(x,y) = 0.$

由于 $f(x,y) = \sqrt{|xy|}$ 在点 $(0,0)$ 的某邻域内有定义,且

$$\lim_{\substack{x\to 0 \\ y\to 0}}f(x,y) = \lim_{\substack{x\to 0 \\ y\to 0}}\sqrt{|xy|} = 0 = f(0,0),$$

故 $f(x,y)$ 在点 $(0,0)$ 处连续.

例 5.20 求下列函数的间断点:

(1) $z = \tan(x^2+y^2)$;

(2) $z = \dfrac{1}{\sin^2\pi x + \sin^2\pi y}$.

解 (1) 当 $x^2 + y^2 = k\pi + \dfrac{\pi}{2}, (k = 0,1,2,\cdots)$ 时,函数 z 没有定义,故圆族 $x^2 + y^2 = \left(k + \dfrac{1}{2}\right)\pi, (k = 0,1,2,\cdots)$ 上的点是函数 z 的间断点.

(2) 当自变量 x,y 同时取整数时,函数 z 没有定义,函数 z 的间断点为
$$(m,n), (m,n = 0, \pm 1, \pm 2, \cdots).$$

四、讨论多元函数的偏导数存在性与可微性的关系

例 5.21 设函数
$$f(x,y) = \begin{cases} x^2 + y^2, & \text{当 } x = 0, \text{ 或 } y = 0, \\ 1, & xy \neq 0. \end{cases}$$

验证:$f(x,y)$ 在点 $(0,0)$ 处间断,但两个偏导数 $f'_x(0,0), f'_y(0,0)$ 均存在.

解 当动点 (x,y) 沿着直线 $y = 0$ 趋于点 $(0,0)$,有
$$\lim_{\substack{x \to 0 \\ y = 0}} f(x,y) = \lim_{x \to 0} f(x,0) = \lim_{x \to 0}(x^2 + 0^2) = 0,$$

当动点沿着直线 $y = kx (k \neq 0)$ 趋于点 $(0,0)$ 时,有
$$\lim_{\substack{x \to 0 \\ y = kx}} f(x,y) = \lim_{x \to 0} 1 = 1,$$

根据二元函数的极限定义知,$f(x,y)$ 在点 $(0,0)$ 处的极限不存在,所以 $f(x,y)$ 在点 $(0,0)$ 处间断.

下面验证 $f'_x(0,0), f'_y(0,0)$ 都存在:
$$f'_x(0,0) = \lim_{\Delta x \to 0} \frac{f(0 + \Delta x, 0) - f(0,0)}{\Delta x} = \lim_{\Delta x \to 0} \frac{(\Delta x)^2 + 0^2 - 0}{\Delta x} = \lim_{\Delta x \to 0} \Delta x = 0,$$
$$f'_y(0,0) = \lim_{\Delta y \to 0} \frac{f(0, 0 + \Delta y) - f(0,0)}{\Delta y} = \lim_{\Delta y \to 0} \frac{0^2 + (\Delta y)^2 - 0}{\Delta y} = \lim_{\Delta y \to 0} \Delta y = 0.$$

注 在一元函数中,若 $y = f(x)$ 在点 x_0 处可导,则 $f(x)$ 在该点处必定连续,即一元函数在点 x_0 处的连续性是函数在该点可导的必要条件. 本例说明在多元函数中,函数在一点处的连续性已不再是函数在该点偏导数存在的必要条件了. 这是多元函数与一元函数的不同处之一.

例 5.22 设函数
$$f(x,y) = \begin{cases} \dfrac{xy}{\sqrt{x^2 + y^2}}, & x^2 + y^2 \neq 0, \\ 0, & x^2 + y^2 = 0. \end{cases}$$

验证:$f(x,y)$ 在点 $(0,0)$ 的邻域内连续,且有一阶偏导数 $f'_x(x,y), f'_y(x,y)$,但是 $f(x,y)$ 在点 $(0,0)$ 处不可微.

解 当 $x^2 + y^2 \neq 0$ 时,$f(x,y) = \dfrac{xy}{\sqrt{x^2 + y^2}}$ 是初等函数,而初等函数在其定义域内处处连续.

当 $x^2 + y^2 = 0$ 时,即在点 $(0,0)$ 处有
$$|f(x,y) - f(0,0)| \leq \frac{|xy|}{\sqrt{x^2 + y^2}} \leq \frac{1}{2}\sqrt{x^2 + y^2},$$

由于 $\lim\limits_{\substack{x \to 0 \\ y \to 0}} \dfrac{1}{2}\sqrt{x^2 + y^2} = 0$,根据函数极限存在的夹挤准则知

$$\lim_{\substack{x\to 0\\ y\to 0}} f(x,y) = 0 = f(0,0).$$

由二元函数连续性的定义知,$f(x,y)$ 在点 $(0,0)$ 处也连续.

综上所述,可知 $f(x,y)$ 在点 $(0,0)$ 的邻域内连续.

当 $x^2 + y^2 \neq 0$ 时,有

$$f'_x(x,y) = \frac{y\sqrt{x^2+y^2} - xy \cdot \dfrac{x}{\sqrt{x^2+y^2}}}{x^2+y^2} = \frac{y^3}{(x^2+y^2)^{\frac{3}{2}}},$$

$$f'_y(x,y) = \frac{x^3}{(x^2+y^2)^{\frac{3}{2}}}.$$

当 $x^2 + y^2 = 0$ 时,即在点 $(0,0)$ 处有

$$f'_x(0,0) = \lim_{\Delta x \to 0} \frac{f(0+\Delta x, 0) - f(0,0)}{\Delta x} = \lim_{\Delta x \to 0} \frac{\dfrac{0}{\sqrt{(\Delta x)^2}} - 0}{\Delta x} = 0,$$

类似地有 $f'_y(0,0) = 0$.

综上所述,可知 $f(x,y)$ 在点 $(0,0)$ 的邻域内存在一阶偏导数 $f'_x(x,y), f'_y(x,y)$.

下面讨论 $f(x,y)$ 在点 $(0,0)$ 处的可微性:

函数 $f(x,y)$ 在点 $(0,0)$ 处的全增量为

$$\Delta f = f(0+\Delta x, 0+\Delta y) - f(0,0) = \frac{\Delta x \Delta y}{\sqrt{(\Delta x)^2 + (\Delta y)^2}}.$$

考虑差值

$$\Delta f - [f'_x(0,0)\Delta x + f'_y(0,0)\Delta y] = \frac{\Delta x \Delta y}{\sqrt{(\Delta x)^2 + (\Delta y)^2}},$$

当 $\Delta x、\Delta y$ 以 $\Delta y = \Delta x$ 的方式趋于零时,有

$$\lim_{\substack{\Delta x \to 0 \\ \Delta y = \Delta x \to 0}} \frac{\Delta f - [f'_x(0,0)\Delta x + f'_y(0,0)\Delta y]}{\rho}$$

$$= \lim_{\substack{\Delta x \to 0 \\ \Delta y = \Delta x \to 0}} \frac{\Delta x \Delta y}{(\Delta x)^2 + (\Delta y)^2} = \lim_{\substack{\Delta x \to 0 \\ \Delta y = \Delta x \to 0}} \frac{(\Delta x)^2}{2(\Delta x)^2} = \frac{1}{2} \neq 0,$$

即当 $\Delta x \to 0, \Delta y \to 0$ 时,差值

$$\Delta f - [f'_x(0,0)\Delta x + f'_y(0,0)\Delta y],$$

并不是一个比 $\rho = \sqrt{(\Delta x)^2 + (\Delta y)^2}$ 高阶的无穷小,所以 $f(x,y)$ 在点 $(0,0)$ 处不可微.

例 5.23 设函数

$$f(x,y) = \begin{cases} xy\sin \dfrac{1}{\sqrt{x^2+y^2}}, & x^2+y^2 \neq 0, \\ 0, & x^2+y^2 = 0. \end{cases}$$

证明:(1) 在点 $(0,0)$ 的一个邻域内 $f'_x(x,y), f'_y(x,y)$ 存在;

(2) $f'_x(x,y), f'_y(x,y)$ 在点 $(0,0)$ 处不连续;

(3) $f(x,y)$ 在点 $(0,0)$ 处可微.

证 (1) 在点 $(0,0)$ 的一个邻域内,当 $(x,y) \neq (0,0)$ 时

$$f'_x(x,y) = y\sin\frac{1}{\sqrt{x^2+y^2}} + xy\cos\frac{1}{\sqrt{x^2+y^2}} \cdot \frac{(-x)}{(x^2+y^2)^{\frac{3}{2}}}$$

$$= y\sin\frac{1}{\sqrt{x^2+y^2}} - \frac{x^2y}{(x^2+y^2)^{\frac{3}{2}}}\cos\frac{1}{\sqrt{x^2+y^2}},$$

$$f'_y(x,y) = x\sin\frac{1}{\sqrt{x^2+y^2}} - \frac{xy^2}{(x^2+y^2)^{\frac{3}{2}}}\cos\frac{1}{\sqrt{x^2+y^2}}.$$

当 $(x,y) = (0,0)$ 时

$$f'_x(0,0) = \lim_{\Delta x \to 0}\frac{f(0+\Delta x,0) - f(0,0)}{\Delta x} = 0,$$

$$f'_y(0,0) = \lim_{\Delta y \to 0}\frac{f(0,0+\Delta y) - f(0,0)}{\Delta y} = 0.$$

（2）由于

$$\lim_{\substack{x\to 0 \\ y=x\to 0}}f'_x(x,y) = \lim_{\substack{x\to 0 \\ y=x\to 0}}\left[x\sin\frac{1}{\sqrt{2}|x|} - \frac{x^3}{2\sqrt{2}|x|^3}\cos\frac{1}{\sqrt{2}|x|}\right]$$

$$= \lim_{x\to 0}\left[x\sin\frac{1}{\sqrt{2}|x|} - \frac{1}{2\sqrt{2}}\left(\frac{x}{|x|}\right)^3\cos\frac{1}{\sqrt{2}|x|}\right].$$

显然当 $x\to 0$ 时，上面的极限不存在，故 $f'_x(x,y)$ 在点 $(0,0)$ 处不连续.

同理 $f'_y(x,y)$ 在点 $(0,0)$ 处也不连续.

（3）设自变量 x,y 在点 $(0,0)$ 处分别有增量 $\Delta x,\Delta y$，对应的全增量为

$$\Delta f = f(0+\Delta x, 0+\Delta y) - f(0,0) = \Delta x \Delta y \sin\frac{1}{\sqrt{(\Delta x)^2+(\Delta y)^2}},$$

考虑差值

$$\Delta f - [f'_x(0,0)\Delta x + f'_y(0,0)\Delta y] = \Delta x \Delta y \sin\frac{1}{\sqrt{(\Delta x)^2+(\Delta y)^2}}$$

与 $\rho = \sqrt{(\Delta x)^2+(\Delta y)^2}$ 之比，当 $\Delta x \to 0, \Delta y \to 0$ 时的极限：

$$\lim_{\substack{\Delta x\to 0 \\ \Delta y\to 0}}\frac{\Delta f - [f'_x(0,0)\Delta x + f'_y(0,0)\Delta y]}{\rho}$$

$$= \lim_{\substack{\Delta x\to 0 \\ \Delta y\to 0}}\frac{\Delta x \Delta y}{\sqrt{(\Delta x)^2+(\Delta y)^2}}\sin\frac{1}{\sqrt{(\Delta x)^2+(\Delta y)^2}},$$

由于

$$0 \leqslant \left|\frac{\Delta x \Delta y}{\sqrt{(\Delta x)^2+(\Delta y)^2}}\sin\frac{1}{\sqrt{(\Delta x)^2+(\Delta y)^2}}\right|$$

$$\leqslant \frac{\frac{1}{2}[(\Delta x)^2+(\Delta y)^2]}{\sqrt{(\Delta x)^2+(\Delta y)^2}} \leqslant \sqrt{(\Delta x)^2+(\Delta y)^2}.$$

显然

$$\lim_{\substack{\Delta x\to 0 \\ \Delta y\to 0}}\sqrt{(\Delta x)^2+(\Delta y)^2} = 0,$$

根据极限存在的夹挤准则，可知

$$\lim_{\substack{\Delta x\to 0 \\ \Delta y\to 0}}\frac{\Delta f - [f'_x(0,0)\Delta x + f'_y(0,0)\Delta y]}{\rho} = 0,$$

即当 $\Delta x \to 0, \Delta y \to 0$ 时，$\Delta f - [f'_x(0,0)\Delta x + f'_y(0,0)\Delta y]$ 是比 $\rho = \sqrt{(\Delta x)^2+(\Delta y)^2}$ 高阶的无穷小. 于是函数 $f(x,y)$ 在点 $(0,0)$ 处可微.

由例 5.22 及例 5.23 可知：

（1）在一元函数微分学中，函数 $y=f(x)$ 在点 x_0 处可导与可微是等价的. 但是对多元函数来说，在某点处多元函数对各个自变量的偏导数都存在，也不能保证多元函数在该点处可微，可见偏导数存在仅是多元函数可微的必要条件，而非充分条件，这是多元函数与一元函数的另一个不同之处.

（2）例 5.23 中，虽然函数 $f(x,y)$ 之偏导数 $f'_x(x,y),f'_y(x,y)$ 在点 $(0,0)$ 处不连续，但 $f(x,y)$ 在点 $(0,0)$ 处却是可微的. 这说明偏导数在某点的邻域内存在且在该点处连续仅是多元函数可微的充分条件，而非必要条件.

（3）以二元函数为例，二元函数 $f(x,y)$ 在点 $P(x,y)$ 处的偏导数存在性、可微性及连续性的关系可表示为

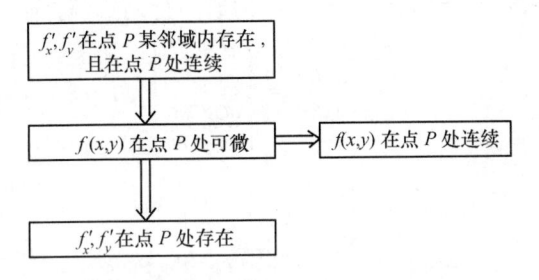

$$\boxed{f'_x,f'_y \text{ 在点 } P \text{ 某邻域内存在，且在点 } P \text{ 处连续}}$$
$$\Downarrow$$
$$\boxed{f(x,y) \text{ 在点 } P \text{ 处可微}} \Rightarrow \boxed{f(x,y) \text{ 在点 } P \text{ 处连续}}$$
$$\Downarrow$$
$$\boxed{f'_x,f'_y \text{ 在点 } P \text{ 处存在}}$$

说明：$\boxed{A} \Rightarrow \boxed{B}$ 表示由 A 可推出 B，即 A 是 B 的充分条件.

第二十一讲　　多元函数的微分法

求多元函数的偏导数、全微分、方向导数和梯度等运算统称为多元函数微分法. 由于自变量个数的增加，多元函数的结构比一元函数也更加复杂，因此求偏导数除了利用一元函数的求导法则之外，还有不同的方法和技巧，本讲就多元函数的微分法进行辅导.

基本概念和重要结论

1. 利用一元函数的微分法则求多元函数的偏导数

函数 $z=f(x,y)$ 在点 (x_0,y_0) 处对 x 的偏导数就是一元函数 $z=f(x,y_0)$ 在点 x_0 处的导数. 因此求函数 $z=f(x,y)$ 对 x 的偏导数时，只需把 y 视为常数 y_0，按一元函数的微分法则求 $z=f(x,y_0)$ 对 x 的导数，即

$$\left.\frac{\partial z}{\partial x}\right|_{\substack{x=x_0\\y=y_0}} = \left.\frac{\mathrm{d}f(x,y_0)}{\mathrm{d}x}\right|_{x=x_0} = f'_x(x_0,y_0).$$

2. 二元复合函数的微分法

设函数 $z=f(u,v)$，其中 $u=\varphi(x,y),v=\psi(x,y)$ 则 $z=f[\varphi(x,y),\psi(x,y)]$ 为二元复合函数. 如果 $u=\varphi(x,y),v=\psi(x,y)$ 在点 (x,y) 处对 x,y 的偏导数存在，而 $z=f(u,v)$ 在对应点 (u,v) 处可微，则复合函数 $z=f[\varphi(x,y),\psi(x,y)]$ 在点 (x,y) 处对 x,y 的偏导数存在，并且有

$$\frac{\partial z}{\partial x} = \frac{\partial f}{\partial u}\cdot\frac{\partial u}{\partial x} + \frac{\partial f}{\partial v}\cdot\frac{\partial v}{\partial x},$$

$$\frac{\partial z}{\partial y} = \frac{\partial f}{\partial u}\cdot\frac{\partial u}{\partial y} + \frac{\partial f}{\partial v}\cdot\frac{\partial v}{\partial y}.$$

3. 隐函数的微分法

1）一个方程确定的隐函数

设函数 $F(x,y,z)$ 在点 (x,y,z) 的某一邻域内具有连续的偏导数，且 $F(x,y,z)=0, F'_z(x,y,z)\neq 0$，则方程 $F(x,y,z)=0$ 在点 (x,y) 的某一邻域内唯一确定一个单值连续具有连续偏导数的函数 $z=f(x,y)$，满足 $z=f(x,y)$，并且有

$$\frac{\partial z}{\partial x}=-\frac{F'_x(x,y,z)}{F'_z(x,y,z)}, \frac{\partial z}{\partial y}=-\frac{F'_y(x,y,z)}{F'_z(x,y,z)}.$$

2）*方程组确定的隐函数

设函数 $F(x,y,u,v)$、$G(x,y,u,v)$ 在点 (x,y,u,v) 处具有对各个自变量的连续偏导数，又 $F(x,y,u,v)=0, G(x,y,u,v)=0$，由偏导数所构成的行列式（称雅可比行列式）：

$$J=\frac{\partial(F,G)}{\partial(u,v)}=\begin{vmatrix}\frac{\partial F}{\partial u} & \frac{\partial F}{\partial v}\\ \frac{\partial G}{\partial u} & \frac{\partial G}{\partial v}\end{vmatrix}\neq 0,$$

则方程组

$$\begin{cases}F(x,y,u,v)=0,\\ G(x,y,u,v)=0.\end{cases}$$

在点 (x,y) 的某一邻域内唯一确定两个函数 $u(x,y), v(x,y)$，使 $u=u(x,y), v=v(x,y)$，并且由方程组

$$\begin{cases}F'_x+F'_u\cdot\frac{\partial u}{\partial x}+F'_v\cdot\frac{\partial v}{\partial x}=0,\\ G'_x+G'_u\cdot\frac{\partial u}{\partial x}+G'_v\cdot\frac{\partial v}{\partial x}=0.\end{cases}$$

可求得 $\frac{\partial u}{\partial x}$ 及 $\frac{\partial v}{\partial x}$。由方程组

$$\begin{cases}F'_y+F'_u\cdot\frac{\partial u}{\partial y}+F'_v\cdot\frac{\partial v}{\partial y}=0,\\ G'_y+G'_u\cdot\frac{\partial u}{\partial y}+G'_v\cdot\frac{\partial v}{\partial y}=0.\end{cases}$$

可求得 $\frac{\partial u}{\partial y}$ 及 $\frac{\partial v}{\partial y}$。

4. 高阶偏导数

设函数 $z=f(x,y)$ 在区域 D 内具有偏导数

$$\frac{\partial z}{\partial x}=f'_x(x,y), \frac{\partial z}{\partial y}=f'_y(x,y),$$

则在 D 内 $f'_x(x,y), f'_y(x,y)$ 都是 x,y 的函数，如果这两个函数的偏导数也存在，则称它们是 $z=f(x,y)$ 的二阶偏导数。依照对自变量求导次序的先后，有以下偏导数：

$$\frac{\partial}{\partial x}\left(\frac{\partial z}{\partial x}\right)=\frac{\partial^2 z}{\partial x^2}=f''_{xx}(x,y), \frac{\partial}{\partial y}\left(\frac{\partial z}{\partial x}\right)=\frac{\partial^2 z}{\partial x\partial y}=f''_{xy}(x,y),$$

$$\frac{\partial}{\partial x}\left(\frac{\partial z}{\partial y}\right)=\frac{\partial^2 z}{\partial y\partial x}=f''_{yx}(x,y), \frac{\partial}{\partial y}\left(\frac{\partial z}{\partial y}\right)=\frac{\partial^2 z}{\partial y^2}=f''_{yy}(x,y),$$

其中 $\frac{\partial^2 z}{\partial x\partial y}, \frac{\partial^2 z}{\partial y\partial x}$ 称为二阶混合偏导数。

如果 $z=f(x,y)$ 的两个二阶混合偏导数 $\frac{\partial^2 z}{\partial x\partial y}$、$\frac{\partial^2 z}{\partial y\partial x}$ 在区域 D 内存在且连续，则在区域 D 内

这两个混合偏导数必相等.

5. 三元函数的方向导数

设三元函数 $u = f(x,y,z)$ 在点 $P(x,y,z)$ 的某一邻域内有定义,自点 P 处引方向 l,$P'(x + \Delta x, y + \Delta y, z + \Delta z)$ 为方向 l 上另一点,两点距离 $|PP'| = \rho = \sqrt{(\Delta x)^2 + (\Delta y)^2}$,如果极限

$$\lim_{\rho \to 0} \frac{f(x + \Delta x, y + \Delta y, z + \Delta z) - f(x,y,z)}{\rho}$$

存在,则称这个极限为函数 $f(x,y,z)$ 在点 P 沿方向 l 的方向导数,记为 $\frac{\partial f}{\partial l}$.

如果 $u = f(x,y,z)$ 在点 $P(x,y,z)$ 处可微,则 $f(x,y,z)$ 在点 P 处沿任一方向 l 的方向导数存在,并且有

$$\frac{\partial f}{\partial l} = \frac{\partial f}{\partial x}\cos\alpha + \frac{\partial f}{\partial y}\cos\beta + \frac{\partial f}{\partial z}\cos\gamma,$$

其中 α, β, γ 是 l 的方向角.

6. 三元函数的梯度

设函数 $u = f(x,y,z)$ 在空间区域 Ω 内具有连续的一阶偏导数,则对每一点 $P(x,y,z) \in \Omega$,都能定出一个向量

$$\frac{\partial f}{\partial x}\boldsymbol{i} + \frac{\partial f}{\partial y}\boldsymbol{j} + \frac{\partial f}{\partial z}\boldsymbol{k},$$

称这个向量为函数 $f(x,y,z)$ 在点 $P(x,y,z)$ 处的梯度,记为 $\mathrm{grad}f(x,y,z)$,即

$$\mathrm{grad}f(x,y,z) = \frac{\partial f}{\partial x}\boldsymbol{i} + \frac{\partial f}{\partial y}\boldsymbol{j} + \frac{\partial f}{\partial z}\boldsymbol{k}.$$

设向量 $\boldsymbol{e} = \cos\alpha\boldsymbol{i} + \cos\beta\boldsymbol{j} + \cos\gamma\boldsymbol{k}$ 是方向 l 上的单位向量,则由方向导数的计算公式可知

$$\frac{\partial f}{\partial l} = \frac{\partial f}{\partial x}\cos\alpha + \frac{\partial f}{\partial y}\cos\beta + \frac{\partial f}{\partial z}\cos\gamma$$

$$= \left(\frac{\partial f}{\partial x}\boldsymbol{i} + \frac{\partial f}{\partial y}\boldsymbol{j} + \frac{\partial f}{\partial z}\boldsymbol{k}\right) \cdot (\cos\alpha\boldsymbol{i} + \cos\beta\boldsymbol{j} + \cos\gamma\boldsymbol{k})$$

$$= \mathrm{grad}f(x,y,z) \cdot \boldsymbol{e} = |\mathrm{grad}f(x,y,z)|\cos\varphi,$$

夹角 $\varphi = (\widehat{\mathrm{grad}f(x,y,z), \boldsymbol{e}})$. 显然当 $\cos\varphi = 1$(即 $\varphi = 0$)时,也就是当方向 l 与 $\mathrm{grad}f(x,y,z)$ 的方向一致时,方向导数 $\frac{\partial f}{\partial l}$ 取最大值,方向导数的最大值为

$$|\mathrm{grad}f(x,y,z)| = \sqrt{\left(\frac{\partial f}{\partial x}\right)^2 + \left(\frac{\partial f}{\partial y}\right)^2 + \left(\frac{\partial f}{\partial z}\right)^2}.$$

一、由自变量的具体数学表达式给出的简单显函数的微分法

设 $u = f(x,y)$,在求 $\frac{\partial u}{\partial x}$ 时,将 y 视为常数,利用一元函数的求导公式和法则即可求得.

例 5.24 设函数 $u = \arcsin\frac{x}{\sqrt{x^2 + y^2}}$,求 $\frac{\partial u}{\partial x}, \frac{\partial^2 u}{\partial x \partial y}$.

解 令 $v = \frac{x}{\sqrt{x^2 + y^2}}$,则 $u = \arcsin v$,那么

$$\frac{\partial u}{\partial x} = \frac{\mathrm{d}u}{\mathrm{d}v} \cdot \frac{\partial v}{\partial x} = \frac{1}{\sqrt{1 - v^2}} \cdot \frac{1 \cdot \sqrt{x^2 + y^2} - x \cdot \frac{x}{\sqrt{x^2 + y^2}}}{(\sqrt{x^2 + y^2})^2}$$

$$= \frac{1}{\sqrt{1 - \frac{x^2}{x^2 + y^2}}} \cdot \frac{y^2}{(x^2 + y^2)^{\frac{3}{2}}} = \frac{|y|}{x^2 + y^2}.$$

当 $y > 0$ 时,$\frac{\partial u}{\partial x} = \frac{y}{x^2 + y^2}$,

$$\frac{\partial^2 u}{\partial x \partial y} = \frac{1 \cdot (x^2 + y^2) - y \cdot 2y}{(x^2 + y^2)^2} = \frac{x^2 - y^2}{(x^2 + y^2)^2},$$

当 $y < 0$ 时,$\frac{\partial u}{\partial x} = -\frac{y}{x^2 + y^2}$,$\frac{\partial^2 u}{\partial x \partial y} = -\frac{x^2 - y^2}{(x^2 + y^2)^2}$,

$$\frac{\partial^2 u}{\partial x \partial y} = \frac{\partial}{\partial y}\left(\frac{|y|}{x^2 + y^2}\right) = \begin{cases} \frac{x^2 - y^2}{(x^2 + y^2)^2}, & \text{当 } y > 0, \\ -\frac{x^2 - y^2}{(x^2 + y^2)^2}, & \text{当 } y < 0. \end{cases}$$

例 5.25 设 $u = f(x,y) = e^{xy}\sin\pi y + (x - 1)\arctan\sqrt{\frac{x}{y}}$,求 $f'_x(1,1), f'_y(1,1)$.

解法 1 $f(x,1) = e^x \sin\pi + (x - 1)\arctan\sqrt{x} = (x - 1)\arctan\sqrt{x}$,

$$f'_x(x,1) = \arctan\sqrt{x} + (x - 1) \cdot \frac{1}{1 + (\sqrt{x})^2} \cdot \frac{1}{2\sqrt{x}}$$

$$= \arctan\sqrt{x} + \frac{x - 1}{2\sqrt{x}(1 + x)}.$$

$$f'_x(1,1) = \arctan 1 = \frac{\pi}{4},$$

$$f(1,y) = e^y \sin\pi y,$$

$$f'_y(1,y) = e^y \sin\pi y + \pi e^y \cos\pi y,$$

$$f'_y(1,1) = -\pi e.$$

解法 2

$$f'_x(1,1) = \lim_{x \to 1}\frac{f(x,1) - f(1,1)}{x - 1} = \lim_{x \to 1}\frac{(x - 1)\arctan\sqrt{x} - 0}{x - 1}$$

$$= \lim_{x \to 1}\arctan\sqrt{x} = \arctan 1 = \frac{\pi}{4},$$

$$f'_y(1,1) = \lim_{y \to 1}\frac{f(1,y) - f(1,1)}{y - 1} = \lim_{y \to 1}\frac{e^y \sin\pi y - 0}{y - 1}$$

$$= e\lim_{y \to 1}\frac{\sin\pi y}{y - 1} = e\lim_{y \to 1}\pi\cos\pi y = -\pi e.$$

解法 3 $f(x,y) = e^{xy}\sin\pi y + (x - 1)\arctan\sqrt{\frac{x}{y}}$,

$$f'_x(x,y) = ye^{xy}\sin\pi y + \arctan\sqrt{\frac{x}{y}} + \frac{x - 1}{1 + \frac{x}{y}} \cdot \frac{1}{2\sqrt{\frac{x}{y}}} \cdot \frac{1}{y}$$

$$= ye^{xy}\sin\pi y + \arctan\sqrt{\frac{x}{y}} + \frac{x - 1}{x + y} \cdot \frac{1}{2}\sqrt{\frac{y}{x}},$$

$$f'_x(1,1) = \arctan 1 = \frac{\pi}{4}.$$

$$f'_y(x,y) = xe^{xy}\sin\pi y + \pi e^{xy}\cos\pi y + (x-1) \cdot \dfrac{1}{1+\dfrac{x}{y}} \cdot \dfrac{1}{2\sqrt{\dfrac{x}{y}}} \cdot \left(-\dfrac{x}{y^2}\right)$$

$$= e^{xy}(x\sin\pi y + \pi\cos\pi y) - \dfrac{x(x-1)}{2(x+y)y} \cdot \sqrt{\dfrac{y}{x}},$$

$$f'_y(1,1) = -\pi e.$$

注 显然解法1、2要简单多了.凡要求$f'_x(x_0,y_0)$,可先将$y=y_0$代入$f(x,y)$中,得到一元函数$f(x,y_0)$,再按一元函数微分法,求$f'_x(x,y_0)$,最后代入$x=x_0$,即求得$f'_x(x_0,y_0)$.

二、复合函数微分法

由于自变量个数的增多,多元复合函数的构造往往比较复杂,在求偏导数时要特别注意以下几点:

(1)搞清楚函数的复合关系,什么是中间变量,什么是自变量,画出函数、中间变量、自变量之间的复合关系连线图;

(2)根据上述连线图,在求对某个自变量的偏导数时,要找出一切与该自变量有关的中间变量,最终写出求偏导数的公式,才能开始求偏导数;

(3)对由抽象函数记号表达的复合函数,在求高阶偏导数时要注意,其一切较低阶的偏导数都与原来的复合函数有相同的复合关系连线图.

例 5.26 设函数$z = \left(\dfrac{x}{y}\right)^2 \ln(2x-y)$,求$\dfrac{\partial z}{\partial x}, \dfrac{\partial z}{\partial y}$.

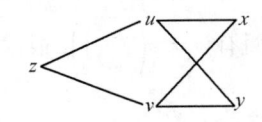

解 令$u = \dfrac{x}{y}, v = 2x-y$,则$z = u^2\ln v$ 函数复合关系连线图如下:中间变量u、v,自变量x、y,由复合关系的连线图可知

$$\dfrac{\partial z}{\partial x} = \dfrac{\partial z}{\partial u} \cdot \dfrac{\partial u}{\partial x} + \dfrac{\partial z}{\partial v} \cdot \dfrac{\partial v}{\partial x} = 2u\ln v \cdot \dfrac{1}{y} + \dfrac{u^2}{v} \cdot 2$$

$$= \dfrac{2x}{y^2}\ln(2x-y) + \dfrac{2x^2}{y^2(2x-y)},$$

$$\dfrac{\partial z}{\partial y} = \dfrac{\partial z}{\partial u} \cdot \dfrac{\partial u}{\partial y} + \dfrac{\partial z}{\partial v} \cdot \dfrac{\partial v}{\partial y} = 2u\ln v\left(-\dfrac{x}{y^2}\right) + \dfrac{u^2}{v} \cdot (-1)$$

$$= -\dfrac{2x^2}{y^3}\ln(2x-y) - \dfrac{x^2}{y^2(2x-y)}.$$

例 5.27 设函数$z = f\left(xy, \dfrac{x}{y}\right)$,其中$f(u,v)$具有连续的二阶偏导数,求$\dfrac{\partial z}{\partial x}, \dfrac{\partial^2 z}{\partial x \partial y}$.

解 令$u = xy, v = \dfrac{x}{y}$,则$z = f(u,v)$,函数的复合关系连线图如下:

$$\dfrac{\partial z}{\partial x} = \dfrac{\partial f}{\partial u} \cdot \dfrac{\partial u}{\partial x} + \dfrac{\partial f}{\partial v} \cdot \dfrac{\partial v}{\partial x} = yf'_u + \dfrac{1}{y}f'_v,$$

$$\dfrac{\partial^2 z}{\partial x \partial y} = \dfrac{\partial}{\partial y}\left(\dfrac{\partial z}{\partial x}\right) = \dfrac{\partial}{\partial y}(yf'_u) + \dfrac{\partial}{\partial y}\left(\dfrac{1}{y}f'_v\right)$$

$$= f'_u + y\left(f''_{uu} \cdot \dfrac{\partial u}{\partial y} + f''_{uv}\dfrac{\partial v}{\partial y}\right) - \dfrac{1}{y^2}f'_v + \dfrac{1}{y}\left(f''_{vu} \cdot \dfrac{\partial u}{\partial y} + f''_{vv}\dfrac{\partial v}{\partial y}\right)$$

$$= f'_u + y\left(xf''_{uu} - \frac{x}{y^2}f''_{uv}\right) - \frac{1}{y^2}f'_v + \frac{1}{y}\left(xf''_{vu} - \frac{x}{y^2}f''_{vv}\right)$$

$$= f'_u - \frac{1}{y^2}f'_v + xyf''_{uu} - \frac{x}{y^3}f''_{vv}.$$

例 5.28 设函数 $z = f(x, y, xy)$，其中 f 具有二阶连续的偏导数，求 $\dfrac{\partial^2 z}{\partial x \partial y}$.

解 令 $u = xy$，则 $z = f(x, y, u)$，函数的复合关系连线图如下：

$$\frac{\partial z}{\partial x} = \frac{\partial f}{\partial x} + \frac{\partial f}{\partial u} \cdot \frac{\partial u}{\partial x} = \frac{\partial f}{\partial x} + y\frac{\partial f}{\partial u},$$

$$\frac{\partial^2 x}{\partial x \partial y} = \frac{\partial}{\partial y}\left(\frac{\partial f}{\partial x}\right) + \frac{\partial}{\partial y}\left(y\frac{\partial f}{\partial u}\right)$$

$$= \frac{\partial^2 f}{\partial x \partial y} + \frac{\partial^2 f}{\partial x \partial u} \cdot \frac{\partial u}{\partial y} + \frac{\partial f}{\partial u} + y\left(\frac{\partial^2 f}{\partial u \partial y} + \frac{\partial^2 f}{\partial u^2} \cdot \frac{\partial u}{\partial y}\right)$$

$$= \frac{\partial^2 f}{\partial x \partial y} + x\frac{\partial^2 f}{\partial x \partial u} + \frac{\partial f}{\partial u} + y\frac{\partial^2 f}{\partial u \partial y} + xy\frac{\partial^2 f}{\partial u^2}.$$

注 在上式 $\dfrac{\partial z}{\partial x} = \dfrac{\partial f}{\partial x} + y\dfrac{\partial f}{\partial u}$ 中，等式两边的 $\dfrac{\partial z}{\partial x}$ 与 $\dfrac{\partial f}{\partial x}$ 具有不同的意义，$\dfrac{\partial z}{\partial x}$ 是把复合函数 $z = f(x, y, u)$ 中的 y 视为常数而对 x 的偏导数，而 $\dfrac{\partial f}{\partial x}$ 则是把 $z = f(x, y, u)$ 中的 y 和 u 都看作常数，而对 x 的偏导数. 在二阶偏导数中 $\dfrac{\partial^2 z}{\partial x \partial y}$ 与 $\dfrac{\partial^2 f}{\partial x \partial y}$ 也有类似的区别.

例 5.29 试用变换 $u = \dfrac{y}{x}, v = y$，把方程

$$x^2\frac{\partial^2 z}{\partial x^2} + 2xy\frac{\partial^2 z}{\partial x \partial y} + y^2\frac{\partial^2 z}{\partial y^2} = 0,$$

化简为

$$\frac{\partial^2 z}{\partial v^2} = 0.$$

其中 z 具有连续的二阶偏导数.

解 视函数 z 为 x, y 的复合函数，即

$$z = z(u, v), u = u(x, y) = \frac{y}{x}, v = v(x, y) = y.$$

从而有 $z = z\left(\dfrac{y}{x}, y\right)$. 根据复合函数微分法，分别求出 $\dfrac{\partial^2 z}{\partial x^2}, \dfrac{\partial^2 z}{\partial x \partial y}, \dfrac{\partial^2 z}{\partial y^2}$ 代入原方程进行化简.

$$\frac{\partial z}{\partial x} = \frac{\partial z}{\partial u} \cdot \frac{\partial u}{\partial x} = -\frac{y}{x^2}\frac{\partial z}{\partial u}$$

$$\frac{\partial^2 z}{\partial x^2} = \frac{\partial}{\partial x}\left(-\frac{y}{x^2}\frac{\partial z}{\partial u}\right) = \frac{2y}{x^3}\frac{\partial z}{\partial u} - \frac{y}{x^2}\left(\frac{\partial^2 z}{\partial u^2} \cdot \frac{\partial u}{\partial x}\right)$$

$$= \frac{2y}{x^3}\frac{\partial z}{\partial u} + \frac{y^2}{x^4}\frac{\partial^2 z}{\partial u^2},$$

$$\frac{\partial^2 z}{\partial x \partial y} = \frac{\partial}{\partial y}\left(-\frac{y}{x^2}\frac{\partial z}{\partial u}\right) = -\frac{1}{x^2}\frac{\partial z}{\partial u} - \frac{y}{x^2}\left(\frac{\partial^2 z}{\partial u^2} \cdot \frac{\partial u}{\partial y} + \frac{\partial^2 z}{\partial u \partial v} \cdot \frac{\partial v}{\partial y}\right)$$

$$= -\frac{1}{x^2}\frac{\partial z}{\partial u} - \frac{y}{x^3}\frac{\partial^2 z}{\partial u^2} - \frac{y}{x^2}\frac{\partial^2 z}{\partial u \partial v},$$

$$\frac{\partial z}{\partial y} = \frac{\partial z}{\partial u} \cdot \frac{\partial u}{\partial y} + \frac{\partial z}{\partial v} \cdot \frac{\partial v}{\partial y} = \frac{1}{x} \frac{\partial z}{\partial u} + \frac{\partial z}{\partial v},$$

$$\frac{\partial^2 z}{\partial y^2} = \frac{\partial}{\partial y}\left(\frac{\partial z}{\partial y}\right) = \frac{\partial}{\partial y}\left(\frac{1}{x} \frac{\partial z}{\partial u} + \frac{\partial z}{\partial v}\right)$$

$$= \frac{1}{x}\left(\frac{\partial^2 z}{\partial u^2} \cdot \frac{\partial u}{\partial y} + \frac{\partial^2 z}{\partial u \partial v} \cdot \frac{\partial v}{\partial y}\right) + \left(\frac{\partial^2 z}{\partial v \partial u} \cdot \frac{\partial u}{\partial y} + \frac{\partial^2 z}{\partial v^2} \cdot \frac{\partial v}{\partial y}\right)$$

$$= \frac{1}{x^2} \frac{\partial^2 z}{\partial u^2} + \frac{2}{x} \frac{\partial^2 z}{\partial u \partial v} + \frac{\partial^2 z}{\partial v^2}.$$

代入原方程

$$x^2 \frac{\partial^2 z}{\partial x^2} + 2xy \frac{\partial^2 z}{\partial x \partial y} + y^2 \frac{\partial^2 z}{\partial y^2} = 0$$

中,得

$$x^2 \left(\frac{2y}{x^3} \frac{\partial z}{\partial u} + \frac{y^2}{x^4} \frac{\partial^2 z}{\partial u^2}\right) + 2xy\left(-\frac{1}{x^2} \frac{\partial z}{\partial u} - \frac{y}{x^3} \frac{\partial^2 z}{\partial u^2} - \frac{y}{x^2} \frac{\partial^2 z}{\partial u \partial v}\right) +$$

$$y^2 \left(\frac{1}{x^2} \frac{\partial^2 z}{\partial u^2} + \frac{2}{x} \frac{\partial^2 z}{\partial u \partial v} + \frac{\partial^2 z}{\partial v^2}\right) = 0.$$

化简后,得

$$y^2 \frac{\partial^2 z}{\partial v^2} = 0,$$

由 y 的任意性,可得

$$\frac{\partial^2 z}{\partial v^2} = 0.$$

例 5.30 设函数 $s = f(x, xy, xyz)$,其中 f 具有连续的二阶偏导数,求 $\frac{\partial s}{\partial x}, \frac{\partial^2 s}{\partial x \partial y}$.

解 令①表示 $u = x$,②表示 $v = xy$,③表示 $w = xyz$,函数的复合关系连线图如下:

$$\frac{\partial s}{\partial x} = \frac{\partial f}{\partial u} \cdot \frac{\partial u}{\partial x} + \frac{\partial f}{\partial v} \cdot \frac{\partial v}{\partial x} + \frac{\partial f}{\partial w} \cdot \frac{\partial w}{\partial x}$$

$$= \frac{\partial f}{\partial u} + y \frac{\partial f}{\partial v} + yz \frac{\partial f}{\partial w} = f_1' + y f_2' + yz f_3'.$$

$$\frac{\partial^2 s}{\partial x \partial y} = \frac{\partial}{\partial y}\left(\frac{\partial s}{\partial x}\right) = \frac{\partial}{\partial y}(f_1' + y f_2' + yz f_3') = \frac{\partial f_1'}{\partial y} + \frac{\partial (y f_2')}{\partial y} + \frac{\partial (yz f_3')}{\partial y}$$

$$= \frac{\partial f_1'}{\partial u} \cdot \frac{\partial u}{\partial y} + \frac{\partial f_1'}{\partial v} \cdot \frac{\partial v}{\partial y} + \frac{\partial f_1'}{\partial w} \cdot \frac{\partial w}{\partial y} +$$

$$f_2' + y\left[\frac{\partial f_2'}{\partial u} \cdot \frac{\partial u}{\partial y} + \frac{\partial f_2'}{\partial v} \cdot \frac{\partial v}{\partial y} + \frac{\partial f_2'}{\partial w} \cdot \frac{\partial w}{\partial y}\right] +$$

$$z f_3' + yz\left[\frac{\partial f_3'}{\partial u} \cdot \frac{\partial u}{\partial y} + \frac{\partial f_3'}{\partial v} \cdot \frac{\partial v}{\partial y} + \frac{\partial f_3'}{\partial w} \cdot \frac{\partial w}{\partial y}\right]$$

$$= f_{11}'' \cdot 0 + f_{12}'' \cdot x + xz f_{13}'' + f_2' + y[f_{21}'' \cdot 0 + f_{22}'' \cdot x + f_{23}'' \cdot xz] +$$

$$z f_3' + yz[f_{31}'' \cdot 0 + f_{32}'' \cdot x + f_{33}'' \cdot xz]$$

$$= x f_{12}'' + xz f_{13}'' + xy f_{22}'' + 2xyz f_{23}'' + xyz^2 f_{33}'' + f_2' + z f_3'.$$

例 5.31 设 $f(x, y)$ 是可微函数,且 $f(x, 2x) = x, f_x'(x, 2x) = x^2$,求 $f_y'(x, 2x)$.

解 函数 $f(x, 2x)$ 实质上是一个复合函数,可令 $z = f(x, y), y = 2x$,据题设有

$$z\Big|_{y=2x} = f(x,2x) = x, f'_x(x,y)\Big|_{y=2x} = x^2,$$

由复合函数微分法,有

$$\frac{\partial z}{\partial x} = \frac{\partial f}{\partial x} + \frac{\partial f}{\partial y} \cdot \frac{dy}{dx} = f'_x(x,y) + 2f'_y(x,y),$$

$$\frac{\partial z}{\partial x}\Big|_{y=2x} = f'_x(x,2x) + 2f'_y(x,2x),$$

由 $z\Big|_{y=2x} = f(x,2x) = x$,得 $\frac{\partial z}{\partial x}\Big|_{y=2x} = 1$,

于是有

$$f'_x(x,2x) + 2f'_y(x,2x) = 1,$$

$$f'_y(x,2x) = \frac{1}{2}[1 - f'_x(x,2x)] = \frac{1-x^2}{2}.$$

三、隐函数的微分法

例 5.32 设方程 $x^2 + xy + yz + z^2 = 2$ 确定隐函数 $z = z(x,y)$,求 $\frac{\partial^2 z}{\partial x \partial y}$.

解法 1 令 $F(x,y,z) = x^2 + xy + yz + z^2 - 2$,
把 x,y,z 视为相互独立的自变量,依次求偏导数,得

$$F'_x(x,y,z) = 2x + y, F'_y(x,y,z) = x + z, F'_z(x,y,z) = y + 2z.$$

于是有

$$\frac{\partial z}{\partial x} = -\frac{F'_x(x,y,z)}{F'_z(x,y,z)} = -\frac{2x+y}{y+2z},$$

$$\frac{\partial z}{\partial y} = -\frac{F'_y(x,y,z)}{F'_z(x,y,z)} = -\frac{x+z}{y+2z},$$

$$\frac{\partial^2 z}{\partial x \partial y} = \frac{\partial}{\partial y}\left(-\frac{2x+y}{y+2z}\right) = -\frac{1\cdot(y+2z) - (2x+y)\left(1 + 2\frac{\partial z}{\partial y}\right)}{(y+2z)^2}$$

$$= -\frac{(y+2z) - (2x+y)\left(1 - \frac{2x+z}{y+2z}\right)}{(y+2z)^2}$$

$$= -\frac{(y+2z)^2 - (2x+y)(y-2x)}{(y+2z)^3} = -\frac{4(x^2+yz+z^2)}{(y+2z)^3}.$$

由原方程可知,$x^2 + yz + z^2 = 2 - xy$,所以

$$\frac{\partial^2 z}{\partial x \partial y} = -\frac{4(2-xy)}{(y+2z)^3}.$$

解法 2 把方程 $x^2 + xy + yz + z^2 = 2$ 中的 z 视为该方程所确定的 x,y 的函数,即 $z = z(x,y)$,而把 x,y 视为相互独立的自变量,把原方程两端分别对 x,对 y 求偏导数,并注意到 z^2 是 x,y 的复合函数,则有

$$2x + y + y\frac{\partial z}{\partial x} + 2z\frac{\partial z}{\partial x} = 0, \tag{21.1}$$

$$\frac{\partial z}{\partial x} = -\frac{2x+y}{y+2z}.$$

原方程两端对 y 求偏导数,有

$$x + z + y\frac{\partial z}{\partial y} + 2z\frac{\partial z}{\partial y} = 0,$$

$$\frac{\partial z}{\partial y} = -\frac{x+z}{y+2z}.$$

把式(21.1)的两端再对 y 求偏导数,有

$$1 + \frac{\partial z}{\partial x} + y\frac{\partial^2 z}{\partial x \partial y} + 2\frac{\partial z}{\partial y}\frac{\partial z}{\partial x} + 2z\frac{\partial^2 z}{\partial x \partial y} = 0,$$

$$(y+2z)\frac{\partial^2 z}{\partial x \partial y} = -\left(1 + \frac{\partial z}{\partial x} + 2\frac{\partial z}{\partial y} \cdot \frac{\partial z}{\partial x}\right) = -\left[1 - \frac{2x+y}{y+2z} + 2\frac{(2x+y)(x+z)}{(y+2z)^2}\right]$$

$$= -\left[1 - \frac{(2x+y)(y-2x)}{(y+2z)^2}\right] = -\frac{(y+2z)^2 - y^2 + 4x^2}{(y+2z)^2}$$

$$= -\frac{4(x^2+yz+z^2)}{(y+2z)^2} = -\frac{4(2-xy)}{(y+2z)^2},$$

$$\frac{\partial^2 z}{\partial x \partial y} = -\frac{4(2-xy)}{(y+2z)^3}.$$

在例5.32中,我们介绍了两种求一个方程 $F(x,y,z) = 0$ 所确定的隐函数求偏导数的方法:

方法1 利用公式

$$\frac{\partial z}{\partial x} = -\frac{F'_x(x,y,z)}{F'_z(x,y,z)}, \frac{\partial z}{\partial y} = -\frac{F'_y(x,y,z)}{F'_z(x,y,z)},$$

求方程 $F(x,y,z) = 0$ 所确定的隐函数 $z = z(x,y)$ 的偏导数时,把 $F(x,y,z)$ 中的 x,y,z 视为相互独立的自变量,先求出 $F'_x(x,y,z)$,$F'_y(x,y,z)$,$F'_z(x,y,z)$,再代入上面的公式,化简即可求出 $\frac{\partial z}{\partial x}$、$\frac{\partial z}{\partial y}$.

在求二阶偏导数时,把一阶偏导数表达式中的 z 视为 x,y 的函数,按复合函数微分法求二阶偏导数.

方法2 利用复合函数微分法求一个方程 $F(x,y,z) = 0$ 所确定的隐函数 $z = z(x,y)$ 的偏导数 $\frac{\partial z}{\partial x}$ 时,把方程 $F(x,y,z) = 0$ 中的 z 视为中间变量,它是 x,y 的函数,利用复合函数微分法将原方程两端分别对 x 求偏导数,然后解出偏导数 $\frac{\partial z}{\partial x}$ 的表达式即可求得.

例5.33 设方程 $F\left(x + \frac{z}{y}, y + \frac{z}{x}\right) = 0$ 确定隐函数 $z = z(x,y)$,试证明:

$$x\frac{\partial z}{\partial x} + y\frac{\partial z}{\partial y} = z - xy.$$

证 先求偏导数 $\frac{\partial z}{\partial x}$ 及 $\frac{\partial z}{\partial y}$. 令①表示 $u = x + \frac{z}{y}$,②表示 $v = y + \frac{z}{x}$,把 x,y,z 视为互相独立的自变量,则

$$F'_x = F'_1 \cdot \frac{\partial u}{\partial x} + F'_2 \cdot \frac{\partial v}{\partial x} = F'_1 - \frac{z}{x^2}F'_2,$$

$$F'_y = F'_1 \cdot \frac{\partial u}{\partial y} + F'_2 \cdot \frac{\partial v}{\partial y} = -\frac{z}{y^2}F'_1 + F'_2,$$

$$F'_z = F'_1 \cdot \frac{\partial u}{\partial z} + F'_2 \cdot \frac{\partial v}{\partial z} = \frac{1}{y}F'_1 + \frac{1}{x}F'_2.$$

$$\frac{\partial z}{\partial x} = -\frac{F'_x}{F'_z} = -\frac{F'_1 - \frac{z}{x^2}F'_2}{\frac{1}{y}F'_1 + \frac{1}{x}F'_2} = -\frac{y(x^2 F'_1 - zF'_2)}{x(xF'_1 + yF'_2)},$$

$$\frac{\partial z}{\partial y} = -\frac{F'_y}{F'_z} = -\frac{-\frac{z}{y^2}F'_1 + F'_2}{\frac{1}{y}F'_1 + \frac{1}{x}F'_2} = -\frac{x(-zF'_1 + y^2 F'_2)}{y(xF'_1 + yF'_2)}.$$

于是有

$$x\frac{\partial z}{\partial x} + y\frac{\partial z}{\partial y} = -\frac{y(x^2 F'_1 - zF'_2)}{xF'_1 + yF'_2} - \frac{x(-zF'_1 + y^2 F'_2)}{xF'_1 + yF'_2}$$
$$= \frac{(z - xy)(xF'_1 + yF'_2)}{xF'_1 + yF'_2} = z - xy.$$

命题得证.

例 5.34* 设方程组 $\begin{cases} x = \mathrm{e}^u\cos v, \\ y = \mathrm{e}^u\sin v, \end{cases}$ 求 $\dfrac{\partial u}{\partial x}, \dfrac{\partial u}{\partial y}, \dfrac{\partial v}{\partial x}$ 及 $\dfrac{\partial v}{\partial y}$.

解 所给的方程组中含有四个变量 x,y,u,v,从所求的偏导数看,显然可以看出 u,v 是因变量,x,y 是自变量,即所给的方程组确定了两个函数 $u = u(x,y), v = v(x,y)$.

把所给方程组的各个方程两端分别对 x 求偏导数,得

$$\begin{cases} \mathrm{e}^u\dfrac{\partial u}{\partial x}\cos v - \mathrm{e}^u\sin v \cdot \dfrac{\partial v}{\partial x} = 1, \\ \mathrm{e}^u\dfrac{\partial u}{\partial x}\sin v + \mathrm{e}^u\cos v \cdot \dfrac{\partial v}{\partial x} = 0, \end{cases}$$

由 $\dfrac{\partial u}{\partial x}$、$\dfrac{\partial v}{\partial x}$ 的系数所构成的雅可比行列式为

$$J = \begin{vmatrix} \mathrm{e}^u\cos v & -\mathrm{e}^u\sin v \\ \mathrm{e}^u\sin v & \mathrm{e}^u\cos v \end{vmatrix} = \mathrm{e}^{2u}(\cos^2 v + \sin^2 v) = \mathrm{e}^{2u} \neq 0,$$

那么从上面方程组可解得

$$\frac{\partial u}{\partial x} = \frac{\begin{vmatrix} 1 & -\mathrm{e}^u\sin v \\ 0 & \mathrm{e}^u\cos v \end{vmatrix}}{J} = \frac{\mathrm{e}^u\cos v}{\mathrm{e}^{2u}} = \mathrm{e}^{-u}\cos v,$$

$$\frac{\partial v}{\partial x} = \frac{\begin{vmatrix} \mathrm{e}^u\cos v & 1 \\ \mathrm{e}^u\sin v & 0 \end{vmatrix}}{J} = \frac{-\mathrm{e}^u\sin v}{\mathrm{e}^{2u}} = -\mathrm{e}^{-u}\sin v.$$

同理,把所给方程组各个方程两端分别对 y 求偏导数,得

$$\begin{cases} \mathrm{e}^u\dfrac{\partial u}{\partial y}\cos v - \mathrm{e}^u\sin v\dfrac{\partial v}{\partial y} = 0, \\ \mathrm{e}^u\dfrac{\partial u}{\partial y}\sin v + \mathrm{e}^u\cos v\dfrac{\partial v}{\partial y} = 1, \end{cases}$$

由 $\dfrac{\partial u}{\partial y}$、$\dfrac{\partial v}{\partial y}$ 的系数所构成的雅可比行列式为

$$J = \begin{vmatrix} \mathrm{e}^u\cos v & -\mathrm{e}^u\sin v \\ \mathrm{e}^u\sin v & \mathrm{e}^u\cos v \end{vmatrix} = \mathrm{e}^{2u}(\cos^2 v + \sin^2 v) = \mathrm{e}^{2u} \neq 0,$$

那么从上面方程组可解得

$$\frac{\partial u}{\partial y} = \frac{\begin{vmatrix} 0 & -\mathrm{e}^u\sin v \\ 1 & \mathrm{e}^u\cos v \end{vmatrix}}{J} = \frac{\mathrm{e}^u\sin v}{\mathrm{e}^{2u}} = \mathrm{e}^{-u}\sin v,$$

$$\frac{\partial v}{\partial y} = \frac{\begin{vmatrix} \mathrm{e}^u\cos v & 0 \\ \mathrm{e}^u\sin v & 1 \end{vmatrix}}{J} = \frac{\mathrm{e}^u\cos v}{\mathrm{e}^{2u}} = \mathrm{e}^{-u}\cos v.$$

例 5.35* 设 $\begin{cases} x = \mathrm{e}^u\cos v, \\ y = \mathrm{e}^u\sin v, \\ z = uv, \end{cases}$ 求 $\dfrac{\partial z}{\partial x}, \dfrac{\partial z}{\partial y}$.

解 所给方程组含有五个变量 x,y,z,u,v,从所求的偏导数 $\dfrac{\partial z}{\partial x},\dfrac{\partial z}{\partial y}$ 看,显然可以看出 z 是因变量,x,y 是自变量,而 u,v 是中间变量,它们是由前两个方程所确定 x,y 的函数,因此函数 z 与中间变量 u,v 及自变量 x,y 的复合关系连线图如下:

由复合函数微分法,有

$$\frac{\partial z}{\partial x} = \frac{\partial z}{\partial u} \cdot \frac{\partial u}{\partial x} + \frac{\partial z}{\partial v} \cdot \frac{\partial v}{\partial x} = \frac{\partial(uv)}{\partial u} \cdot \frac{\partial u}{\partial x} + \frac{\partial(uv)}{\partial v} \cdot \frac{\partial v}{\partial x} = v\frac{\partial u}{\partial x} + u\frac{\partial v}{\partial x}.$$

在例 5.34* 中,已经求得由方程组 $\begin{cases} x = \mathrm{e}^u\cos v, \\ y = \mathrm{e}^u\sin v, \end{cases}$ 所确定的函数 $u = u(x,y), v = v(x,y)$ 对自变量 x,y 的偏导数为

$$\frac{\partial u}{\partial x} = \mathrm{e}^{-u}\cos v, \quad \frac{\partial v}{\partial x} = -\mathrm{e}^{-u}\sin v,$$

$$\frac{\partial u}{\partial y} = \mathrm{e}^{-u}\sin v, \quad \frac{\partial v}{\partial y} = \mathrm{e}^{-u}\cos v,$$

代入 $\dfrac{\partial z}{\partial x}$ 的表达式中,得

$$\frac{\partial z}{\partial x} = v\mathrm{e}^{-u}\cos v + u(-\mathrm{e}^{-u}\sin v) = \mathrm{e}^{-u}(v\cos v - u\sin v).$$

同理,可求得

$$\frac{\partial z}{\partial y} = \frac{\partial z}{\partial u} \cdot \frac{\partial u}{\partial y} + \frac{\partial z}{\partial v} \cdot \frac{\partial v}{\partial y} = \frac{\partial(uv)}{\partial u} \cdot \frac{\partial u}{\partial y} + \frac{\partial(uv)}{\partial v} \cdot \frac{\partial v}{\partial y} = v\frac{\partial u}{\partial y} + u\frac{\partial v}{\partial y}$$

$$= v\mathrm{e}^{-u}\sin v + u\mathrm{e}^{-u}\cos v = \mathrm{e}^{-u}(v\sin v + u\cos v).$$

例 5.36* 设 $\begin{cases} x^2 + y^2 - z = 0, \\ x^2 + 2y^2 + 3z^2 = 20, \end{cases}$ 求 $\dfrac{\mathrm{d}y}{\mathrm{d}x}, \dfrac{\mathrm{d}z}{\mathrm{d}x}$.

解 所给方程组中含有三个变量 x,y,z,从所求的导数 $\dfrac{\mathrm{d}y}{\mathrm{d}x},\dfrac{\mathrm{d}z}{\mathrm{d}x}$ 看,显然可以看出 y,z 是因变量,x 是自变量,即所给的方程组确定了两个函数 $y = y(x), z = z(x)$.

把所给方程组的各个方程两端分别对 x 求导数,得

$$\begin{cases} 2x + 2y\dfrac{\mathrm{d}y}{\mathrm{d}x} - \dfrac{\mathrm{d}z}{\mathrm{d}x} = 0, \\ 2x + 4y\dfrac{\mathrm{d}y}{\mathrm{d}x} + 6z\dfrac{\mathrm{d}z}{\mathrm{d}x} = 0, \end{cases} \text{或} \begin{cases} 2y\dfrac{\mathrm{d}y}{\mathrm{d}x} - \dfrac{\mathrm{d}z}{\mathrm{d}x} = -2x, \\ 2y\dfrac{\mathrm{d}y}{\mathrm{d}x} + 3z\dfrac{\mathrm{d}z}{\mathrm{d}x} = -x, \end{cases}$$

由 $\dfrac{\mathrm{d}y}{\mathrm{d}x},\dfrac{\mathrm{d}z}{\mathrm{d}x}$ 的系数所构成的雅可比行列式

$$J = \begin{vmatrix} 2y & -1 \\ 2y & 3z \end{vmatrix} = 6yz + 2y \neq 0,$$

可由方程组解得

$$\frac{\mathrm{d}y}{\mathrm{d}x} = \frac{\begin{vmatrix} -2x & -1 \\ -x & 3z \end{vmatrix}}{J} = \frac{-6xz - x}{6yz + 2y} = -\frac{x(6z+1)}{2y(3z+1)}.$$

$$\frac{\mathrm{d}z}{\mathrm{d}x} = \frac{\begin{vmatrix} 2y & -2x \\ 2y & -x \end{vmatrix}}{J} = \frac{2xy}{6yz + 2y} = \frac{x}{3z+1}.$$

例 5.37* 设 $y = x^2 + \sin t$，其中 t 是由方程 $\mathrm{e}^x + \mathrm{e}^{-y} - t\ln t = 0$ 的 x, y 的函数，求 $\dfrac{\mathrm{d}y}{\mathrm{d}x}$。

解法 1 由方程 $\mathrm{e}^x + \mathrm{e}^{-y} - t\ln t = 0$ 确定了隐函数 $t = t(x, y)$，又因为 $y = x^2 + \sin t$，所以 y 是 x 的函数 $y = x^2 + \sin[t(x, y)]$，变量 y, x, t 的复合关系连线图如下：

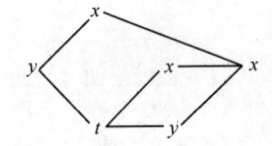

由复合函数微分法，得

$$\frac{\mathrm{d}y}{\mathrm{d}x} = 2x + \cos t \left(\frac{\partial t}{\partial x} + \frac{\partial t}{\partial y} \cdot \frac{\mathrm{d}y}{\mathrm{d}x} \right),$$

解得

$$\frac{\mathrm{d}y}{\mathrm{d}x} = \frac{2x + \cos t \cdot \dfrac{\partial t}{\partial x}}{1 - \cos t \cdot \dfrac{\partial t}{\partial y}}.$$

又因为方程 $\mathrm{e}^x + \mathrm{e}^{-y} - t\ln t = 0$ 确定了函数 $t = t(x, y)$，由隐函数微分法可求得

$$\frac{\partial t}{\partial x} = -\frac{\mathrm{e}^x}{-\ln t - 1} = \frac{\mathrm{e}^x}{\ln t + 1},$$

$$\frac{\partial t}{\partial y} = -\frac{-\mathrm{e}^{-y}}{-\ln t - 1} = \frac{-\mathrm{e}^{-y}}{\ln t + 1}.$$

把 $\dfrac{\partial t}{\partial x}, \dfrac{\partial t}{\partial y}$ 代入 $\dfrac{\mathrm{d}y}{\mathrm{d}x}$ 的表达式中，得

$$\frac{\mathrm{d}y}{\mathrm{d}x} = \frac{2x + \cos t \cdot \dfrac{\mathrm{e}^x}{\ln t + 1}}{1 - \cos t \cdot \left(\dfrac{-\mathrm{e}^{-y}}{\ln t + 1} \right)} = \frac{2x(\ln t + 1) + \mathrm{e}^x \cos t}{\ln t + 1 + \mathrm{e}^{-y} \cos t}.$$

解法 2 把函数 $y = x^2 + \sin t$ 及方程 $\mathrm{e}^x + \mathrm{e}^{-y} - t\ln t = 0$ 联立，得到方程组

$$\begin{cases} y - \sin t - x^2 = 0, \\ \mathrm{e}^{-y} - t\ln t + \mathrm{e}^x = 0, \end{cases}$$

联立方程组中含有三个变量 x, y, t，从所求的导数 $\dfrac{\mathrm{d}y}{\mathrm{d}x}$，显然可以看出 x 是自变量，y, t 是因变量，即联立方程组确定了两个函数 $y = y(x)$、$t = t(x)$。

将联立方程组的各个方程两端分别对 x 求导数，得

$$\begin{cases} \dfrac{\mathrm{d}y}{\mathrm{d}x} - \cos t \cdot \dfrac{\mathrm{d}t}{\mathrm{d}x} = 2x, \\ -\mathrm{e}^{-y} \dfrac{\mathrm{d}y}{\mathrm{d}x} - (\ln t + 1) \dfrac{\mathrm{d}t}{\mathrm{d}x} = -\mathrm{e}^x, \end{cases} \quad \text{或} \quad \begin{cases} \dfrac{\mathrm{d}y}{\mathrm{d}x} - \cos t \cdot \dfrac{\mathrm{d}t}{\mathrm{d}x} = 2x, \\ \mathrm{e}^{-y} \dfrac{\mathrm{d}y}{\mathrm{d}x} + (\ln t + 1) \dfrac{\mathrm{d}t}{\mathrm{d}x} = \mathrm{e}^x. \end{cases}$$

解得

$$\frac{dy}{dx} = \frac{\begin{vmatrix} 2x & -\cos t \\ e^x & \ln t + 1 \end{vmatrix}}{\begin{vmatrix} 1 & -\cos t \\ e^{-y} & \ln t + 1 \end{vmatrix}} = \frac{2x(\ln t + 1) + e^x \cos t}{1 + \ln t + e^{-y} \cos t}.$$

注 在由例 5.32 ~ 5.37* 可以看出,在求由一个方程或由方程组所确定的隐函数的偏导数时,首先要分析一共有几个变量,要分清哪几个变量是因变量(即函数),哪几个变量是中间变量,哪几个变量是自变量. 然后选定求偏导数的方法:

由一个方程 $F(x,y,z) = 0$ 确定函数 $z = z(x,y)$ 求偏导数可用公式法或复合函数微分法.

由方程组

$$\begin{cases} F(x,y,u,v) = 0, \\ G(x,y,u,v) = 0, \end{cases}$$

确定的函数 $u = u(x,y)$、$v = v(x,y)$ 求偏导数,可先求出

$$\begin{cases} F'_x + F'_u \cdot \dfrac{\partial u}{\partial x} + F'_v \cdot \dfrac{\partial v}{\partial x} = 0, \\ G'_x + G'_u \cdot \dfrac{\partial u}{\partial x} + G'_v \cdot \dfrac{\partial v}{\partial x} = 0, \end{cases}$$

再解得 $\dfrac{\partial u}{\partial x}$、$\dfrac{\partial v}{\partial x}$. 类似地可以求出 $\dfrac{\partial u}{\partial y}$、$\dfrac{\partial v}{\partial y}$.

四、方向导数和梯度

例 5.38 求函数 $u = x^2 + y^2 + z^2$ 在点 $M(2,-2,1)$ 处沿着从点 M 到点 $N(3,-3,1)$ 方向的方向导数.

解 先确定方向 l 为向量 $\mathbf{MN}$ 的方向,即

$$l = \mathbf{MN} = (3-2)\mathbf{i} + (-3+2)\mathbf{j} + (1-1)\mathbf{k}$$
$$= \mathbf{i} - \mathbf{j} = (1,-1,0).$$

方向 l 的方向余弦为

$$\cos\alpha = \frac{1}{\sqrt{1^2 + (-1)^2 + 0^2}} = \frac{1}{\sqrt{2}}, \quad \cos\beta = -\frac{1}{\sqrt{2}}, \quad \cos\gamma = 0.$$

再求函数 $u = x^2 + y^2 + z^2$ 在点 $M(2,-2,1)$ 处的偏导数:

$$\left.\frac{\partial u}{\partial x}\right|_{(2,-2,1)} = 2x\bigg|_{(2,-2,1)} = 4,$$
$$\left.\frac{\partial u}{\partial y}\right|_{(2,-2,1)} = 2y\bigg|_{(2,-2,1)} = -4,$$
$$\left.\frac{\partial u}{\partial z}\right|_{(2,-2,1)} = 2z\bigg|_{(2,-2,1)} = 2.$$

代入求方向导数的公式,得

$$\left.\frac{\partial z}{\partial l}\right|_{(2,-2,1)} = \left(\frac{\partial u}{\partial x}\cos\alpha + \frac{\partial u}{\partial y}\cos\beta + \frac{\partial u}{\partial z}\cos\gamma\right)\bigg|_{(2,-2,1)}$$
$$= 4 \times \frac{1}{\sqrt{2}} + (-4) \times \left(-\frac{1}{\sqrt{2}}\right) + 2 \times 0 = 4\sqrt{2}.$$

例 5.39 函数 $u = xy^2 + yz^3$ 在点 $M(2,-1,1)$ 处的梯度 $\mathbf{grad}\, u\big|_M$ 等于

(A) $-\dfrac{1}{3}$;   (B) -5;

(C) $(1, -3, -3)$；   (D) $(-1, -3, -3)$.

解 由函数在一点处梯度的定义可知，$\mathbf{grad}u\mid_M$ 是一个向量，故(A)、(B)显然是错误的，只能在(C)、(D)中选择.

由于
$$\frac{\partial u}{\partial x}\bigg|_{(2,-1,1)} = y^2\bigg|_{(2,-1,1)} = 1,$$
$$\frac{\partial u}{\partial y}\bigg|_{(2,-1,1)} = (2xy + z^3)\bigg|_{(2,-1,1)} = -3,$$
$$\frac{\partial u}{\partial z}\bigg|_{(2,-1,1)} = 3yz^2\bigg|_{(2,-1,1)} = -3,$$

于是有
$$\mathbf{grad}u\bigg|_{(2,-1,1)} = \left(\frac{\partial u}{\partial x}\mathbf{i} + \frac{\partial u}{\partial y}\mathbf{j} + \frac{\partial u}{\partial z}\mathbf{k}\right)\bigg|_{(2,-1,1)}$$
$$= \mathbf{i} - 3\mathbf{j} - 3\mathbf{k} = (1, -3, -3).$$

所以(C)入选.

例 5.40 设 $f(r)$ 是可微函数，且 $r = \sqrt{x^2+y^2+z^2}$，试计算 $f(r)$ 在点 $M(x,y,z)$ 处的梯度 $\mathbf{grad}f(r)$，并求出 $\mathbf{grad}r^3$，$\mathbf{grad}\frac{1}{r}$.

解 设 $u = f(r), r = \sqrt{x^2+y^2+z^2}$，先求偏导数：
$$\frac{\partial u}{\partial x} = f'(r)\frac{\partial r}{\partial x} = f'(r)\frac{x}{\sqrt{x^2+y^2+z^2}} = f'(r)\frac{x}{r},$$
$$\frac{\partial u}{\partial y} = f'(r)\frac{y}{r}, \quad \frac{\partial u}{\partial z} = f'(r)\frac{z}{r}.$$

于是有
$$\mathbf{grad}f(r) = \mathbf{grad}u = \frac{f'(r)}{r}(x\mathbf{i} + y\mathbf{j} + z\mathbf{k}) = \frac{f'(r)}{r}\mathbf{r},$$

其中 $\mathbf{r} = x\mathbf{i} + y\mathbf{j} + z\mathbf{k}$ 是点 $M(x,y,z)$ 的向径.

由上式可以得到
$$\mathbf{grad}r^3 = \frac{3r^2}{r}\mathbf{r} = 3r\mathbf{r},$$
$$\mathbf{grad}\frac{1}{r} = -\frac{1}{r^3}\mathbf{r}.$$

例 5.41 设函数 $u = \frac{1}{z}\sqrt{x^2+y^2}$，试问在点 $M(1,1,1)$ 函数 u 沿着哪一个方向其方向导数取得最大值，并求出方向导数的最大值.

解 根据梯度的定义可知：函数 $u = \frac{1}{z}\sqrt{x^2+y^2}$ 在点 $M(1,1,1)$ 沿着梯度 $\mathbf{grad}u\mid_M$ 的方向，其方向导数取最大值，梯度的模 $|\mathbf{grad}u\mid_M|$ 为方向导数的最大值. 下面先求 u 的偏导数：
$$\frac{\partial u}{\partial x}\bigg|_{(1,1,1)} = \frac{x}{z\sqrt{x^2+y^2}}\bigg|_{(1,1,1)} = \frac{1}{\sqrt{2}},$$
$$\frac{\partial u}{\partial y}\bigg|_{(1,1,1)} = \frac{y}{z\sqrt{x^2+y^2}}\bigg|_{(1,1,1)} = \frac{1}{\sqrt{2}},$$

$$\left.\frac{\partial u}{\partial z}\right|_{(1,1,1)} = -\frac{1}{z^2}\sqrt{x^2+y^2}\bigg|_{(1,1,1)} = -\sqrt{2}.$$

$$\mathbf{grad}\,u\,\bigg|_{(1,1,1)} = \left(\frac{\partial u}{\partial x}\boldsymbol{i} + \frac{\partial u}{\partial y}\boldsymbol{j} + \frac{\partial u}{\partial z}\boldsymbol{k}\right)\bigg|_{(1,1,1)} = \left(\frac{1}{\sqrt{2}},\frac{1}{\sqrt{2}},-\sqrt{2}\right).$$

即 $u = \frac{1}{z}\sqrt{x^2+y^2}$ 在点 $M(1,1,1)$ 沿着向量 $\left(\frac{1}{\sqrt{2}},\frac{1}{\sqrt{2}},-\sqrt{2}\right)$ 方向的方向导数取最大值. 方向导数的最大值为

$$\big|\mathbf{grad}\,u\,\big|_M\big| = \sqrt{\frac{1}{2}+\frac{1}{2}+2} = \sqrt{3}.$$

注 (1) 要求函数 $u = f(x,y,z)$ 在点 $M_0(x_0,y_0,z_0)$ 处沿着方向 $\boldsymbol{l}$ 的方向导数,先求出 $\boldsymbol{l}$ 的方向余弦及函数 u 在点 M_0 处的偏导数,再代入求方向导数的公式:

$$\left.\frac{\partial u}{\partial l}\right|_{M_0} = \left(\frac{\partial u}{\partial x}\cos\alpha + \frac{\partial u}{\partial y}\cos\beta + \frac{\partial u}{\partial z}\cos\gamma\right)\bigg|_{M_0}.$$

(2) 要求函数 $u = f(x,y,z)$ 在点 $M_0(x_0,y_0,z_0)$ 处的梯度,先求函数 u 在点 M_0 处的偏导数,再代入求梯度的公式:

$$\mathbf{grad}\,u\,\bigg|_{M_0} = \left(\frac{\partial u}{\partial x}\boldsymbol{i} + \frac{\partial u}{\partial y}\boldsymbol{j} + \frac{\partial u}{\partial z}\boldsymbol{k}\right)\bigg|_{M_0}.$$

(3) 方向导数与梯度的关系:函数 $u = f(x,y,z)$ 在点 $M_0(x_0,y_0,z_0)$ 处的梯度 $\mathbf{grad}\,u\,|_{M_0}$ 是一个向量,该向量的方向是函数在点 M_0 处的方向导数取最大值的方向,且方向导数的最大值等于梯度的模 $|\mathbf{grad}\,|_{M_0}|$.

函数 $u = f(x,y,z)$ 在点 $M_0(x_0,y_0,z_0)$ 处沿着任一方向 $\boldsymbol{l}$ 的方向导数与函数 u 在该点处的梯度 $\mathbf{grad}\,u\,|_{M_0}$ 有以下关系:

$$\left.\frac{\partial u}{\partial l}\right|_{M_0} = \big|\mathbf{grad}\,u\,\big|_{M_0}\big|\cos\theta,$$

其中 θ 是 $\boldsymbol{l}$ 与 $\mathbf{grad}\,u\,|_{M_0}$ 的夹角.

第二十二讲 多元函数微分学的应用

多元函数微分在实际问题中有广泛的应用,本讲我们主要针对多元函数微分学的几何应用和多元函数的极值和最值的应用问题进行辅导和讨论.

基本概念和重要结论

1. 空间曲线的切线和法平面方程

设空间曲线的参量式方程为

$$x = x(t), y = y(t), z = z(t),$$

参量 $t = t_0$ 对应曲线上一点 $M_0(x_0,y_0,z_0)$,其中 $x_0 = x(t_0), y_0 = y(t_0), z_0 = z(t_0)$,而 $x(t)$、$y(t)$、$z(t)$ 是可微函数且 $x'(t_0)$、$y'(t_0)$、$z'(t_0)$ 不同时为零,则曲线在点 M_0 处的切向量为

$$\boldsymbol{\tau} = (x'(t_0), y'(t_0), z'(t_0)),$$

切线方程为
$$\frac{x-x_0}{x'(t_0)} = \frac{y-y_0}{y'(t_0)} = \frac{z-z_0}{z'(t_0)},$$
法平面方程为
$$x'(t_0)(x-x_0) + y'(t_0)(y-y_0) + z'(t_0)(z-z_0) = 0.$$

设空间曲线的一般式方程为
$$\begin{cases} F(x,y,z) = 0, \\ G(x,y,z) = 0, \end{cases}$$
点 $M_0(x_0,y_0,z_0)$ 是曲线上一点,而 $F(x,y,z)$、$G(x,y,z)$ 具有连续的偏导数,则曲线在点 M_0 的切向量为
$$\begin{aligned}\boldsymbol{\tau} &= (F'_x(M_0), F'_y(M_0), F'_z(M_0)) \times (G'_x(M_0), G'_y(M_0), G'_z(M_0)) \\ &= \begin{vmatrix} \boldsymbol{i} & \boldsymbol{j} & \boldsymbol{k} \\ F'_x(M_0) & F'_y(M_0) & F'_z(M_0) \\ G'_x(M_0) & G'_y(M_0) & G'_z(M_0) \end{vmatrix} = (m,n,p). \end{aligned}$$
曲线在点 $M_0(x_0,y_0,z_0)$ 的切线方程为
$$\frac{x-x_0}{m} = \frac{y-y_0}{n} = \frac{z-z_0}{p},$$
曲线在点 $M_0(x_0,y_0,z_0)$ 的法平面方程为
$$m(x-x_0) + n(y-y_0) + p(z-z_0) = 0.$$

2. 曲面的切平面和法线方程

若曲面 Σ 的方程由隐式方程 $F(x,y,z) = 0$ 给出,点 $M_0(x_0,y_0,z_0)$ 是曲面 Σ 上一点,函数 $F(x,y,z)$ 在点 M_0 处有连续的偏导数,且 $F'_x(M_0), F'_y(M_0), F'_z(M_0)$ 不同时为零,则曲面 Σ 在点 M_0 的法向量为
$$\boldsymbol{n} = (F'_x(M_0), F'_y(M_0), F'_z(M_0)),$$
切平面方程为
$$F'_x(M_0)(x-x_0) + F'_y(M_0)(y-y_0) + F'_z(M_0)(z-z_0) = 0,$$
法线方程为
$$\frac{x-x_0}{F'_x(M_0)} = \frac{y-y_0}{F'_y(M_0)} = \frac{z-z_0}{F'_z(M_0)}.$$

若曲面 Σ 的方程为显式方程 $z = f(x,y)$,点 $M_0(x_0,y_0,z_0)$ 是 Σ 上一点,函数 $f(x,y)$ 在点 M_0 有连续的偏导数,则 Σ 在点 M_0 的法向量为
$$\boldsymbol{n} = (f'_x(x_0,y_0), f'_y(x_0,y_0), -1),$$
切平面方程为
$$f'_x(x_0,y_0)(x-x_0) + f'_y(x_0,y_0)(y-y_0) - (z-z_0) = 0,$$
法线方程为
$$\frac{x-x_0}{f'_x(x_0,y_0)} = \frac{y-y_0}{f'_y(x_0,y_0)} = \frac{z-z_0}{-1}.$$

3. 二元函数的极值

二元函数极值存在的必要条件 设函数 $z = f(x,y)$ 在点 $M_0(x_0,y_0)$ 处偏导数存在,且在该点处取得极值,则必有
$$f'_x(x_0,y_0) = 0, f'_y(x_0,y_0) = 0.$$

二元函数极值存在的充分条件 设函数 $z = f(x,y)$ 在点 $M_0(x_0,y_0)$ 的某邻域内连续,且具

有一阶及二阶连续的偏导数,又
$$f'_x(x_0,y_0) = 0, f'_y(x_0,y_0) = 0.$$
令
$$A = f''_{xx}(x_0,y_0), B = f''_{xy}(x_0,y_0), C = f''_{yy}(x_0,y_0),$$
则:

(1) 当 $B^2 - AC < 0$,且 $A < 0$(或 $C < 0$)时,$f(x_0,y_0)$ 为 $f(x,y)$ 的极大值;当 $B^2 - AC < 0$,且 $A > 0$(或 $C > 0$)时,$f(x_0,y_0)$ 为 $f(x,y)$ 的极小值;

(2) 当 $B^2 - AC > 0$ 时,$f(x_0,y_0)$ 不是 $f(x,y)$ 的极值;

(3) 当 $B^2 - AC = 0$ 时,$f(x_0,y_0)$ 可能是,也可能不是 $f(x,y)$ 的极值.

4. 多元函数的条件极值 —— 拉格朗日乘数法

求函数 $u = f(x,y,x)$ 在条件 $\varphi(x,y,z) = 0$ 下的可能极值点可用拉格朗日乘数法:

(1) 作函数 $F(x,y,z) = f(x,y,z) + \lambda\varphi(x,y,z)$,其中 λ 为某一常数.

(2) 求 $F(x,y,z)$ 的一阶偏导数,并建立方程组:
$$\begin{cases} f'_x(x,y,z) + \lambda\varphi'_x(x,y,z) = 0, \\ f'_y(x,y,z) + \lambda\varphi'_y(x,y,z) = 0, \\ f'_z(x,y,z) + \lambda\varphi'_z(x,y,z) = 0, \\ \varphi(x,y,z) = 0. \end{cases}$$

(3) 解上面的方程组,得到解 x,y,z 就是可能极值点的坐标.

以上方法可以推广到多个自变量,而附加条件多于一个条件的情形.

一、空间曲线的切线和法平面方程

例 5.42 求曲线 $x = t - \sin t, y = 1 - \cos t, z = 4\sin\dfrac{t}{2}$ 在 $t = \dfrac{\pi}{2}$ 对应点 M_0 处的切线及法平面方程.

解 $t = \dfrac{\pi}{2}$ 对应曲线上一点 $M_0\left(\dfrac{\pi}{2} - 1, 1, 2\sqrt{2}\right)$.

当 $t = \dfrac{\pi}{2}$ 时,有
$$x'\left(\dfrac{\pi}{2}\right) = (1 - \cos t)\big|_{t=\frac{\pi}{2}} = 1,$$
$$y'\left(\dfrac{\pi}{2}\right) = \sin t\big|_{t=\frac{\pi}{2}} = 1,$$
$$z'\left(\dfrac{\pi}{2}\right) = 2\cos\dfrac{t}{2}\big|_{t=\frac{\pi}{2}} = \sqrt{2}.$$

曲线在点 M_0 处的切向量为 $\boldsymbol{\tau} = (1,1,\sqrt{2})$.

根据空间直线的对称式方程,可写出曲线在点 M_0 处的切线方程为
$$\dfrac{x - \left(\dfrac{\pi}{2} - 1\right)}{1} = \dfrac{y - 1}{1} = \dfrac{z - 2\sqrt{2}}{\sqrt{2}},$$

根据平面的点法式方程,可写出曲线在点 M_0 处的法平面方程为
$$x - \left(\dfrac{\pi}{2} - 1\right) + y - 1 + \sqrt{2}(z - 2\sqrt{2}) = 0,$$

$$x + y + \sqrt{2}z - \left(\frac{\pi}{2} + 4\right) = 0.$$

例 5.43 求曲线 $x = \dfrac{t}{1+t}, y = \dfrac{1}{1+t}, z = 2t$ 上的点,使得曲线在该点的切线平行于平面 $x + 3y + z - 3 = 0$.

解 设参数 $t = t_0$ 对应曲线上任一点 $M_0(x_0, y_0, z_0)$:

$$x_0 = \frac{t_0}{1+t_0}, \quad y_0 = \frac{1}{1+t_0}, \quad z_0 = 2t_0.$$

$$x'(t_0) = \frac{1}{(1+t_0)^2}, \quad y'(t_0) = -\frac{1}{(1+t_0)^2}, \quad z'(t_0) = 2,$$

曲线在点 M_0 处的切线方程为

$$\frac{x - x_0}{\dfrac{1}{(1+t_0)^2}} = \frac{y - y_0}{\dfrac{-1}{(1+t_0)^2}} = \frac{z - z_0}{2}.$$

切线的方向向量(即切向量)为

$$\boldsymbol{\tau} = \left(\frac{1}{(1+t_0)^2}, -\frac{1}{(1+t_0)^2}, 2\right).$$

已给平面 $x + 3y + z - 3 = 0$ 的法向量为

$$\boldsymbol{n} = (1, 3, 1).$$

要使切线与已给平面平行的充要条件是 $\boldsymbol{\tau} \perp \boldsymbol{n}$,即

$$\boldsymbol{\tau} \cdot \boldsymbol{n} = \frac{1}{(1+t_0)^2} - \frac{3}{(1+t_0)^2} + 2 = 0,$$

$$(1+t_0)^2 = 1, t_0 = 0 \text{ 或 } -2.$$

故曲线上对应于 $t_0 = 0$ 的点为 $M_1(0, 1, 0)$,过点 M_1 的切线方程为

$$\frac{x}{1} = \frac{y-1}{-1} = \frac{z}{2}.$$

对应于 $t_0 = -2$ 的点为 $M_2(2, -1, -4)$,过点 M_2 的切线方程为

$$\frac{x-2}{1} = \frac{y+1}{-1} = \frac{z+4}{2}.$$

例 5.44 试证明螺旋线 $x = \sqrt{3}\cos t, y = \sqrt{3}\sin t, z = t$ 上任意一点的切线与 Oz 轴交成的角 $\theta = \dfrac{\pi}{3}$.

证 螺旋线上任一点处的切线的方向向量即切向量为

$$\boldsymbol{s} = (-\sqrt{3}\sin t, \sqrt{3}\cos t, 1).$$

Oz 轴的方向向量为

$$\boldsymbol{k} = (0, 0, 1).$$

根据两向量的交角公式,有

$$\cos\theta = \cos(\widehat{\boldsymbol{s}, \boldsymbol{n}}) = \frac{|\boldsymbol{s} \cdot \boldsymbol{n}|}{|\boldsymbol{s}| \cdot |\boldsymbol{n}|}$$

$$= \frac{|0 \cdot (-\sqrt{3}\sin t) + 0 \cdot \sqrt{3}\cos t + 1|}{\sqrt{(-\sqrt{3}\sin t)^2 + (\sqrt{3}\cos t)^2 + 1^2} \cdot \sqrt{0^2 + 0^2 + 1^2}} = \frac{1}{2},$$

知 $\theta = \dfrac{\pi}{3}$.

例 5.45 求曲线 $L:\begin{cases} xyz = 1 \\ y^2 = x \end{cases}$，在点 $M(1,1,1)$ 处的切线方程及切线的方向余弦.

解 令 $F(x,y,z) = xyz - 1$，$G(x,y,z) = y^2 - x$，曲线 L 的方程可表示为
$$\begin{cases} F(x,y,z) = 0, \\ G(x,y,z) = 0. \end{cases}$$
$F'_x(1,1,1) = yz|_{(1,1,1)} = 1$，$F'_y(1,1,1) = xz|_{(1,1,1)} = 1$，
$F'_z(1,1,1) = xy|_{(1,1,1)} = 1$；
$G'_x(1,1,1) = -1$，$G'_y(1,1,1) = 2y|_{(1,1,1)} = 2$，
$G'_z(1,1,1) = 0.$

曲线 L 在点 $M(1,1,1)$ 的切向量为
$$\boldsymbol{\tau} = (1,1,1) \times (-1,2,0) = \begin{vmatrix} \boldsymbol{i} & \boldsymbol{j} & \boldsymbol{k} \\ 1 & 1 & 1 \\ -1 & 2 & 0 \end{vmatrix} = (-2,-1,3)$$

曲线 L 在点 $M(1,1,1)$ 的切线方程为
$$\frac{x-1}{2} = \frac{y-1}{1} = \frac{z-1}{-3}.$$

切线的方向余弦为
$$\cos\alpha = \pm\frac{2}{\sqrt{2^2+1^2+(-3)^2}} = \pm\frac{2}{\sqrt{14}}, \quad \cos\beta = \pm\frac{1}{\sqrt{14}}, \quad \cos\gamma = \mp\frac{3}{\sqrt{14}}.$$

例 5.46 求函数 $u = \dfrac{x}{\sqrt{x^2+y^2+z^2}}$ 在点 $M(1,-2,1)$ 处沿曲线 $L:\begin{cases} x^2+y^2+z^2 = 6 \\ x+y+z = 0 \end{cases}$ 的切线方向的方向导数.

解 先求曲线 L 在点 $M(1,-2,1)$ 的切线方向.
令 $F(x,y,z) = x^2+y^2+z^2-6$，$G(x,y,z) = x+y+z$.
$F'_x(1,-2,1) = 2x|_{(1,-2,1)} = 2$，$F'_y(1,-2,1) = 2y|_{(1,-2,1)} = -4$，
$F'_z(1,-2,1) = 2z|_{(1,-2,1)} = 2$，$G'_x(1,-2,1) = G'_y(1,-2,1) = G'_z(1,-2,1) = 1.$

曲线 L 在点 $M(1,-2,1)$ 处的切向量为
$$\boldsymbol{\tau} = (2,-4,2) \times (1,1,1) = \begin{vmatrix} \boldsymbol{i} & \boldsymbol{j} & \boldsymbol{k} \\ 2 & -4 & 2 \\ 1 & 1 & 1 \end{vmatrix} = -6\boldsymbol{i} + 6\boldsymbol{k} = 6(-1,0,1),$$

曲线 L 在点 $M(1,-2,1)$ 处的切线方向为
$$\boldsymbol{l} = (\pm 1, 0, \mp 1),$$

$\boldsymbol{l}$ 的方向余弦为
$$\cos\alpha = \pm\frac{1}{\sqrt{2}}, \cos\beta = 0, \cos\gamma = \mp\frac{1}{\sqrt{2}}.$$

函数 $u = x(x^2+y^2+z^2)^{-\frac{1}{2}}$ 的偏导数为
$$\frac{\partial u}{\partial x}\bigg|_{(1,-2,1)} = \left[(x^2+y^2+z^2)^{-\frac{1}{2}} - x^2(x^2+y^2+z^2)^{-\frac{3}{2}}\right]\bigg|_{(1,-2,1)} = \frac{5}{6\sqrt{6}}.$$
$$\frac{\partial u}{\partial y}\bigg|_{(1,-2,1)} = -xy(x^2+y^2+z^2)^{-\frac{3}{2}}\bigg|_{(1,-2,1)} = \frac{2}{6\sqrt{6}} = \frac{1}{3\sqrt{6}}.$$
$$\frac{\partial u}{\partial z}\bigg|_{(1,-2,1)} = -xz(x^2+y^2+z^2)^{-\frac{3}{2}}\bigg|_{(1,-2,1)} = -\frac{1}{6\sqrt{6}}.$$

所求的方向导数为
$$\left.\frac{\partial u}{\partial l}\right|_{(1,-2,1)} = \frac{5}{6\sqrt{6}} \cdot \left(\pm \frac{1}{\sqrt{2}}\right) + \frac{1}{3\sqrt{6}} \cdot 0 - \frac{1}{6\sqrt{6}} \cdot \left(\mp \frac{1}{\sqrt{2}}\right)$$
$$= \pm \frac{5}{12\sqrt{3}} \pm \frac{1}{12\sqrt{3}} = \pm \frac{1}{2\sqrt{3}}.$$

例 5.47 已知曲线 $L: \begin{cases} xyz = 2 \\ x - y - z = 0 \end{cases}$ 上点 $(2,1,1)$ 处的一个切向量与 oz 轴正向成锐角,求此切向量与 oy 轴正向所夹的角.

解 先求曲线 L 上在点 $M(2,1,1)$ 处的一个切向量.

令 $F(x,y,z) = x - y - z$, $G(x,y,z) = xyz - 2$,

$F'_x(2,1,1) = 1$, $F'_y(2,1,1) = -1$, $F'_z(2,1,1) = -1$.

$G'_x(2,1,1) = yz\big|_{(2,1,1)} = 1$,

$G'_y(2,1,1) = xz\big|_{(2,1,1)} = 2$,

$G'_z(2,1,1) = xy\big|_{(2,1,1)} = 2$.

曲线 L 在点 $M(2,1,1)$ 的一个切向量为
$$\boldsymbol{\tau} = (1,-1,-1) \times (1,2,2) = \begin{vmatrix} \boldsymbol{i} & \boldsymbol{j} & \boldsymbol{k} \\ 1 & -1 & -1 \\ 1 & 2 & 2 \end{vmatrix} = (0,-3,3).$$

显然所求切向量的单位切向量为
$$\boldsymbol{\tau}^o = \frac{1}{|\boldsymbol{\tau}|}\boldsymbol{\tau} = \left(0, -\frac{1}{\sqrt{2}}, \frac{1}{\sqrt{2}}\right),$$

单位切向量 $\boldsymbol{\tau}^o$ 与 oz 轴正向成锐角,它与 oy 轴正角夹角为 β,有
$$\cos\beta = \frac{-1}{\sqrt{2}}, \beta = \arccos\left(-\frac{1}{\sqrt{2}}\right) = \frac{3\pi}{4}.$$

二、曲面的切平面与法线方程

例 5.48 求旋转抛物面 $z = x^2 + y^2 - 1$ 在点 $M(2,1,4)$ 处的切平面方程和法线方程.

解 令 $F(x,y,z) = x^2 + y^2 - 1 - z$,求偏导数:
$$F'_x(2,1,4) = 4, \quad F'_y(2,1,4) = 2, \quad F'_z(2,1,4) = -1,$$
旋转抛物面在点 $M(2,1,4)$ 处的一个法向量为
$$\boldsymbol{n} = (4,2,-1).$$
曲面过点 M 的切平面方程为
$$4(x-2) + 2(y-1) - (z-4) = 0, \quad \text{或} \quad 4x + 2y - z - 6 = 0.$$
曲面过点 M 的法线方程为
$$\frac{x-2}{4} = \frac{y-1}{2} = \frac{z-4}{-1}.$$

例 5.49 设直线 $\frac{x}{1} = \frac{y+b}{-1} = \frac{z+ab+3}{1-a}$ 在某一平面 π 上,而平面 π 与曲面 $z = x^2 + y^2$ 相切于点 $M(1,-2,5)$,试求 a,b 的值.

解 求曲面 $z = x^2 + y^2$ 在点 $M(1,-2,5)$ 处的切平面方程.

令 $F(x,y,z) = x^2 + y^2 - z$.
$$F'_x(1,-2,5) = 2, \quad F'_y(1,-2,5) = -4, \quad F'_z(1,-2,5) = -1.$$

曲面在点 M 处的法向量 $\boldsymbol{n} = (2, -4, -1)$. 故所求的切平面 π 方程为
$$2(x-1) - 4(y+2) - (z-5) = 0, \quad \text{或} \quad 2x - 4y - z - 5 = 0.$$

已知直线的方向向量 $\boldsymbol{s} = (1, -1, 1-a)$，且直线过点 $N(0, -b, -ab-3)$，据题设该直线在切平面 π 上，因此点 N 必在切平面上，且 $\boldsymbol{n} \perp \boldsymbol{s}$，从而有
$$\begin{cases} 4b + ab + 3 - 5 = 0, \\ 2 + 4 - (1 - a) = 0. \end{cases} \quad \text{解得} \quad \begin{cases} a = -5, \\ b = -2. \end{cases}$$

例 5.50 在椭球面 $\Sigma: x^2 + 2y^2 + 3z^2 = 21$ 上求一点，使该点处的切平面与平面 $x + 4y + 6z = 0$ 平行，并求该点的切平面与法线方程.

解 在椭球面 Σ 上任取一点 $M(x_0, y_0, z_0)$，则曲面 Σ 在点 M 的法向量为
$$\boldsymbol{n} = (x_0, 2y_0, 3z_0).$$
曲面 Σ 在点 M 处的切平面方程为
$$x_0(x - x_0) + 2y_0(y - y_0) + 3z_0(z - z_0) = 0,$$
$$x_0 x + 2y_0 y + 3z_0 z - (x_0^2 + 2y_0^2 + 3z_0^2) = 0,$$
即
$$x_0 x + 2y_0 y + 3z_0 z - 21 = 0.$$
要使切平面与平面 $x + 4y + 6z = 0$ 平行，当且仅当
$$\frac{x_0}{1} = \frac{2y_0}{4} = \frac{3z_0}{6} = \lambda,$$
即 $x_0 = \lambda, y_0 = 2\lambda, z_0 = 2\lambda$，代入椭球面 Σ 的方程，得
$$\lambda^2 + 8\lambda^2 + 12\lambda^2 = 21, \lambda = \pm 1.$$
当 $\lambda = 1$ 时，所求的点 $M_1(1, 2, 2)$；
当 $\lambda = -1$ 时，所求的点 $M_2(-1, -2, -2)$.
所求的切平面方程为
$$\pm(x + 4y + 6z) = 21,$$
所求的法线方程为
$$\frac{x-1}{1} = \frac{y-2}{4} = \frac{z-2}{6},$$

例 5.51 设曲面 $\Sigma: z + \sqrt{x^2 + y^2 + z^2} = x^3 f\left(\dfrac{y}{x}\right)$，其中 f 是可微函数. 试证明：曲面 Σ 上任意一点处的切平面在 Oz 轴上的截距与切点到原点的距离之比为常数，并求此常数.

解 在曲面 Σ 上任取一点 $M_0(x_0, y_0, z_0)$，先求曲面 Σ 在点 M_0 处的切平面方程.
令 $F(x, y, z) = z + \sqrt{x^2 + y^2 + z^2} - x^3 f\left(\dfrac{y}{x}\right)$,
曲面 Σ 在点 M_0 的法向量为
$$\boldsymbol{n} = \left(\frac{x_0}{\sqrt{x_0^2 + y_0^2 + z_0^2}} - 3x_0^2 f\left(\frac{y_0}{x_0}\right) + x_0 y_0 f'\left(\frac{y_0}{x_0}\right), \right.$$
$$\left. \frac{y_0}{\sqrt{x_0^2 + y_0^2 + z_0^2}} - x_0^2 f'\left(\frac{y_0}{x_0}\right), 1 + \frac{z_0}{\sqrt{x_0^2 + y_0^2 + z_0^2}}\right),$$
曲面 Σ 在点 $M_0(x_0, y_0, z_0)$ 处的切平面方程为
$$\left[\frac{x_0}{\sqrt{x_0^2 + y_0^2 + z_0^2}} - 3x_0^2 f\left(\frac{y_0}{x_0}\right) + x_0 y_0 f'\left(\frac{y_0}{x_0}\right)\right](x - x_0) +$$
$$\left[\frac{y_0}{\sqrt{x_0^2 + y_0^2 + z_0^2}} - x_0^2 f'\left(\frac{y_0}{x_0}\right)\right](y - y_0) +$$

$$\left[1+\frac{z_0}{\sqrt{x_0^2+y_0^2+z_0^2}}\right](z-z_0)=0,$$

令 $x=0, y=0$ 代入上面方程,求得切平面在 z 轴的截距为

$$z=\frac{z_0+\sqrt{x_0^2+y_0^2+z_0^2}-3x_0^3f\left(\dfrac{y_0}{x_0}\right)}{1+\dfrac{z_0}{\sqrt{x_0^2+y_0^2+z_0^2}}}$$

$$=\frac{\sqrt{x_0^2+y_0^2+z_0^2}\left[z_0+\sqrt{x_0^2+y_0^2+z_0^2}-3x_0^3f\left(\dfrac{y_0}{x_0}\right)\right]}{z_0+\sqrt{x_0^2+y_0^2+z_0^2}},$$

切点 $M_0(x_0,y_0,z_0)$ 到原点 $O(0,0,0)$ 的距离为

$$d=\sqrt{x_0^2+y_0^2+z_0^2},$$

那么切平面在 z 轴的截距与切点到原点的距离之比为

$$\frac{z}{d}=\frac{z_0+\sqrt{x_0^2+y_0^2+z_0^2}-3x_0^3f\left(\dfrac{y_0}{x_0}\right)}{z_0+\sqrt{x_0^2+y_0^2+z_0^2}},$$

由曲面的方程可知

$$x_0^3 f\left(\frac{y_0}{z_0}\right)=z_0+\sqrt{x_0^2+y_0^2+z_0^2},$$

于是有

$$\frac{z}{d}=\frac{-2\left[z_0+\sqrt{x_0^2+y_0^2+z_0^2}\right]}{z_0+\sqrt{x_0^2+y_0^2+z_0^2}}=-2.$$

即切平面在 z 轴上的截距与切点到原点的距离之比为一常数 (-2).

例 5.52 设曲面 $\Sigma: z=x+f(y-z)$,其中 f 为可微函数,试证明:曲面 Σ 上任意一点处的切平面与一常单位向量 $\boldsymbol{d}$ 平行.

解 在曲面 Σ 上任取一点 $M_0(x_0,y_0,z_0)$,先求曲面 Σ 在点 M_0 处的切平面的法向量 $\boldsymbol{n}$.

令
$$F(x,y,z)=x+f(y-z)-z,$$
$$F'_x(x_0,y_0,z_0)=1,$$
$$F'_y(x_0,y_0,z_0)=f'(y_0-z_0),$$
$$F'_z(x_0,y_0,z_0)=-f'(y_0-z_0)-1.$$

切平面的法向量为

$$\boldsymbol{n}=(1,f'(y_0-z_0),-f'(y_0-z_0)-1),$$

设某一单位向量 $\boldsymbol{d}=\{X,Y,Z\}\neq\boldsymbol{0}$. 要证明曲面 Σ 上任意一点处的切平面与向量 $\boldsymbol{d}$ 平行,只须证明曲面 Σ 上任意一点处的法向量 $\boldsymbol{n}$ 与向量 $\boldsymbol{d}$ 垂直,即 $\boldsymbol{n}\cdot\boldsymbol{d}=\boldsymbol{0}$.

$$\boldsymbol{n}\cdot\boldsymbol{d}=X+f'(y_0-z_0)Y-[f'(y_0-z_0)+1]Z$$
$$=(X-Z)+(Y-Z)f'(y_0-z_0),$$

为了使 $\boldsymbol{n}\cdot\boldsymbol{d}=0$,只须取

$$\begin{cases}X-Z=0,\\ Y-Z=0,\\ X^2+Y^2+Z^2=1.\end{cases}$$

解得 $X=Y=Z=\pm\dfrac{1}{\sqrt{3}}$. 这就证明了曲面 Σ 上任意一点处的切平面都平行于单位向量

$$d = \pm \left(\frac{1}{\sqrt{3}}, \frac{1}{\sqrt{3}}, \frac{1}{\sqrt{3}}\right).$$

从以上例题可以看出:

1. 在求空间曲线 L 的切线和法平面方程时,关键是先求出切点的坐标和曲线 L 在切点处的切向量 $\boldsymbol{\tau}$.

当空间曲线 L 由参量方程: $x = x(t), y = y(t), z = z(t)$ 给出时,先应知道切点所对应的参量值 $t = t_0$,再求出切向量 $\boldsymbol{\tau} = (x'(t_0), y'(t_0), z'(t_0))$.

当空间曲线 L 由一般式方程(即两曲面的交线)给出时,先应知道切点 M_0 的坐标 (x_0, y_0, z_0),由于曲线 L 同时在两曲面上,故切向量 $\boldsymbol{\tau}$ 与两曲面在切点处的法向量 $\boldsymbol{n}_1, \boldsymbol{n}_2$ 均垂直,可以取 $\boldsymbol{\tau} = \boldsymbol{n}_1 \times \boldsymbol{n}_2$.

知道了切点的坐标和切向量,可用直线的对称式方程写出曲线的切线方程,用平面的点法式方程写成曲线的法平面方程.

2. 在求曲面 Σ 的切平面和法线方程时,关键是先求出切点的坐标和曲面 Σ 在切点处的法向量 $\boldsymbol{n}$.

当曲面 Σ 由隐式方程: $F(x, y, z) = 0$ 给出时,先应知道切点 M_0 的坐标 (x_0, y_0, z_0),再求出曲面 Σ 在点 M_0 处的法向量

$$\boldsymbol{n} = \{F'_x(x_0, y_0, z_0), F'_y(x_0, y_0, z_0), F'_z(x_0, y_0, z_0)\}.$$

当曲面 Σ 由显式方程: $z = f(x, y)$ 给出时,先应知道切点 M_0 的坐标 $(x_0, y_0, f(x_0, y_0))$,可把显式方程转化隐式方程,可令 $F(x, y, z) = f(x, y) - z = 0$,因此法向量为

$$\boldsymbol{n} = (f'_x(x_0, y_0), f'_y(x_0, y_0), -1).$$

知道了切点的坐标和法向量,可用平面的点法式方程写出曲面的切平面方程,用直线的对称式方程写出法线方程.

三、二元函数的极值

例 5.53 求下列函数的极值:

(1) $z = x^3 + y^3 - 3xy + 5$;

(2) $z = x^4 + y^4 - x^2 - 2xy - y^2$.

解 (1) 求偏导数:

$$\frac{\partial z}{\partial x} = 3x^2 - 3y, \frac{\partial z}{\partial y} = 3y^2 - 3x.$$

解方程组:

$$\begin{cases} \frac{\partial z}{\partial x} = 3(x^2 - y) = 0, \\ \frac{\partial z}{\partial y} = 3(y^2 - x) = 0. \end{cases}$$

得驻点 $P_1(0, 0), P_2(1, 1)$.

求二阶偏导数:

$$\frac{\partial^2 z}{\partial x^2} = 6x, \quad \frac{\partial^2 z}{\partial x \partial y} = -3, \quad \frac{\partial^2 z}{\partial y^2} = 6y.$$

在点 $P_1(0, 0)$ 处,有

$$A = \left.\frac{\partial^2 z}{\partial x^2}\right|_{\substack{x=0 \\ y=0}} = 0, \quad B = \left.\frac{\partial^2 z}{\partial x \partial y}\right|_{\substack{x=0 \\ y=0}} = -3, \quad C = \left.\frac{\partial^2 z}{\partial y^2}\right|_{\substack{x=0 \\ y=0}} = 0,$$

由 $B^2 - AC = 9 > 0$,可以判定函数值 $z(0,0)$ 不是极值.

在点 $P_2(1,1)$ 处,有

$$A = \frac{\partial^2 z}{\partial x^2}\bigg|_{\substack{x=1\\y=1}} = 6, \quad B = \frac{\partial^2 z}{\partial x \partial y}\bigg|_{\substack{x=1\\y=1}} = -3, \quad C = \frac{\partial^2 z}{\partial y^2}\bigg|_{\substack{x=1\\y=1}} = 6,$$

由 $B^2 - AC = 9 - 6^2 = -27 < 0$ 及 $A = 6 > 0$ 可以判定函数值 $z(1,1) = 4$ 是极小值.

(2) 求偏导数:

$$\frac{\partial z}{\partial x} = 4x^3 - 2x - 2y, \quad \frac{\partial z}{\partial y} = 4y^3 - 2x - 2y,$$

解方程组:

$$\begin{cases} \frac{\partial z}{\partial x} = 2(2x^3 - x - y) = 0, \\ \frac{\partial z}{\partial y} = 2(2y^3 - x - y) = 0. \end{cases}$$

得驻点 $P_1(1,1), P_2(-1,-1)$ 及 $P_3(0,0)$.

求二阶偏导数:

$$\frac{\partial^2 z}{\partial x^2} = 12x^2 - 2, \quad \frac{\partial^2 z}{\partial x \partial y} = -2, \quad \frac{\partial^2 z}{\partial y^2} = 12y^2 - 2.$$

在点 $P_1(1,1)$ 处,有

$$A = \frac{\partial^2 z}{\partial x^2}\bigg|_{\substack{x=1\\y=1}} = 10, \quad B = \frac{\partial^2 z}{\partial x \partial y}\bigg|_{\substack{x=1\\y=1}} = -2, \quad C = \frac{\partial^2 z}{\partial y^2}\bigg|_{\substack{x=1\\y=1}} = 10,$$

由 $B^2 - AC = (-2)^2 - 10^2 = -96 < 0$ 及 $A = 10 > 0$ 可以判定函数值 $z(1,1) = -2$ 是极小值.

在点 $P_2(-1,-1)$ 处,有 $A = 10, B = -2, C = 10$,由 $B^2 - AC = -96 < 0$ 及 $A = 10 > 0$ 可以判定 $z(-1,-1) = -2$ 是极小值.

在点 $P_3(0,0)$ 处,有

$$A = \frac{\partial^2 z}{\partial x^2}\bigg|_{\substack{x=0\\y=0}} = -2, \quad B = \frac{\partial^2 z}{\partial x \partial y}\bigg|_{\substack{x=0\\y=0}} = -2, \quad C = \frac{\partial^2 z}{\partial y^2}\bigg|_{\substack{x=0\\y=0}} = -2,$$

而 $B^2 - AC = 0$,无法利用充分条件来判定 $z(0,0) = 0$ 是不是极值. 下面我们用极值的定义进行判别.

在点 $P_3(0,0)$ 充分小的邻域内,当 $x = y$ 且 $|x|$ 足够小时,有 $z = 2x^4 - 4x^2 = 2x^2(x^2 - 2) < 0$,但当 $x = -y$ 时,$z = 2x^4 > 0$,而 $z(0,0) = 0$,由极值的定义可知 $z(0,0)$ 不是极值.

例 5.54 设方程 $2x^2 + 2y^2 + z^2 + 8xz - z + 8 = 0$ 确定隐函数 $z = z(x,y)$,求隐函数 $z = z(x,y)$ 的极值.

解 令 $F(x,y,z) = 2x^2 + 2y^2 + z^2 + 8xz - z + 8$,

$$F'_x(x,y,z) = 4x + 8z,$$
$$F'_y(x,y,z) = 4y,$$
$$F'_z(x,y,z) = 2z + 8x - 1.$$

由隐函数微分法,得

$$\frac{\partial z}{\partial x} = -\frac{4(x + 2z)}{2z + 8x - 1}, \quad \frac{\partial z}{\partial y} = -\frac{4y}{2z + 8x - 1}.$$

解方程组:

$$\begin{cases} \dfrac{\partial z}{\partial x} = 0, \\ \dfrac{\partial z}{\partial y} = 0. \end{cases}$$

由 $\dfrac{\partial z}{\partial x} = 0$，即 $x = -2z$，由 $\dfrac{\partial z}{\partial y} = 0$，即 $y = 0$.

代入原方程，得
$$7z^2 + z - 8 = 0,$$

解得 $z_1 = 1, z_2 = -\dfrac{8}{7}$.

当 $z_1 = 1$ 时，$x_1 = -2, y_1 = 0$，得驻点 $P_1(-2, 0)$，且 $z(-2, 0) = 1$.

当 $z_2 = -\dfrac{8}{7}$ 时，$x_2 = \dfrac{16}{7}, y_2 = 0$，得驻点 $P_2\left(\dfrac{16}{7}, 0\right)$，且 $z\left(\dfrac{16}{7}, 0\right) = -\dfrac{8}{7}$.

求二阶偏导数：

$$\dfrac{\partial^2 z}{\partial x^2} = -4 \cdot \dfrac{\left(1 + 2\dfrac{\partial z}{\partial x}\right)(2z + 8x - 1) - (x + 2z)\left(2\dfrac{\partial z}{\partial x} + 8\right)}{(2z + 8x - 1)^2},$$

$$\dfrac{\partial^2 z}{\partial x \partial y} = -4 \cdot \dfrac{2\dfrac{\partial z}{\partial y}(2z + 8x - 1) - (x + 2z) \cdot 2\dfrac{\partial z}{\partial y}}{(2z + 8x - 1)^2},$$

$$\dfrac{\partial^2 z}{\partial y^2} = -4 \cdot \dfrac{(2z + 8x - 1) - y \cdot 2\dfrac{\partial z}{\partial y}}{(15z + 8x - 1)^2}.$$

在驻点 $P_1(-2, 0)$ 处，有

$$A = \left.\dfrac{\partial^2 z}{\partial x^2}\right|_{\substack{x=-2 \\ y=0 \\ z=1}} = -4 \cdot \dfrac{(-15)}{(-15)^2} = \dfrac{4}{15},$$

$$B = \left.\dfrac{\partial^2 z}{\partial x \partial y}\right|_{\substack{x=-2 \\ y=0 \\ z=1}} = 0,$$

$$C = \left.\dfrac{\partial^2 z}{\partial y^2}\right|_{\substack{x=-2 \\ y=0 \\ z=1}} = -4 \cdot \dfrac{(-15)}{(-15)^2} = \dfrac{4}{15},$$

由 $B^2 - AC = -\left(\dfrac{4}{15}\right)^2 < 0$ 及 $A = \dfrac{4}{15} > 0$，可判定驻点 $P_1(-2, 0)$ 是极小值点，而 $z = 1$ 是极小值.

在驻点 $P_2\left(\dfrac{16}{7}, 0\right)$ 处，有

$$A = \left.\dfrac{\partial^2 z}{\partial x^2}\right|_{\substack{x=\frac{16}{7} \\ y=0 \\ z=-\frac{8}{7}}} = -4 \cdot \dfrac{1}{15} = -\dfrac{4}{15},$$

$$B = \left.\dfrac{\partial^2 z}{\partial x \partial y}\right|_{\substack{x=\frac{16}{7} \\ y=0 \\ z=-\frac{8}{7}}} = 0,$$

$$C = \frac{\partial^2 z}{\partial y^2}\bigg|_{\substack{x=\frac{16}{7}\\y=0\\z=-\frac{8}{7}}} = -4 \cdot \frac{1}{15} = -\frac{4}{15}.$$

由 $B^2 - AC = -\left(\frac{4}{15}\right)^2 < 0$ 及 $A = -\frac{4}{15} < 0$,可判定点 $P_2\left(\frac{16}{7},0\right)$ 是极大值点,而 $z\left(\frac{16}{7},0\right) = -\frac{8}{7}$ 是极大值.

例 5.55 求函数 $z = xy(4-x-y)$ 在直线 $x = 1, y = 0$ 和 $x + y = 6$ 所围成的闭区域 D 上的最大值和最小值,如图 22-1 所示.

解 先求函数 z 在区域 D 内的驻点. 为此解方程组:

$$\begin{cases} \dfrac{\partial z}{\partial x} = 4y - 2xy - y^2 = 0, \\ \dfrac{\partial z}{\partial y} = 4x - x^2 - 2xy = 0. \end{cases}$$

或解方程组:

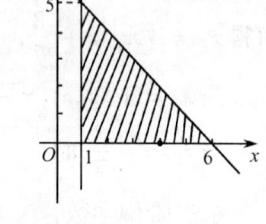

$$\begin{cases} y(4 - 2x - y) = 0, \\ x(4 - x - 2y) = 0. \end{cases}$$

图 22-1

得驻点 $P_1(0,0), P_2(0,4), P_3(4,0), P_4\left(\dfrac{4}{3}, \dfrac{4}{3}\right)$. 显然在 D 内只有唯一驻点 $P_4\left(\dfrac{4}{3},\dfrac{4}{3}\right)$,并且有 $z\left(\dfrac{4}{3},\dfrac{4}{3}\right) = \dfrac{64}{27}$.

要求 $z(x,y)$ 在区域 D 的边界上的最值:

在边界 $x = 1(0 \leq y \leq 5)$ 上:把 $x = 1$ 代入 $z(x,y)$ 中,得一元函数:
$$z(1,y) = y(3-y) = 3y - y^2, 0 \leq y \leq 5.$$

令 $z'_y = 3 - 2y = 0$,得驻点 $y = \dfrac{3}{2}$,从而求得点 $P_5\left(1,\dfrac{3}{2}\right)$.

在边界 $y = 0(1 \leq x \leq 6)$ 上:把 $y = 0$ 代入 $z(x,y)$ 中,得 $z = 0$.

在边界 $x + y = 6(1 \leq x \leq 6)$ 上:把 $y = 6 - x$ 代入 $z(x,y)$ 中,得
$$z(x, 6-x) = x(6-x)(4-x-6+x) = -2(6x - x^2),$$

令 $z'_x = -2(6 - 2x) = 0$,得驻点 $x = 3$,从而求点 $P_6(3,3)$.

区域 D 的边界曲线的交点为 $P_7(1,0), P_8(1,5), P_9(6,0)$.

求出函数在点 $P_3, P_4, P_5, P_6, P_7, P_8, P_9$ 处的函数值:

$$z(4,0) = 0, \quad z\left(\dfrac{4}{3},\dfrac{4}{3}\right) = \dfrac{64}{27}, \quad z\left(1,\dfrac{3}{2}\right) = \dfrac{9}{4},$$
$$z(3,3) = -18, \quad z(1,0) = 0, \quad z(1,5) = -10,$$
$$z(6,0) = 0.$$

经比较以上函数值,可确定 $z\left(\dfrac{4}{3},\dfrac{4}{3}\right) = \dfrac{64}{27}$ 是最大值, $z(3,3) = -18$ 是最小值.

例 5.56 设函数 $z = 2x^2 + xy^2 + ax + by + 2$ 在点 $P(1,-1)$ 处取得极值,

(1) 确定常数 a、b 的值;

(2) 函数值 $z(1,-1)$ 是极大值还是极小值?

解 (1) 根据二元函数极值的必要条件有

$$\begin{cases} \dfrac{\partial z}{\partial x}\bigg|_{(1,-1)} = (4x + y^2 + a)\bigg|_{(1,-1)} = 5 + a = 0, \\ \dfrac{\partial z}{\partial y}\bigg|_{(1,-1)} = (2xy + b)\bigg|_{(1,-1)} = b - 2 = 0. \end{cases}$$

所以 $a = -5$，$b = 2$.

(2) $z = 2x^2 + xy^2 - 5x + 2y + 2$

求一、二阶偏导数：

$$\dfrac{\partial z}{\partial x} = 4x + y^2 - 5, \quad \dfrac{\partial z}{\partial y} = 2xy + 2,$$

$$\dfrac{\partial^2 z}{\partial x^2} = 4, \quad \dfrac{\partial^2 z}{\partial x \partial y} = 2y, \quad \dfrac{\partial^2 z}{\partial y^2} = 2x.$$

在点 $P(1, -1)$ 处，由极值的充分条件有

$$\dfrac{\partial z}{\partial x}\bigg|_{(1,-1)} = 0, \quad \dfrac{\partial z}{\partial y}\bigg|_{(1,-1)} = 0,$$

$$A = \dfrac{\partial^2 z}{\partial x^2}\bigg|_{(1,-1)} = 4, \quad B = \dfrac{\partial^2 z}{\partial x \partial y}\bigg|_{(1,-1)} = -2, \quad C = \dfrac{\partial^2 z}{\partial y^2}\bigg|_{(1,-1)} = 2.$$

由 $B^2 - AC = (-2)^2 - 8 = -4 < 0$ 及 $A = 4 > 0$，可判定函数值 $z(1, -1) = -2$ 是极小值.

从以上例题可以看出：

1. 求二元函数 $z(x, y)$ 极值的步骤：

(1) 求一阶偏导数 $\dfrac{\partial z}{\partial x}, \dfrac{\partial z}{\partial y}$（如果 $z(x, y)$ 是由方程确定的隐函数，则用隐函数微分法求偏导数），再令 $\dfrac{\partial z}{\partial x} = 0, \dfrac{\partial z}{\partial y} = 0$，解方程组：

$$\begin{cases} \dfrac{\partial z}{\partial x} = 0, \\ \dfrac{\partial z}{\partial y} = 0. \end{cases}$$

求得各个驻点 $P_1(x_1, y_1), P_2(x_2, y_2), \cdots, P_m(x_m, y_m)$.

(2) 求二阶偏导数 $\dfrac{\partial^2 z}{\partial x^2}, \dfrac{\partial^2 z}{\partial x \partial y}, \dfrac{\partial^2 z}{\partial y^2}$，对每一个驻点 (x_i, y_i) 求出二阶偏导数的值：

$$A = \dfrac{\partial^2 z}{\partial x^2}\bigg|_{(x_i, y_i)}, \quad B = \dfrac{\partial^2 z}{\partial x \partial y}\bigg|_{(x_i, y_i)}, \quad C = \dfrac{\partial^2 z}{\partial y^2}\bigg|_{(x_i, y_i)},$$

由 $B^2 - AC$ 的符号，利用极值的充分条件，逐个判定驻点 $P_i(x_i, y_i)(i = 1, 2, \cdots, m)$ 是否为极值，是极大值还是极小值，最后求出这些极值.

(3) 如果对某一驻点，有 $B^2 - AC = 0$，则极值充分条件判别法失效，就采用极值的定义进行判别.

2. 设二元函数 $z(x, y)$ 在闭区域 D 上连续，则函数 $z(x, y)$ 在闭区域 D 上必存在最大值和最小值，求最值的步骤：

(1) 求一阶偏导数 $\dfrac{\partial z}{\partial x}, \dfrac{\partial z}{\partial y}$，解方程组：

$$\begin{cases} \frac{\partial z}{\partial x} = 0, \\ \frac{\partial z}{\partial y} = 0. \end{cases}$$

求出函数 $z(x,y)$ 在闭区域 D 内的驻点及其函数值.

(2) 求出函数 $z(x,y)$ 在 D 的边界曲线上的驻点(即一元函数的驻点)及其函数值.

(3) 求出函数 $z(x,y)$ 在 D 的边界曲线交点处的函数值.

(4) 比较上面所得到的函数值,则最大(小)者为函数 $z(x,y)$ 在闭区域 D 上的最大(小)值.

通常在实际应用问题中,根据问题的性质,往往可以判定目标函数的最大(小)值一定在区域 D 内取得,此时如果目标函数在区域 D 内只有一个驻点,那么就可以判定该驻点处的函数值就是所求的目标函数的最大(小)值,不必再求目标函数在区域 D 的边界上的最值,也无须判别驻点处的函数值是极大(小)值.

四、多元函数的条件极值

例 5.57 求函数 $z = x^2 + y^2$ 在条件 $\frac{x}{2} + y = 1$ 下的极值.

解法 1 化为无条件极值问题求解.

由约束条件方程解得 $y = 1 - \frac{x}{2}$,代入目标函数中,得

$$z = x^2 + \left(1 - \frac{x}{2}\right)^2 = \frac{5}{4}x^2 - x + 1, \quad -\infty < x < +\infty.$$

$$\frac{\mathrm{d}z}{\mathrm{d}x} = \frac{5}{2}x - 1,$$

令 $\frac{\mathrm{d}z}{\mathrm{d}x} = 0$,解得唯一驻点 $x = \frac{2}{5}$,这时 $y = \frac{4}{5}$.

由于 $\frac{\mathrm{d}^2 z}{\mathrm{d}x^2} = \frac{5}{2} > 0$,故 $x = \frac{2}{5}$ 是极小值点,因此函数 $z = x^2 + y^2$ 在条件 $\frac{x}{2} + y = 1$ 下的极小值点为 $P\left(\frac{2}{5}, \frac{4}{5}\right)$,极小值为 $z\left(\frac{2}{5}, \frac{4}{5}\right) = \left(\frac{2}{5}\right)^2 + \left(\frac{4}{5}\right)^2 = \frac{4}{5}$.

解法 2 用拉格朗日乘数法求解.

令

$$F(x,y) = x^2 + y^2 + \lambda\left(\frac{x}{2} + y - 1\right),$$

解方程组:

$$\begin{cases} F'_x(x,y) = 2x + \frac{\lambda}{2} = 0, & \text{①} \\ F'_y(x,y) = 2y + \lambda = 0, & \text{②} \\ \frac{x}{2} + y = 1. & \text{③} \end{cases}$$

由方程①、②推得 $y = 2x$,代入方程③,得

$$\frac{x}{2} + 2x = 1, x = \frac{2}{5}.$$

求得唯一驻点 $\left(\frac{2}{5}, \frac{4}{5}\right)$.

由于当 $x \to +\infty, y \to +\infty$ 时,函数 $z \to +\infty$,故函数 $z(x,y)$ 必存在最小值.而函数的驻点又唯一,因此在点 $\left(\dfrac{2}{5}, \dfrac{4}{5}\right)$ 处,函数 $z(x,y)$ 取得极小值

$$z\left(\frac{2}{5}, \frac{4}{5}\right) = \frac{4}{5}.$$

例 5.58 如图 22-2 所示,在圆锥面 $Rz = h\sqrt{x^2+y^2}$ 与平面 $z = h$ ($R>0, h>0$) 所围的圆锥体内,作一个底面平行于 xOy 面的有最大体积的长方体之边长及体积.

解 设长方体的长、宽、高分别为 $2x, 2y$ 及 $H = h-z$,则长方体的体积为

$$V = 4xy(h-z),$$

$$\left(x>0, y>0, 0<x^2+y^2<R^2, \frac{h}{R}\sqrt{x^2+y^2}<z<h\right)$$

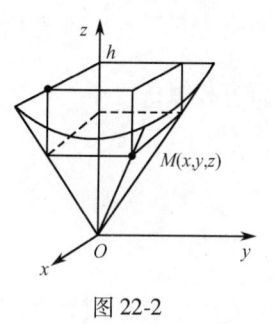

图 22-2

为了计算简便,我们考虑函数 $u = xy(h-z)$,在条件 $h\sqrt{x^2+y^2} - Rz = 0$ 下的最大值.

解法 1 化为无条件极值问题求解.

由约束条件方程解得 $z = \dfrac{h}{R}\sqrt{x^2+y^2}$,代入目标函数中,得

$$u = xy\left(h - \frac{h}{R}\sqrt{x^2+y^2}\right) = \frac{h}{R}xy(R - \sqrt{x^2+y^2}), (x>0, y>0).$$

$$\frac{\partial u}{\partial x} = \frac{h}{R}y(R - \sqrt{x^2+y^2}) + \frac{h}{R}xy\left(-\frac{x}{\sqrt{x^2+y^2}}\right)$$

$$= \frac{hy}{R}\left(R - \sqrt{x^2+y^2} - \frac{x^2}{\sqrt{x^2+y^2}}\right)$$

$$= \frac{hy}{R\sqrt{x^2+y^2}}(R\sqrt{x^2+y^2} - 2x^2 - y^2),$$

$$\frac{\partial u}{\partial y} = \frac{hx}{R\sqrt{x^2+y^2}}(R\sqrt{x^2+y^2} - x^2 - 2y^2).$$

由方程组: $\dfrac{\partial u}{\partial x} = 0$ 及 $\dfrac{\partial u}{\partial y} = 0$,可推得

$$\begin{cases} R\sqrt{x^2+y^2} - 2x^2 - y^2 = 0, \\ R\sqrt{x^2+y^2} - x^2 - 2y^2 = 0. \end{cases}$$

从而有 $x = y (x>0, y>0)$,代入上面方程组,解得 $x = y = \dfrac{\sqrt{2}}{3}R$,于是得到唯一驻点 $\left(\dfrac{\sqrt{2}R}{3}, \dfrac{\sqrt{2}R}{3}\right)$.

由于当 $x \to 0^+$ 或 $y \to 0^+$ 时,函数 $u \to 0^+$,故函数必存在最大值,而函数的驻点又唯一,于是在驻点 $\left(\dfrac{\sqrt{2}}{3}R, \dfrac{\sqrt{2}}{3}R\right)$ 处,函数 u 取得极大值

$$u\left(\frac{\sqrt{2}}{3}R, \frac{\sqrt{2}}{3}R\right) = \frac{2}{27}R^2 h,$$

长方体的最大体积为

$$V\left(\frac{\sqrt{2}}{3}R, \frac{\sqrt{2}}{3}R\right) = \frac{8}{27}R^2 h.$$

解法 2 用拉格朗日乘数法求解.

令 $F(x,y,z) = xy(h-z) + \lambda(h\sqrt{x^2+y^2} - Rz),$

$$\left(x > 0, y > 0, 0 < x^2 + y^2 < R^2, \frac{h}{R}\sqrt{x^2+y^2} < z < h\right)$$

解方程组：

$$\begin{cases} F'_x(x,y,z) = y(h-z) + \dfrac{\lambda h x}{\sqrt{x^2+y^2}} = 0, & \text{①} \\[2mm] F'_y(x,y,z) = x(h-z) + \dfrac{\lambda h y}{\sqrt{x^2+y^2}} = 0, & \text{②} \\[2mm] F'_z = -xy - \lambda R = 0, & \text{③} \\[2mm] h\sqrt{x^2+y^2} - Rz = 0. & \text{④} \end{cases}$$

由方程①、②解得 $y = x$.

把 $y = x$ 代入方程②，得

$$x(h-z) + \frac{\lambda h}{\sqrt{2}} = 0, \qquad \text{⑤}$$

由方程③、⑤解得 $z = \dfrac{h}{\sqrt{2}R}(\sqrt{2}R - x)$，代入方程④得

$$\sqrt{2}hx - \frac{h}{\sqrt{2}}(\sqrt{2}R - x) = 0, x = \frac{\sqrt{2}}{3}R.$$

解得唯一驻点 $\left(\dfrac{\sqrt{2}}{3}R, \dfrac{\sqrt{2}}{3}R, \dfrac{2}{3}h\right)$.

由实际问题的性质可知，这种长方体必有最大体积存在，那么唯一驻点处的长方体的体积必为这种长方体体积的最大值，其边长分别为 $\dfrac{\sqrt{2}}{3}R, \dfrac{\sqrt{2}}{3}R, \dfrac{2}{3}h$，最大体积为

$$V = 4 \cdot \frac{\sqrt{2}}{3}R \cdot \frac{\sqrt{2}}{3}R\left(h - \frac{2}{3}h\right) = \frac{8}{27}R^2 h.$$

例 5.59 求椭球面 $\dfrac{x^2}{3} + \dfrac{y^2}{2} + z^2 = 1$ 被平面 $x + y + z = 0$ 截得的椭圆的长半轴与短半轴之长.

解 我们注意到坐标原点 $O(0,0,0)$ 是椭球面的对称中心，且截平面 $x + y + z = 0$ 又通过原点 O. 因此，原点 O 截线椭圆的对称中心，从而椭圆的长短半轴 a, b 的平方 a^2, b^2 分别是函数 $u = x^2 + y^2 + z^2$ 在两个条件 $\dfrac{x^2}{3} + \dfrac{y^2}{2} + z^2 = 1$ 及 $x + y + z = 0$ 下的最大值和最小值.

下面用拉格朗日乘数法求解此条件极值问题.

令 $F(x,y,z) = x^2 + y^2 + z^2 + \lambda(x+y+z) + \mu\left(\dfrac{x^2}{3} + \dfrac{y^2}{2} + z^2 - 1\right),$

函数 $u = x^2 + y^2 + z^2$ 取得最大值、最小值的点的坐标必须满足方程组：

$$\begin{cases} \dfrac{\partial F}{\partial x} = 2x + \lambda + \dfrac{2}{3}x\mu = 0, \\ \dfrac{\partial F}{\partial y} = 2y + \lambda + y\mu = 0, \\ \dfrac{\partial F}{\partial z} = 2z + \lambda + 2z\mu = 0, \\ x + y + z = 0, \\ \dfrac{x^2}{3} + \dfrac{y^2}{2} + z^2 = 1. \end{cases}$$

或

$$\begin{cases} \dfrac{1}{2}\dfrac{\partial F}{\partial x} = \left(1 + \dfrac{1}{3}\mu\right)x + \dfrac{\lambda}{2} = 0, & ① \\ \dfrac{1}{2}\dfrac{\partial F}{\partial y} = \left(1 + \dfrac{1}{2}\mu\right)y + \dfrac{\lambda}{2} = 0, & ② \\ \dfrac{1}{2}\dfrac{\partial F}{\partial z} = (1 + \mu)z + \dfrac{\lambda}{2} = 0, & ③ \\ x + y + z = 0, & ④ \\ \dfrac{x^2}{3} + \dfrac{y^2}{2} + z^2 = 1. & ⑤ \end{cases}$$

以 x, y, z 分别乘方程①、②、③后再相加,得

$$(x^2 + y^2 + z^2) + \mu\left(\dfrac{x^2}{3} + \dfrac{y^2}{2} + z^2\right) + \dfrac{\lambda}{2}(x + y + z) = 0,$$

即

$$x^2 + y^2 + z^2 = -\mu.$$

由方程①、②、③、④可知,若要 x, y, z, λ 不全为零,其系数行列式必为零,即

$$\begin{vmatrix} 1 + \dfrac{\mu}{3} & 0 & 0 & \dfrac{1}{2} \\ 0 & 1 + \dfrac{\mu}{2} & 0 & \dfrac{1}{2} \\ 0 & 0 & 1 + \mu & \dfrac{1}{2} \\ 1 & 1 & 1 & 0 \end{vmatrix} = 0,$$

四阶行列式按第一行展开,有

$$\left(1 + \dfrac{\mu}{3}\right)\begin{vmatrix} 1 + \dfrac{\mu}{2} & 0 & \dfrac{1}{2} \\ 0 & 1 + \mu & \dfrac{1}{2} \\ 1 & 1 & 0 \end{vmatrix} - \dfrac{1}{2}\begin{vmatrix} 0 & 1 + \dfrac{\mu}{2} & 0 \\ 0 & 0 & 1 + \mu \\ 1 & 1 & 1 \end{vmatrix} = 0,$$

$$\left(1 + \dfrac{\mu}{3}\right)\begin{vmatrix} 1 + \dfrac{\mu}{2} & 0 & \dfrac{1}{2} \\ -\left(1 + \dfrac{\mu}{2}\right) & 1 + \mu & 0 \\ 1 & 1 & 0 \end{vmatrix} - \dfrac{1}{2}\left(1 + \dfrac{\mu}{2}\right)(1 + \mu) = 0,$$

$$\left(1 + \dfrac{\mu}{3}\right) \cdot \dfrac{1}{2}\left[-\left(1 + \dfrac{\mu}{2}\right) - (1 + \mu)\right] - \dfrac{1}{2}\left(1 + \dfrac{3}{2}\mu + \dfrac{1}{2}\mu^2\right) = 0,$$

$$2 + \dfrac{13}{6}\mu + \dfrac{1}{2}\mu^2 + 1 + \dfrac{3}{2}\mu + \dfrac{1}{2}\mu^2 = 0,$$

$$\mu^2 + \frac{11}{3}\mu + 3 = 0,$$
$$3\mu^2 + 11\mu + 9 = 0.$$

解得
$$\mu_1 = \frac{-11-\sqrt{13}}{6}, \mu_2 = \frac{-11+\sqrt{13}}{6}.$$

于是椭圆的长半轴 $a = \sqrt{-\mu_1} = \sqrt{\frac{11+\sqrt{13}}{6}}$,短半轴 $b = \sqrt{-\mu_2} = \sqrt{\frac{11-\sqrt{13}}{6}}$.

由以上数例可以看出,多元函数的条件极值解法有:

1. 把条件极值转化为无条件极值问题求解.

例如求函数 $u = f(x,y,z)$,在条件 $\varphi(x,y,z) = 0$ 下的极值. 如果能从约束条件方程 $\varphi(x,y,z) = 0$ 解出 $z = z(x,y)$,然后代入函数 $u = f(x,y,z)$ 中,就化为二元函数 $u = f[x,y,z(x,y)]$ 的无条件极值问题再求解.

2. 用拉格朗日乘数法求解.

例如求函数 $u = f(x,y,z)$,在条件 $\varphi(x,y,z) = 0$ 下的极值. 其中函数 $f(x,y,z)$,$\varphi(x,y,z)$ 有连续的偏导数,且 $\varphi'_x(x,y,z)$、$\varphi'_y(x,y,z)$、$\varphi'_z(x,y,z)$ 不同时为零. 用拉格朗日乘数法求解条件极值步骤:

(1) 作辅助函数,令
$$F(x,y,z) = f(x,y,z) + \lambda\varphi(x,y,z).$$

(2) 根据多元函数极值的必要条件,解方程组:
$$\begin{cases} F'_x(x,y,z) = f'_x(x,y,z) + \lambda\varphi'_x(x,y,z) = 0, \\ F'_y(x,y,z) = f'_y(x,y,z) + \lambda\varphi'_y(x,y,z) = 0, \\ F'_z(x,y,z) = f'_z(x,y,z) + \lambda\varphi'_z(x,y,z) = 0, \\ \varphi(x,y,z) = 0. \end{cases}$$

求出驻点 $P(x_0,y_0,z_0)$,点 P 就是函数 $u = f(x,y,z)$ 在条件 $\varphi(x,y,z) = 0$ 下可能的极值点.

(3) 根据实际应用问题的性质,判定目标函数最值的存在性,再根据驻点的唯一性确定函数 $u = f(x,y,z)$ 的最值一定存在,并求出最值.

第六单元 多元函数积分学

第二十三讲 二重积分的概念和计算

二重积分是定积分概念的推广,定积分的被积函数是一元函数,积分的范围是一个区间,而二重积分的被积函数是二元函数,积分的范围是平面上的一个有界闭区域. 二重积分与定积分在本质上是一致的,都是一种特殊类型的和式极限.

基本概念和重要结论

1. 二重积分的定义

设函数 $f(x,y)$ 定义在平面上有界闭区域 D 上,将区域 D 任意分割为 n 个子域 $\sigma_1,\sigma_2,\cdots,\sigma_n$, 子域 σ_i 的面积记为 $\Delta\sigma_i$, 任意取点 $(\xi_i,\eta_i)\in\sigma_i$, 作乘积 $f(\xi_i,\eta_i)\Delta\sigma_i(i=1,2,\cdots,n)$, 并求和 $\sum_{i=1}^{n}f(\xi_i,\eta_i)\Delta\sigma_i$. λ_i 是子域 σ_i 的直径, $\lambda=\max_{1\leqslant i\leqslant n}\{\lambda_i\}$, 如果当 $\lambda\to 0$ 时,和式 $\sum_{i=1}^{n}f(\xi_i,\eta_i)\Delta\sigma_i$ 的极限存在,则称此极限为函数 $f(x,y)$ 在有界闭区域 D 上的二重积分,记作

$$\iint_D f(x,y)\mathrm{d}\sigma = \lim_{\lambda\to 0}\sum_{i=1}^{n}f(\xi_i,\eta_i)\Delta\sigma_i.$$

如果二重积分 $\iint_D f(x,y)\mathrm{d}\sigma$ 存在,则称函数 $f(x,y)$ 在区域 D 上可积.

2. 二重积分的性质

设函数 $f(x,y)$、$g(x,y)$ 在区域 D 上可积,则二重积分有以下性质:

1) 线性性质

$$\iint_D kf(x,y)\mathrm{d}\sigma = k\iint_D f(x,y)\mathrm{d}\sigma,(k\text{ 为常数}).$$

$$\iint_D [f(x,y)\pm g(x,y)]\mathrm{d}\sigma = \iint_D f(x,y)\mathrm{d}\sigma \pm \iint_D g(x,y)\mathrm{d}\sigma.$$

2) 对积分区域具有可加性

将区域 D 分割为不重叠的两个区域 D_1 和 D_2, 则有

$$\iint_D f(x,y)\mathrm{d}\sigma = \iint_{D_1} f(x,y)\mathrm{d}\sigma + \iint_{D_2} f(x,y)\mathrm{d}\sigma.$$

3) 比较定理

若在积分区域 D 上有 $f(x,y)\leqslant g(x,y)$, 则有

$$\iint_D f(x,y)\mathrm{d}\sigma \leqslant \iint_D g(x,y)\mathrm{d}\sigma.$$

那么由不等式

$$-|f(x,y)|\leqslant f(x,y)\leqslant |f(x,y)|,$$

可推知

$$-\iint_D |f(x,y)|\,\mathrm{d}\sigma \leq \iint_D f(x,y)\,\mathrm{d}\sigma \leq \iint_D |f(x,y)|\,\mathrm{d}\sigma,$$

即

$$\left|\iint_D f(x,y)\,\mathrm{d}\sigma\right| \leq \iint_D |f(x,y)|\,\mathrm{d}\sigma.$$

4) 估值定理

设 m 和 M 分别是函数 $f(x,y)$ 在闭区域 D 上的最小值和最大值,A 是闭区域 D 的面积,则

$$mA \leq \iint_D f(x,y)\,\mathrm{d}\sigma \leq MA.$$

5) 中值定理

若函数 $f(x,y)$ 在闭区域 D 上连续,A 是闭区域 D 的面积,则至少存在一点 $(\xi,\eta) \in D$,使

$$\iint_D f(x,y)\,\mathrm{d}\sigma = f(\xi,\eta)A.$$

3. 二重积分的计算

1) 二重积分在直角坐标系中的计算

(1) 若区域 D 是由直线 $x = a, x = b(a < b)$,曲线 $y = y_1(x), y = y_2(x)(y_1(x) \leq y_2(x))$ 所围成的,那么

$$D = \{(x,y) \mid y_1(x) \leq y \leq y_2(x), a \leq x \leq b\},$$

区域 D 称为 X 型区域,其图形为图 23-1 或图 23-2.

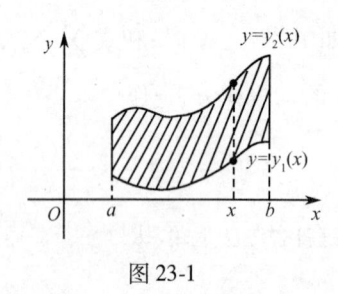

图 23-1 图 23-2

把二重积分化为先对 y 积分,后对 x 积分的累次积分,即

$$\iint_D f(x,y)\,\mathrm{d}\sigma = \iint_D f(x,y)\,\mathrm{d}x\mathrm{d}y = \int_a^b \mathrm{d}x \int_{y_1(x)}^{y_2(x)} f(x,y)\,\mathrm{d}y.$$

(2) 若区域 D 是由直线 $y = c, y = d(c < d)$,曲线 $x = x_1(y), x = x_2(y)(x_1(y) \leq x_2(y))$ 所围成的,那么

$$D = \{(x,y) \mid x_1(y) \leq x \leq x_2(y), c \leq y \leq d\},$$

区域 D 称为 Y 型区域,其图形为图 23-3 或图 23-4

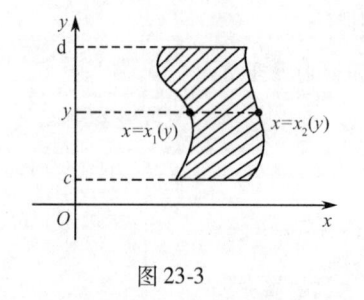

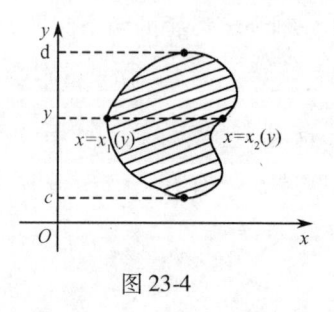

图 23-3 图 23-4

把二重积分化为先对 x 积分,后对 y 积分的累次积分,即

$$\iint\limits_D f(x,y)\,\mathrm{d}\sigma = \iint\limits_D f(x,y)\,\mathrm{d}x\mathrm{d}y = \int_c^d \mathrm{d}y \int_{x_1(y)}^{x_2(y)} f(x,y)\,\mathrm{d}x.$$

2）二重积分在极坐标系中的计算

根据直角坐标与极坐标的关系公式：
$$x = \rho\cos\theta, y = \rho\sin\theta,$$
把直角坐标系中的二重积分变换为极坐标系中的二重积分，即
$$\iint\limits_D f(x,y)\,\mathrm{d}x\mathrm{d}y = \iint\limits_D f(\rho\cos\theta,\rho\sin\theta)\rho\,\mathrm{d}\rho\mathrm{d}\theta.$$
再化为累次积分，一般是先对 ρ 积分，后对 θ 积分，根据极点 O 与积分区域 D 的边界曲线的相对位置来确定累次积分的下限与上限。

（1）若极点 O 在区域 D 的边界曲线的外部（图 23-5）时，则
$$D = \{(\rho,\theta) \mid \rho_1(\theta) \leq \rho \leq \rho_2(\theta), \alpha \leq \theta \leq \beta\}.$$
$$\iint\limits_D f(x,y)\,\mathrm{d}x\mathrm{d}y = \iint\limits_D f(\rho\cos\theta,\rho\sin\theta)\rho\,\mathrm{d}\rho\mathrm{d}\theta = \int_\alpha^\beta \mathrm{d}\theta \int_{\rho_1(\theta)}^{\rho_2(\theta)} f(\rho\cos\theta,\rho\sin\theta)\rho\,\mathrm{d}\rho.$$

（2）若极点 O 在区域 D 的边界曲线上（图 23-6）时，则
$$D = \{(\rho,\theta) \mid 0 \leq \rho \leq \rho(\theta), \alpha \leq \theta \leq \beta\}.$$
$$\iint\limits_D f(x,y)\,\mathrm{d}x\mathrm{d}y = \iint\limits_D f(\rho\cos\theta,\rho\sin\theta)\rho\,\mathrm{d}\rho\mathrm{d}\theta = \int_\alpha^\beta \mathrm{d}\theta \int_0^{\rho(\theta)} f(\rho\cos\theta,\rho\sin\theta)\rho\,\mathrm{d}\rho.$$

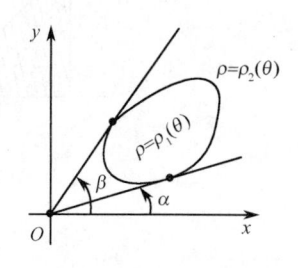

图 23-5 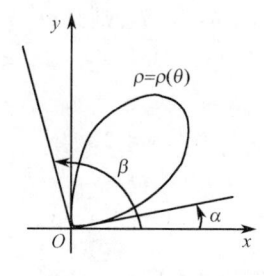　　　　　　　　图 23-6

（3）若极点 O 在区域 D 的边界曲线的内部（图 23-7，或图 23-8）时，则

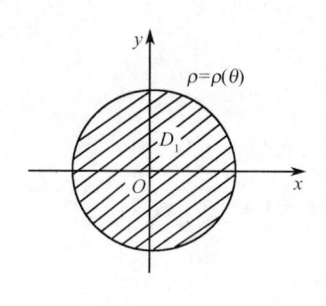

图 23-7 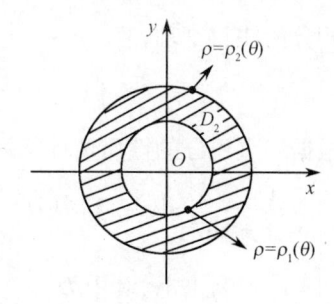　　　　　　　　图 23-8

$D_1 = \{(\rho,\theta) \mid 0 \leq \rho \leq \rho(\theta), 0 \leq \theta \leq 2\pi\}$，（如图 23-7）。

$D_2 = \{(\rho,\theta) \mid \rho_1(\theta) \leq \rho \leq \rho_2(\theta), 0 \leq \theta \leq 2\pi\}$，（如图 23-8）。

于是有
$$\iint\limits_{D_1} f(x,y)\,\mathrm{d}x\mathrm{d}y = \iint\limits_{D_1} f(\rho\cos\theta,\rho\sin\theta)\rho\,\mathrm{d}\rho\mathrm{d}\theta = \int_0^{2\pi} \mathrm{d}\theta \int_0^{\rho(\theta)} f(\rho\cos\theta,\rho\sin\theta)\rho\,\mathrm{d}\rho,$$

$$\iint\limits_{D_2} f(x,y)\,\mathrm{d}x\mathrm{d}y = \iint\limits_{D_2} f(\rho\cos\theta,\rho\sin\theta)\rho\,\mathrm{d}\rho\mathrm{d}\theta = \int_0^{2\pi}\mathrm{d}\theta\int_{\rho_1(\theta)}^{\rho_2(\theta)} f(\rho\cos\theta,\rho\sin\theta)\rho\,\mathrm{d}\rho.$$

一、根据二重积分的性质讨论二重积分的有关问题

例 6.1 根据二重积分的性质,比较二重积分
$$I_1 = \iint\limits_D (x+y)^2\,\mathrm{d}\sigma \text{ 与 } I_2 = \iint\limits_D (x+y)^3\,\mathrm{d}\sigma$$
的大小,其中:

(1) D 是由直线 $y = 1 - x$ 与 x 轴、y 轴所围成的三角形区域;

(2) $D = \{(x,y) \mid (x-2)^2 + (y-2)^2 \leqslant 2\}$.

解 (1) 任意取点 $(x,y) \in D$,由于区域 D 位于直线 $x + y = 1$ 的下方,且 $x \geqslant 0, y \geqslant 0$,(图 23-9) 故必有
$$0 \leqslant x + y \leqslant 1.$$
那么
$$(x+y) \geqslant (x+y)^2 \geqslant (x+y)^3.$$
根据二重积分的比较定理,有
$$\iint\limits_D (x+y)^2\,\mathrm{d}\sigma \geqslant \iint\limits_D (x+y)^3\,\mathrm{d}\sigma.$$

(2) 任意取点 $(x,y) \in D$,则必有
$$(x-2)^2 + (y-2)^2 \leqslant 2,$$
展开后,得
$$x^2 - 4x + y^2 - 4y + 8 \leqslant 2,$$
$$x^2 + y^2 + 6 \leqslant 4(x+y),$$
$$6 \leqslant x^2 + y^2 + 6 \leqslant 4(x+y),$$
$$1 < \frac{3}{2} \leqslant x + y.$$

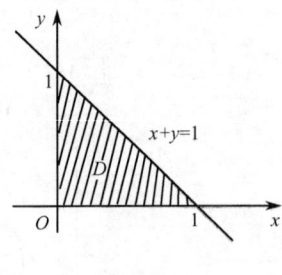

图 23-9

从而有
$$(x+y) < (x+y)^2 < (x+y)^3,$$
根据二重积分的比较定理,有
$$\iint\limits_D (x+y)^2\,\mathrm{d}\sigma < \iint\limits_D (x+y)^3\,\mathrm{d}\sigma.$$

例 6.2 根据二重积分的性质估计下列二重积分的值:

(1) $\iint\limits_D \dfrac{1}{1 + \cos^2 x + \sin^2 y}\,\mathrm{d}x\mathrm{d}y$,其中 $D = \{(x,y) \mid |x| + |y| \leqslant 1\}$;

(2) $\iint\limits_D (x^2 + 4y^2 + 9)\,\mathrm{d}x\mathrm{d}y$,其中 $D = \{(x,y) \mid x^2 + y^2 \leqslant 4\}$.

解 (1) 因为对任何 $(x,y) \in D$(图 23-10),有
$$0 \leqslant \cos^2 x \leqslant 1, 0 \leqslant \sin^2 y \leqslant 1,$$
所以有
$$\frac{1}{3} \leqslant \frac{1}{1 + \cos^2 x + \sin^2 y} \leqslant 1.$$

根据二重积分的估值定理,有

$$\iint_D \frac{1}{3} dxdy \leq \iint_D \frac{1}{1+\cos^2 x + \sin^2 y} dxdy \leq \iint_D dxdy,$$

即

$$\frac{2}{3} \leq \iint_D \frac{1}{1+\cos^2 x + \sin^2 y} dxdy \leq 2.$$

(2) 因为对任何 $(x,y) \in D$,必有 $0 \leq x^2 + y^2 \leq 4$,所以对被积函数有

$$9 \leq x^2 + 4y^2 + 9 \leq 4(x^2 + y^2) + 9 \leq 25.$$

根据二重积分的估值定理,有

$$\iint_D 9 dxdy \leq \iint_D (x^2 + 4y^2 + 9) dxdy \leq \iint_D 25 dxdy,$$

$$36\pi \leq \iint_D (x^2 + 4y^2 + 9) dxdy \leq 100\pi.$$

图 23-10

注 也可以根据二重积分的中值定理来估计积分值.

因为被积函数 $f(x,y) = x^2 + 4y^2 + 9$ 积分区域 D 上连续,根据二重积分中值定理,至少存在一点 $(\xi,\eta) \in D$,使得

$$\iint_D (x^2 + 4y^2 + 9) dxdy = (\xi^2 + 4\eta^2 + 9) \cdot S,$$

其中 S 表示 D 的面积, $S = 4\pi$.

因为

$$9 \leq \xi^2 + 4\eta^2 + 9 \leq 4(\xi^2 + \eta^2) + 9 \leq 25,$$

所以

$$36\pi \leq \iint_D (x^2 + 4y^2 + 9) dxdy \leq 100\pi.$$

例 6.3 确定二重积分

$$\iint_D \ln(x^2 + y^2) dxdy$$

的正负号,其中 $D = \{(x,y) \mid |x| + |y| \leq 1\}$.

解 因为对任何 $(x,y) \in D$,必有 $|x| + |y| \leq 1$. 所以

$$0 \leq x^2 + y^2 \leq |x|^2 + 2|x| \cdot |y| + |y|^2 = (|x| + |y|)^2 \leq 1,$$

而对数函数 $\ln u$ 是单调增函数,从而有

$$\ln(x^2 + y^2) \leq \ln 1 = 0,$$

又在 $D = \{(x,y) \mid |x| + |y| \leq 1\}$ 内 $\ln(x^2 + y^2)$ 不恒为零,于是有

$$\iint_D \ln(x^2 + y^2) dxdy < 0.$$

例 6.4 证明

$$\iint_{|x|+|y|\leq 1} (4\sqrt{|xy|} + x^2) dxdy + \iint_{|x|+|y|\leq 1} (4|xy| + y^2) dxdy \leq 8.$$

证 根据二重积分的性质,有

$$\iint_{|x|+|y|\leq 1} (4\sqrt{|xy|} + x^2) dxdy + \iint_{|x|+|y|\leq 1} (4|xy| + y^2) dxdy =$$

$$\iint_{|x|+|y|\leq 1} (x^2 + 4|xy| + y^2 + 4\sqrt{|xy|}) dxdy.$$

积分区域 $D = \{(x,y) \mid |x| + |y| \leq 1\}$,见图 23-10,而被积函数为

$$x^2 + 4|xy| + y^2 + 4\sqrt{|xy|}$$
$$= (|x|^2 + 2|x||y| + |y|^2) + 4\sqrt{|xy|} + 2|xy|$$
$$= (|x| + |y|)^2 + 4\sqrt{|xy|} + 2|xy|,$$

因为对任意的 $(x,y) \in D$，则有 $|x| + |y| \leq 1$，所以
$$(|x| + |y|)^2 = |x|^2 + 2|x||y| + |y|^2 \leq 1.$$

并注意到
$$2|xy| \leq |x|^2 + 2|xy| + |y|^2 \leq 1.$$

又因为
$$|x| + |y| = (\sqrt{|x|})^2 + (\sqrt{|y|})^2 \geq 2\sqrt{|xy|},$$
$$4\sqrt{|xy|} \leq 2(|x| + |y|) \leq 2,$$

所以被积函数有
$$x^2 + 4|xy| + y^2 + 4\sqrt{|xy|}$$
$$= (|x| + |y|)^2 + 4\sqrt{|xy|} + 2|xy| \leq 1 + 2 + 1 = 4,$$

而积分区域 D 的面积为
$$\iint_D dxdy = (\sqrt{2})^2 = 2.$$

于是有
$$\iint_D (4\sqrt{|xy|} + x^2)dxdy + \iint_D (4|xy| + y^2)dxdy =$$
$$\iint_D (x^2 + 4|xy| + y^2 + 4\sqrt{|xy|})dxdy \leq \iint_D 4dxdy = 4\iint_D dxdy = 8.$$

例 6.5 设 $D = \{(x,y) \mid x^2 + y^2 \leq r^2\}$，$f(x,y)$ 为 D 上的连续函数，求极限
$$\lim_{r \to 0} \frac{1}{\pi r^2} \iint_D f(x,y)d\sigma.$$

解 根据二重积分的中值定理，至少存在一点 $(\xi, \eta) \in D$，使得
$$\lim_{r \to 0} \frac{1}{\pi r^2} \iint_D f(x,y)d\sigma = \lim_{r \to 0} \frac{1}{\pi r^2} \cdot f(\xi, \eta) \iint_D d\sigma$$
$$= \lim_{r \to 0} \frac{1}{\pi r^2} \cdot f(\xi, \eta) \cdot \pi r^2 = \lim_{r \to 0} f(\xi, \eta)$$
$$= \lim_{(\xi, \eta) \to (0,0)} f(\xi, \eta) = f(0,0).$$

二、在直角坐标系中二重积分与二次积分

1. 化二重积为二次积分

例 6.6 设 $f(x,y)$ 是连续函数，把二重积分 $\iint_D f(x,y)dxdy$ 化为二次积分，其中 D 是

(1) 由抛物线 $y = 3 - x^2$ 与直线 $x + y = 1$ 所围成的有界闭域；

(2) 由抛物线 $x = -\sqrt{4-y}$，半圆周 $x = \sqrt{4y - y^2}$ 与直线 $y = 0$ 所围成的有界闭域.

解 (1) 区域 D 如图 23-11 所示. 如果我们选择先对 y 积分，后对 x 积分，则把区域 D 投影到 x 轴上，得到区域 D 上任意一点 (x,y) 的横坐标 x 的变化区间 $[-1,2]$，即 $-1 \leq x \leq 2$. 在 x 轴上任取一点 $x \in [-1,2]$，过点 x 作平行于 y 轴的直线，该直线先与 D 的下面边界曲线 $y = 1 - x$ 相交，再与上面边界曲线 $y = 3 - x^2$ 相交，从而可知区域 D 上任意一点 (x,y) 的纵坐标应满足

不等式 $1-x \leq y \leq 3-x^2$，于是积分区域 D 可表示为
$$D = \{(x,y) \mid 1-x \leq y \leq 3-x^2, -1 \leq x \leq 2\}.$$
最后将二重积分化为先对 y，后对 x 的二次积分，即
$$\iint_D f(x,y)\,dxdy = \int_{-1}^{2} dx \int_{1-x}^{3-x^2} f(x,y)\,dy.$$

如果我们选择先对 x 积分，后对 y 积分，则把区域 D 投影到 y 轴上（图 23-12），得到区域 D 上任意一点 (x,y) 的纵坐标 y 的变化区间 $[-1,3]$，即 $-1 \leq y \leq 3$。在 y 轴上任取一点 $y \in [-1, 3]$，过点 y 作平行于 x 轴的直线，若 $-1 \leq y \leq 2$，则该直线先与 D 的左面边界曲线 $x = 1-y$ 相交，再与右面的边界曲线 $x = \sqrt{3-y}$ 相交，即 $1-y \leq x \leq \sqrt{3-y}$，于是 D 的子域 D_1：
$$D_1 = \{(x,y) \mid 1-y \leq x \leq \sqrt{3-y}, -1 \leq y \leq 2\}.$$

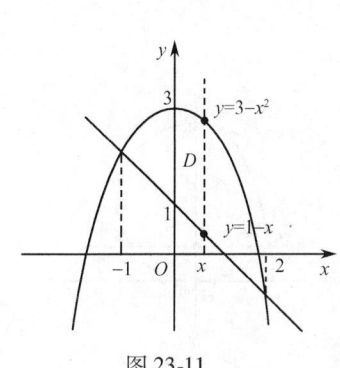

图 23-11 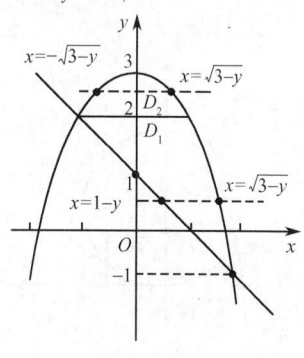　　　　图 23-12

若 $2 \leq y \leq 3$ 时，则该直线先与 D 的左面边界曲线 $x = -\sqrt{3-y}$ 相交，再与右面的边界曲线 $x = \sqrt{3-y}$ 相交，即 $-\sqrt{3-y} \leq x \leq \sqrt{3-y}$，于是 D 的子域 D_2：
$$D_2 = \{(x,y) \mid -\sqrt{3-y} \leq x \leq \sqrt{3-y}, 2 \leq y \leq 3\}.$$
并且 $D = D_1 + D_2$，最后将二重积分化为先对 x，后对 y 积分的二次积分，即
$$\iint_D f(x,y)\,dxdy = \iint_{D_1} f(x,y)\,dxdy + \iint_{D_2} f(x,y)\,dxdy$$
$$= \int_{-1}^{2} dy \int_{1-y}^{\sqrt{3-y}} f(x,y)\,dx + \int_{2}^{3} dy \int_{-\sqrt{3-y}}^{\sqrt{3-y}} f(x,y)\,dx.$$

(2) 区域 D 如图 23-13 所示。如果我们选择先对 y 积分，后对 x 积分，则把区域 D 投影到 x 轴上，得到区域 D 上任意一点 (x,y) 的横坐标 x 的变化范围 $[-2,2]$，即 $-2 \leq x \leq 2$。在 x 轴上任取一点 $x \in [-2,2]$，过点 x 作平行于 y 轴的直线，若 $-2 \leq x \leq 0$，则该直线先与区域 D 的下面边界曲线 $y = 0$ 相交，再与上面的边界曲线 $y = 4-x^2$ 相交，即 $0 \leq y \leq 4-x^2$，于是 D 的子域 D_1：
$$D_1 = \{(x,y) \mid 0 \leq y \leq 4-x^2, -2 \leq x \leq 0\}.$$
若 $0 \leq x \leq 2$，则该直线先与 D 的下面边界曲线 $y = 2-\sqrt{4-x^2}$ 相交，再与上面的边界曲线 $y = 2+\sqrt{4-x^2}$ 相交，即 $2-\sqrt{4-x^2} \leq y \leq 2+\sqrt{4-x^2}$，于是 D 的子域 D_2：
$$D_2 = \{(x,y) \mid 2-\sqrt{4-x^2} \leq y \leq 2+\sqrt{4-x^2}, 0 \leq x \leq 2\}.$$
并且 $D = D_1 + D_2$，最后将二重积分化为先对 y，后对 x 积分的二次积分，即
$$\iint_D f(x,y)\,dxdy = \iint_{D_1} f(x,y)\,dxdy + \iint_{D_2} f(x,y)\,dxdy$$

$$= \int_{-2}^{0} dx \int_{0}^{4-x^2} f(x,y) dy + \int_{0}^{2} dx \int_{2-\sqrt{4-x^2}}^{2+\sqrt{4-x^2}} f(x,y) dy.$$

如果我们选择先对 x 积分,后对 y 积分,则把区域 D 投影到 y 轴上(图 23-14),得到区域 D 上任意一点 (x,y) 的纵坐标 y 的变化范围 $[0,4]$,即 $0 \leq y \leq 4$. 在 y 轴上任取一点 $y \in [0,4]$,过点 y 作平行于 x 轴的直线,则该直线先与区域 D 的左面边界曲线 $x = -\sqrt{4-y}$ 相交,再与右面的边界曲线 $x = \sqrt{4y-y^2}$ 相交,即 $-\sqrt{4-y} \leq x \leq \sqrt{4y-y^2}$,于是区域 D 可表示为

$$D = \{(x,y) \mid -\sqrt{4-y} \leq x \leq \sqrt{4y-y^2}, 0 \leq y \leq 4\}.$$

最后将二重积分化为先对 x,后对 y 的二次积分,即

$$\iint_D f(x,y) dx dy = \int_0^4 dy \int_{-\sqrt{4-y}}^{\sqrt{4y-y^2}} f(x,y) dx.$$

图 23-13　　　　　　　　　　　图 23-14

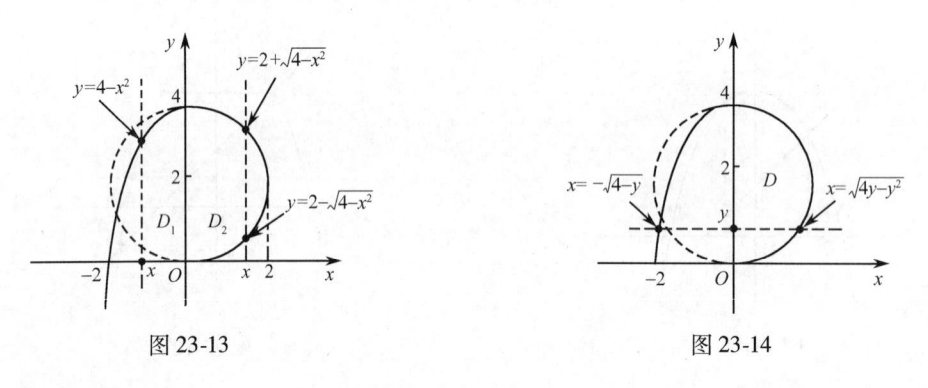

从例 6.6 可以看出,化二重积分为二次积分,首先要确定二次积分的先后次序,其次再确定每次积分的上、下限. 具体步骤是:

(1) 在直角坐标平面上画出积分区域 D 的草图;

(2) 若已确定二次积分的次序是先对 y 后对 x 积分,则把区域 D 投影到 x 轴上(图 23-15),得到区域 D 上任意一点 (x,y) 的横坐标 x 的变化范围 $[a,b]$,即 $a \leq x \leq b$;

在 x 轴上任取一点 $x \in [a,b]$,过点 x 作平行于 y 轴的直线,则该直线先与区域 D 的下边界曲线 $y = y_1(x)$ 相交,再与 D 的上边界曲线 $y = y_2(x)$ 相交,即 $y_1(x) \leq y \leq y_2(x)$. 于是积分区域 D 可表示为

$$D = \{(x,y) \mid y_1(x) \leq y \leq y_2(x), a \leq x \leq b\}.$$

最后把二重积分化为二次积分:

$$\iint_D f(x,y) dx dy = \int_a^b dx \int_{y_1(x)}^{y_2(x)} f(x,y) dy.$$

一般地说,先积分(即内层积分)的下、上限是后积分变量(即外层积分变量)的函数或为常数,而后积分(即外层积分)的下、上限为常数.

(3) 若已确定二次积分的次序是先对 x 后对 y 积分,则把区域 D 投影到 y 轴上(图 23-16),得到区域 D 上任意一点 (x,y) 的纵坐标 y 的变化范围 $[c,d]$,即 $c \leq y \leq d$.

在 y 轴上任取一点 $y \in [c,d]$,过点 y 作平行于 x 轴的直线,则该直线先与区域 D 的左边界曲线 $x = x_1(y)$ 相交,再与 D 的右边界曲线 $x = x_2(y)$ 相交,即 $x_1(y) \leq x \leq x_2(y)$.

于是积分区域 D 可表示为

$$D = \{(x,y) \mid x_1(y) \leq x \leq x_2(y), c \leq y \leq d\}.$$

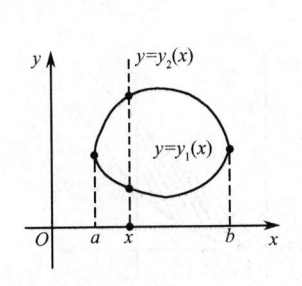

图 23-15 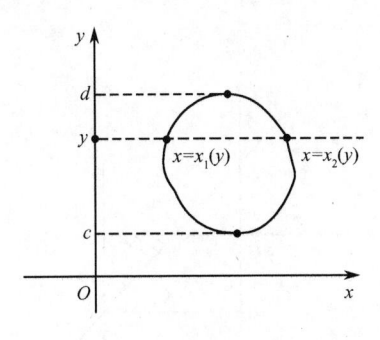   图 23-16

最后把二重积分化为二次积分：

$$\iint_D f(x,y)\,\mathrm{d}x\mathrm{d}y = \int_c^d \mathrm{d}y \int_{x_1(y)}^{x_2(y)} f(x,y)\,\mathrm{d}x.$$

2. 更换二次积分的先后次序

例 6.7　假设 $f(x,y)$ 为连续函数，更换下列二次积分的先后次序：

(1) $\int_{-1}^{0} \mathrm{d}y \int_{1-y}^{2} f(x,y)\,\mathrm{d}x$；

(2) $\int_{0}^{\frac{1}{2}} \mathrm{d}x \int_{x^2}^{x} f(x,y)\,\mathrm{d}y$.

解　更换二次积分先后次序的解题步骤：由题目所给的二次积分的下、上限写出与之相等的二重积分的积分区域 D，然后再把该二重积分按与题目相反的积分次序化为二次积分，从而达到更换二次积分先后次序的目的.

(1) 由题目所给的二次积分的外层积分限可知 $-1 \leq y \leq 0$，即与之相等的二重积分的积分区域 D 上任意一点 (x,y) 的纵坐标 y 在区间 $[-1,0]$ 上变化. 从内层积分限可知 $1-y \leq x \leq 2$，这就意味着：在 y 轴上任取一点 $y \in [-1,0]$，过点 y 作平行于 x 轴的直线，该直线先与 D 的左边界曲线 $x = 1-y$ 相交，再与 D 的右边界曲线 $x = 2$ 相交，从而得到区域 D（图 23-17）的表达式：

$$D = \{(x,y) \mid 1-y \leq x \leq 2, -1 \leq y \leq 0\}.$$

那么有

$$\int_{-1}^{0} \mathrm{d}y \int_{1-y}^{2} f(x,y)\,\mathrm{d}x = \iint_D f(x,y)\,\mathrm{d}x\mathrm{d}y.$$

而积分区域 D 又可以表示为

$$D = \{(x,y) \mid 1-x \leq y \leq 0, 1 \leq x \leq 2\},$$

那么二重积分又可化为相反积分次序的二次积分

$$\iint_D f(x,y)\,\mathrm{d}x\mathrm{d}y = \int_{1}^{2} \mathrm{d}x \int_{1-x}^{0} f(x,y)\,\mathrm{d}y.$$

所以

$$\int_{-1}^{0} \mathrm{d}y \int_{1-y}^{2} f(x,y)\,\mathrm{d}x = \int_{1}^{2} \mathrm{d}x \int_{1-x}^{0} f(x,y)\,\mathrm{d}y.$$

(2) 由题目所给的二次积分的外层积分限可知 $0 \leq x \leq \frac{1}{2}$，从内层积分限可知 $x^2 \leq y \leq x$，从而得到区域 D（图 23-18）的表达式：

$$D = \left\{(x,y) \mid x^2 \leq y \leq x, 0 \leq x \leq \frac{1}{2}\right\}.$$

图 23-17

图 23-18

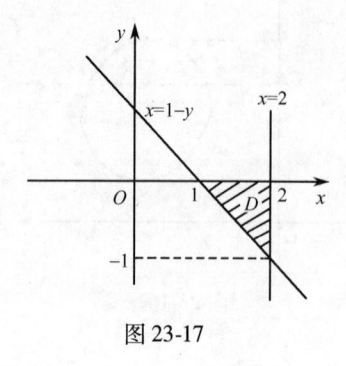

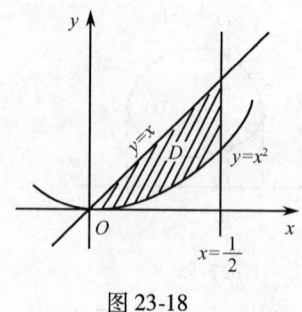

那么有

$$\int_0^{\frac{1}{2}} dx \int_{x^2}^{x} f(x,y) dy = \iint_D f(x,y) dx dy.$$

积分区域 D 又可以划分为两个子域 D_1 与 D_2 之和(图 23-19),其中

$$D_1 = \left\{ (x,y) \mid y \leqslant x \leqslant \sqrt{y}, 0 \leqslant y \leqslant \frac{1}{4} \right\};$$

$$D_2 = \left\{ (x,y) \mid y \leqslant x \leqslant \frac{1}{2}, \frac{1}{4} \leqslant y \leqslant \frac{1}{2} \right\}.$$

且 $D = D_1 + D_2$,

那么二重积分又可以化为相反积分次序的二次积分

$$\iint_D f(x,y) dx dy = \iint_{D_1} f(x,y) dx dy + \iint_{D_2} f(x,y) dx dy$$

$$= \int_0^{\frac{1}{4}} dy \int_y^{\sqrt{y}} f(x,y) dx + \int_{\frac{1}{4}}^{\frac{1}{2}} dy \int_y^{\frac{1}{2}} f(x,y) dx.$$

图 23-19

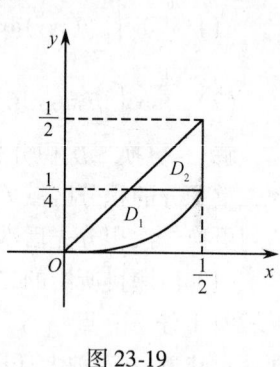

例 6.8 设 $f(x)$ 为连续函数,试证明等式

$$\int_0^1 dx \int_0^x f(y) dy = \int_0^1 f(x)(1-x) dx$$

成立.

解 把欲证等式左端的二次积分,视为一个二重积分化成的二次积分,即

$$\int_0^1 dx \int_0^x f(y) dy = \iint_D f(y) dx dy,$$

其中积分区域 D(图 23-20)视为 X 型区域,可表示为

$$D = \{(x,y) \mid 0 \leqslant y \leqslant x, 0 \leqslant x \leqslant 1\}.$$

而积分区域 D 又可视为 Y 型区域,表示为

$$D = \{(x,y) \mid y \leqslant x \leqslant 1, 0 \leqslant y \leqslant 1\}.$$

更换二次积分的积分次序,得

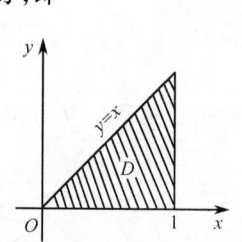

图 23-20

$$\int_0^1 dx \int_0^x f(y) dy = \int_0^1 dy \int_y^1 f(y) dx = \int_0^1 f(y)(1-y) dy = \int_0^1 f(x)(1-x) dx.$$

最后一个等号是根据积分与积分变量的记号无关.

例 6.9 设 $f(x)$ 是在区间 $[0,1]$ 上的连续函数,试证明等式

$$\int_0^1 f(x) dx \int_x^1 f(y) dy = \frac{1}{2} \left[\int_0^1 f(x) dx \right]^2$$

成立.

解 把欲证等式左端的二次积分，视为一个二重积分化成的二次积分，即

$$\int_0^1 f(x)\,dx \int_x^1 f(y)\,dy = \iint_{D_1} f(x)f(y)\,dxdy,$$

其中积分区域 D_1 为

$$D_1 = \{(x,y) \mid x \leq y \leq 1, 0 \leq x \leq 1\}.$$

积分区域 D_1 如图 23-21 所示. 令

$$\sigma = \left[\int_0^1 f(x)\,dx\right]^2,$$

$$\sigma_1 = \iint_{D_1} f(x)f(y)\,dxdy = \int_0^1 f(x)\,dx \int_x^1 f(y)\,dy.$$

$$\sigma_2 = \iint_{D_2} f(x)f(y)\,dxdy.$$

其中 D_2 如图 23-21 所示.

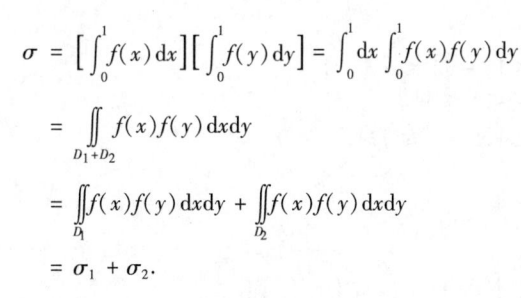

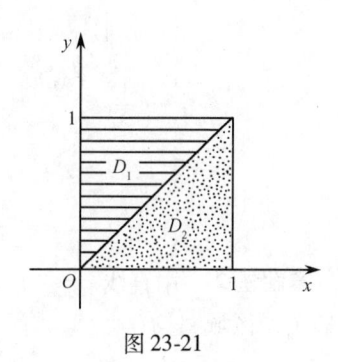

图 23-21

则有

$$\sigma = \left[\int_0^1 f(x)\,dx\right]\left[\int_0^1 f(y)\,dy\right] = \int_0^1 dx \int_0^1 f(x)f(y)\,dy$$

$$= \iint_{D_1+D_2} f(x)f(y)\,dxdy$$

$$= \iint_{D_1} f(x)f(y)\,dxdy + \iint_{D_2} f(x)f(y)\,dxdy$$

$$= \sigma_1 + \sigma_2.$$

但是

$$\sigma_2 = \int_0^1 f(y)\,dy \int_y^1 f(x)\,dx = \int_0^1 \left[f(y)\int_y^1 f(x)\,dx\right]dy = \int_0^1 \left[f(u)\int_u^1 f(y)\,dy\right]du$$

$$= \int_0^1 f(u)\,du \int_u^1 f(y)\,dy = \int_0^1 f(x)\,dx \int_x^1 f(y)\,dy = \sigma_1,$$

所以

$$\sigma = \sigma_1 + \sigma_2 = 2\sigma_1, \sigma_1 = \frac{1}{2}\sigma,$$

证得

$$\int_0^1 f(x)\,dx \int_x^1 f(y)\,dy = \frac{1}{2}\left[\int_0^1 f(x)\,dx\right]^2.$$

三、在直角坐标系下计算二重积分

在直角坐标系下计算二重积分是把二重积分化为二次积分加以计算，首先要选择适当积分的先后次序，如果选择不当不仅计算起来麻烦，对有些问题内层积分就无法进行计算. 选择积分的先后次序有以下因素：

(1) 被积函数的因素 —— 要考虑内层积分容易求出，并能为外层积分创造良好的积分条件；

(2) 积分区域的因素 —— 如果积分区域是 X 型区域，应选择先对 y 积分，后对 x 积分，如果是 Y 型区域，应选择先对 x 积分，后对 y 积分.

例 6.10 计算二重积分 $\iint\limits_D x^2 y \, dx dy$,其中 D 是由双曲线 $x^2 - y^2 = 1$ 及直线 $y = 0, y = 1$ 所围成的平面区域.

解法 1 积分区域 D 如图 23-22 所示. 显然 D 是 Y 型区域,可表示为

$$D = \{(x,y) \mid -\sqrt{1+y^2} \leq x \leq \sqrt{1+y^2}, 0 \leq y \leq 1\},$$

应选择先对 x 积分,后对 y 积分,因此有

$$\iint\limits_D x^2 y \, dx dy = \int_0^1 dy \int_{-\sqrt{1+y^2}}^{\sqrt{1+y^2}} x^2 y \, dx$$

$$= \int_0^1 y \cdot \frac{1}{3} x^3 \Big|_{-\sqrt{1+y^2}}^{\sqrt{1+y^2}} dy$$

$$= \frac{2}{3} \int_0^1 y (1+y^2)^{\frac{3}{2}} dy$$

$$= \frac{1}{3} \cdot \frac{2}{5} (1+y^2)^{\frac{5}{2}} \Big|_0^1 = \frac{2}{15}(4\sqrt{2} - 1).$$

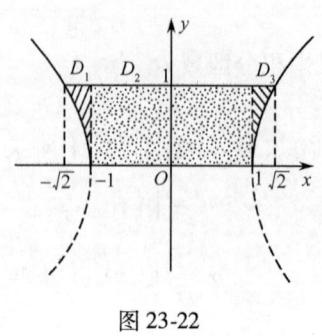

图 23-22

解法 2 用直线 $x = -1, x = 1$ 把平面区域 D 划分为三个子域 D_1、D_2、D_3(图 23-22),它们都是 X 型区域,且有

$$D_1 = \{(x,y) \mid \sqrt{x^2-1} \leq y \leq 1, -\sqrt{2} \leq x \leq -1\};$$

$$D_2 = \{(x,y) \mid 0 \leq y \leq 1, -1 \leq x \leq 1\};$$

$$D_3 = \{(x,y) \mid \sqrt{x^2-1} \leq y \leq 1, 1 \leq x \leq \sqrt{2}\}.$$

选择先对 y 积分,后对 x 积分有

$$\iint\limits_D x^2 y \, dx dy = \iint\limits_{D_1} x^2 y \, dx dy + \iint\limits_{D_2} x^2 y \, dx dy + \iint\limits_{D_3} x^2 y \, dx dy$$

$$= \int_{-\sqrt{2}}^{-1} dx \int_{\sqrt{x^2-1}}^1 x^2 y \, dy + \int_{-1}^1 dx \int_0^1 x^2 y \, dy + \int_1^{\sqrt{2}} dx \int_{\sqrt{x^2-1}}^1 x^2 y \, dy$$

$$= \int_{-\sqrt{2}}^{-1} x^2 \cdot \frac{1}{2}(2 - x^2) dx + \int_{-1}^1 \frac{1}{2} x^2 dx + \int_1^{\sqrt{2}} x^2 \cdot \frac{1}{2}(2 - x^2) dx$$

$$= \int_1^{\sqrt{2}} (2x^2 - x^4) dx + \frac{1}{6} x^3 \Big|_{-1}^1 = \left(\frac{2}{3} x^3 - \frac{1}{5} x^5\right)\Big|_1^{\sqrt{2}} + \frac{1}{3}$$

$$= \frac{4\sqrt{2}}{3} - \frac{4\sqrt{2}}{5} - \frac{2}{3} + \frac{1}{5} + \frac{1}{3} = \frac{2}{15}(4\sqrt{2} - 1).$$

比较解法 1 与解法 2,显然解法 2 要麻烦得多,由此例可知选择适当的积分先后次序是多么的重要.

例 6.11 计算二重积分 $\iint\limits_D \sin\dfrac{\pi y}{2x} dx dy$,其中 D 是由曲线 $x = \sqrt{y}$ 及直线 $y = x, x = 2$ 所围成的平面区域.

解 积分区域 D 如图 23-23 所示.
先求曲线的交点坐标.

由 $\begin{cases} x = \sqrt{y}, \\ y = x, \end{cases}$ 解得交点 $A(1,1)$;

由 $\begin{cases} y = x, \\ x = 2, \end{cases}$ 解得交点 $B(2,2)$;

由 $\begin{cases} x = \sqrt{y}, \\ x = 2, \end{cases}$ 解得交点 $C(2,4)$.

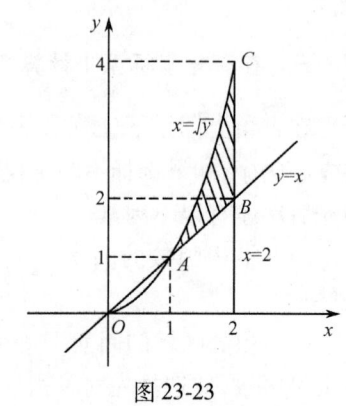

图 23-23

显然区域 D 是 X 型区域,可表示为
$$D = \{(x,y) \mid x \leq y \leq x^2, 1 \leq x \leq 2\},$$
应选择先对 y 积分,后对 x 积分的积分次序,因此有

$$\begin{aligned}
\iint_D \sin\frac{\pi y}{2x} dxdy &= \int_1^2 dx \int_x^{x^2} \sin\frac{\pi y}{2x} dy = \int_1^2 \left(-\frac{2x}{\pi}\cos\frac{\pi y}{2x}\right)\bigg|_x^{x^2} dx \\
&= \int_1^2 \left(-\frac{2x}{\pi}\cos\frac{\pi x}{2}\right) dx = -\frac{2}{\pi}\int_1^2 \frac{2}{\pi} x d\left(\sin\frac{\pi x}{2}\right) \\
&= -\frac{4}{\pi^2}\left(x\sin\frac{\pi x}{2}\bigg|_1^2 - \int_1^2 \sin\frac{\pi x}{2} dx\right) = -\frac{4}{\pi^2}\left(-1 + \frac{2}{\pi}\cos\frac{\pi x}{2}\bigg|_1^2\right) \\
&= -\frac{4}{\pi^2}\left(-1 - \frac{2}{\pi}\right) = \frac{4(\pi + 2)}{\pi^3}.
\end{aligned}$$

注意:本题如果选择先对 x 积分,后对 y 积分的次序,可作直线 $y = 2$ 把区域 D 划分为两个子域 D_1 及 D_2,则

$$D_1 = \{(x,y) \mid \sqrt{y} \leq x \leq y, 1 \leq y \leq 2\};$$
$$D_2 = \{(x,y) \mid \sqrt{y} \leq x \leq 2, 2 \leq y \leq 4\}.$$

且 $D = D_1 + D_2$,因此有

$$\begin{aligned}
\iint_D \sin\frac{\pi y}{2x} dxdy &= \iint_{D_1} \sin\frac{\pi y}{2x} dxdy + \iint_{D_2} \sin\frac{\pi y}{2x} dxdy \\
&= \int_1^2 dy \int_{\sqrt{y}}^y \sin\frac{\pi y}{2x} dx + \int_2^4 dy \int_{\sqrt{y}}^2 \sin\frac{\pi y}{2x} dx.
\end{aligned}$$

显然二次积分的内层积分中,被积函数 $\sin\frac{\pi y}{2x}$ 对 x 积分的原函数不能用有限的形式表达出来,因此积分无法进行下去.

例 6.12 计算二重积分 $\iint_D \sqrt{1 - \sin^2(x+y)} dxdy$,其中积分区域 $D = \{(x,y) \mid 0 \leq y \leq \frac{\pi}{2}, 0 \leq x \leq \frac{\pi}{2}\}$.

解 根据三角函数的公式,有

$$\iint_D \sqrt{1 - \sin^2(x+y)} dxdy = \iint_D |\cos(x+y)| dxdy.$$

本例的被积函数是带有绝对值记号的函数,显然绝对值记号内的函数 $\cos(x+y)$ 在区域 D 内是变号的函数,为了去掉被积函数中的绝对值记号,可令绝对值记号中的函数 $\cos(x+y) = 0$,得到一条直线 $x + y = \frac{\pi}{2}$,把区域 D 划分为两个子域 D_1 及 D_2(如图 23-24).

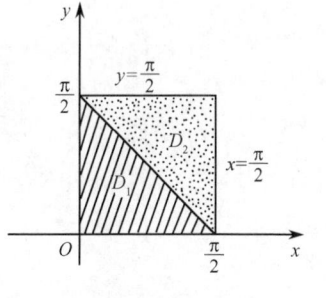

$$D_1 = \{(x,y) \mid 0 \leq y \leq \frac{\pi}{2} - x, 0 \leq x \leq \frac{\pi}{2}\};$$
$$D_2 = \{(x,y) \mid \frac{\pi}{2} - x \leq y \leq \frac{\pi}{2}, 0 \leq x \leq \frac{\pi}{2}\}.$$

图 23-24

显然,当 $(x,y) \in D_1$ 时,$0 \leq x + y \leq \frac{\pi}{2}$,$\cos(x+y) \geq 0$,$|\cos(x+y)| = \cos(x+y)$;当 (x,y)

$\in D_2$ 时,$\frac{\pi}{2} \leq x+y \leq \pi$,$\cos(x+y) \leq 0$,$|\cos(x+y)| = -\cos(x+y)$.

因此,有

$$\iint_D \sqrt{1-\sin^2(x+y)}\,dxdy = \iint_D |\cos(x+y)|\,dxdy$$
$$= \iint_{D_1} \cos(x+y)\,dxdy + \iint_{D_2} -\cos(x+y)\,dxdy$$
$$= \int_0^{\frac{\pi}{2}} dx \int_0^{\frac{\pi}{2}-x} \cos(x+y)\,dy + \int_0^{\frac{\pi}{2}} dx \int_{\frac{\pi}{2}-x}^{\frac{\pi}{2}} -\cos(x+y)\,dy$$
$$= \int_0^{\frac{\pi}{2}}(1-\sin x)\,dx - \int_0^{\frac{\pi}{2}}(\cos x - 1)\,dx$$
$$= (x+\cos x)\Big|_0^{\frac{\pi}{2}} - (\sin x - x)\Big|_0^{\frac{\pi}{2}} = \pi - 2.$$

例 6.13 计算二次积分
$$I = \int_{\frac{1}{4}}^{\frac{1}{2}} dy \int_{\frac{1}{2}}^{\sqrt{y}} e^{\frac{y}{x}} dx + \int_{\frac{1}{2}}^{1} dy \int_{y}^{\sqrt{y}} e^{\frac{y}{x}} dx.$$

解 因为被积函数 $e^{\frac{y}{x}}$ 对 x 积分的原函数不能用有限形式表达出来,所以按题目所给的先对 x 积分,后对 y 积分的积分次序无法进行,必须先更换二次积分的先后次序. 由题目所给的二次积分的积分限,可以得到与之相等的二重积分的积分区域(图 23-25):

$$D_1 = \left\{(x,y) \mid \frac{1}{2} \leq x \leq \sqrt{y}, \frac{1}{4} \leq y \leq \frac{1}{2}\right\};$$
$$D_2 = \left\{(x,y) \mid y \leq x \leq \sqrt{y}, \frac{1}{2} \leq y \leq 1\right\}$$

令 $D = D_1 + D_2$,得到
$$D = \left\{(x,y) \mid x^2 \leq y \leq x, \frac{1}{2} \leq x \leq 1\right\}.$$

因此有

图 23-25

$$I = \int_{\frac{1}{4}}^{\frac{1}{2}} dy \int_{\frac{1}{2}}^{\sqrt{y}} e^{\frac{y}{x}} dx + \int_{\frac{1}{2}}^{1} dy \int_{y}^{\sqrt{y}} e^{\frac{y}{x}} dx$$
$$= \iint_{D_1} e^{\frac{y}{x}} dxdy + \iint_{D_2} e^{\frac{y}{x}} dxdy = \iint_D e^{\frac{y}{x}} dxdy = \int_{\frac{1}{2}}^{1} dx \int_{x^2}^{x} e^{\frac{y}{x}} dy$$
$$= \int_{\frac{1}{2}}^{1} x(e - e^x) dx = \frac{1}{2} ex^2 \Big|_{\frac{1}{2}}^{1} - \left(xe^x \Big|_{\frac{1}{2}}^{1} - e^x \Big|_{\frac{1}{2}}^{1}\right)$$
$$= \frac{1}{2}e - \frac{1}{8}e - \left(e - \frac{1}{2}e^{\frac{1}{2}} - e + e^{\frac{1}{2}}\right) = \frac{3e}{8} - \frac{1}{2}\sqrt{e}.$$

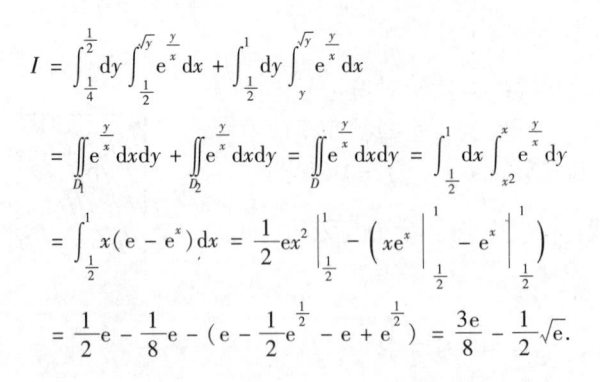

四、在极坐标系下计算二重积分

把直角坐标系下的二重积分化为极坐标系下的二重积分,必须利用两种坐标的关系: $x = \rho\cos\theta$, $y = \rho\sin\theta$,把被积函数换为

$$f(x,y) = f(\rho\cos\theta, \rho\sin\theta),$$

把面积元素换为 $dxdy = \rho d\rho d\theta$,因此有
$$\iint\limits_{D} f(x,y)dxdy = \iint\limits_{D} f(\rho\cos\theta,\rho\sin\theta)\rho d\rho d\theta.$$

把极坐标系下的二重积分化为二次积分的积分次序,一般是先对 ρ 积分,后对 θ 积分. 积分限的确定可以按以下三种情况:

(1) 极点 O 在区域 D 的边界曲线之外部;
(2) 极点 O 在区域 D 的边界曲线之上;
(3) 极点 O 在区域 D 的边界曲线之内部.

分别确定,通过以下例题给予说明.

例 6.14 设 $f(x,y)$ 为连续函数,把二重积分 $\iint\limits_{D} f(x,y)dxdy$ 表示为极坐标系下的先对 ρ 积分,后对 θ 积分的二次积分,其中积分区域 D 为

(1) $D = \{(x,y) \mid 1 \leq x^2 + y^2 \leq 2x, y \geq 0\}$.
(2) $D = D_1 \cap D_2$,其中
$$D_1 = \{(x,y) \mid x^2 + y^2 \leq 2x\},$$
$$D_2 = \{(x,y) \mid x^2 + y^2 \leq 2y\}.$$
(3) $D = \{(x,y) \mid 1 \leq x^2 + y^2 \leq 2\}$.

解 (1) 积分区域 D 如图 23-26 所示,极点 O 在 D 的边界曲线之外部,D 的边界曲线为:
$\overline{AB}: y = 0$ 化为极坐标方程: $\theta = 0$.
$\overset{\frown}{BC}: x^2 + y^2 = 2x$ 化为极坐标方程: $\rho = 2\cos\theta$.
$\overset{\frown}{AC}: x^2 + y^2 = 1$ 化为极坐标方程: $\rho = 1$.
求两圆弧 $\overset{\frown}{BC}$ 与 $\overset{\frown}{AC}$ 的交点 C.
解方程组:
$$\begin{cases} \rho = 2\cos\theta, \\ \rho = 1, \end{cases}$$
得 $\cos\theta = \dfrac{1}{2}, \theta = \arccos\dfrac{1}{2} = \dfrac{\pi}{3}$. 那么交点 C 的极坐标为 $\left(1, \dfrac{\pi}{3}\right)$.

任意取点 $M(\rho,\theta) \in D$,则有 $0 \leq \theta \leq \dfrac{\pi}{3}$,任意取 $\theta_0 \in \left(0, \dfrac{\pi}{3}\right)$,作半直线 $\theta = \theta_0$,则该半直线先与 D 的边界曲线 $\overset{\frown}{AC}(\rho = 1)$ 相交,后与 $\overset{\frown}{BC}(\rho = 2\cos\theta)$ 相交,从而可知 $1 \leq \rho \leq 2\cos\theta$,因此积分区域在极坐标系下可表示为
$$D = \left\{(\rho,\theta) \mid 1 \leq \rho \leq 2\cos\theta, 0 \leq \theta \leq \dfrac{\pi}{3}\right\}$$

于是有
$$\iint\limits_{D} f(x,y)dxdy = \iint\limits_{D} f(\rho\cos\theta,\rho\sin\theta)\rho d\rho d\theta = \int_0^{\frac{\pi}{3}} d\theta \int_1^{2\cos\theta} f(\rho\cos\theta,\rho\sin\theta)\rho d\rho.$$

(2) 积分区域 D 如图 23-27 所示,极点 O 在 D 的边界曲线之上. D 的边界曲线为:
$\overset{\frown}{OAB}: x^2 + y^2 = 2y$ 化为极坐标方程: $\rho = 2\sin\theta$.
$\overset{\frown}{OCB}: x^2 + y^2 = 2x$ 化为极坐标方程: $\rho = 2\cos\theta$.

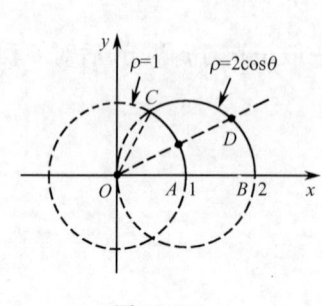

图 23-26

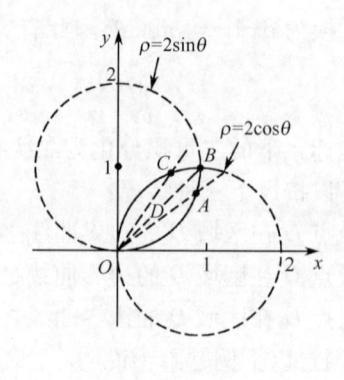

图 23-27

求两圆弧的交点 B.

解方程组：

$$\begin{cases} \rho = 2\sin\theta, \\ \rho = 2\cos\theta, \end{cases}$$

得 $\sin\theta = \cos\theta, \theta = \dfrac{\pi}{4}$. 那么交点 B 的极坐标为 $\left(\sqrt{2}, \dfrac{\pi}{4}\right)$.

由于极点 O 在 D 的边界曲线上,对极点 O 作边界曲线 $\overset{\frown}{OAB}$ 的半切线,其极坐标方程为 $\theta = 0$,再作边界曲线 $\overset{\frown}{OCB}$ 的半切线,其极坐标方程为 $\theta = \dfrac{\pi}{2}$. 因此对任意点 $(\rho, \theta) \in D$,其中 θ 的变化范围为 $0 \leqslant \theta \leqslant \dfrac{\pi}{2}$. 若任取 $\theta_1 \in \left(0, \dfrac{\pi}{4}\right)$,作半直线 $\theta = \theta_1$,则该半直线与 $\overset{\frown}{OAB}$ 相交于极点 O 及点 $(2\sin\theta_1, \theta_1)$,因此得到区域 D_1 的表达式:

$$D_1 = \left\{(\rho, \theta) \mid 0 \leqslant \rho \leqslant 2\sin\theta, 0 \leqslant \theta \leqslant \dfrac{\pi}{4}\right\}$$

若任取 $\theta_2 \in \left(\dfrac{\pi}{4}, \dfrac{\pi}{2}\right)$,作半直线 $\theta = \theta_2$,则该半直线与 $\overset{\frown}{OCB}$ 相交于极点 O 及点 $(2\cos\theta_2, \theta_2)$,因此得到区域 D_2 的表达式:

$$D_2 = \left\{(\rho, \theta) \mid 0 \leqslant \rho \leqslant 2\cos\theta, \dfrac{\pi}{4} \leqslant \theta \leqslant \dfrac{\pi}{2}\right\}$$

并且有 $D = D_1 + D_2$.

于是有

$$\iint\limits_{D} f(x, y) \mathrm{d}x\mathrm{d}y = \iint\limits_{D} f(\rho\cos\theta, \rho\sin\theta) \rho \mathrm{d}\rho \mathrm{d}\theta$$

$$= \iint\limits_{D_1} f(\rho\cos\theta, \rho\sin\theta) \rho \mathrm{d}\rho \mathrm{d}\theta + \iint\limits_{D_2} f(\rho\cos\theta, \rho\sin\theta) \rho \mathrm{d}\rho \mathrm{d}\theta$$

$$= \int_0^{\frac{\pi}{4}} \mathrm{d}\theta \int_0^{2\sin\theta} f(\rho\cos\theta, \rho\sin\theta) \rho \mathrm{d}\rho + \int_{\frac{\pi}{4}}^{\frac{\pi}{2}} \mathrm{d}\theta \int_0^{2\cos\theta} f(\rho\cos\theta, \rho\sin\theta) \rho \mathrm{d}\rho.$$

(3) 积分区域 D 如图 23-28 所示. 极点 O 在 D 的边界曲线之内部. D 的边界曲线为:

$L_1: x^2 + y^2 = 1$,极坐标方程为 $\rho = 1$.

$L_2: x^2 + y^2 = 2$,极坐标方程为 $\rho = \sqrt{2}$.

区域 D 的表达式为

$$D = \{(\rho, \theta) \mid 1 \leqslant \rho \leqslant \sqrt{2}, 0 \leqslant \theta \leqslant 2\pi\}.$$

于是有

$$\iint\limits_D f(x,y)\,\mathrm{d}x\mathrm{d}y = \iint\limits_D f(\rho\cos\theta,\rho\sin\theta)\rho\mathrm{d}\rho\mathrm{d}\theta = \int_0^{2\pi}\mathrm{d}\theta\int_1^{\sqrt{2}} f(\rho\cos\theta,\rho\sin\theta)\rho\mathrm{d}\rho.$$

如果二重积分的积分区域 D 是由圆弧,或者圆弧与直线段所围成的区域,而被积函数可表示为 $f(x^2+y^2)$,或 $f\left(\dfrac{y}{x}\right)$ 的形式,一般选择极坐标系来计算二重积分比较简便.

例 6.15 计算二重积分 $\iint\limits_D \dfrac{x+y}{x^2+y^2}\mathrm{d}x\mathrm{d}y$,其中 $D=\{(x,y)\mid x^2+y^2\leqslant 1, x+y\geqslant 1\}$.

解 根据被积函数的特点及积分区域 D 是由圆弧与直线段所围成的区域,如图 23-29 所示,选择极坐标系计算二重积分.

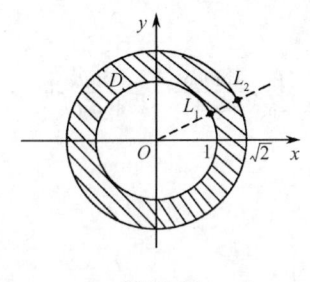

图 23-28

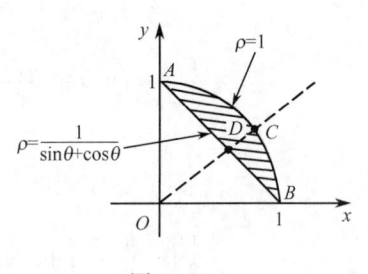

图 23-29

积分区域 D 的边界曲线为

直线段 $\overline{AB}: x+y=1$,极坐标方程

$$\rho = \dfrac{1}{\sin\theta+\cos\theta},$$

圆弧 $\overset{\frown}{ACB}: x^2+y^2=1$,极坐标方程 $\rho=1$. 积分区域 D 可表示为

$$D = \left\{(\rho,\theta)\,\Big|\,\dfrac{1}{\sin\theta+\cos\theta}\leqslant \rho\leqslant 1, 0\leqslant \theta\leqslant \dfrac{\pi}{2}\right\}.$$

因此有

$$\begin{aligned}
\iint\limits_D \dfrac{x+y}{x^2+y^2}\mathrm{d}x\mathrm{d}y &= \iint\limits_D \dfrac{\rho\cos\theta+\rho\sin\theta}{\rho^2}\cdot\rho\mathrm{d}\rho\mathrm{d}\theta = \int_0^{\frac{\pi}{2}}\mathrm{d}\theta\int_{\frac{1}{\sin\theta+\cos\theta}}^{1}(\sin\theta+\cos\theta)\mathrm{d}\rho \\
&= \int_0^{\frac{\pi}{2}}(\sin\theta+\cos\theta)\left(1-\dfrac{1}{\sin\theta+\cos\theta}\right)\mathrm{d}\theta \\
&= \int_0^{\frac{\pi}{2}}(\sin\theta+\cos\theta-1)\mathrm{d}\theta = (-\cos\theta+\sin\theta-\theta)\Big|_0^{\frac{\pi}{2}} = 2-\dfrac{\pi}{2}.
\end{aligned}$$

例 6.16 计算二重积分 $\iint\limits_D \dfrac{xy}{(x^2+y^2)^3}\mathrm{d}x\mathrm{d}y$,其中 D 是由曲线 $y=\sqrt{2x-x^2}$ 及直线 $y=x$, $x=2$ 所围成的区域.

解 根据被积函数的特点及积分区域是由圆弧与直线段所围成的区域,选择极坐标系计算二重积分.

积分区域如图 23-30 所示,其边界曲线为

圆弧 $\overset{\frown}{AC}: y=\sqrt{2x-x^2}$,极坐标方程 $\rho=2\cos\theta$,

直线段 $\overline{AB}$: $x=2$,极坐标方程 $\rho = \dfrac{2}{\cos\theta}$,

直线段 $\overline{CB}$: $y=x$,极坐标方程 $\theta = \dfrac{\pi}{4}$.

积分区域 D 可表示为
$$D = \left\{(\rho,\theta) \mid 2\cos\theta \leqslant \rho \leqslant \dfrac{2}{\cos\theta}, 0 \leqslant \theta \leqslant \dfrac{\pi}{4}\right\}.$$

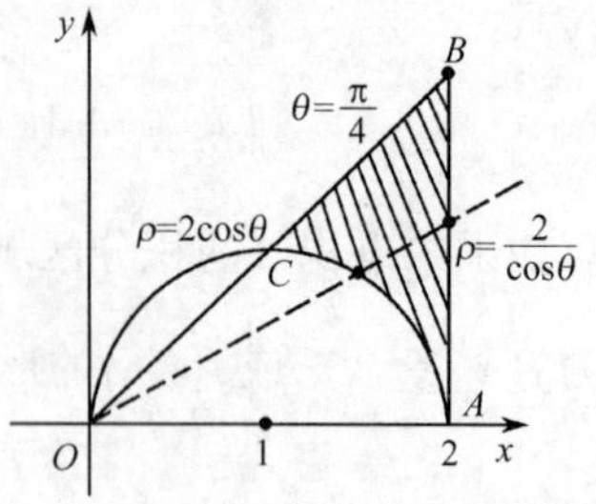

于是有

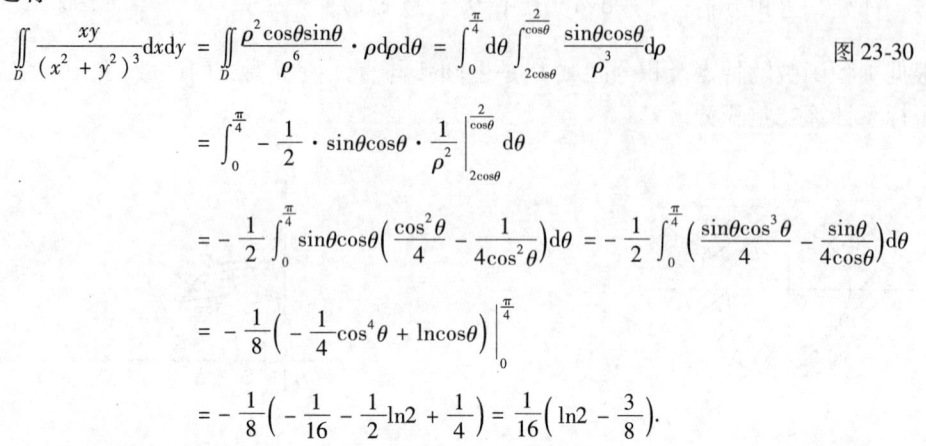

$$\iint\limits_D \dfrac{xy}{(x^2+y^2)^3}dxdy = \iint\limits_D \dfrac{\rho^2\cos\theta\sin\theta}{\rho^6}\cdot\rho d\rho d\theta = \int_0^{\frac{\pi}{4}}d\theta\int_{2\cos\theta}^{\frac{2}{\cos\theta}}\dfrac{\sin\theta\cos\theta}{\rho^3}d\rho$$

图 23-30

$$= \int_0^{\frac{\pi}{4}} -\dfrac{1}{2}\cdot\sin\theta\cos\theta\cdot\dfrac{1}{\rho^2}\bigg|_{2\cos\theta}^{\frac{2}{\cos\theta}} d\theta$$

$$= -\dfrac{1}{2}\int_0^{\frac{\pi}{4}}\sin\theta\cos\theta\left(\dfrac{\cos^2\theta}{4} - \dfrac{1}{4\cos^2\theta}\right)d\theta = -\dfrac{1}{2}\int_0^{\frac{\pi}{4}}\left(\dfrac{\sin\theta\cos^3\theta}{4} - \dfrac{\sin\theta}{4\cos\theta}\right)d\theta$$

$$= -\dfrac{1}{8}\left(-\dfrac{1}{4}\cos^4\theta + \ln\cos\theta\right)\bigg|_0^{\frac{\pi}{4}}$$

$$= -\dfrac{1}{8}\left(-\dfrac{1}{16} - \dfrac{1}{2}\ln 2 + \dfrac{1}{4}\right) = \dfrac{1}{16}\left(\ln 2 - \dfrac{3}{8}\right).$$

例 6.17 计算二重积分 $\iint\limits_D (x-y)dxdy$,其中 D 是 $D = \{(x,y) \mid x^2+y^2 \leqslant x-y\}$.

解 积分区域 D 内的任意一点 (x,y) 的坐标满足
$$x^2 + y^2 \leqslant x - y,$$

或
$$\left(x - \dfrac{1}{2}\right)^2 + \left(y + \dfrac{1}{2}\right)^2 \leqslant \left(\dfrac{1}{\sqrt{2}}\right)^2.$$

故 D 是圆心在点 $\left(\dfrac{1}{2}, -\dfrac{1}{2}\right)$ 处,半径为 $\dfrac{1}{\sqrt{2}}$ 的圆域. 原点 O 在圆周 $\left(x-\dfrac{1}{2}\right)^2 + \left(y+\dfrac{1}{2}\right)^2 = \dfrac{1}{2}$ 上.

利用隐函数微分法求圆周 $\left(x-\dfrac{1}{2}\right)^2 + \left(y+\dfrac{1}{2}\right)^2 = \dfrac{1}{2}$ 在原点 $(0,0)$ 处的切线的斜率及倾角 θ.

方程 $\left(x-\dfrac{1}{2}\right)^2 + \left(y+\dfrac{1}{2}\right)^2 = \dfrac{1}{2}$ 两边对 x 求导数,得

$$2\left(x-\dfrac{1}{2}\right) + 2\left(y+\dfrac{1}{2}\right)\cdot y' = 0$$

$$y' = \dfrac{1-2x}{1+2y},$$

$$y'\bigg|_{x=0} = \dfrac{1-2x}{1+2y}\bigg|_{\substack{x=0\\y=0}} = 1.$$

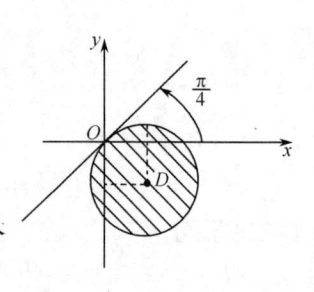

圆周在原点处的切线斜率 $k = \tan\theta = 1$,其倾角 $\theta = \dfrac{\pi}{4}$.

下面采用极坐标系来计算本题的二重积分. 在极坐标系中,积分区域 D(图 23-31)可表示为

图 23-31

$$D = \left\{(\rho,\theta) \mid 0 \leq \rho \leq \cos\theta - \sin\theta, -\frac{3\pi}{4} \leq \theta \leq \frac{\pi}{4}\right\}.$$

于是有

$$\iint_D (x-y)\mathrm{d}x\mathrm{d}y = \iint_D (\rho\cos\theta - \rho\sin\theta) \cdot \rho\mathrm{d}\rho\mathrm{d}\theta$$

$$= \int_{-\frac{3\pi}{4}}^{\frac{\pi}{4}} (\cos\theta - \sin\theta)\mathrm{d}\theta \int_0^{\cos\theta-\sin\theta} \rho^2\mathrm{d}\rho = \int_{-\frac{3\pi}{4}}^{\frac{\pi}{4}} \frac{1}{3}(\cos\theta - \sin\theta)^4 \mathrm{d}\theta$$

$$= \frac{1}{3}\int_{-\frac{3\pi}{4}}^{\frac{\pi}{4}} \left[\sqrt{2}\left(\cos\theta\cos\frac{\pi}{4} - \sin\theta\sin\frac{\pi}{4}\right)\right]^4 \mathrm{d}\theta = \frac{4}{3}\int_{-\frac{3\pi}{4}}^{\frac{\pi}{4}} \cos^4\left(\theta + \frac{\pi}{4}\right)\mathrm{d}\theta$$

令 $u = \theta + \frac{\pi}{4}$，则有

$$\iint_D (x-y)\mathrm{d}x\mathrm{d}y = \frac{4}{3}\int_{-\frac{\pi}{2}}^{\frac{\pi}{2}} \cos^4 u\,\mathrm{d}u = \frac{8}{3}\int_0^{\frac{\pi}{2}} \cos^4 u\,\mathrm{d}u = \frac{8}{3} \cdot \frac{3 \cdot 1}{4 \cdot 2} \cdot \frac{\pi}{2} = \frac{\pi}{2}.$$

例 6.18 设平面区域 $D = \{(x,y) \mid x^2 + y^2 \leq \sqrt{2}, x \geq 0, y \geq 0\}$，函数 $[1 + x^2 + y^2]$ 表示不超过 $1 + x^2 + y^2$ 的最大整数，计算二重积分 $\iint_D xy[1 + x^2 + y^2]\mathrm{d}x\mathrm{d}y$.

解 根据被积函数的特点及积分区域 D 是由圆弧与直线段所围成的平面区域，如图 23-32 所示，故选极坐标系计算二重积分.

在区域 D 内作圆弧 $x^2 + y^2 = 1(x \geq 0, y \geq 0)$，把区域 D 划分为两个子区域：

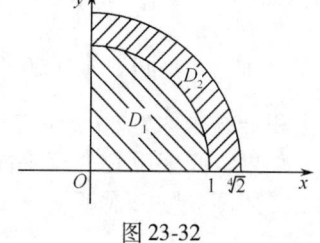

$$D_1 = \{(x,y) \mid x^2 + y^2 < 1, x \geq 0, y \geq 0\};$$
$$D_2 = \{(x,y) \mid 1 \leq x^2 + y^2 \leq \sqrt{2}, x \geq 0, y \geq 0\}.$$

图 23-32

并且有 $D = D_1 + D_2$，则被积函数取值分别为

$$[1 + x^2 + y^2] = 1, (x,y) \in D_1,$$
$$[1 + x^2 + y^2] = 2, (x,y) \in D_2,$$

于是

$$\iint_D xy[1 + x^2 + y^2]\mathrm{d}x\mathrm{d}y = \iint_{D_1} xy[1 + x^2 + y^2]\mathrm{d}x\mathrm{d}y + \iint_{D_2} xy[1 + x^2 + y^2]\mathrm{d}x\mathrm{d}y$$

$$= \iint_{D_1} xy\,\mathrm{d}x\mathrm{d}y + \iint_{D_2} 2xy\,\mathrm{d}x\mathrm{d}y$$

$$= \int_0^{\frac{\pi}{2}} \mathrm{d}\theta \int_0^1 \rho^3 \cos\theta\sin\theta\,\mathrm{d}\rho + 2\int_0^{\frac{\pi}{2}} \mathrm{d}\theta \int_1^{\sqrt[4]{2}} \rho^3 \cos\theta\sin\theta\,\mathrm{d}\rho$$

$$= \frac{1}{4} \cdot \frac{1}{2}\sin^2\theta\Big|_0^{\frac{\pi}{2}} + 2 \cdot \frac{1}{4} \cdot \frac{1}{2}\sin^2\theta\Big|_0^{\frac{\pi}{2}} = \frac{1}{8} + \frac{1}{4} = \frac{3}{8}.$$

第二十四讲　三重积分的计算法

三重积分的被积函数是三元函数 $f(x,y,z)$，积分区域是空间中的一个有界闭区域 Ω. 根据被积函数和积分区域的不同特点可以选择不同的坐标系——直角坐标系、柱面坐标系和球面坐标系等来计算三重积分.

基本概念和重要结论

1. 在直角坐标系下计算三重积分 $\iiint\limits_{\Omega} f(x,y,z)\,dv$

把空间区域 Ω（图 24-1）投影到 xOy 面上，得到投影区域 D，在 xOy 面上任意取点 $M(x,y,0) \in D$，过点 M 作平行于 z 轴的直线，由下向上该直线先与 Ω 的下边界曲面 $z = z_1(x,y)$ 相交，再与 Ω 的上边界曲面 $z = z_2(x,y)$ 相交，可见 Ω 上任一点 $P(x,y,z)$ 的 z 坐标的变化范围是 $z_1(x,y) \leq z \leq z_2(x,y)$。而 xOy 面上的投影区域 D 可按照二重积分的处理办法，可表示为
$$D = \{(x,y) \mid y_1(x) \leq y \leq y_2(x), a \leq x \leq b\},$$
那么空间区域 Ω 可表示为
$$\Omega = \{(x,y,z) \mid z_1(x,y) \leq z \leq z_2(x,y),\\ y_1(x) \leq y \leq y_2(x), a \leq x \leq b\}.$$
在直角坐标系下三重积分的体积元素 $dv = dxdydz$，于是可把三重积分化为三次积分
$$\iiint\limits_{\Omega} f(x,y,z)\,dv = \iiint\limits_{\Omega} f(x,y,z)\,dxdydz$$
$$= \iint\limits_{D} dxdy \int_{z_1(x,y)}^{z_2(x,y)} f(x,y,z)\,dz = \int_a^b dx \int_{y_1(x)}^{y_2(x)} dy \int_{z_1(x,y)}^{z_2(x,y)} f(x,y,z)\,dz.$$
以上积分方法称为"先一后二法"，或称"切条法"。

如果空间区域 Ω 介于平面 $z = C_1$ 与 $z = C_2$ ($C_1 \leq C_2$) 之间（图 24-2），在 z 轴上任意取点 $z \in (C_1, C_2)$，过点 z 作垂直于 z 轴的平面，该平面截 Ω 得到平面区域 D_z，那么
$$\Omega = \{(x,y,z) \mid (x,y) \in D_z, C_1 \leq z \leq C_2\}.$$
于是有
$$\iiint\limits_{\Omega} f(x,y,z)\,dv = \iiint\limits_{\Omega} f(x,y,z)\,dxdydz = \int_{C_1}^{C_2} dz \iint\limits_{D_z} f(x,y,z)\,dxdy.$$
以上积分方法称为"先二后一法"，或称"切片法"。

2. 在柱面坐标系下计算三重积分 $\iiint\limits_{\Omega} f(x,y,z)\,dv$

直角坐标 (x,y,z) 与柱面坐标 (ρ,θ,z) 的关系：
$$\begin{cases} x = \rho\cos\theta, \\ y = \rho\sin\theta, \\ z = z. \end{cases}$$

体积元素 $dv = \rho\,d\rho\,d\theta\,dz$.

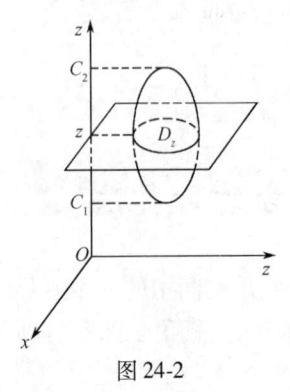

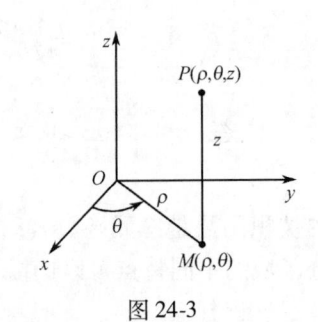

图 24-1

图 24-2   图 24-3

把空间区域 Ω 投影到 xOy 面上,得到投影区域 D,如果对三重积分计算中的"先一后二法"中,在 D 上的二重积分适合用极坐标计算,则空间区域 Ω 上的三重积分一般适合用柱面坐标进行计算. 以 x 轴为极轴,原点 O 为极点配置一个极坐标系(图 24-4),区域 D 可表示为

$$D = \{(\rho,\theta) \mid \rho_1(\theta) \leq \rho \leq \rho_2(\theta), \alpha \leq \theta \leq \beta\}.$$

任意取点 $M(\rho,\theta) \in D$,过点 M 作平行于 z 轴的直线,由下向上该直线先与 Ω 的下边界曲面 $z = z_1(\rho,\theta)$ 相交,再与 Ω 的上边界曲面 $z = z_2(\rho,\theta)$ 相交,可见 Ω 上任一点 $P(\rho,\theta,z)$ 的 z 坐标的变化范围是 $z_1(\rho,\theta) \leq z \leq z_2(\rho,\theta)$. 则空间区域 Ω 可表示为

$$\Omega = \{(\rho,\theta,z) \mid z_1(\rho,\theta) \leq z \leq z_2(\rho,\theta),$$
$$\rho_1(\theta) \leq \rho \leq \rho_2(\theta), \alpha \leq \theta \leq \beta\}.$$

于是可把直角坐标系下的三重积分化为柱面坐标系下的三次积分:

$$\iiint_\Omega f(x,y,z)\mathrm{d}v = \iiint_\Omega f(\rho\cos\theta,\rho\sin\theta,z)\rho\mathrm{d}\rho\mathrm{d}\theta\mathrm{d}z$$
$$= \int_\alpha^\beta \mathrm{d}\theta \int_{\rho_1(\theta)}^{\rho_2(\theta)} \mathrm{d}\rho \int_{z_1(\rho,\theta)}^{z_2(\rho,\theta)} f(\rho\cos\theta,\rho\sin\theta,z)\rho\mathrm{d}z.$$

3. 在球面坐标系下计算三重积分 $\iiint_\Omega f(x,y,z)\mathrm{d}v$

直角坐标 (x,y,z) 与球面坐标 (r,φ,θ) 的关系:

$$\begin{cases} x = r\sin\varphi\cos\theta, \\ y = r\sin\varphi\sin\theta, \\ z = r\cos\theta. \end{cases}$$

体积元素 $\mathrm{d}v = r^2\sin\varphi\mathrm{d}r\mathrm{d}\varphi\mathrm{d}\theta$.

确定积分变量 r,φ,θ 上、下限的方法:

将空间区域 Ω 投影到 xOy 坐标面上,得到 xOy 面上的投影区域 D_{xy},把 x 轴视为极轴,原点 O 视为极点,对平面区域 D_{xy} 按平面极坐标系确定 θ 上、下限的方法来确定 θ 的变化范围 $\alpha \leq \theta \leq \beta$(图 24-5).

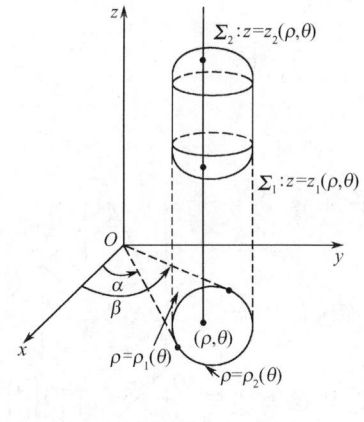

图 24-4

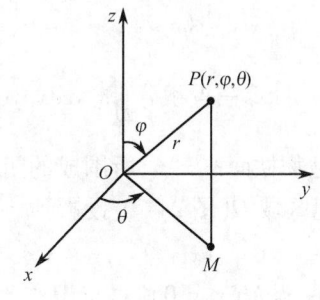

图 24-5

任意取定 $\theta \in (\alpha,\beta)$,通过 z 轴作以 z 轴为一边的半平面与 zOx 坐标面构成的二面角为 θ,此半平面截空间区域 Ω 得到一平面区域 D_θ,把 z 轴视为极轴,原点视为极点对平面区域 D_θ 按平面极坐标系确定极角 φ 和极径 r 的下、上限的方法来确定 φ 角的变化范围 $\varphi_1(\theta) \leq \varphi \leq \varphi_2(\theta)$(注意:$0 \leq \varphi_1(\theta) \leq \varphi \leq \varphi_2(\theta) \leq \pi$)和 r 的变化范围 $r_1(\varphi,\theta) \leq r \leq r_2(\varphi,\theta)$.

空间区域 Ω 可表示为

$$\Omega = \{(r,\varphi,\theta) \mid r_1(\varphi,\theta) \leq r \leq r_2(\varphi,\theta),$$

$$\varphi_1(\theta) \leq \varphi \leq \varphi_2(\theta), \alpha \leq \theta \leq \beta\}.$$

于是可把直角坐标系下的三重积分化为球面坐标系下的三次积分

$$\iiint_\Omega f(x,y,z)\mathrm{d}v = \iiint_\Omega f(r\sin\varphi\cos\theta, r\sin\varphi\sin\theta, r\cos\varphi)r^2\sin\varphi \mathrm{d}r\mathrm{d}\varphi\mathrm{d}\theta$$

$$= \int_\alpha^\beta \mathrm{d}\theta \int_{\varphi_1(\theta)}^{\varphi_2(\theta)} \mathrm{d}\varphi \int_{r_1(\varphi,\theta)}^{r_2(\varphi,\theta)} f(r\sin\varphi\cos\theta, r\sin\varphi\sin\theta, r\cos\varphi)r^2\sin\varphi \mathrm{d}r.$$

一、在直角坐标系下计算三重积分

例 6.19 计算三重积分 $\iiint_\Omega \dfrac{1}{(1+x+y+z)^3}\mathrm{d}x\mathrm{d}y\mathrm{d}z$，其中 Ω 是由平面 $x=0, y=0, z=0$ 及 $x+y+z=1$ 所围成的四面体.

解 把区域 Ω（图 24-6）投影到 xOy 面上，得到平面区域 D 为

$$D = \{(x,y) \mid 0 \leq y \leq 1-x, 0 \leq x \leq 1\}.$$

在 D 内任取一点 $M(x,y,0)$，过点 M 作平行于 z 轴的直线，则该直线与 Ω 的下边界曲面 $z=0$ 相交，再与上边界曲面 $z=1-x-y$ 相交，即 $0 \leq z \leq 1-x-y$. 于是

$$\Omega = \{(x,y,z) \mid 0 \leq z \leq 1-x-y, 0 \leq y \leq 1-x, 0 \leq x \leq 1\}.$$

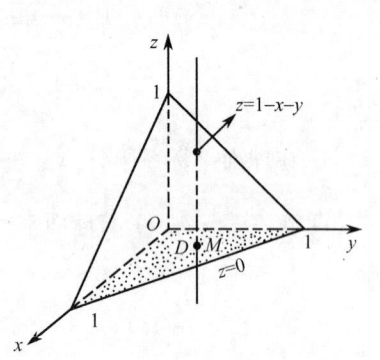

因此有

图 24-6

$$\iiint_\Omega \frac{1}{(1+x+y+z)^3}\mathrm{d}x\mathrm{d}y\mathrm{d}z$$

$$= \int_0^1 \mathrm{d}x \int_0^{1-x} \mathrm{d}y \int_0^{1-x-y} \frac{1}{(1+x+y+z)^3}\mathrm{d}z = \int_0^1 \mathrm{d}x \int_0^{1-x} -\frac{1}{2(1+x+y+z)^2}\bigg|_0^{1-x-y}\mathrm{d}y$$

$$= \int_0^1 \mathrm{d}x \int_0^{1-x} -\left[\frac{1}{8} - \frac{1}{2(1+x+y)^2}\right]\mathrm{d}y = \int_0^1 \left[-\frac{1}{8}y - \frac{1}{2(1+x+y)}\right]\bigg|_0^{1-x}\mathrm{d}x$$

$$= \int_0^1 \left[-\frac{1}{8}(1-x) - \frac{1}{4} + \frac{1}{2(1+x)}\right]\mathrm{d}x = \int_0^1 \left[\frac{1}{8}x - \frac{3}{8} + \frac{1}{2(1+x)}\right]\mathrm{d}x$$

$$= \left[\frac{1}{16}x^2 - \frac{3}{8}x + \frac{1}{2}\ln(1+x)\right]\bigg|_0^1 = \frac{1}{2}\left(\ln 2 - \frac{5}{8}\right).$$

例 6.20 计算三重积分 $\iiint_\Omega x^2 y z \mathrm{d}x\mathrm{d}y\mathrm{d}z$，其中 Ω 是由平面 $z=0, z=y, y=1$ 与抛物柱面 $y=x^2$ 所围成的闭区域.

解 把区域 Ω（图 24-7）投影到 xOy 面上，得到平面区域 D 为

$$D = \{(x,y) \mid -\sqrt{y} \leq x \leq \sqrt{y}, 0 \leq y \leq 1\}.$$

在 D 内任取一点 $M(x,y,0)$，过点 M 作平行于 z 轴的直线，则该直线与 Ω 的下边界曲面 $z=0$ 相交，再与上边界曲面 $z=y$ 相交，即 $0 \leq z \leq y$. 于是

$$\Omega = \{(x,y,z) \mid 0 \leq z \leq y, -\sqrt{y} \leq x \leq \sqrt{y}, 0 \leq y \leq 1\}.$$

图 24-7

因此有

$$\iiint_\Omega x^2 y z \mathrm{d}x\mathrm{d}y\mathrm{d}z = \int_0^1 \mathrm{d}y \int_{-\sqrt{y}}^{\sqrt{y}} \mathrm{d}x \int_0^y x^2 y z \mathrm{d}z = \int_0^1 \mathrm{d}y \int_{-\sqrt{y}}^{\sqrt{y}} x^2 y \cdot \frac{1}{2}z^2 \bigg|_0^y \mathrm{d}x$$

$$= \int_0^1 dy \int_{-\sqrt{y}}^{\sqrt{y}} \frac{1}{2}x^2 y^3 dx = \frac{1}{2}\int_0^1 y^3 \cdot \frac{1}{3}x^3 \Big|_{-\sqrt{y}}^{\sqrt{y}} dy$$

$$= \frac{1}{3}\int_0^1 y^3 \cdot y^{\frac{3}{2}} dy = \frac{1}{3} \cdot \frac{2}{11} y^{\frac{11}{2}} \Big|_0^1 = \frac{2}{33}.$$

或 $\Omega = \{(x,y,z) \mid 0 \leqslant z \leqslant y, x^2 \leqslant y \leqslant 1, -1 \leqslant x \leqslant 1\}.$

$$\iiint_\Omega x^2 yz\,dxdydz = \int_{-1}^1 dx \int_{x^2}^1 dy \int_0^y x^2 yz\,dz = \int_{-1}^1 dx \int_{x^2}^1 \frac{1}{2}x^2 y^3 dy$$

$$= \int_{-1}^1 \frac{1}{8}(x^2 - x^{10})dx = \frac{1}{8}\left(\frac{1}{3}x^3 - \frac{1}{11}x^{11}\right)\Big|_{-1}^1 = \frac{2}{33}.$$

例 6.21 计算三重积分 $\iiint_\Omega y\cos(z + x)\,dxdydz$，其中 Ω 是由平面 $y = 0, z = 0, x + z = \frac{\pi}{2}$ 与抛物柱面 $y = \sqrt{x}$ 所围成的闭区域.

解 把区域 Ω（图 24-8）投影到 xOy 面上，得到平面区域 D 为

$$D = \left\{(x,y) \mid 0 \leqslant y \leqslant \sqrt{x}, 0 \leqslant x \leqslant \frac{\pi}{2}\right\}.$$

在 D 内任取一点 $M(x,y,0)$，过 M 作平行于 z 轴的直线，则该直线与 Ω 的下边界曲面 $z = 0$ 相交，再与上边界曲面 $z = \frac{\pi}{2} - x$ 相交，即 $0 \leqslant z \leqslant \frac{\pi}{2} - x$. 于是

$$\Omega = \left\{(x,y,z) \mid 0 \leqslant z \leqslant \frac{\pi}{2} - x, 0 \leqslant y \leqslant \sqrt{x}, 0 \leqslant x \leqslant \frac{\pi}{2}\right\}.$$

因此有

$$\iiint_\Omega y\cos(z + x)\,dxdydz = \int_0^{\frac{\pi}{2}} dx \int_0^{\sqrt{x}} dy \int_0^{\frac{\pi}{2}-x} y\cos(z + x)\,dz = \int_0^{\frac{\pi}{2}} dx \int_0^{\sqrt{x}} y(1 - \sin x)\,dy$$

$$= \int_0^{\frac{\pi}{2}} \frac{1}{2}x(1 - \sin x)\,dx = \int_0^{\frac{\pi}{2}} \frac{1}{2}x\,dx + \frac{1}{2}\int_0^{\frac{\pi}{2}} x\,d\cos x$$

$$= \frac{1}{16}\pi^2 + \frac{1}{2}\left(x\cos x\Big|_0^{\frac{\pi}{2}} - \int_0^{\frac{\pi}{2}} \cos x\,dx\right) = \frac{1}{2}\left(\frac{\pi^2}{8} - 1\right).$$

例 6.22 设 Ω 是由平面 $y = x, y = -x, y + z = 1$ 及 $z = 0$ 所围成的四面体，把三重积分 $\iiint_\Omega x\sin^2 y\,dv$ 化为先对 z，次对 x，最后对 y 的三次积分，并计算三重积分的值.

解 把区域 Ω（图 24-9）投影到 xOy 面上，得到平面区域 D 为

$$D = \{(x,y) \mid -y \leqslant x \leqslant y, 0 \leqslant y \leqslant 1\}.$$

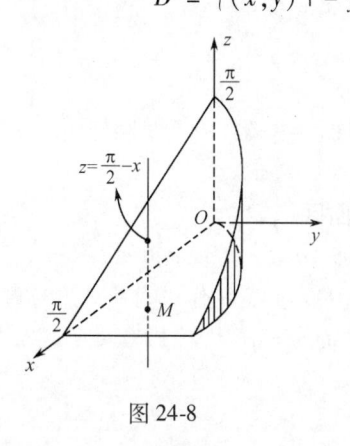

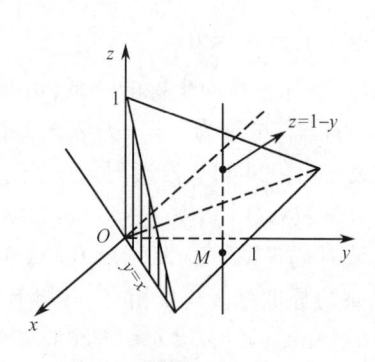

图 24-8

图 24-9

在平面区域 D 内任取一点 $M(x,y,0)$，过点 M 作平行于 z 轴的直线，则该直线先与 Ω 的下边界曲面 $z=0$ 相交，再与 Ω 的上边界曲面 $z=1-y$ 相交，即 $0 \leqslant z \leqslant 1-y$，于是
$$\Omega = \{(x,y,z) \mid 0 \leqslant z \leqslant 1-y, -y \leqslant x \leqslant y, 0 \leqslant y \leqslant 1\}.$$

因此有
$$\iiint_\Omega x\sin^2 y \, dv = \int_0^1 dy \int_{-y}^y dx \int_0^{1-y} x\sin^2 y \, dz = \int_0^1 (1-y)\sin^2 y \, dy \int_{-y}^y x \, dx$$
$$= \int_0^1 (1-y)\sin^2 y \cdot \frac{1}{2}x^2 \Big|_{-y}^y dy = 0.$$

例 6.23 计算三重积分 $\iiint_\Omega \left(4z - \frac{1}{z}\right) dx\,dy\,dz$，其中 Ω 是由 $z = \sqrt{3(x^2+y^2)}$ 与 $z=1, z=2$ 所围成的空间闭区域.

解 本题三重积分中的被积函数仅仅是变量 z 的函数，即 $f(x,y,z) = 4z - \frac{1}{z}$，而积分区域 Ω（图 24-10）介于平面 $z=1$ 与 $z=2$ 之间，宜采用"先二后一法"，或称"切片法"来计算本题的三重积分.

在 z 轴上任意取点 $z \in (1,2)$，过点 z 作垂直于 z 轴的平面，该平面截空间区域 Ω，得到一平面区域 D_z 为一圆域，该圆域的半径为 $r = \frac{z}{\sqrt{3}}$，则积分区域 Ω 可表示为

$$\Omega = \left\{(x,y,z) \mid x^2 + y^2 \leqslant \frac{z^2}{3}, 1 \leqslant z \leqslant 2\right\}.$$

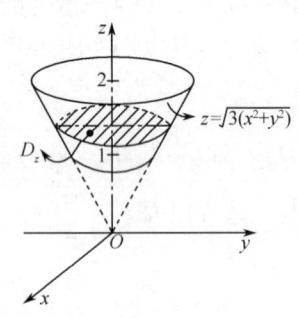

图 24-10

于是有
$$\iiint_\Omega \left(4z - \frac{1}{z}\right) dx\,dy\,dz = \int_1^2 \left(4z - \frac{1}{z}\right) dz \iint_{D_z} dx\,dy = \int_1^2 \left(4z - \frac{1}{z}\right) \cdot \pi \cdot \frac{z^2}{3} dz$$
$$= \frac{\pi}{3} \int_1^2 (4z^3 - z) dz = \frac{\pi}{3}\left(z^4 - \frac{1}{2}z^2\right)\Big|_1^2 = \frac{9\pi}{2}.$$

二、在柱面坐标系下计算三重积分

例 6.24 设 Ω 是由圆锥面 $z = \sqrt{x^2+y^2}$，圆柱面 $x^2+(y-1)^2 = 1$ 及平面 $z=0$ 所围成的空间区域，$f(u)$ 是连续函数，试将三重积分

$$\iiint_\Omega f(\sqrt{x^2+y^2+z^2}) dx\,dy\,dz$$

化为柱面坐标系下的三次积分.

解 由直角坐标与柱面坐标的关系，可知圆锥面 $z = \sqrt{x^2+y^2}$ 及圆柱面 $x^2+(y-1)^2=1$ 在柱面坐标系中的方程分别为 $z = \rho$ 及 $\rho = 2\sin\theta (0 \leqslant \theta \leqslant \pi)$.

把空间区域 Ω（图 24-11）投影到 xOy 面上的平面区域 D 为
$$D = \{(x,y) \mid x^2 + (y-1)^2 \leqslant 1\} = \{(\rho,\theta) \mid 0 \leqslant \rho \leqslant 2\sin\theta, 0 \leqslant \theta \leqslant \pi\}.$$

在平面区域 D 内任取一点 $M(x,y,0)$ 或 $M(\rho,\theta,0)$. 过点 M 作平行于 z 轴的直线，则该直线先与区域 Ω 的下边界曲面 $z=0$ 相交，再与上边界曲面 $z=\rho$ 相交，即 $0 \leqslant z \leqslant \rho$. 于是
$$\Omega = \{(\rho,\theta,z) \mid 0 \leqslant z \leqslant \rho, 0 \leqslant \rho \leqslant 2\sin\theta, 0 \leqslant \theta \leqslant \pi\}.$$

因此有

$$\iiint\limits_{\Omega}f(\sqrt{x^2+y^2+z^2})\mathrm{d}x\mathrm{d}y\mathrm{d}z = \iiint\limits_{\Omega}f(\sqrt{\rho^2+z^2})\rho\mathrm{d}\rho\mathrm{d}\theta\mathrm{d}z$$
$$= \int_0^\pi \mathrm{d}\theta \int_0^{2\sin\theta}\rho\mathrm{d}\rho\int_0^\rho f(\sqrt{\rho^2+z^2})\mathrm{d}z.$$

例 6.25 计算三重积分 $\iiint\limits_{\Omega}z\mathrm{d}x\mathrm{d}y\mathrm{d}z$,其中 Ω 是由半球面 $z=\sqrt{3-x^2-y^2}$ 与抛物面 $z=\dfrac{x^2+y^2}{2}$ 所围成的空间区域.

解 选择柱面坐标系计算三重积分. 球面 $z=(3-x^2-y^2)^{1/2}$,抛物面 $z=\dfrac{x^2+y^2}{2}$ 在柱面坐标系中的方程分别为 $z=\sqrt{3-\rho^2}$ 与 $z=\dfrac{1}{2}\rho^2$(见图 24-12). 球面与抛物面的交线 Γ 为

$$\Gamma:\begin{cases}z=\sqrt{3-\rho^2},\\ z=\dfrac{1}{2}\rho^2,\end{cases}\text{即}\begin{cases}z=1,\\ \rho=\sqrt{2}.\end{cases}$$

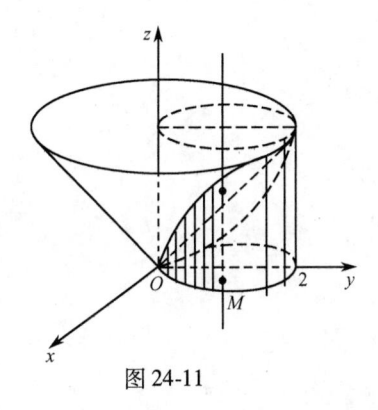

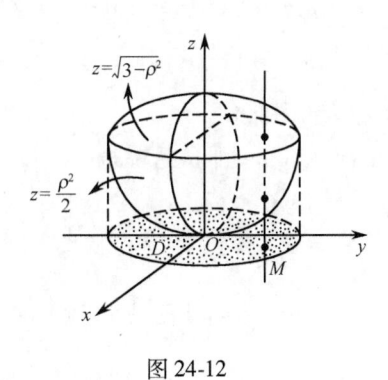

图 24-11   图 24-12

把空间区域 Ω 投影到 xOy 面上得到平面区域 D 为
$$D=\{(\rho,\theta)\mid 0\leq\rho\leq\sqrt{2},0\leq\theta\leq 2\pi\}.$$
在平面区域 D 内任取一点 $M(\rho,\theta,0)$,过点 M 作平行于 z 轴的直线,则该直线先与 Ω 的下边界曲面 $z=\dfrac{1}{2}\rho^2$ 相交,再与上边界曲面 $z=\sqrt{3-\rho^2}$ 相交,即 $\dfrac{1}{2}\rho^2\leq z\leq\sqrt{3-\rho^2}$. 于是
$$\Omega=\left\{(\rho,\theta,z)\mid\dfrac{1}{2}\rho^2\leq z\leq\sqrt{3-\rho^2},0\leq\rho\leq\sqrt{2},0\leq\theta\leq 2\pi\right\}$$
因此有
$$\iiint\limits_{\Omega}z\mathrm{d}x\mathrm{d}y\mathrm{d}z = \iiint\limits_{\Omega}z\cdot\rho\mathrm{d}\rho\mathrm{d}\theta\mathrm{d}z = \int_0^{2\pi}\mathrm{d}\theta\int_0^{\sqrt{2}}\rho\mathrm{d}\rho\int_{\frac{1}{2}\rho^2}^{\sqrt{3-\rho^2}}z\mathrm{d}z$$
$$=2\pi\int_0^{\sqrt{2}}\rho\cdot\dfrac{1}{2}\left(3-\rho^2-\dfrac{1}{4}\rho^4\right)\mathrm{d}\rho = \pi\int_0^{\sqrt{2}}\left(3\rho-\rho^3-\dfrac{1}{4}\rho^5\right)\mathrm{d}\rho$$
$$=\pi\left(\dfrac{3}{2}\rho^2-\dfrac{1}{4}\rho^4-\dfrac{1}{24}\rho^6\right)\Big|_0^{\sqrt{2}}=\dfrac{5\pi}{3}.$$

例 6.26 计算三重积分 $\iiint\limits_{\Omega}(x^2+y^2)\mathrm{d}x\mathrm{d}y\mathrm{d}z$,其中 Ω 是由曲面 $x^2+y^2=4z$ 与两平面 $z=1$ 及 $z=4$ 所围成的空间区域.

解 选择柱面坐标系计算三重积分. 曲面 $x^2 + y^2 = 4z$ 在柱面坐标系中的方程为 $z = \dfrac{1}{4}\rho^2$.

曲面 $z = \dfrac{1}{4}\rho^2$ 与两平面 $z = 1, z = 4$ 的交线方程分别为

$$\Gamma_1: \begin{cases} z = 1, \\ \rho = 2. \end{cases} \quad \Gamma_2: \begin{cases} z = 4, \\ \rho = 4. \end{cases}$$

把空间区域 Ω(图 24-13) 投影到 xOy 面上得到平面区域 D 为

$$D = \{(x,y) \mid x^2 + y^2 \leq 4\}$$
$$= \{(\rho,\theta) \mid 0 \leq \rho \leq 4, 0 \leq \theta \leq 2\pi\}.$$

在平面区域 D 内任取一点 $M(\rho,\theta,0)$,过点 M 作一直线平行于 z 轴:

若 $0 \leq \rho \leq 2$,则该直线先与 Ω 的下边界曲面 $z = 1$ 相交,再与上边界曲面 $z = 4$ 相交,即 $1 \leq z \leq 4$.

若 $2 \leq \rho \leq 4$,则该直线先与 Ω 的下边界曲面 $z = \dfrac{1}{4}\rho^2$ 相交,再与上边界曲面 $z = 4$ 相交,即 $\dfrac{1}{4}\rho^2 \leq z \leq 4$. 于是

$$\Omega_1 = \{(\rho,\theta,z) \mid 1 \leq z \leq 4, 0 \leq \rho \leq 2, 0 \leq \theta \leq 2\pi\};$$
$$\Omega_2 = \left\{(\rho,\theta,z) \mid \dfrac{1}{4}\rho^2 \leq z \leq 4, 2 < \rho \leq 4, 0 \leq \theta \leq 2\pi\right\}.$$

且 $\Omega = \Omega_1 + \Omega_2$,因此有

$$\iiint_\Omega (x^2 + y^2) dxdydz = \iiint_{\Omega_1} \rho^2 \cdot \rho d\rho d\theta dz + \iiint_{\Omega_2} \rho^2 \cdot \rho d\rho d\theta dz$$

$$= \int_0^{2\pi} d\theta \int_0^2 \rho^3 d\rho \int_1^4 dz + \int_0^{2\pi} d\theta \int_2^4 \rho^3 d\rho \int_{\frac{1}{4}\rho^2}^4 dz$$

$$= 2\pi \int_0^2 3\rho^3 d\rho + 2\pi \int_2^4 \left(4\rho^3 - \dfrac{1}{4}\rho^5\right) d\rho$$

$$= \dfrac{3}{2}\pi \rho^4 \bigg|_0^2 + 2\pi \left(\rho^4 - \dfrac{1}{24}\rho^6\right) \bigg|_2^4 = 24\pi + 144\pi = 168\pi.$$

例 6.27 计算三重积分 $\iiint_\Omega (x + y) dxdydz$ 其中 Ω 是由曲面 $z = a - \sqrt{a^2 - x^2 - y^2}$, $z = 2a - \sqrt{x^2 + y^2}$,平面 $y = 0, y = x$ 所围成的 $0 \leq y \leq x$ 的部分.

解 选择柱面坐标系计算三重积分. 球面 $z = a - \sqrt{a^2 - x^2 - y^2}$ 与锥面 $z = 2a - \sqrt{x^2 + y^2}$ 在柱面坐标系中的方程分别为 $z = a - \sqrt{a^2 - \rho^2}$ 及 $z = 2a - \rho$, Ω 的图形见图 24-14. 球面与锥面的交线为

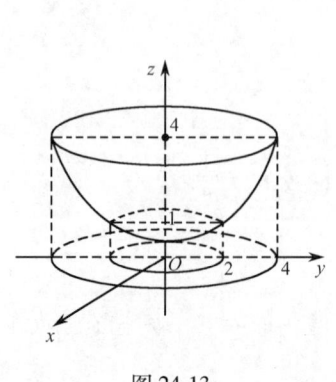

图 24-13

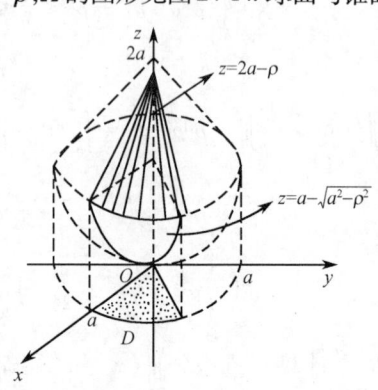

图 24-14

$$\Gamma: \begin{cases} z = a - \sqrt{a^2 - \rho^2}, \\ z = 2a - \rho, \end{cases} \text{即} \begin{cases} z = a, \\ \rho = a. \end{cases}$$

把空间区域 Ω(图 24-14)投影到 xOy 面上得到平面区域 D 为

$$D = \left\{ (\rho, \theta) \mid 0 \leq \rho \leq a, 0 \leq \theta \leq \frac{\pi}{4} \right\},$$

在平面区域 D 内任取一点 $M(\rho, \theta, 0)$,过点 M 作平行于 z 轴的直线,则该直线先与 Ω 的下边界曲面 $z = a - \sqrt{a^2 - \rho^2}$ 相交,再与上边界曲面 $z = 2a - \rho$ 相交,即 $a - \sqrt{a^2 - \rho^2} \leq z \leq 2a - \rho$,于是

$$\Omega = \left\{ (\rho, \theta, z) \mid a - \sqrt{a^2 - \rho^2} \leq z \leq 2a - \rho, \right.$$
$$\left. 0 \leq \rho \leq a, 0 \leq \theta \leq \frac{\pi}{4} \right\}.$$

因此有

$$\iiint_\Omega (x+y)\,dxdydz = \iiint_\Omega \rho(\cos\theta + \sin\theta)\rho\,d\rho\,d\theta\,dz$$

$$= \int_0^{\frac{\pi}{4}} d\theta \int_0^a \rho^2\,d\rho \int_{a-\sqrt{a^2-\rho^2}}^{2a-\rho} (\cos\theta + \sin\theta)\,dz$$

$$= \int_0^{\frac{\pi}{4}} (\cos\theta + \sin\theta)\,d\theta \int_0^a (a\rho^2 - \rho^3 + \rho^2\sqrt{a^2-\rho^2})\,d\rho$$

$$= (\sin\theta - \cos\theta) \Big|_0^{\frac{\pi}{4}} \cdot \left[\left(\frac{1}{3}a\rho^3 - \frac{1}{4}\rho^4\right) \Big|_0^a + \int_0^a \rho^2\sqrt{a^2-\rho^2}\,d\rho \right]$$

$$= \frac{1}{12}a^4 + \int_0^{\frac{\pi}{2}} a^2\sin^2 t \cdot a\cos t \cdot a\cos t\,dt\,(\diamondsuit\ \rho = a\sin t)$$

$$= \frac{1}{12}a^4 + \int_0^{\frac{\pi}{2}} \frac{a^4}{4}\sin^2 2t\,dt = \frac{1}{12}a^4 + \frac{a^4}{4}\int_0^{\frac{\pi}{2}} \frac{1-\cos 4t}{2}\,dt$$

$$= \frac{1}{12}a^4 + \frac{a^4}{8}\left(t - \frac{1}{4}\sin 4t\right)\Big|_0^{\frac{\pi}{2}} = a^4\left(\frac{1}{12} + \frac{\pi}{16}\right).$$

从例 6.24 到例 6.27 我们可以看出,将空间区域 Ω 投影到 xOy 面上,得到平面区域 D,根据计算三重积分的"先一后二法",则有

$$\iiint_\Omega f(x,y,z)\,dxdydz = \iint_D \left[\int_{z_1(x,y)}^{z_2(x,y)} f(x,y,z)\,dz \right] dxdy.$$

若令 $\varphi(x,y) = \int_{z_1(x,y)}^{z_2(x,y)} f(x,y,z)\,dz$,则有

$$\iiint_\Omega f(x,y,z)\,dxdydz = \iint_D \varphi(x,y)\,dxdy.$$

如果 $\varphi(x,y)$ 在投影区域 D 上的二重积分适合于用极坐标系进行计算,则 $f(x,y,z)$ 在空间区域 Ω 上的三重积分应选择柱面坐标系进行计算就比较简便. 换言之,若空间区域 Ω 在 xOy 面上的投影区域 D 是圆域或者是圆弧与直线段所围成的区域,且被积函数是由 $(x^2+y^2)^\mu$、或由 z^λ 构成的函数时,选择柱面坐标系计算三重积分一般比较简便.

三、在球面坐标系下计算三重积分

例 6.28 计算三重积分 $\iiint_\Omega (x^2+y^2)\,dxdydz$,其中 Ω 是由锥面 $z = \sqrt{x^2+y^2}$ 与平面 $z = a$

$(a > 0)$ 所围成的空间区域.

解法 1 选择柱面坐标系进行计算. 锥面 $z = \sqrt{x^2 + y^2}$ 在柱面坐标系中的方程为 $z = \rho$. 锥面与平面 $z = a$ 的交线为

$$\Gamma : \begin{cases} z = \rho, \\ z = a, \end{cases} \text{即} \begin{cases} z = a, \\ \rho = a. \end{cases}$$

空间区域 Ω(图 24-15) 在 xOy 面上的投影区域 D 为

$$D = \{(x,y) \mid x^2 + y^2 \leq a^2\} = \{(\rho,\theta) \mid 0 \leq \rho \leq a, 0 \leq \theta \leq 2\pi\}.$$

在平面区域 D 内任取一点 $M(\rho,\theta,0)$，过点 M 作直线平行于 z 轴，则该直线先与 Ω 的下边界曲面 $z = \rho$ 相交，再与上边界曲面 $z = a$ 相交，即 $\rho \leq z \leq a$. 于是

$$\Omega = \{(\rho,\theta,z) \mid \rho \leq z \leq a, 0 \leq \rho \leq a, 0 \leq \theta \leq 2\pi\}.$$

因此有

$$\iiint_\Omega (x^2 + y^2) \mathrm{d}x\mathrm{d}y\mathrm{d}z = \iiint_\Omega \rho^2 \cdot \rho \mathrm{d}\rho\mathrm{d}\theta\mathrm{d}z = \int_0^{2\pi} \mathrm{d}\theta \int_0^a \rho^3 \mathrm{d}\rho \int_\rho^a \mathrm{d}z$$

$$= 2\pi \int_0^a (a\rho^3 - \rho^4) \mathrm{d}\rho = 2\pi \left(\frac{a}{4}\rho^4 - \frac{1}{5}\rho^5 \right) \Big|_0^a = \frac{\pi}{10} a^5.$$

解法 2 选择球坐标系进行计算. 平面 $z = a(a > 0)$，锥面 $z = \sqrt{x^2 + y^2}$ 在球面坐标系中的方程分别为 $r = \dfrac{a}{\cos\varphi}$ 与 $\varphi = \dfrac{\pi}{4}$. 空间区域 Ω(图 24-16) 在 xOy 面的投影区域为 D_{xy}，把 x 轴视为极轴，原点 O 视为极点，在此极坐标系中平面区域 D_{xy} 上任一点 (ρ,θ) 的 θ 的变化范围是 $0 \leq \theta \leq 2\pi$.

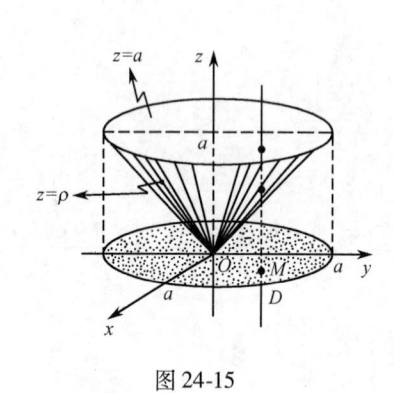

图 24-15

图 24-16

任意取定 $\theta \in (0,2\pi)$，过 z 轴作以 z 轴为一边的半平面与 zOx 坐标面构成的二面角为 θ，此半平面截空间区域 Ω 得到一平面区域 D_θ，在以 Oz 轴为极轴，原点为极点位于该半平面上的极坐标系中，平面区域 D_θ 可表示为

$$D_\theta = \left\{ (r,\varphi) \mid 0 \leq r \leq \frac{a}{\cos\varphi}, 0 \leq \varphi \leq \frac{\pi}{4} \right\},$$

于是

$$\Omega = \left\{ (r,\varphi,\theta) \mid 0 \leq r \leq \frac{a}{\cos\varphi}, 0 \leq \varphi \leq \frac{\pi}{4}, 0 \leq \theta \leq 2\pi \right\},$$

因此有

$$\iiint_\Omega (x^2 + y^2) \mathrm{d}x\mathrm{d}y\mathrm{d}z = \iiint_\Omega [(r\sin\varphi\cos\theta)^2 + (r\sin\varphi\sin\theta)^2] r^2 \sin\varphi \mathrm{d}r\mathrm{d}\varphi\mathrm{d}\theta$$

$$= \iiint_\Omega r^4 \sin^3\varphi \mathrm{d}r\mathrm{d}\varphi\mathrm{d}\theta = \int_0^{2\pi}\mathrm{d}\theta\int_0^{\frac{\pi}{4}}\sin^3\varphi\mathrm{d}\varphi\int_0^{\frac{a}{\cos\varphi}}r^4\mathrm{d}r$$

$$= 2\pi\int_0^{\frac{\pi}{4}}\frac{1}{5}\sin^3\varphi \cdot \frac{a^5}{\cos^5\varphi}\mathrm{d}\varphi = \frac{2\pi a^5}{5}\int_0^{\frac{\pi}{4}}\tan^3\varphi\mathrm{d}(\tan\varphi)$$

$$= \frac{2\pi a^5}{5} \cdot \frac{1}{4}\tan^4\frac{\pi}{4} = \frac{\pi}{10}a^5.$$

例 6.29 计算三重积分 $\iiint_\Omega (x^2+y^2)z\mathrm{d}x\mathrm{d}y\mathrm{d}z$,其中 Ω 是由两个半球面 $z=\sqrt{a^2-x^2-y^2}$, $z=\sqrt{b^2-x^2-y^2}$ ($b>a>0$) 及平面 $z=0$ 所围成的空间区域.

解 由于空间区域 Ω 是由两个球面所围成的(图 24-17),我们选择球面坐标系来计算三重积分. 两个球面 $z=\sqrt{a^2-x^2-y^2}$ 与 $z=\sqrt{b^2-x^2-y^2}$ 在球面坐标系中的方程分别为 $r=a$ 与 $r=b$. 把空间区域 Ω 投影到 xOy 面上得到投影区域 D_{xy},把 Ox 轴视为极轴,原点 O 视为极点,在此极坐标系中平面区域 D_{xy} 上任一点 (ρ,θ) 的 θ 的变化范围是 $0\leqslant\theta\leqslant 2\pi$.

任意取定 $\theta\in(0,2\pi)$,过 z 轴作以 z 轴为一边的半平面与 zOx 坐标面构成的二面角为 θ,此半平面截空间区域 Ω 得到一平面区域 D_θ,在以 Oz 轴为极轴,原点 O 为极点位于该半平面上的极坐标系中,平面区域 D_θ 可表示为

$$D_\theta = \left\{(r,\varphi) \mid a\leqslant r\leqslant b, 0\leqslant\varphi\leqslant\frac{\pi}{2}\right\},$$

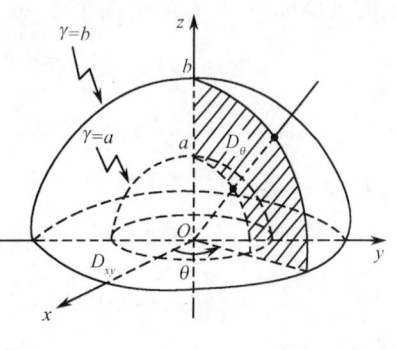

图 24-17

于是

$$\Omega = \left\{(r,\varphi,\theta) \mid a\leqslant r\leqslant b, 0\leqslant\varphi\leqslant\frac{\pi}{2}, 0\leqslant\theta\leqslant 2\pi\right\},$$

因此有

$$\iiint_\Omega (x^2+y^2)z\mathrm{d}x\mathrm{d}y\mathrm{d}z = \iiint_\Omega (r^2\sin^2\varphi\cos^2\theta + r^2\sin^2\varphi\sin^2\theta) \cdot r\cos\varphi \cdot r^2\sin\varphi\mathrm{d}r\mathrm{d}\varphi\mathrm{d}\theta$$

$$= \iiint_\Omega r^5\sin^3\varphi\cos\varphi\mathrm{d}r\mathrm{d}\varphi\mathrm{d}\theta = \int_0^{2\pi}\mathrm{d}\theta\int_0^{\frac{\pi}{2}}\sin^3\varphi\cos\varphi\mathrm{d}\varphi\int_a^b r^5\mathrm{d}r$$

$$= 2\pi \cdot \frac{1}{4}\sin^4\varphi\Big|_0^{\frac{\pi}{2}} \cdot \frac{1}{6}r^6\Big|_a^b = \frac{\pi}{12}(b^6-a^6).$$

例 6.30 计算三重积分 $\iiint_\Omega z^2\mathrm{d}x\mathrm{d}y\mathrm{d}z$,其中 Ω 是 $x^2+y^2+z^2\leqslant a^2$ 与 $x^2+y^2+(z-a)^2\leqslant a^2$ 的公共部分.

解 由于空间区域 Ω 是由两个球面所围成的(图 24-18),我们选择球面坐标系来计算三重积分. 两个球面 $x^2+y^2+z^2=a^2$ 与 $x^2+y^2+(z-a)^2=a^2$ 在球面坐标系中的方程分别为 $r=a$ 与 $r=2a\cos\varphi$.
两球面的交线为

$$\Gamma:\begin{cases}x^2+y^2+z^2=a^2,\\ x^2+y^2+(z-a)^2=a^2,\end{cases} \text{即} \begin{cases}z=\dfrac{a}{2},\\ x^2+y^2=\dfrac{3a^2}{4}.\end{cases}$$

或 $\Gamma: \begin{cases} r = a, \\ r = 2a\cos\varphi, \end{cases}$ 即 $\begin{cases} r = a, \\ \varphi = \dfrac{\pi}{3}. \end{cases}$

把空间区域 Ω 投影到 xOy 面上,得到投影区域 D_{xy},把 x 轴视为极轴,原点 O 视为极点,在此极坐标系中平面区域 D_{xy} 上任一点 (ρ, θ) 的 θ 的变化范围是 $0 \le \theta \le 2\pi$。

任意取定 $\theta \in (0, 2\pi)$,过 z 轴作以 z 轴为一边的半平面与 zOx 坐标面构成的二面角为 θ,此半平面截空间区域 Ω 得到一平面区域 D_θ,在以 Oz 轴为极轴,原点 O 为极点位于该半平面上的极坐标系中 D_θ 分为两个子域:

$$D_{\theta 1} = \left\{ (r, \varphi) \mid 0 \le r \le a, 0 \le \varphi \le \dfrac{\pi}{3} \right\},$$

$$D_{\theta 2} = \left\{ (r, \varphi) \mid 0 \le r \le 2a\cos\varphi, \dfrac{\pi}{3} \le \varphi \le \dfrac{\pi}{2} \right\},$$

图 24-18

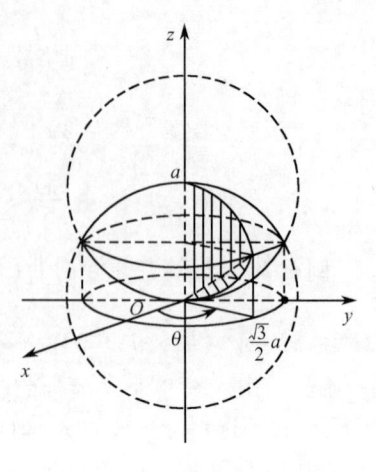

且 $D_\theta = D_{\theta 1} + D_{\theta 2}$,于是

$$\Omega_1 = \left\{ (r, \varphi, \theta) \mid 0 \le r \le a, 0 \le \varphi \le \dfrac{\pi}{3}, 0 \le \theta \le 2\pi \right\},$$

$$\Omega_2 = \left\{ (r, \varphi, \theta) \mid 0 \le r \le 2a\cos\varphi, \dfrac{\pi}{3} \le \varphi \le \dfrac{\pi}{2}, 0 \le \theta \le 2\pi \right\},$$

且 $\Omega = \Omega_1 + \Omega_2$,因此有

$$\iiint\limits_{\Omega} z^2 \mathrm{d}x\mathrm{d}y\mathrm{d}z = \iiint\limits_{\Omega_1} r^2 \cos^2\varphi \cdot r^2 \sin\varphi \mathrm{d}r\mathrm{d}\varphi\mathrm{d}\theta + \iiint\limits_{\Omega_2} r^2 \cos^2\varphi \cdot r^2 \sin\varphi \mathrm{d}r\mathrm{d}\varphi\mathrm{d}\theta$$

$$= \int_0^{2\pi} \mathrm{d}\theta \int_0^{\frac{\pi}{3}} \cos^2\varphi \sin\varphi \mathrm{d}\varphi \int_0^a r^4 \mathrm{d}r + \int_0^{2\pi} \mathrm{d}\theta \int_{\frac{\pi}{3}}^{\frac{\pi}{2}} \cos^2\varphi \sin\varphi \mathrm{d}\varphi \int_0^{2a\cos\varphi} r^4 \mathrm{d}r$$

$$= 2\pi \cdot \left(-\dfrac{1}{3}\cos^3\varphi \right) \Big|_0^{\frac{\pi}{3}} \cdot \dfrac{1}{5}a^5 + 2\pi \cdot \int_{\frac{\pi}{3}}^{\frac{\pi}{2}} \dfrac{32a^5}{5} \cos^7\varphi \sin\varphi \mathrm{d}\varphi$$

$$= \dfrac{7}{60}\pi a^5 + \dfrac{64\pi}{5} a^5 \left(-\dfrac{1}{8}\cos^8\varphi \right) \Big|_{\frac{\pi}{3}}^{\frac{\pi}{2}} = \dfrac{7}{60}\pi a^5 + \dfrac{1}{160}\pi a^5 = \dfrac{59}{480}\pi a^5.$$

第二十五讲　重积分的应用

根据二、三重积分的概念和计算法,在几何上可以利用二重或三重积分计算由封闭曲线所围的平面区域 D 的面积,空间曲面块 S 的面积,以及封闭曲面所围的立体 Ω 的体积等;在物理上可以计算平面薄板和物体的质量、重心坐标及转动惯量等.

基本概念和重要结论

1. 几何方面的应用

1) 面积

(1) 求平面闭曲线 L 所围的有界闭域 D 的面积.

$$A = \iint\limits_{D} \mathrm{d}x\mathrm{d}y.$$

(2) 空间曲面块的面积. 曲面块 S 的方程为 $z = f(x,y)$, S 在 xOy 面上的投影区域为 D, $f(x,y)$ 在 D 上存在连续的偏导数,则 S 的面积:

$$A = \iint_D \sqrt{1 + [f'_x(x,y)]^2 + [f'_y(x,y)]^2}\,dxdy.$$

2) 体积

(1) 曲顶柱体的体积. 设柱体的上顶是连续曲面 $z = f(x,y)$ ($f(x,y) \geq 0$),下底是平面 $z = 0$,侧面是以平面区域 D 的边界为准线而母线平行于 z 轴的柱面,则该曲顶柱体的体积为

$$V = \iint_D f(x,y)\,dxdy.$$

(2) 空间区域 Ω 的体积. 封闭曲面 S 所围的空间区域 Ω 的体积

$$V = \iiint_\Omega dxdydz.$$

2. 物理方面的应用

1) 平面薄板的质量和重心

设一块平面薄板在 xOy 面上占有平面区域 D, $\forall (x,y) \in D$,平面薄板的面密度为 $\mu(x,y)$,且 $\mu(x,y)$ 在 D 上连续,则

(1) 平面薄板的质量 M 为

$$M = \iint_D \mu(x,y)\,dxdy.$$

(2) 平面薄板的重心坐标 $(\bar{x}, \bar{y})$ 为

$$\bar{x} = \frac{1}{M}\iint_D x\mu(x,y)\,dxdy, \quad \bar{y} = \frac{1}{M}\iint_D y\mu(x,y)\,dxdy.$$

2) 空间物体的质量和重心

设一空间物体在空间中占有区域 Ω, $\forall (x,y,z) \in \Omega$,物体的密度为 $\mu(x,y,z)$,且 $\mu(x,y,z)$ 在 Ω 上连续,则

(1) 空间物体的质量 M 为

$$M = \iiint_\Omega \mu(x,y,z)\,dxdydz.$$

(2) 空间物体的重心坐标 $(\bar{x}, \bar{y}, \bar{z})$ 为

$$\bar{x} = \frac{1}{M}\iiint_\Omega x\mu(x,y,z)\,dxdydz,$$

$$\bar{y} = \frac{1}{M}\iiint_\Omega y\mu(x,y,z)\,dxdydz,$$

$$\bar{z} = \frac{1}{M}\iiint_\Omega z\mu(x,y,z)\,dxdydz.$$

3) 平面薄板的转动惯量

(1) 平面薄板对 x 轴、y 轴的转动惯量为

$$I_x = \iint_D y^2\mu(x,y)\,dxdy; \quad I_y = \iint_D x^2\mu(x,y)\,dxdy.$$

(2) 平面薄板对原点 O 的转动惯量为

$$I_o = \iint_D (x^2 + y^2)\mu(x,y)\,dxdy = I_x + I_y.$$

4）空间物体的转动惯量

（1）空间物体对坐标面的转动惯量

$$I_{xy} = \iiint_\Omega z^2 \mu(x,y,z)\,dxdydz;$$

$$I_{yz} = \iiint_\Omega x^2 \mu(x,y,z)\,dxdydz;$$

$$I_{zx} = \iiint_\Omega y^2 \mu(x,y,z)\,dxdydz.$$

（2）空间物体对坐标轴的转动惯量

$$I_x = \iiint_\Omega (y^2+z^2)\mu(x,y,z)\,dxdydz = I_{zx}+I_{xy};$$

$$I_y = \iiint_\Omega (x^2+z^2)\mu(x,y,z)\,dxdydz = I_{yz}+I_{xy};$$

$$I_z = \iiint_\Omega (x^2+y^2)\mu(x,y,z)\,dxdydz = I_{yz}+I_{zx}.$$

（3）空间物体对坐标原点的转动惯量

$$I_o = \iiint_\Omega (x^2+y^2+z^2)\mu(x,y,z)\,dxdydz = I_{yz}+I_{zx}+I_{xy} = \frac{1}{2}(I_x+I_y+I_z).$$

一、求平面区域 D 及曲面块 S 的面积

例 6.31　求在心形线 $\rho = a(1-\cos\theta)(a>0)$ 以内,圆 $\rho = a$ 以外部分的面积.

解　令 D 表示心形线 $\rho = a(1-\cos\theta)$ 以内,圆 $\rho = a$ 以外部分区域,如图 25-1 所示.

$$D = \left\{(\rho,\theta) \mid a \leqslant \rho \leqslant a(1-\cos\theta), \frac{\pi}{2} \leqslant \theta \leqslant \frac{3\pi}{2}\right\}.$$

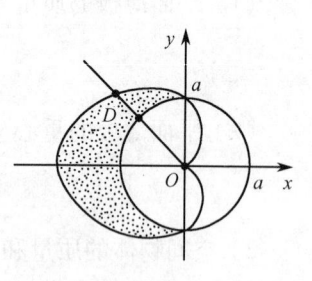

图 25-1

由区域 D 对称于极轴,其面积 A 为

$$A = \iint_D dxdy = \iint_D \rho\,d\rho d\theta = 2\int_{\frac{\pi}{2}}^{\pi} d\theta \int_a^{a(1-\cos\theta)} \rho\,d\rho$$

$$= 2\int_{\frac{\pi}{2}}^{\pi} \frac{1}{2}a^2[(1-\cos\theta)^2 - 1]d\theta = a^2\int_{\frac{\pi}{2}}^{\pi}\left(1 - 2\cos\theta + \frac{1+\cos2\theta}{2} - 1\right)d\theta$$

$$= a^2\int_{\frac{\pi}{2}}^{\pi}\left(\frac{1}{2} + \frac{1}{2}\cos2\theta - 2\cos\theta\right)d\theta = a^2\left(\frac{1}{2}\theta + \frac{1}{4}\sin2\theta - 2\sin\theta\right)\Big|_{\frac{\pi}{2}}^{\pi}$$

$$= a^2\left(\frac{\pi}{4} + 2\right) = \frac{(\pi+8)a^2}{4}.$$

例 6.32　求由曲线 $y = e^x, y = e^{2x}$ 及直线 $y = 2$ 所围成的平面区域 D 的面积.

解　把平面区域 D 看作是 Y 型区域,如图 25-2 所示,则有

$$D = \left\{(x,y) \;\middle|\; \frac{1}{2}\ln y \leqslant x \leqslant \ln y, 1 \leqslant y \leqslant 2\right\}.$$

区域 D 的面积 A 为

$$A = \iint_D dxdy = \int_1^2 dy \int_{\frac{1}{2}\ln y}^{\ln y} dx$$

$$= \int_1^2 \frac{1}{2}\ln y\,dy = \frac{1}{2}\left(y\ln y\Big|_1^2 - \int_1^2 y\cdot\frac{1}{y}dy\right) = \frac{1}{2}(2\ln 2 - 1).$$

例 6.33 求半球面 $z = \sqrt{a^2 - x^2 - y^2}$，被一圆柱面 $\left(x - \dfrac{a}{2}\right)^2 + y^2 = \dfrac{a^2}{4}$ 所截下部分的球面面积.

解 如图 25-3 所示半球面 $z = \sqrt{a^2 - x^2 - y^2}$ 与圆柱面 $\left(x - \dfrac{a}{2}\right)^2 + y^2 = \dfrac{a^2}{4}$ 的交线 $\varGamma$ 为

$$\varGamma : \begin{cases} z = \sqrt{a^2 - x^2 - y^2}, \\ \left(x - \dfrac{a}{2}\right)^2 + y^2 = \dfrac{a^2}{4}. \end{cases}$$

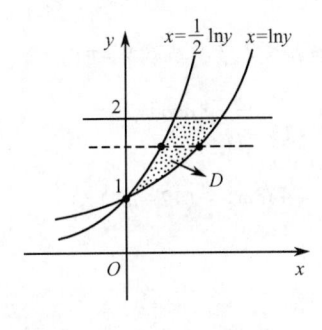

图 25-2

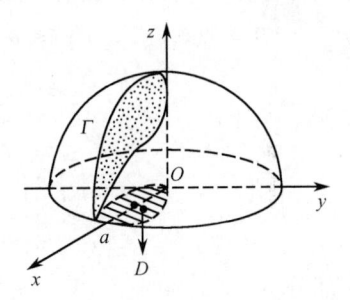

图 25-3

半球面被圆柱面截下部分的球面在 xOy 面上的投影区域为

$$D = \left\{ (x,y) \,\Big|\, \left(x - \dfrac{a}{2}\right)^2 + y^2 \leq \dfrac{a^2}{4} \right\} = \left\{ (\rho,\theta) \,\Big|\, 0 \leq \rho \leq a\cos\theta, -\dfrac{\pi}{2} \leq \theta \leq \dfrac{\pi}{2} \right\}.$$

由半球面方程 $z = \sqrt{a^2 - x^2 - y^2}$，求得

$$\dfrac{\partial z}{\partial x} = \dfrac{-x}{\sqrt{a^2 - x^2 - y^2}}, \dfrac{\partial z}{\partial y} = \dfrac{-y}{\sqrt{a^2 - x^2 - y^2}},$$

$$\sqrt{1 + \left(\dfrac{\partial z}{\partial x}\right)^2 + \left(\dfrac{\partial z}{\partial y}\right)^2} = \dfrac{a}{\sqrt{a^2 - x^2 - y^2}}.$$

所求的部分球面的面积为

$$A = \iint_D \sqrt{1 + \left(\dfrac{\partial z}{\partial x}\right)^2 + \left(\dfrac{\partial z}{\partial y}\right)^2}\, dxdy = \iint_D \dfrac{a}{\sqrt{a^2 - x^2 - y^2}}\, dxdy$$

$$= \iint_D \dfrac{a}{\sqrt{a^2 - \rho^2}} \rho\, d\rho d\theta = \int_{-\frac{\pi}{2}}^{\frac{\pi}{2}} d\theta \int_0^{a\cos\theta} \dfrac{a}{\sqrt{a^2 - \rho^2}} \rho\, d\rho$$

$$= \int_{-\frac{\pi}{2}}^{\frac{\pi}{2}} -a(a^2 - \rho^2)^{\frac{1}{2}} \Big|_0^{a\cos\theta} d\theta = a \int_{-\frac{\pi}{2}}^{\frac{\pi}{2}} (a - a|\sin\theta|)\, d\theta$$

$$= 2a^2 \int_0^{\frac{\pi}{2}} (1 - \sin\theta)\, d\theta = 2a^2 (\theta + \cos\theta) \Big|_0^{\frac{\pi}{2}} = 2a^2 \left(\dfrac{\pi}{2} - 1\right).$$

例 6.34 试求由半球面 $z = \sqrt{12 - x^2 - y^2}$ 与旋转抛物面 $4z = x^2 + y^2$ 所围立体的全表面积.

解 立体图形如图 25-4 所示. 半球面与旋转抛物面的交线 $\varGamma$ 为

$$\varGamma : \begin{cases} z = \sqrt{12 - x^2 - y^2}, \\ 4z = x^2 + y^2, \end{cases} \quad 即 \quad \begin{cases} x^2 + y^2 = 8, \\ z = 2. \end{cases}$$

只需求出半球面与旋转抛物面部分的面积 A_1 和 A_2,再相加即得到立体的全表面积 A. 于是有

半球面部分:$z = \sqrt{12 - x^2 - y^2}$,

$$\frac{\partial z}{\partial x} = \frac{-x}{\sqrt{12 - x^2 - y^2}}, \quad \frac{\partial z}{\partial y} = \frac{-y}{\sqrt{12 - x^2 - y^2}},$$

$$\sqrt{1 + \left(\frac{\partial z}{\partial x}\right)^2 + \left(\frac{\partial z}{\partial y}\right)^2} = \frac{2\sqrt{3}}{\sqrt{12 - x^2 - y^2}}.$$

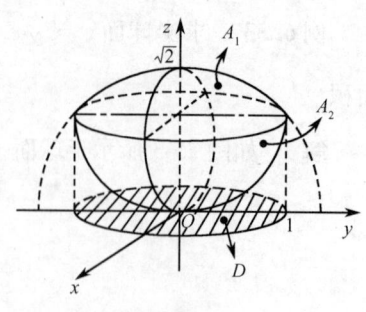

立体的半球面部分在 xOy 面的投影区域为

图 25-4

$$D = \{(x,y) \mid x^2 + y^2 \leq 8\} = \{(\rho, \theta) \mid 0 \leq \rho \leq 2\sqrt{2}, 0 \leq \theta \leq 2\pi\},$$

$$A_1 = \iint_D \frac{2\sqrt{3}}{\sqrt{12 - x^2 - y^2}} dxdy = 2\sqrt{3} \iint_D \frac{1}{\sqrt{12 - \rho^2}} \cdot \rho d\rho d\theta$$

$$= 2\sqrt{3} \int_0^{2\pi} d\theta \int_0^{2\sqrt{2}} \frac{1}{\sqrt{12 - \rho^2}} \cdot \rho d\rho = 4\sqrt{3}\pi [-(12-\rho^2)^{\frac{1}{2}}] \Big|_0^{2\sqrt{2}}$$

$$= 8\pi(3 - \sqrt{3}).$$

抛物面部分:$4z = x^2 + y^2$,

$$\sqrt{1 + \left(\frac{\partial z}{\partial x}\right)^2 + \left(\frac{\partial z}{\partial y}\right)^2} = \sqrt{1 + \frac{1}{4}(x^2 + y^2)},$$

$$A_2 = \iint_D \sqrt{1 + \frac{1}{4}(x^2 + y^2)} dxdy = \iint_D \sqrt{1 + \frac{1}{4}\rho^2} \cdot \rho d\rho d\theta$$

$$= \int_0^{2\pi} d\theta \int_0^{2\sqrt{2}} \sqrt{1 + \frac{1}{4}\rho^2} \cdot \rho d\rho$$

$$= 2\pi \cdot 2 \cdot \frac{2}{3}\left(1 + \frac{1}{4}\rho^2\right)^{\frac{3}{2}} \Big|_0^{2\sqrt{2}} = 8\pi\left(\sqrt{3} - \frac{1}{3}\right).$$

所求的立体全表面积为

$$A = A_1 + A_2 = 8\pi(3 - \sqrt{3}) + 8\pi\left(\sqrt{3} - \frac{1}{3}\right) = \frac{64\pi}{3}.$$

例 6.35 设半径为 r 的球的球心在半径为 1 的定球面上,问当前者夹在定球内部的表面积为最大时,r 应取何值?

解 以定球的球心为坐标原点 O,两球心的连线为 Oz 轴建立空间直角坐标系,如图 25-5 所示. 定球的球面方程为 $x^2 + y^2 + z^2 = 1$,而球心在定球面上的点 $(0,0,1)$ 处,半径为 r 的球面方程 $x^2 + y^2 + (z - 1)^2 = r^2$. 那么两球面的交线 Γ 的方程为

$$\Gamma: \begin{cases} x^2 + y^2 + z^2 = 1, \\ x^2 + y^2 + (z - 1)^2 = r^2, \end{cases}$$

即 $\begin{cases} z = 1 - \dfrac{r^2}{2}, \\ x^2 + y^2 = r^2 - \dfrac{r^4}{4}. \end{cases}$

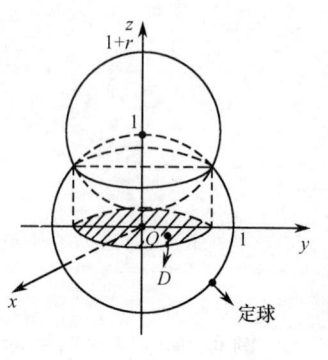

图 25-5

故球面 $x^2 + y^2 + (z - 1)^2 = r^2$ 夹在定球面 $x^2 + y^2 + z^2 = 1$ 内部的那一部分在 xOy 面上的投影区域为

$$D = \{(x,y) \mid x^2 + y^2 \leq r^2 - \frac{r^4}{4}\}$$
$$= \{(\rho,\theta) \mid 0 \leq \rho \leq \sqrt{r^2 - \frac{r^4}{4}}, 0 \leq \theta \leq 2\pi\}.$$

根据球面方程 $x^2 + y^2 + (z-1)^2 = r^2$,由隐函数微分法,可求得

$$\frac{\partial z}{\partial x} = -\frac{2x}{2(z-1)} = -\frac{x}{z-1}, \quad \frac{\partial z}{\partial y} = -\frac{y}{z-1},$$

$$\sqrt{1 + \left(\frac{\partial z}{\partial x}\right)^2 + \left(\frac{\partial z}{\partial y}\right)^2} = \sqrt{1 + \frac{x^2}{(z-1)^2} + \frac{y^2}{(z-1)^2}}$$

$$= \sqrt{\frac{r^2}{(z-1)^2}} = \frac{r}{\sqrt{r^2 - x^2 - y^2}}.$$

半径为 r 的球面夹在定球面内部的那一部分的面积为

$$A = \iint_D \sqrt{1 + \left(\frac{\partial z}{\partial x}\right)^2 + \left(\frac{\partial z}{\partial y}\right)^2} dxdy = \iint_D \frac{r}{\sqrt{r^2 - x^2 - y^2}} dxdy$$

$$= \iint_D \frac{r}{\sqrt{r^2 - \rho^2}} \cdot \rho d\rho d\theta = \int_0^{2\pi} d\theta \int_0^{\sqrt{r^2 - \frac{1}{4}r^4}} r(r^2 - \rho^2)^{-\frac{1}{2}} \cdot \rho d\rho$$

$$= 2\pi r [-(r^2 - \rho^2)^{\frac{1}{2}}] \Big|_0^{\sqrt{r^2 - \frac{1}{4}r^4}} = 2\pi r^2 - \pi r^3. \quad (0 < r < 2)$$

下面求 A 的最大值:

$$\frac{dA}{dr} = 4\pi r - 3\pi r^2, \quad \frac{d^2 A}{dr^2} = 4\pi - 6\pi r.$$

令 $\frac{dA}{dr} = 0$,得唯一驻点 $r = \frac{4}{3}$,由于

$$\frac{d^2 A}{dr^2}\Big|_{r=\frac{4}{3}} = -4\pi < 0.$$

由一元函数极值的充分条件可知 $r = \frac{4}{3}$ 是面积函数 $A = 2\pi r^2 - \pi r^3$ 的极大值点,再由驻点的唯一性可知,$r = \frac{4}{3}$ 是 A 的最大值点,即 $r = \frac{4}{3}$ 时,面积 A 取最大值.

二、求空间立体 Ω 的体积

例 6.36 求由曲面 $y = x^2$ 及平面 $z = 0, z = y, y = 1$ 所围成的立体 Ω 的体积.

解 立体 Ω 如图 25-6 所示. 把 Ω 投影到 xOy 面上得到投影区域 D 为

$$D = \{(x,y) \mid x^2 \leq y \leq 1, -1 \leq x \leq 1\},$$

Ω 是以 xOy 面上的区域 D 为底,平面 $z = y$ 为顶,以 D 的边界曲线为准线而母线平行于 z 轴的柱面为侧面的曲顶柱体. 其体积 V 为

$$V = \iint_D ydxdy = \int_{-1}^1 dx \int_{x^2}^1 ydy = \frac{1}{2} \int_{-1}^1 (1 - x^4) dx$$

$$= \int_0^1 (1 - x^4) dx = 1 - \frac{1}{5} = \frac{4}{5}.$$

例 6.37 求由圆锥面 $z = \sqrt{x^2 + y^2}$,圆柱面 $x^2 + y^2 = 2x$ 及平面 $z = 0$ 所围立体 Ω 的体积.

解 立体 Ω 的图形如图 25-7 所示,把 Ω 投影到 xOy 面上得到投影区域 D 为

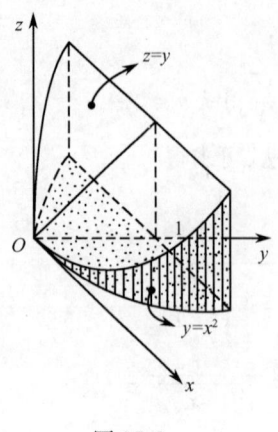

图 25-6 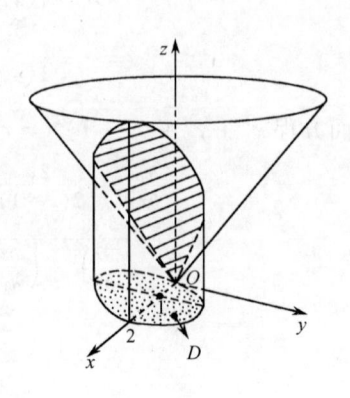　　　　　　　　　　　　　图 25-7

$$D = \{(x,y) \mid x^2 + y^2 \leq 2x\} = \left\{(\rho,\theta) \mid 0 \leq \rho \leq 2\cos\theta, -\frac{\pi}{2} \leq \theta \leq \frac{\pi}{2}\right\}.$$

Ω 是以 xOy 面上的区域 D 为底，锥面 $z = \sqrt{x^2 + y^2}$ 为顶，圆柱面 $x^2 + y^2 = 2x$ 为侧面的曲顶柱体，其体积 V 为

$$\begin{aligned}V &= \iint_D \sqrt{x^2 + y^2}\,dxdy = \iint_D \rho \cdot \rho d\rho d\theta = \int_{-\frac{\pi}{2}}^{\frac{\pi}{2}} d\theta \int_0^{2\cos\theta} \rho^2 d\rho \\ &= \int_{-\frac{\pi}{2}}^{\frac{\pi}{2}} \frac{1}{3} \cdot 8\cos^3\theta\,d\theta = \frac{16}{3}\int_0^{\frac{\pi}{2}}(1 - \sin^2\theta)\,d\sin\theta \\ &= \frac{16}{3}\left(\sin\theta - \frac{1}{3}\sin^3\theta\right)\bigg|_0^{\frac{\pi}{2}} = \frac{32}{9}.\end{aligned}$$

例 6.38　求由曲面 $az = x^2 + y^2$ 与 $z = 2a - \sqrt{x^2 + y^2}$ $(a > 0)$ 所围成的立体 Ω 的体积.

解　立体 Ω 的图形如图 25-8 所示，抛物面 $az = x^2 + y^2$ 与圆锥面 $z = 2a - \sqrt{x^2 + y^2}$ 的交线为

$$\Gamma:\begin{cases} az = x^2 + y^2, \\ z = 2a - \sqrt{x^2 + y^2}, \end{cases}$$

即 $\begin{cases} x^2 + y^2 = a^2, \\ z = a. \end{cases}$

立体 Ω 在 xOy 面上的投影区域 D 为

$$D = \{(x,y) \mid x^2 + y^2 \leq a^2\} = \{(\rho,\theta) \mid 0 \leq \rho \leq a, 0 \leq \theta \leq 2\pi\},$$

于是立体 Ω 可表示为

$$\Omega = \left\{(\rho,\theta,z) \,\bigg|\, \frac{1}{a}\rho^2 \leq z \leq 2a - \rho, 0 \leq \rho \leq a, 0 \leq \theta \leq 2\pi\right\},$$

因此立体 Ω 的体积为

$$\begin{aligned}V &= \iiint_\Omega dxdydz = \iiint_\Omega \rho d\rho d\theta dz = \int_0^{2\pi} d\theta \int_0^a \rho d\rho \int_{\frac{1}{a}\rho^2}^{2a-\rho} dz \\ &= 2\pi \int_0^a \left(2a\rho - \rho^2 - \frac{1}{a}\rho^3\right)d\rho = 2\pi\left(a\rho^2 - \frac{1}{3}\rho^3 - \frac{1}{4a}\rho^4\right)\bigg|_0^a = \frac{5}{6}\pi a^3.\end{aligned}$$

例 6.39　求由球面 $x^2 + y^2 + z^2 = 2az(a > 0)$ 及圆锥面 $z = \sqrt{3(x^2 + y^2)}$ 所围成的含有 z 轴的那部分立体 Ω 的体积.

解 立体 Ω 的图形如图 25-9 所示,由圆锥面的方程 $z = \sqrt{3(x^2+y^2)}$ 化为球面坐标系方程,得

$$r\cos\varphi = \sqrt{3r^2\sin^2\varphi},$$
$$r\cos\varphi = \sqrt{3}r\sin\varphi,$$
$$\tan\varphi = \frac{1}{\sqrt{3}},$$

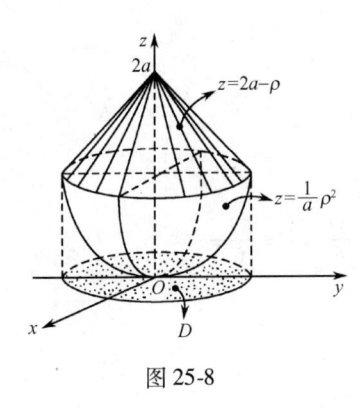

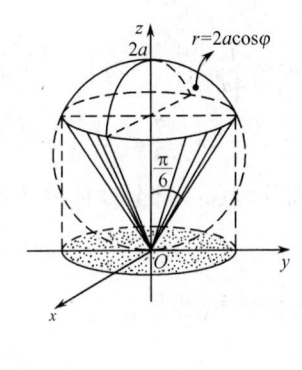

图 25-8

图 25-9

圆锥的半锥顶角 $\varphi = \dfrac{\pi}{6}$.

球面 $x^2+y^2+z^2 = 2az$ 在球面坐标系中的方程为 $r = 2a\cos\varphi$. 于是立体 Ω 在球面坐标系中可表示为

$$\Omega = \left\{(r,\varphi,\theta) \,\Big|\, 0 \leqslant r \leqslant 2a\cos\varphi, 0 \leqslant \varphi \leqslant \frac{\pi}{6}, 0 \leqslant \theta \leqslant 2\pi\right\},$$

立体 Ω 的体积 V 为

$$V = \iiint\limits_{\Omega} \mathrm{d}x\mathrm{d}y\mathrm{d}z = \iiint\limits_{\Omega} r^2\sin\varphi \mathrm{d}r\mathrm{d}\varphi\mathrm{d}\theta = \int_0^{2\pi}\mathrm{d}\theta \int_0^{\frac{\pi}{6}} \mathrm{d}\varphi \int_0^{2a\cos\varphi} r^2\sin\varphi \mathrm{d}r$$

$$= 2\pi \int_0^{\frac{\pi}{6}} \frac{1}{3} \cdot 8a^3\cos^3\varphi\sin\varphi \mathrm{d}\varphi = \frac{16\pi}{3}a^3 \left(-\frac{1}{4}\cos^4\varphi\right)\bigg|_0^{\frac{\pi}{6}}$$

$$= \frac{4}{3}\pi a^3 \left(1 - \frac{9}{16}\right) = \frac{7}{12}\pi a^3.$$

例 6.40 抛物面 $az = 4a^2 - x^2 - y^2$ 将球体 $x^2 + y^2 + z^2 \leqslant 4az$ 分成两部分,求这两部分的体积比.

解 如图 25-10 所示,抛物面与球面的交线为

$$\Gamma: \begin{cases} az = 4a^2 - x^2 - y^2, \\ x^2 + y^2 + z^2 = 4az, \end{cases}$$

即 $\begin{cases} x^2 + y^2 = 3a^2, \\ z = a. \end{cases}$

位于抛物面 $az = 4a^2 - x^2 - y^2$ 内侧那一部分球体记作 Ω_1,其体积记作 V_1. Ω_1 在 xOy 面上的投影区域 D 为

$$D = \{(x,y) \mid x^2 + y^2 \leqslant \sqrt{3}a\}$$
$$= \{(\rho,\theta) \mid 0 \leqslant \rho \leqslant \sqrt{3}a, 0 \leqslant \theta \leqslant 2\pi\}.$$

在柱面坐标系下 Ω_1 可表示为

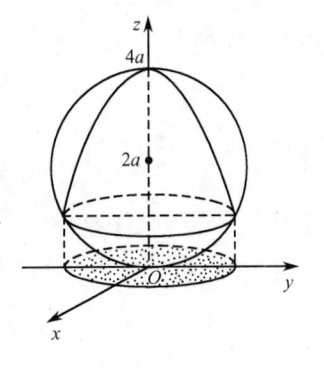

图 25-10

$$\Omega_1 = \{(\rho,\theta,z) \mid 2a - \sqrt{4a^2 - \rho^2} \leq z \leq 4a - \frac{1}{a}\rho^2,$$
$$0 \leq \rho \leq \sqrt{3}a, 0 \leq \theta \leq 2\pi\}$$

$$V_1 = \iiint_{\Omega_1} \mathrm{d}x\mathrm{d}y\mathrm{d}z = \iiint_{\Omega_1} \rho\mathrm{d}\rho\mathrm{d}\theta\mathrm{d}z = \int_0^{2\pi} \mathrm{d}\theta \int_0^{\sqrt{3}a} \mathrm{d}\rho \int_{2a-\sqrt{4a^2-\rho^2}}^{4a-\frac{\rho^2}{a}} \rho \mathrm{d}z$$

$$= 2\pi \int_0^{\sqrt{3}a} \left(2a\rho - \frac{1}{a}\rho^3\right)\mathrm{d}\rho + 2\pi \int_0^{\sqrt{3}a} \sqrt{4a^2 - \rho^2} \cdot \rho \mathrm{d}\rho$$

$$= 2\pi \left(a\rho^2 - \frac{1}{4a}\rho^4\right)\Big|_0^{\sqrt{3}a} + 2\pi\left[-\frac{1}{3}(4a^2-\rho^2)^{\frac{3}{2}}\right]\Big|_0^{\sqrt{3}a}$$

$$= 2\pi \cdot \frac{3}{4}a^3 + 2\pi \cdot \frac{7}{3}a^3 = \frac{37}{6}\pi a^3.$$

位于抛物面外侧那一部分球体的体积记作 V_2，则有

$$V_2 = \frac{4}{3}\pi(2a)^3 - V_1 = \frac{32}{3}\pi a^3 - \frac{37}{6}\pi a^3 = \frac{27}{6}\pi a^3.$$

球体的这两部分的体积比为

$$V_1 : V_2 = 37 : 27.$$

三、求平面薄板的质量、重心和转动惯量

例 6.41 一边长为 $a(a > 0)$ 的正方形薄板，其上每一点的面密度与该点到正方形一顶点的距离成正比，已知正方形中心的面密度为 μ_0，求正方形薄板的质量 M.

解 选择坐标系如图 25-11 所示，设正方形上每一点 $P(x,y)$ 处的面密度与点 P 到正方形一顶点 $O(0,0)$ 的距离 $|OP| = \sqrt{x^2 + y^2}$ 成正比，即密度 $\mu(x,y)$ 为

$$\mu(x,y) = k\sqrt{x^2 + y^2}, (x,y) \in D.$$

由于 $\mu\left(\frac{a}{2}, \frac{a}{2}\right) = \mu_0$，则有

$$k\sqrt{\left(\frac{a}{2}\right)^2 + \left(\frac{a}{2}\right)^2} = \mu_0, k = \frac{\sqrt{2}\mu_0}{a}.$$

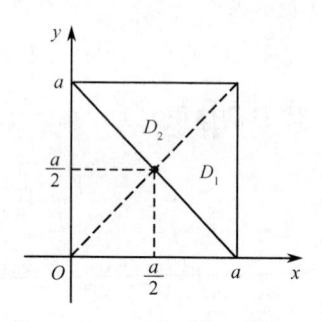

图 25-11

正方形薄板的质量 M 为

$$M = \iint_D \frac{\sqrt{2}\mu_0}{a}\sqrt{x^2 + y^2}\mathrm{d}x\mathrm{d}y,$$

在极坐标系下：

$$D_1 = \left\{(\rho,\theta) \mid 0 \leq \rho \leq \frac{a}{\cos\theta}, 0 \leq \theta \leq \frac{\pi}{4}\right\},$$

$$D_2 = \left\{(\rho,\theta) \mid 0 \leq \rho \leq \frac{a}{\sin\theta}, \frac{\pi}{4} \leq \theta \leq \frac{\pi}{2}\right\},$$

且 $D = D_1 + D_2$，于是

$$M = \iint_{D_1} \frac{\sqrt{2}\mu_0}{a} \cdot \rho \cdot \rho \mathrm{d}\rho\mathrm{d}\theta + \iint_{D_2} \frac{\sqrt{2}\mu_0}{a} \rho \cdot \rho \mathrm{d}\rho\mathrm{d}\theta$$

$$= \int_0^{\frac{\pi}{4}} \mathrm{d}\theta \int_0^{\frac{a}{\cos\theta}} \frac{\sqrt{2}\mu_0}{a}\rho^2 \mathrm{d}\rho + \int_{\frac{\pi}{4}}^{\frac{\pi}{2}} \mathrm{d}\theta \int_0^{\frac{a}{\sin\theta}} \frac{\sqrt{2}\mu_0}{a}\rho^2 \mathrm{d}\rho$$

$$= \frac{\sqrt{2}\mu_0}{a}\int_0^{\frac{\pi}{4}}\frac{1}{3}\frac{a^3}{\cos^3\theta}\mathrm{d}\theta + \frac{\sqrt{2}\mu_0}{a}\int_{\frac{\pi}{4}}^{\frac{\pi}{2}}\frac{a^3}{3\sin^3\theta}\mathrm{d}\theta$$

$$= \frac{\sqrt{2}\mu_0}{3}a^2\left[\int_0^{\frac{\pi}{4}}\sec^3\theta\mathrm{d}\theta + \int_{\frac{\pi}{4}}^{\frac{\pi}{2}}\csc^3\theta\mathrm{d}\theta\right].$$

(1) 令 $\theta = \frac{\pi}{2} - t$,则当 $\theta = \frac{\pi}{4}$ 时, $t = \frac{\pi}{4}$;当 $\theta = \frac{\pi}{2}$ 时, $t = 0$, 且 $\mathrm{d}\theta = -\mathrm{d}t$, 于是

$$\int_{\frac{\pi}{4}}^{\frac{\pi}{2}}\csc^3\theta\mathrm{d}\theta = \int_{\frac{\pi}{4}}^{0}\frac{1}{\sin^3\left(\frac{\pi}{2}-t\right)}(-\mathrm{d}t) = \int_0^{\frac{\pi}{4}}\frac{1}{\cos^3 t}\mathrm{d}t$$

$$= \int_0^{\frac{\pi}{4}}\sec^3 t\mathrm{d}t = \int_0^{\frac{\pi}{4}}\sec^3\theta\mathrm{d}\theta.$$

(2) $\int_0^{\frac{\pi}{4}}\sec^3\theta\mathrm{d}\theta = \int_0^{\frac{\pi}{4}}\sec\theta\mathrm{d}\tan\theta = \sec\theta\tan\theta\bigg|_0^{\frac{\pi}{4}} - \int_0^{\frac{\pi}{4}}\tan\theta\cdot\sec\theta\tan\theta\mathrm{d}\theta$

$$= \sqrt{2} - \int_0^{\frac{\pi}{4}}(\sec^2\theta - 1)\sec\theta\mathrm{d}\theta = \sqrt{2} - \int_0^{\frac{\pi}{4}}\sec^3\theta\mathrm{d}\theta + \int_0^{\frac{\pi}{4}}\sec\theta\mathrm{d}\theta,$$

从而有

$$2\int_0^{\frac{\pi}{4}}\sec^3\theta\mathrm{d}\theta = \sqrt{2} + \ln(\sec\theta + \tan\theta)\bigg|_0^{\frac{\pi}{4}} = \sqrt{2} + \ln(\sqrt{2}+1),$$

所以

$$M = \frac{\sqrt{2}}{3}\mu_0 a^2 \cdot 2\int_0^{\frac{\pi}{4}}\sec^3\theta\mathrm{d}\theta = \frac{\sqrt{2}}{3}\mu_0 a^2[\sqrt{2} + \ln(\sqrt{2}+1)].$$

例 6.42 设平面薄板所占的区域是由曲线 $y = x^2$ 及直线 $y = x$ 所围成,薄板在点 $P(x,y) \in D$ 处的面密度 $\mu(x,y) = x^2 y$,求该薄板的重心.

解 平面薄板所占区域 D 如图 25-12 所示. 先求曲线 $y = x^2$ 与直线 $y = x$ 的交点,为此解方程组:

$$\begin{cases} y = x^2, \\ y = x, \end{cases}$$

得交点 $O(0,0), A(1,1)$. 区域 D 可表示为

$$D = \{(x,y) \mid x^2 \leq y \leq x, 0 \leq x \leq 1\}.$$

平面薄板的质量 M 为

$$M = \iint_D \mu(x,y)\mathrm{d}x\mathrm{d}y = \iint_D x^2 y \mathrm{d}x\mathrm{d}y = \int_0^1 x^2 \mathrm{d}x \int_{x^2}^x y\mathrm{d}y$$

$$= \int_0^1 \frac{1}{2}(x^4 - x^6)\mathrm{d}x = \frac{1}{2}\left(\frac{1}{5}x^5 - \frac{1}{7}x^7\right)\bigg|_0^1 = \frac{1}{35}.$$

设平面薄板的重心坐标为 $(\bar{x}, \bar{y})$,则有

$$\bar{x} = \frac{1}{M}\iint_D x\mu(x,y)\mathrm{d}x\mathrm{d}y = 35\iint_D x^3 y\mathrm{d}x\mathrm{d}y = 35\int_0^1 x^3\mathrm{d}x\int_{x^2}^x y\mathrm{d}y$$

$$= 35\int_0^1 \frac{1}{2}(x^5 - x^7)\mathrm{d}x = \frac{35}{2}\left(\frac{1}{6}x^6 - \frac{1}{8}x^8\right)\bigg|_0^1 = \frac{35}{48}.$$

$$\bar{y} = \frac{1}{M}\iint_D y\mu(x,y)\mathrm{d}x\mathrm{d}y = 35\iint_D x^2 y^2 \mathrm{d}x\mathrm{d}y = 35\int_0^1 x^2\mathrm{d}x\int_{x^2}^x y^2\mathrm{d}y$$

$$= 35\int_0^1 \frac{1}{3}(x^5 - x^8)\mathrm{d}x = \frac{35}{3}\left(\frac{1}{6}x^6 - \frac{1}{9}x^9\right)\Big|_0^1 = \frac{35}{54}.$$

所求的重心为 $\left(\dfrac{35}{48}, \dfrac{35}{54}\right)$.

例6.43 求位于两圆 $x^2 + (y-2)^2 = 4$ 和 $x^2 + (y-1)^2 = 1$ 之间的均匀平面薄板的重心.

解 设质量分布均匀的平面薄板所占区域 D 如图 25-13 所示,由于质量分布均匀(不妨设面密度 $\mu(x,y) = 1$),且区域 D 关于 y 轴对称,故薄板重心在 y 轴上,即重心坐标 $(\bar{x}, \bar{y})$ 中的横坐标 $\bar{x} = 0$,而纵坐标 $\bar{y}$ 为

图 25-12

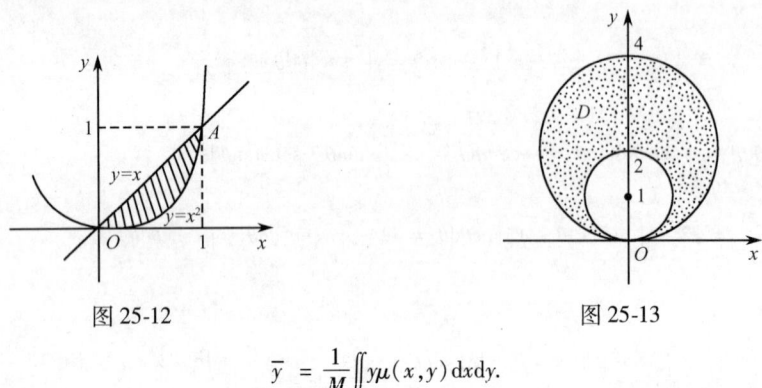

图 25-13

$$\bar{y} = \frac{1}{M}\iint_D y\mu(x,y)\mathrm{d}x\mathrm{d}y.$$

$$M = \iint_D \mu(x,y)\mathrm{d}x\mathrm{d}y = \iint_D \mathrm{d}x\mathrm{d}y = \pi \cdot 2^2 - \pi \cdot 1^2 = 3\pi.$$

$$\iint_D y\mu(x,y)\mathrm{d}x\mathrm{d}y$$
$$= \iint_D y\mathrm{d}x\mathrm{d}y = \int_0^\pi \mathrm{d}\theta \int_{2\sin\theta}^{4\sin\theta} \rho\sin\theta \cdot \rho\mathrm{d}\rho = \int_0^\pi \sin\theta \cdot \frac{1}{3}(64\sin^3\theta - 8\sin^3\theta)\mathrm{d}\theta$$
$$= \frac{56}{3}\int_0^\pi \sin^4\theta \mathrm{d}\theta = \frac{56}{3}\int_0^\pi \left(\frac{1-\cos 2\theta}{2}\right)^2 \mathrm{d}\theta = \frac{14}{3}\int_0^\pi \left(1 - 2\cos 2\theta + \frac{1+\cos 4\theta}{2}\right)\mathrm{d}\theta$$
$$= \frac{14}{3}\int_0^\pi \left(\frac{3}{2} - 2\cos 2\theta + \frac{1}{2}\cos 4\theta\right)\mathrm{d}\theta = \frac{14}{3}\left(\frac{3}{2}\theta - \sin 2\theta + \frac{1}{8}\sin 4\theta\right)\Big|_0^\pi = 7\pi.$$

$$\bar{y} = \frac{7\pi}{3\pi} = \frac{7}{3}.$$

所求的重心坐标为 $\left(0, \dfrac{7}{3}\right)$.

例6.44 设质量分布均匀的平面薄板占有区域 $D = \left\{(x,y) \,\Big|\, \dfrac{x^2}{a^2} + \dfrac{y^2}{b^2} \leqslant 1\right\}$,求该薄板对 y 轴的转动惯量 I_y.

解 设质量分布均匀的平面薄板如图 25-14,不妨设其面密度 $\mu(x,y) = 1$,则

$$D = \left\{(x,y) \,\Big|\, -\frac{b}{a}\sqrt{a^2-x^2} \leqslant y \leqslant \frac{b}{a}\sqrt{a^2-x^2}, -a \leqslant x \leqslant a\right\}.$$

平面薄板对 y 轴的转动惯量为

$$I_y = \iint_D x^2\mu(x,y)\mathrm{d}x\mathrm{d}y = \iint_D x^2\mathrm{d}x\mathrm{d}y = \int_{-a}^a x^2\mathrm{d}x\int_{-\frac{b}{a}\sqrt{a^2-x^2}}^{\frac{b}{a}\sqrt{a^2-x^2}} \mathrm{d}y$$
$$= \int_{-a}^a \frac{2b}{a}x^2\sqrt{a^2-x^2}\mathrm{d}x = \frac{4b}{a}\int_0^a x^2\sqrt{a^2-x^2}\mathrm{d}x$$

$$\xlongequal{x=a\sin t} \frac{4b}{a}\int_0^{\frac{\pi}{2}} a^2\sin^2 t \cdot a\cos t \cdot a\cos t\,dt = a^3 b\int_0^{\frac{\pi}{2}} \sin^2 2t\,dt$$

$$= a^3 b\int_0^{\frac{\pi}{2}} \frac{1-\cos 4t}{2}dt = \frac{a^3 b}{2}\left(t - \frac{1}{4}\sin 4t\right)\Big|_0^{\frac{\pi}{2}} = \frac{\pi}{4}a^3 b.$$

例 6.45 设质量分布均匀的平面薄板占有平面区域 D,其中 D 是由曲线 $y^2 = ax$ 及直线 $x = a(a > 0)$ 所围成的平面区域,求平面薄板对直线 $y = -a$ 的转动惯量.

解 设质量分布均匀的平面薄板如图 25-15,不妨设其面密度 $\mu(x,y) = 1$,则

$$D = \left\{(x,y) \,\Big|\, \frac{1}{a}y^2 \leq x \leq a, -a \leq y \leq a\right\}.$$

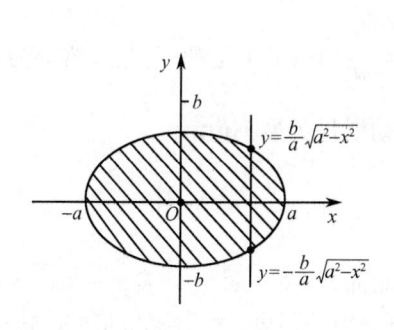

图 25-14 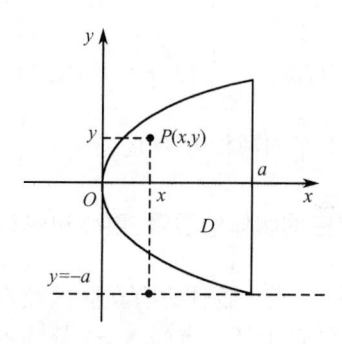   图 25-15

因为对任意的点 $P(x,y) \in D$ 到直线 $y = -a$ 的距离为 $d = a + y$,所以

$$I_{y=-a} = \iint_D d^2 dxdy = \iint_D (a+y)^2 dxdy = \int_{-a}^{a}(a+y)^2 dy\int_{\frac{1}{a}y^2}^{a} dx$$

$$= \int_{-a}^{a}(a+y)^2\left(a - \frac{1}{a}y^2\right)dy = \frac{1}{a}\int_{-a}^{a}(a+y)^2(a^2 - y^2)dy$$

$$= \frac{1}{a}\int_{-a}^{a}(a^4 + 2a^3 y - 2ay^3 - y^4)dy = \frac{2}{a}\int_0^{a}(a^4 - y^4)dy$$

$$= \frac{2}{a}\left(a^4 y - \frac{1}{5}y^5\right)\Big|_0^{a} = \frac{8}{5}a^4.$$

例 6.46 设质量分布均匀的平面薄板占有平面区域 D,其中 D 是由曲线 $y = \ln x$,直线 $x = e$ 及 x 轴所围成的区域,求平面薄板对直线 $x = t$ 的转动惯量 $I_{x=t}$,问 t 取何值时此转动惯量取最小值?

解 设质量分布均匀的平面薄板如图 25-16 所示,不妨设其面密度 $\mu(x,y) = 1$,则

$$D = \{(x,y) \mid 0 \leq y \leq \ln x, 1 \leq x \leq e\}.$$

由于对任意的点 $P(x,y) \in D$ 到直线 $x = t$ 的距离为 $d = |x - t|$,所以

$$I_{x=t} = \iint_D d^2 dxdy = \iint_D (x-t)^2 dxdy$$

$$= \int_1^e dx\int_0^{\ln x}(x-t)^2 dy = \int_1^e (x-t)^2 \ln x\,dx$$

$$= \frac{1}{3}(x-t)^3 \ln x\Big|_1^e - \int_1^e \frac{1}{3}(x-t)^3 \cdot \frac{1}{x}dx$$

$$= \frac{1}{3}(e-t)^3 - \frac{1}{3}\int_1^e\left(x^2 - 3xt + 3t^2 - \frac{1}{x}t^3\right)dx$$

$$= \frac{1}{3}(e-t)^3 - \frac{1}{3}\left(\frac{1}{3}x^3 - \frac{3}{2}x^2t + 3t^2x - t^3\ln x\right)\Big|_1^e$$

$$= \frac{1}{3}(e-t)^3 - \frac{1}{3}\left(\frac{1}{3}e^3 - \frac{3}{2}e^2t + 3et^2 - t^3 - \frac{1}{3} + \frac{3}{2}t - 3t^2\right)$$

$$= \frac{1}{3}(e-t)^3 - \frac{1}{3}\left[\frac{1}{3}e^3 + \left(\frac{3}{2} - \frac{3}{2}e^2\right)t + (3e-3)t^2 - t^3 - \frac{1}{3}\right]$$

$$= t^2 - \frac{1}{2}(1+e^2)t + \frac{2}{9}e^3 + \frac{1}{9}, (-\infty < t < +\infty).$$

令 $I_{x=t} = I(t), I(t) = t^2 - \frac{1}{2}(1+e^2)t + \frac{2}{9}e^3 + \frac{1}{9}, (-\infty < t < +\infty)$

$$I'(t) = 2t - \frac{1}{2}(1+e^2), I''(t) = 2 > 0,$$

令 $I'(t) = 0$, 得 $t = \frac{1}{4}(1+e^2)$, 因为 $I''(t) > 0$, 且 $t = \frac{1}{4}(1+e^2)$ 是唯一驻点, 故必为 $I(t)$ 的最小值点, 即平面薄板 D 对直线 $x = \frac{1}{4}(1+e^2)$ 的转动惯量为最小值.

四、求空间物体的质量、重心和转动惯量

例6.47 设一物体占有空间区域 Ω, 其中 Ω 是由曲面 $z = 6 - x^2 - y^2$ 及 $z = \sqrt{x^2+y^2}$ 所围成的区域, 在 Ω 上任一点 (x,y,z) 处的密度等于该点到 z 轴的距离, 试求物体的质量 M.

解 物体占有空间区域 Ω 如图 25-17 所示, 对任意一点 $(x,y,z) \in \Omega$ 其面密度为 $\mu(x,y,z) = \sqrt{x^2+y^2}$.

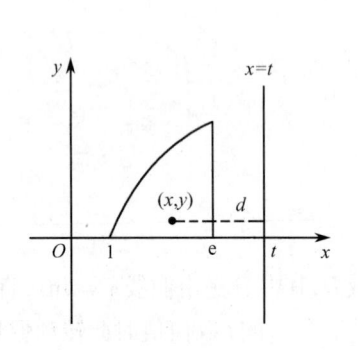

图 25-16

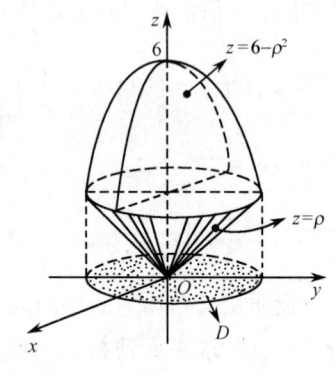

图 25-17

抛物面 $z = 6 - x^2 - y^2$ 与圆锥面 $z = \sqrt{x^2+y^2}$ 的交线 Γ 为

$$\Gamma: \begin{cases} z = 6 - x^2 - y^2, \\ z = \sqrt{x^2+y^2}, \end{cases} \text{即} \begin{cases} x^2 + y^2 = 4, \\ z = 2. \end{cases}$$

那么 Ω 在 xOy 面上的投影区域为

$$D = \{(x,y) \mid x^2 + y^2 \le 4\} = \{(\rho,\theta) \mid 0 \le \rho \le 2, 0 \le \theta \le 2\pi\}.$$

所求物体的质量 M 为

$$M = \iiint_\Omega \mu(x,y,z)\,dxdydz = \iiint_\Omega \sqrt{x^2+y^2}\,dxdydz = \int_0^{2\pi}d\theta\int_0^2\rho^2\,d\rho\int_\rho^{6-\rho^2}dz$$

$$= 2\pi\int_0^2 (6\rho^2 - \rho^4 - \rho^3)\,d\rho = 2\pi\left(2\rho^3 - \frac{1}{5}\rho^5 - \frac{1}{4}\rho^4\right)\Big|_0^2 = \frac{56\pi}{5}.$$

例 6.48 设有质量分布均匀的物体占有空间区域 Ω,其中 Ω 是由平面 $z=x,z=-x$ 和柱面 $y^2=4-2x$ 所围成的区域,求物体的重心.

解 物体占有空间区域 Ω 如图 25-18 所示,由于质量分布均匀(不妨设对任意一点 (x,y,z) $\in \Omega$,其密度 $\mu(x,y,z)=1$),且 Ω 的图形关于 zOx 面,及 xOy 面对称,故物体的重心坐标为 $(\bar{x},0,0)$.

Ω 在 xOy 面的投影区域 D 为
$$D=\{(x,y)\mid -\sqrt{4-2x}\leqslant y\leqslant \sqrt{4-2x},0\leqslant x\leqslant 2\}.$$

于是 Ω 可表示为
$$\Omega=\{(x,y,z)\mid -x\leqslant z\leqslant x,-\sqrt{4-2x}\leqslant y\leqslant \sqrt{4-2x},0\leqslant x\leqslant 2\}.$$

物体的质量 M 为
$$M=\iiint\limits_{\Omega}\mathrm{d}x\mathrm{d}y\mathrm{d}z=\int_0^2\mathrm{d}x\int_{-\sqrt{4-2x}}^{\sqrt{4-2x}}\mathrm{d}y\int_{-x}^x\mathrm{d}z$$
$$=\int_0^2 2x\cdot 2\sqrt{4-2x}\,\mathrm{d}x\xrightarrow{\sqrt{4-2x}=t}4\int_2^0\frac{4-t^2}{2}\cdot t\cdot(-t\mathrm{d}t)$$
$$=2\int_0^2(4t^2-t^4)\mathrm{d}t=2\left(\frac{4}{3}t^3-\frac{1}{5}t^5\right)\bigg|_0^2=\frac{128}{15}.$$

而物体重心的横坐标 $\bar{x}$ 为
$$\bar{x}=\frac{1}{M}\iiint\limits_{\Omega}x\mathrm{d}x\mathrm{d}y\mathrm{d}z=\frac{1}{M}\int_0^2 x\mathrm{d}x\int_{-\sqrt{4-2x}}^{\sqrt{4-2x}}\mathrm{d}y\int_{-x}^x\mathrm{d}z$$
$$=\frac{1}{M}\int_0^2 2x^2\cdot 2\sqrt{4-2x}\,\mathrm{d}x\xrightarrow{\sqrt{4-2x}=t}\frac{4}{M}\int_2^0\frac{(4-t^2)^2}{4}\cdot t\cdot(-t\mathrm{d}t)$$
$$=\frac{1}{M}\int_0^2(16t^2-8t^4+t^6)\mathrm{d}t=\frac{1}{M}\left(\frac{16}{3}t^3-\frac{8}{5}t^5+\frac{1}{7}t^7\right)\bigg|_0^2=\frac{15}{128}\times\frac{128\times 8}{105}=\frac{8}{7}.$$

所求的物体的重心为 $\left(\frac{8}{7},0,0\right)$.

例 6.49 设有一半径为 R 的球体,P_0 是此球的表面上一个定点,球体上任一点 P 的密度与点 P,P_0 距离的平方成正比(比例系数为 $k>0$),求此球体重心的位置.

解 建立坐标系如图 25-19 所示,球心在点 $(0,0,R)$,球面方程为 $x^2+y^2+(z-R)^2=R^2$,球面上的定点 P_0 在原点 O,则球体上任一点 $P(x,y,z)\in\Omega$ 处的密度 $\mu(x,y,z)$ 为

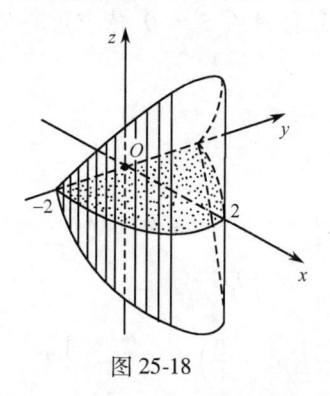

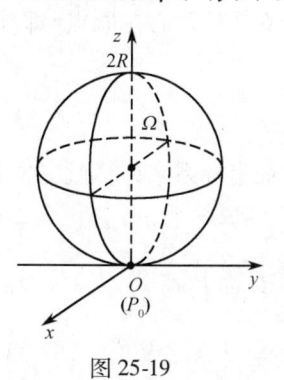

图 25-18

图 25-19

$$\mu(x,y,z) = k|PP_0|^2 = k(x^2+y^2+z^2).$$

因为球体 Ω 的图形关于 zOx 面及 yOz 面对称,且密度函数 $\mu(x,y,z)$ 是关于 x 及 y 的偶函数,所以球体重心 $(\bar{x},\bar{y},\bar{z})$ 中的 $\bar{x}=0,\bar{y}=0$,即球体重心在 z 轴上,即重心为 $(0,0,\bar{z})$

我们选择球面坐标系来计算重心的坐标,由图 25-19 可知有

$$\Omega = \{(x,y,z) \mid x^2+y^2+(z-R)^2 \leq R^2\}$$
$$= \left\{(r,\varphi,\theta) \mid 0 \leq r \leq 2R\cos\varphi, 0 \leq \varphi \leq \frac{\pi}{2}, 0 \leq \theta \leq 2\pi\right\}$$

球体的质量 M 为

$$M = \iiint_\Omega k(x^2+y^2+z^2)\mathrm{d}x\mathrm{d}y\mathrm{d}z = \iiint_\Omega kr^2 \cdot r^2\sin\varphi \mathrm{d}r\mathrm{d}\varphi\mathrm{d}\theta$$
$$= k\int_0^{2\pi}\mathrm{d}\theta\int_0^{\frac{\pi}{2}}\sin\varphi\mathrm{d}\varphi\int_0^{2R\cos\varphi}r^4\mathrm{d}r = 2k\pi\int_0^{\frac{\pi}{2}}\frac{32R^5}{5}\cos^5\varphi\sin\varphi\mathrm{d}\varphi$$
$$= \frac{64}{5}k\pi R^5\left(-\frac{1}{6}\cos^6\varphi\right)\bigg|_0^{\frac{\pi}{2}} = \frac{32}{15}k\pi R^5.$$

$$\bar{z} = \frac{1}{M}\iiint_\Omega z \cdot k(x^2+y^2+z^2)\mathrm{d}x\mathrm{d}y\mathrm{d}z = \frac{1}{M}\iiint_\Omega kr\cos\varphi \cdot r^2 \cdot r^2\sin\varphi\mathrm{d}r\mathrm{d}\varphi\mathrm{d}\theta$$
$$= \frac{1}{M}\int_0^{2\pi}\mathrm{d}\theta\int_0^{\frac{\pi}{2}}k\cos\varphi\sin\varphi\mathrm{d}\varphi\int_0^{2R\cos\varphi}r^5\mathrm{d}r = \frac{1}{M} \cdot 2k\pi\int_0^{\frac{\pi}{2}}\frac{64R^6}{6}\cos^7\varphi\sin\varphi\mathrm{d}\varphi$$
$$= \frac{1}{M} \cdot \frac{64}{3}k\pi R^6 \cdot \frac{1}{8}(-\cos^8\varphi)\bigg|_0^{\frac{\pi}{2}} = \frac{15}{32k\pi R^5} \times \frac{8}{3}k\pi R^6 = \frac{5}{4}R.$$

所求的球体的重心位置是 $\left(0,0,\dfrac{5}{4}R\right)$.

例 6.50 在半径为 1 的质量分布均匀的半球体的底圆面上,拼接上一个相同材料底半径为 1,高为 H 且质量分布均匀的圆柱体,使圆柱体的底面与半球的底圆重合,问 H 为多大时,才能使拼接后整个立体的重心恰在球心处?

解 建立坐标系如图 25-20 所示,设半球体为 Ω_1,拼接上的圆柱体为 Ω_2,拼接后的整体立体为 $\Omega = \Omega_1 + \Omega_2$,球心在原点 $O(0,0,0)$.

由于立体 Ω 的质量分布均匀,且 Ω 的图形关于 zOx 面,yOz 面对称,故整个立体的重心必在 z 轴上,即重心为 $(0,0,\bar{z})$.

为了使整个立体的重心在原点(即球心)处,必须且只须 $\bar{z}=0$,依求重心公式可知必须且只须使

$$\iiint_\Omega z\mathrm{d}x\mathrm{d}y\mathrm{d}z = 0.$$

我们选择柱面坐标系来计算此三重积分,有

$$\Omega = \{(\rho,\theta,z) \mid -H \leq z \leq \sqrt{1-\rho^2}, 0 \leq \rho \leq 1, 0 \leq \theta \leq 2\pi\}$$

$$\iiint_\Omega z\mathrm{d}x\mathrm{d}y\mathrm{d}z = \int_0^{2\pi}\mathrm{d}\theta\int_0^1\rho\mathrm{d}\rho\int_{-H}^{\sqrt{1-\rho^2}}z\mathrm{d}z = 2\pi\int_0^1\frac{1}{2}(1-\rho^2-H^2)\rho\mathrm{d}\rho$$
$$= \pi\left(\frac{1}{2}\rho^2 - \frac{1}{4}\rho^4 - \frac{1}{2}H^2\rho^2\right)\bigg|_0^1 = \pi\left(\frac{1}{2} - \frac{1}{2}H^2 - \frac{1}{4}\right) = \pi\left(\frac{1}{4} - \frac{1}{2}H^2\right),$$

由 $\frac{1}{4} - \frac{1}{2}H^2 = 0$,得 $H = \frac{\sqrt{2}}{2}$,即拼接上的圆柱体的高 $H = \frac{\sqrt{2}}{2}$ 时,整个立体的重心恰在球心处.

例 6.51 设物体占有空间区域 Ω,其中 Ω 是由抛物面 $z = x^2 + y^2$ 和平面 $z = 2x$ 所围成的区域,对任意点 $P(x,y,z) \in \Omega$,其密度等于该点到 xOy 平面距离的平方,试求物体对 z 轴的转动惯量.

解 空间物体占有区域 Ω 如图 25-21 所示,抛物面 $z = x^2 + y^2$ 与平面 $z = 2x$ 的交线 Γ 为

$$\Gamma: \begin{cases} z = x^2 + y^2, \\ z = 2x, \end{cases} \text{即} \begin{cases} (x-1)^2 + y^2 = 1, \\ z = x^2 + y^2. \end{cases}$$

图 25-20

图 25-21

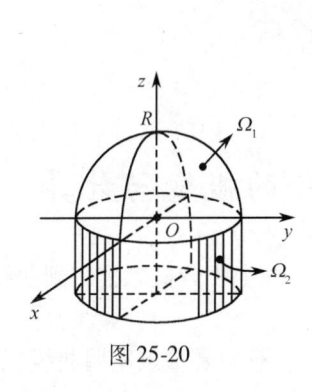

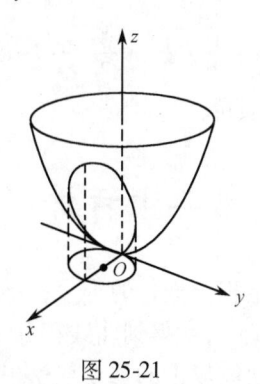

空间区域 Ω 在 xOy 面的投影区域 D 为

$$D = \{(x,y) \mid (x-1)^2 + y^2 \leq 1\}$$
$$= \left\{(\rho,\theta) \,\middle|\, 0 \leq \rho \leq 2\cos\theta, -\frac{\pi}{2} \leq \theta \leq \frac{\pi}{2}\right\}$$

于是

$$\Omega = \{(x,y,z) \mid (x-1)^2 + y^2 \leq 1, x^2 + y^2 \leq z \leq 2x\}$$
$$= \left\{(\rho,\theta,z) \,\middle|\, \rho^2 \leq z \leq 2\rho\cos\theta, 0 \leq \rho \leq 2\cos\theta, -\frac{\pi}{2} \leq \theta \leq \frac{\pi}{2}\right\}$$

对任意点 $P(x,y,z) \in \Omega$,其密度 $\mu(x,y,z) = z^2$,因此物体对 z 轴的转动惯量 I_z 为

$$I_z = \iiint_\Omega (x^2 + y^2) z^2 \mathrm{d}x\mathrm{d}y\mathrm{d}z = \iiint_\Omega \rho^2 \cdot z^2 \cdot \rho \mathrm{d}\rho \mathrm{d}\theta \mathrm{d}z$$

$$= \int_{-\frac{\pi}{2}}^{\frac{\pi}{2}} \mathrm{d}\theta \int_0^{2\cos\theta} \rho^3 \mathrm{d}\rho \int_{\rho^2}^{2\rho\cos\theta} z^2 \mathrm{d}z = \int_{-\frac{\pi}{2}}^{\frac{\pi}{2}} \mathrm{d}\theta \int_0^{2\cos\theta} \rho^3 \cdot \frac{1}{3}(8\rho^3\cos^3\theta - \rho^6) \mathrm{d}\rho$$

$$= \frac{1}{3} \int_{-\frac{\pi}{2}}^{\frac{\pi}{2}} \mathrm{d}\theta \int_0^{2\cos\theta} (8\rho^6 \cos^3\theta - \rho^9) \mathrm{d}\rho = \frac{1}{3} \int_{-\frac{\pi}{2}}^{\frac{\pi}{2}} \left(\frac{8}{7}\rho^7 \cos^3\theta - \frac{1}{10}\rho^{10}\right)\bigg|_0^{2\cos\theta} \mathrm{d}\theta$$

$$= \frac{1}{3} \int_{-\frac{\pi}{2}}^{\frac{\pi}{2}} \frac{3 \times 2^9}{35} \cos^{10}\theta \mathrm{d}\theta = \frac{2^{10}}{35} \int_0^{\frac{\pi}{2}} \cos^{10}\theta \mathrm{d}\theta = \frac{2^{10}}{35} \cdot \frac{9 \cdot 7 \cdot 5 \cdot 3 \cdot 1}{10 \cdot 8 \cdot 6 \cdot 4 \cdot 2} \cdot \frac{\pi}{2} = \frac{18\pi}{5}.$$

例 6.52 设质量分布均匀的物体占有空间区域 Ω,其中 Ω 是底面半径为 R,高为 H 的正圆柱体,求此物体对其一条母线的转动惯量.

解 物体占有空间区域 Ω 如图 25-22 所示,Ω 在 xOy 面的投影区域 D 为

$$D = \{(x,y) \mid x^2 + y^2 \leq 2Rx\}$$
$$= \left\{(\rho,\theta) \,\middle|\, 0 \leq \rho \leq 2R\cos\theta, -\frac{\pi}{2} \leq \theta \leq \frac{\pi}{2}\right\}$$

$$\Omega = \{(x,y,z) \mid x^2 + y^2 \leq 2Rx, 0 \leq z \leq H\}$$
$$= \left\{(\rho,\theta,z) \;\middle|\; 0 \leq z \leq H, 0 \leq \rho \leq 2R\cos\theta, -\frac{\pi}{2} \leq \theta \leq \frac{\pi}{2}\right\}$$

显然 z 轴是正圆柱体 Ω 的一条母线, Ω 对 z 轴的转动惯量为 (μ 为圆柱体的密度)

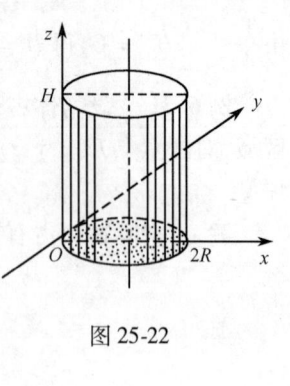

$$I_z = \iiint_\Omega \mu(x^2 + y^2)\,\mathrm{d}x\mathrm{d}y\mathrm{d}z = \iiint_\Omega \mu\rho^2 \cdot \rho\,\mathrm{d}\rho\mathrm{d}\theta\mathrm{d}z$$
$$= \mu\int_{-\frac{\pi}{2}}^{\frac{\pi}{2}}\mathrm{d}\theta\int_0^{2R\cos\theta}\rho^3\,\mathrm{d}\rho\int_0^H\mathrm{d}z = \mu H\int_{-\frac{\pi}{2}}^{\frac{\pi}{2}}\frac{1}{4}\cdot 2^4 R^4\cos^4\theta\,\mathrm{d}\theta = 8\mu HR^4\int_0^{\frac{\pi}{2}}\cos^4\theta\,\mathrm{d}\theta$$
$$= 8\mu HR^4\cdot\frac{3}{4}\cdot\frac{1}{2}\cdot\frac{\pi}{2} = \frac{3}{2}R^2\cdot(\pi R^2 H\mu) = \frac{3}{2}R^2 M.$$

其中 M 为圆柱体质量.

图 25-22

第二十六讲　曲线积分的概念与计算

曲线积分是定积分概念的推广,一元函数在区间上的定积分概念推广到曲线段及定义在该曲线段上的函数上去,就得到曲线积分.

曲线积分是研究场论的重要数学工具. 在这一讲中,我们要重点阐明曲线积分的计算.

基本概念和重要结论

1. 第一类曲线积分

1) 第一类曲线积分的定义

在空间曲线 L 上的有界函数 $f(x,y,z)$ 沿曲线 L 的第一类曲线积分系指

$$\int_L f(x,y,z)\,\mathrm{d}s = \lim_{\lambda\to 0}\sum_{i=1}^n f(\xi_i,\eta_i,\zeta_i)\Delta s_i,$$

其中 Δs_i 表示曲线段 L 任意分成 n 个子弧段中的第 i 个子弧段(也表示子弧段的长度), 点 (ξ_i,η_i,ζ_i) 是 Δs_i 上任取的点, $\lambda = \max_{1\leq i\leq n}\{\Delta s_i\}$.

如果 $f(x,y,z)$ 在 L 上连续,则它沿曲线 L 的第一类曲线积分存在,第一类曲线积分与曲线 L 的方向无关.

2) 第一类曲线积分的计算公式

若 L 的参量方程为 $x = x(t), y = y(t), z = z(t)\,(\alpha\leq t\leq\beta)$, 且 $x(t), y(t), z(t)$ 在 $[\alpha,\beta]$ 上具有连续的一阶导数,则

$$\int_L f(x,y,z)\,\mathrm{d}s = \int_\alpha^\beta f[x(t),y(t),z(t)]\sqrt{x'^2(t)+y'^2(t)+z'^2(t)}\,\mathrm{d}t.$$

若曲线 L 为平面曲线 $y = y(x)\,(a\leq x\leq b), y'(x)$ 连续,则

$$\int_L f(x,y)\,\mathrm{d}s = \int_a^b f[x,y(x)]\sqrt{1+y'^2(x)}\,\mathrm{d}x.$$

若积分曲线 L 的极坐标方程为 $\rho = \rho(\theta)\,(\alpha\leq\theta\leq\beta), \rho'(\theta)$ 连续,则

$$\int_L f(x,y)\,\mathrm{d}s = \int_\alpha^\beta f(\rho\cos\theta,\rho\sin\theta)\sqrt{\rho^2(\theta)+\rho'^2(\theta)}\,\mathrm{d}\theta.$$

2. 第二类曲线积分

1) 第二类曲线积分的定义

在空间有向曲线 L 上的有界函数 $P(x,y,z)$ 沿曲线 L 从点 A 到点 B 对坐标 x 的第二类曲线积分系指

$$\int_{L_{AB}} P(x,y,z)\mathrm{d}x = \lim_{\lambda \to 0} \sum_{i=1}^{n} P(\xi_i,\eta_i,\zeta_i)\Delta x_i,$$

其中 Δx_i 是 Δs_i(Δs_i 是将 L 从点 A 到点 B 任意分割成 n 个子弧段的第 i 个小弧段,也表示子弧段的长度)在 Ox 轴上的投影,点 (ξ_i,η_i,ζ_i) 是在 Δs_i 上任取的点,$\lambda = \max\{\Delta s_1, \Delta s_2, \cdots, \Delta s_n\}$.

如果 $P(x,y,z)$ 在 L 上连续,则上述曲线积分存在. 类似地可定义 $\int_{L_{AB}} Q(x,y,z)\mathrm{d}y$ 和 $\int_{L_{AB}} R(x,y,z)\mathrm{d}z$.

称 $\int_{L_{AB}} P\mathrm{d}x + Q\mathrm{d}y + R\mathrm{d}z$ 为 $P(x,y,z),Q(x,y,z),R(x,y,z)$ 沿 L 从点 A 到点 B 的第二类曲线积分.

若将 P、Q、R 理解为向量场的三个分量,即 $\boldsymbol{A} = (P,Q,R)$,且记 $\mathrm{d}\boldsymbol{s} = (\mathrm{d}x,\mathrm{d}y,\mathrm{d}z)$,则

$$\int_{L_{AB}} P\mathrm{d}x + Q\mathrm{d}y + R\mathrm{d}z = \int_{L_{AB}} \boldsymbol{A} \cdot \mathrm{d}\boldsymbol{s}.$$

在力学上它表示质点沿曲线 L 从点 A 到点 B 运动时,变力 $\boldsymbol{F} = (P,Q,R)$ 所做的功

$$W = \int_{L_{AB}} \boldsymbol{F} \cdot \mathrm{d}\boldsymbol{s}.$$

第二类曲线积分与 L 的方向有关,当改变曲线方向时,积分要改变符号.

2) 第二类曲线积分的计算公式

设曲线 L_{AB} 的方程由 $x = x(t), y = y(t), z = z(t)$ 确定,端点 A 对应的参数为 α,端点 B 对应的参数为 β,又 $x(t)$、$y(t)$、$z(t)$ 具有连续的一阶导数,则

$$\int_{L_{AB}} P\mathrm{d}x + Q\mathrm{d}y + R\mathrm{d}z = \int_{\alpha}^{\beta} \{P[x(t),y(t),z(t)]x'(t) + Q[x(t),y(t),z(t)]y'(t) + R[x(t),y(t),z(t)]z'(t)\}\mathrm{d}t.$$

当 L_{AB} 为平面曲线时,曲线方程为 $y = y(x)$,且端点 A 对应 $x = a$,端点 B 对应 $x = b$,$y'(x)$ 连续,则

$$\int_{L_{AB}} P\mathrm{d}x + Q\mathrm{d}y = \int_{a}^{b} \{P[x,y(x)] + Q[x,y(x)]y'(x)\}\mathrm{d}x.$$

3. 两类曲线积分的相互关系

1) 积分曲线为空间曲线 L_{AB}

$$\int_{L_{AB}} P\mathrm{d}x + Q\mathrm{d}y + R\mathrm{d}z = \int_{L_{AB}} (P\cos\alpha + Q\cos\beta + R\cos\gamma)\mathrm{d}s,$$

其中 $\cos\alpha$、$\cos\beta$、$\cos\gamma$ 为曲线 L 上与 L 同向的切线的方向余弦.

2) 积分曲线为平面曲线 L_{AB}

(1) 用切线向量方向余弦表示,则有

$$\int_{L_{AB}} P\mathrm{d}x + Q\mathrm{d}y = \int_{L_{AB}} (P\cos\alpha + Q\cos\beta)\mathrm{d}s,$$

其中 $\cos\alpha$、$\cos\beta$ 为曲线 L 上与 L 同向的切线的方向余弦,α、β 分别表示切线向量与 Ox 轴、Oy 轴正向夹角$(0 \leq \alpha \leq \pi, 0 \leq \beta \leq \pi)$,亦可表示为

$$\int_{L_{AB}} P\mathrm{d}x + Q\mathrm{d}y = \int_{L_{AB}} (P\cos\tau + Q\sin\tau)\mathrm{d}s,$$

τ 为切线向量与 Ox 轴正向的夹角 ($0 \leq \tau \leq 2\pi$ 或 $-\pi \leq \tau \leq \pi$).

$\cos\alpha, \cos\beta$ 与 $\cos\tau, \sin\tau$ 均表示曲线 L 的方向.

（2）用法线向量方向余弦表示,若以 n 表示上述曲线 L 在同一点处的法线向量,其正向与切线向量正向构成右手法则,则它的方向余弦 $\cos\alpha, \cos\beta$ 满足 $\cos\alpha = \sin\tau, \cos\beta = \sin\alpha = -\cos\tau$,如图 26-1 所示,从而有

$$\cos\alpha \mathrm{d}s = \sin\tau \mathrm{d}s = \mathrm{d}y, \cos\beta \mathrm{d}s = -\cos\tau \mathrm{d}s = -\mathrm{d}x,$$

因而

$$\int_{L_{AB}} (P\cos\alpha + Q\cos\beta)\mathrm{d}s = \int_{L_{AB}} P\mathrm{d}y - Q\mathrm{d}x,$$

其中 $\cos\alpha, \cos\beta$ 为曲线法线向量的方向余弦.

4. 格林(Green)公式

设 $P(x,y)$、$Q(x,y)$ 在有界闭域 D 内及其边界曲线 L 上具有一阶连续的偏导数,则

$$\oint_L P\mathrm{d}x + Q\mathrm{d}y = \iint_D \left(\frac{\partial Q}{\partial x} - \frac{\partial P}{\partial y}\right)\mathrm{d}x\mathrm{d}y,$$

其中 L 取正向.

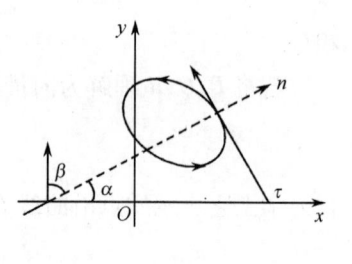

图 26-1

5. 平面曲线积分与路径无关的条件

设函数 $P(x,y)$、$Q(x,y)$ 在平面单连通域 D 上具有一阶连续的偏导数,则下面的四个命题等价.

1）在区域 D 中沿任一条闭曲线 L 的曲线积分为零. 即

$$\oint_L P\mathrm{d}x + Q\mathrm{d}y = 0.$$

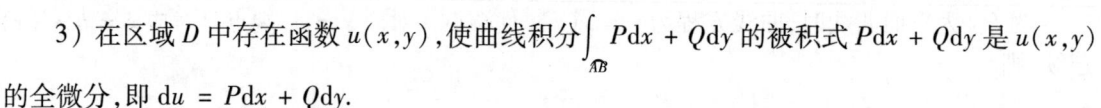

2）在区域 D 中曲线积分 $\int_{AB} P\mathrm{d}x + Q\mathrm{d}y$ 与路径无关,只与起点 A 和终点 B 有关.

3）在区域 D 中存在函数 $u(x,y)$,使曲线积分 $\int_{AB} P\mathrm{d}x + Q\mathrm{d}y$ 的被积式 $P\mathrm{d}x + Q\mathrm{d}y$ 是 $u(x,y)$ 的全微分,即 $\mathrm{d}u = P\mathrm{d}x + Q\mathrm{d}y$.

4）在区域 D 中任一点 (x,y) 处,恒有

$$\frac{\partial P}{\partial y} = \frac{\partial Q}{\partial x}.$$

6. 格林公式的应用

1）利用曲线积分计算平面区域 D 的面积

区域 D 的面积

$$A = \frac{1}{2}\oint_L x\mathrm{d}y - y\mathrm{d}x,$$

其中闭曲线 L 是区域 D 的正向边界.

2）计算曲线积分

有时直接计算曲线积分较复杂,利用格林公式可将曲线积分的计算化为二重积分的计算,而后者比前者简单得多. 有时可将沿曲线 L 的积分化成沿另一条较简单的曲线 L_1 的积分.

3）求二重积分

对较复杂的二重积分计算,有时可利用格林公式化为曲线积分的计算.

一、第一类曲线积分的计算

例 6.53 计算 $\int_L (x^2 + y^2)^{\frac{1}{2}} ds$,这里 L 为 $\begin{cases} x = a\cos t, \\ y = a\sin t. \end{cases} (a > 0, 0 \leq t \leq \pi)$ 的曲线段.

解 $\int_L (x^2 + y^2)^{\frac{1}{2}} ds = \int_0^\pi (a^2)^{\frac{1}{2}} \cdot \sqrt{(-a\sin t)^2 + (a\cos t)^2} dt = \int_0^\pi a^2 dt = \pi a^2.$

例 6.54 计算 $\int_L y e^{-x} ds$,其中 L 为曲线 $\begin{cases} x = \ln(1 + t^2), \\ y = 2\arctan t - t + 3. \end{cases}$ 由 $t = 0$ 到 $t = 1$ 的一段弧.

解 因为 $ds = \sqrt{x'^2(t) + y'^2(t)} dt = \sqrt{\dfrac{4t^2 + (t^2 - 1)^2}{(1 + t^2)^2}} dt = dt,$

所以
$$\int_L y e^{-x} ds = \int_0^1 \frac{2\arctan t - t + 3}{1 + t^2} dt$$
$$= \left[(\arctan t)^2 - \frac{1}{2}\ln(1 + t^2) + 3\arctan t \right]_0^1 = \frac{\pi^2}{16} + \frac{3}{4}\pi - \frac{1}{2}\ln 2.$$

例 6.55 求 $\int_L y ds$,其中 L 为摆线:$\begin{cases} x = a(t - \sin t), \\ y = a(1 - \cos t). \end{cases} (a > 0)$ 的一拱,$(0 \leq t \leq 2\pi)$.

解 因为 $ds = \sqrt{[a(1 - \cos t)]^2 + [a\sin t]^2} dt = 2a\sin\dfrac{t}{2} dt,$

所以
$$\int_L y ds = \int_0^{2\pi} a(1 - \cos t) \cdot 2a\sin\frac{t}{2} dt = 4a^2 \int_0^{2\pi} \sin^3 \frac{t}{2} dt$$
$$\xrightarrow{t = 2u} 8a^2 \int_0^\pi \sin^3 u \, du = -8a^2 \int_0^\pi (1 - \cos^2 u) d\cos u = \frac{32}{3} a^2.$$

例 6.56 求 $\int_L xy ds$,其中 L 是椭圆周:$\dfrac{x^2}{a^2} + \dfrac{y^2}{b^2} = 1$ 上位于第一象限中的那一段弧.

解 因为 L 的方程为 $y = \dfrac{b}{a}\sqrt{a^2 - x^2}, 0 \leq x \leq a$. 所以
$$ds = \sqrt{1 + y'^2} dx = \sqrt{1 + \frac{b^2 x^2}{a^2(a^2 - x^2)}} dx = \frac{1}{a}\sqrt{\frac{a^4 + (b^2 - a^2)x^2}{a^2 - x^2}} dx.$$

于是
$$\int_L xy ds = \int_0^a x \cdot \frac{b}{a}\sqrt{a^2 - x^2} \cdot \frac{1}{a}\sqrt{\frac{a^4 + (b^2 - a^2)x^2}{a^2 - x^2}} dx$$
$$= \frac{b}{a^2} \int_0^a x \sqrt{a^4 + (b^2 - a^2)x^2} dx$$
$$= \frac{b}{3a^2(b^2 - a^2)} [a^4 + (b^2 - a^2)x^2]^{\frac{3}{2}} \Big|_0^a = \frac{ab(a^2 + ab + b^2)}{3(a + b)}.$$

例 6.57 求 $\int_{\widehat{AB}} x ds$,其中 $\widehat{AB}$ 为圆周 $x^2 + y^2 = a^2 (a > 0)$ 上介于点 $A(0, a)$ 和点 $B\left(\dfrac{a}{\sqrt{2}}, -\dfrac{a}{\sqrt{2}}\right)$ 之间的劣弧.

解法 1 设点 C 的坐标为 $C(a, 0)$,则将 $\widehat{AB}$ 分为两段弧 $\widehat{AC}$ 与 $\widehat{CB}$. 其中

$\widehat{AC}$ 的方程为 $y = \sqrt{a^2 - x^2}$；$\widehat{CB}$ 的方程为 $y = -\sqrt{a^2 - x^2}$.

而对这两段弧，均有 $ds = \dfrac{a}{\sqrt{a^2 - x^2}}dx$，故

$$\int_{\widehat{AB}} x ds = \int_{\widehat{AC}} x ds + \int_{\widehat{CB}} x ds = \int_0^a \frac{ax}{\sqrt{a^2 - x^2}} dx + \int_{\frac{a}{\sqrt{2}}}^a \frac{ax}{\sqrt{a^2 - x^2}} dx$$

$$= a^2 + \frac{a^2}{\sqrt{2}} = \left(1 + \frac{\sqrt{2}}{2}\right)a^2.$$

解法 2 将 $\widehat{AB}$ 用参量方程表示，则有 $\begin{cases} x = a\cos t \\ y = b\sin t \end{cases}$, $-\dfrac{\pi}{4} \leq t \leq \dfrac{\pi}{2}$. 有

$$\int_{\widehat{AB}} x ds = \int_{-\frac{\pi}{4}}^{\frac{\pi}{2}} a^2 \cos t dt = \left(1 + \frac{\sqrt{2}}{2}\right)a^2.$$

在例 6.57 中，比较一下同一问题的两种解法，显然解法 2 要简便得多，在我们把曲线积分化为定积分计算时，选择好曲线的方程（是用显函数表示，或是用参量方程表示）对于计算的繁易程度是至关重要的.

例 6.58 求 $\oint_L \sqrt{x^2 + y^2} ds$，其中 L 为圆周 $x^2 + y^2 = ax$，$(a > 0)$.

解 因为 L 的极坐标方程为 $\rho = a\cos\theta$，$\left(-\dfrac{\pi}{2} \leq \theta \leq \dfrac{\pi}{2}\right)$. 所以

$$ds = \sqrt{\rho^2 + \rho'^2} d\theta = \sqrt{a^2\cos^2\theta + a^2\sin^2\theta} d\theta = a d\theta,$$

故

$$\oint_L \sqrt{x^2 + y^2} ds = \int_{-\frac{\pi}{2}}^{\frac{\pi}{2}} \rho \cdot a d\theta = a^2 \int_{-\frac{\pi}{2}}^{\frac{\pi}{2}} \cos\theta d\theta = 2a^2.$$

例 6.59 如果曲线 L 的密度与向径的平方成反比，且曲线 L 的方程为：$x = e^t \cos t$，$y = e^t \sin t$，$z = e^t$. 它在点 $M_0(1,0,1)$ 处的密度为 1，求曲线从 $t = 0$ 到 $t = 2$ 一段的质量 M.

解 由于曲线 L 的密度函数为 $\mu(x,y,z) = \dfrac{k}{x^2 + y^2 + z^2}$，（$k$ 为比例系数）且 $\mu(1,0,1) = 1$，知 $k = 2$. 而

$$ds = \sqrt{[(e^t \cos t)']^2 + [(e^t \sin t)']^2 + [(e^t)']^2} dt = \sqrt{3} e^t dt.$$

故有

$$M = \int_L \mu(x,y,z) ds = \int_L \frac{2}{x^2 + y^2 + z^2} ds$$

$$= \int_0^2 \frac{2}{e^{2t}\cos^2 t + e^{2t}\sin^2 t + e^{2t}} \sqrt{3} e^t dt$$

$$= \sqrt{3}(1 - e^{-2}).$$

例 6.60 求半径为 R、中心角为 2α 的均匀物质的圆弧 L 的重心（圆弧物质的密度 $\mu = 1$）.

解 建立坐标系如图 26-2 所示，以原点为圆心，圆弧对称于 Ox 轴.

则圆弧 L 的方程为：

$$\begin{cases} x = R\cos t, \\ y = R\sin t, \end{cases} -\alpha \leq t \leq \alpha.$$

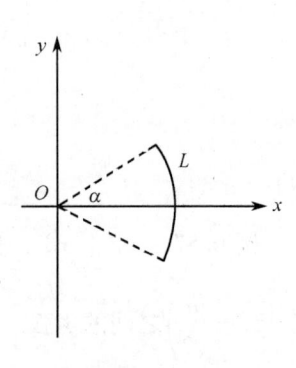

图 26-2

由于 $ds = Rdt$,据计算平面曲线的重心公式,有

$$\bar{x} = \frac{\int_L \mu x ds}{\int_L \mu ds}, \quad \bar{y} = \frac{\int_L \mu y ds}{\int_L \mu ds}.$$

由对称性可知 $\bar{y} = 0$. 于是

$$\bar{x} = \frac{\int_{-\alpha}^{\alpha} R\cos t \cdot R dt}{\int_{-\alpha}^{\alpha} ds} = \frac{2R^2 \sin\alpha}{2R\alpha} = \frac{\sin\alpha}{\alpha}R,$$

故圆弧 L 的重心为 $\left(\frac{\sin\alpha}{\alpha}R, 0\right)$.

二、第二类曲线积分的计算

例 6.61 计算 $\int_L x dy - y dx$,其中 L 是椭圆 $\begin{cases} x = a\cos t, \\ y = b\sin t. \end{cases}$ 从点 $A(a,0)$ 沿逆时针方向到点 $B(-a,0)$ 的弧段.

解
$$\int_L x dy - y dx = \int_0^\pi [a\cos t(b\cos t) - b\sin t(-a\sin t)] dt$$
$$= ab\int_0^\pi (\cos^2 t + \sin^2 t) dt = \pi ab.$$

例 6.62 求 $\int_L y^2 dx + x^2 dy$,其中 L 是圆周:$\begin{cases} x = a\cos t, \\ y = a\sin t. \end{cases}$ 的上半圆从点 $A(-a,0)$ 到点 $B(a,0)$ 的一段.

解 由于起点 $A(-a,0)$ 对应的参量为 $t = \pi$,终点 $B(a,0)$ 对应的参量为 $t = 0$,故
$$\int_L y^2 dx + x^2 dy = \int_\pi^0 [(a^3 \sin^2 t)(-\sin t) + (a^3 \cos^3 t)] dt$$
$$= a^3 \left[\int_0^\pi \sin^3 t dt - \int_0^\pi \cos^3 t dt\right]$$
$$= a^3 \left[\left(\frac{1}{3}\cos^3 t - \cos t\right)\Big|_0^\pi - \left(\sin t - \sin^3 t\right)\Big|_0^\pi\right]$$
$$= a^3 \left[\left(-\frac{1}{3}+1\right) - \left(\frac{1}{3}-1\right)\right] = \frac{4}{3}a^3.$$

例 6.63 求曲线积分 $\int_L (x+y)dx + (x-y)dy$,其中 L 是曲线 $y = x^2$ 上从点 $A(-1,1)$ 到点 $B(1,1)$ 的弧段.

解
$$\int_L (x+y)dx + (x-y)dy = \int_{-1}^1 [(x+x^2) + (x-x^2)\cdot 2x] dx$$
$$= \int_{-1}^1 (x + 3x^2 - 2x^3) dx = 6\int_0^1 x^2 dx = 2.$$

例 6.64 求曲线积分 $\int_L \frac{y dx + x dy}{x^2 + y^2}$,其中 L 为直线 $y = x$ 从点 $x = 1$ 到 $x = 2$ 的一段直线.

解 $\int_L \frac{y dx + x dy}{x^2 + y^2} = \int_1^2 \frac{(x+x)}{x^2+x^2} dx = \int_1^2 \frac{dx}{x} = [\ln x]\Big|_1^2 = \ln 2.$

例 6.65 求 $\int_L x\mathrm{d}x + y\mathrm{d}y + (x+y-1)\mathrm{d}z$，其中 L 是由点 $A(1,1,1)$ 到点 $B(2,3,4)$ 的直线段.

解 直线 L 的参数方程为：
$$\begin{cases} x = 1+t, \\ y = 1+2t, \quad 0 \leqslant t \leqslant 1. \\ z = 1+3t, \end{cases}$$

则
$$\int_L x\mathrm{d}x + y\mathrm{d}y + (x+y-1)\mathrm{d}z$$
$$= \int_0^1 [(1+t) + 2(1+2t) + 3(1+t+1+2t-1)]\mathrm{d}t$$
$$= \int_0^1 (6+14t)\mathrm{d}t = 13.$$

例 6.66 计算 $\oint_L \mathrm{d}x - \mathrm{d}y + y\mathrm{d}z$，其中 L 为有向闭折线 $ABCA$. 这里，$A(1,0,0)$，$B(0,1,0)$，$C(0,0,1)$.

解 L 的图形由图 26-3 所示. 则

$\overline{AB}:\begin{cases} y = 1-x, \\ z = 0, \end{cases} x \in [0,1]$；

$\overline{BC}:\begin{cases} y = 1-z, \\ x = 0, \end{cases} z \in [0,1]$；

$\overline{CA}:\begin{cases} z = 1-x, \\ y = 0, \end{cases} x \in [0,1]$.

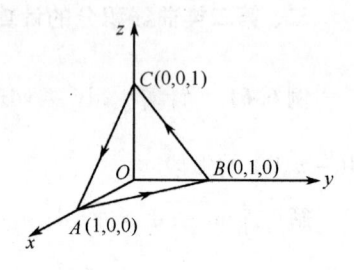

图 26-3

于是
$$\oint_L \mathrm{d}x - \mathrm{d}y + y\mathrm{d}z = \left(\int_{\overline{AB}} + \int_{\overline{BC}} + \int_{\overline{CA}}\right)$$
$$= \int_{\overline{AB}} \mathrm{d}x - \mathrm{d}y + y\mathrm{d}z + \int_{\overline{BC}} \mathrm{d}x - \mathrm{d}y + y\mathrm{d}z + \int_{\overline{CA}} \mathrm{d}x - \mathrm{d}y + y\mathrm{d}z$$
$$= \int_1^0 [1-(-1)]\mathrm{d}x + \int_0^1 [1+(1-z)]\mathrm{d}z + \int_0^1 \mathrm{d}x = -2 + \frac{3}{2} + 1 = \frac{1}{2}.$$

例 6.67 求质点 M 在力场 $\boldsymbol{F} = xy^2\boldsymbol{i} + x^2y\boldsymbol{j}$ 的作用下，沿曲线 $L: x^2+y^2 = a^2, (a>0)$，按逆时针方向由点 $A(0,a)$ 运动到点 $B(a,0)$，场力所做的功 W.

解 曲线 L 的参量方程为 $\begin{cases} x = a\cos t, \\ y = a\sin t, \end{cases} t \in \left[\frac{\pi}{2}, 2\pi\right]$ 则有

$$W = \int_L \boldsymbol{F} \cdot \mathrm{d}\boldsymbol{s} = \int_L xy^2\mathrm{d}x + x^2y\mathrm{d}y$$
$$= \int_{\frac{\pi}{2}}^{2\pi} [a\cos t \cdot a^2\sin^2 t \cdot a(-\sin t) + a^2\cos^2 t \cdot a\sin t \cdot a(\cos t)]\mathrm{d}t$$
$$= a^4 \int_{\frac{\pi}{2}}^{2\pi} (\cos^3 t \sin t - \sin^3 t \cos t)\mathrm{d}t = a^4 \left[\left(-\frac{1}{4}\cos^4 t - \frac{1}{4}\sin^4 t\right)\right]_{\frac{\pi}{2}}^{2\pi}$$
$$= a^4 \left[-\frac{1}{4}(1-0) - \frac{1}{4}(0-1)\right] = 0.$$

三、格林公式及曲线积分与路径无关的四个等价命题

例 6.68 求 $\oint_L e^x[(1-\cos y)dx - (y-\sin y)dy]$，其中 L 为区域 $D: 0 \leq x \leq \pi, 0 \leq y \leq \sin x$ 的边界曲线，方向取正向.

解 因为 $P = e^x(1-\cos y), Q = -e^x(y-\sin y)$，所以 $\dfrac{\partial P}{\partial y} = e^x \sin y, \dfrac{\partial Q}{\partial x} = e^x \sin y - y e^x$，于是由格林公式有

$$\oint_L e^x[(1-\cos y)dx - (y-\sin y)dy]$$

$$= \iint_D \left(\dfrac{\partial Q}{\partial x} - \dfrac{\partial P}{\partial y}\right)dxdy = \iint_D -y e^x dxdy$$

$$= \int_0^\pi e^x dx \int_0^{\sin x}(-y)dy = -\dfrac{1}{2}\int_0^\pi e^x \sin^2 x dx = \dfrac{1}{5}(1 - e^\pi).$$

例 6.69 求 $\oint_L (x^3 - 3y)dx + (x + \sin y)dy$，其中 L 是由点 $O(0,0), A(1,0), B(0,2)$ 组成的三角形边界的正向.

解 因为 $P = x^3 - 3y, Q = x + \sin y$. 所以

$$\dfrac{\partial P}{\partial y} = -3, \quad \dfrac{\partial Q}{\partial x} = 1,$$

于是由格林公式有

$$\oint_L (x^3 - 3y)dx + (x + \sin y)dy = \iint_D [1 - (-3)]dxdy = 4\iint_D dxdy = 4.$$

例 6.70 计算 $I = \int_{\widehat{AOB}}(x+y)^2 dx - (x^2 + y^2 \sin y)dy$，其中积分路径为抛物线 $y = x^2$，起点为点 $A(-1,1)$，终点为点 $B(1,1)$，而点 O 的坐标为 $O(0,0)$.

解 作辅助线 $\overline{BA}$，并设由 $\overline{BA}$ 与 $\widehat{AOB}$ 所围的区域为 D，由格林公式有

$$I = \oint_{\widehat{AOBA}} - \int_{\overline{BA}} = -2\iint_D (2x+y)dxdy - \int_1^{-1}(x+1)^2 dx$$

$$= -2\int_{-1}^1 dx \int_{x^2}^1 (2x+y)dy + \int_{-1}^1 (x^2+1)dx = \dfrac{8}{3} - \dfrac{8}{5} = \dfrac{16}{15}.$$

例 6.71 计算 $I = \int_{\widehat{AO}}(e^x \sin y - 4y)dx + (e^x \cos y - 4)dy$，其中 $\widehat{AO}$ 为由点 $A(a,0)$ 至点 $O(0,0)$ 的上半圆周 $x^2 + y^2 = ax, (a > 0)$.

解 作辅助线 $\overline{OA}$，则由上半圆弧 $\widehat{AO}$ 与线段 $\overline{OA}$ 构成了封闭曲线 L. 由格林公式有

$$I = \oint_L - \int_{\overline{OA}} = \iint_D 4dxdy - \int_{\overline{OA}} 0 dx = 4 \cdot \dfrac{1}{2}\pi\left(\dfrac{a}{2}\right)^2 = \dfrac{\pi}{2}a^2.$$

例 6.72 计算 $I = \oint_L \left(1 - \dfrac{y^2}{x^2}\cos\dfrac{y}{x}\right)dx + \left(\sin\dfrac{y}{x} + \dfrac{y}{x}\cos\dfrac{y}{x} + x^2\right)dy$，其中 L 是曲线 $x^2 + y^2 = 2y, x^2 + y^2 = 4y, x - \sqrt{3}y = 0$ 及 $y - \sqrt{3}x = 0$ 所围的边界取逆时针方向.

解 设 L 所围的区域为 D，且 $P = 1 - \dfrac{y^2}{x^2}\cos\dfrac{y}{x}, Q = \sin\dfrac{y}{x} + \dfrac{y}{x}\cos\dfrac{y}{x} + x^2$，则 $\dfrac{\partial Q}{\partial x} - \dfrac{\partial P}{\partial y} = $

305

$2x$,由格林公式有

$$I = \iint_D 2x dx dy \xrightarrow{\text{极}} \int_{\frac{\pi}{6}}^{\frac{\pi}{3}} d\theta \int_{2\sin\theta}^{4\sin\theta} 2\rho\cos\theta \cdot \rho d\rho$$

$$= \frac{2}{3}\int_{\frac{\pi}{6}}^{\frac{\pi}{3}} (64\sin^3\theta\cos\theta - 8\sin^3\theta\cos\theta) d\theta = \frac{14}{3}.$$

例 6.73 已知 $I = \oint_L y^3 dx + (3x - x^3) dy$,其中 L 为圆周 $x^2 + y^2 = R^2$,$(R > 0)$ 方向取正向.
(1) 当 R 为何值时,$I = 0$;　　(2) R 为何值时,I 取最大值.

解 由格林公式可知

$$I = \iint_D \left[\frac{\partial}{\partial x}(3x - x^3) - \frac{\partial}{\partial y}(y^3)\right] dx dy$$

$$= 3\iint_D (1 - x^2 - y^2) dx dy \xrightarrow{\text{极}} 3\int_0^{2\pi} d\theta \int_0^R (1 - \rho^2)\rho d\rho = 3\pi R^2\left(1 - \frac{R^2}{2}\right).$$

于是

(1) 当 $R = \sqrt{2}$ 时,$I = 0$;

(2) 当 $\dfrac{dI}{dR} = 6\pi R(1 - R^2) = 0$ 时,$R = 1$,且 $\dfrac{d^2 I}{dR^2}\bigg|_{R=1} = -12\pi < 0$,故 $R = 1$ 为最大值点,有

$$I_{\max} = \frac{3}{2}\pi.$$

例 6.74 设 $f(x)$ 在 $x \in (-\infty, +\infty)$ 内有连续的导数,求 $I = \int_L \dfrac{1 + y^2 f(xy)}{-y} dx + \dfrac{x}{y^2}[1 - y^2 f(xy)] dy$,其中 L 是从点 $A\left(3, \dfrac{2}{3}\right)$ 到点 $B(1, 2)$ 的直线段.

解 因为 $\dfrac{\partial P}{\partial y} = \dfrac{1}{y^2} - f(xy) - xyf'(xy)$,$\dfrac{\partial Q}{\partial x} = \dfrac{1}{y^2} - f(xy) - xyf'(xy)$. 当 $y \neq 0$ 时,$\dfrac{\partial P}{\partial y} = \dfrac{\partial Q}{\partial x}$. 故曲线积分 I 当 L 不穿过 Ox 轴时,与路径无关.

解法 1 选积分路径为 $y = \dfrac{2}{x}$,有

$$I = \int_3^1 \left\{\left[-\frac{x}{2} - \frac{x}{2}f(2)\right] + \left[\frac{x^3}{4} - xf(2)\right] \cdot \left(-\frac{2}{x^2}\right)\right\} dx = \int_3^1 -x dx = \int_1^3 x dx = 4.$$

解法 2 选取积分路径为折线:从 $A\left(3, \dfrac{2}{3}\right)$ 到 $C\left(1, \dfrac{2}{3}\right)$,再到 $B(1, 2)$,则有

$$I = \int_{AC} + \int_{CB} = \int_3^1 -\frac{3}{2}\left[1 + \frac{4}{9}f\left(\frac{2}{3}x\right)\right] dx + \int_{\frac{2}{3}}^2 \left[\frac{1}{y^2} - f(y)\right] dy$$

$$= \int_3^1 -\frac{2}{3}f\left(\frac{2}{3}x\right) dx - \int_{\frac{2}{3}}^2 f(y) dy + 4 = 4.$$

说明:在 $\int_3^1 -\dfrac{2}{3}f\left(\dfrac{2}{3}x\right) dx$ 中令 $\dfrac{2}{3}x = y$,有

$$\int_3^1 -\frac{2}{3}f\left(\frac{2}{3}x\right) dx = \int_{\frac{2}{3}}^2 f(y) dy.$$

例 6.75 求函数 $u(x,y)$ 使 $du(x,y) = (2x\cos y - y^2\sin x)dx + (2y\cos x - x^2\sin y)dy$.

解 因为 $P = 2x\cos y - y^2\sin x, Q = 2y\cos x - x^2\sin y$. 所以

$$\frac{\partial P}{\partial y} = -2x\sin y - 2y\sin x = \frac{\partial Q}{\partial x}, 知$$

$$\begin{aligned}u(x,y) &= \int_0^x P(x,0)dx + \int_0^y Q(x,y)dy + C \\ &= \int_0^x 2xdx + \int_0^y (2y\cos x - x^2\sin y)dy + C \\ &= x^2 + [(y^2\cos x + x^2\cos y) - x^2] + C = y^2\cos x + x^2\cos y + C.\end{aligned}$$

例 6.76 确定常数 m, 使得在不经过 $y = 0$ 的区域上, 曲线积分 $\int_L \frac{x}{y}(x^2 + y^2)^m dx - \frac{x^2}{y^2}(x^2 + y^2)^m dy$ 与路径无关. 并求

$$u(x,y) = \int_{(1,1)}^{(x,y)} \frac{x}{y}(x^2 + y^2)^m dx - \frac{x^2}{y^2}(x^2 + y^2)^m dy.$$

解 因为 $P = \frac{x}{y}(x^2 + y^2)^m, Q = -\frac{x^2}{y^2}(x^2 + y^2)^m$. 所以

$$\frac{\partial P}{\partial y} = -\frac{x}{y^2}(x^2 + y^2)^m + \frac{x \cdot 2my}{y}(x^2 + y^2)^{m-1},$$

$$\frac{\partial Q}{\partial x} = -\frac{2x}{y^2}(x^2 + y^2)^m - \frac{x^2 \cdot 2mx}{y^2}(x^2 + y^2)^{m-1}.$$

令

$$\frac{\partial P}{\partial y} = \frac{\partial Q}{\partial x},$$

有

$$2m(x^2 + y^2)^m = -(x^2 + y^2)^m,$$

故

$$m = -\frac{1}{2}.$$

选择折线作积分路径,有

$$\begin{aligned}u(x,y) &= \int_{(1,1)}^{(x,y)} = \int_{(1,1)}^{(x,1)} + \int_{(x,1)}^{(x,y)} \\ &= \int_0^x x(x^2 + 1)^{-\frac{1}{2}} dx + \int_1^y \left[-\frac{x^2}{y^2}(x^2 + y^2)^{-\frac{1}{2}}\right] dy \\ &= \sqrt{1 + x^2}\Big|_1^x - \int_1^{\frac{1}{y}} \frac{x^2 dt}{\sqrt{x^2 + \frac{1}{t^2}}} \quad (令 y = \frac{1}{t}) \\ &= \sqrt{1 + x^2} - \sqrt{2} + \sqrt{t^2x^2 + 1}\Big|_1^{\frac{1}{y}} = \frac{\sqrt{x^2 + y^2}}{y} - \sqrt{2}.\end{aligned}$$

例 6.77 在过点 $O(0,0)$ 和 $A(\pi,0)$ 的曲线族 $y = a\sin x (a > 0)$ 中, 求一条曲线 L, 使沿曲线 L 从点 $O(0,0)$ 到点 $A(\pi,0)$ 的曲线积分

$$\int_L (1 + y^3)dx + (2x + y)dy$$

的值最小.

解 将曲线积分表示为 a 的函数, 有

$$I(a) = \int_L (1+y^3)dx + (2x+y)dy$$
$$= \int_0^\pi [1 + a^3\sin^3 x + (2x + a\sin x)a\cos x]dx = \pi + \frac{4}{3}a^3 - 4a.$$

令 $I'(a) = 4(a^2-1) = 0$,有唯一驻点 $a=1$(另一个驻点 $a=-1$,舍去).
因为
$$I''(1) = 8 > 0,$$
所以 $I(a)$ 在 $a=1$ 处取得极小值. 故所求的曲线 L 为
$$y = \sin x.$$

例 6.78 设 $f(x,y)$ 在区域 D 上具有二阶连续的偏导数,且满足关系式 $\dfrac{\partial^2 f}{\partial x^2} + \dfrac{\partial^2 f}{\partial y^2} = 0$,试证
$$\oint_L f\frac{\partial f}{\partial \boldsymbol{n}}ds = \iint_D \left[\left(\frac{\partial f}{\partial x}\right)^2 + \left(\frac{\partial f}{\partial y}\right)^2\right]dxdy,$$
其中 L 为区域 D 的边界,$\boldsymbol{n}$ 为 L 的外法线向量.

证
$$\oint_L f\cdot\frac{\partial f}{\partial \boldsymbol{n}}ds = \oint_L f\left(\frac{\partial f}{\partial x}\cos\alpha + \frac{\partial f}{\partial y}\cos\beta\right)ds = \oint_L f\frac{\partial f}{\partial x}dy - f\frac{\partial f}{\partial y}dx$$
$$= \iint_D \left[\frac{\partial}{\partial x}\left(f\frac{\partial f}{\partial x}\right) + \frac{\partial}{\partial y}\left(f\frac{\partial f}{\partial y}\right)\right]dxdy$$
$$= \iint_D \left[\left(\frac{\partial f}{\partial x}\right)^2 + \left(\frac{\partial f}{\partial y}\right)^2 + f\left(\frac{\partial^2 f}{\partial x^2} + \frac{\partial^2 f}{\partial y^2}\right)\right]dxdy$$
$$= \iint_D \left[\left(\frac{\partial f}{\partial x}\right)^2 + \left(\frac{\partial f}{\partial y}\right)^2\right]dxdy.$$

第二十七讲 曲面积分的概念与计算

曲面积分的概念与曲线积分的概念类似,只不过它的积分区域不在曲线上,而是在曲面上. 曲面积分是多元函数积分学中的重要内容.

曲面积分在物理学和工程技术中都有着广泛的应用. 在这一讲中,我们重点要讨论曲面积分的计算.

基本概念和重要结论

1. 第一类曲面积分
1) 第一类曲面积分的定义

在分片光滑的有界连续曲面 Σ 上的有界函数 $f(x,y,z)$ 沿曲面 Σ 的第一类曲面积分系指
$$\iint_\Sigma f(x,y,z)dS = \lim_{\lambda\to 0}\sum_{i=1}^n f(\xi_i,\eta_i,\zeta_i)\Delta S_i,$$
其中 ΔS_i 既表示将曲面 Σ 任意分成 n 个子曲面块中第 i 个子曲面块,同时亦表示其面积,点(ξ_i, η_i, ζ_i) 是 ΔS_i 上任取的点,λ 为 n 个子曲面块中的最大直径.

如果 $f(x,y,z)$ 在曲面 Σ 上连续,则它沿曲面 Σ 的第一类曲面积分存在,第一类曲面积分与曲面 Σ 的方向无关.

2) 第一类曲面积分的计算公式

若曲面 Σ 的方程为 $z=z(x,y)$,曲面 Σ 在 xOy 平面上的投影区域为 D_{xy},函数 $z(x,y)$ 在 D_{xy}

上具有一阶连续的偏导数,则第一类曲面积分可化为二重积分

$$\iint_{\Sigma} f(x,y,z)\,\mathrm{d}S = \iint_{D_{xy}} f[x,y,z(x,y)]\sqrt{1 + {z'_x}^2 + {z'_y}^2}\,\mathrm{d}x\mathrm{d}y.$$

类似地,若曲面 Σ 的方程为 $x = x(y,z)$ 或 $y = y(x,z)$ 时,有

$$\iint_{\Sigma} f(x,y,z)\,\mathrm{d}S = \iint_{D_{yz}} f[x(y,z),y,z]\sqrt{1 + {x'_y}^2 + {x'_z}^2}\,\mathrm{d}y\mathrm{d}z,$$

或

$$\iint_{\Sigma} f(x,y,z)\,\mathrm{d}S = \iint_{D_{xz}} f[x,y(x,z),z]\sqrt{1 + {y'_x}^2 + {y'_z}^2}\,\mathrm{d}x\mathrm{d}z,$$

其中 D_{yz}, D_{xz} 是曲面 Σ 在 yOz 平面和 xOz 平面上的投影区域.

2. 第二类曲面积分

1) 第二类曲面积分的定义

分片光滑有向曲面 Σ 上的有界函数 $R(x,y,z)$ 在有向曲面 Σ 上对坐标面 xOy 的第二类曲面积分系指

$$\iint_{\Sigma} R(x,y,z)\,\mathrm{d}x\mathrm{d}y = \lim_{\lambda \to 0} \sum_{i=1}^{n} R(\xi_i, \eta_i, \zeta_i)\Delta_{xy}\sigma_i,$$

其中,$\Delta_{xy}\sigma_i$ 为将 Σ 任意分割成 n 个子曲面块 ΔS_i(ΔS_i 同时又表示第 i 块子曲面块的面积)在 xOy 面的投影. 点 (ξ_i, η_i, ζ_i) 为在 ΔS_i 上任取的点,λ 为 n 个子曲面块的最大直径.

类似地可定义函数 $P(x,y,z)$ 在曲面 Σ 上对 yOz 坐标面和函数 $Q(x,y,z)$ 在曲面 Σ 上对 zOx 坐标面的积分

$$\iint_{\Sigma} P(x,y,z)\,\mathrm{d}y\mathrm{d}z = \lim_{\lambda \to 0} \sum_{i=1}^{n} P(\xi_i, \eta_i, \zeta_i)\Delta_{yz}\sigma_i,$$

$$\iint_{\Sigma} Q(x,y,z)\,\mathrm{d}z\mathrm{d}x = \lim_{\lambda \to 0} \sum_{i=1}^{n} Q(\xi_i, \eta_i, \zeta_i)\Delta_{zx}\sigma_i,$$

称

$$\iint_{\Sigma} P\mathrm{d}y\mathrm{d}z + Q\mathrm{d}z\mathrm{d}x + R\mathrm{d}x\mathrm{d}y$$

为 $P(x,y,z)$、$Q(x,y,z)$、$R(x,y,z)$ 在有向曲面 Σ 上的第二类曲面积分.

若将 $P(x,y,z)$、$Q(x,y,z)$、$R(x,y,z)$ 理解为向量场 $\boldsymbol{A}$ 的三个分量,$\boldsymbol{A} = (P,Q,R)$,$\mathrm{d}\boldsymbol{S} = (\mathrm{d}y\mathrm{d}z, \mathrm{d}z\mathrm{d}x, \mathrm{d}x\mathrm{d}y)$,则

$$\iint_{\Sigma} P\mathrm{d}y\mathrm{d}z + Q\mathrm{d}z\mathrm{d}x + R\mathrm{d}x\mathrm{d}y = \iint_{\Sigma} \boldsymbol{A} \cdot \mathrm{d}\boldsymbol{S},$$

表示向量场穿过有向曲面 Σ 的通量.

如果 $P(x,y,z)$、$Q(x,y,z)$、$R(x,y,z)$ 在有向曲面 Σ 上连续,则沿有向曲面 Σ 的第二类曲面积分存在.

当改变曲面 Σ 的方向时,第二类曲面积分要改变符号.

2) 第二类曲面积分的计算公式

设曲面 Σ 的方程为单值函数 $z = z(x,y)$,它在 xOy 平面上的投影区域为 D_{xy},函数 $z = z(x,y)$ 在 D_{xy} 上具有一阶连续的偏导数,则有

$$\iint_{\Sigma} R(x,y,z)\,\mathrm{d}x\mathrm{d}y = \pm\iint_{D_{xy}} R[x,y,z(x,y)]\,\mathrm{d}x\mathrm{d}y.$$

类似地,当曲面 Σ 的方程为单值函数 $x = x(y,z)$ 或 $y = y(x,z)$ 时,曲面在 yOz 坐标面和 xOz 坐标面上的投影区域分别为 D_{yz}, D_{xz},则有

$$\iint_{\Sigma} P(x,y,z)\,\mathrm{d}y\mathrm{d}z = \pm\iint_{D_{yz}} P[x(y,z),y,z]\,\mathrm{d}y\mathrm{d}z,$$

$$\iint_\Sigma Q(x,y,z)\mathrm{d}z\mathrm{d}x = \pm \iint_{D_{zx}} Q[x,y(x,z),z]\mathrm{d}z\mathrm{d}x.$$

其中,正负号的选取,由有向曲面 Σ 的法线向量 $\boldsymbol{n}$ 与相应的坐标轴的夹角为锐角或钝角而定.

3. 两类曲面积分的关系

$$\iint_\Sigma P\mathrm{d}y\mathrm{d}z + Q\mathrm{d}z\mathrm{d}x + R\mathrm{d}x\mathrm{d}y = \iint_\Sigma (P\cos\alpha + Q\cos\beta + R\cos\gamma)\mathrm{d}S,$$

其中 $\cos\alpha, \cos\beta, \cos\gamma$ 为曲面 Σ 法线向量 $\boldsymbol{n}$ 的方向余弦.

4. 高斯(Gauss)公式

设空间有界闭域 Ω 是空间单连通域,其边界曲面为 Σ,函数 $P(x,y,z)$、$Q(x,y,z)$、$R(x,y,z)$ 在 Ω 及 Σ 上具有一阶连续的偏导数,则有

$$\iiint_\Omega \left(\frac{\partial P}{\partial x} + \frac{\partial Q}{\partial y} + \frac{\partial R}{\partial z}\right)\mathrm{d}x\mathrm{d}y\mathrm{d}z = \oiint_\Sigma P\mathrm{d}y\mathrm{d}z + Q\mathrm{d}z\mathrm{d}x + R\mathrm{d}x\mathrm{d}y$$

$$= \oiint_\Sigma (P\cos\alpha + Q\cos\beta + R\cos\gamma)\mathrm{d}S,$$

其中,曲面 Σ 取外侧,$\cos\alpha$、$\cos\beta$、$\cos\gamma$ 是 Σ 上法线向量的方向余弦.

5. 曲面积分与曲面无关的条件

设 Ω 是空间单连通闭域,P、Q、R 在 Ω 内具有一阶连续的偏导数,则曲面积分

$$\iint_\Sigma P\mathrm{d}y\mathrm{d}z + Q\mathrm{d}z\mathrm{d}x + R\mathrm{d}x\mathrm{d}y,$$

在 Ω 内与所取的曲面无关,而只取决于 Σ 的边界曲线(或沿 Ω 内任意闭曲线的曲面积分为零)的充分必要条件是等式

$$\frac{\partial P}{\partial x} + \frac{\partial Q}{\partial y} + \frac{\partial R}{\partial z} = 0,$$

在 Ω 内恒成立.

6. 斯托克斯(Stokes)公式

设函数 $P(x,y,z)$、$Q(x,y,z)$、$R(x,y,z)$ 在包含曲面 Σ 的空间区域 Ω 中有一阶连续的偏导数,则

$$\oint_L P\mathrm{d}x + Q\mathrm{d}y + R\mathrm{d}z$$

$$= \iint_\Sigma \begin{vmatrix} \mathrm{d}y\mathrm{d}z & \mathrm{d}z\mathrm{d}x & \mathrm{d}x\mathrm{d}y \\ \frac{\partial}{\partial x} & \frac{\partial}{\partial y} & \frac{\partial}{\partial z} \\ P & Q & R \end{vmatrix} = \iint_\Sigma \begin{vmatrix} \cos\alpha & \cos\beta & \cos\gamma \\ \frac{\partial}{\partial x} & \frac{\partial}{\partial y} & \frac{\partial}{\partial z} \\ P & Q & R \end{vmatrix}\mathrm{d}S,$$

其中,L 为 Σ 的边界,L 和 Σ 的正向按右手法则确定,$\cos\alpha, \cos\beta, \cos\gamma$ 为 Σ 的法线向量的方向余弦.

7. 空间曲线积分与路径无关的等价命题

设 P、Q、R 及其偏导数在空间单连通域 Ω 上连续,则下面四个命题等价.

1) 在 Ω 中曲线积分 $\int_{L_{AB}} P\mathrm{d}x + Q\mathrm{d}y + R\mathrm{d}z$ 与路径无关,只与起点 A 和终点 B 有关.

2) 在 Ω 中,沿任何一条闭曲线 L 的积分值为零,即

$$\oint_L P\mathrm{d}x + Q\mathrm{d}y + R\mathrm{d}z = 0.$$

3) 在 Ω 中的任意点 (x,y,z) 处,恒有

$$\frac{\partial R}{\partial y} = \frac{\partial Q}{\partial z}, \frac{\partial R}{\partial x} = \frac{\partial P}{\partial z}, \frac{\partial Q}{\partial x} = \frac{\partial P}{\partial y}.$$

4) 在 Ω 中存在函数 $u(x,y,z)$,使曲线积分 $\int_{L_{AB}} P\mathrm{d}x + Q\mathrm{d}y + R\mathrm{d}z$ 中的被积式是三元函数 $u(x,y,z)$ 的全微分,即

$$\mathrm{d}u = P\mathrm{d}x + Q\mathrm{d}y + R\mathrm{d}z.$$

一、第一类曲面积分的计算

例 6.79 计算 $\iint_\Sigma (2x + \frac{4}{3}y + z)\mathrm{d}S$,其中 Σ 为平面 $\frac{x}{2} + \frac{y}{3} + \frac{z}{4} = 1$ 在第一卦限中的部分.

解 因为 Σ 的方程是 $z = 4 - 2x - \frac{4}{3}y$,所以

$$\mathrm{d}S = \sqrt{1 + {z'_x}^2 + {z'_y}^2}\mathrm{d}x\mathrm{d}y = \sqrt{1 + (-2)^2 + (-\frac{4}{3})^2}\mathrm{d}x\mathrm{d}y = \frac{\sqrt{61}}{3}\mathrm{d}x\mathrm{d}y.$$

而被积函数 $2x + \frac{4}{3}y + z = 4$,故

$$\iint_\Sigma \left(2x + \frac{4}{3}y + z\right)\mathrm{d}S = \iint_{D_{xy}} 4 \cdot \frac{\sqrt{61}}{3}\mathrm{d}x\mathrm{d}y = \frac{4\sqrt{61}}{3}\iint_{D_{xy}}\mathrm{d}x\mathrm{d}y = \frac{4\sqrt{61}}{3} \cdot \frac{1}{2} \cdot 2 \cdot 3 = 4\sqrt{61}.$$

例 6.80 计算 $\oiint_\Sigma \frac{1}{(1+x+y)^2}\mathrm{d}S$,其中 Σ 为平面 $x + y + z = 1$ 及三个坐标平面围成的四面体的全表面.

解 如图 27-1 所示,$\Sigma = \Sigma_1 + \Sigma_2 + \Sigma_3 + \Sigma_4$ 其中:

$\Sigma_1: x = 0$; $\Sigma_2: y = 0$;
$\Sigma_3: z = 0$; $\Sigma_4: z = 1 - x - y$.

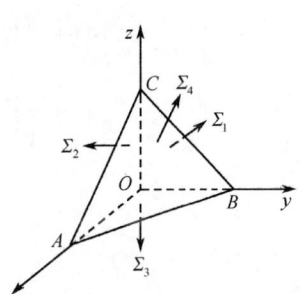

图 27-1

而

$$\iint_{\Sigma_1}\frac{\mathrm{d}S}{(1+x+y)^2} = \int_0^1\mathrm{d}z\int_0^{1-z}\frac{\mathrm{d}y}{(1+y)^2} = 1 - \ln2,$$

$$\iint_{\Sigma_2}\frac{\mathrm{d}S}{(1+x+y)^2} = \int_0^1\mathrm{d}z\int_0^{1-z}\frac{\mathrm{d}x}{(1+x)^2} = 1 - \ln2,$$

$$\iint_{\Sigma_3}\frac{\mathrm{d}S}{(1+x+y)^2} = \int_0^1\mathrm{d}x\int_0^{1-x}\frac{\mathrm{d}y}{(1+x+y)^2} = \int_0^1\left(\frac{1}{1+x} - \frac{1}{2}\right)\mathrm{d}x = \ln2 - \frac{1}{2},$$

$$\iint_{\Sigma_4}\frac{\mathrm{d}S}{(1+x+y)^2} = \iint_{D_{xy}}\frac{1}{(1+x+y)^2}\sqrt{1 + {z'_x}^2 + {z'_y}^2}\mathrm{d}x\mathrm{d}y$$

$$= \sqrt{3}\int_0^1\mathrm{d}x\int_0^{1-x}\frac{\mathrm{d}y}{(1+x+y)^2} = \sqrt{3}\ln2 - \frac{1}{2}\sqrt{3}.$$

故有

$$\oiint_\Sigma \frac{\mathrm{d}S}{(1+x+y)^2} = \iint_{\Sigma_1} + \iint_{\Sigma_2} + \iint_{\Sigma_3} + \iint_{\Sigma_4}$$

$$= 1 - \ln2 + 1 - \ln2 + \ln2 - \frac{1}{2} + \sqrt{3}\ln2 - \frac{1}{2}\sqrt{3}$$

$$= \frac{1}{2}(3 - \sqrt{3}) + (\sqrt{3} - 1)\ln2.$$

例 6.81 计算 $\iint_{\Sigma}(x+y+z)\mathrm{d}S$,其中 Σ 为上半球面 $z = \sqrt{a^2-x^2-y^2}$,$(a>0)$.

解 因为 $\mathrm{d}S = \sqrt{1+\left(\dfrac{\partial z}{\partial x}\right)^2+\left(\dfrac{\partial z}{\partial y}\right)^2}\mathrm{d}x\mathrm{d}y = \dfrac{a\mathrm{d}x\mathrm{d}y}{\sqrt{a^2-x^2-y^2}}$,所以

$$\iint_{\Sigma}(x+y+z)\mathrm{d}S = \iint_{D_{xy}}(x+y+\sqrt{a^2-x^2-y^2})\dfrac{a\mathrm{d}x\mathrm{d}y}{\sqrt{a^2-x^2-y^2}}$$

$$\xlongequal{(极)} a^2\int_0^{2\pi}(\cos\theta+\sin\theta)\mathrm{d}\theta\int_0^a\dfrac{\rho}{\sqrt{a^2-\rho^2}}\rho\mathrm{d}\rho + a\int_0^{2\pi}\mathrm{d}\theta\int_0^a\rho\mathrm{d}\rho$$

$$= a^2\left[(\sin\theta-\cos\theta)\bigg|_0^{2\pi}\cdot\int_0^a\dfrac{\rho^2}{\sqrt{a^2-\rho^2}}\mathrm{d}\rho\right] + 2\pi a\cdot\dfrac{a^2}{2}$$

$$= 0 + \pi a^3 = \pi a^3.$$

例 6.82 计算 $\iint_{\Sigma}(x^2+y^2)\mathrm{d}S$,其中 Σ 是锥面 $z = \sqrt{x^2+y^2}$ 及平面 $z=1$ 所围成的立体的整个边界曲面.

解 设 $\Sigma = \Sigma_1 + \Sigma_2$,其中:$\Sigma_1:z=1$;$\Sigma_2:z=\sqrt{x^2+y^2}$. 且

$$\mathrm{d}S_1 = \mathrm{d}x\mathrm{d}y, D_{xy}:x^2+y^2\leq 1,$$

$$\mathrm{d}S_2 = \sqrt{1+\dfrac{x^2}{x^2+y^2}+\dfrac{y^2}{x^2+y^2}}\mathrm{d}x\mathrm{d}y = \sqrt{2}\mathrm{d}x\mathrm{d}y.$$

故

$$\iint_{\Sigma_1}(x^2+y^2)\mathrm{d}S = \iint_{D_{xy}}(x^2+y^2)\mathrm{d}x\mathrm{d}y \xlongequal{(极)} \int_0^{2\pi}\mathrm{d}\theta\int_0^1\rho^3\mathrm{d}\rho = \dfrac{\pi}{2},$$

$$\iint_{\Sigma_2}(x^2+y^2)\mathrm{d}S = \iint_{D_{xy}}(x^2+y^2)\sqrt{2}\mathrm{d}x\mathrm{d}y \xlongequal{(极)} \sqrt{2}\int_0^{2\pi}\mathrm{d}\theta\int_0^1\rho^3\mathrm{d}\rho = \dfrac{\sqrt{2}}{2}\pi.$$

于是有

$$\iint_{\Sigma}(x^2+y^2)\mathrm{d}S = \iint_{\Sigma_1} + \iint_{\Sigma_2} = \dfrac{1}{2}\pi(1+\sqrt{2}).$$

例 6.83 计算 $\iint_{\Sigma}\sqrt{1+4z}\mathrm{d}S$,其中 Σ 为 $z=x^2+y^2$ 上,$z\leq 1$ 的部分.

解 Σ 在 xOy 平面上的投影区域为 $D:x^2+y^2\leq 1$. 因为

$$\mathrm{d}S = \sqrt{1+\left(\dfrac{\partial z}{\partial x}\right)^2+\left(\dfrac{\partial z}{\partial y}\right)^2}\mathrm{d}x\mathrm{d}y = \sqrt{1+4(x^2+y^2)}\mathrm{d}x\mathrm{d}y,$$

所以

$$\iint_{\Sigma}\sqrt{1+4z}\mathrm{d}S = \iint_D\sqrt{1+4(x^2+y^2)}\cdot\sqrt{1+4(x^2+y^2)}\mathrm{d}x\mathrm{d}y$$

$$= \iint_D[1+4(x^2+y^2)]\mathrm{d}x\mathrm{d}y \xlongequal{(极)} \int_0^{2\pi}\mathrm{d}\theta\int_0^1(1+4\rho^2)\rho\mathrm{d}\rho$$

$$= 2\pi\left(\dfrac{1}{2}+1\right) = 3\pi.$$

例 6.84 计算 $\iint_{\Sigma}(xy+yz+xz)\mathrm{d}S$,其中 Σ 为锥面 $z=\sqrt{x^2+y^2}$ 被柱面 $x^2+y^2=2ax$,$(a>0)$ 所截的部分.

解 Σ 在 xOy 平面上的投影区域 D_{xy} 的边界曲线为 $\begin{cases}x^2+y^2=2ax\\z=0\end{cases}$,且由 $z=\sqrt{x^2+y^2}$,有

$$dS = \sqrt{1 + z_x'^2 + z_y'^2}\,dxdy = \sqrt{2}\,dxdy,$$

故

$$\iint_{\Sigma}(xy + yz + xz)dS = \iint_{D_{xy}}[xy + (x+y)\sqrt{x^2+y^2}]\sqrt{2}\,dxdy$$

$$\xrightarrow{(\text{极})} \sqrt{2}\int_{-\frac{\pi}{2}}^{\frac{\pi}{2}}[\cos\theta\sin\theta + (\cos\theta + \sin\theta)]d\theta\int_{0}^{2a\cos\theta}\rho^3 d\rho$$

$$= \sqrt{2}\int_{-\frac{\pi}{2}}^{\frac{\pi}{2}}(\cos\theta\sin\theta + \cos\theta + \sin\theta)\cdot\frac{\rho^4}{4}\bigg|_{0}^{2a\cos\theta}d\theta$$

$$= \frac{\sqrt{2}}{4}\int_{-\frac{\pi}{2}}^{\frac{\pi}{2}}(16a^4)[\cos^5\theta\sin\theta + \cos^5\theta + \cos^4\theta\sin\theta]d\theta$$

$$= 4\sqrt{2}a^4\int_{-\frac{\pi}{2}}^{\frac{\pi}{2}}\cos^5\theta d\theta = 8\sqrt{2}a^4\int_{0}^{\frac{\pi}{2}}\cos^5\theta d\theta$$

$$= 8\sqrt{2}\cdot a^4\cdot\frac{4}{5}\cdot\frac{2}{3} = \frac{64}{15}\sqrt{2}a^4.$$

例 6.85 设均匀薄壳形状的抛物面 $z = \frac{3}{4} - (x^2 + y^2), (x^2 + y^2 \leq \frac{3}{4})$. 求此薄壳状物体的重心.

解 由于薄壳形状的抛物面是均匀的, 由对称性可知: $\bar{x} = \bar{y} = 0$, 而令密度为常数 u, 则有

$$\bar{z} = \frac{\iint_{\Sigma}\mu z dS}{\iint_{\Sigma}\mu dS} = \frac{\mu\iint_{D}[\frac{3}{4} - (x^2 + y^2)]\sqrt{1 + 4x^2 + 4y^2}\,dxdy}{\mu\iint_{D}\sqrt{1 + 4x^2 + 4y^2}\,dxdy}$$

$$= \frac{\frac{3}{4}\iint_{D}\sqrt{1 + 4x^2 + 4y^2}\,dxdy - \iint_{D}(x^2 + y^2)\sqrt{1 + 4x^2 + 4y^2}\,dxdy}{\int_{0}^{2\pi}d\theta\int_{0}^{\frac{\sqrt{3}}{2}}\rho\sqrt{1 + 4\rho^2}\,d\rho}$$

$$= \frac{\frac{7}{8}\pi - \int_{0}^{2\pi}d\theta\int_{0}^{\frac{\sqrt{3}}{2}}\rho^3\sqrt{1 + 4\rho^2}\,d\rho}{\frac{7}{6}\pi} = \frac{\frac{47}{120}\pi}{\frac{7}{6}\pi} = \frac{47}{140},$$

故薄壳形状的物体的重心为 $M_0\left(0, 0, \frac{47}{140}\right)$.

二、第二类曲面积分的计算

例 6.86 计算 $\iint_{\Sigma}zdxdy + dydz$, 其中 Σ 为平面 $x + y - z = 1$ 在第五卦限的部分, 选取的方向为背向坐标原点的那一侧.

解 Σ 在 xOy 平面上的投影区域 D_{xy} 为: 由 $x = 0, y = 0$ 及 $x + y = 1$ 围成. 故

$$\iint_{\Sigma}zdxdy = -\iint_{D_{xy}}(x + y - 1)dxdy = \int_{0}^{1}dx\int_{0}^{1-x}(1 - x - y)dy = \frac{1}{6}.$$

Σ 在 yOz 平面上的投影区域 D_{yz} 为: 由 $z = 0, y = 0$, 及 $y - z = 1$ 围成. 故

$$\iint\limits_{\Sigma} dydz = \iint\limits_{D_{yz}} dydz = \frac{1}{2},$$

所以

$$\iint\limits_{\Sigma} zdxdy + dydz = \frac{1}{6} + \frac{1}{2} = \frac{2}{3}.$$

例 6.87 计算 $\iint\limits_{\Sigma} xz^2 dydz$,其中 Σ 是上半球面 $z = \sqrt{R^2 - x^2 - y^2}$,$(R > 0)$ 方向取上侧.

解 $\Sigma = \Sigma_1 + \Sigma_2$,其中

$\Sigma_1 : x = \sqrt{R^2 - y^2 - z^2}$,$D : \Sigma$ 在 $x = 0$ 平面上的投影,

$\Sigma_2 : x = -\sqrt{R^2 - y^2 - z^2}$.

则

$$\iint\limits_{\Sigma} xz^2 dydz = \iint\limits_{\Sigma_1} xz^2 dydz + \iint\limits_{\Sigma_2} xz^2 dydz$$

$$= \iint\limits_{D} z^2 \sqrt{R^2 - y^2 - z^2} dydz - \iint\limits_{D} z^2(-\sqrt{R^2 - y^2 - z^2}) dydz$$

$$= 2\iint\limits_{D} z^2 \sqrt{R^2 - y^2 - z^2} dydz \xrightarrow{(极)} 2\int_0^{\pi} d\theta \int_0^{R} (\rho\sin\theta)^2 \sqrt{R^2 - \rho^2} \rho d\rho$$

$$= 4\int_0^{\frac{\pi}{2}} \sin^2\theta d\theta \int_0^{R} \sqrt{R^2 - \rho^2} \rho^3 d\rho = 4 \cdot \frac{1}{2} \cdot \frac{\pi}{2} \cdot \frac{2}{15} R^5 = \frac{2}{15}\pi R^5.$$

例 6.88 计算 $\iint\limits_{\Sigma} zdxdy + xdydz + ydxdz$,其中 Σ 为柱面 $x^2 + y^2 = 1$ 被平面 $z = 0$ 及 $z = 3$ 所截部分的外侧.

解 设 $\Sigma = \Sigma_1 + \Sigma_2$,其中

$$\Sigma_1 : x = \sqrt{1 - y^2};\quad \Sigma_2 : x = -\sqrt{1 - y^2}.$$

Σ 在 yOz 面上的投影区域 $D_{yz} : -1 \leq y \leq 1, 0 \leq z \leq 3$. 故

$$\iint\limits_{\Sigma} zdxdy + xdydz + ydxdz = \iint\limits_{\Sigma} xdydz + \iint\limits_{\Sigma} ydxdz + \iint\limits_{\Sigma} zdxdy = I_1 + I_2 + I_3,$$

则

$$I_1 = \iint\limits_{\Sigma} xdydz = \iint\limits_{D_{yz}} \sqrt{1-y^2} dydz - \iint\limits_{D_{yz}} -\sqrt{1-y^2} dydz$$

$$= 2\int_0^3 dz \int_{-1}^1 \sqrt{1-y^2} dy = 3\pi,$$

由对称性,可得

$$I_2 = \iint\limits_{\Sigma} ydxdz = 3\pi,$$

由于 Σ 在 xOy 面上的投影为零,故

$$I_3 = \iint\limits_{\Sigma} zdxdy = 0.$$

原给定的曲面积分

$$\iint\limits_{\Sigma} zdxdy + xdydz + ydxdz = 0 + 3\pi + 3\pi = 6\pi.$$

例 6.89 计算 $\iint\limits_{\Sigma} \dfrac{e^z}{\sqrt{x^2 + y^2}} dxdy$,其中 Σ 为锥面 $z = \sqrt{x^2 + y^2}$ 位于 $z = 1, z = 2$ 间的部分,方

向取外侧.

解 Σ 在 xOy 面上的投影区域为 $D_{xy}:1\leqslant\sqrt{x^2+y^2}\leqslant 2$. 故

$$\iint\limits_{\Sigma}\frac{e^z}{\sqrt{x^2+y^2}}dxdy = -\iint\limits_{D_{xy}}\frac{e^z}{\sqrt{x^2+y^2}}dxdy$$

$$\xlongequal{(极)} -\int_0^{2\pi}d\theta\int_1^2\frac{e^\rho}{\rho}\cdot\rho d\rho = -2\pi\int_1^2 e^\rho d\rho = 2\pi e(1-e).$$

例 6.90 求 $\iint\limits_{\Sigma}zdxdy+xydxdz$, 其中 Σ 是旋转抛物面 $z=x^2+y^2$ 在第一卦限中, $0\leqslant z\leqslant 1$ 的部分的曲面的上侧.

解 曲面 Σ 在 xOy 平面上的投影 D_{xy} 为: $x^2+y^2\leqslant 1, x\geqslant 0, y\geqslant 0$. 故

$$I_1 = \iint\limits_{\Sigma}zdxdy = \iint\limits_{D_{xy}}(x^2+y^2)dxdy \xlongequal{(极)} \int_0^{\frac{\pi}{2}}d\theta\int_0^1\rho^3 d\rho = \frac{1}{8}\pi.$$

而曲面 Σ 在 xOz 平面上的投影 D_{xz} 为: $x^2\leqslant z\leqslant 1, x\geqslant 0$, 且 $y=\sqrt{z-x^2}$, 故

$$I_2 = \iint\limits_{\Sigma}xydxdz = \iint\limits_{D_{xz}}x\sqrt{z-x^2}dxdz = \int_0^1 dz\int_0^{\sqrt{z}}x\sqrt{z-x^2}dx$$

$$= \int_0^1\left[-\frac{1}{3}(z-x^2)^{\frac{3}{2}}\right]_0^{\sqrt{z}}dz = \frac{1}{3}\int_0^1 z^{\frac{3}{2}}dz = \frac{2}{15},$$

因此有

$$\iint\limits_{\Sigma}zdxdy+xydxdz = I_1+I_2 = \frac{\pi}{8}+\frac{2}{15}.$$

例 6.91 求向量场 $\boldsymbol{F}=xy\boldsymbol{i}+yz\boldsymbol{j}+xz\boldsymbol{k}$ 穿过在第一卦限中的球面 $x^2+y^2+z^2=1$ 外侧的通量 Φ.

解 因为 Σ 的方程为: $z=\sqrt{1-x^2-y^2}, x\geqslant 0, y\geqslant 0$. 它在 xOy 平面上的投影区域为 D_{xy}: $x^2+y^2\leqslant 1, x\geqslant 0, y\geqslant 0$.

所以

$$\Phi = \iint\limits_{\Sigma}\boldsymbol{F}\cdot d\boldsymbol{S} = \iint\limits_{\Sigma}xydydz+yzdxdz+xzdxdy.$$

先求曲面积分

$$\iint\limits_{\Sigma}xzdxdy = \iint\limits_{D_{xy}}x\sqrt{1-x^2-y^2}dxdy$$

$$\xlongequal{(极)} \int_0^{\frac{\pi}{2}}\cos\theta d\theta\int_0^1\rho\sqrt{1-\rho^2}\rho d\rho \quad (令 \rho=\sin t)$$

$$= \sin\theta\Big|_0^{\frac{\pi}{2}}\cdot\int_0^{\frac{\pi}{2}}\sin^2 t(1-\sin^2 t)dt = \frac{\pi}{16}.$$

由对称性, 可得

$$\iint\limits_{\Sigma}xydydz = \iint\limits_{\Sigma}yzdxdz = \frac{\pi}{16},$$

故

$$\Phi = \frac{\pi}{16}+\frac{\pi}{16}+\frac{\pi}{16} = \frac{3}{16}\pi.$$

三、高斯公式

例 6.92 计算 $\oiint_{\Sigma} x^3 dydz + y^3 dxdz + z^3 dxdy$,其中 Σ 为球面 $x^2 + y^2 + z^2 = R^2, (R > 0)$,方向取外侧.

解 因为 $P = x^3, Q = y^3, R = z^3$.所以 $\frac{\partial P}{\partial x} + \frac{\partial Q}{\partial y} + \frac{\partial R}{\partial z} = 3x^2 + 3y^2 + 3z^2$.由高斯公式有

$$\oiint_{\Sigma} x^3 dydz + y^3 dxdz + z^3 dxdy \xlongequal{(\text{高斯})} \iiint_{\Omega} (3x^2 + 3y^2 + 3z^2) dxdydz$$

$$\xlongequal{(\text{球})} 3 \int_0^{2\pi} d\theta \int_0^{\pi} \sin\varphi d\varphi \int_0^R r^4 dr = 6\pi \cdot 2 \cdot \frac{1}{5} R^5 = \frac{12}{5}\pi R^5.$$

例 6.93 计算 $\oiint_{\Sigma} \frac{e^z}{\sqrt{x^2+y^2}} dxdy$,其中 Σ 为 $z = \sqrt{x^2+y^2}$ 及平面 $z=1, z=2$ 所围的立体的全表面方向取外侧.

解法 1 用高斯公式

$$\oiint_{\Sigma} \frac{e^z}{\sqrt{x^2+y^2}} dxdy = \iiint_{\Omega} \frac{e^z}{\sqrt{x^2+y^2}} dxdydz$$

$$\xlongequal{(\text{柱})} \int_0^{2\pi} d\theta \int_0^2 d\rho \int_\rho^2 e^z dz - \int_0^{2\pi} d\theta \int_0^1 d\rho \int_\rho^1 e^z dz$$

$$= 2\pi \int_0^2 (e^2 - e^\rho) d\rho - 2\pi \int_0^1 (e - e^\rho) d\rho = 4\pi e^2 - 2\pi e^2 + 2\pi - 2\pi = 2\pi e^2.$$

解法 2 设 Σ_1 为 $z = 2$,(方向向上),Σ_2 为 $z = \sqrt{x^2+y^2}$(外侧方向),Σ_3 为 $z = 1$(方向向下).于是

$$\oiint_{\Sigma} \frac{e^z}{\sqrt{x^2+y^2}} dxdy = \iint_{\Sigma_1} + \iint_{\Sigma_2} + \iint_{\Sigma_3}$$

$$\xlongequal{(\text{极})} e^2 \int_0^{2\pi} d\theta \int_0^2 d\rho + \left(-\int_0^{2\pi} d\theta \int_1^2 e^\rho d\rho\right) + \left(-e \int_0^{2\pi} d\theta \int_0^1 d\rho\right)$$

$$= 4\pi e^2 + [-2\pi(e^2 - e)] - 2\pi e = 2\pi e^2.$$

例 6.94 计算 $\oiint_{\Sigma} \frac{1}{y^2} f\left(\frac{x}{y}\right) dydz + \frac{1}{x^2} f\left(\frac{x}{y}\right) dxdz + z dxdy$,其中 $f\left(\frac{x}{y}\right)$ 具有一阶连续的偏导数,Σ 为柱面:$x^2 + y^2 = R^2, (R > 0), y^2 = \frac{1}{2} z$ 及 $z = 0$ 所围立体表面的外侧.

解 由高斯公式并用柱面坐标则得

$$\oiint_{\Sigma} = \iiint_{\Omega} \left[\frac{1}{y^2} f'\left(\frac{x}{y}\right) - \frac{1}{y^2} f'\left(\frac{x}{y}\right) + 1\right] dxdydz$$

$$= \iiint_{\Omega} dxdydz \xlongequal{(\text{柱})} \int_0^{2\pi} d\theta \int_0^R \rho d\rho \int_0^{2\rho^2 \sin^2\theta} dz = \int_0^{2\pi} \sin^2\theta d\theta \int_0^R 2\rho^3 d\rho$$

$$= \frac{\pi}{2} R^4.$$

例 6.95 计算 $\oiint_{\Sigma} (x^2 \cos\alpha + y^2 \cos\beta + z^2 \cos\gamma) dS$,其中 Σ 为 $x^2 + y^2 = z^2$ 及 $z = h(h > 0)$ 所围的闭曲面的外侧;而 $\cos\alpha, \cos\beta, \cos\gamma$ 是此曲面外法线的方向余弦.

解 由两类曲面积分的关系及高斯公式,有

$$\oiint_{\Sigma}(x^2\cos\alpha + y^2\cos\beta + z^2\cos\gamma)\,dS$$
$$= \oiint_{\Sigma}x^2dydz + y^2dxdz + z^2dxdy = 2\iiint_{\Omega}(x+y+z)dxdydz$$
$$\xlongequal{(柱)} 2\int_0^{2\pi}d\theta\int_\rho^h\rho d\rho\int_\rho^h(\rho\cos\theta+\rho\sin\theta+z)dz = \frac{\pi}{2}h^4.$$

例 6.96 计算 $\iint_{\Sigma}xz^2dydz + (x^2y - z^3)dxdz + (2xy + y^2z)dxdy$. 其中 Σ 是球心在坐标原点, 球半径为 $a(a > 0)$ 的上半球面的上侧.

解 补上平面 $\Sigma_1:z = 0$, (方向向下), 则
$$\iint_{\Sigma} = \oiint_{\Sigma+\Sigma_1} - \iint_{\Sigma_1} = \iiint_{\Omega}(x^2+y^2+z^2)dxdydz - \left(-\iint_{D_{xy}}2xydxdy\right)$$
$$\xlongequal{(球)} \int_0^{2\pi}d\theta\int_0^{\frac{\pi}{2}}d\varphi\int_0^a r^4\sin\varphi dr + \int_0^{2\pi}d\theta\int_0^a 2\rho^3\cos\theta\sin\theta d\theta = \frac{2}{5}\pi a^5.$$

例 6.97 计算向量 $\boldsymbol{r} = x\boldsymbol{i} + y\boldsymbol{j} + z\boldsymbol{k}$ 穿过曲面 $\Sigma: z = 1 - \sqrt{x^2+y^2}, (0 \le z \le 1)$ 上侧的流量 Φ.

解 补上平面 Σ_1, $\begin{cases} x^2 + y^2 \le 1, \\ z = 0, \end{cases}$ 其法线方向向下. 由高斯公式, 有
$$\Phi = \iint_{\Sigma}\boldsymbol{r}\cdot d\boldsymbol{S} = \oiint_{\Sigma+\Sigma_1}\boldsymbol{r}\cdot d\boldsymbol{S} - \iint_{\Sigma_1}\boldsymbol{r}\cdot d\boldsymbol{S}$$
$$= \iiint_{\Omega}3dxdydz - \iint_{\Sigma_1}xdydz + ydxdz + zdxdy = 3\cdot\frac{1}{3}\pi - 0 = \pi.$$

例 6.98 计算 $\iint_{\Sigma}(2x+z)dydz + zdxdy$, 其中 Σ 为有向曲面 $z = x^2 + y^2(0 \le z \le 1)$, 其法线向量与 Oz 轴正向的夹角为锐角.

解法 1 以 Σ_1 表示法线向量指向 Oz 轴负向的有向平面 $z = 1, (x^2 + y^2 \le 1)$. D_{xy} 为 Σ_1 在 xOy 平面上的投影区域, 则
$$\iint_{\Sigma_1}(2x+z)dydz + zdxdy = \iint_{D_{xy}}(-dxdy) = -\pi.$$

设 Ω 表示由 Σ 和 Σ_1 所围成的空间区域, 则由高斯公式, 知
$$\oiint_{\Sigma+\Sigma_1}(2x+z)dydz + zdxdy = -\iiint_{\Omega}(2+1)dxdydz$$
$$\xlongequal{(柱)} -3\int_0^{2\pi}d\theta\int_0^1\rho d\rho\int_{\rho^2}^1 dz = -6\pi\int_0^1(\rho - \rho^3)d\rho$$
$$= -6\pi\left(\frac{\rho^2}{2} - \frac{\rho^4}{4}\right)\bigg|_0^1 = -\frac{3}{2}\pi,$$

因此,
$$\iint_{\Sigma}(2x+z)dydz + zdxdy = -\frac{3}{2}\pi - \iint_{\Sigma_1} = -\frac{3}{2}\pi - (-\pi) = -\frac{\pi}{2}.$$

解法 2 设 D_{yz}, D_{xy} 分别表示 Σ 在 yOz 平面及 xOy 平面上的投影区域, 则
$$\iint_{\Sigma}(2x+z)dydz + zdxdy = \iint_{D_{yz}}(2\sqrt{z-y^2} + z)(-dydz) +$$

$$\iint_{D_{yz}}(-2\sqrt{z-y^2}+z)dydz + \iint_{D_{xy}}(x^2+y^2)dxdy$$

$$= -4\iint_{D_{yz}}\sqrt{z-y^2}dydz + \iint_{D_{xy}}(x^2+y^2)dxdy$$

$$= -4\int_{-1}^{1}dy\int_{y^2}^{1}\sqrt{z-y^2}dz + \int_{0}^{2\pi}d\theta\int_{0}^{1}\rho^2\rho d\rho$$

$$= -\frac{16}{3}\int_{0}^{1}(1-y^2)^{\frac{3}{2}}dy + \frac{\pi}{2} = -\pi + \frac{\pi}{2} = -\frac{\pi}{2}.$$

四、杂例

例 6.99 计算 $\oiint_{\Sigma}\dfrac{xdydz+ydxdz+zdxdy}{(x^2+y^2+z^2)^{\frac{3}{2}}}$,其中 Σ 为球面 $x^2+y^2+z^2=a^2,(a>0)$ 的外侧.

解法 1 因为球面 Σ 的方程为 $x^2+y^2+z^2=a^2$,所以在球面上任意一点 $M(x,y,z)$ 处的单位法线向量为:

$$\boldsymbol{n} = (\cos\alpha,\cos\beta,\cos\gamma) = \left(\frac{x}{a},\frac{y}{a},\frac{z}{a}\right),$$

于是有

$$\oiint_{\Sigma}\frac{xdydz+ydxdz+zdxdy}{(x^2+y^2+z^2)^{\frac{3}{2}}}$$

$$= \frac{1}{a^3}\oiint_{\Sigma}xdydz+ydxdz+zdxdy = \frac{1}{a^3}\oiint_{\Sigma}(x\cos\alpha+y\cos\beta+z\cos\gamma)dS$$

$$= \frac{1}{a^3}\oiint_{\Sigma}\left(x\cdot\frac{x}{a}+y\cdot\frac{y}{a}+z\cdot\frac{z}{a}\right)dS = \frac{1}{a^4}\oiint_{\Sigma}(x^2+y^2+z^2)dS$$

$$= \frac{1}{a^2}\oiint_{\Sigma}dS = \frac{1}{a^2}\cdot 4\pi a^2 = 4\pi.$$

解法 2 $\oiint_{\Sigma}\dfrac{xdydz+ydxdz+zdxdy}{(x^2+y^2+z^2)^{\frac{3}{2}}} = \dfrac{1}{a^3}\oiint_{\Sigma}xdydz+ydxdz+zdxdy$

$$\xlongequal{\text{高斯公式}}\frac{1}{a^3}\iiint_{\Omega}3\cdot dxdydz = \frac{3}{a^3}\cdot\frac{4}{3}\pi a^3 = 4\pi.$$

解法 3 $\oiint_{\Sigma}\dfrac{xdydz+ydxdz+zdxdy}{(x^2+y^2+z^2)^{\frac{3}{2}}} = \dfrac{1}{a^3}\oiint_{\Sigma}xdydz+ydxdz+zdxdy$ 由于上面的曲面积分在 Σ 上具有轮换对称性,故

$$\oiint_{\Sigma}xdydz = \oiint_{\Sigma}ydxdz = \oiint_{\Sigma}zdxdy.$$

于是有

$$\oiint_{\Sigma}\frac{xdydz+ydxdz+zdxdy}{(x^2+y^2+z^2)^{\frac{3}{2}}}$$

$$= \frac{3}{a^3}\oiint_{\Sigma}zdxdy = \frac{3}{a^3}\left[\iint_{\Sigma_{\pm}}zdxdy + \iint_{\Sigma_{\mp}}zdxdy\right]$$

$$= \frac{3}{a^3}\left[\iint_{x^2+y^2\le a^2}\sqrt{a^2-x^2-y^2}dxdy - \iint_{x^2+y^2\le a^2}-\sqrt{a^2-x^2-y^2}dxdy\right]$$

$$= \frac{6}{a^3}\int_{0}^{2\pi}d\theta\int_{0}^{a}\sqrt{a^2-\rho^2}\rho d\rho = \frac{6}{a^3}\cdot\frac{2}{3}\pi a^3 = 4\pi.$$

例 6.100 若空间曲面 Σ 的方程为 $z = z(x,y)$，Σ 在 xOy 平面上的投影区域为 D_{xy}.

（1）写出 Σ 的面积 A 的表达式；

（2）由(1)的结果，求在 xOy 平面上的曲线 $y = f(x)$，$a \leqslant x \leqslant b$ 绕 Ox 轴旋转一周而得到的旋转面的侧面积 S.

解 （1）曲面 $z = z(x,y)$ 的面积表达式为

$$A = \iint_{\Sigma} \mathrm{d}S = \iint_{D_{xy}} \sqrt{1 + \left(\frac{\partial z}{\partial x}\right)^2 + \left(\frac{\partial z}{\partial y}\right)^2} \mathrm{d}x\mathrm{d}y.$$

（2）旋转曲面的方程为

$$f(x) = \sqrt{y^2 + z^2},$$

它的侧面积 S 可以分成面积相等的四块. 我们把位于第一卦限中的那一块的面积记为 S_1，其方程为 $y = \sqrt{f^2(x) - z^2}$，S_1 在 xOz 平面上的投影区域 D_{xz}，它是曲边梯形：$0 \leqslant z \leqslant f(x)$，$a \leqslant x \leqslant b$.

由于

$$\frac{\partial y}{\partial x} = \frac{2f(x)f'(x)}{2\sqrt{f^2(x) - z^2}} = \frac{f(x)f'(x)}{\sqrt{f^2(x) - z^2}},$$

$$\frac{\partial y}{\partial z} = \frac{-z}{\sqrt{f^2(x) - z^2}},$$

于是

$$\sqrt{1 + \left(\frac{\partial y}{\partial x}\right)^2 + \left(\frac{\partial y}{\partial z}\right)^2} = \frac{f(x)\sqrt{1 + f'^2(x)}}{\sqrt{f^2(x) - z^2}},$$

有

$$S_1 = \iint_{D_{xz}} \sqrt{1 + \left(\frac{\partial y}{\partial x}\right)^2 + \left(\frac{\partial y}{\partial z}\right)^2} \mathrm{d}x\mathrm{d}z = \iint_{D_{xz}} \frac{f(x)\sqrt{1 + f'^2(x)}}{\sqrt{f^2(x) - z^2}} \mathrm{d}x\mathrm{d}z$$

$$= \int_a^b \mathrm{d}x \int_0^{f(x)} \frac{f(x)\sqrt{1 + f'^2(x)}}{\sqrt{f^2(x) - z^2}} \mathrm{d}z$$

$$= \int_a^b \left[f(x)\sqrt{1 + f'^2(x)} \cdot \arcsin\frac{z}{f(x)}\right]_0^{f(x)} \mathrm{d}x = \frac{\pi}{2}\int_a^b f(x)\sqrt{1 + f'^2(x)} \mathrm{d}x,$$

故知

$$S = 4S_1 = 2\pi \int_a^b f(x)\sqrt{1 + f'^2(x)} \mathrm{d}x.$$

例 6.101 计算 $\oint_L yz\mathrm{d}x + 3xz\mathrm{d}y - xy\mathrm{d}z$，其中 L 是曲线 $\begin{cases} x^2 + y^2 = 4y, \\ 3y - z + 1 = 0. \end{cases}$ 且从 Oz 轴的正向看去 L 是逆时针方向.

解 如图 27-2 所示，设平面 $3y - z + 1 = 0$ 被柱面 $x^2 + y^2 = 4y$ 所截的部分为 Σ，其边界曲线为 L，平面 Σ 的法线向量的方向余弦为

$$\cos\alpha = 0;$$

$$\cos\beta = -\frac{3}{\sqrt{10}};$$

$$\cos\gamma = \frac{1}{\sqrt{10}}.$$

由斯托克斯公式,有

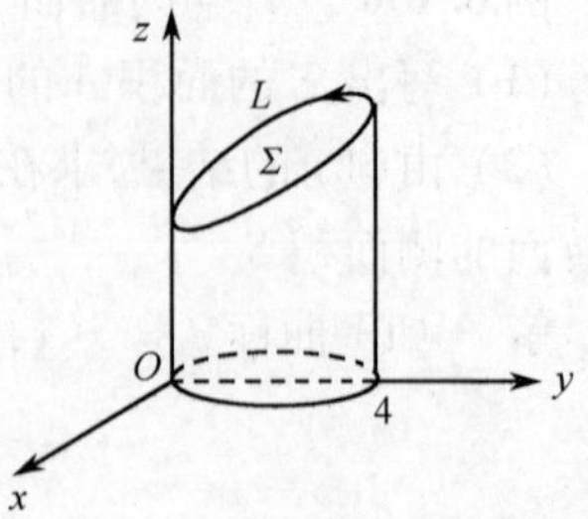

$$\oint_L yz\mathrm{d}x + 3xz\mathrm{d}y - xy\mathrm{d}z = \iint_{\Sigma}\begin{vmatrix} 0 & -\dfrac{3}{\sqrt{10}} & \dfrac{1}{\sqrt{10}} \\ \dfrac{\partial}{\partial x} & \dfrac{\partial}{\partial y} & \dfrac{\partial}{\partial z} \\ yz & 3xz & -xy \end{vmatrix}\mathrm{d}S$$

$$= \iint_{\Sigma}\left[-\dfrac{3}{\sqrt{10}}(y+y) + \dfrac{1}{\sqrt{10}}(3z-z)\right]\mathrm{d}S$$

$$= \dfrac{2}{\sqrt{10}}\iint_{\Sigma}(-3y+z)\mathrm{d}S = \dfrac{2}{\sqrt{10}}\iint_{\Sigma}\mathrm{d}S$$

$$= \dfrac{2}{\sqrt{10}}(4\pi\sqrt{10}) = 8\pi.$$

图 27-2

例 6.102 计算 $\oint_L y^2\mathrm{d}x + x^2\mathrm{d}z$,其中 L 为曲线 $\begin{cases} z = x^2 + y^2, \\ x^2 + y^2 = 2ay. \end{cases}$ $(a > 0)$. 方向是从 Oz 轴的正向看去为顺时针方向.

解 取曲面 $z = x^2 + y^2$ 位于圆柱面 $x^2 + y^2 = 2ay$ 内的部分,方向取下侧. 由斯托克斯公式,有

$$\oint_L y^2\mathrm{d}x + x^2\mathrm{d}z = \iint_{\Sigma}\begin{vmatrix} \mathrm{d}y\mathrm{d}z & \mathrm{d}z\mathrm{d}x & \mathrm{d}x\mathrm{d}y \\ \dfrac{\partial}{\partial x} & \dfrac{\partial}{\partial y} & \dfrac{\partial}{\partial z} \\ y^2 & 0 & x^2 \end{vmatrix} = \iint_{\Sigma}-2x\mathrm{d}x\mathrm{d}z - 2y\mathrm{d}x\mathrm{d}y$$

$$= \iint_{D_{xz}}(-2x)\mathrm{d}x\mathrm{d}z - \iint_{D_{xy}}(-2y)\mathrm{d}x\mathrm{d}y = 2\iint_{D_{xy}}y\mathrm{d}x\mathrm{d}y$$

$$= 2\int_0^{\pi}\mathrm{d}\theta\int_0^{2a\sin\theta}\rho\sin\theta\cdot\rho\mathrm{d}\rho = 2\int_0^{\pi}\dfrac{\sin\theta}{3}\cdot\rho^3\bigg|_0^{2a\sin\theta}\mathrm{d}\theta = \dfrac{16}{3}a^3\int_0^{\pi}\sin^4\theta\mathrm{d}\theta = 2\pi a^3.$$

第七单元 无穷级数

第二十八讲 数项级数的概念及敛散性的判定

无穷级数是高等数学的一个重要组成部分. 它是实际计算的需要, 是随着极限概念的完善而形成的.

无穷级数是表示函数, 研究函数和应用函数的重要工具, 它在数学的理论研究和应用中, 在工程技术及进行数值计算方面都起着重要作用.

无穷级数, 简称为级数.

基本概念和重要结论

1. 级数的定义

定义 设 $a_n(n=1,2,\cdots)$ 为一个数列, 则称

$$\sum_{n=1}^{\infty} a_n = a_1 + a_2 + \cdots + a_n + \cdots$$

为常数项无穷级数, 简称为数项级数或级数. 在数项级数 $\sum_{n=1}^{\infty} a_n$ 中, $a_1, a_2, \cdots$ 分别称为数项级数的第 1 项, 第 2 项, $\cdots$. 而把其中的第 n 项 a_n 称为级数的通项或一般项.

2. 数项级数敛散性的概念

设数项级数的部分和 $s_n = \sum_{i=1}^{n} a_i$,

若 $\lim\limits_{n\to\infty} s_n = s$ (s 为常数), 则称数项级数 $\sum_{n=1}^{\infty} a_n$ 收敛;

若 $\lim\limits_{n\to\infty} s_n$ 不存在, 则称数项级数 $\sum_{n=1}^{\infty} a_n$ 发散.

3. 收敛级数的性质

(1) 若 $\sum_{n=1}^{\infty} a_n = s$, k 为常数, 则 $\sum_{n=1}^{\infty} ka_n = ks$.

(2) 若 $\sum_{n=1}^{\infty} a_n = s$, $\sum_{n=1}^{\infty} b_n = \sigma$, 则 $\sum_{n=1}^{\infty} (a_n \pm b_n) = s \pm \sigma$.

(3) 级数 $\sum_{n=1}^{\infty} a_n$ 收敛的充分必要条件是 $\sum_{n=k}^{\infty} a_n (k \geq 1)$ 收敛.

(4) 若 $\lim\limits_{n\to\infty} s_n = s$, 即 $\sum_{n=1}^{\infty} a_n$ 收敛, 则 $\lim\limits_{n\to\infty} a_n = 0$; 若 $\lim\limits_{n\to\infty} a_n \neq 0$, 则 $\sum_{n=1}^{\infty} a_n$ 发散.

4. 正项级数敛散性的判别法

定义：若 $u_n \geq 0$，则称 $\sum\limits_{n=1}^{\infty} u_n$ 为正项级数.

正项级数 $\sum\limits_{n=1}^{\infty} u_n$ 收敛的充分必要条件是部分和 s_n 有界.

1）比较判别法

若 $\sum\limits_{n=1}^{\infty} u_n$、$\sum\limits_{n=1}^{\infty} v_n$ 是正项级数，如果存在自然数 k，当 $n \geq k$ 时，有 $u_n \leq v_n$，则 $\sum\limits_{n=1}^{\infty} v_n$ 收敛时，$\sum\limits_{n=1}^{\infty} u_n$ 收敛；$\sum\limits_{n=1}^{\infty} u_n$ 发散时，$\sum\limits_{n=1}^{\infty} v_n$ 发散.

2）比较判别法的极限形式

对正项级数 $\sum\limits_{n=1}^{\infty} u_n, \sum\limits_{n=1}^{\infty} v_n$，若 $\lim\limits_{n \to \infty} \dfrac{u_n}{v_n} = l \quad (v_n > 0)$，则

当 $0 < l < +\infty$ 时，$\sum u_n$ 与 $\sum v_n$ 有相同的敛散性；

当 $l = 0$，且 $\sum\limits_{n=1}^{\infty} v_n$ 收敛时，$\sum\limits_{n=1}^{\infty} u_n$ 也收敛；

当 $l = +\infty$，且 $\sum\limits_{n=1}^{\infty} v_n$ 发散时，$\sum\limits_{n=1}^{\infty} u_n$ 也发散.

3）比值（D'Alembert）判别法

对正项级数 $\sum\limits_{n=1}^{\infty} u_n$，若 $\lim\limits_{n \to \infty} \dfrac{u_{n+1}}{u_n} = \rho$，则

当 $\rho < 1$ 时，$\sum\limits_{n=1}^{\infty} u_n$ 收敛；

当 $\rho > 1$ 时，$\sum\limits_{n=1}^{\infty} u_n$ 发散；

当 $\rho = 1$ 时，本方法不能判定级数 $\sum\limits_{n=1}^{\infty} u_n$ 的敛散性.

4）根值（Cauchy）判别法

对正项级数 $\sum\limits_{n=1}^{\infty} u_n$，若 $\lim\limits_{n \to \infty} \sqrt[n]{u_n} = \rho$，则

当 $\rho < 1$ 时，$\sum\limits_{n=1}^{\infty} u_n$ 收敛；

当 $\rho > 1$ 时，$\sum\limits_{n=1}^{\infty} u_n$ 发散；

当 $\rho = 1$ 时，本方法不能判定级数 $\sum\limits_{n=1}^{\infty} u_n$ 的敛散性.

5）积分（Cauchy）判别法

设 $f(n) = a_n$，当 $x > k \geq 1$ 时，$f(x)$ 为非负的单调减少的连续函数，则当 $\int_{k}^{+\infty} f(x) \mathrm{d}x$ 收敛时，$\sum\limits_{n=1}^{\infty} a_n$ 也收敛；当 $\int_{k}^{+\infty} f(x) \mathrm{d}x$ 发散时，$\sum\limits_{n=1}^{\infty} a_n$ 也发散.

5. 两个常用的数项级数的敛散性

1) 等比级数

$$\sum_{n=1}^{\infty} aq^n = \begin{cases} \dfrac{a}{1-q}(\text{收敛}), & \text{当}|q|<1\text{时,} \\ \text{发散}, & \text{当}|q| \geq 1\text{时.} \end{cases}$$

2) p-级数(其中 $p>0$ 为常数)

$$\sum_{n=1}^{\infty} \frac{1}{n^p} = \begin{cases} \text{收敛}, \text{当} p>1 \text{时,} \\ \text{发散}, \text{当} p \leq 1 \text{时.} \end{cases}$$

6. 交错级数的莱布尼茨(Leibniz)判别法

定义:当 $a_n \geq 0$ 时,称 $\sum_{n=1}^{\infty}(-1)^{n-1}a_n$(或 $\sum_{n=1}^{\infty}(-1)^n a_n$)为交错级数.

莱布尼茨判别法

若交错级数 $\sum_{n=1}^{\infty}(-1)^{n-1}a_n$ 满足 $a_{n+1} \leq a_n (n=1,2,\cdots)$,$\lim_{n\to\infty} a_n = 0$,则 $\sum_{n=1}^{\infty}(-1)^{n-1}a_n$ 是收敛的(至少是条件收敛的),且此交错级数的和 s 介于 0 与 a_1 之间.

7. 任意项级数的绝对收敛与条件收敛

定义:若级数 $\sum_{n=1}^{\infty} a_n$ 中的项 a_n,可以是正数,也可以是负数,还可以是零.则称这种级数 $\sum_{n=1}^{\infty} a_n$ 为任意项级数. 交错级数是任意项级数的特殊情形.

1) 绝对收敛与条件收敛

若 $\sum_{n=1}^{\infty} |a_n|$ 收敛,则称级数 $\sum_{n=1}^{\infty} a_n$ 绝对收敛;若 $\sum_{n=1}^{\infty} a_n$ 收敛,$\sum_{n=1}^{\infty} |a_n|$ 发散,则称级数 $\sum_{n=1}^{\infty} a_n$ 条件收敛.

2) 若级数 $\sum_{n=1}^{\infty} |a_n|$ 收敛,则级数 $\sum_{n=1}^{\infty} a_n$ 必定收敛.

一、利用级数敛散性的概念和性质判断正项级数的敛散性

例 7.1 判别正项级数 $\sum_{n=1}^{\infty} \dfrac{1}{n(n+1)}$ 的敛散性.

解 由于 $u_k = \dfrac{1}{k(k+1)} = \dfrac{1}{k} - \dfrac{1}{k+1} (k \in \mathbf{N}^+)$,故

$$s_n = \sum_{k=1}^{n} u_k = \left(1 - \frac{1}{2}\right) + \left(\frac{1}{2} - \frac{1}{3}\right) + \cdots + \left(\frac{1}{n} - \frac{1}{n+1}\right) = 1 - \frac{1}{n+1},$$

从而有

$$s = \lim_{n\to\infty} s_n = \lim_{n\to\infty} \left(1 - \frac{1}{n+1}\right) = 1.$$

故正项级数 $\sum_{n=1}^{\infty} \dfrac{1}{n(n+1)}$ 是收敛的且和为 1.

例 7.2 判别正项级数 $\sum_{n=1}^{\infty} \dfrac{1}{(2n-1)(2n+1)}$ 的敛散性.

解 因为 $u_k = \dfrac{1}{(2k-1)(2k+1)} = \dfrac{1}{2}\left(\dfrac{1}{2k-1} - \dfrac{1}{2k+1}\right)$

所以

$$s_n = \frac{1}{2}\left[\left(1 - \frac{1}{3}\right) + \left(\frac{1}{3} - \frac{1}{5}\right) + \cdots + \left(\frac{1}{2n-1} - \frac{1}{2n+1}\right)\right] = \frac{1}{2}\left(1 - \frac{1}{2n+1}\right).$$

从而有

$$s = \lim_{n\to\infty} s_n = \lim_{n\to\infty} \frac{1}{2}\left(1 - \frac{1}{2n+1}\right) = \frac{1}{2},$$

故正项级数 $\sum_{n=1}^{\infty} \frac{1}{(2n-1)(2n+1)}$ 是收敛的且和为 $\frac{1}{2}$.

例 7.3 判别正项级数 $\sum_{n=1}^{\infty} \frac{n}{(n+1)!}$ 的敛散性.

解 因为 $u_k = \frac{k}{(k+1)!} = \frac{1}{k!} - \frac{1}{(k+1)!}$,

所以

$$s_n = \left(1 - \frac{1}{2!}\right) + \left(\frac{1}{2!} - \frac{1}{3!}\right) + \cdots + \left(\frac{1}{n!} - \frac{1}{(n+1)!}\right) = 1 - \frac{1}{(n+1)!}.$$

从而有

$$s = \lim_{n\to\infty} s_n = \lim_{n\to\infty}\left(1 - \frac{1}{(n+1)!}\right) = 1.$$

故正项级数 $\sum_{n=1}^{\infty} \frac{n}{(n+1)!}$ 是收敛的且和为 1.

例 7.4 判别正项级数 $\sum_{n=1}^{\infty} \frac{n}{3^n}$ 的敛散性.

解 因为

$$s_n = \frac{1}{3} + \frac{2}{3^2} + \frac{3}{3^3} + \cdots + \frac{n}{3^n},$$

$$\frac{1}{3} s_n = \frac{1}{3^2} + \frac{2}{3^3} + \frac{3}{3^4} + \cdots + \frac{n-1}{3^n} + \frac{n}{3^{n+1}},$$

所以

$$s_n - \frac{1}{3} s_n = \frac{1}{3} + \frac{1}{3^2} + \cdots + \frac{1}{3^n} - \frac{n}{3^n} = \frac{\frac{1}{3} - \frac{1}{3^{n+1}}}{1 - \frac{1}{3}} - \frac{n}{3^{n+1}},$$

即

$$s_n = \frac{3}{2}\left[\frac{3}{2}\left(\frac{1}{3} - \frac{1}{3^{n+1}}\right) - \frac{n}{3^{n+1}}\right].$$

从而有

$$s = \lim_{n\to\infty} s_n = \lim_{n\to\infty} \frac{3}{2}\left[\frac{3}{2}\left(\frac{1}{3} - \frac{1}{3^{n+1}}\right) - \frac{n}{3^{n+1}}\right] = \frac{3}{4}.$$

故正项级数 $\sum_{n=1}^{\infty} \frac{n}{3^n}$ 是收敛的且和为 $\frac{3}{4}$.

类似地,正项级数 $\sum_{n=1}^{\infty} \frac{n}{2^n}$ 也是收敛的,且和为 2.

例 7.5 判别正项级数 $\sum_{n=1}^{\infty} \arctan \frac{1}{2n^2}$ 的敛散性.

解 由于 $u_n = \arctan \frac{1}{2n^2}$,为了求出部分和的表达式,用数学归纳法.

$$s_1 = \arctan \frac{1}{2} = \arctan \frac{2-1}{2},$$

$$s_2 = \arctan \frac{1}{2} + \arctan \frac{1}{2 \cdot 2^2} = \arctan \frac{\frac{1}{2} + \frac{1}{2 \cdot 2^2}}{1 - \frac{1}{2} \cdot \frac{1}{2 \cdot 2^2}}$$

$$= \arctan \frac{2}{3} = \arctan \frac{3-1}{3},$$

设 $n = k-1$ 时,有

$$s_{k-1} = \arctan \frac{k-1}{(k-1)+1} = \arctan \frac{k-1}{k}.$$

则当 $n = k$ 时,有

$$s_k = s_{k-1} + u_k = \arctan \frac{k-1}{k} + \arctan \frac{1}{2k^2} = \arctan \frac{\frac{k-1}{k} + \frac{1}{2 \cdot k^2}}{1 - \frac{k-1}{k} \cdot \frac{1}{2 \cdot k^2}}$$

$$= \arctan \frac{k(2k^2 - 2k + 1)}{2k^3 - k + 1} = \arctan \frac{k}{k+1}.$$

从而有

$$s_n = \arctan \frac{n}{n+1};$$

$$s = \lim_{n \to \infty} s_n = \lim_{n \to \infty} \arctan \frac{n}{n+1} = \arctan 1 = \frac{\pi}{4}.$$

故正项级数 $\sum_{n=1}^{\infty} \arctan \frac{1}{2n^2}$ 是收敛的且和为 $\frac{\pi}{4}$.

例 7.6 判别下列正项级数的敛散性.

(1) $\sum_{n=1}^{\infty} \frac{n}{2n+1}$;   (2) $\sum_{n=1}^{\infty} \left(\frac{n}{n+1}\right)^n$;

(3) $\sum_{n=1}^{\infty} \frac{1}{\sqrt[n]{3}}$;   (4) $\sum_{n=1}^{\infty} (\sqrt{n+1} - \sqrt{n})$.

解 (1) 因为 $u_n = \frac{n}{2n+1}$, 且 $\lim_{n \to \infty} u_n = \frac{1}{2} \neq 0$, 所以正项级数 $\sum_{n=1}^{\infty} \frac{n}{2n+1}$ 是发散的.

(2) 因为 $u_n = \left(\frac{n}{n+1}\right)^n$, 且 $\lim_{n \to \infty} u_n = \lim_{n \to \infty} \left(\frac{n}{n+1}\right)^n = \frac{1}{e} \neq 0$, 所以正项级数 $\sum_{n=1}^{\infty} \left(\frac{n}{n+1}\right)^n$ 是发散的.

(3) 因为 $u_n = \frac{1}{\sqrt[n]{3}}$, 且 $\lim_{n \to \infty} u_n = \lim_{n \to \infty} \frac{1}{\sqrt[n]{3}} = 1 \neq 0$, 所以正项级数 $\sum_{n=1}^{\infty} \frac{1}{\sqrt[n]{3}}$ 是发散的.

(4) 因为 $u_n = \sqrt{n+1} - \sqrt{n}$, 所以

$$s_n = (\sqrt{2} - 1) + (\sqrt{3} - \sqrt{2}) + \cdots + (\sqrt{n+1} - \sqrt{n}) = \sqrt{n+1} - 1.$$

而

$$\lim_{n \to \infty} s_n = \infty.$$

故知正项级数 $\sum_{n=1}^{\infty} (\sqrt{n+1} - \sqrt{n})$ 发散.

二、利用正项级数敛散性的判别法判定级数的敛散性

例 7.7 判别下列正项级数的敛散性.

(1) $\sum_{n=1}^{\infty} \frac{1}{(n+1)(n+4)}$; (2) $\sum_{n=1}^{\infty} \frac{3^n}{n2^n}$;

(3) $\sum_{n=1}^{\infty} \frac{1}{n\sqrt{n+1}}$; (4) $\sum_{n=1}^{\infty} \frac{1}{2n}(\sqrt{n+1} - \sqrt{n-1})$.

解 (1) 由于 $u_n = \frac{1}{(n+1)(n+4)} < \frac{1}{n^2}$，且级数 $\sum_{n=1}^{\infty} \frac{1}{n^2}$ 是收敛的级数，由比较判别法知，正项级数 $\sum_{n=1}^{\infty} \frac{1}{(n+1)(n+4)}$ 是收敛的级数.

(2) 由于 $u_n = \frac{3^n}{n2^n} = \frac{1}{n}\left(\frac{3}{2}\right)^n > \frac{1}{n}$，且级数 $\sum_{n=1}^{\infty} \frac{1}{n}$ 是发散的，由比较判别法知，正项级数 $\sum_{n=1}^{\infty} \frac{3^n}{n2^n}$ 是发散的.

(3) 由于 $u_n = \frac{1}{n\sqrt{n+1}} < \frac{1}{n\sqrt{n}} = \frac{1}{n^{\frac{3}{2}}}$，且级数 $\sum_{n=1}^{\infty} \frac{1}{n^{\frac{3}{2}}}$ 是收敛的，由比较判别法知，正项级数 $\sum_{n=1}^{\infty} \frac{1}{n\sqrt{n+1}}$ 是收敛的级数.

(4) 由于 $u_n = \frac{1}{2n}(\sqrt{n+1} - \sqrt{n-1}) = \frac{2}{2n(\sqrt{n+1} + \sqrt{n-1})} \leq \frac{1}{n\sqrt{n}}$.

且级数 $\sum_{n=1}^{\infty} \frac{1}{n\sqrt{n}}$ 是收敛的，

由比较判别法知，正项级数 $\sum_{n=1}^{\infty} \frac{1}{2n}(\sqrt{n+1} - \sqrt{n-1})$ 是收敛的级数.

例7.8 判定下列正项级数的敛散性.

(1) $\sum_{n=1}^{\infty} \frac{1}{n\sqrt[n]{n}}$; (2) $\sum_{n=1}^{\infty} \ln\left(1 + \frac{1}{n^2}\right)$;

(3) $\sum_{n=1}^{\infty} \frac{1}{2^n - n}$; (4) $\sum_{n=1}^{\infty} \frac{\sqrt{n} + |\sin n|}{n^2 - n + 1}$.

解 (1) 因为 $\lim_{n \to \infty} \frac{\frac{1}{n\sqrt[n]{n}}}{\frac{1}{n}} = 1$，而级数 $\sum_{n=1}^{\infty} \frac{1}{n}$ 是发散的，所以正项级数 $\sum_{n=1}^{\infty} \frac{1}{n\sqrt[n]{n}}$ 是发散的.

(2) 因为 $\lim_{n \to \infty} \frac{\ln\left(1 + \frac{1}{n^2}\right)}{\frac{1}{n^2}} = 1$，而级数 $\sum_{n=1}^{\infty} \frac{1}{n^2}$ 是收敛的，所以正项级数 $\sum_{n=1}^{\infty} \ln\left(1 + \frac{1}{n^2}\right)$ 是收敛的级数.

(3) 因为 $\lim_{n \to \infty} \frac{\frac{1}{2^n - n}}{\frac{1}{2^n}} = 1$，而级数 $\sum_{n=1}^{\infty} \frac{1}{2^n}$ 是收敛的，所以正项级数 $\sum_{n=1}^{\infty} \frac{1}{2^n - n}$ 是收敛的级数.

(4) 因为 $a_n = \dfrac{\sqrt{n} + |\sin n|}{n^2 - n + 1} < \dfrac{\sqrt{n} + 1}{n^2 - n + 1}$.

由于

$$\lim_{n \to \infty} \dfrac{\dfrac{\sqrt{n} + 1}{n^2 - n + 1}}{\dfrac{1}{n^{\frac{3}{2}}}} = 1, \text{知} \sum_{n=1}^{\infty} \dfrac{\sqrt{n} + 1}{n^2 - n + 1} \text{收敛. 又由比较判别法知正项级数}$$

$\sum_{n=1}^{\infty} \dfrac{\sqrt{n} + |\sin n|}{n^2 - n + 1}$ 是收敛的级数.

例 7.9 判别下列正项级数的敛散性.

(1) $\sum\limits_{n=1}^{\infty} \dfrac{2^n n!}{n^n}$； (2) $\sum\limits_{n=1}^{\infty} \dfrac{n}{2^n}$；

(3) $\sum\limits_{n=1}^{\infty} \dfrac{2^n}{n^{\frac{n}{2}}}$； (4) $\sum\limits_{n=1}^{\infty} n \cdot \left(\dfrac{3}{4}\right)^n$.

解 (1) 因为 $u_n = \dfrac{2^n n!}{n^n}$，由比值判别法

$$\lim_{n \to \infty} \dfrac{u_{n+1}}{u_n} = \lim_{n \to \infty} \dfrac{2^{n+1} \cdot (n+1)!}{(n+1)^{n+1}} \cdot \dfrac{n^n}{2^n \cdot n!} = \lim_{n \to \infty} 2\left(\dfrac{n}{n+1}\right)^n = \dfrac{2}{\mathrm{e}} < 1,$$

所以正项级数 $\sum\limits_{n=1}^{\infty} \dfrac{2^n \cdot n!}{n^n}$ 收敛.

与本题类似，显然正项级数 $\sum\limits_{n=1}^{\infty} \dfrac{3^n \cdot n!}{n^n}$ 发散.

(2) 因为 $u_n = \dfrac{n}{2^n}$，由比值判别法

$\lim\limits_{n \to \infty} \dfrac{u_{n+1}}{u_n} = \lim\limits_{n \to \infty} \dfrac{(n+1)}{2^{n+1}} \cdot \dfrac{2^n}{n} = \dfrac{1}{2} < 1$，所以正项级数 $\sum\limits_{n=1}^{\infty} \dfrac{n}{2^n}$ 收敛.

(3) 因为 $u_n = \dfrac{2^n}{n^{\frac{n}{2}}}$，由比值判别法

$$\lim_{n \to \infty} \dfrac{u_{n+1}}{u_n} = \lim_{n \to \infty} \dfrac{2^{n+1}}{(n+1)^{\frac{n+1}{2}}} \cdot \dfrac{(n)^{\frac{n}{2}}}{2^n} = \lim_{n \to \infty} \dfrac{2}{\sqrt{n+1}} \sqrt{\left(\dfrac{n}{n+1}\right)^n} = 0 < 1,$$

所以正项级数 $\sum\limits_{n=1}^{\infty} \dfrac{2^n}{n^{\frac{n}{2}}}$ 收敛.

(4) 因为 $u_n = n \cdot \left(\dfrac{3}{4}\right)^n$，由比值判别法

$$\lim_{n \to \infty} \dfrac{u_{n+1}}{u_n} = \lim_{n \to \infty} \dfrac{(n+1) \cdot \left(\dfrac{3}{4}\right)^{n+1}}{n \cdot \left(\dfrac{3}{4}\right)^n} = \dfrac{3}{4} < 1,$$

所以正项级数 $\sum\limits_{n=1}^{\infty} n \cdot \left(\dfrac{3}{4}\right)^n$ 收敛.

例 7.10 判定下列正项级数的敛散性.

(1) $\sum\limits_{n=1}^{\infty} \dfrac{n^{2n-1}}{(3n-1)^{2n-1}}$;   (2) $\sum\limits_{n=1}^{\infty} \dfrac{\left(\dfrac{1+n}{n}\right)^{n^2}}{3^n}$;

(3) $\sum\limits_{n=1}^{\infty} n^n \left(\sin \dfrac{\pi}{n}\right)^n$;

(4) $\sum\limits_{n=1}^{\infty} \left(\dfrac{\mathrm{e}}{a_n}\right)^n$,其中 $\lim\limits_{n\to\infty} a_n = a > 0, (a \neq \mathrm{e})$.

解 (1) 因为 $u_n = \dfrac{n^{2n-1}}{(3n-1)^{2n-1}}$,由根值判别法,

$$\lim_{n\to\infty} \sqrt[n]{u_n} = \lim_{n\to\infty} \left(\dfrac{n}{3n-1}\right)^{2-\frac{1}{n}} = \lim_{n\to\infty} \left(\dfrac{1}{3}\right)^2 = \dfrac{1}{9} < 1,$$

所以正项级数 $\sum\limits_{n=1}^{\infty} \dfrac{n^{2n-1}}{(3n-1)^{2n-1}}$ 收敛.

(2) 因为 $u_n = \dfrac{\left(\dfrac{1+n}{n}\right)^{n^2}}{3^n}$,由根值判别法,

$$\lim_{n\to\infty} \sqrt[n]{u_n} = \lim_{n\to\infty} \dfrac{\left(\dfrac{1+n}{n}\right)^n}{3} = \dfrac{\mathrm{e}}{3} < 1,$$

所以正项级数 $\sum\limits_{n=1}^{\infty} \dfrac{\left(\dfrac{1+n}{n}\right)^{n^2}}{3^n}$ 收敛.

(3) 因为 $u_n = n^n \left(\sin \dfrac{\pi}{n}\right)^n$,由根值判别法,

$$\lim_{n\to\infty} \sqrt[n]{u_n} = \lim_{n\to\infty} n \sin \dfrac{\pi}{n} = \pi > 1,$$

所以正项级数 $\sum\limits_{n=1}^{\infty} n^n \left(\sin \dfrac{\pi}{n}\right)^n$ 发散.

(4) 因为 $u_n = \left(\dfrac{\mathrm{e}}{a_n}\right)^n$,由根值判别法,

$$\lim_{n\to\infty} \sqrt[n]{u_n} = \lim_{n\to\infty} \dfrac{\mathrm{e}}{a_n} = \dfrac{\mathrm{e}}{a},$$

所以正项级数

$$\sum\limits_{n=1}^{\infty} \left(\dfrac{\mathrm{e}}{a_n}\right)^n = \begin{cases} 收敛, (\mathrm{e} < a), \\ 发散, (\mathrm{e} > a). \end{cases}$$

例 7.11 用积分判别法判定下列正项级数的敛散性.

(1) $\sum\limits_{n=2}^{\infty} \dfrac{1}{n\ln^2 n}$;   (2) $\sum\limits_{n=3}^{\infty} \dfrac{1}{n\ln n \cdot \ln\ln n}$;

*(3) $\sum\limits_{n=1}^{\infty} \dfrac{1}{[\ln(1+n)]^{\ln(1+n)}}$.

解 (1) 设 $f(x) = \dfrac{1}{x\ln^2 x}, (x > 1)$. 它是正值单调减少的连续函数,且 $f(n) = \dfrac{1}{n\ln^2 n}$. 由于

$$\int_2^{+\infty} f(x)\,\mathrm{d}x = \int_2^{+\infty} \frac{1}{x\ln^2 x}\,\mathrm{d}x = \frac{1}{\ln 2}.$$

由积分判别法知,正项级数 $\sum\limits_{n=2}^{\infty} \dfrac{1}{n\ln^2 n}$ 收敛.

(2) 设 $f(x) = \dfrac{1}{x\ln x \cdot \ln\ln x}, (x \geqslant 3)$. 它是正值单调减少的连续函数, 且 $f(n) = \dfrac{1}{n\ln n \cdot \ln\ln n}, (n \geqslant 3)$. 由于

$$\int_3^{+\infty} f(x)\,\mathrm{d}x = \int_3^{+\infty} \frac{\mathrm{d}x}{x\ln x \cdot \ln\ln x} = \left[\ln\ln\ln x\right]\Big|_3^{+\infty} = +\infty,$$

由积分判别法知,正项级数 $\sum\limits_{n=3}^{\infty} \dfrac{1}{n\ln n \cdot \ln\ln n}$ 发散.

(3) 设 $f(x) = \dfrac{1}{[\ln(1+x)]^{\ln(1+x)}}, (x \geqslant 1)$. 它是正值单调减少的连续函数, 且 $f(n) = \dfrac{1}{[\ln(1+n)]^{\ln(1+n)}}, (n \geqslant 1)$. 由于

$$\int_1^{+\infty} \frac{\mathrm{d}x}{[\ln(1+x)]^{\ln(1+x)}} \xlongequal{t=\ln(1+x)} \int_{\ln 2}^{+\infty} \frac{\mathrm{e}^t}{t^t}\,\mathrm{d}t \text{ 收敛},$$

故正项级数

$$\sum_{n=1}^{\infty} \frac{1}{[\ln(1+n)]^{\ln(1+n)}} \text{ 收敛}.$$

例 7.12 判定下列正项级数的敛散性.

(1) $\sum\limits_{n=1}^{\infty} \dfrac{\ln^n 2}{2^n}$;   (2) $\sum\limits_{n=1}^{\infty} \dfrac{(2n-1)!!}{(2n+1)(2n)!!}$;

(3) $\sum\limits_{n=1}^{\infty} \left(1 - \cos\dfrac{\pi}{n}\right)$;   (4) $\sum\limits_{n=1}^{\infty} \left(\cos\dfrac{1}{n}\right)^{n^3}$.

解 (1) 因为正项级数 $\sum\limits_{n=1}^{\infty} \dfrac{\ln^n 2}{2^n}$ 是一个等比级数, 且公比 $q = \dfrac{\ln 2}{2} < 1$. 所以级数 $\sum\limits_{n=1}^{\infty} \dfrac{\ln^n 2}{2^n}$ 是收敛的.

(2) 因为 $\dfrac{2n-1}{2n} < \dfrac{2n}{2n+1}$, 所以有

$$\frac{(2n-1)!!}{(2n)!!} < \frac{(2n)!!}{(2n+1)!!}$$

不等式两边同乘以 $\dfrac{(2n-1)!!}{(2n)!!}$ 得

$$\left[\frac{(2n-1)!!}{(2n)!!}\right]^2 < \frac{1}{(2n+1)},$$

即

$$\frac{(2n-1)!!}{(2n)!!} < \frac{1}{(2n+1)^{\frac{1}{2}}},$$

故

$$u_n = \frac{(2n-1)!!}{(2n+1)(2n)!!} < \frac{1}{(2n+1)^{\frac{3}{2}}} < \frac{1}{n^{\frac{3}{2}}}.$$

由于 p-级数 $\sum\limits_{n=1}^{\infty} \dfrac{1}{n^{\frac{3}{2}}}$ 收敛, 由比较判别法知, 正项级数 $\sum\limits_{n=1}^{\infty} \dfrac{(2n-1)!!}{(2n+1)(2n)!!}$ 收敛.

由本题的解题过程中,我们容易判定出级数 $\sum_{n=1}^{\infty} \dfrac{(2n-1)!!}{(2n)!!}$ 及 $\sum_{n=1}^{\infty} \dfrac{(2n)!!}{(2n+1)!!}$ 均是发散的.

(3) 因为正项级数 $\sum_{n=1}^{\infty} \dfrac{1}{n^2}$ 是收敛的,且

$$\lim_{n\to\infty} \frac{\left(1-\cos\dfrac{\pi}{n}\right)}{\dfrac{1}{n^2}} = \lim_{n\to\infty} \frac{2\sin^2\dfrac{\pi}{2n}}{\dfrac{1}{n^2}} = \frac{\pi^2}{2},$$

所以由比较判别法的极限形式可知,正项级数 $\sum_{n=1}^{\infty} \left(1-\cos\dfrac{\pi}{n}\right)$ 是收敛的.

(4) 由于 $u_n = \left(\cos\dfrac{1}{n}\right)^{n^3}$,且

$$\lim_{n\to\infty} \sqrt[n]{u_n} = \lim_{n\to\infty} \left(\cos\dfrac{1}{n}\right)^{n^2} = \mathrm{e}^{\lim\limits_{n\to\infty} n^2\ln\left(\cos\frac{1}{n}\right)} = \mathrm{e}^{-\frac{1}{2}} < 1,$$

根据根值判别法知,正项级数 $\sum_{n=1}^{\infty} \left(\cos\dfrac{1}{n}\right)^{n^3}$ 是收敛的.

三、交错级数敛散性的判别

例 7.13 判别下列交错级数的敛散性.

(1) $\sum_{n=2}^{\infty} \dfrac{\cos\dfrac{n\pi}{4}}{n\ln^2 n}$;　　(2) $\sum_{n=1}^{\infty} (-1)^n \dfrac{1}{\sqrt[n]{n}}$;

(3) $\sum_{n=1}^{\infty} \dfrac{(-1)^n}{\pi^{n+1}} \sin\dfrac{\pi}{n+1}$;

(4) $\sum_{n=1}^{\infty} \dfrac{(-1)^n}{\ln^2(n+1)} \left(1 - \cos\dfrac{1}{\sqrt{n}}\right)$.

解 (1) 由于任意项级数 $\sum_{n=2}^{\infty} \dfrac{\cos\dfrac{n\pi}{4}}{n\ln^2 n}$ 的通项为

$$a_n = \frac{\cos\dfrac{n\pi}{4}}{n\ln^2 n},$$

且有

$$|a_n| < \frac{1}{n\ln^2 n}.$$

而正项级数 $\sum_{n=2}^{\infty} \dfrac{1}{n\ln^2 n}$ 是收敛的(见例 7.11). 可知正项级数 $\sum_{n=2}^{\infty} |a_n|$ 收敛. 于是级数 $\sum_{n=2}^{\infty} a_n = \sum_{n=2}^{\infty} \dfrac{\cos\dfrac{n\pi}{4}}{n\ln^2 n}$ 是绝对收敛的.

(2) 因为交错级数 $\sum_{n=1}^{\infty} (-1)^n \dfrac{1}{\sqrt[n]{n}}$ 的通项 $a_n = (-1)^n \dfrac{1}{\sqrt[n]{n}}$,且 $\lim\limits_{n\to\infty} |a_n| = 1 \neq 0$,所以交错级数 $\sum_{n=1}^{\infty} (-1)^n \dfrac{1}{\sqrt[n]{n}}$ 是发散的.

(3) 因为交错级数 $\sum_{n=1}^{\infty} \frac{(-1)^n}{\pi^{n+1}} \sin \frac{\pi}{n+1}$ 的通项为

$$a_n = \frac{(-1)^n}{\pi^{n+1}} \sin \frac{\pi}{n+1},$$

且有

$$|a_n| < \frac{1}{\pi^{n+1}}.$$

而正项级数 $\sum_{n=1}^{\infty} \frac{1}{\pi^{n+1}}$ 是公比为 $\left|\frac{1}{\pi}\right| < 1$ 的等比级数,它是收敛的,由正项级数的比较判别法知正项级数 $\sum_{n=1}^{\infty} |a_n|$ 是收敛的,从而有交错级数

$\sum_{n=1}^{\infty} \frac{(-1)^n}{\pi^{n+1}} \sin \frac{\pi}{n+1}$ 绝对收敛.

(4) 由于交错级数 $\sum_{n=1}^{\infty} \frac{(-1)^n}{\ln^2(n+1)} \left(1 - \cos \frac{1}{\sqrt{n}}\right)$ 的通项为

$$a_n = \frac{(-1)^n}{\ln^2(n+1)} \left(1 - \cos \frac{1}{\sqrt{n}}\right),$$

且有

$$\lim_{n \to \infty} \frac{|a_n|}{\frac{1}{n\ln^2(n+1)}} = \lim_{n \to \infty} \frac{n\ln^2(n+1)\left(1 - \cos \frac{1}{\sqrt{n}}\right)}{\ln^2(n+1)} = \lim_{n \to \infty} \frac{1 - \cos \frac{1}{\sqrt{n}}}{\frac{1}{n}} = \frac{1}{2}.$$

而正项级数 $\sum_{n=2}^{\infty} \frac{1}{n\ln^2(n+1)}$ 是收敛的(参见例 7.11 由 $\frac{1}{n\ln^2(n+1)} < \frac{1}{n\ln^2 n}, (n \geq 2)$ 可知). 由正项级数比较判别法的极限形式可得,正项级数 $\sum_{n=1}^{\infty} |a_n|$ 是收敛的. 从而交错级数

$\sum_{n=1}^{\infty} \frac{(-1)^n}{\ln^2(n+1)} \left(1 - \cos \frac{1}{\sqrt{n}}\right)$ 绝对收敛.

例 7.14 判别下列交错级数的敛散性.

(1) $\sum_{n=2}^{\infty} (-1)^n \frac{1}{\ln n}$; (2) $\sum_{n=2}^{\infty} \frac{(-1)^{n-1} n}{n^2 - 1}$;

(3) $\sum_{n=1}^{\infty} \frac{(-1)^{n-1}}{n - \ln n}$; (4) $\sum_{n=1}^{\infty} (-1)^{n-1} \left(e^{\frac{1}{\sqrt{n}}} - 1 - \frac{1}{\sqrt{n}}\right)$.

解 (1) 由于交错级数的通项 $a_n = \frac{(-1)^n}{\ln n}$,且 $\lim_{n \to \infty} |a_n| = \lim_{n \to \infty} \frac{1}{\ln n} = 0$,并满足:

$|a_n| = \frac{1}{\ln n}$ 是单调减少的数列. 根据莱布尼茨判别法,知交错级数 $\sum_{n=2}^{\infty} \frac{(-1)^n}{\ln n}$ 是收敛的. 又由于正项级数

$\sum_{n=2}^{\infty} |a_n| = \sum_{n=2}^{\infty} \left|\frac{(-1)^n}{\ln n}\right| = \sum_{n=2}^{\infty} \frac{1}{\ln n}$ 发散,故交错级数 $\sum_{n=2}^{\infty} \frac{(-1)^n}{\ln n}$ 是条件收敛的.

(2) 由于交错级数的通项 $a_n = \frac{(-1)^{n-1} n}{n^2 - 1}$,且 $\lim_{n \to \infty} |a_n| = \lim_{n \to \infty} \frac{n}{n^2 - n} = 0$,并满足:

$|a_n| = \dfrac{n}{n^2 - n}$ 当 $n > 2$ 时,是单调减少的数列,根据莱布尼茨判别法,知交错级数 $\sum\limits_{n=2}^{\infty} \dfrac{(-1)^{n-1} n}{n^2 - 1}$ 是收敛的.

又由于正项级数

$$\sum_{n=2}^{\infty} |a_n| = \sum_{n=2}^{\infty} \frac{n}{n^2 - 1}$$

是发散的,故交错级数 $\sum\limits_{n=2}^{\infty} \dfrac{(-1)^{n-1} n}{n^2 - 1}$ 是条件收敛的.

(3) 由于交错级数的通项 $a_n = \dfrac{(-1)^{n-1}}{n - \ln n}$,且 $\lim\limits_{n \to \infty} |a_n| = \lim\limits_{n \to \infty} \dfrac{1}{n - \ln n} = 0$,并满足:

$|a_n| = \dfrac{1}{n - \ln n}$ 是单调减少的数列(由 $|a_{n+1}| - |a_n|) = \dfrac{\ln\left(1 + \dfrac{1}{n}\right) - 1}{(n - \ln n)[(n+1) - \ln(n+1)]}$

< 0 可知. 根据莱布尼茨判别法,交错级数 $\sum\limits_{n=1}^{\infty} \dfrac{(-1)^{n-1}}{n - \ln n}$ 是收敛的.

又由于正项级数

$$\sum_{n=1}^{\infty} |a_n| = \sum_{n=1}^{\infty} \frac{1}{n - \ln n} \text{ 是发散的,}$$

故交错级数 $\sum\limits_{n=1}^{\infty} \dfrac{(-1)^{n-1}}{n - \ln n}$ 是条件收敛的.

(4) 由于交错级数的通项 $a_n = (-1)^{n-1}\left(e^{\frac{1}{\sqrt{n}}} - 1 - \dfrac{1}{\sqrt{n}}\right)$,且 $\lim\limits_{n \to \infty} |a_n| = \lim\limits_{n \to \infty}\left(e^{\frac{1}{\sqrt{n}}} - 1 - \dfrac{1}{\sqrt{n}}\right) = 0$,并满足:

$|a_n| = \left(e^{\frac{1}{\sqrt{n}}} - 1 - \dfrac{1}{\sqrt{n}}\right)$ 是单调减少的数列(由 $f(x) = e^{\frac{1}{\sqrt{x}}} - 1 - \dfrac{1}{\sqrt{x}}$,$(x > 0)$,$f'(x) = \dfrac{1}{2} x^{-\frac{3}{2}}(1 - e^{\frac{1}{\sqrt{x}}}) < 0$ 可知). 根据莱布尼茨判别法,交错级数 $\sum\limits_{n=1}^{\infty} (-1)^{n-1}\left(e^{\frac{1}{\sqrt{n}}} - 1 - \dfrac{1}{\sqrt{n}}\right)$ 是收敛的.

又由于正项级数

$$\sum_{n=1}^{\infty} |a_n| = \sum_{n=1}^{\infty}\left(e^{\frac{1}{\sqrt{n}}} - 1 - \dfrac{1}{\sqrt{n}}\right) \text{ 是发散的(这是因为} \lim_{n \to \infty} \frac{|a_n|}{\dfrac{1}{n}} = \frac{1}{2} \text{ 的缘故),故交错级数}$$

$\sum\limits_{n=1}^{\infty} (-1)^{n-1}\left(e^{\frac{1}{\sqrt{n}}} - 1 - \dfrac{1}{\sqrt{n}}\right)$ 是条件收敛的.

四、关于数项级数的证明

例7.15 若正项级数 $\sum\limits_{n=1}^{\infty} u_n$ 收敛,证明:级数 $\sum\limits_{n=1}^{\infty} u_n^2$ 也收敛.

证 由于 $\sum\limits_{n=1}^{\infty} u_n$ 收敛,故有 $\lim\limits_{n \to \infty} u_n = 0$. 于是存在 $\varepsilon = 1$ 及 $N > 0$. 当 $n > N$ 时,恒有

$$0 \leq |u_n - 0| = u_n < 1,$$

即
$$0 \leqslant u_n^2 < u_n.$$

由于正项级数 $\sum_{n=1}^{\infty} u_n$ 收敛,故 $\sum_{n=N+1}^{n} u_n$ 及 $\sum_{n=N+1}^{\infty} u_n^2$ 均收敛,从而有 $\sum_{n=1}^{\infty} u_n^2$ 收敛.

例 7.16 若级数 $\sum_{n=1}^{\infty} a_n^2$、$\sum_{n=1}^{\infty} b_n^2$ 都收敛,证明:级数 $\sum_{n=1}^{\infty} a_n b_n$ 绝对收敛.

证 因为
$$|a_n b_n| = |a_n||b_n| \leqslant \frac{1}{2}(a_n^2 + b_n^2).$$

而级数 $\sum_{n=1}^{\infty} a_n^2$、$\sum_{n=1}^{\infty} b_n^2$ 都收敛,所以级数 $\sum_{n=1}^{\infty} |a_n b_n|$ 收敛,即 $\sum_{n=1}^{\infty} a_n b_n$ 绝对收敛.

例 7.17 若级数 $\sum_{n=1}^{\infty} a_n^2$ 收敛,证明:级数 $\sum_{n=1}^{\infty} \frac{a_n}{n}$ 绝对收敛.

证 因为
$$\left|\frac{a_n}{n}\right| \leqslant \frac{1}{2}\left(a_n^2 + \frac{1}{n^2}\right)$$

所以级数 $\sum_{n=1}^{\infty} \left|\frac{a_n}{n}\right|$ 收敛,即 $\sum_{n=1}^{\infty} \frac{a_n}{n}$ 绝对收敛.

例 7.18 设级数 $\sum_{n=1}^{\infty} a_n$ 及 $\sum_{n=1}^{\infty} b_n$ 都收敛,且有 $a_n < c_n < b_n$. 证明:$\sum_{n=1}^{\infty} c_n$ 收敛.

证 由于 $a_n < c_n < b_n$,有 $0 \leqslant c_n - a_n < b_n - a_n$. 因为级数 $\sum_{n=1}^{\infty} a_n$ 和 $\sum_{n=1}^{\infty} b_n$ 都收敛,所以正项级数
$$\sum_{n=1}^{\infty} (b_n - a_n) \text{ 和 } \sum_{n=1}^{\infty} (c_n - a_n) \text{ 收敛. 而}$$
$$\sum_{n=1}^{\infty} c_n = \sum_{n=1}^{\infty} [(c_n - a_n) + a_n]$$

是两个收敛级数的和,故 $\sum_{n=1}^{\infty} c_n$ 收敛.

例 7.19 设交错级数 $\sum_{n=1}^{\infty} (-1)^{n-1} u_n (u_n \geqslant 0)$ 发散,且 $\{u_n\}$ 单调减少. 证明:$\sum_{n=1}^{\infty} \left(\frac{1}{u_n + 1}\right)^n$ 收敛.

证 因为正项数列 $\{u_n\}$ 单调减少,且有下界(下界为零). 所以 $\lim_{n \to \infty} u_n = a \geqslant 0$. 且有
$$\frac{1}{u_n + 1} \leqslant \frac{1}{a + 1}, (n = 1, 2, \cdots).$$

又知 $\sum_{n=1}^{\infty} (-1)^n u_n$ 发散.

故有 $a > 0$. 于是
$$\left(\frac{1}{u_n + 1}\right)^n \leqslant \left(\frac{1}{a + 1}\right)^n,$$

而正项级数 $\sum_{n=1}^{\infty} \left(\frac{1}{a + 1}\right)^n$ 是公比 $\left|\frac{1}{a + 1}\right| < 1$ 的等比级数,是收敛的. 由比较判别法可知,正项级数 $\sum_{n=1}^{\infty} \left(\frac{1}{u_n + 1}\right)^n$ 收敛.

例 7.20 设偶函数 $f(x)$ 具有二阶连续的导数,且 $f(0) = 1, f''(0) = 2$. 证明:级数 $\sum\limits_{n=1}^{\infty} \left[f\left(\dfrac{1}{n}\right) - 1 \right]$ 绝对收敛.

证 因为 $f(x)$ 是有二阶连续导数的偶函数,所以 $f'(0) = 0, f''(0) = 2 > 0$. 故 $f(0) = 1$ 是 $f(x)$ 的一个极小值,于是当 $n > N$ 时,有

$$f\left(\dfrac{1}{n}\right) \geqslant f(0) = 1,$$

即级数

$$\sum_{n=N}^{\infty} \left[f\left(\dfrac{1}{n}\right) - 1 \right]$$

是正项级数. 由于

$$\lim_{n \to \infty} \dfrac{f\left(\dfrac{1}{n}\right) - 1}{\dfrac{1}{n^2}} = 1$$

(这是因为 $\lim\limits_{x \to 0^+} \dfrac{f(x) - 1}{x^2} = \lim\limits_{x \to 0^+} \dfrac{f'(x)}{2x} = \lim\limits_{x \to 0^+} \dfrac{f''(x)}{2} = 1$ 的缘故.) 而 $\sum\limits_{n=N}^{\infty} \dfrac{1}{n^2}$ 收敛,由比值判别法的极限形式知正项级数 $\sum\limits_{n=N}^{\infty} \left[f\left(\dfrac{1}{n}\right) - 1 \right]$ 收敛,于是级数 $\sum\limits_{n=1}^{\infty} \left[f\left(\dfrac{1}{n}\right) - 1 \right]$ 绝对收敛.

五、判定数项级数敛散性的一般步骤

对于给定的数项级数 $\sum\limits_{n=1}^{\infty} a_n$,判别敛散性的一般步骤如下:

1. 先检查 $\lim\limits_{n \to \infty} |a_n| \to \begin{cases} \neq 0, & \text{级数发散}, \\ 0, & \text{需进一步判别}. \end{cases}$

2. 判定 $\sum\limits_{n=1}^{\infty} a_n$ 的类型:

(1) 当级数为正项级数(即 $a_n = u_n \geqslant 0$)时,先用比值判别法

$$\lim_{n \to \infty} \dfrac{u_{n+1}}{u_n} = \rho \begin{cases} 若 \rho > 1, & \text{级数发散}, \\ 若 \rho < 1, & \text{级数收敛}, \\ 若 \rho = 1, & \text{需进一步判别}. \end{cases}$$

其次考虑用比较判别法或根值判别法

$$\lim_{n \to \infty} \sqrt[n]{u_n} = \rho \begin{cases} 若 \rho > 1, & \text{级数发散}, \\ 若 \rho < 1, & \text{级数收敛}, \\ 若 \rho = 1, & \text{需进一步判别}. \end{cases}$$

再考虑用比较判别法的极限形式或积分判别法.

若以上步骤的方法均失效时,可考虑利用已知级数的敛散性的结果,结合级数的性质来判定其敛散性. 当各种方法均有困难时,最后还可以尝试用 $\lim\limits_{n \to \infty} s_n$ 或 $s_n < M$ 来进行判定.

(2) 当级数为交错级数时,先考虑正项级数 $\sum\limits_{n=1}^{\infty} |a_n|$ 的敛散性.

当 $\sum\limits_{n=1}^{\infty} |a_n| = \begin{cases} 收敛, & 则 \sum\limits_{n=1}^{\infty} a_n \text{ 绝对收敛}, \\ 发散, & 需进一步判别. \end{cases}$

当 $\sum_{n=1}^{\infty} a_n$ 为交错级数时,可用莱布尼茨判别法.

若 $\sum_{n=1}^{\infty} a_n$ 收敛且 $\sum_{n=1}^{\infty} |a_n|$ 发散,则级数 $\sum_{n=1}^{\infty} a_n$ 条件收敛.

(3) 当级数为任意项级数时,也是先考虑正项级数 $\sum_{n=1}^{\infty} |a_n|$ 的敛散性.

当 $\sum_{n=1}^{\infty} |a_n| = \begin{cases} 收敛, & 则 \sum_{n=1}^{\infty} a_n \text{ 绝对收敛}, \\ 发散, & 需进一步判别. \end{cases}$

其次,还可以用比值判别法:$\lim_{n \to \infty} \frac{|a_{n+1}|}{|a_n|} = \rho$ 和根值判别法:$\lim_{n \to \infty} \sqrt[n]{|a_n|} = \rho$,若 $\rho > 1$,则 $\sum_{n=1}^{\infty} a_n$ 发散;若 $\rho < 1$,则 $\sum_{n=1}^{\infty} a_n$ 绝对收敛;当 $\rho = 1$ 时,需进一步判别.

最后,还可以用讨论 $\{s_n\}$、$\{s_{2n-1}\}$、$\{s_{2n}\}$ 的极限来帮助判定任意项级数 $\sum_{n=1}^{\infty} a_n$ 的敛散性.

第二十九讲 幂级数

无穷级数大体上有两个主要内容:数项级数和函数项级数.而函数项级数通常表示为 $\sum_{n=1}^{\infty} u_n(x)$,它又有两个重点内容:幂级数和三角级数.

在这一讲中,我们主要讲述幂级数的收敛域、把函数展开成幂级数和幂级数的和函数三个部分.

基本概念和重要结论

1. 幂级数的基本概念

1) 幂级数的定义

定义:形如

$$\sum_{n=0}^{\infty} a_n x^n = a_0 + a_1 x + a_2 x^2 + \cdots + a_n x^n + \cdots \qquad ①$$

或

$$\sum_{n=0}^{\infty} a_n (x - x_0)^n = a_0 + a_1 (x - x_0) + \cdots + a_n (x - x_0)^n + \cdots \qquad ②$$

的函数项级数 ① 或 ② 叫做幂级数,其中 a_0、a_1、$\cdots$、a_n、$\cdots$ 及 x_0 都是常数.

2) 幂级数的收敛半径与收敛区间

若有 $R > 0$,当 $|x| < R$ 时,幂级数 $\sum_{n=0}^{\infty} a_n x^n$ 绝对收敛;当 $|x| > R$ 时,幂级数 $\sum_{n=0}^{\infty} a_n x^n$ 发散.则称 R 为该幂级数的收敛半径,并称 $(-R, R)$ 为该幂级数的收敛区间.

若幂级数 $\sum_{n=0}^{\infty} a_n x^n$ 只在 $x = 0$ 处收敛,而在其他点处均发散,则称此幂级数的收敛半径为 0;在 $(-\infty, +\infty)$ 内收敛的幂级数,收敛半径记为 $+\infty$.

3）幂级数收敛半径的求法

设至多缺有限项的幂级数 $\sum_{n=0}^{\infty} a_n x^n$ 的收敛半径为 R，且当 n 充分大以后都有 $a_n \neq 0$. 若

$$\lim_{n \to \infty} \left| \frac{a_{n+1}}{a_n} \right| = \rho \ (0 \leq \rho \leq +\infty),$$

则幂级数 $\sum_{n=0}^{\infty} a_n x^n$ 的收敛半径

$$R = \begin{cases} \dfrac{1}{\rho}, & \text{当 } 0 < \rho < +\infty \text{ 时}, \\ +\infty, & \text{当 } \rho = 0 \text{ 时}, \\ 0, & \text{当 } \rho = +\infty \text{ 时}. \end{cases}$$

如果幂级数 $\sum_{n=0}^{\infty} a_n x^n$ 是一个缺无穷多项的幂级数，则应当直接使用比值法或根值法去求出收敛半径 R.

4）幂级数收敛域的求法

设幂级数 $\sum_{n=0}^{\infty} a_n x^n$ 的收敛区间为 $x \in (-R, R)$. 研究在 $x = -R$ 及 $x = R$ 处相应的数项级数的敛散性，就可以确定幂级数 $\sum_{n=0}^{\infty} a_n x^n$ 的收敛域. 用类似的方法，设 $X = x - x_0$，就可以确定幂级数 $\sum_{n=0}^{\infty} a_n X^n = \sum_{n=0}^{\infty} a_n (x - x_0)^n$ 的收敛域.

2. 幂级数的性质

设 $\sum_{n=0}^{\infty} a_n x^n = s(x)$，$\sum_{n=0}^{\infty} b_n x^n = \sigma(x)$，$x \in (-R, R)$. 则在 $(-R, R)$ 内，有

(1) $\sum_{n=0}^{\infty} a_n x^n \pm \sum_{n=0}^{\infty} b_n x^n = \sum_{n=0}^{\infty} (a_n \pm b_n) x^n = s(x) \pm \sigma(x)$；

(2) $\sum_{n=0}^{\infty} (k a_n \pm h b_n) x^n = k s(x) \pm h \sigma(x)$（这里 k 与 h 均为常数）；

(3) $\left(\sum_{n=0}^{\infty} a_n x^n \right) \left(\sum_{n=0}^{\infty} b_n x^n \right) = \sum_{i+j=0}^{\infty} (a_i b_j) x^{i+j} = s(x) \sigma(x)$；

(4) 幂级数 $\sum_{n=0}^{\infty} a_n x^n$ 在其收敛区间内是绝对收敛的，且其和函数 $s(x)$ 是连续的，并且在此收敛区间内，有

$$s'(x) = \left(\sum_{n=0}^{\infty} a_n x^n \right)' = \sum_{n=0}^{\infty} (a_n x^n)' = \sum_{n=1}^{\infty} n a_n x^{n-1},$$

$$\int_0^x s(x) \mathrm{d}x = \int_0^x \left(\sum_{n=0}^{\infty} a_n x^n \right) \mathrm{d}x = \sum_{n=0}^{\infty} \int_0^x a_n x^n \mathrm{d}x = \sum_{n=0}^{\infty} \frac{a_n}{n+1} x^{n+1}.$$

3. 常用的几个幂级数展开式

(1) $\mathrm{e}^x = \sum_{n=0}^{\infty} \dfrac{1}{n!} x^n$，$x \in (-\infty, +\infty)$.

(2) $\sin x = \sum_{n=0}^{\infty} \dfrac{(-1)^n}{(2n+1)!} x^{2n+1}$，$x \in (-\infty, +\infty)$.

(3) $\cos x = \sum_{n=0}^{\infty} \frac{(-1)^n}{(2n)!} x^{2n}, x \in (-\infty, +\infty)$.

(4) $(1+x)^\alpha = 1 + \sum_{n=1}^{\infty} \frac{\alpha(\alpha-1)\cdots(\alpha-n+1)}{n!} x^n, x \in (-1,1)$.

(5) $\frac{1}{1-x} = \sum_{n=0}^{\infty} x^n, x \in (-1,1)$; $\quad \frac{1}{1+x} = \sum_{n=0}^{\infty} (-1)^n x^n, x \in (-1,1)$.

(6) $\arctan x = \sum_{n=0}^{\infty} \frac{(-1)^n}{2n+1} x^{2n+1}, x \in [-1,1]$.

(7) $\ln(1+x) = \sum_{n=0}^{\infty} \frac{(-1)^n}{n+1} x^{n+1}, x \in (-1,1]$;

$\ln(1-x) = -\sum_{n=0}^{\infty} \frac{1}{n+1} x^{n+1}, x \in [-1,1)$.

(8) $\ln \frac{1+x}{1-x} = 2\sum_{n=0}^{\infty} \frac{1}{2n+1} x^{2n+1}, x \in (-1,1)$.

一、幂级数的收敛域

例 7.21 求下列幂级数的收敛域.

(1) $\sum_{n=0}^{\infty} \frac{1}{3^n} x^n$; (2) $\sum_{n=1}^{\infty} \frac{2^n}{n^2+1} x^n$; (3) $\sum_{n=3}^{\infty} \frac{1}{(n-2)2^n} x^n$.

解 (1) 所给的级数 $\sum_{n=0}^{\infty} \frac{1}{3^n} x^n$ 是一个不缺项的幂级数,且 $a_n = \frac{1}{3^n}$,有

$$\rho = \lim_{n\to\infty} \left|\frac{a_{n+1}}{a_n}\right| = \lim_{n\to\infty} \frac{\frac{1}{3^{n+1}}}{\frac{1}{3^n}} = \frac{1}{3}.$$

故所给的幂级数的收敛半径 $R = \frac{1}{\rho} = 3$,其收敛区间为 $x \in (-3,3)$.

当 $x = -3$ 时,幂级数成为

$$\sum_{n=0}^{\infty} \frac{1}{3^n} x^n = \sum_{n=0}^{\infty} \frac{1}{3^n} (-3)^n = \sum_{n=0}^{\infty} (-1)^n, \text{它是发散的};$$

当 $x = 3$ 时,幂级数成为

$$\sum_{n=0}^{\infty} \frac{1}{3^n} x^n = \sum_{n=0}^{\infty} \frac{1}{3^n} (3)^n = \sum_{n=0}^{\infty} 1, \text{它也是发散的}.$$

于是幂级数 $\sum_{n=0}^{\infty} \frac{1}{3^n} x^n$ 的收敛域为 $x \in (-3,3)$.

(2) 所给的幂级数 $\sum_{n=1}^{\infty} \frac{2^n}{n^2+1} x^n$ 是一个仅缺常数项的幂级数,且 $a_n = \frac{2^n}{n^2+1}$,有

$$\rho = \lim_{n\to\infty} \left|\frac{a_{n+1}}{a_n}\right| = \lim_{n\to\infty} \frac{\frac{2^{n+1}}{(n+1)^2+1}}{\frac{2^n}{n^2+1}} = 2$$

故所给的幂级数的收敛半径 $R = \frac{1}{2}$,其收敛区间为 $x \in \left(-\frac{1}{2}, \frac{1}{2}\right)$.

当 $x = -\frac{1}{2}$ 时,幂级数成为

$$\sum_{n=1}^{\infty} \frac{2^n}{n^2+1} x^n = \sum_{n=1}^{\infty} \frac{(-1)^n}{n^2+1},$$ 它是收敛的;

当 $x = \frac{1}{2}$ 时,幂级数成为

$$\sum_{n=1}^{\infty} \frac{2^n}{n^2+1} x^n = \sum_{n=1}^{\infty} \frac{1}{n^2+1},$$ 它也是收敛的.

于是幂级数 $\sum_{n=1}^{\infty} \frac{2^n}{n^2+1} x^n$ 的收敛域为 $x \in \left[-\frac{1}{2}, \frac{1}{2}\right]$.

(3) 所给的幂级数 $\sum_{n=3}^{\infty} \frac{1}{(n-2)2^n} x^n$ 是一个仅缺 3 项的幂级数(它缺常数项,x 的一次项及 x 的二次项),且 $a_n = \frac{1}{(n-2)2^n}, (n \geq 3)$,有

$$\rho = \lim_{n \to \infty} \left| \frac{a_{n+1}}{a_n} \right| = \lim_{n \to \infty} \frac{\frac{1}{(n-1)2^{n+1}}}{\frac{1}{(n-2)2^n}} = \frac{1}{2}.$$

故所给的幂级数的收敛半径 $R = \frac{1}{\rho} = 2$,其收敛区间为 $x \in (-2, 2)$.

当 $x = -2$ 时,幂级数成为

$$\sum_{n=3}^{\infty} \frac{1}{(n-2)2^n} x^n = \sum_{n=3}^{\infty} \frac{(-1)^n}{n-2},$$ 它是收敛的;

当 $x = 2$ 时,幂级数成为

$$\sum_{n=3}^{\infty} \frac{1}{(n-2)2^n} x^n = \sum_{n=3}^{\infty} \frac{1}{n-2},$$ 它是发散的.

于是幂级数 $\sum_{n=3}^{\infty} \frac{1}{(n-2)2^n} x^n$ 的收敛域为 $x \in [-2, 2)$.

例 7.21 中讨论了至多缺有限项的幂级数的收敛半径的求法. 实际上,这种方法还可以作如下的改进,即对至多缺有限项的幂级数 $\sum_{n=N}^{\infty} a_n x^n$,我们可以用下面的公式求出收敛半径 R.

$$R = \lim_{n \to \infty} \left| \frac{a_n}{a_{n+1}} \right|.$$

例 7.22 给出了这方面的例子.

例 7.22 求下列幂级数的收敛半径.

(1) $\sum_{n=1}^{\infty} \frac{n^n}{n!} x^n$; (2) $\sum \frac{3(\sqrt{3})^{n-1}}{2^{n+1}} x^{n+1}$.

解 (1) 所给的幂级数 $\sum_{n=1}^{\infty} \frac{n^n}{n!} x^n$ 是一个仅缺常数项的幂级数,且 $a_n = \frac{n^n}{n!}$. 故收敛半径 R 为

$$R = \lim_{n \to \infty} \left| \frac{a_n}{a_{n+1}} \right| = \lim_{n \to \infty} \frac{\frac{n^n}{n!}}{\frac{(n+1)^{n+1}}{(n+1)!}} = \lim_{n \to \infty} \left(\frac{n}{n+1} \right)^n = \frac{1}{e}.$$

(2) 所给的幂级数 $\sum_{n=1}^{\infty} \dfrac{3(\sqrt{3})^{n-1}}{2^{n+1}} x^{n+1}$ 是一个缺2项的幂级数(它缺常数项和 x 的一次项),且 $a_n = \dfrac{3(\sqrt{3})^{n-1}}{2^{n+1}}$. 故收敛半径 R 为

$$R = \lim_{n \to \infty} \left| \dfrac{a_n}{a_{n+1}} \right| = \lim_{n \to \infty} \dfrac{\dfrac{3(\sqrt{3})^{n-1}}{2^{n+1}}}{\dfrac{3(\sqrt{3})^{n}}{2^{n+2}}} = \dfrac{2}{\sqrt{3}} = \dfrac{2}{3}\sqrt{3}.$$

例 7.23 求下列幂级数的收敛区间.

(1) $\sum_{n=0}^{\infty} \dfrac{(-1)^n}{(2n+1)!} x^{2n+1}$; (2) $\sum_{n=0}^{\infty} 3^{n+1} x^{2(n+1)}$.

解 (1) 所给的幂级数 $\sum_{n=0}^{\infty} \dfrac{(-1)^n}{(2n+1)!} x^{2n+1}$ 是一个缺无穷多项的幂级数(它缺常数项和所有 x 的偶次方项)前面例 7.21、例 7.22 所讲的方法都不能使用. 而应当采用下面的比值方法.

因为 $u_n(x) = \dfrac{(-1)^n}{(2n+1)!} x^{2n+1}$, 所以

$$\rho(x) = \lim_{n \to \infty} \left| \dfrac{u_{n+1}(x)}{u_n(x)} \right| = \lim_{n \to \infty} \left| \dfrac{\dfrac{(-1)^{n+1}}{(2n+3)!} x^{2n+3}}{\dfrac{(-1)^n}{(2n+1)!} x^{2n+1}} \right|$$

$$= \lim_{n \to \infty} \dfrac{|x|^2}{(2n+3)(2n+2)} = 0 < 1.$$

该幂级数收敛, 即

$$R = +\infty.$$

幂级数 $\sum_{n=0}^{\infty} \dfrac{(-1)^n}{(2n+1)!} x^{2n+1}$ 的收敛区间为 $x \in (-\infty, +\infty)$.

(2) 所给的幂级数 $\sum_{n=0}^{\infty} 3^{n+1} x^{2(n+1)}$ 是一个缺无穷多项的幂级数(它缺常数项和所有的 x 的奇次方项). 因为 $u_n(x) = 3^{n+1} x^{2(n+1)}$, 所以

$$\rho(x) = \lim_{n \to \infty} \left| \dfrac{u_{n+1}(x)}{u_n(x)} \right| = \lim_{n \to \infty} \left| \dfrac{3^{n+2} x^{2(n+2)}}{3^{n+1} x^{2(n+1)}} \right| = 3|x|^2 < 1.$$

该幂级数收敛, 即 $|x|^2 < \dfrac{1}{3}, |x| < \dfrac{\sqrt{3}}{3}$, 故 $R = \dfrac{\sqrt{3}}{3}$.

幂级数 $\sum_{n=0}^{\infty} 3^{n+1} x^{2(n+1)}$ 的收敛区间为 $x \in \left(-\dfrac{\sqrt{3}}{3}, \dfrac{\sqrt{3}}{3} \right)$.

应当指出的是, 在例 7.23 中, 对(1)题, 若仍用 a_n 比值的方法像例 7.21、例 7.22 那样来求收敛半径 R, 虽然结果相同, 但是方法上都是错误的. 下面, 我们以例 7.23 中的(2)来说明方法的错误.

错误的解法: 因为 $a_n = 3^{n+1}$, 所以

$$R = \lim_{n \to \infty} \left| \dfrac{a_n}{a_{n+1}} \right| = \dfrac{1}{3}.$$

即得到幂级数 $\sum_{n=0}^{\infty} 3^{n+1} x^{2(n+1)}$ 的收敛区间为 $x \in \left(-\dfrac{1}{3}, \dfrac{1}{3} \right)$. 这显然是一个与例 7.23 结果不相同

的错误结果. 取定点 $x = \frac{\sqrt{2}}{3}$,显然 $\frac{1}{3} < \frac{\sqrt{2}}{3} < \frac{\sqrt{3}}{3}$. 根据错误的结果,可以推知点 $x = \frac{\sqrt{2}}{3}$ 是幂级数的发散点;而根据例 7.23 的解法,点 $x = \frac{\sqrt{2}}{3}$ 应当是一个收敛的点. 实际上把点 $x = \frac{\sqrt{2}}{3}$ 代入幂级数:

$$\sum_{n=0}^{\infty} 3^{n+1} x^{2(n+1)} = \sum_{n=0}^{\infty} 3^{n+1} \left(\frac{\sqrt{2}}{3}\right)^{2(n+1)} = \sum_{n=0}^{\infty} \left(\frac{2}{3}\right)^{n+1}$$

可知 $x = \frac{\sqrt{2}}{3}$ 是幂级数的收敛点,上面解法的结果是错误的,便一目了然.

例 7.24 求幂级数 $\sum_{n=1}^{\infty} \frac{1}{n(n+1)}(x^2 + x + 1)^n$ 的收敛域.

解 我们用根值法来求收敛半径. 由于

$$\lim_{n \to \infty} \sqrt[n]{\frac{1}{n(n+1)}(x^2+x+1)^n} = x^2 + x + 1.$$

当 $x^2 + x + 1 < 1$ 时,$\sum_{n=1}^{\infty} \frac{1}{n(n+1)}(x^2+x+1)^n$ 收敛,

即 $-1 < x < 0$ 时,$\sum_{n=1}^{\infty} \frac{1}{n(n+1)}(x^2+x+1)^n$ 收敛,且

当 $x = -1$ 时,幂级数成为 $\sum_{n=1}^{\infty} \frac{1}{n(n+1)}$ 是收敛的;

当 $x = 0$ 时,幂级数成为 $\sum_{n=1}^{\infty} \frac{1}{n(n+1)}$ 也是收敛的.

故幂级数 $\sum_{n=1}^{\infty} \frac{1}{n(n+1)}(x^2+x+1)^n$ 的收敛域为 $x \in [-1, 0]$.

例 7.25 求下列幂级数的收敛域.

(1) $\sum_{n=2}^{\infty} \frac{1}{n3^n \ln n}(x-1)^{n-1}$; (2) $\sum_{n=1}^{\infty} \frac{1}{\sqrt{n}}(x-5)^n$; (3) $\sum_{n=1}^{\infty} 2^n (x+a)^{2n}$.

解 (1) 令 $t = x - 1$,则原来的幂级数成为 $\sum_{n=2}^{\infty} \frac{1}{n3^n \ln n} t^{n-1}$,它是一个仅缺常数项的关于 t 的幂级数. 由于 $a_n = \frac{1}{n3^n \ln n}$,知

$$R = \lim_{n \to \infty} \left|\frac{a_n}{a_{n+1}}\right| = \lim_{n \to \infty} \frac{(n+1)3^{n+1}\ln(n+1)}{n3^n \ln n} = 3.$$

有

$-3 < t < 3$ 时,幂级数 $\sum_{n=2}^{\infty} \frac{1}{n3^n \ln n} t^{n-1}$ 绝对收敛.

即 $-3 < x - 1 < 3$,$-2 < x < 4$ 时,幂级数 $\sum_{n=2}^{\infty} \frac{1}{n3^n \ln n}(x-1)^{n-1}$ 绝对收敛.

当 $x = -2$ 时,所给的幂级数成为

$$\sum_{n=2}^{\infty} \frac{(-1)^{n-1}}{3n \ln n},\text{它是收敛的};$$

当 $x = 4$ 时,所给的幂级数成为

$$\sum_{n=2}^{\infty} \frac{1}{3n\ln n}, 它是发散的.$$

故幂级数 $\sum_{n=2}^{\infty} \frac{1}{n3^n \ln n}(x-1)^{n-1}$ 的收敛域为 $x \in [-2,4)$.

(2) 令 $t = x - 5$,则原来的幂级数成为 $\sum_{n=1}^{\infty} \frac{1}{\sqrt{n}} t^n$,它是一个仅缺常数项的关于 t 的幂级数. 由于 $a_n = \frac{1}{\sqrt{n}}$,知

$$R = \lim_{n \to \infty} \left| \frac{a_n}{a_{n+1}} \right| = 1,$$

有

$$-1 < t < 1 \text{ 时}, \sum_{n=1}^{\infty} \frac{1}{\sqrt{n}} t^n \text{ 绝对收敛}.$$

即

$-1 < x - 5 < 1, 4 < x < 6$ 时,幂级数 $\sum_{n=1}^{\infty} \frac{1}{\sqrt{n}}(x-5)^n$ 绝对收敛.

当 $x = 4$ 时,所给的幂级数成为

$$\sum_{n=1}^{\infty} \frac{(-1)^n}{\sqrt{n}}, 它是收敛的;$$

当 $x = 6$ 时,所给的幂级数成为

$$\sum_{n=1}^{\infty} \frac{1}{\sqrt{n}}, 它是发散的.$$

故幂级数 $\sum_{n=1}^{\infty} \frac{1}{\sqrt{n}}(x-5)^n$ 的收敛域为 $x \in [4,6)$.

(3) 令 $t = x + a$,则原来的幂级数成为 $\sum_{n=1}^{\infty} 2^n t^{2n}$. 它是缺无穷多项的关于 t 的幂级数. 显然,收敛范围为

$$\rho(t) = \lim_{n \to \infty} \left| \frac{u_{n+1}(t)}{u_n(t)} \right| = \lim_{n \to \infty} \left| \frac{2^{n+1} t^{2(n+1)}}{2^n t^{2n}} \right| = 2|t|^2 < 1,$$

$$即 \quad |t|^2 = |x+a|^2 < \frac{1}{2}.$$

即在 $-\frac{1}{\sqrt{2}} - a < x < \frac{1}{\sqrt{2}} - a$ 时,幂级数 $\sum_{n=1}^{\infty} 2^n (x+a)^{2n}$ 绝对收敛.

当 $x = -\frac{1}{\sqrt{2}} - a$ 时,所给的幂级数成为

$$\sum_{n=1}^{\infty} 2^n \cdot \left(\frac{-1}{\sqrt{2}} \right)^{2n} = \sum_{n=1}^{\infty} 1, 它是发散的;$$

当 $x = \frac{1}{\sqrt{2}} - a$ 时,所给的幂级数成为

$$\sum_{n=1}^{\infty} 2^n \cdot \left(\frac{1}{\sqrt{2}} \right)^{2n} = \sum_{n=1}^{\infty} 1, 它也是发散的.$$

故幂级数 $\sum_{n=1}^{\infty} 2^n (x+a)^{2n}$ 的收敛域为 $x \in \left(-\frac{1}{\sqrt{2}} - a, \frac{1}{\sqrt{2}} - a \right)$.

二、把函数展开为幂级数

例 7.26 利用直接展开法和间接展开法将函数 $f(x) = \text{ch}x$ 展为马克劳林(Maclaurin)级数.

解 用直接展开法：

因为 $f^{(2k+1)}(0) = 0, f^{(2k)}(0) = 1, (k \in \mathbf{N})$. 所以 $f(x)$ 的马克劳林级数为

$$1 + \frac{1}{2!}x^2 + \frac{1}{4!}x^4 + \cdots + \frac{1}{(2n)!}x^{2n} + \cdots,$$

而 $f(x)$ 的余项

$$|R_n(x)| = \left| \frac{1}{(n+1)!} \left(\frac{e^\xi + e^{-\xi}}{2} \right) x^{n+1} \right| < e^{|x|} \frac{|x|^{n+1}}{(n+1)!},$$

这里 ξ 介于 0 与 x 之间.

由于级数 $\sum_{n=0}^{\infty} \frac{|x|^{n+1}}{(n+1)!}$ 收敛，故有 $\lim_{n \to \infty} R_n(x) = 0$. 于是得

$$\text{ch}x = \sum_{n=0}^{\infty} \frac{1}{(2n)!} x^{2n}, x \in (-\infty, +\infty).$$

用间接展开法：

因为

$$e^x = \sum_{n=0}^{\infty} \frac{1}{n!} x^n, x \in (-\infty, +\infty);$$

$$e^{-x} = \sum_{n=0}^{\infty} \frac{(-1)^n}{n!} x^n, x \in (-\infty, +\infty),$$

所以

$$\text{ch}x = \frac{e^x + e^{-x}}{2} = \frac{1}{2} \left(\sum_{n=0}^{\infty} \frac{1}{n!} x^n + \sum_{n=0}^{\infty} \frac{(-1)^n}{n!} x^n \right)$$

$$= \sum_{n=0}^{\infty} \frac{1}{(2n)!} x^{2n}, x \in (-\infty, +\infty).$$

在把函数 $f(x)$ 展为马克劳林级数(也称展为 x 的幂级数)时,大多数的情况都是利用已知函数的 x 的幂级数展开式进行间接展开,并标明幂级数的收敛域.

例 7.27 用间接展开法,把下列函数展为马克劳林级数.

(1) $f(x) = a^x, (a > 0, a \neq 1)$; (2) $f(x) = \ln(1 + x + x^2 + x^3)$;

(3) $f(x) = \dfrac{1+x}{(1-x)^3}$; (4) $f(x) = \cos^2 x$.

解 (1) 因为 $f(x) = a^x = e^{x\ln a}$,所以

$$f(x) = a^x = e^{x\ln a} = \sum_{n=0}^{\infty} \frac{1}{n!} (x\ln a)^n = \sum_{n=0}^{\infty} \frac{(\ln a)^n}{n!} x^n, x \in (-\infty, +\infty).$$

(2) 因为 $f(x) = \ln(1 + x + x^2 + x^3) = \ln(1+x)(1+x^2)$

$$= \ln(1+x) + \ln(1+x^2),$$

所以

$$f(x) = \ln(1 + x + x^2 + x^3) = \ln(1+x) + \ln(1+x^2)$$

$$= \sum_{n=1}^{\infty} \frac{(-1)^{n-1}}{n} x^n + \sum_{n=1}^{\infty} \frac{(-1)^{n-1}}{n} x^{2n} = \sum_{n=1}^{\infty} \frac{(-1)^{n-1}}{n} (x^n + x^{2n})$$

$$= \sum_{k=1}^{\infty} \frac{(-1)^{k-1} + (-1)^{\left[\frac{k}{2}\right]-1}[1+(-1)^k]}{k} x^k, x \in (-1,1].$$

(3) 因为 $f(x) = \dfrac{1+x}{(1-x)^3} = \dfrac{1}{(1-x)^3} + \dfrac{x}{(1-x)^3}$,

而

$$\frac{1}{(1-x)^3} = \frac{1}{2}\left(\frac{1}{1-x}\right)'' = \frac{1}{2}\left(\sum_{n=0}^{\infty} x^n\right)'' = \frac{1}{2}\sum_{n=2}^{\infty} n(n-1)x^{n-2}, x \in (-1,1),$$

$$\frac{x}{(1-x)^3} = x \cdot \frac{1}{2}\left(\frac{1}{1-x}\right)'' = \frac{1}{2}\sum_{n=2}^{\infty} n(n-1)x^{n-1}, x \in (-1,1),$$

所以

$$\frac{1+x}{(1-x)^3} = \frac{1}{2}\sum_{n=2}^{\infty} n(n-1)x^{n-2} + \frac{1}{2}\sum_{n=2}^{\infty} n(n-1)x^{n-1}$$

$$= \frac{1}{2}\sum_{n=1}^{\infty} (2n^2)x^{n-1} = \sum_{n=1}^{\infty} n^2 x^{n-1}, x \in (-1,1).$$

(4) 因为 $f(x) = \cos^2 x = \dfrac{1}{2} + \dfrac{1}{2}\cos 2x$,

所以

$$f(x) = \cos^2 x = \frac{1}{2} + \frac{1}{2}\cos 2x$$

$$= \frac{1}{2} + \frac{1}{2}\sum_{n=0}^{\infty} \frac{(-1)^n}{(2n)!} \cdot 2^{2n} \cdot x^{2n}, x \in (-\infty, +\infty).$$

例 7.28 把下列函数展开成 $(x-1)$ 的幂级数.

(1) $f(x) = \lg x$; (2) $f(x) = \dfrac{1}{3-x}$;

(3) $f(x) = \dfrac{1}{x^2+4x+3}$.

解 (1) $f(x) = \lg x = \dfrac{\ln x}{\ln 10} = \dfrac{1}{\ln 10}\ln[1+(x-1)]$

$$= \frac{1}{\ln 10}\sum_{n=1}^{\infty} \frac{(-1)^{n-1}}{n}(x-1)^n, x \in (0,2].$$

(2) $f(x) = \dfrac{1}{3-x} = \dfrac{1}{2} \cdot \dfrac{1}{1-\left(\dfrac{x-1}{2}\right)}$

$$= \frac{1}{2}\sum_{n=0}^{\infty} \left(\frac{x-1}{2}\right)^n = \sum_{n=0}^{\infty} \frac{1}{2^{n+1}}(x-1)^n, x \in (-1,3).$$

(3) $f(x) = \dfrac{1}{x^2+4x+3} = \dfrac{1}{(x+3)(x+1)} = \dfrac{1}{2}\left(\dfrac{1}{x+1} - \dfrac{1}{x+3}\right)$

$$= \frac{1}{2}\left[\frac{1}{2} \cdot \frac{1}{1+\dfrac{x-1}{2}} - \frac{1}{4} \cdot \frac{1}{1+\dfrac{x-1}{4}}\right]$$

$$= \sum_{n=0}^{\infty} (-1)^n \left(\frac{1}{2^{n+2}} - \frac{1}{2^{2n+3}}\right)(x-1)^n, x \in (-1,3).$$

三、求级数的和函数

例 7.29 求下列幂级数的和函数.

(1) $\sum_{n=2}^{\infty} \frac{1}{n!} x^{2n+1}$;   (2) $\frac{1}{2} \sum_{n=0}^{\infty} (-1)^n \frac{1-3^{3n}}{(2n)!} x^{2n}$;

(3) $\sum_{n=1}^{\infty} \frac{n}{(n+1)!} x^{n-1}$;   (4) $\sum_{n=1}^{\infty} \frac{(-1)^{n-1} 2^{2n-1}}{(2n)!} x^{2n}$.

解 (1) 因为
$$\sum_{n=2}^{\infty} \frac{1}{n!} x^{2n+1} = \sum_{n=0}^{\infty} \frac{x^{2n+1}}{n!} - x - x^3 = x \Big(\sum_{n=0}^{\infty} \frac{1}{n!} (x^2)^n - 1 - x^2 \Big),$$
而
$$\sum_{n=0}^{\infty} \frac{1}{n!} (x^2)^n = e^{x^2}, x \in (-\infty, +\infty),$$
所以
$$\sum_{n=2}^{\infty} \frac{1}{n!} x^{2n+1} = x \Big(\sum_{n=0}^{\infty} \frac{1}{n!} (x^2)^n - 1 - x^2 \Big) = x(e^{x^2} - 1 - x^2), x \in (-\infty, +\infty).$$

(2) $\frac{1}{2} \sum_{n=0}^{\infty} (-1)^n \frac{1-3^{2n}}{(2n)!} x^{2n}$

$= \frac{1}{2} \Big[\sum_{n=0}^{\infty} \frac{(-1)^n}{(2n)!} x^{2n} - \sum_{n=0}^{\infty} \frac{(-1)^n}{(2n)!} (3x)^{2n} \Big]$

$= \frac{1}{2} (\cos x - \cos 3x) = \sin x \sin 2x, \quad x \in (-\infty, +\infty)$.

(3) $\sum_{n=1}^{\infty} \frac{n}{(n+1)!} x^{n-1} = \frac{1}{2!} + \frac{2}{3!} x + \cdots + \frac{n}{(n+1)!} x^{n-1} + \cdots$

$= \frac{1}{x} \Big(1 + x + \frac{1}{2!} x^2 + \cdots + \frac{1}{n!} x^n + \cdots \Big)$

$\quad - \frac{1}{x^2} \Big(1 + x + \frac{1}{2!} x^2 + \cdots + \frac{1}{n!} x^n + \cdots \Big) + \frac{1}{x^2}$

$= \frac{1}{x} e^x - \frac{1}{x^2} e^x + \frac{1}{x^2} = \frac{x e^x - e^x + 1}{x^2}, \quad x \neq 0.$

故
$$\sum_{n=1}^{\infty} \frac{n}{(n+1)!} x^{n-1} = \begin{cases} \frac{1}{x^2}(xe^x - e^x + 1), & x \neq 0; \\ \frac{1}{2}, & x = 0. \end{cases}$$

(4) $\sum_{n=1}^{\infty} \frac{(-1)^{n-1} 2^{2n-1}}{(2n)!} x^{2n} = \frac{1}{2} \Big[1 - \sum_{n=0}^{\infty} \frac{(-1)^n}{(2n)!} (2x)^{2n} \Big]$

$= \frac{1}{2} - \frac{1}{2} \cos 2x = \sin^2 x, x \in (-\infty, +\infty)$.

例 7.30 求下列幂级数的和函数.

(1) $\sum_{n=1}^{\infty} \frac{1}{n} x^n$;   (2) $\sum_{n=1}^{\infty} \frac{(-1)^{n-1}}{n(2n-1)} x^{2n}$;

(3) $\sum_{n=1}^{\infty} n x^{n-1}$;   (4) $\sum_{n=0}^{\infty} \frac{n+1}{2^n} x^n$;

(5) $\sum_{n=1}^{\infty} \frac{1}{n(n+1)} x^n$.

解 (1) 设 $s(x) = \sum_{n=1}^{\infty} \frac{1}{n} x^n, x \in [-1,1)$.

则
$$s'(x) = \sum_{n=1}^{\infty} x^{n-1} = \sum_{n=0}^{\infty} x^n = \frac{1}{1-x}, x \in (-1,1),$$

故
$$s(x) = \int_0^x s'(t) \mathrm{d}t = \int_0^x \frac{1}{1-t} \mathrm{d}t = -\ln(1-x),$$

即
$$\sum_{n=1}^{\infty} \frac{1}{n} x^n = -\ln(1-x), x \in [-1,1).$$

(2) 设 $s(x) = \sum_{n=1}^{\infty} \frac{(-1)^{n-1}}{n(2n-1)} x^{2n}, x \in [-1,1]$.

则
$$s'(x) = \sum_{n=1}^{\infty} \frac{(-1)^{n-1} \cdot 2}{2n-1} x^{2n-1},$$
$$s''(x) = 2 \sum_{n=1}^{\infty} (-1)^{n-1} x^{2n-2} = 2 \sum_{n=0}^{\infty} (-1)^n (x^2)^n = \frac{2}{1+x^2},$$

故
$$s'(x) = \int_0^x s''(t) \mathrm{d}t = \int_0^x \frac{2}{1+t^2} \mathrm{d}t = 2\arctan x,$$
$$s(x) = \int_0^x s'(t) \mathrm{d}t = 2 \int_0^x \arctan t \mathrm{d}t = 2x\arctan x - \ln(1+x^2).$$

即
$$\sum_{n=1}^{\infty} \frac{(-1)^{n-1}}{n(2n-1)} x^{2n} = 2x\arctan x - \ln(1+x^2), x \in [-1,1].$$

(3) 设 $s(x) = \sum_{n=1}^{\infty} n x^{n-1} = \sum_{n=0}^{\infty} (n+1) x^n, x \in (-1,1)$.

则
$$\int_0^x s(t) \mathrm{d}t = \sum_{n=1}^{\infty} x^{n+1} = x \sum_{n=0}^{\infty} x^n = \frac{x}{1-x}, x \in (-1,1),$$

故
$$s(x) = \left(\frac{x}{1-x}\right)' = \frac{1}{(1-x)^2},$$

即
$$\sum_{n=1}^{\infty} n x^{n-1} = \frac{1}{(1-x)^2}, \quad x \in (-1,1).$$

(4) 设 $s(x) = \sum_{n=0}^{\infty} \frac{n+1}{2^n} x^n, x \in (-2,2)$.

则
$$\int_0^x s(t) \mathrm{d}t = \sum_{n=0}^{\infty} \frac{1}{2^n} x^{n+1} = 2 \sum_{n=0}^{\infty} \left(\frac{x}{2}\right)^{n+1} = x \sum_{n=0}^{\infty} \left(\frac{x}{2}\right)^n = \frac{x}{1-\frac{x}{2}} = \frac{2x}{2-x},$$

故

$$s(x) = \left(\frac{2x}{2-x}\right)' = \frac{4}{(2-x)^2}.$$

即

$$\sum_{n=0}^{\infty}\frac{n+1}{2^n}x^n = \frac{4}{(2-x)^2}, x \in (-2,2).$$

(5) 设 $s(x) = \sum_{n=1}^{\infty}\frac{1}{n(n+1)}x^n = \sum_{n=1}^{\infty}\frac{1}{n}x^n - \sum_{n=1}^{\infty}\frac{1}{n+1}x^n, x \in [-1,1].$

而

$$\sum_{n=1}^{\infty}\frac{1}{n}x^n = \int_0^x\left(\sum_{n=1}^{\infty}\frac{1}{n}x^n\right)'\mathrm{d}x = \int_0^x\left(\sum_{n=1}^{\infty}x^{n-1}\right)\mathrm{d}x = \int_0^x\frac{1}{1-x}\mathrm{d}x = -\ln(1-x),$$

$$\sum_{n=1}^{\infty}\frac{1}{n+1}x^n = \frac{1}{x}\sum_{n=1}^{\infty}\frac{1}{n+1}x^{n+1} = \frac{1}{x}\left(\sum_{n=1}^{\infty}\frac{1}{n}x^n - x\right) = -\frac{1}{x}\ln(1-x) - 1,$$

故

$$\sum_{n=1}^{\infty}\frac{1}{n(n+1)}x^n = \begin{cases} \frac{1}{x}\ln(1-x) - \ln(1-x) + 1, & x \in [-1,0) \cup (0,1), \\ 1, & x = 1, \\ 0, & x = 0. \end{cases}$$

例 7.31 求下列无穷级数的和:

(1) 求幂级数 $\sum_{n=1}^{\infty}(2n-1)x^{n-1}$ 的和函数及 $\sum_{n=1}^{\infty}\frac{(2n-1)}{2^n}$ 的和.

(2) 求幂级数 $\sum_{n=1}^{\infty}n^2x^n$ 的和函数,并求级数 $\sum_{n=1}^{\infty}\frac{n^2 2^{n-2}}{3^n}$ 的和.

(3) 求幂级数 $\sum_{n=1}^{\infty}\frac{n^2}{n!}x^n$ 的和函数,并求级数 $\sum_{n=1}^{\infty}\frac{(n+1)(n-1)}{n!}$ 的和.

解 (1) 设 $s(x) = \sum_{n=1}^{\infty}(2n-1)x^{n-1}, x \in (-1,1).$

则

$$s_n(x) = 1 + 3x + 5x^2 + \cdots + (2n-1)x^{n-1}$$
$$xs_n(x) = x + 3x^2 + \cdots + (2n-3)x^{n-1} + (2n-1)x^n$$

①式与②式相减,有

$$(1-x)s_n(x) = 1 + 2x + 2x^2 + \cdots + 2x^{n-1} - (2n-1)x^n$$
$$= 2 + 2x + 2x^2 + \cdots + 2x^{n-1} - 1 - (2n-1)x^n$$
$$= 2 \cdot \frac{1-x^n}{1-x} - 1 - (2n-1)x^n,$$

于是

$$s(x) = \lim_{n\to\infty}s_n(x) = \frac{2}{(1-x)^2} - \frac{1}{(1-x)}, |x| < 1,$$

即

$$\sum_{n=1}^{\infty}(2n-1)x^{n-1} = \frac{2}{(1-x)^2} - \frac{1}{1-x}, |x| < 1,$$

而

$$\sum_{n=1}^{\infty}\frac{(2n-1)}{2^n} = \frac{1}{2}\sum_{n=1}^{\infty}(2n-1)\left(\frac{1}{2}\right)^{n-1} = \frac{1}{2}s\left(\frac{1}{2}\right)$$

$$= \frac{1}{2}\left[\frac{2}{\left(\frac{1}{2}\right)^2} - \frac{1}{\frac{1}{2}}\right] = 3.$$

(2) 设 $s(x) = \sum_{n=1}^{\infty} n^2 x^n, x \in (-1, 1)$.

则

$$\begin{aligned} s(x) &= \sum_{n=1}^{\infty} n^2 x^n = x \sum_{n=1}^{\infty} n^2 x^{n-1} = x \left(\int_0^x \sum_{n=1}^{\infty} n^2 x^{n-1} \mathrm{d}x \right)' \\ &= x \left(\sum_{n=1}^{\infty} n x^n \right)' = x \left(x \sum_{n=1}^{\infty} n x^{n-1} \right)' = x \left[x \left(\int_0^x \sum_{n=1}^{\infty} n x^{n-1} \mathrm{d}x \right)' \right]' \\ &= x \left[\frac{x}{(1-x)^2} \right]' = \frac{x(x+1)}{(1-x)^3}, x \in (-1, 1), \end{aligned}$$

而

$$\sum_{n=1}^{\infty} \frac{n^2 \cdot 2^{n-2}}{3^n} = \frac{1}{4} s\left(\frac{2}{3}\right) = \frac{\frac{2}{3} \cdot \frac{5}{3}}{4 \cdot \left(\frac{1}{3}\right)^3} = \frac{30}{4} = \frac{15}{2}.$$

(3) 设 $s(x) = \sum_{n=1}^{\infty} \frac{n^2 x^n}{n!}, x \in (-\infty, +\infty)$

则

$$\begin{aligned} s(x) &= x \sum_{n=1}^{\infty} \frac{n}{(n-1)!} x^{n-1} = x \left(\int_0^x \sum_{n=1}^{\infty} \frac{n x^{n-1}}{(n-1)!} \mathrm{d}x \right)' \\ &= x \left(\sum_{n=1}^{\infty} \frac{x^n}{(n-1)!} \right)' = x (x \mathrm{e}^x)' = (x + x^2) \mathrm{e}^x, x \in (-\infty, +\infty), \end{aligned}$$

而

$$\sum_{n=1}^{\infty} \frac{(n+1)(n-1)}{n!} = \sum_{n=1}^{\infty} \frac{n^2}{n!} - \sum_{n=1}^{\infty} \frac{1}{n!} = s(1) - (\mathrm{e} - 1) = \mathrm{e} + 1.$$

例 7.32 将函数 $f(x) = \arctan \frac{1-2x}{1+2x}$ 展开成 x 的幂级数,并求交错级数 $\sum_{n=0}^{\infty} \frac{(-1)^n}{2n+1}$ 的和.

解 因为

$$f'(x) = -\frac{2}{1+4x^2} = -2 \sum_{n=0}^{\infty} (-1)^n 4^n x^{2n}, x \in \left(-\frac{1}{2}, \frac{1}{2}\right).$$

又 $f(0) = \arctan 1 = \frac{\pi}{4}$,所以

$$\begin{aligned} f(x) &= f(0) + \int_0^x f'(t) \mathrm{d}t = \frac{\pi}{4} - 2 \int_0^x \left[\sum_{n=0}^{\infty} (-1)^n 4^n t^{2n} \right] \mathrm{d}t \\ &= \frac{\pi}{4} - 2 \sum_{n=0}^{\infty} \frac{(-1)^n 4^n}{2n+1} x^{2n+1}, x \in \left(-\frac{1}{2}, \frac{1}{2}\right). \end{aligned}$$

又因为 $f(x)$ 在 $x = \frac{1}{2}$ 处连续,且交错级数 $\sum_{n=0}^{\infty} \frac{(-1)^n}{2n+1}$ 收敛,所以

$$f(x) = \frac{\pi}{4} - 2 \sum_{n=0}^{\infty} \frac{(-1)^n 4^n}{2n+1} x^{2n+1}, x \in \left(-\frac{1}{2}, \frac{1}{2}\right].$$

令 $x = \frac{1}{2}$,得

$$f\left(\frac{1}{2}\right) = \frac{\pi}{4} - 2 \sum_{n=0}^{\infty} \frac{(-1)^n 4^n}{2n+1} \cdot \frac{1}{2^{2n+1}} = 0.$$

有
$$\sum_{n=0}^{\infty} \frac{(-1)^n}{2n+1} = \frac{\pi}{4}.$$

第三十讲 傅里叶级数

傅里叶(Fourier)级数是函数项级数的又一个重点内容. 在这一讲中, 我们主要讲述把函数展开成为傅里叶级数和狄里克雷(Dirichlet)定理两个问题.

基本概念和重要结论

1. 三角函数系的正交性
1) 函数序列正交的定义
若 $[a,b]$ 上的可积函数列 $\{\varphi_i(x)\}$, $i = 1, 2, \cdots$ 满足条件
$$\int_a^b \varphi_i(x) \cdot \varphi_j(x) \mathrm{d}x = \begin{cases} 0, & i \neq j, \\ l_j \neq 0, & j = i, \end{cases} i, j = 1, 2, \cdots$$
则称函数序列 $\{\varphi_i(x)\}$ 在 $[a,b]$ 上是正交的.

2) 三角函数系的正交性

由函数序列正交的定义, 不难验证, 以 $T = \dfrac{2\pi}{\omega}$ (T 为正实数, ω 为实数) 为周期的三角函数序列
$$1, \sin\omega x, \cos\omega x, \sin 2\omega x, \cos 2\omega x, \cdots, \sin n\omega x, \cos n\omega x, \cdots (n\ 为自然数)$$
是 $\left[-\dfrac{T}{2}, \dfrac{T}{2}\right]$ 上正交的三角函数序列.

同理, 当 $\omega = 1$ 时, 以 $T = 2\pi$ 为周期的三角函数序列
$$1, \sin x, \cos x, \sin 2x, \cos 2x, \cdots, \sin nx, \cos nx, \cdots (n\ 为自然数)$$
是 $[-\pi, \pi]$ 上正交的三角函数序列.

2. 傅里叶公式与傅里叶级数

若 $f(x)$ 是以 2π 为周期的周期函数, 在区间 $[-\pi, \pi]$ 上 $f(x)$ 连续 (或只有有限个第一类间断点), 且逐段单调. 则称
$$\begin{cases} a_0 = \dfrac{1}{\pi} \int_{-\pi}^{\pi} f(x) \mathrm{d}x, \\ a_n = \dfrac{1}{\pi} \int_{-\pi}^{\pi} f(x) \cos nx \mathrm{d}x, n = 1, 2, \cdots, \\ b_n = \dfrac{1}{\pi} \int_{-\pi}^{\pi} f(x) \sin nx \mathrm{d}x, n = 1, 2, \cdots. \end{cases}$$

为傅里叶公式.

在三角级数
$$\frac{a_0}{2} + \sum_{n=1}^{\infty} (a_n \cos nx + b_n \sin nx)$$
中, 若 a_0、a_n、b_n 由傅里叶公式决定, 则称这个三角级数为 $f(x)$ 的傅里叶级数.

3. 收敛定理(Dirichlet 定理)

若 $f(x)$ 在 $x \in [-\pi, \pi]$ 上满足条件:

(1) 连续,或只有有限个第一类间断点; (2) 逐段单调.

则其傅里叶级数

$$\frac{a_0}{2} + \sum_{n=1}^{\infty}(a_n \cos nx + b_n \sin nx) \qquad ①$$

在 $x \in [-\pi, \pi]$ 上收敛,设傅里叶级数 ① 的和函数为 $s(x)$,则有

$$s(x) = \begin{cases} f(x), & x \in (-\pi, \pi) \text{ 为连续点}, \\ \dfrac{f(x-0) + f(x+0)}{2}, & x \in (-\pi, \pi) \text{ 为间断点}, \\ \dfrac{f(-\pi+0) + f(\pi-0)}{2}, & x = \pm\pi. \end{cases}$$

4. 奇、偶函数的傅里叶级数

1) 奇函数的傅里叶级数

设 $f(x)$ 是以 2π 为周期的满足收敛定理的奇函数,则 $f(x)$ 的傅里叶级数为正弦级数:

$$\sum_{n=1}^{\infty} b_n \sin nx,$$

其中,$b_n = \dfrac{2}{\pi}\int_0^{\pi} f(x)\sin nx \, dx, \ n = 1, 2, \cdots.$

2) 偶函数的傅里叶级数

设 $f(x)$ 是以 2π 为周期的满足收敛定理的偶函数,则 $f(x)$ 的傅里叶级数为余弦级数:

$$\frac{a_0}{2} + \sum_{n=1}^{\infty} a_n \cos nx,$$

其中,$a_n = \dfrac{2}{\pi}\int_0^{\pi} f(x)\cos nx \, dx, \ n = 0, 1, 2, \cdots.$

5. 以 $2l$ 为周期的函数的傅里叶级数

若 $f(x)$ 是以 $2l(l > 0)$ 为周期的满足收敛定理条件的函数,则 $f(x)$ 的傅里叶级数为

$$\frac{a_0}{2} + \sum_{n=1}^{\infty}\left(a_n \cos\frac{n\pi}{l}x + b_n \sin\frac{n\pi}{l}x\right), \qquad ②$$

其中,系数 a_n, b_n 由下面的公式给出:

$$a_n = \frac{1}{l}\int_{-l}^{l} f(x)\cos\frac{n\pi}{l}x \, dx, \quad n = 0, 1, 2, \cdots,$$

$$b_n = \frac{1}{l}\int_{-l}^{l} f(x)\sin\frac{n\pi}{l}x \, dx, \quad n = 1, 2, \cdots.$$

对傅里叶级数 ② 它是收敛的,设其和函数为 $s(x)$,则在 $x \in [-l, l]$ 上,有

$$s(x) = \begin{cases} f(x), & x \in (-l, l) \text{ 为连续点}, \\ \dfrac{f(x-0) + f(x+0)}{2}, & x \in (-l, l) \text{ 为间断点}, \\ \dfrac{f(-l+0) + f(l-0)}{2}, & x = \pm l. \end{cases}$$

6. 对于半个周期长度的区间(如 $[0, \pi]$ 或 $[0, l]$)上的函数 $f(x)$,可以经过奇延拓或偶延拓,展为正弦或余弦级数.

一、收敛定理(Dirichlet 定理)的应用

例 7.33 把函数 $f(x) = \begin{cases} x + \pi, & -\pi \leqslant x < 0, \\ 0, & x = 0, \\ 1, & 0 < x \leqslant \pi. \end{cases}$

展开为以 2π 为周期的傅里叶级数时,求其和函数 $s(x)$ 在 $x = 0$ 及 $x = \pi$、$x = \dfrac{\pi}{2}$ 处的值.

解 显然 $f(x)$ 在 $x \in [-\pi, \pi]$ 上满足收敛定理的条件. 点 $x = 0$ 是 $f(x)$ 的不连续的点,点 $x = \pi$ 是区间 $[-\pi, \pi]$ 的端点,故

$$s(0) = \frac{f(0-0) + f(0+0)}{2} = \frac{\pi + 1}{2},$$

$$s(\pi) = \frac{f(-\pi + 0) + f(\pi - 0)}{2} = \frac{1}{2}.$$

点 $x = \dfrac{\pi}{2}$,是 $f(x)$ 的连续点,故

$$s\left(\frac{\pi}{2}\right) = f\left(\frac{\pi}{2}\right) = 1.$$

从例 7.33 可以看到函数 $f(x)$ 与其傅里叶级数的和函数 $s(x)$ 之间是有差异的,如 $s(0) \neq f(0)$,$s(\pi) \neq f(\pi)$. $s(x)$ 与 $f(x)$ 没有差异的情况只是极个别的情况.

例 7.34 若 $f(x) = x^2, x \in [-\pi, \pi]$ 是一个以 2π 为周期的函数,且 $f(x)$ 的以 2π 为周期的傅里叶级数的和函数是 $s(x)$. 求在 $x = 0, x = \pi$ 处 $s(x)$ 的值.

解 由于 $f(x)$ 是一个以 2π 为周期的处处连续的偶函数(它的傅里叶级数为余弦级数)根据收敛定理知

$$s(x) = f(x), x \in (-\infty, +\infty),$$

故

$$s(0) = f(0) = 0,$$
$$s(\pi) = f(\pi) = \pi^2.$$

例 7.35 设以 2π 为周期的周期函数 $f(x)$,在一个周期内的表达式为 $f(x) = x^3$,$-\pi < x \leqslant \pi$. 它的傅里叶级数的和函数为 $s(x)$,求 $s\left(\dfrac{5}{2}\pi\right)$.

解 由于 $f(x)$ 是以 2π 为周期的,故对应的傅里叶级数也是以 2π 为周期的,据收敛定理有

$$s\left(\frac{5}{2}\pi\right) = s\left(\frac{\pi}{2}\right) = \left(\frac{\pi}{2}\right)^3 = \frac{\pi^3}{8}.$$

例 7.36 设 $f(x) = x^2 - 1, x \in [-\pi, \pi)$,把它展成的傅里叶级数为 $\dfrac{a_0}{2} + \sum\limits_{n=1}^{\infty} a_n \cos nx$,其中 $a_n = \dfrac{2}{\pi} \int_0^{\pi} f(x) \cos nx \, dx, (n = 0, 1, 2, \cdots)$. 求傅里叶级数的和函数 $s(x)$ 在 $x = 0$ 及 $x = \pi$ 的值.

解 虽然在本例中没有明确指出傅里叶级数的周期,但是由于函数 $f(x)$ 为偶函数,且傅里叶系数公式中已经暗含有 2π 为周期. 故由收敛定理知

$$s(0) = f(0) = -1.$$

$$s(\pi) = \frac{f(-\pi + 0) + f(\pi - 0)}{2} = \pi^2 - 1.$$

函数 $f(x)$ 在 $x = \pi$ 处没有定义,但是却有 $s(\pi) = \pi^2 - 1$.

例 7.37 设 $f(x) = \begin{cases} x^2, & -1 \leqslant x < 0, \\ 1+x, & 0 \leqslant x < 1. \end{cases}$ 求它的以 2 为周期的傅里叶级数在 $x = -1$、$x = -\dfrac{1}{2}$ 及 $x = 1$ 的值.

解 $f(x)$ 在 $x \in [-1, 1)$ 上满足收敛定理的条件,故
$$s(-1) = \frac{f(-1+0) + f(1-0)}{2} = \frac{1+2}{2} = \frac{3}{2},$$
$$s\left(-\frac{1}{2}\right) = f\left(-\frac{1}{2}\right) = \frac{1}{4},$$
$$s(1) = s(-1) = \frac{3}{2}.$$

函数 $f(x)$ 在 $x = 1$ 处没有定义,但是却有 $s(1) = \dfrac{3}{2}$.

例 7.38 把 $f(x) = x^3, (0 < x < 3)$ 展开为以 6 为周期的正弦级数:$\sum\limits_{n=1}^{\infty} b_n \sin\dfrac{n\pi x}{3}$. 求此正弦级数的和函数 $s(x)$ 在 $x = 3$ 的值.

解 把 $f(x)$ 在 $[-3, 3]$ 上延拓为奇函数:
$$F(x) = x^3, x \in [-3, 3].$$
由收敛定理知 $F(x)$ 的傅里叶级数的和函数 $s(x)$ 在 $x = 3$ 处的值为
$$s(3) = \frac{F(-3+0) + F(3-0)}{2} = 0.$$

例 7.39 设 $f(x) = \begin{cases} x, & 0 \leqslant x \leqslant \dfrac{1}{2}, \\ 2-2x, & \dfrac{1}{2} < x < 1. \end{cases}$ $s(x) = \dfrac{a_0}{2} + \sum\limits_{n=1}^{\infty} a_n \cos n\pi x, x \in (-\infty, +\infty),$ 其中 $a_n = 2\int_0^1 f(x)\cos n\pi x \mathrm{d}x, (n = 0, 1, 2, \cdots),$ 求 $s\left(-\dfrac{5}{2}\right).$

解 把 $f(x)$ 在 $x \in (-1, 1)$ 上延拓为偶函数 $F(x)$. 并将 $F(x)$ 展开为以 2 为周期的余弦级数,其和函数为 $s(x)$. 则由收敛定理有
$$s\left(-\frac{5}{2}\right) = s\left(-\frac{1}{2}\right) = s\left(\frac{1}{2}\right) = \frac{f\left(\frac{1}{2}-0\right) + f\left(\frac{1}{2}+0\right)}{2} = \frac{3}{4}.$$

例 7.40 若 $f(x) = x^3, x \in [-2, 2]$,已经展开成以 4 为周期的傅里叶级数,求和函数 $s(x)$ 在 $x = \dfrac{7}{2}$ 及 $x = \pm 4$ 的值.

解 由于 $f(x)$ 满足收敛定理的条件,由收敛定理知
$$s\left(\frac{7}{2}\right) = s\left(-\frac{1}{2}\right) = f\left(-\frac{1}{2}\right) = -\frac{1}{8},$$
$$s(\pm 4) = s(0) = f(0) = 0.$$

二、把函数 $f(x)$ 展开为以 2π 为周期的傅里叶级数

例 7.41 若 $f(x)$ 是以 2π 为周期的周期函数,试将下列各式展开为傅里叶级数,其中 $f(x)$ 在 $x \in [-\pi, \pi]$ 上的表达式为

(1) $f(x) = 3x^2 + 1, x \in [-\pi, \pi]$;

(2) $f(x) = e^{2x}, x \in [-\pi, \pi]$.

解 (1) 因为 $f(x) = 3x^2 + 1$, 它是符合于收敛定理的函数, 所以

$$a_0 = \frac{1}{\pi}\int_{-\pi}^{\pi}(3x^2+1)dx = \frac{2}{\pi}\int_0^{\pi}(3x^2+1)dx = \frac{2}{\pi}(x^3+x)\Big|_0^{\pi} = 2(\pi^2+1),$$

$$a_n = \frac{1}{\pi}\int_{-\pi}^{\pi}(3x^2+1)\cos nx\, dx = \frac{6}{\pi}\int_0^{\pi}x^2\cos nx\, dx + \frac{2}{\pi}\int_0^{\pi}\cos nx\, dx$$

$$= \frac{6}{\pi}\int_0^{\pi}x^2 d\left(\frac{\sin nx}{n}\right) + \frac{2}{\pi}\cdot\frac{1}{n}\sin nx\Big|_0^{\pi}$$

$$= \frac{6}{n\pi}\left[x^2\cdot\frac{\sin nx}{n}\Big|_0^{\pi} - \int_0^{\pi}\frac{\sin nx}{n}\cdot 2x\, dx\right] = \frac{12}{n\pi}\left[x\cdot\frac{\cos nx}{n}\Big|_0^{\pi} - \int_0^{\pi}\frac{\cos nx}{n}dx\right]$$

$$= \frac{12}{n\pi}\left[\frac{\pi\cos n\pi}{n} - \frac{1}{n^2}\sin nx\Big|_0^{\pi}\right] = \frac{12}{n^2}(-1)^n, (n = 1, 2, \cdots).$$

而
$$b_n = 0,$$

由收敛定理知

$$f(x) = 3x^2 + 1 = (\pi^2 + 1) + 12\sum_{n=1}^{\infty}\frac{(-1)^n}{n^2}\cos nx,$$
$$x \in (-\infty, +\infty).$$

(2) 因为 $f(x) = e^{2x}$ 符合于收敛定理的条件, 故

$$a_0 = \frac{1}{\pi}\int_{-\pi}^{\pi}e^{2x}dx = \frac{1}{2\pi}(e^{2\pi} - e^{-2\pi}),$$

$$a_n = \frac{1}{\pi}\int_{-\pi}^{\pi}e^{2x}\cos nx\, dx = \frac{1}{2\pi}\int_{-\pi}^{\pi}\cos nx\, d(e^{2x})$$

$$= \frac{1}{2\pi}\left[e^{2x}\cos nx\Big|_{-\pi}^{\pi} + \int_{-\pi}^{\pi}e^{2x}\cdot n\sin nx\, dx\right]$$

$$= \frac{(-1)^n(e^{2\pi} - e^{-2\pi})}{2\pi} + \frac{n}{4\pi}\int_{-\pi}^{\pi}\sin nx\, d(e^{2x})$$

$$= \frac{(-1)^n(e^{2\pi} - e^{-2\pi})}{2\pi} + \frac{n}{4\pi}\left[e^{2x}\sin nx\Big|_{-\pi}^{\pi} - \int_{-\pi}^{\pi}ne^{2x}\cos nx\, dx\right]$$

$$= \frac{(-1)^n(e^{2\pi} - e^{-2\pi})}{2\pi} - \frac{n^2}{4}a_n,$$

有
$$a_n = \frac{2(-1)^n(e^{2\pi} - e^{-2\pi})}{(n^2 + 4)\pi}, (n = 1, 2, \cdots),$$

$$b_n = \frac{1}{\pi}\int_{-\pi}^{\pi}e^{2x}\sin nx\, dx = \frac{1}{2\pi}\int_{-\pi}^{\pi}\sin nx\, d(e^{2x})$$

$$= \frac{1}{2\pi}\left(e^{2x}\sin nx\Big|_{-\pi}^{\pi} - \int_{-\pi}^{\pi}e^{2x}\cdot n\cos nx\, dx\right)$$

$$= -\frac{n}{2}a_n = -\frac{n(-1)^n(e^{2\pi} - e^{-2\pi})}{(n^2 + 4)\pi}, (n = 1, 2, \cdots).$$

因此

$$f(x) = e^{2x} = \frac{e^{2\pi} - e^{-2\pi}}{4\pi} + \sum_{n=1}^{\infty}\left(a_n\cos nx - \frac{n}{2}a_n\sin nx\right)$$

$$= \frac{e^{2\pi} - e^{-2\pi}}{\pi}\left[\frac{1}{4} + \sum_{n=1}^{\infty}\frac{(-1)^n}{n^2 + 4}(2\cos nx - n\sin nx)\right],$$

$$(x \neq (2n+1)\pi, n = 0, \pm 1, \pm 2, \cdots).$$

例 7.42 把下列函数展开为以 2π 为周期的傅里叶级数.

(1) $f(x) = 2\sin\dfrac{x}{3}, x \in [-\pi, \pi)$;

(2) $f(x) = \dfrac{\pi}{4} - \dfrac{x}{2}, x \in [-\pi, \pi)$;

(3) $f(x) = \begin{cases} 0, & -\pi \leqslant x < 0, \\ 1, & 0 < x < \pi. \end{cases}$

解 (1) $f(x) = 2\sin\dfrac{x}{3}$ 在 $x \in [-\pi, \pi)$ 上符合于收敛定理(它仅在 $x = \pi$ 处不连续). 故可以展开为傅里叶级数, 且

$$a_0 = \frac{1}{\pi}\int_{-\pi}^{\pi} 2\sin\frac{x}{3}\mathrm{d}x = 0,$$

$$a_n = \frac{1}{\pi}\int_{-\pi}^{\pi} 2\sin\frac{x}{3}\cos nx\,\mathrm{d}x = 0, (n = 1, 2, \cdots),$$

$$b_n = \frac{1}{\pi}\int_{-\pi}^{\pi} 2\sin\frac{x}{3}\sin nx\,\mathrm{d}x = \frac{2}{\pi}\int_0^{\pi} 2\sin\frac{x}{3}\sin nx\,\mathrm{d}x$$

$$= -\frac{2}{\pi}\int_0^{\pi}\left[\cos\frac{(3n+1)}{3}x - \cos\frac{(3n-1)}{3}x\right]\mathrm{d}x$$

$$= -\frac{2}{\pi}\left[\frac{3}{3n+1}\sin\frac{(3n+1)x}{3} - \frac{3}{3n-1}\sin\frac{(3n-1)x}{3}\right]_0^{\pi}$$

$$= -\frac{2}{\pi}\left[\frac{3}{3n+1}\sin\left(n\pi + \frac{\pi}{3}\right) - \frac{3}{3n-1}\sin\left(n\pi - \frac{\pi}{3}\right)\right]$$

$$= -\frac{2}{\pi}\left[(-1)^n\frac{3}{3n+1}\cdot\frac{\sqrt{3}}{2} - (-1)^{n+1}\frac{3}{3n-1}\cdot\frac{\sqrt{3}}{2}\right]$$

$$= (-1)^{n+1}\frac{18\sqrt{3}}{\pi}\cdot\frac{n}{9n^2-1}, (n = 1, 2, \cdots).$$

于是

$$f(x) = 2\sin\frac{x}{3} = \frac{18\sqrt{3}}{\pi}\sum_{n=1}^{\infty}(-1)^{n-1}\frac{n}{9n^2-1}\sin nx, x \in (-\pi, \pi).$$

(2) 因为 $f(x) = \dfrac{\pi}{4} - \dfrac{x}{2}$ 在 $x \in [-\pi, \pi)$ 上符合于收敛定理(它仅在 $x = \pi$ 处不连续). 故可以展开为傅里叶级数, 且

$$a_0 = \frac{1}{\pi}\int_{-\pi}^{\pi}\left(\frac{\pi}{4} - \frac{x}{2}\right)\mathrm{d}x = \frac{\pi}{2},$$

$$a_n = \frac{1}{\pi}\int_{-\pi}^{\pi}\left(\frac{\pi}{4} - \frac{x}{2}\right)\cos nx\,\mathrm{d}x = \frac{1}{4}\int_{-\pi}^{\pi}\cos nx\,\mathrm{d}x - \frac{1}{2\pi}\int_{-\pi}^{\pi}x\cos nx\,\mathrm{d}x = 0,$$

$$b_n = \frac{1}{\pi}\int_{-\pi}^{\pi}\left(\frac{\pi}{4} - \frac{x}{2}\right)\sin nx\,\mathrm{d}x = \frac{1}{\pi}\int_0^{\pi}x\,\mathrm{d}\left(\frac{\cos nx}{n}\right)$$

$$= \frac{1}{\pi}\left[x\frac{\cos nx}{n}\Big|_0^{\pi} - \int_0^{\pi}\frac{\cos nx}{n}\mathrm{d}x\right] = \frac{(-1)^n}{n}, (n = 1, 2, \cdots).$$

因此有

$$f(x) = \frac{\pi}{4} - \frac{x}{2} = \frac{\pi}{4} + \sum_{n=1}^{\infty}\frac{(-1)^n}{n}\sin nx, x \in (-\pi, \pi).$$

(3) 因为 $f(x) = \begin{cases} 0, & -\pi \leqslant x < 0, \\ 1, & 0 < x < \pi. \end{cases}$ 在 $x \in [-\pi, \pi)$ 上符合于收敛定理(它仅在 $x = \pi$ 处

不连续). 故可以展开为傅里叶级数,且

$$a_0 = \frac{1}{\pi}\int_{-\pi}^{\pi} f(x)\,dx = \frac{1}{\pi}\int_0^{\pi} dx = 1,$$

$$a_n = \frac{1}{\pi}\int_{-\pi}^{\pi} f(x)\cos nx\,dx = \frac{1}{\pi}\int_0^{\pi}\cos nx\,dx = 0,(n=1,2,\cdots),$$

$$b_n = \frac{1}{\pi}\int_{-\pi}^{\pi} f(x)\sin nx\,dx = \frac{1}{\pi}\int_0^{\pi}\sin nx\,dx$$

$$= \frac{-1}{n\pi}[(-1)^n - 1] = \frac{1}{n\pi}[1-(-1)^n],(n=1,2,\cdots).$$

因此有

$$f(x) = \begin{cases} 0, & -\pi \le x < 0, \\ 1, & 0 < x < \pi. \end{cases} = \frac{1}{2} + \frac{2}{\pi}\sum_{n=1}^{\infty}\frac{1}{(2n-1)}\sin(2n-1)x,$$

$$x \in (-\pi,0)\cup(0,\pi).$$

例 7.43 将下列函数展开为以 2π 为周期的傅里叶级数,并画出函数 $f(x)$ 与傅里叶级数的和函数 $s(x)$ 的图形.

(1) $f(x) = x^2, x \in [-\pi,\pi)$.

(2) $f(x) = x^2, x \in [0,2\pi)$.

解 (1) $f(x) = x^2, x \in [-\pi,\pi)$ 在 $[-\pi,\pi]$ 上符合于收敛定理的条件(它仅在 $x=\pi$ 处不连续). 故可以展开为傅里叶级数,且

$$a_0 = \frac{1}{\pi}\int_{-\pi}^{\pi} x^2\,dx = \frac{2}{\pi}\int_0^{\pi} x^2\,dx = \frac{2}{3}\pi^2,$$

$$a_n = \frac{1}{\pi}\int_{-\pi}^{\pi} x^2\cos nx\,dx = \frac{2}{\pi}\int_0^{\pi} x^2\cos nx\,dx = \frac{2}{\pi}\left[\frac{x^2\sin nx}{n}\bigg|_0^{\pi} - \frac{2}{n}\int_0^{\pi} x\sin nx\,dx\right]$$

$$= \frac{4}{n\pi}\cdot\frac{\pi\cos n\pi}{n} = (-1)^n\frac{4}{n^2},(n=1,2,\cdots),$$

$$b_n = \frac{1}{\pi}\int_{-\pi}^{\pi} x^2\sin nx\,dx = 0,(n=1,2,\cdots).$$

因此有

$$f(x) = x^2 = \frac{1}{3}\pi^2 + 4\sum_{n=1}^{\infty}\frac{(-1)^n}{n^2}\cos nx, x\in[-\pi,\pi).$$

$f(x)$ 及 $s(x)$ 的图形如图 30-1 所示.

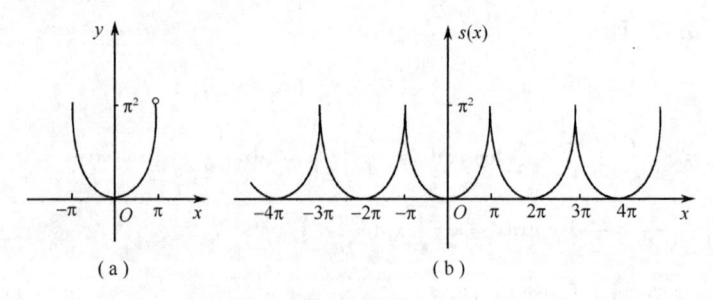

图 30-1

(a) $f(x)$ 的图形;(b) $s(x)$ 的图形。

(2) $f(x) = x^2, x \in [0,2\pi)$ 符合于收敛定理的条件. 故可以展开为傅里叶级数,且

$$a_0 = \frac{1}{\pi}\int_0^{2\pi} x^2\,dx = \frac{8}{3}\pi^2,$$

$$a_n = \frac{1}{\pi}\int_0^{2\pi} x^2 \cos nx\, dx = \frac{1}{\pi}\left[x^2\left(\frac{\sin nx}{n}\right) + 2x\left(\frac{\cos nx}{n^2}\right) - 2\left(\frac{\sin nx}{n^3}\right)\right]_0^{2\pi}$$

$$= \frac{4}{n^2},(n=1,2,\cdots),$$

$$b_n = \frac{1}{\pi}\int_0^{2\pi} x^2 \sin nx\, dx = \frac{1}{\pi}\left[x^2\left(-\frac{\cos nx}{n}\right) + 2x\left(\frac{\sin nx}{n^2}\right) + 2\left(\frac{\cos nx}{n^3}\right)\right]_0^{2\pi}$$

$$= -\frac{4\pi}{n},(n=1,2,\cdots).$$

因此有

$$f(x) = x^2 = \frac{4}{3}\pi^2 + 4\sum_{n=1}^{\infty}\left(\frac{1}{n^2}\cos nx - \frac{\pi}{n}\sin nx\right), x\in(0,2\pi).$$

$f(x)$ 及 $s(x)$ 的图形如图 30-2 所示.

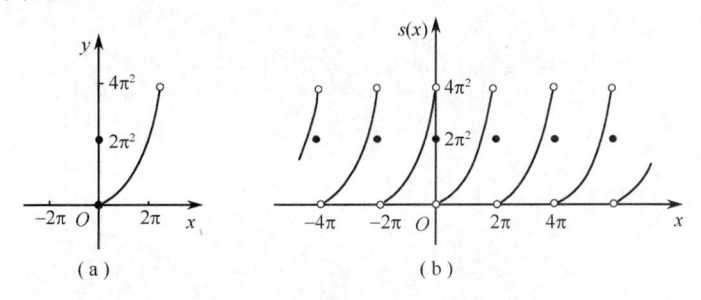

图 30-2

(a)$f(x)$ 的图形；(b)$s(x)$ 的图形。

例 7.44 把 $f(x) = |x|, x\in[-\pi,\pi]$ 展开为以 2π 为周期的傅里叶级数；画出 $f(x)$ 及傅里叶级数和函数 $s(x)$ 的图形；并求出级数 $\sigma_1 = \sum_{n=1}^{\infty}\frac{1}{(2n-1)^2}, \sigma_2 = \sum_{n=1}^{\infty}\frac{1}{(2n)^2}$ 及 $\sigma = \sum_{n=1}^{\infty}\frac{1}{n^2}$ 的和.

解 因为 $f(x) = |x|, x\in[-\pi,\pi]$ 是满足收敛定理的偶函数. 所以有

$$b_n = 0,(n=1,2,\cdots).\quad a_0 = \frac{2}{\pi}\int_0^{\pi} x\, dx = \pi,$$

$$a_n = \frac{2}{\pi}\int_0^{\pi} x\cos nx\, dx = \frac{2}{n^2\pi}(\cos n\pi - 1) = \frac{2}{n^2\pi}[(-1)^n - 1],$$

$$(n = 1,2,\cdots).$$

于是得

$$f(x) = |x| = \frac{\pi}{2} + \sum_{n=1}^{\infty}\frac{2}{n^2\pi}[(-1)^n - 1]\cos nx$$

$$= \frac{\pi}{2} - \frac{4}{\pi}\sum_{n=1}^{\infty}\frac{1}{(2n-1)^2}\cos(2n-1)x, x\in[-\pi,\pi].$$

$f(x)$ 及 $s(x)$ 的图形如图 30-3 所示.

由于

$$f(0) = s(0) = 0 = \frac{\pi}{2} - \frac{4}{\pi}\sum_{n=1}^{\infty}\frac{1}{(2n-1)^2},$$

有

$$\sigma_1 = \sum_{n=1}^{\infty}\frac{1}{(2n-1)^2} = \frac{\pi^2}{8},$$

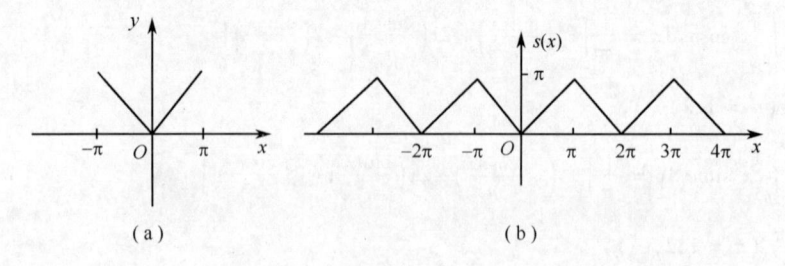

图 30-3

(a)$f(x)$ 的图形；(b)$s(x)$ 的图形。

又由于
$$\sigma = \sigma_1 + \sigma_2,$$
且
$$\sigma_2 = \frac{1}{2^2}\left(1 + \frac{1}{2^2} + \frac{1}{3^2} + \cdots\right) = \frac{1}{4}\sigma,$$
故有
$$\sigma_2 = \frac{1}{4}(\sigma_1 + \sigma_2), \sigma_2 = \frac{1}{3}\sigma_1,$$
于是
$$\sigma_2 = \sum_{n=1}^{\infty} \frac{1}{(2n)^2} = \frac{\pi^2}{24}.$$
$$\sigma = \sum_{n=1}^{\infty} \frac{1}{n^2} = 4\sigma_2 = \frac{\pi^2}{6}.$$

例 7.45 把函数 $f(x) = \frac{\pi - x}{2}, x \in (0, \pi]$ 展开为以 2π 为周期的正弦级数.

解 对 $f(x)$ 作奇延拓

$$F(x) = \begin{cases} \frac{\pi - x}{2}, & 0 < x \leq \pi, \\ 0, & x = 0, \\ -\frac{x + \pi}{2}, & -\pi \leq x < 0. \end{cases}$$

则 $F(x)$ 是满足收敛定理且在 $x \in [-\pi, \pi]$ 上的奇函数,故可展开为正弦级数.
$$a_0 = 0, a_n = 0, (n = 1, 2, \cdots),$$
$$b_n = \frac{2}{\pi}\int_0^\pi \left(\frac{\pi - x}{2}\right)\sin nx\, dx = \frac{1}{n},$$

由于在 $x \in (0, \pi]$ 内 $F(x) = f(x)$,故
$$f(x) = \frac{\pi - x}{2} = \sum_{n=1}^{\infty} \frac{1}{n} \sin nx, x \in (0, \pi].$$

例 7.46 把函数 $f(x) = 2x^2, x \in [0, \pi]$ 分别展开为以 2π 为周期的正弦级数和余弦级数.

解 把 $f(x)$ 在 $x \in [-\pi, \pi]$ 延拓为奇函数 $F_1(x)$,则
$$F_1(x) = \begin{cases} 2x^2, & 0 \leq x \leq \pi, \\ -2x^2, & -\pi \leq x < 0. \end{cases}$$

显然 $F_1(x)$ 在 $x \in [-\pi, \pi]$ 上符合于收敛定理的条件,且为奇函数. 故
$$a_0 = 0, a_n = 0, (n = 1, 2, \cdots),$$
$$b_n = \frac{2}{\pi}\int_0^\pi 2x^2 \sin nx\, dx = \frac{4}{\pi}\left[\frac{-2}{n^3} + (-1)^n\left(\frac{2}{n^3} - \frac{\pi^2}{n}\right)\right],$$

而在 $x \in [0,\pi)$ 内，$F_1(x) = f(x) = s(x)$，知

$$f(x) = 2x^2 = \frac{4}{\pi}\sum_{n=1}^{\infty}\left[\frac{-2}{n^3} + (-1)^n\left(\frac{2}{n^3} - \frac{\pi^2}{n}\right)\right]\sin nx, x \in [0,\pi).$$

另一方面，把 $f(x)$ 在 $x \in [-\pi,\pi]$ 延拓为偶函数 $F_2(x)$，则

$$F_2(x) = 2x^2, x \in [-\pi,\pi].$$

显然，$F_2(x)$ 在 $x \in [-\pi,\pi]$ 上符合于收敛定理的条件，且为偶函数，故

$$b_n = 0, (n = 1,2,\cdots),$$

$$a_0 = \frac{2}{\pi}\int_0^{\pi} 2x^2 dx = \frac{4}{3}\pi^2,$$

$$a_n = \frac{2}{\pi}\int_0^{\pi} 2x^2 \cos nx\, dx = \frac{8}{n^2\pi}(\pi\cos n\pi) = (-1)^n \cdot \frac{8}{n^2}.$$

而在 $x \in [0,\pi]$ 内，$F_2(x) = f(x) = s(x)$，知

$$f(x) = 2x^2 = \frac{2}{3}\pi^2 + 8\sum_{n=1}^{\infty}\frac{(-1)^n}{n^2}\cos nx, x \in [0,\pi].$$

三、把函数 $f(x)$ 展开为以 $2l(l > 0)$ 为周期的傅里叶级数

例7.47 将下列各周期函数展开成傅里叶级数，函数在一个周期内的表达式分别为

(1) $f(x) = 1 - x^2, x \in \left[-\dfrac{1}{2}, \dfrac{1}{2}\right].$

(2) $f(x) = \begin{cases} 0, & -\dfrac{\pi}{2} < x < 0, \\ e^x, & 0 \leq x \leq \dfrac{\pi}{2}. \end{cases}$

解 (1) 因为 $f(x) = 1 - x^2, x \in \left[-\dfrac{1}{2}, \dfrac{1}{2}\right]$，满足收敛定理，且为偶函数，其周期 $2l = 1$，$l = \dfrac{1}{2}$，则有

$$b_n = 0, (n = 1,2,\cdots),$$

$$a_0 = \frac{2}{l}\int_0^l f(x)dx = \frac{2}{\frac{1}{2}}\int_0^{\frac{1}{2}}(1-x^2)dx = \frac{11}{6},$$

$$a_n = \frac{2}{l}\int_0^l (1-x^2)\cos\frac{n\pi x}{l}dx = 4\int_0^{\frac{1}{2}}(1-x^2)\cos 2n\pi x\, dx$$

$$= \frac{1}{\pi^2}\cdot\frac{(-1)^{n+1}}{n^2}, (n = 1,2,\cdots).$$

由 $f(x)$ 的周期性，可知

$$f(x) = 1 - x^2 = \frac{11}{12} + \frac{1}{\pi^2}\sum_{n=1}^{\infty}\frac{(-1)^{n+1}}{n}\cdot\cos 2n\pi x, x \in (-\infty, +\infty).$$

(2) 因为 $f(x) = \begin{cases} 0, & -\dfrac{\pi}{2} < x < 0, \\ e^x, & 0 \leq x \leq \dfrac{\pi}{2}. \end{cases}$ 满足收敛定理的条件，其周期 $2l = \pi, l = \dfrac{\pi}{2}$，则有

$$a_0 = \frac{1}{l}\int_0^l f(x)dx = \frac{2}{\pi}\int_0^{\frac{\pi}{2}} e^x dx = \frac{2}{\pi}(e^{\frac{\pi}{2}} - 1),$$

$$a_n = \frac{1}{l}\int_0^l f(x)\cos\frac{n\pi x}{l}dx = \frac{2}{\pi}\int_0^{\frac{\pi}{2}} e^x\cos 2nx dx$$

$$= \frac{2}{\pi}\cdot\frac{e^{\frac{\pi}{2}}(-1)^n-1}{4n^2+1},(n=1,2,\cdots),$$

$$b_n = \frac{1}{l}\int_0^l f(x)\sin\frac{n\pi x}{l}dx = \frac{2}{\pi}\int_0^{\frac{\pi}{2}} e^x\sin 2nx dx$$

$$= \frac{4}{\pi}\cdot\frac{n[(-1)^{n+1}e^{\frac{\pi}{2}}+1]}{4n^2+1},(n=1,2,\cdots).$$

故

$$f(x) = \frac{e^{\frac{\pi}{2}}-1}{\pi} + \frac{2}{\pi}\sum_{n=1}^{\infty}\frac{e^{\frac{\pi}{2}}(-1)^n-1}{4n^2+1}\cos 2nx +$$

$$\frac{4}{\pi}\sum_{n=1}^{\infty}\frac{n[(-1)^{n+1}e^{\frac{\pi}{2}}+1]}{4n^2+1}\sin 2nx, (x\neq k\cdot\frac{\pi}{2}, k=0,\pm 1,\pm 2,\cdots).$$

例 7.48 将下列函数展开为以 4 为周期的傅里叶级数.

(1) $f(x) = x^2 - x, x \in (-2,2)$.

(2) $f(x) = x - 1, x \in [0,2]$.

解 (1) 因为 $f(x) = x^2 - x, x \in (-2,2)$. 在区间 $x \in [-2,2]$ 上满足收敛定理的条件,故可展为傅里叶级数,其周期 $2l = 4, l = 2$. 有

$$a_0 = \frac{1}{l}\int_{-l}^{l}f(x)dx = \frac{1}{2}\int_{-2}^{2}(x^2-x)dx = \int_0^2 x^2 dx = \frac{8}{3},$$

$$a_n = \frac{1}{l}\int_{-l}^{l}f(x)\cos\frac{n\pi x}{l}dx = \frac{1}{2}\int_{-2}^{2}(x^2-x)\cos\frac{n\pi x}{2}dx = \frac{1}{2}\int_{-2}^{2}x^2\cos\frac{n\pi x}{2}dx$$

$$= \frac{1}{2}\left[\frac{2x^2}{n\pi}\sin\frac{n\pi x}{2}+\frac{8}{n^2\pi^2}x\cos\frac{n\pi x}{2}-\frac{16}{n^3\pi^3}\sin\frac{n\pi x}{2}\right]_{-2}^{2}$$

$$= \frac{1}{2}\left[\frac{16}{n^2\pi^2}\cos n\pi + \frac{16}{n^2\pi^2}\cos n\pi\right] = \frac{16}{n^2\pi^2}(-1)^n, (n=1,2,\cdots),$$

$$b_n = \frac{1}{l}\int_{-l}^{l}f(x)\sin\frac{n\pi x}{l}dx = \frac{1}{2}\int_{-2}^{2}(x^2-x)\sin\frac{n\pi x}{2}dx$$

$$= -\frac{1}{2}\int_{-2}^{2}x\sin\frac{n\pi x}{2}dx = \frac{4}{n\pi}(-1)^n, (n=1,2,\cdots),$$

故

$$f(x) = x^2 - x = \frac{4}{3} + \sum_{n=1}^{\infty}(-1)^n\left[\frac{16}{n^2\pi^2}\cos\frac{n\pi x}{2}+\frac{4}{n\pi}\sin\frac{n\pi x}{2}\right]$$

$$= \frac{4}{3} + \frac{4}{\pi}\sum_{n=1}^{\infty}\left[\frac{(-1)^n\cdot 4}{n^2\pi}\cos\frac{n\pi x}{2}+\frac{(-1)^n}{n}\sin\frac{n\pi x}{2}\right], \quad x \in (-2,2).$$

(2) 由于 $f(x) = x - 1, x \in [0,2]$,只在半周期区间内给出,为方便计,对 $f(x)$ 在 $x \in [-2,2]$ 上作偶延拓 $F(x)$,使

$$F(x) = \begin{cases} x - 1, & 0 \leq x \leq 2, \\ -(x+1), & -2 \leq x < 0. \end{cases}$$

则 $F(x)$ 满足收敛定理的条件. 有 $b_n = 0, (n=1,2,\cdots)$,

$$a_0 = \frac{2}{l}\int_0^2 F(x)\,dx = \int_0^2 (x-1) = 0,$$

$$a_n = \frac{2}{l}\int_0^2 F(x)\cos\frac{n\pi x}{2}dx = \int_0^2 (x-1)\cos\frac{n\pi x}{2}dx$$

$$= \left(\frac{2}{n\pi}(x-1)\sin\frac{n\pi x}{2} + \frac{4}{n^2\pi^2}\cos\frac{n\pi}{2}x\right)\bigg|_0^2$$

$$= \frac{4}{n^2\pi^2}[(-1)^n - 1], (n = 1,2,\cdots),$$

故由收敛定理知

$$f(x) = x - 1 = -\frac{8}{\pi^2}\sum_{n=1}^{\infty}\frac{1}{(2n-1)^2}\cos\frac{(2n-1)\pi}{2}x, x \in [0,2].$$

第八单元 微分方程

第三十一讲 一阶微分方程

微分方程是研究自然科学和工程技术问题中常用的数学工具,也是高等数学课程的重要内容.

在许多实际问题中,我们往往不易直接得出所求的函数关系,但是却可以找到含有未知函数及其导数的关系,这就得到了"微分方程".

本讲中仅介绍关于一阶微分方程的有关概念,然后再说明常见的一阶微分方程的类型及其解法.

基本概念和重要结论

1. 微分方程的基本概念

1) 微分方程

凡含有自变量、一元未知函数与未知函数的导数(或微分)之间关系的方程称为微分方程. 微分方程的一般形式为

$$F(x, y, y', y'', \cdots, y^{(n)}) = 0.$$

2) 微分方程的阶

微分方程中出现的未知函数的最高阶导数或微分的阶数,叫微分方程的阶.

3) 微分方程的解

若函数 $y = y(x)$ 满足微分方程,则称 $y = y(x)$ 为该微分方程的解.

4) 微分方程的通解

含有独立的任意常数的个数与微分方程的阶数相等的解,称为该微分方程的通解.

5) 定解条件

当自变量取特定的值时,可以确定出未知函数或其导数取得相应的值,这种已知条件通常称为微分方程的定解条件.

定解条件的个数,通常应与微分方程的阶数相同.

6) 特解

在微分方程的解中,如果不含任意常数,则称其为特解. 微分方程的特解通常是由通解与定解条件相结合,确定出任意常数而得到.

2. 线性微分方程解的结构定理

线性非齐次微分方程的通解 y,可由它的一个特解 y^* 与它所对应的齐次方程的通解 $\bar{y}$ 之和构成,即 $y = \bar{y} + y^*$.

3. 一阶微分方程解法小结

1) 常见的一阶微分方程的解法

类 型	方程的标准形式	解 法
可分离变量方程	$\dfrac{dy}{dx} = \varphi(x)\psi(y)$	分离变量积分求解 $\int \dfrac{1}{\psi(y)} dy = \int \varphi(x) dx + c$ 为其通解
齐次方程	$\dfrac{dy}{dx} = f\left(\dfrac{y}{x}\right)$	令 $u = \dfrac{y}{x}$ 将方程化为可分离变量方程再求解. $\dfrac{du}{f(u) - u} = \dfrac{1}{x} dx$
线性方程	$\dfrac{dy}{dx} + p(x)y = f(x)$	用公式法求其通解 $y = e^{-\int p(x) dx}\left[\int e^{\int p(x) dx} f(x) dx + C\right]$
全微分方程	$P(x,y) dx + Q(x,y) dy = 0$ 其中 $\dfrac{\partial P}{\partial y} = \dfrac{\partial Q}{\partial x}$	通解 $u(x,y) = \int_{x_0}^{x} P(x,y) dx + \int_{y_0}^{y} Q(x_0, y) dy = C$

2) 可降阶的高阶微分方程的解法

类 型	方程的标准形式	解 法
不显含未知函数 y 的二阶方程	$\dfrac{d^2 y}{dx^2} = f\left(x, \dfrac{dy}{dx}\right)$	令 $\dfrac{dy}{dx} = p$ 将方程化为 $\dfrac{dp}{dx} = f(x, p)$ 再求解
不显含自变量 x 的二阶方程	$\dfrac{d^2 y}{dx^2} = f\left(y, \dfrac{dy}{dx}\right)$	令 $\dfrac{dy}{dx} = p$, $\dfrac{d^2 y}{dx^2} = p\dfrac{dp}{dy}$ 将方程化为 $p\dfrac{dp}{dy} = f(y, p)$ 再求解

一、一阶可分离变量方程及齐次方程

例 8.1 求下列可分离变量微分方程的通解.

(1) $\dfrac{dy}{dx} = \dfrac{1 + y^2}{xy + x^3 y}$;

(2) $(x + 1)\dfrac{dy}{dx} + 1 = 2e^{-y}$.

解 (1) 分离变量,有

$$\dfrac{y}{1 + y^2} dy = \dfrac{1}{x(x^2 + 1)} dx,$$

即

$$\dfrac{y}{1 + y^2} dy = \left(\dfrac{1}{x} - \dfrac{x}{1 + x^2}\right) dx.$$

积分得

$$\dfrac{1}{2}\ln(1 + y^2) = \ln x - \dfrac{1}{2}\ln(1 + x^2) + c_1,$$

微分方程的通解为

$$1 + y^2 = \dfrac{cx^2}{1 + x^2}, (c = \pm e^{2c_1}).$$

(2) 分离变量,有
$$\frac{1}{2e^{-y}-1}dy = \frac{1}{x+1}dx,$$
即
$$\frac{e^y}{2-e^y}dy = \frac{1}{x+1}dx.$$
积分得
$$-\ln|2-e^y| = \ln|x+1| + c_1,$$
故微分方程的通解为
$$(x+1)(2-e^y) \doteq c, (c = \pm e^{c_1}).$$

例 8.2 求下列可分离变量方程的解.

(1) $y'\cot x + y + 3 = 0$; (2) $dx + \dfrac{\sqrt{1-x^2}}{\sqrt{1-y^2}}dy = 0$;

(3) $(1+e^x)y \cdot y' = e^x, y|_{x=1} = 1$;

(4) $(x+xy^2)dx - (x^2y+y)dy = 0, y|_{x=0} = 1$.

解 (1) 分离变量,有
$$\frac{1}{3+y}dy = -\tan x dx,$$
积分得
$$\ln(3+y) = -\ln\sin x + c_1,$$
故微分方程的通解为
$$y = \frac{c}{\sin x} - 3, (c = \pm e^{c_1}).$$

(2) 分离变量,有
$$\frac{1}{\sqrt{1-x^2}}dx + \frac{1}{\sqrt{1-y^2}}dy = 0,$$
积分后就得到所求的微分方程的通解
$$\arcsin x + \arcsin y = c.$$

(3) 分离变量,有
$$ydy = \frac{e^x}{1+e^x}dx,$$
积分得
$$\frac{1}{2}y^2 = \ln(1+e^x) + c_1,$$
即
$$y^2 = 2\ln(1+e^x) + c, (c = 2c_1).$$
因为 $y|_{x=1} = 1$,有 $c = 1 - 2\ln(1+e)$,所以微分方程的特解为
$$y^2 = 2\ln(1+e^x) + 1 - \ln(1+e).$$

(4) 分离变量,有
$$\frac{x}{1+x^2}dx = \frac{y}{1+y^2}dy,$$
积分得
$$\frac{1}{2}\ln(1+x^2) = \frac{1}{2}\ln(1+y^2) + c_1,$$

即
$$1 + y^2 = c(1 + x^2), (c = \pm e^{2c_1}).$$
因为 $y|_{x=0} = 1$,有 $c = 2$,所以微分方程的特解为
$$y^2 = 2x^2 + 1.$$

例8.3 求下列齐次微分方程的解.

(1) $x\dfrac{dy}{dx} = xe^{\frac{y}{x}} + y$; (2) $x^2\dfrac{dy}{dx} = xy - y^2$;

(3) $\dfrac{dy}{dx} = \dfrac{x-y+1}{x+y-3}$; (4) $(1 + e^{-\frac{x}{y}})y\,dx + (y-x)\,dy = 0$.

解 (1) 原微分方程可化为
$$\frac{dy}{dx} = e^{\frac{y}{x}} + \frac{y}{x}. \qquad ①$$

它显然是一阶齐次微分方程,令 $u = \dfrac{y}{x}$,有 $y = xu$,$\dfrac{dy}{dx} = u + x\dfrac{du}{dx}$,代入①式有
$$u + x\frac{du}{dx} = e^u + u, \qquad ②$$

②式已经是可分离变量的微分方程,它的通解为
$$-e^{-u} = \ln x + c_1,$$
于是原来的微分方程的通解为
$$\ln x = c - e^{-\frac{y}{x}}, (c = \pm c_1).$$

(2) 原微分方程可化为
$$\frac{dy}{dx} = \frac{y}{x} - \left(\frac{y}{x}\right)^2, \qquad ③$$

显然③式已经是一阶齐次微分方程,令 $u = \dfrac{y}{x}$,有 $y = xu$,$\dfrac{dy}{dx} = u + x\dfrac{du}{dx}$,代入③式有
$$u + x\frac{du}{dx} = u - u^2, \qquad ④$$

④式已经是可分离变量的微分方程,它的通解为
$$\frac{1}{u} = \ln x + c,$$
或
$$u = \frac{1}{\ln x + c},$$
于是原来微分方程的通解为
$$y = \frac{x}{\ln x + c}.$$

(3) 设 $x = X + 1, y = Y + 2$,代入原方程则有
$$\frac{dY}{dX} = \frac{X-Y}{X+Y} = \frac{1 - \dfrac{Y}{X}}{1 + \dfrac{Y}{X}}, \qquad ⑤$$

⑤式已经是一阶齐次方程,设 $u = \dfrac{Y}{X}$,则有

$$u + X\frac{du}{dX} = \frac{1-u}{1+u},$$ ⑥

⑥式已经是可分离变量的微分方程,分离变量有

$$\frac{1+u}{1-2u-u^2}du = \frac{dX}{X}.$$

积分有

$$\ln X = c_1 - \frac{1}{2}\ln(1-2u-u^2),$$

即

$$e^{2c_1} = X^2(1-2u-u^2) = X^2 - 2XY - Y^2,$$

于是原来微分方程的通解为

$$(x-1)^2 - 2(x-1)(y-2) - (y-2)^2 = e^{2c_1},$$

或

$$x^2 - 2xy - y^2 + 2x + 6y = c, (c = e^{2c_1} + 9).$$

(4) 对原方程(除以 y 之后)变形为

$$\left(1 + e^{-\frac{x}{y}}\right)dx + \left(1 - \frac{x}{y}\right)dy = 0,$$

即

$$\frac{dx}{dy} = \frac{\frac{x}{y} - 1}{1 + e^{-\frac{x}{y}}}.$$ ⑦

⑦式已经是一阶齐次微分方程,令 $u = \frac{x}{y}, x = uy, \frac{dx}{dy} = u + y\frac{du}{dy}$,代入⑦式有

$$u + y\frac{du}{dy} = \frac{u-1}{1 + e^{-u}},$$ ⑧

则⑧式已经是一阶可分离变量的方程,分离变量有

$$\frac{1 + e^{-u}}{1 + ue^{-u}}du = -\frac{dy}{y},$$

即

$$\frac{1 + e^u}{u + e^u}du = -\frac{dy}{y},$$

积分有

$$\ln(u + e^u) + \ln y = c_1,$$

于是原微分方程的通解为

$$x + ye^{\frac{x}{y}} = c(c = \pm e^{c_1}).$$

二、一阶线性微分方程

例 8.4 求下列一阶线性微分方程的解.

(1) $\frac{dy}{dx} - \frac{2}{x}y = 0$; (2) $\frac{dy}{dx} + \frac{1}{\cos^2 x}y = 0$;

(3) $\frac{dy}{dx} + 2xy = 4x$; (4) $\frac{dy}{dx} + \cos x \cdot y = e^{-\sin x}$.

解 (1) 所给的微分方程是一个 $p(x) = -\frac{2}{x}$ 的一阶线性齐次微分方程.其通解为

$$y = c\mathrm{e}^{-\int p(x)\mathrm{d}x} = c\mathrm{e}^{-\int -\frac{2}{x}\mathrm{d}x} = c\mathrm{e}^{2\ln x} = cx^2.$$

（2）所给的微分方程是一个 $p(x) = \dfrac{1}{\cos^2 x}$ 的一阶线性齐次微分方程. 其通解为

$$y = c\mathrm{e}^{-\int p(x)\mathrm{d}x} = c\mathrm{e}^{-\int \frac{1}{\cos^2 x}\mathrm{d}x} = c\mathrm{e}^{-\tan x}.$$

（3）所给的微分方程是一个 $p(x) = 2x, q(x) = 4x$ 的一阶线性非齐次微分方程. 由通解公式，有

$$y = \mathrm{e}^{-\int p(x)\mathrm{d}x}\left[\int q(x)\mathrm{e}^{\int p(x)\mathrm{d}x}\mathrm{d}x + c\right] = \mathrm{e}^{-\int 2x\mathrm{d}x}\left[\int 4x\mathrm{e}^{\int 2x\mathrm{d}x}\mathrm{d}x + c\right]$$

$$= \mathrm{e}^{-x^2}\left[\int 4x\mathrm{e}^{x^2}\mathrm{d}x + c\right] = \mathrm{e}^{-x^2}[2\mathrm{e}^{x^2} + c] = c\mathrm{e}^{-x^2} + 2.$$

（4）所给的微分方程是一个 $p(x) = \cos x, q(x) = \mathrm{e}^{-\sin x}$ 的一阶线性非齐次微分方程. 由通解公式，有

$$y = \mathrm{e}^{-\int p(x)\mathrm{d}x}\left[\int q(x)\mathrm{e}^{\int p(x)\mathrm{d}x}\mathrm{d}x + c\right] = \mathrm{e}^{-\int \cos x\mathrm{d}x}\left[\int \mathrm{e}^{-\sin x} \cdot \mathrm{e}^{\int \cos x\mathrm{d}x}\mathrm{d}x + c\right]$$

$$= \mathrm{e}^{-\sin x}\left[\int \mathrm{d}x + c\right] = c\mathrm{e}^{-\sin x} + x\mathrm{e}^{-\sin x}.$$

例 8.5 求下列一阶线性微分方程的解.

（1）$\dfrac{\mathrm{d}y}{\mathrm{d}x} + 3y = \mathrm{e}^{-2x}$；　　　　（2）$\dfrac{\mathrm{d}y}{\mathrm{d}x} - \dfrac{2}{x+1}y = (x+1)^{\frac{5}{2}}$；

（3）$\dfrac{\mathrm{d}y}{\mathrm{d}x} - 2xy = \mathrm{e}^{x^2}\cos x, y\big|_{x=0} = 1$.

解　（1）所给的微分方程是一个 $p(x) = 3, q(x) = \mathrm{e}^{-2x}$ 的一阶线性非齐次微分方程.

解法 1　由通解的公式，有

$$y = \mathrm{e}^{-\int p(x)\mathrm{d}x}\left[\int q(x)\mathrm{e}^{\int p(x)\mathrm{d}x}\mathrm{d}x + c\right] = \mathrm{e}^{-3x}\left[\int \mathrm{e}^{-2x} \cdot \mathrm{e}^{3x}\mathrm{d}x + c\right]$$

$$= \mathrm{e}^{-3x}[\mathrm{e}^x + c] = c\mathrm{e}^{-3x} + \mathrm{e}^{-2x}.$$

解法 2　对应齐次微分方程 $\dfrac{\mathrm{d}y}{\mathrm{d}x} + 3y = 0$ 的通解为

$$\bar{y} = c\mathrm{e}^{-\int p(x)\mathrm{d}x} = c\mathrm{e}^{-3x}.$$

设给定的微分方程的特解为

$$y^* = c(x)\mathrm{e}^{-3x},$$

则

$$y^{*\prime} = c'(x)\mathrm{e}^{-3x} - 3c(x)\mathrm{e}^{-3x}.$$

代入原微分方程，有

$$c'(x)\mathrm{e}^{-3x} - 3c(x)\mathrm{e}^{-3x} + 3c(x)\mathrm{e}^{-3x} = \mathrm{e}^{-2x},$$

即

$$c'(x)\mathrm{e}^{-3x} = \mathrm{e}^{-2x},$$

故

$$c'(x) = \mathrm{e}^x, c(x) = \mathrm{e}^x + c_1.$$

取 $c_1 = 0$，可得微分方程的特解

$$y^* = c(x)\mathrm{e}^{-3x} = \mathrm{e}^x \cdot \mathrm{e}^{-3x} = \mathrm{e}^{-2x},$$

于是所求的微分方程的通解为

$$y = \bar{y} + y^* = c\mathrm{e}^{-3x} + \mathrm{e}^{-2x}.$$

(2) 所给的微分方程是一个 $p(x) = -\dfrac{2}{x+1}, q(x) = (x+1)^{\frac{5}{2}}$ 的一阶线性非齐次微分方程.

解法 1　由通解的公式,有

$$y = e^{-\int p(x)dx}\left[\int q(x) e^{\int p(x)dx} dx + c\right] = e^{-\int -\frac{2}{x+1}dx}\left[\int (x+1)^{\frac{5}{2}} \cdot e^{-\int \frac{2}{x+1}dx} dx + c\right]$$

$$= (x+1)^2\left[\int (x+1)^{\frac{5}{2}} \cdot (x+1)^{-2} dx + c\right] = (x+1)^2\left[\dfrac{2}{3}(x+1)^{\frac{3}{2}} + c\right]$$

$$= c(x+1)^2 + \dfrac{2}{3}(x+1)^{\frac{7}{2}}.$$

解法 2　对应齐次微分方程 $\dfrac{dy}{dx} - \dfrac{2}{x+1}y = 0$ 的通解为

$$\bar{y} = c e^{-\int p(x)dx} = c(x+1)^2.$$

设给定的微分方程的特解为

$$y^* = c(x)(x+1)^2.$$

则

$$y^{*\prime} = c'(x)(x+1)^2 + 2c(x)(x+1),$$

代入原微分方程,有

$$c'(x)(x+1)^2 + 2c(x)(x+1) - \dfrac{2}{x+1} \cdot c(x)(x+1)^2 = (x+1)^{\frac{5}{2}},$$

即

$$c'(x)(x+1)^2 = (x+1)^{\frac{5}{2}},$$

故

$$c'(x) = (x+1)^{\frac{1}{2}}, c(x) = \dfrac{2}{3}(x+1)^{\frac{3}{2}} + c_1,$$

取 $c_1 = 0$,可得微分方程的特解为

$$y^* = c(x)(x+1)^2 = \dfrac{2}{3}(x+1)^{\frac{7}{2}},$$

于是所求的微分方程的通解为

$$y = \bar{y} + y^* = c(x+1)^2 + \dfrac{2}{3}(x+1)^{\frac{7}{2}}.$$

(3) 所给的微分方程是一个 $p(x) = -2x, q(x) = e^{x^2}\cos x$ 的一阶线性非齐次方程. 其通解为

$$y = e^{-\int p(x)dx}\left[\int q(x) e^{\int p(x)dx} dx + c\right] = e^{\int 2x dx}\left[\int e^{x^2}\cos x \cdot e^{\int -2x dx} dx + c\right]$$

$$= e^{x^2}\left[\int e^{x^2}\cos x \cdot e^{-x^2} dx + c\right] = e^{x^2}[\sin x + c] = c e^{x^2} + e^{x^2}\sin x.$$

由定解条件 $y|_{x=0} = 1$,有 $1 = c$,知所求微分方程的特解为

$$y = e^{x^2} + e^{x^2}\sin x.$$

例 8.6　设级数 $s(x) = \dfrac{x^4}{2 \cdot 4} + \dfrac{x^6}{2 \cdot 4 \cdot 6} + \dfrac{x^8}{2 \cdot 4 \cdot 6 \cdot 8} + \cdots, (-\infty < x < +\infty)$. 求
(1) $s(x)$ 所满足的一阶微分方程;(2) $s(x)$ 的初等函数表达式.

解　(1) 因为

$$s(x) = \dfrac{x^4}{2 \cdot 4} + \dfrac{x^6}{2 \cdot 4 \cdot 6} + \dfrac{x^8}{2 \cdot 4 \cdot 6 \cdot 8} + \cdots, (-\infty < x < +\infty).$$

且 $s(0) = 0$,所以

$$s'(x) = \frac{x^3}{2} + \frac{x^5}{2\cdot 4} + \frac{x^7}{2\cdot 4\cdot 6} + \cdots = x\left(\frac{x^2}{2} + \frac{x^4}{2\cdot 4} + \frac{x^6}{2\cdot 4\cdot 6} + \cdots\right)$$
$$= x\left[\frac{x^2}{2} + s(x)\right].$$

故 $s(x)$ 所满足的一阶微分方程为

$$s'(x) = xs(x) + \frac{x^3}{2}, s(0) = 0.$$

(2) 方程 $s'(x) = xs(x) + \frac{x^3}{2}$ 的通解为

$$s(x) = e^{\int x\,dx}\left[\int \frac{x^3}{2}e^{-\int x\,dx}dx + c\right] = ce^{\frac{x^2}{2}} - \frac{x^2}{2} - 1.$$

由初值条件 $s(0) = 0$,可知 $c = 1$. 得到 $s(x)$ 的初等函数表达式为

$$s(x) = e^{\frac{x^2}{2}} - \frac{x^2}{2} - 1.$$

例 8.7 求下列微分方程的解.

(1) $\dfrac{dy}{dx} + \dfrac{1}{x}y = a(\ln x)y^2$; (2) $x\dfrac{dy}{dx} - 4y = x^2\sqrt{y}, y\big|_{x=1} = 2$;

(3) $(2e^y - x)\dfrac{dy}{dx} = 1$; (4) $(1 + y^2)dx + (xy - \sqrt{1 + y^2}\cos y)dy = 0, y\big|_{x=2} = 0$.

解 (1) 所给的微分方程是一个 $n = 2$ 的伯努利(Bernoulli,Daniel)方程,用 y^2 除方程,有

$$y^{-2}\frac{dy}{dx} + \frac{1}{x}y^{-1} = a\ln x.$$

令 $z = y^{-1} = \dfrac{1}{y}$,原方程变为

$$\frac{dz}{dx} - \frac{1}{x}z = -a\ln x.$$

这已经是一个一阶线性非齐次微分方程了. 其通解为

$$z = cx - \frac{1}{2}ax\ln^2 x,$$

于是所给的微分方程的通解为

$$\frac{1}{y} = cx - \frac{1}{2}ax\ln^2 x,$$

或

$$cxy - \frac{1}{2}axy\ln^2 x = 1.$$

(2) 所给的微分方程可以化为

$$\frac{dy}{dx} - \frac{4}{x}y = x\sqrt{y}, \qquad\qquad ①$$

它是一个 $n = \dfrac{1}{2}$ 的伯努利方程. 令 $z = y^{\frac{1}{2}}$,则方程 ① 化为

$$\frac{dz}{dx} - \frac{2}{x}z = \frac{1}{2}x.$$

它已经是一个一阶线性非齐次微分方程了. 其通解为

$$z = x^2\left[\frac{1}{2}\ln x + c\right] = cx^2 + \frac{1}{2}x^2\ln x,$$

故原方程的通解为
$$y = x^4\left[\frac{1}{2}\ln x + c\right]^2.$$

由定解条件：$y|_{x=1} = 2$，有
$$2 = 1^4[0 + c]^2 = c^2$$

知
$$c = \sqrt{2},$$

于是所给的微分方程的特解为
$$y = x^4\left(\frac{1}{2}\ln x + \sqrt{2}\right)^2.$$

（3）所给的微分方程可以化为
$$\frac{\mathrm{d}x}{\mathrm{d}y} + x = 2\mathrm{e}^y,$$

它是一个以 x 为函数，y 为自变量的一阶线性非齐次微分方程。这里 $p(y) = 1, q(y) = 2\mathrm{e}^y$。故有通解
$$x = \mathrm{e}^{-\int p(y)\mathrm{d}y}\left[\int q(y)\cdot \mathrm{e}^{\int p(y)\mathrm{d}y}\mathrm{d}y + c\right] = \mathrm{e}^{-y}\left[\int 2\mathrm{e}^{2y}\mathrm{d}y + c\right]$$
$$= \mathrm{e}^{-y}[\mathrm{e}^{2y} + c] = c\mathrm{e}^{-y} + \mathrm{e}^y,$$

即
$$x = c\mathrm{e}^{-y} + \mathrm{e}^y$$

是所给的微分方程的通解。

（4）所给的微分方程可以化为
$$\frac{\mathrm{d}x}{\mathrm{d}y} + \frac{y}{1+y^2}x = \frac{\cos y}{\sqrt{1+y^2}}.$$

它是一个以 x 为函数，y 为自变量的一阶线性非齐次微分方程，这里 $p(y) = \frac{y}{1+y^2}, q(y) = \frac{\cos y}{\sqrt{1+y^2}}$。故有通解
$$x = \mathrm{e}^{-\int p(y)\mathrm{d}y}\left[\int q(y)\mathrm{e}^{\int p(y)\mathrm{d}y}\mathrm{d}y + c\right]$$
$$= \mathrm{e}^{-\int\frac{y}{1+y^2}\mathrm{d}y}\left[\int\frac{\cos y}{\sqrt{1+y^2}}\cdot \mathrm{e}^{\int\frac{y}{1+y^2}\mathrm{d}y}\mathrm{d}y + c\right] = \frac{1}{\sqrt{1+y^2}}\left[\int\cos y\,\mathrm{d}y + c\right]$$
$$= \frac{1}{\sqrt{1+y^2}}(\sin y + c) = \frac{c}{\sqrt{1+y^2}} + \frac{\sin y}{\sqrt{1+y^2}},$$

由定解条件 $y|_{x=2} = 0$，有 $2 = c$，知所给微分方程的特解为
$$x = \frac{1}{\sqrt{1+y^2}}(\sin y + 2).$$

三、全微分方程

例 8.8 求下列全微分方程的解。

(1) $(1+x)\mathrm{d}y + (y + x^2 + x^3)\mathrm{d}x = 0$；

(2) $\dfrac{\mathrm{d}x}{\mathrm{d}y} = \dfrac{y^2 - 2x}{2y}$；

(3) $\left(\ln y - \dfrac{y}{x}\right)dx + \left(\dfrac{x}{y} - \ln x\right)dy = 0$.

解 (1) 因为 $P(x,y) = y + x^2 + x^3, Q(x,y) = 1 + x$,且
$$\dfrac{\partial P}{\partial y} = 1 = \dfrac{\partial Q}{\partial x}.$$
所以给定的微分方程为全微分方程.

解法 1 由全微分方程的通解公式,有
$$u(x,y) = \int_0^x (x^2 + x^3)dx + \int_0^y (1 + x)dy = \dfrac{1}{3}x^3 + \dfrac{1}{4}x^4 + (1 + x)y = c,$$
即
$$\dfrac{1}{3}x^3 + \dfrac{1}{4}x^4 + (1 + x)y = c$$
为所求微分方程的通解.

解法 2 因为 $\dfrac{\partial u}{\partial x} = P(x,y) = y + x^2 + x^3$,所以
$$u(x,y) = \int P(x,y)dx + \varphi(y) = \int (y + x^2 + x^3)dx + \varphi(y)$$
$$= xy + \dfrac{1}{3}x^3 + \dfrac{1}{4}x^4 + \varphi(y),$$
而 $\dfrac{\partial u}{\partial y} = Q(x,y) = 1 + x = x + \varphi'(y)$,知
$$\varphi'(y) = 1, 故 \varphi(y) = y + c_1,$$
有微分方程的通解
$$u(x,y) = xy + \dfrac{1}{3}x^3 + \dfrac{1}{4}x^4 + (y + c_1) = c_2,$$
即
$$xy + \dfrac{1}{3}x^3 + \dfrac{1}{4}x^4 + y = c, (c = c_2 - c_1).$$

解法 3 原微分方程可以化为
$$dy + (xdy + ydx) + x^2 dx + x^3 dx = 0,$$
即
$$d\left(y + xy + \dfrac{1}{3}x^3 + \dfrac{1}{4}x^4\right) = 0,$$
于是所给微分方程的通解为
$$y + xy + \dfrac{1}{3}x^3 + \dfrac{1}{4}x^4 = c.$$

(2) **解法 1** 所给的微分方程可以化为
$$2ydx + (2x - y^2)dy = 0,$$
因为 $P(x,y) = 2y, Q(x,y) = 2x - y^2$.且 $\dfrac{\partial P}{\partial y} = 2 = \dfrac{\partial Q}{\partial x}$ 所以给定的微分方程是一个全微分方程. 它的通解为
$$u(x,y) = \int_0^x 0 dx + \int_0^y (2x - y^2)dy = 0 + 2xy - \dfrac{1}{3}y^3 = c,$$
即
$$2xy - \dfrac{1}{3}y^3 = c$$

为所给微分方程的通解.

解法 2 所给的微分方程可以化为

$$\frac{dx}{dy} + \frac{1}{y}x = \frac{1}{2}y.$$

这是一个以 x 为函数,y 为自变量的 $p(y) = \frac{1}{y}, q(y) = \frac{1}{2}y$ 的一阶线性非齐次微分方程,它的通解为

$$x = e^{-\int P(y)dy}\left[\int q(y)e^{\int P(y)dx}dy + c_1\right] = e^{-\ln y}\left[\int \frac{1}{2}y \cdot e^{\ln y}dy + c_1\right]$$

$$= \frac{1}{y}\left[\frac{1}{6}y^3 + c_1\right],$$

即

$$2xy - \frac{1}{3}y^3 = c, (c = 2c_1).$$

解法 3 所给的微分方程可化为

$$2ydx + 2xdy - y^2dy = 0,$$

即

$$d(2xy) - d\left(\frac{1}{3}y^3\right) = 0,$$

于是所给微分方程的通解为

$$2xy - \frac{1}{3}y^3 = c.$$

(3) 因为 $P(x,y) = \ln y - \frac{y}{x}, Q(x,y) = \frac{x}{y} - \ln x$. 且

$$\frac{\partial P}{\partial y} = \frac{1}{y} - \frac{1}{x} = \frac{\partial Q}{\partial x},$$

所以给定的微分方程是全微分方程,故其通解为

$$u(x,y) = \int_1^x\left(0 - \frac{1}{x}\right)dx + \int_1^y\left(\frac{x}{y} - \ln x\right)dy = c,$$

即

$$u(x,y) = -\ln x + x\ln y - (\ln x)(y - 1) = c,$$

从而原来给定的微分方程的通解为

$$x\ln y - y\ln x = c.$$

例 8.9 求下列全微分方程的解.

(1) $(1 - 2xy - y^2)dx - (x + y)^2dy = 0, y|_{x=0} = 1$;

(2) $(e^y + 1)dx + (xe^y - 2y)dy = 0, y|_{x=0} = -1$.

解 (1) 因为 $P(x,y) = 1 - 2xy - y^2, Q(x,y) = -(x + y)^2$. 且

$$\frac{\partial P}{\partial y} = -2x - 2y = \frac{\partial Q}{\partial x},$$

所以给定的微分方程为全微分方程,故其通解为

$$u(x,y) = \int_0^x dx - \int_0^y (x + y)^2 dy = x - x^2y - xy^2 - \frac{1}{3}y^3 = c,$$

即

$$x - x^2y - xy^2 - \frac{1}{3}y^3 = c,$$

由定解条件 $y|_{x=0} = 1$,有 $-\dfrac{1}{3} = c$,知所给的全微分方程的特解为

$$x - x^2y - xy^2 - \dfrac{1}{3}y^3 + \dfrac{1}{3} = 0.$$

(2) 因为 $P(x,y) = e^y + 1, Q(x,y) = xe^y - 2y.$ 且

$$\dfrac{\partial P}{\partial y} = e^y = \dfrac{\partial Q}{\partial x},$$

所以给定的微分方程为全微分方程,故其通解为

$$u(x,y) = \int_0^y -2y\,dy + \int_0^x (e^y + 1)\,dx = x - y^2 + xe^y = c,$$

即

$$x - y^2 + xe^y = c,$$

由定解条件 $y|_{x=0} = -1$,知 $c = 1$. 从而原来给定的微分方程的特解为

$$x - y^2 + xe^y = 1.$$

四、两类可化为一阶的微分方程

例 8.10 求下列不显含 y 的二阶微分方程的解.

(1) $xy'' + y' = 0$;   (2) $y'' + \dfrac{1}{x}y' = x + \dfrac{1}{x}$;

(3) $(1 - x^2)y'' - xy' = 0, y|_{x=0} = 0, y'|_{x=0} = 1$;

(4) $y'' = y' + x, y|_{x=0} = 0, y'|_{x=0} = 0.$

解 (1) 所给的微分方程是不显含 y 的二阶微分方程. 令 $y' = p$,则 $y'' = p'$. 原来的微分方程变为

$$p' + \dfrac{1}{x}p = 0.$$

它是可分离变量的微分方程. 分离变量后可求出通解

$$p = \dfrac{c_1}{x},$$

于是原微分方程的通解为

$$y = \int \dfrac{c_1}{x}dx + c_2 = c_1 \ln x + c_2.$$

(2) 所给的微分方程是不显含 y 的二阶微分方程. 令 $y' = p$,则 $y'' = p'$. 于是原来的微分方程变为

$$p' + \dfrac{1}{x}p = x + \dfrac{1}{x}.$$

它是一阶线性非齐次微分方程,其通解为

$$p = e^{-\int \frac{1}{x}dx}\left[\int \left(x + \dfrac{1}{x}\right)e^{\int \frac{1}{x}dx}dx + c_1\right] = \dfrac{1}{x}\left(\dfrac{1}{3}x^3 + x + c_1\right),$$

于是原微分方程的通解为

$$y = \int \dfrac{1}{x}\left(\dfrac{1}{3}x^3 + x + c_1\right)dx + c_2 = \dfrac{1}{9}x^3 + x + c_1\ln x + c_2.$$

(3) 所给的微分方程是不显含 y 的二阶微分方程. 令 $y' = p$,则 $y'' = p'$. 于是原来的微分方程变为

$$(1 - x^2)p' - xp = 0.$$

它是可分离变量的微分方程,分离变量并积分有
$$p = \frac{c_1}{\sqrt{1-x^2}},$$
由定解条件 $p|_{x=0} = y'|_{x=0} = 1$,知 $c_1 = 1$,故
$$p = \frac{1}{\sqrt{1-x^2}}.$$
积分有
$$y = \int \frac{1}{\sqrt{1-x^2}} \mathrm{d}x + c_2 = \arcsin x + c_2,$$
据定解条件 $y|_{x=0} = 0$,知 $c_2 = 0$. 于是原微分方程的特解为
$$y = \arcsin x.$$

(4) 所给的微分方程是不显含 y 的二阶微分方程. 令 $y' = p$,则 $y'' = p'$. 于是原来的微分方程变为
$$p' - p = x,$$
它是一阶线性非齐次微分方程. 其通解为
$$p = \mathrm{e}^{\int \mathrm{d}x}\left[\int x \mathrm{e}^{-\int \mathrm{d}x}\mathrm{d}x + c_1\right] = \mathrm{e}^x[-x\mathrm{e}^{-x} - \mathrm{e}^{-x} + c_1] = c_1\mathrm{e}^x - x - 1.$$
由定解条件 $y'|_{x=0} = p|_{x=0} = 0$,知 $c_1 = 1$,
故
$$p = \mathrm{e}^x - x - 1.$$
积分有
$$y = \int(\mathrm{e}^x - x - 1)\mathrm{d}x = \mathrm{e}^x - \frac{1}{2}x^2 - x + c_2,$$
据定解条件 $y|_{x=0} = 0, c_2 = -1$. 于是原微分方程的特解为
$$y = \mathrm{e}^x - \frac{1}{2}x^2 - x - 1.$$

例 8.11 求下列不显含 x 的二阶微分方程的解.

(1) $y'' + \dfrac{2}{1-y}y'^2 = 0$;

(2) $2yy'' = y'^2 + y^2, y|_{x=0} = 1, y'|_{x=0} = -1$;

(3) $y'' = 1 + (y')^2$.

解 (1) 所给的微分方程是一个不显含 x 的二阶微分方程. 令 $y' = p$,则 $y'' = p\dfrac{\mathrm{d}p}{\mathrm{d}y}$. 于是原来的微分方程变为
$$p\frac{\mathrm{d}p}{\mathrm{d}y} + \frac{2}{1-y}p^2 = 0,$$
这是一个一阶可分离变量的微分方程,分离变量并积分,有
$$p = c_1(y-1)^2,$$
于是有
$$\frac{\mathrm{d}y}{\mathrm{d}x} = c_1(y-1)^2, -\frac{1}{y-1} = c_1 x + c_2,$$
即原微分方程的通解为

$$y = 1 - \frac{1}{c_1 x + c_2}.$$

(2) 所给的微分方程是一个不显含 x 的二阶微分方程,令 $y' = p$,则 $y'' = p\dfrac{\mathrm{d}p}{\mathrm{d}y}$. 于是原来的微分方程变为

$$2yp\frac{\mathrm{d}p}{\mathrm{d}y} - p^2 = y^2,$$

即

$$\frac{\mathrm{d}p^2}{\mathrm{d}y} - \frac{1}{y}p^2 = y.$$

这是一个以 p^2 为函数,y 为自变量的一阶线性非齐次微分方程,它的通解为

$$p^2 = \mathrm{e}^{-\int \frac{-1}{y}\mathrm{d}y}\left[\int y \cdot \mathrm{e}^{\int \frac{-1}{y}\mathrm{d}y}\mathrm{d}y + c_1\right] = y[y + c_1],$$

由定解条件 $p|_{x=0} = y'|_{x=0} = -1, y|_{x=0} = 1$,有 $c_1 = 0$. 得

$$p = -y, y = c_2 \mathrm{e}^{-x}.$$

据定解条件,$y|_{x=0} = 1$,知 $c_2 = 1$. 于是原微分方程的特解为

$$y = \mathrm{e}^{-x}.$$

(3) 所给的微分方程是一个既不显含 x,又不显含 y 的二阶微分方程. 我们按不显含 y 的方程来做. 令 $y' = p$,则 $y'' = p'$. 于是原来的微分方程变为

$$p' = 1 + p^2.$$

这是一个可分离变量的微分方程,其通解为

$$p = \tan(x + c_1).$$

积分可得所给的微分方程的通解.

$$y = \int \tan(x + c_1)\mathrm{d}x = -\ln|\cos(x + c_1)| + c_2.$$

应当指出的是,在微分方程 $y'' = 1 + (y')^2$ 中,若按不显含 x 的情况去做,在解题过程中会遇到很大的困难. 这说明,一个微分方程如果同时属于两种类型时,解题过程中应当选取方法较容易的一种去解.

第三十二讲 二阶常系数线性微分方程

鉴于对一般的二阶微分方程,包括对二阶变系数的线性微分方程(齐次或非齐次),目前尚没有一般的解法,我们自然地把讨论的内容转到已经有解决办法的二阶常系数线性微分方程上来.

在这一讲中,我们首先给出二阶常系数线性齐次微分方程求通解的方法,然后再给出求二阶常系数线性非齐次方程的解法.

基本概念和重要结论

1. 二阶线性微分方程解的结构

二阶线性微分方程的一般形式为

$$y'' + p(x)y' + q(x)y = f(x).$$

当 $f(x) \neq 0$ 时,称为二阶线性非齐次微分方程;当 $f(x) = 0$ 时,称为二阶线性齐次微分方程.

(1) 若 $y_1(x)$、$y_2(x)$ 是二阶线性齐次微分方程
$$y'' + p(x)y' + q(x)y = 0$$
的两个解.则 $y = c_1 y_1(x) + c_2 y_2(x)$ 也是该二阶线性齐次微分方程的解;当 $y_1(x)$ 与 $y_2(x)$ 是线性无关(或相互独立)的两个解时,$y = c_1 y_1(x) + c_2 y_2(x)$ 则是该二阶线性齐次微分方程的通解.

(2) 若 y_1 是二阶线性非齐次微分方程
$$y'' + p(x)y' + q(x)y = f_1(x)$$
的一个解,y_2 是二阶线性非齐次微分方程
$$y'' + p(x)y' + q(x)y = f_2(x)$$
的一个解.则 $y_1 + y_2$ 是二阶线性非齐次微分方程
$$y'' + p(x)y' + q(x)y = f_1(x) + f_2(x)$$
的解.

(3) 若 y^* 是二阶线性非齐次微分方程
$$y'' + p(x)y' + q(x)y = f(x)$$
的一个特解,而 $\bar{y} = c_1 y_1 + c_2 y_2$ 是相应的二阶线性齐次微分方程
$$y'' + p(x)y' + q(x)y = 0$$
的通解,则 $y = \bar{y} + y^* = c_1 y_1 + c_2 y_2 + y^*$ 是二阶线性非齐次方程 $y'' + p(x)y' + q(x)y = f(x)$ 的通解.

二阶线性微分方程解的结构的结论,可以相应地推广到 n 阶线性微分方程中去.

2. 二阶线性常系数微分方程的解法

1) 二阶线性常系数齐次微分方程的解法

对于给定的二阶线性常系数齐次微分方程
$$y'' + py' + qy = 0.$$
先求出对应的特征方程
$$r^2 + pr + q = 0$$
的两个特征根 r_1 与 r_2.根据特征根 r_1 与 r_2 的不同情况,按照下面的表格,写出微分方程 $y'' + py' + qy = 0$ 的通解.

特征方程 $r^2 + pr + q = 0$ 的根 r_1, r_2	微分方程 $y'' + py' + qy = 0$ 的通解
两个不等的实数根 $(p^2 - 4q > 0) r_1 \neq r_2$	$y = c_1 e^{r_1 x} + c_2 e^{r_2 x}$
两个相等的实数根 $(p^2 - 4q = 0) r_1 = r_2$	$y = (c_1 + c_2 x) e^{r_1 x}$
两个共轭的复数根 $(p^2 - 4q < 0) r_{1,2} = \alpha \pm i\beta$	$y = e^{\alpha x}(c_1 \cos\beta x + c_2 \sin\beta x)$

2) 二阶线性常系数非齐次微分方程的解法

对于二阶线性常系数非齐次微分方程
$$y'' + py' + qy = f(x), (f(x) \neq 0),$$
先求出对应的齐次方程 $y'' + py' + qy = 0$(即 $f(x) = 0$)的通解 $\bar{y}$,再求出 $y'' + py' + qy = f(x)$ 的一个特解 y^*.则所求的二阶线性常系数非齐次方程的通解为
$$y = \bar{y} + y^*.$$

3) 二阶线性常系数非齐次微分方程的特解 y^* 的求法

对于二阶线性常系数非齐次微分方程

$$y'' + py' + qy = f(x), (f(x) \neq 0).$$

它的特解 y^* 可以用下面的两种方法来求.

(1) 用积分的方法求 y^*

当 $y'' + py' + qy = 0$ 的通解为 $\overline{y} = c_1 y_1 + c_2 y_2$, 当 $y_1 y_2' - y_1' y_2 \neq 0$ 时, $y'' + py' + qy = f(x)$ 的特解 y^* 为

$$y^* = y_1 \left(-\int \frac{y_2 f(x)}{y_1 y_2' - y_1' y_2} dx \right) + y_2 \left(\int \frac{y_1 f(x)}{y_1 y_2' - y_1' y_2} dx \right).$$

(2) 用待定系数法求特解 y^*

当微分方程的自由项 $f(x)$ 为多项式 $P_n(x)$、指数函数 $ae^{\alpha x}$、多项式与指数函数的乘积 $P_n(x)e^{\alpha x}$ 及 $e^{\alpha x}(a\cos\beta x + b\sin\beta x)$、$e^{\alpha x}[P_l(x)\cos\beta x + Q_m(x)\sin\beta x]$ 等五种情况时, y^* 的形式应按下面表格所列来设.

自由项 $f(x)$ 的形式	条　件	应设特解 y^* 的形式
1. $f(x) = P_n(x)$	方程中出现 $y(q \neq 0)$	$y^* = Q_n(x)$
	方程中不出现 $y(q = 0)$	$y^* = xQ_n(x)$
2. $f(x) = ae^{\alpha x}$	α 不是特征根	$y^* = Ae^{\alpha x}$
	α 是特征方程的单根	$y^* = Axe^{\alpha x}$
	α 是特征方程的重根	$y^* = Ax^2 e^{\alpha x}$
3. $f(x) = P_n(x)e^{\alpha x}$	α 不是特征根	$y^* = Q_n(x)e^{\alpha x}$
	α 是特征方程的单根	$y^* = xQ_n(x)e^{\alpha x}$
	α 是特征方程的重根	$y^* = x^2 Q_n(x)e^{\alpha x}$
4. $f(x) = e^{\alpha x}(a\cos\beta x + b\sin\beta x)$	$\alpha \pm i\beta$ 不是特征根	$y^* = e^{\alpha x}(A\cos\beta x + B\sin\beta x)$
	$\alpha \pm i\beta$ 是特征方程的根	$y^* = xe^{\alpha x}(A\cos\beta x + B\sin\beta x)$
5. $f(x) = e^{\alpha x}[P_l(x)\cos\beta x + Q_m(x)\sin\beta x]$ $n = \max\{l, m\}$	$\alpha \pm i\beta$ 不是特征根	$y^* = e^{\alpha x}[R_n(x)\cos\beta x + T_n(x)\sin\beta x]$
	$\alpha \pm i\beta$ 是特征方程的根	$y^* = xe^{\alpha x}[R_n(x)\cos\beta x + T_n(x)\sin\beta x]$

然后代入所给的二阶常系数线性非齐次微分方程求出 y^*.

另外, 也可以把 $f(x)$ 化为复数形式, 设 y^* 为相应的复数形式, 再代入微分方程求出 y^*.

3. n 阶线性常系数齐次微分方程的解法

对于 n 阶线性常系数齐次微分方程

$$y^{(n)} + p_1 y^{(n-1)} + p_2 y^{(n-2)} + \cdots + p_{n-1} y' + p_n y = 0,$$

其中 $p_i (i = 1, 2, \cdots, n)$ 为常数. 若对应的特征方程

$$r^n + p_1 r^{n-1} + p_2 r^{n-2} + \cdots + p_{n-1} r + p_n = 0.$$

如果求出了 n 个特征根, 则 n 阶线性常系数齐次微分方程的 n 个线性无关的特解, 可以按下面的表格得出.

特征方程的根	对应的线性无关的特解
(1) 一个单实根 r	$y = e^{rx}$ (一个)
(2) 一对共轭复根 $\alpha \pm i\beta$	$y_1 = e^{\alpha x}\cos\beta x, y_2 = e^{\alpha x}\sin\beta x$ (两个)
(3) l 重实根 r	$y_1 = e^{rx}, y_2 = xe^{rx}, \cdots, y_l = x^{l-1}e^{rx}$ (l 个)
(4) m 重共轭复根 $\alpha \pm i\beta$	$y_{2k-1} = x^{k-1}e^{\alpha x}\cos\beta x, y_{2k} = x^{k-1}e^{\alpha x}\sin\beta x.$ ($2m$ 个) ($k = 1,2,\cdots,m$)

从而写出其通解为

$$y = c_1 y_1 + c_2 y_2 + \cdots + c_{n-1} y_{n-1} + c_n y_n.$$

4. 欧拉(Euler)方程的解法

若 $p_i (i = 1,2,\cdots,n)$ 为常数,则形如

$$x^n y^{(n)} + p_1 x^{n-1} y^{(n-1)} + p_2 x^{n-2} y^{(n-2)} + \cdots + p_{n-1} xy' + p_n y = f(x)$$

的微分方程称为欧拉方程.

令代换 $x = e^t$ (或 $t = \ln x$) 可以把欧拉方程化为以 y 为因变量, t 为自变量的 n 阶常系数线性微分方程. 如果求出了这个 n 阶线性常系数微分方程的通解, 只需把 t 还原为 $\ln x$, 就得到了欧拉方程的通解.

一、二阶常系数线性齐次微分方程

例 8.12 求下列微分方程的解.

(1) $y'' + y' - 2y = 0$;　　(2) $y'' - 4y' + 4y = 0$;

(3) $y'' + 6y' + 13y = 0$;　　(4) $4y'' - 20y' + 25y = 0$.

解 (1) 对应的特征方程为 $r^2 + r - 2 = 0$, 其特征根为 $r_1 = 1, r_2 = -2$. 于是所求的微分方程的通解为

$$y = c_1 e^x + c_2 e^{-2x}.$$

(2) 对应的特征方程为 $r^2 - 4r + 4 = 0$, 其特征根为 $r_1 = r_2 = 2$. 于是所求的微分方程的通解为

$$y = (c_1 + c_2 x)e^{2x}.$$

(3) 对应的特征方程为 $r^2 + 6r + 13 = 0$, 其特征根为 $r_{1,2} = -3 \pm 2i$, 于是所求的微分方程的通解为

$$y = e^{-3x}(c_1 \cos 2x + c_2 \sin 2x).$$

(4) 对应的特征方程为 $4r^2 - 20r + 25 = 0$, 其特征根为 $r_{1,2} = \dfrac{5}{2}$. 于是所求的微分方程的通解为

$$y = e^{\frac{5}{2}x}(c_1 + c_2 x).$$

例 8.13 求下列微分方程的解.

(1) $y'' - 4y' + 3y = 0, y|_{x=0} = 6, y'|_{x=0} = 10$;

(2) $4y'' + 4y' + y = 0, y|_{x=0} = 2, y'|_{x=0} = 0$;

(3) $y'' - 4y' + 13y = 0, y|_{x=0} = 1, y'|_{x=0} = 14$.

解 (1) 对应的特征方程为 $r^2 - 4r + 3 = 0$, 其特征根为 $r_1 = 1, r_2 = 3$. 于是所求微分方程的通解为

$$y = c_1 e^x + c_2 e^{3x}.$$

由定解条件 $y|_{x=0} = 6, y'|_{x=0} = 10$,有

$$\begin{cases} c_1 + c_2 = 6, \\ c_1 + 3c_2 = 10. \end{cases}$$

得 $c_1 = 4, c_2 = 2$. 故所求的微分方程的特解为

$$y = 4e^x + 2e^{3x}.$$

(2) 对应的特征方程为 $4r^2 + 4r + 1 = 0$,其特征根为 $r_{1,2} = -\dfrac{1}{2}$. 于是所求的微分方程的通解为

$$y = (c_1 + c_2 x) e^{-\frac{1}{2}x}.$$

由定解条件 $y|_{x=0} = 2, y'|_{x=0} = 0$,有

$$\begin{cases} c_1 = 2, \\ -\dfrac{1}{2} c_1 + c_2 = 0. \end{cases}$$

得 $c_1 = 2, c_2 = 1$. 故所求的微分方程的特解为

$$y = (2 + x) e^{-\frac{1}{2}x}.$$

(3) 对应的特征方程为 $r^2 - 4r + 13 = 0$,其特征根为 $r_{1,2} = 2 \pm 3i$. 于是所求的微分方程的通解为

$$y = e^{2x}(c_1 \cos 3x + c_2 \sin 3x).$$

由定解条件 $y|_{x=0} = 1, y'|_{x=0} = 14$,有

$$\begin{cases} c_1 = 1, \\ 2c_1 + 3c_2 = 14. \end{cases}$$

得 $c_1 = 1, c_2 = 4$. 故所求的微分方程的特解为

$$y = e^{2x}(\cos 3x + 4\sin 3x).$$

二、二阶常系数线性非齐次微分方程

例 8.14 求下列微分方程的解

(1) $y'' - 4y' + 3y = 6x + 1$;　　(2) $y'' - 2y' = x$;

(3) $y'' - 3y' + 2y = 2x^2 - 6x + 4, y|_{x=0} = 1, y'|_{x=0} = 1$.

解 (1) 对应的齐次微分方程 $y'' - 4y' + 3y = 0$ 的通解为 $\bar{y} = c_1 e^x + c_2 e^{3x}$. 因为 $q = 3 \neq 0$,且 $f(x) = 6x + 1$ 为一次多项式,故可设特解 $y^* = Ax + B$. 有

$$y^{*\prime} = A, \quad y^{*\prime\prime} = 0,$$

代入原微分方程中,有

$$0 - 4A + 3(Ax + B) = 6x + 1,$$

即

$$3Ax + (3B - 4A) = 6x + 1.$$

知

$$A = 2, \quad B = 3,$$

于是

$$y^* = 2x + 3,$$

故原微分方程的通解为

$$y = \bar{y} + y^* = c_1 e^x + c_2 e^{3x} + 2x + 3.$$

（2）对应的齐次微分方程 $y'' - 2y' = 0$ 的通解 $\bar{y} = c_1 + c_2 e^{2x}$. 因为 $q = 0, f(x) = x$ 为一次多项式, 故可设特解 $y^* = x(Ax + B)$. 有

$$y^{*\prime} = 2Ax + B, \quad y^{*\prime\prime} = 2A.$$

代入原微分方程中, 有

$$2A - 2(2Ax + B) = x,$$

即

$$-4Ax + (2A - 2B) = x.$$

知

$$A = B = -\frac{1}{4},$$

于是

$$y^* = -\frac{1}{4}x(x + 1),$$

故原微分方程的通解为

$$y = \bar{y} + y^* = c_1 + c_2 e^{2x} - \frac{1}{4}x(x + 1).$$

（3）对应齐次微分方程 $y'' - 3y' + 2y = 0$ 的通解为 $\bar{y} = c_1 e^x + c_2 e^{2x}$. 因为 $q = 2 \neq 0, f(x) = 2x^2 - 6x + 4$ 是一个二次多项式, 故可设特解 $y^* = Ax^2 + Bx + C$. 有

$$y^{*\prime} = 2Ax + B, \quad y^{*\prime\prime} = 2A.$$

代入原微分方程中, 有

$$2A - 3(2Ax + B) + 2(Ax^2 + Bx + C) = 2x^2 - 6x + 4,$$

即

$$2Ax^2 + (2B - 6A)x + (2C + 2A - 3B) = 2x^2 - 6x + 4.$$

知

$$A = 1, B = 0, C = 1,$$

于是

$$y^* = x^2 + 1,$$

故原微分方程的通解为

$$y = \bar{y} + y^* = c_1 e^x + c_2 e^{2x} + x^2 + 1.$$

由定解条件 $y|_{x=0} = 1, y'|_{x=0} = 1.$ 可得出任意常数

$$c_1 = -1, c_2 = 1.$$

知原微分方程的特解为

$$y = e^{2x} - e^x + x^2 + 1.$$

例 8.15 求下列微分方程的解.

(1) $2y'' + y' - y = 2e^x$;　　(2) $y'' - 2y' - 3y = e^{-x}$;

(3) $y'' + 4y' + 4y = e^{-2x}.$

解 (1) 对应齐次微分方程 $2y'' + y' - y = 0$ 的通解 $\bar{y} = c_1 e^{-x} + c_2 e^{\frac{1}{2}x}$. 且 $\alpha = 1$ 它不是特征方程的根, 故可设特解 $y^* = Ae^x$. 有

$$y^{*\prime} = Ae^x, \quad y^{*\prime\prime} = Ae^x.$$

代入原微分方程中, 有

$$2Ae^x + Ae^x - Ae^x = 2e^x.$$

即
$$2Ae^x = 2e^x,$$
知
$$A = 1,$$
于是
$$y^* = e^x,$$
故原微分方程的通解为
$$y = \bar{y} + y^* = c_1 e^{-x} + c_2 e^{\frac{1}{2}x} + e^x.$$

(2) 对应齐次微分方程 $y'' - 2y' - 3y = 0$ 的通解为 $\bar{y} = c_1 e^{-x} + c_2 e^{3x}$,因为 $\alpha = -1$ 是特征方程的单根. 故可设特解 $y^* = xAe^{-x} = Axe^{-x}$. 有
$$y^{*\prime} = A(1-x)e^{-x}, y^{*\prime\prime} = A(x-2)e^{-x}.$$
代入原微分方程中,得
$$A(x-2)e^{-x} - 2A(1-x)e^{-x} - 3Axe^{-x} = e^{-x},$$
即
$$-4A = 1,$$
知
$$A = -\frac{1}{4},$$
于是
$$y^* = -\frac{1}{4}xe^{-x},$$
故原微分方程的通解为
$$y = \bar{y} + y^* = c_1 e^{-x} + c_2 e^{3x} - \frac{1}{4}xe^{-x}.$$

(3) 对应齐次微分方程 $y'' + 4y' + 4y = 0$ 的通解 $\bar{y} = (c_1 + c_2 x)e^{-2x}$,且 $\alpha = -2$. 它是特征方程的二重根,故设特解 $y^* = Ax^2 e^{-2x}$. 有
$$y^{*\prime} = 2A(x-x^2)e^{-2x}, \quad y^{*\prime\prime} = 2A(1-4x+2x^2)e^{-2x}.$$
代入原微分方程中,有
$$2A(1-4x+2x^2)e^{-2x} + 4 \cdot 2A(x-x^2)e^{-2x} + 4Ax^2 e^{-2x} = e^{-2x}.$$
即
$$2A = 1, \quad A = \frac{1}{2},$$
于是
$$y^* = \frac{1}{2}x^2 e^{-2x},$$
故原微分方程的通解为
$$y = \bar{y} + y^* = (c_1 + c_2 x)e^{-2x} + \frac{1}{2}x^2 e^{-2x}.$$

例 8.16 求下列微分方程的解.
(1) $y'' - 4y' + 4y = x^2 e^x$; (2) $y'' - 3y' + 2y = (x-1)e^x$;
(3) $y'' - 6y' + 9y = (x+1)e^{3x}$.

解 (1) 对应的齐次微分方程 $y'' - 4y' + 4y = 0$ 的通解为 $\bar{y} = (c_1 + c_2 x)e^{2x}$,且 $\alpha = 1$,它不是特征方程的根,故设特解 $y^* = (Ax^2 + Bx + C)e^x$. 有

$$y^{*\prime} = [Ax^2 + (2A+B)x + (B+C)]e^x,$$
$$y^{*\prime\prime} = [Ax^2 + (4A+B)x + (2A+2B+C)]e^x.$$

代入原微分方程中,得
$$[Ax^2 + (4A+B)x + (2A+2B+C)]e^x - 4[Ax^2 + (2A+B)x + (B+C)]e^x + 4(Ax^2 + Bx + C)e^x = x^2 e^x.$$

即
$$Ax^2 + (B-4A)x + (2A-2B+C) = x^2,$$

知
$$A = 1, B = 4, C = 6,$$

于是
$$y^* = (x^2 + 4x + 6)e^x,$$

故原微分方程的通解为
$$y = \overline{y} + y^* = (c_1 + c_2 x)e^{2x} + (x^2 + 4x + 6)e^x.$$

(2) 对应的齐次微分方程 $y'' - 3y' + 2y = 0$ 的通解为 $\overline{y} = c_1 e^x + c_2 e^{2x}$,且 $\alpha = 1$,它是特征方程的单根. 故可设特解 $y^* = x(Ax + B)e^x$,有
$$y^{*\prime} = [Ax^2 + (2A+B)x + B]e^x,$$
$$y^{*\prime\prime} = [Ax^2 + (4A+B)x + (2A+2B)]e^x.$$

代入原微分方程中,得
$$[Ax^2 + (4A+B)x + 2(A+B)]e^x - 3[Ax^2 + (2A+B)x + B]e^x + 2x(Ax+B)e^x = (x-1)e^x,$$

即
$$-2Ax + (2A - B) = x - 1,$$

知
$$A = -\frac{1}{2}, B = 0,$$

于是
$$y^* = -\frac{1}{2}x^2 e^x,$$

故原微分方程的通解为
$$y = \overline{y} + y^* = c_1 e^x + c_2 e^{2x} - \frac{1}{2}x^2 e^x.$$

(3) 对应的齐次微分方程 $y'' - 6y' + 9y = 0$ 的通解为 $\overline{y} = (c_1 + c_2 x)e^{3x}$,且 $\alpha = 3$,是特征方程的二重根. 故可设特解 $y^* = x^2(Ax + B)e^{3x}$,有
$$y^{*\prime} = [3Ax^3 + 3(A+B)x^2 + 2Bx]e^{3x},$$
$$y^{*\prime\prime} = [9Ax^3 + 9(2A+B)x^2 + 6(A+2B)x + 2B]e^{3x}.$$

代入原微分方程中,得
$$[9Ax^3 + 9(2A+B)x^2 + 6(A+2B)x + 2B]e^{3x} - 6[3Ax^3 + 3(A+B)x^2 + 2Bx]e^{3x} + 9x^2(Ax+B)e^{3x} = (x+1)e^{3x},$$

即
$$6Ax + 2B = x + 1,$$

知
$$A = \frac{1}{6}, B = \frac{1}{2},$$

于是
$$y^* = x^2\left(\frac{1}{6}x + \frac{1}{2}\right)e^{3x} = \frac{1}{2}x^2\left(\frac{1}{3}x + 1\right)e^{3x}.$$
故原微分方程的通解为
$$y = \bar{y} + y^* = (c_1 + c_2 x)e^{3x} + \frac{1}{2}x^2\left(\frac{1}{3}x + 1\right)e^{3x}.$$

例 8.17 求下列微分方程的解.

(1) $y'' + 2y' + 2y = e^{-x}\sin x$; (2) $y'' - 2y' + 5y = e^x\cos 2x$;

(3) $y'' + 2y' + y = x\sin x$.

解 (1) 对应的齐次微分方程 $y'' + 2y' + 2y = 0$ 的通解为 $\bar{y} = e^{-x}(c_1\cos x + c_2\sin x)$. 为了求出微分方程的特解 y^*, 我们有下面的两种方法.

解法 1 设 $y^* = e^{-x} \cdot x(A\cos x + B\sin x)$, 则将 $y^{*\prime}, y^{*\prime\prime}$ 的结果代入原方程, 有
$$2A(-\cos x - \sin x) + 2B(\cos x - \sin x) + 2A\cos x + 2B\sin x = \sin x,$$
即
$$2B\cos x - 2B\sin x = \sin x,$$
知
$$A = -\frac{1}{2}, \quad B = 0,$$
于是
$$y^* = -\frac{1}{2}xe^{-x}\cos x,$$
故原微分方程的通解为
$$y = \bar{y} + y^* = e^{-x}(c_1\cos x + c_2\sin x) - \frac{1}{2}xe^{-x}\cos x.$$

解法 2 我们利用复数的方法来求 y^*, 考虑微分方程
$$z'' + 2z' + 2z = e^{(-1+i)x}$$
的特解 $z^* = Axe^{(-1+i)x}$. 把 z^* 代入上面含 z 的二阶线性非齐次微分方程, 化简后有
$$2(-1+i)Ae^{(-1+i)x} + 2Ae^{(-1+i)x} = e^{(-1+i)x},$$
知
$$A = -\frac{i}{2},$$
于是
$$z^* = -\frac{i}{2}xe^{(-1+i)x} \xrightarrow{\text{(由 Euler 公式)}} \left(\frac{x}{2}\sin x - \frac{i}{2}x\cos x\right)e^{-x},$$
而
$$y^* = \text{Im}(z^*) = -\frac{x}{2}\cos x e^{-x},$$
故原微分方程的通解为
$$y^* = \bar{y} + y^* = e^{-x}(c_1\cos x + c_2\sin x) - \frac{1}{2}xe^{-x}\cos x.$$

(2) 对应的齐次微分方程 $y'' - 2y' + 5y = 0$ 的通解为 $\bar{y} = e^x(c_1\cos 2x + c_2\sin 2x)$. 为了求出微分方程的特解 y^*, 我们用复数的方法来求. 考虑微分方程
$$z'' - 2z' + 5z = e^{(1+2i)x}$$
的特解 $z^* = Axe^{(1+2i)x}$. 把 z^* 求导, 有

$$z^{*\prime} = e^{(1+2i)x}[A + A(1+2i)x], \quad z^{*\prime\prime} = e^{(1+2i)x}[2A(1+2i) + A(1+2i)^2 x].$$

再代入上面的含 z 的二阶线性非齐次微分方程,化简后有

$$4Ai = 1, \quad A = -\frac{i}{4},$$

于是

$$z^* = -\frac{i}{4}xe^{(1+2i)x} \xrightarrow{\text{(由 Euler 公式)}} -\frac{i}{4}xe^x(\cos 2x + i\sin 2x),$$

而

$$y^* = \mathrm{Re}(z^*) = \frac{1}{4}xe^x \sin 2x,$$

故原微分方程的通解为

$$y = \bar{y} + y^* = e^x(c_1 \cos 2x + c_2 \sin x) + \frac{1}{4}xe^x \sin 2x.$$

(3) 对应的齐次微分方程 $y'' + 2y' + y = 0$ 的通解为 $\bar{y} = (c_1 + c_2 x)e^{-x}$. 为了求出微分方程的特解 y^*,我们用复数的方法来求. 考虑微分方程

$$z'' + 2z' + z = xe^{ix}$$

的特解 $z^* = (Ax + B)e^{ix}$. 把 z^* 求导,有

$$z^{*\prime} = Ae^{ix} + (Ax + B)ie^{ix}, \quad z^{*\prime\prime} = 2Aie^{ix} - (Ax + B)e^{ix}.$$

把 z^* 代入上面含 z 的二阶线性非齐次微分方程,化简后有

$$2Aix + 2A + 2(A + B)i = 1,$$

知

$$A = -\frac{i}{2}, \quad B = \frac{1+i}{2},$$

于是

$$z^* = \left(-\frac{i}{2}x + \frac{1+i}{2}\right)e^{ix} = \left[\left(-\frac{1}{2}x + \frac{1}{2}\right)i + \frac{1}{2}\right](\cos x + i\sin x)$$

$$= \left[\left(\frac{1}{2}x - \frac{1}{2}\right)\sin x + \frac{1}{2}\cos x\right] + i\left[\left(-\frac{1}{2}x + \frac{1}{2}\right)\cos x + \frac{1}{2}\sin x\right].$$

而

$$y^* = \mathrm{Im}(z^*) = \left(-\frac{1}{2}x + \frac{1}{2}\right)\cos x + \frac{1}{2}\sin x,$$

故原微分方程的通解为

$$y = \bar{y} + y^* = (c_1 + c_2 x)e^{-x} + \left(-\frac{1}{2}x + \frac{1}{2}\right)\cos x + \frac{1}{2}\sin x.$$

从例 8.14 到例 8.17 给出了求二阶常系数线性非齐次微分方程的通解的例子. 这一类例子的核心问题是针对微分方程中不同形式的自由项 $f(x)$ 微分方程的特解 y^* 的求法. 待定系数法对自由项不太复杂的情况是可以应用的,而对于 $f(x) = e^{\alpha x}[P_l(x)\cos\beta x + Q_m(x)\sin\beta x]$,再用待定系数法去求特解 y^*,就过于繁杂了. 这时就可以像例 8.17 那样利用复数去求 y^*,就方便多了. 当然,对于在中学数学中没有学过复数的同学,就存在较多的困难了.

例 8.18 求 $y'' + y = \dfrac{1}{\cos x}$ 的通解.

解 对应齐次微分方程 $y'' + y = 0$ 的通解为 $\bar{y} = c_1 \cos x + c_2 \sin x$. 由于微分方程的自由项 $f(x) = \dfrac{1}{\cos x}$,它不属于所给出的五种类型中的任何一种. 我们用积分的方法求微分方程的特

解 y^*.

因为 $f(x) = \dfrac{1}{\cos x}, y_1 = \cos x, y_2 = \sin x$. 且 $y_1 y_2' - y_1' y_2 = 1 \neq 0$. 故有

$$y^* = y_1\left(-\int \dfrac{y_2 f(x)}{y_1 y_2' - y_1' y_2} dx\right) + y_2\left(\int \dfrac{y_1 f(x)}{y_1 y_2' - y_1' y_2} dx\right)$$

$$= \cos x\left(-\int \dfrac{\sin x}{\cos x} dx\right) + \sin x\left(\int \dfrac{\cos x}{\cos x} dx\right) = \cos x \ln|\cos x| + x\sin x.$$

故所给的微分方程的通解为

$$y = \bar{y} + y^* = c_1 \cos x + c_2 \sin x + \cos x \ln|\cos x| + x\sin x.$$

三、n 阶常系数线性齐次微分方程及欧拉(Euler)方程

例 8.19 求 $y''' + 2y'' - y' - 2y = 0$ 的通解.

解 因为微分方程的特征方程为

$$r^3 + 2r^2 - r - 2 = 0,$$

即

$$(r-1)(r+1)(r+2) = 0,$$

所以特征根为

$$r_1 = -1, r_2 = 1, r_3 = -2,$$

故所给的微分方程的通解为

$$y = c_1 e^{-x} + c_2 e^x + c_3 e^{-2x}.$$

例 8.20 求出 $y^{(4)} - 4y''' + 10y'' - 12y' + 5y = 0$ 的通解,并写出 $y^{(4)} - 4y''' + 10y'' - 12y' + 5y = e^x \sin 2x$ 的特解 y^* 的形式(不必求出具体的 y^*).

解 因为四阶常系数线性齐次微分方程的特征方程为

$$r^4 - 4r^3 + 10r^2 - 12r + 5 = 0.$$

所以特征根为

$$r_1 = r_2 = 1, r_{3,4} = 1 \pm 2i.$$

故四阶常系数线性齐次微分方程的通解为

$$y = (c_1 + c_2 x)e^x + e^x(c_3 \cos 2x + c_4 \sin 2x).$$

由于 $\alpha + i\beta = 1 + 2i = r_3$,是特征方程的单根. 因此自由项 $f(x) = e^x \sin 2x$ 的非齐次微分方程的特解 y^* 的形式为

$$y^* = xe^x(A\cos 2x + B\sin 2x).$$

例 8.21 求下列欧拉方程的解

(1) $y'' - \dfrac{1}{x}y' + \dfrac{1}{x^2}y = \dfrac{2}{x}$; (2) $x^3 y''' + x^2 y'' - 4xy' = 3x^2$;

*(3) $x^2 y'' + xy' + y = 2\sin(\ln x), y|_{x=1} = 0, y'|_{x=1} = 0.$

解 (1) 将所给的微分方程化为标准的欧拉方程,有

$$x^2 y'' - xy' + y = 2x. \qquad ①$$

令 $x = e^t$,即 $t = \ln x$,则有

$$\dfrac{dy}{dx} = \dfrac{dy}{dt} \cdot \dfrac{dt}{dx} = \dfrac{1}{x}\dfrac{dy}{dt}, \quad \dfrac{d^2 y}{dx^2} = \dfrac{1}{x^2}\left(\dfrac{d^2 y}{dt^2} - \dfrac{dy}{dt}\right).$$

则方程 ① 化为

$$\frac{d^2y}{dt^2} - 2\frac{dy}{dt} + y = 2e^t. \qquad ②$$

方程 ② 已是二阶常系数线性非齐次微分方程. 它的对应齐次微分方程的通解为 $\bar{y} = (c_1 + c_2 t)e^t$. 设其特解 $y^* = At^2 \cdot e^t$, 则 $y^{*'} = A(t^2 + 2t)e^t, y^{*''} = A(t^2 + 4t + 2)e^t$. 代入微分方程 ②, 可定出 $A = 1$, 于是

$$y^* = t^2 e^t,$$

故微分方程 ② 的通解为

$$y = \bar{y} + y^* = (c_1 + c_2 t)e^t + t^2 e^t.$$

将 $t = \ln x$ 代入上式, 得到原微分方程的通解为

$$y = x(c_1 + c_2 \ln x) + x \ln^2 x.$$

(2) 令 $x = e^t$, 即 $t = \ln x$. 则原微分方程化为

$$\frac{d^3 y}{dt^3} - 2\frac{d^2 y}{dt^2} - 3\frac{dy}{dt} = 3e^{2t}.$$

这个微分方程的对应齐次微分方程的通解为

$$\bar{y} = c_1 + c_2 e^{-t} + c_3 e^{3t}.$$

设 $y^* = Ae^{2t}$, 不难确定出 $A = -\frac{1}{2}$, 故

$$y^* = -\frac{1}{2}e^{2t},$$

于是所给的微分方程的通解为

$$y = \bar{y} + y^* = c_1 + c_2 e^{-t} + c_3 e^{3t} - \frac{1}{2}e^{2t} = c_1 + c_2 \frac{1}{x} + c_3 x^3 - \frac{1}{2}x^2.$$

* (3) 令 $x = e^t$, 则 $t = \ln x$. 用 D 算子法, 则原微分方程可以化为

$$D(D-1)y + Dy + y = 2\sin t,$$

特征方程为

$$r(r-1) + r + 1 = 0, \text{即} r^2 + 1 = 0.$$

其特征根为 $r_{1,2} = \pm i$. 于是对应齐次微分方程的通解为

$$\bar{y} = c_1 \cos t + c_2 \sin t.$$

设特解 $y^* = t(A\cos t + B\sin t)$, 代入 $\frac{d^2 y}{dt^2} + y = 2\sin t$ 中可以解出 $A = -1, B = 0$. 即

$$y^* = -t\cos t,$$

于是原微分方程的通解为

$$y = \bar{y} + y^* = c_1 \cos t + c_2 \sin t - t\cos t = c_1 \cos(\ln x) + c_2 \sin(\ln x) - \ln x \cdot \cos(\ln x).$$

由定解条件 $y|_{x=1} = 0, y'|_{x=1} = 0$, 代入通解中, 可解得 $c_1 = 0, c_2 = 1$. 故满足定解条件的特解为

$$y = \sin(\ln x) - \ln x \cos(\ln x).$$

第三十三讲 微分方程的应用举例

微分方程在自然科学和工程技术中有着广泛的应用. 在用微分方程这个数学工具去解决实际问题时, 首先应当分析实际问题中的已知量和未知量; 其次要根据问题所遵循的几何规律、物

理规律或经济规律建立起相应的微分方程及定解条件;最后求出满足微分方程及定解条件的解,从而使实际问题得到解决.

微分方程的应用主要是指:

1. 在几何中的应用

微分方程在几何中的应用,主要是利用导数的几何意义,即 $\dfrac{dy}{dx}$ 表示曲线 $y = f(x)$ 上点 (x,y) 处的切线斜率、定积分的几何意义,即 $\int_a^x f(t)dt$ 表示曲线 $y = f(x)(f(x) \geq 0)$ 与 $x = a, x = x$ 及 Ox 轴所围图形的面积,弧长公式 $s = \int_a^x \sqrt{1+(y')^2}dx$ 表示曲线 $y = f(x)$ 在 $x = a$ 与 $x = x$ 之间的弧段长度等几何意义,建立相应的微分方程,从而求得曲线 $y = f(x)$.

2. 在物理中的应用

微分方程在物理中的应用,主要是利用导数的物理含义,即可以用 $\dfrac{ds}{dt}$ 表示位移函数为 $s = s(t)$ 的物体在 t 时刻的运动速度,$\dfrac{d^2s}{dt^2}$ 表示加速度,并根据物体的受力情况,由牛顿第二定律 $F = ma$ 建立相应的微分方程,从而讨论物体运动的规律. 或对一平衡系统进行受力分析,并根据平衡条件建立相应的微分方程.

3. 在经济及其他自然科学中的应用

由于从学习知识到应用知识不是一件简单易行的事情,微分方程的应用要涉及到较多的非数学的"专业常识". 在这一讲中,我们仅给出一阶、二阶微分方程的应用举例.

一、一阶微分方程的应用举例

例 8.22 镭的衰变速度与镭的现存量 R 成正比. 经过 1600 年后镭的剩余量只有初始量 R_0 的一半,求镭的现存量 R 与时间 t 的函数关系.

解 由已知条件可以建立如下的微分方程:

$$\dfrac{dR}{dt} = -kR, (k>0), R|_{t=0} = R_0.$$

这是一个一阶可分离变量的微分方程,分离变量,有

$$\dfrac{dR}{R} = -kdt.$$

积分,得

$$\ln R = -kt + c_1,$$

即

$$R = e^{-kt+c_1} = ce^{-kt}, (c = e^{c_1}).$$

由定解条件:$R|_{t=0} = R_0$,有

$$R = R_0 e^{-kt}.$$

另一方面,因为 $t = 1600$ 时,$R = \dfrac{1}{2}R_0$. 所以有

$$\dfrac{1}{2}R_0 = R_0 e^{-1600k}, 即 1600k = \ln 2,$$

知

$$k = \frac{\ln 2}{1600},$$

从而所求的镭的现存量 R 与时间 t 的函数关系为

$$R = R_0 e^{-\frac{\ln 2}{1600}t}.$$

例8.23 将温度为100℃的物体放入温度为20℃的介质中自由冷却. 若8min后物体的温度降为60℃. 求物体的温度 T 与时间 t 的函数关系.

解 由牛顿冷却定律知,物体的冷却速度 $\dfrac{\mathrm{d}T}{\mathrm{d}t}$ 与物体及介质的温差 $T - 20$ 成正比(k 为比例常数). 故有微分方程:

$$\frac{\mathrm{d}T}{\mathrm{d}t} = k(T - 20), T|_{t=0} = 100.$$

这是一个一阶可分离变量的微分方程. 显然它的通解为

$$T - 20 = c e^{kt},$$

即

$$T = c e^{kt} + 20,$$

由定解条件 $T|_{t=0} = 100$,有 $c = 80$. 于是有

$$T = 80 e^{kt} + 20.$$

另一方面,由于 $T|_{t=8} = 60℃$. 知

$$60 = 80 e^{8k} + 20,$$

有

$$e^{8k} = \frac{1}{2}, k = \frac{1}{8}(-\ln 2) = -0.0866,$$

因此物体的温度 T 与时间 t 的函数关系为

$$T = 80 e^{-0.0866t} + 20.$$

例8.24 设高 H 底半径为 R 的圆锥形容器,圆锥的顶端有一个面积为 S 的小孔,水从小孔中流出的速度为 $v = k\sqrt{2gh}$,其中 h 是时刻 t 时液面的高度,g 是重力加速度,k 是流量系数,若开始水面的高度为 H. 求

(1) 在小孔流水过程中,水面高度 h 随时间 t 变化的规律;

(2) 圆锥形容器放空水所需要的时间 T_0.

解 建立坐标系如图33-1所示.

(1) 设容器内水的体积减少量 Q_1 等于流出量 Q_2. 考查在 $[t, t+\mathrm{d}t](\mathrm{d}t > 0)$ 内液面高度由 h 变到 $h + \mathrm{d}h(\mathrm{d}h < 0)$,容器内水体积的减少量的微分是

$$\mathrm{d}Q_1 = -\pi r^2 \mathrm{d}h, (r 为时刻 t 时的液面半径),$$

而流出水量的微分为

$$\mathrm{d}Q_2 = Sv\mathrm{d}t = Sk\sqrt{2gh}\,\mathrm{d}t,$$

于是由 $\mathrm{d}Q_1 = \mathrm{d}Q_2$,有

$$-\pi r^2 \mathrm{d}h = Sk\sqrt{2gh}\,\mathrm{d}t. \quad ①$$

由图33-1可知 $r = \dfrac{hR}{H}$,代入方程 ① 有

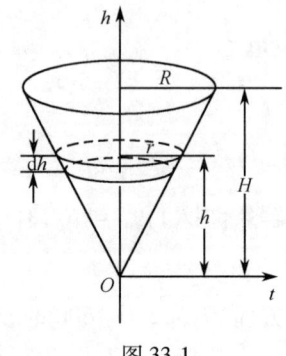

图33-1

$$-\frac{\pi R^2 h^2}{H^2}\mathrm{d}h = Sk\sqrt{2gh}\,\mathrm{d}t,$$

即

$$-\frac{\pi R^2 h^{\frac{3}{2}}}{H^2}\mathrm{d}h = Sk\sqrt{2g}\,\mathrm{d}t,$$

积分有

$$-\frac{2\pi R^2 h^{\frac{5}{2}}}{5H^2} = Sk\sqrt{2g}\,t + c.$$

由定解条件,$h\mid_{t=0} = H$. 得

$$c = -\frac{2\pi R^2 H^{\frac{5}{2}}}{5H^2},$$

故所求的 h 与 t 的变化规律为

$$\frac{2\pi R^2}{5H^2}(H^{\frac{5}{2}} - h^{\frac{5}{2}}) = Sk\sqrt{2g}\,t.$$

（2）容器放空时,$h = 0$,所用的时间为

$$T_0 = \frac{\pi R^2}{5Sk}\sqrt{\frac{2H}{g}}.$$

例 8.25 一质量为 m 的船以速度 v_0 行驶,在时刻 $t = 0$ 时,将动力关闭.假定水的阻力正比于 v^2,求速度 v 与经过的距离的函数关系.

解 设正比例系数为 k,则有

$$m\frac{\mathrm{d}v}{\mathrm{d}t} = -kv^2,$$

因为 $m\dfrac{\mathrm{d}v}{\mathrm{d}t} = m\dfrac{\mathrm{d}v}{\mathrm{d}x}\cdot\dfrac{\mathrm{d}x}{\mathrm{d}t} = mv\dfrac{\mathrm{d}v}{\mathrm{d}x}$. 所以有微分方程

$$mv\frac{\mathrm{d}v}{\mathrm{d}x} = -kv^2.$$

它的通解为

$$v = c\mathrm{e}^{-\frac{k}{m}x},$$

由定解条件,$v\mid_{x=0} = v_0$,有 $c = v_0$,故速度 v 与距离 x 之间的函数关系为

$$v = v_0\mathrm{e}^{-\frac{k}{m}x}.$$

例 8.26 我国在 1990 年时人口的总数为 11.6 亿. 试写出我国人口数与年份的函数关系.

解 人口函数,大体可以表示为与指数函数成正比的关系,在短时期内,它可以用下列微分方程来表达

$$\frac{\mathrm{d}p}{p} = A\left(1 - \frac{t - t_0}{60}\right)\mathrm{d}t, p\mid_{t=t_0} = p_0 = 11.6\times 10^9.$$

其中 $p(t)$ 是时间 t（以年为单位）的我国人口数,$A = 0.01073$ 为常数,$t_0 = 1990$. 显然,这是一个可分离变量型的微分方程,其通解为

$$p(t) = c\mathrm{e}^{A\left[(t-t_0)-\frac{(t-t_0)^2}{120}\right]},$$

由定解条件 $p\mid_{t=t_0} = p_0 = 11.6\times 10^8$. 有特解

$$p(t) = p_0\mathrm{e}^{A(t-t_0)\left(1-\frac{t-t_0}{120}\right)}.$$

取 $A = 0.01073$. 则有

$$p(t) = p_0 e^{0.01073 \cdot (t-t_0)} \left(1 - \frac{t-t_0}{120}\right).$$

由这个结果,我们可以得出 $p(2000) = 12.8$ 亿, $p(2010) = 13.80$ 亿. 也就是说,由1990年的数据,我们预测到2000年时我国人口数为12.8亿,到2010年我国的人口数为13.8亿. 而到2050年则有 $p(2050) = 16$ 亿人口. 应当说明的是,人口与年份的函数只是一个近期的预测函数. 对中长期的参考价值较小,不同的时期,还要依据若干外因,重新再建立新的函数.

例8.27 设函数 $f(x)$ 在 $x \in [1, +\infty)$ 上连续,若由曲线 $y = f(x)$,直线 $x = 1, x = t, (t > 1)$ 与 Ox 轴所围成的平面图形绕 Ox 轴旋转一周所成的旋转体的体积为 $V(t) = \frac{\pi}{3}[t^2 f(t) - f(1)]$. 求 $y = f(x)$ 满足的微分方程,并求满足 $y|_{x=2} = \frac{2}{9}$ 的特解.

解 依题意有

$$V(t) = \pi \int_1^t f^2(x) dx = \frac{\pi}{3}[t^2 f(t) - f(1)].$$

等式两边对 t 求导,有

$$3f^2(t) = 2tf(t) + t^2 f'(t),$$

即 $y = f(x)$ 满足

$$x^2 y' = 3y^2 - 2xy. \qquad ①$$

这是一个一阶齐次的微分方程,令 $y = xu$,代入微分方程①中,有

$$x \frac{du}{dx} = 3u(u-1). \qquad ②$$

分离变量,再积分,有微分方程②的通解

$$\frac{u-1}{u} = cx^3.$$

于是微分方程①的通解为

$$y = cx^3 y + x.$$

由定解条件 $y|_{x=2} = \frac{2}{9}$,可知 $c = -1$. 所求的特解为

$$y = \frac{x}{1 + x^3}.$$

例8.28 设旋转曲面形状的凹镜,由旋转轴上的一点 O 发出的一切光线经过此凹镜的反射后都与旋转轴平行,求此旋转曲面的生成曲线 L 的方程.

解 设旋转轴为 Ox 轴,光源的所在处为原点 O,如图33-2所示. 并设 xOy 面与旋转曲面的交线 $y = f(x)$ 为所求的生成曲线 L.

过曲线 L 上的一点 $M(x,y)$ 作 L 的切线 MT,其倾角为 α,若入射线 OM 与 Ox 轴的夹角为 θ,与 MT 的夹角为 α_1,反射线 MS 与 MT 的夹角为 α_2. 由于 $\alpha_1 = \alpha_2 = \alpha, \theta = 2\alpha$. 有

$$\tan\theta = \frac{2\tan\alpha}{1 - \tan^2\alpha}. \qquad ①$$

由导数的几何意义,$y' = \tan\alpha = f'(x)$,

$$\tan\theta = \frac{y}{x}. \qquad ②$$

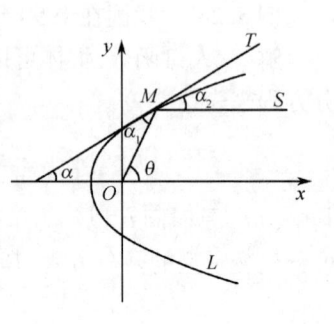

图 33-2

由①、②两式可知

$$\frac{y}{x} = \frac{2y'}{1 - y'^2}.$$

若只讨论生成曲线 $y = f(x)$ 的上半支,则有

$$y' = -\frac{x}{y} + \sqrt{1 + \left(\frac{x}{y}\right)^2}. \qquad ③$$

这是一阶齐次方程. 设 $y = xu$,代入微分方程 ③,有

$$\frac{u\mathrm{d}u}{-(1 + u^2) + \sqrt{1 + u^2}} = \frac{\mathrm{d}x}{x},$$

令 $v^2 = 1 + u^2$,代入上式,知

$$\frac{-\mathrm{d}v}{v - 1} = \frac{\mathrm{d}x}{x},$$

得

$$x(v - 1) = c.$$

还原为原变量 x,y 之后,有

$$x\left(\frac{\sqrt{x^2 + y^2}}{x} - 1\right) = c,$$

或

$$y^2 = 2cx + c^2 = 2c\left(x + \frac{1}{2}c\right).$$

可知所求的生成曲线 L 为抛物线,它是顶点在 $\left(-\frac{1}{2}c, 0\right)$ 的一条抛物线. 而这个方程实际上已经包括了生成曲线的上、下两个半支.

例 8.29 在连结 $A(0,1)$ 和 $B(1,0)$ 两点的一条凸曲线 $y = y(x)$ 上任取一点 $P(x,y)$. 已知曲线 $y(x)$ 与弦 AP 之间的面积为 x^3,求曲线 $y = y(x)$ 的方程.

解 如图 33-3 所示. 作 $PC \perp Ox$ 轴,则梯形 $OCPA$ 的面积为 $\frac{1}{2}x(1 + y)$. 于是

$$\int_0^x y\mathrm{d}x - \frac{1}{2}x(1 + y) = x^3.$$

两边对 x 求导,得

$$y - \frac{1}{2}(1 + y + xy') = 3x^2,$$

即

$$y' - \frac{1}{x}y = -\frac{1}{x} - 6x, y|_{x=1} = 0.$$

这是一个一阶线性微分方程,其通解为

$$y = \mathrm{e}^{-\int -\frac{1}{x}\mathrm{d}x}\left[\int\left(-\frac{1}{x} - 6x\right)\mathrm{e}^{-\int \frac{1}{x}\mathrm{d}x}\mathrm{d}x + c\right]$$

$$= x\left(\frac{1}{x} - 6x + c\right),$$

由定解条件 $y|_{x=1} = 0$,知 $c = 5$. 故所求的曲线方程为

$$y = -6x^2 + 5x + 1.$$

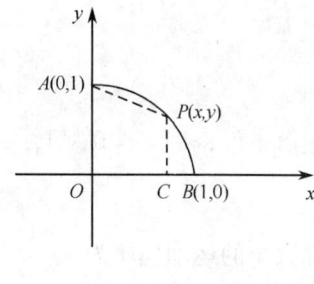

图 33-3

二、二阶微分方程的应用举例

例 8.30 一条长为 6m 的链条自光滑无摩擦的桌面上向下滑动,假定下滑开始时链条在桌

面下垂部分有 1m 长,问链条全部滑过桌面需要多少时间?

解 设下垂部分的长度为 $s = s(t)$. 由牛顿第二定律,当链条的密度为 μ 时,有

$$6\mu \frac{d^2 s}{dt^2} = \mu s g,$$

即

$$\frac{d^2 s}{dt^2} - \frac{g}{6} s = 0, s\big|_{t=0} = 1, s'\big|_{t=0} = 0.$$

这个微分方程的通解为

$$s = c_1 e^{\sqrt{\frac{g}{6}}t} + c_2 e^{-\sqrt{\frac{g}{6}}t},$$

由定解条件 $s\big|_{t=0} = 1, s'\big|_{t=0} = 0$,有

$$c_1 = c_2 = \frac{1}{2}.$$

于是下垂部分的长度为

$$s = \frac{1}{2}(e^{\sqrt{\frac{g}{6}}t} + e^{-\sqrt{\frac{g}{6}}t}),$$

当 $s = 6$ 时,得

$$t = \sqrt{\frac{6}{g}} \ln(6 + \sqrt{35})(s)$$

这就是链条全部滑过桌面所需要的时间.

例 8.31 火车沿水平的直线轨道运动,设火车的质量为 M,机车的牵引力为 F,v 为火车的速度,阻力为 $a + bv$,其中 a, b 为常数,若已知火车的初速度与初位移均为零,求火车的运动规律 $s = s(t)$.

解 由牛顿第二定律,得

$$M \frac{d^2 s}{dt^2} = F - \left(a + b \frac{ds}{dt}\right),$$

即

$$M \frac{d^2 s}{dt^2} + b \frac{ds}{dt} = F - a, s\big|_{t=0} = 0, s'\big|_{t=0} = 0.$$

求得通解

$$s = c_1 + c_2 e^{-\frac{b}{M}t} + \frac{F - a}{b} t.$$

由定解条件,$s\big|_{t=0} = 0, s'\big|_{t=0} = 0$. 解得

$$c_1 = -\frac{M(F - a)}{b^2}, c_2 = \frac{M(F - a)}{b^2},$$

从而火车的运动规律为

$$s = \frac{F - a}{b}\left(t + \frac{M}{b} e^{-\frac{b}{M}t} - \frac{M}{b}\right).$$

例 8.32 设质量为 M 的物体在冲击力 F 的作用下以初速度 v_0 在一个水平面上滑动,作用于物体的摩擦力为 $-2M$. 求物体的运动规律,并问物体能滑多远.

解 设物体的运动规律为 $s = s(t)$. 由牛顿第二定律有

$$M \frac{d^2 s}{dt^2} = -2M, s\big|_{t=0} = 0, s'\big|_{t=0} = v_0.$$

有通解

$$s = c_1 + c_2 t - t^2.$$

由定解条件 $s|_{t=0} = 0, s'|_{t=0} = v_0$. 知

$$c_1 = 0, c_2 = v_0,$$

从而所求的运动规律为

$$s = v_0 t - t^2.$$

令

$$s' = v_0 - 2t = 0,$$

得驻点 $t = \frac{1}{2}v_0$, 即经过 $t = \frac{1}{2}v_0$ 之后物体停止运动, 在这一段时间内物体所走过的路程为

$$s = v_0 \left(\frac{1}{2}v_0\right) - \left(\frac{1}{2}v_0\right)^2 = \frac{1}{4}v_0^2.$$

例 8.33 质量为 M 的物体从空中自由落下, 设空气的阻力的大小与落体的速度成正比, 比例系数 $k > 0$. 求物体下落的运动规律 $s(t)$.

解 由牛顿第二定律, 有

$$M\frac{d^2 s}{dt^2} = Mg - k\frac{ds}{dt}, s|_{t=0} = 0, s'|_{t=0} = 0.$$

这是一个二阶常系数线性非齐次方程, 其对应齐次微分方程的通解为

$$\bar{s} = c_1 + c_2 e^{-\frac{k}{M}t}.$$

而非齐次微分方程的一个特解为

$$s^* = \frac{Mg}{k}t.$$

于是微分方程的通解为

$$s = \bar{s} + s^* = c_1 + c_2 e^{-\frac{k}{M}t} + \frac{Mg}{k}t.$$

由定解条件 $s|_{t=0} = 0, s'|_{t=0} = 0$ 有

$$c_1 = -\frac{M^2 g}{k^2}, c_2 = \frac{M^2 g}{k^2},$$

故物体的运动规律为

$$s = \frac{M^2 g}{k^2}(e^{-\frac{k}{M}t} - 1) + \frac{Mg}{k}t.$$

常用符号索引

$\mathbf{N}$	自然数集
$\mathbf{N}^+$	正自然数集
$\mathbf{R}$	实数集
$\mathbf{Z}$	整数集
$\mathbf{Q}$	有理数集
$\forall$	任给(或对任意的)
D_f	函数 $f(x)$ 的定义域
$N(x_0, \delta)$	点 x_0 的 $\delta(\delta>0)$ 邻域
$N(x_0)$	点 x_0 的某邻域
$N(\hat{x}_0, \delta)$	点 x_0 的去心 $\delta(\delta>0)$ 邻域
$N(\hat{x}_0)$	点 x_0 的某去心邻域
$f(x) \in \mathrm{C}\{x_0\}$	函数 $f(x)$ 在点 x_0 处连续
$f(x) \in \mathrm{C}(a,b)$	函数 $f(x)$ 在开区间 (a,b) 内连续
$f(x) \in \mathrm{C}[a,b]$	函数 $f(x)$ 在闭区间 $[a,b]$ 上连续
$f(x) \in \mathrm{D}\{x_0\}$	函数 $f(x)$ 在点 x_0 处可导(可微)
$f(x) \in \mathrm{D}(a,b)$	函数 $f(x)$ 在开区间 (a,b) 内可导(可微)
$f(x) \in \mathrm{D}[a,b]$	函数 $f(x)$ 在闭区间 $[a,b]$ 上可导(可微)
$f(x) \in \mathrm{D}^2\{x_0\}$	函数 $f(x)$ 在点 x_0 处二阶可导
$f(x) \in \mathrm{D}^2(a,b)$	函数 $f(x)$ 在开区间 (a,b) 内二阶可导
$f(x) \in \mathrm{D}^2[a,b]$	函数 $f(x)$ 在闭区间 $[a,b]$ 上二阶可导
$\max\limits_{x \in I} f(x)$	函数 $f(x)$ 在区间 I 上的最大值
$\min\limits_{x \in I} f(x)$	函数 $f(x)$ 在区间 I 上的最小值
$\max\limits_{a<x<b} f(x)$	函数 $f(x)$ 在开区间 (a,b) 内的最大值
$\min\limits_{a<x<b} f(x)$	函数 $f(x)$ 在开区间 (a,b) 内的最小值
$\max\limits_{a\leq x\leq b} f(x)$	函数 $f(x)$ 在闭区间 $[a,b]$ 上的最大值
$\min\limits_{a\leq x\leq b} f(x)$	函数 $f(x)$ 在闭区间 $[a,b]$ 上的最小值
$\boldsymbol{a}, \boldsymbol{b}$	表示向量
$\boldsymbol{i}, \boldsymbol{j}, \boldsymbol{k}$	基本单位向量
α, β, γ	向量的方向角
$\lvert \boldsymbol{a} \rvert$	向量 $\boldsymbol{a}$ 的模
$(\widehat{\boldsymbol{a},\boldsymbol{b}})$	向量 $\boldsymbol{a}$ 与 $\boldsymbol{b}$ 的夹角
$\boldsymbol{a} \mathbin{/\mkern-5mu/} \boldsymbol{b}$	向量 $\boldsymbol{a}$ 与 $\boldsymbol{b}$ 互相平行

$a \perp b$	向量 a 与 b 互相垂直
a^0	与向量 a 同方向的单位向量
$a \cdot b$	向量 a 与 b 的数量积(点积)
$a \times b$	向量 a 与 b 的向量积(叉积)
$[abc]$	三向量 a、b、c 的混合积 $(a \times b) \cdot c$